Premiere Pro
逆引きデザイン事典

［CC対応］増補改訂版

千崎 達也

本書内容に関するお問い合わせについて

このたびは翔泳社の書籍をお買い上げいただき、誠にありがとうございます。弊社では、読者の皆様からのお問い合わせに適切に対応させていただくため、以下のガイドラインへのご協力をお願い致しております。下記項目をお読みいただき、手順に従ってお問い合わせください。

◎ご質問される前に

弊社 Web サイトの「正誤表」をご参照ください。これまでに判明した正誤や追加情報を掲載しています。

正誤表　http://www.shoeisha.co.jp/book/errata/

◎ご質問方法

弊社 Web サイトの「刊行物 Q&A」をご利用ください。

刊行物 Q&A　http://www.shoeisha.co.jp/book/qa/

インターネットをご利用でない場合は、FAX または郵便にて、右記 "翔泳社 愛読者サービスセンター" までお問い合わせください。

電話でのご質問は、お受けしておりません。

◎回答について

回答は、ご質問いただいた手段によってご返事申し上げます。ご質問の内容によっては、回答に数日ないしはそれ以上の期間を要する場合があります。

◎ご質問に際してのご注意

本書の対象を越えるもの、記述個所を特定されないもの、また読者固有の環境に起因するご質問等にはお答えできませんので、予めご了承ください。

◎郵便物送付先および FAX 番号

送付先住所　〒160-0006　東京都新宿区舟町 5

FAX 番号　03-5362-3818

宛先　（株）翔泳社 愛読者サービスセンター

本書の対象について

本書は、Adobe Premiere Pro CC 2017（2017 年 4 月リリース版）に対応しています。

対応 OS は Windows と Mac です。紙面では Windows を使って解説していますが、Mac でも同じ操作が可能です。

はじめに

現在、映像制作の現場でもっともスタンダードな姿は、デジタル一眼をはじめとしたファイルベースのカメラで撮影を行い、パソコンを使って編集、仕上げを行うスタイルでしょう。テレビ番組の場合は、その後にスタジオワークが控えている場合も多いでしょうが、それでも編集作業の中核はデスクトップにあります。

このいわゆる「デスクトップビデオ」のプロセスの良し悪しが作品のクオリティを決めるといっても過言ではありません。映像制作に携わるスタッフにとって、ビデオ編集ソフトの「使いこなし」は最重要課題の一つになっています。

本書では、デスクトップビデオの世界を開き、現在、広く普及している「Adobe Premiere Pro CC」（以下、Premiere Pro）の基本的な使い方から応用操作まで「やりたいこと」から引いて学ぶことができます。

Premiere Proは、幅広いファイルタイプとコーデックに対応しており、編集のためのファイル変換の作業がほぼ必要なく、なんでもかんでもタイムラインにそのまま載せられる、快適な編集環境を提供してくれます。

アドビ社の周辺アプリケーション、PhotoshopやAfter Effectsとのシームレスな連携も魅力です。

アドビ社の発表によると、国内の映像制作業務の現場におけるPremiere Proの導入率は90%以上といいます。

いまやPremiere Proは、ビデオ編集ソリューションのデファクトスタンダードと言ってもよいでしょう。

Premiere Proを触り始めた方は、本書を入り口に、このソフトの多彩な機能をいろいろ試してみてはいかがでしょうか。また、「もうある程度使ってるよ」という方は、本書を参考に、普段は使っていない機能のあれこれを発掘していただけたらと思います。

映像の編集は、「必要な映像の断片を切り出して」「望ましい順番とタイミングで並べる」というシンプルな作業ですが、その手際によって仕上がりには雲泥の差が生まれます。

Premiere Proを使えば、クリエイターの時間が許す限り、思う存分、映像と戯れることができます。そして、映像編集のさらに奥に行くためのたくさんの経験値をユーザーに与えてくれます。

本書が、少しでも「映像編集に精進する人たち」のお役に立てれば幸いです。

著者　千崎達也

CONTENTS

目次

第3章　カット編集とトランジション……059

第4章　映像の色調整と色彩表現……085

第10章 さまざまな便利機能 313

●サンプルファイルのダウンロードについて

本書の解説で使用している一部のデータをサンプルとしてダウンロードできます。以下のサイトよりファイルを保存してご利用ください。なお、配布データは一部のものに限られます（すべてのファイルではありません）。その点をあらかじめご留意ください。

http://www.shoeisha.co.jp/book/download/9784798152899

●紙面の見方

001 新規プロジェクトを作成する
002 シーケンスのプリセットを選択する

関連項目：類似機能や併せて読むと便利な項目を紹介しています。

CC NEW FEATURES REFERENCE

CC新機能リファレンス

Premiere Pro CC 2017.1 [2017.4.19]

- エッセンシャルグラフィックスパネル …… P233
- 文字ツール（テキストレイヤー） …… P236
- モーショングラフィックステンプレート …… P234
- エッセンシャルサウンドパネル …… P277

Premiere Pro CC 2017 [2016.11.2]

- 自己認識VR
- Live Textテンプレートの刷新
- 一部のAdobeAuditionエフェクトを搭載
- Typekitフォントの同期 …… P234

Premiere Pro CC 2015.3 [2016.6.20]

- プロキシ生成がより簡単に …… P316
- VRビデオ編集サポート

Premiere Pro CC 2015.1 [2015.11.30]

- HDRビデオサポート …… P304
- タイムリマップ機能の向上（オプティカルフロー採用） …… P130

Premiere Pro CC 2015 [2015.6.15]

- Lumetriカラーパネル …… P120
- モーフカット機能の採用 …… P084
- Time Tuner（作品長の自動調整機能） …… P304

Premiere Pro CC 2014.1 [2014.10.6]

- 検索ビン …… P327
- GoPro CineForm中間コーデックサポート …… P308

Premiere Pro CC 2014 [2014.6.18]

- マスク&トラック機能 …… P054
- マスタークリップエフェクト …… P057
- Adobe Typekitとの連携 …… P234

Premiere Pro CC 7.2 [2013.12.12]

- ボイスオーバーが簡単に …… P268
- ドラッグ&ドロップによるシーケンス作成 …… P024

Premiere Pro CC 7.1 [2013.10.31]

- コピー&ペーストによるトランジションの追加
- マルチカメラワークフローの改善 …… P082

Premiere Pro CC 7.0.1 [2013.7.9]

- Alt＋ドラッグで新規タイトル作成 …… P232

Premiere Pro CC 7 [2013.6.17]

- オフラインメディアの検索 …… P318
- AAF書き出し強化 …… P339
- ビンから直接マルチカメラシーケンスを作成 …… P082

Pr Creative Cloudスタート

TOOL REFERENCE

ツールリファレンス

編集ツール

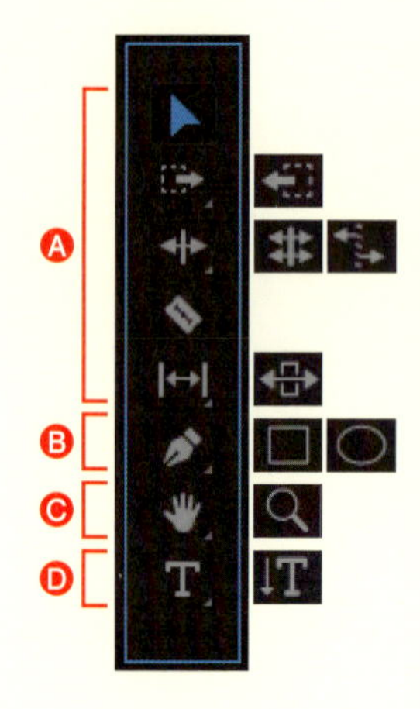

A	クリップのトリミングに使用するツール	
	選択ツール	クリップやキーフレームの選択／移動
	トラックの前方選択ツール	右側のクリップをすべて選択
	トラックの後方選択ツール	左側のクリップをすべて選択
	リップルツール	クリップ端の位置調整
	ローリングツール	編集点を前後に調整
	レート調整ツール	再生スピードを変更
	レーザーツール	クリップに切れ目を入れる
	スリップツール	インとアウトを同時にスライド
	スライドツール	クリップを前後にスライド
B	キーフレームの操作に使用するツール	
	ペンツール	キーフレームの追加／変更
C	表示倍率の変更やブラウズに使用するツール	
	手のひらツール	表示範囲の移動
	ズームツール	表示倍率の変更
D	エッセンシャルグラフィックスレイヤーの作成ツール	
	ペンツール	ベジェ曲線の図形を作成
	長方形ツール	長方形を作成
	楕円ツール	楕円形を作成
	横書き文字ツール	横書きのテキストボックスを作成
	縦書き文字ツール	縦書きのテキストボックスを作成

レガシータイトルツール

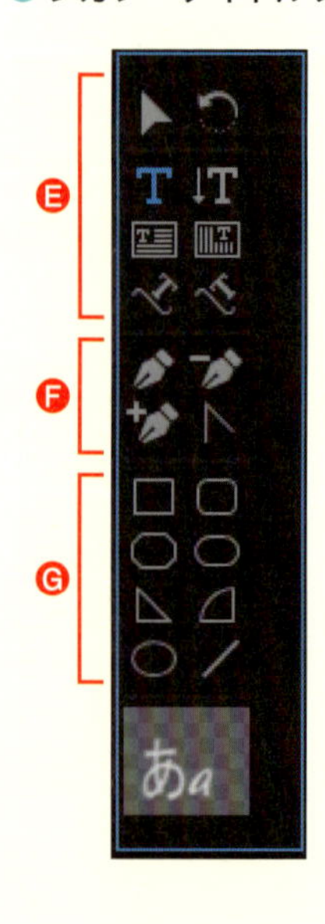

E	文字の入力に使用するツール
	選択ツール
	回転ツール
	横書き文字ツール
	縦書き文字ツール
	エリア内文字ツール（横書き）
	エリア内文字ツール（縦書き）
	パス上文字ツール（横書き）
	パス上文字ツール（縦書き）
F	パスの生成や調整に使用するツール
	ペンツール
	アンカーポイントの削除ツール
	アンカーポイントの追加ツール
	アンカーポイントの切り替えツール

G	図形の描画に使用するツール
	長方形ツール
	角丸長方形（可変）ツール
	斜角長方形ツール
	角丸長方形ツール
	三角形ツール
	円弧ツール
	楕円ツール
	ラインツール

PANEL REFERENCE

パネルリファレンス

●基本的な編集に使うパネル

プロジェクト：編集に使用する素材やシーケンスを登録しておく「作業棚」のようなパネルです。素材の検索や基本情報の確認もできます。➲ 034/035/327 ページ

ソースモニター：素材のムービーやオーディオファイルのプレビューに使います。このパネルでインポイントやアウトポイントの指定を行い、素材の使用範囲を決定します。➲ 036/060 ページ

プログラムモニター：タイムラインを使って作業した編集の結果を確認するためのパネルです。再生ヘッドはタイムラインのものと同期しています。➲ 036/074 ページ

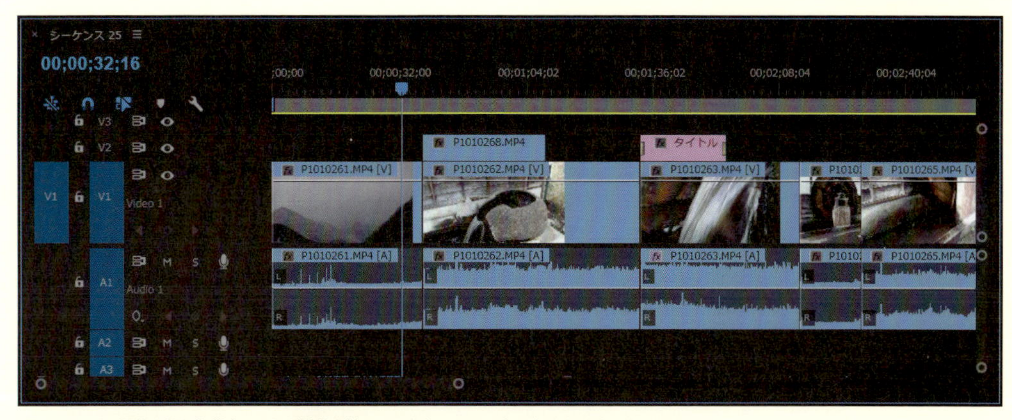

タイムライン：編集を行う作業台のような機能を持っています。このパネル上でカットをつないだり、トランジションを設定したり、カットの順番の入れ替えを行います。➲ 037/062/066 ページ

詳細な編集や特殊な編集に使うパネル

トリミングモニター：編集点をダブルクリックするとプログラムモニターに表示されます。編集の微妙な調整が行えます。 073 ページ

リファレンスモニター：プログラムモニターに表示中のシーケンスを異なる表示モードで確認したり、現在開いている別のシーケンスを表示して比較することができます。再生ヘッドをプログラムモニターと同期させることも可能です。

マルチカメラ：複数台のカメラで同時収録した素材（マルチカメラ素材）を同期させ、スイッチングを行うような感覚で編集できるインターフェイスです。マルチカメラシーケンスを作成した後、プログラムモニターに表示させます。 083 ページ

素材の取り込みや書き出しに使うパネル

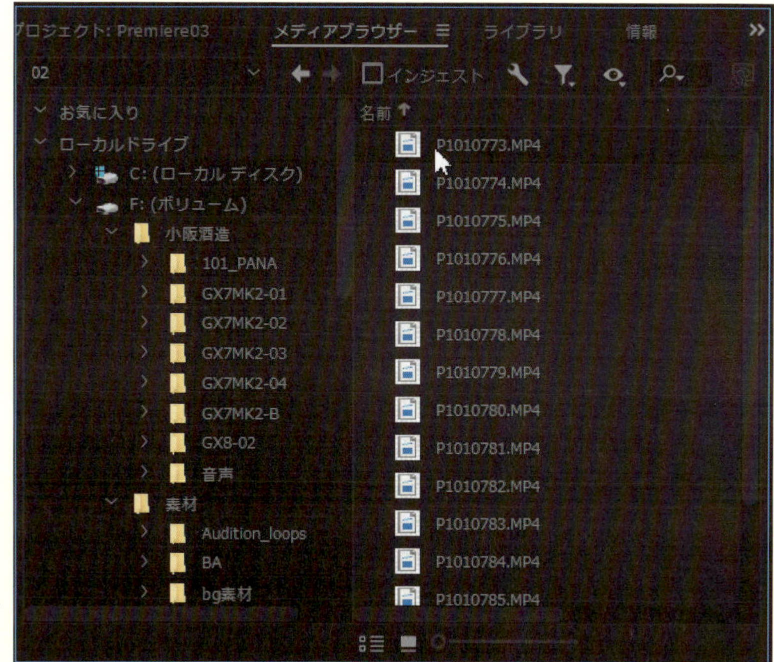

メディアブラウザー：ファイル素材を取り込むためのブラウザーです。ここからプロジェクトパネルにドラッグ&ドロップすることで簡単に素材を取り込めます。026 ページ

書き出し設定：編集結果をファイルとして書き出します。解像度やコーデック、ビットレートなどの各種設定が行えます。296 ～ 304 ページ

エフェクト処理に使うパネル

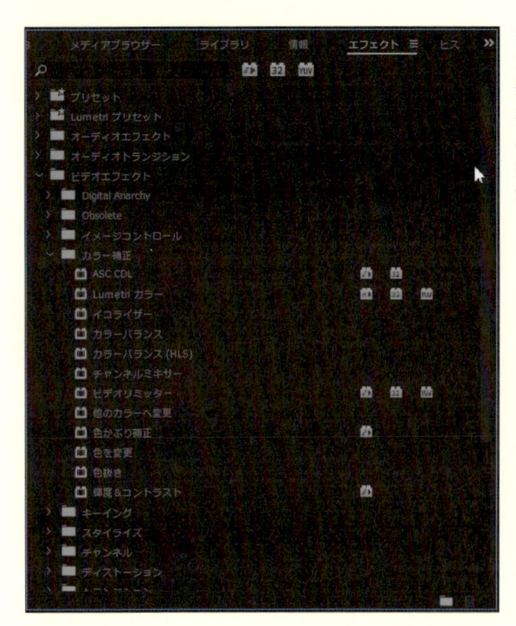

エフェクト：映像や音声の加工、調整に使うエフェクトが登録してあるパネルです。ここから目的のエフェクトをタイムラインパネル上のクリップにドラッグ&ドロップして適用します。 050 ページ

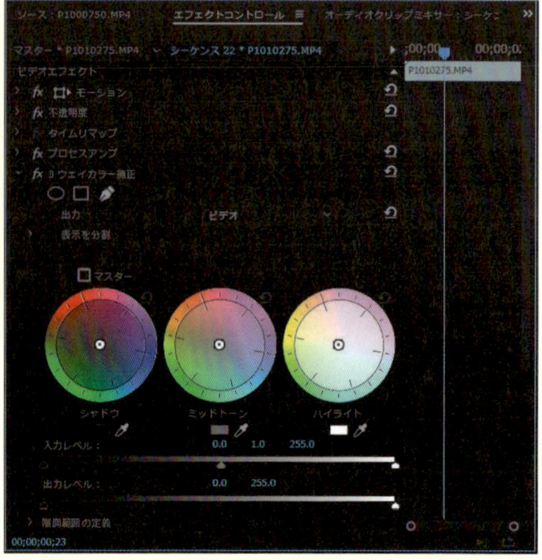

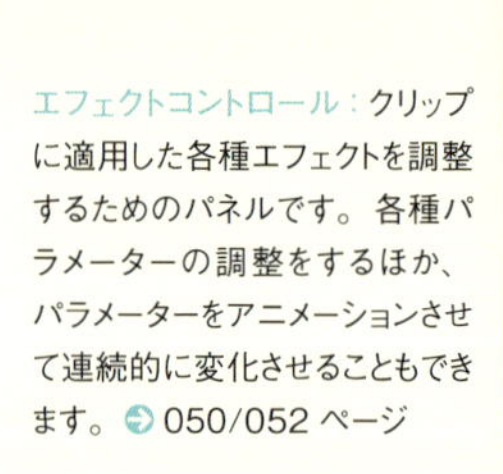
エフェクトコントロール：クリップに適用した各種エフェクトを調整するためのパネルです。各種パラメーターの調整をするほか、パラメーターをアニメーションさせて連続的に変化させることもできます。 050/052 ページ

タイトル作成に使うパネル

レガシータイトルデザイナー：タイトル文字の入力、フォント、色や形状の設定など、タイトル作成を行うためのパネルです。ロールテロップの作成やロゴ素材の読み込みも行えます。 202 ページ

Lumetriカラー：クリップの色調補正やLumetriカラープリセットの適用を行います。映像のルックを作り出すための総合ツールです。[ウィンドウ]→[Lumetriカラー]で表示します。➲120ページ

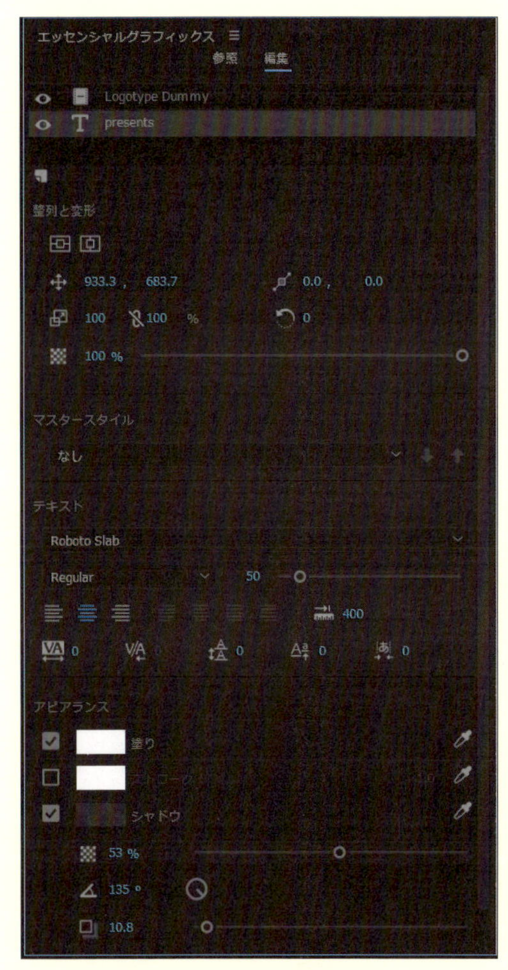

エッセンシャルグラフィックス：モーショングラフィックスを作成するための［テキストレイヤー］や［シェイプレイヤー］を設定したり、［モーショングラフィックステンプレート］を適用するためのパネルです。［ウィンドウ］→［エッセンシャルグラフィックス］で表示します。➲ 233 ページ

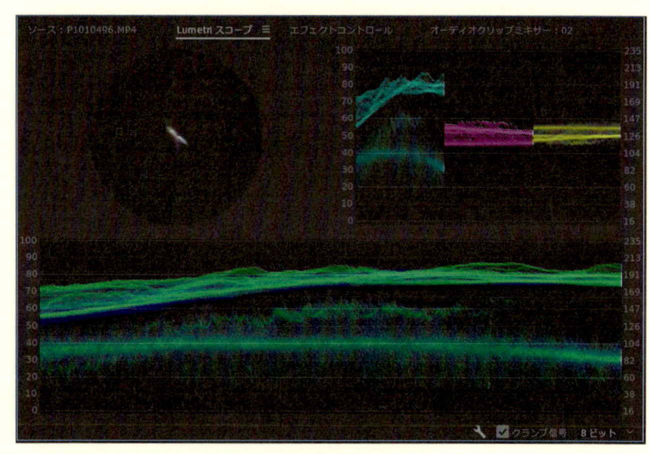

Lumetri スコープ：画像の色彩や輝度を監視するための各種スコープを表示するパネルです。［ウィンドウ］→［Lumetri スコープ］で表示します。➲ 047 ページ

●オーディオ編集に使うパネル

オーディオメーター：タイムラインのオーディオトラックの総音量を管理するためのパネルです。「0」を超えると音が割れてしまいます。➲251 ページ

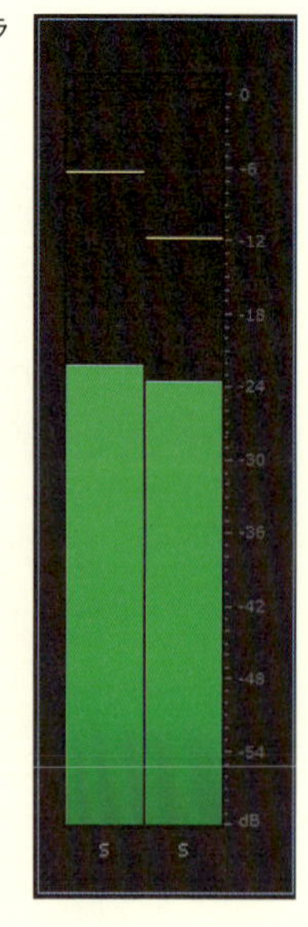

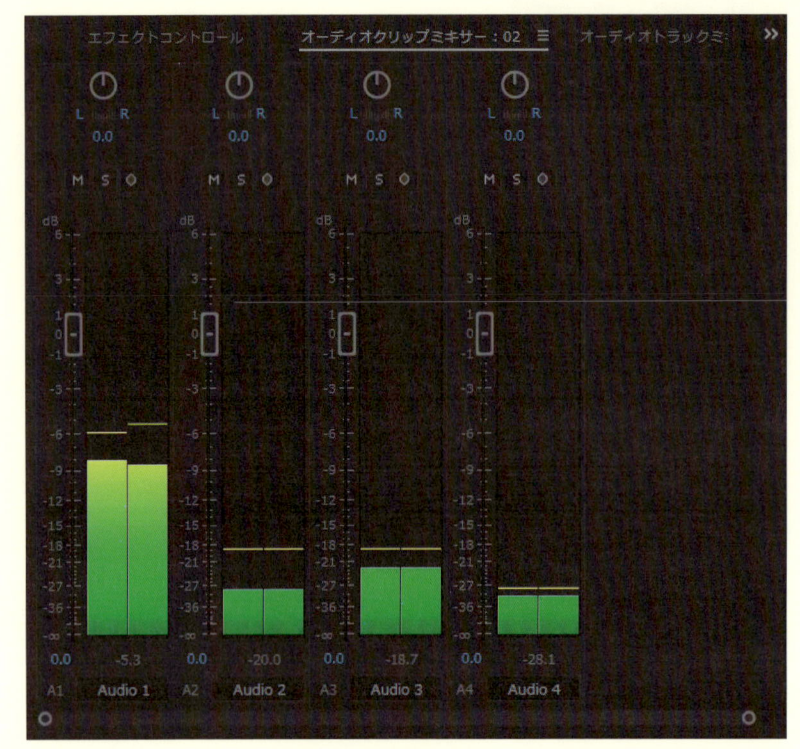

オーディオクリップミキサー：タイムラインに配置されたオーディオクリップの音量やパン調整します。➲257 ページ

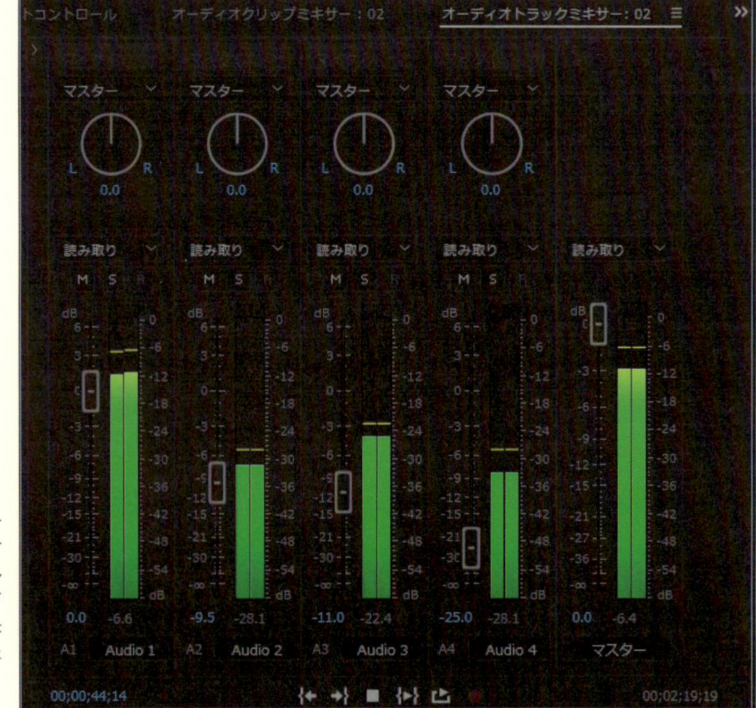

オーディオトラックミキサー：オーディオトラックを実物のオーディオミキサーと同じような感覚で操作したり、ミックスできるインターフェイスです。音量を段階的に調整したり、オーディオトラックに各種エフェクトを加えることができます。
➲260 ページ

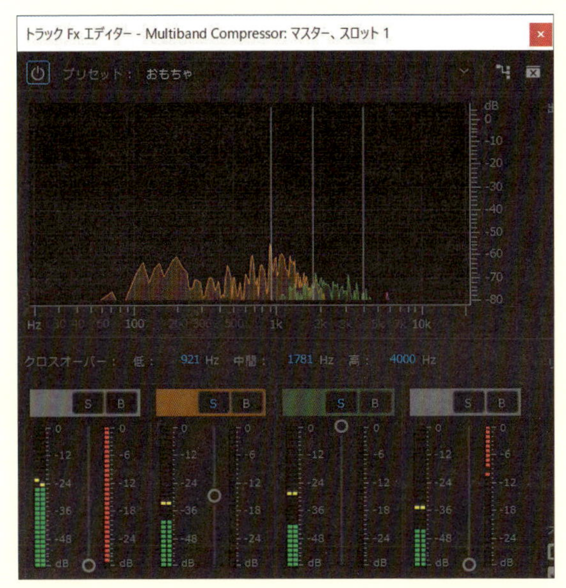

Fx エディター：オーディオエフェクトの調整をするためのインターフェイスです。エフェクトの種類によって表示内容は異なります。
➲ 272/274 ページ

エッセンシャルサウンド：オーディオをタイプ別にコントロールできるパネルです。複数のオーディオエフェクトをプリセットベースで適用するため、簡単な操作でノイズ除去やリバーブ効果の適用が行えます。［ウィンドウ］→［エッセンシャルサウンド］で表示します。➲ 277 ページ

● そのほかのパネル

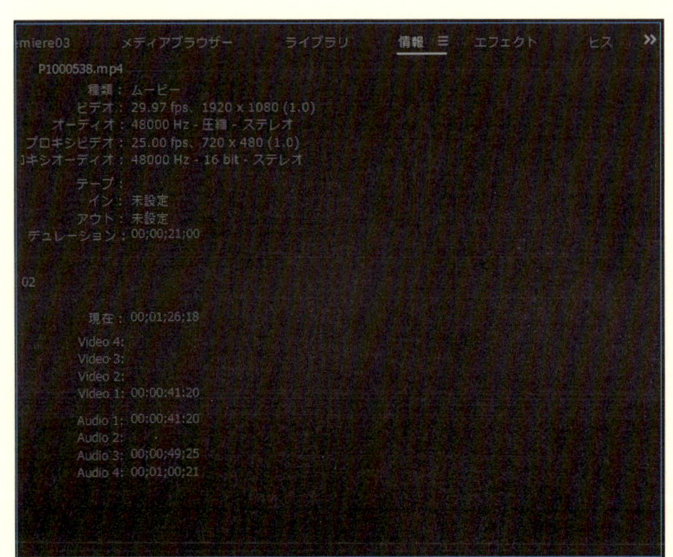

情報：プロジェクトパネルやタイムラインで選択しているクリップの基本情報が表示されます。パネル下部では、現在アクティブになっているシーケンスの情報も確認できます。

ヒストリー：編集作業履歴を記録しているパネルです。過去の履歴を使って、それまでの作業を元に戻したり、復元したりできます。➲ 328 ページ

タイムコード：クリップやタイムラインのタイムコードを表示します。

メタデータ：クリップとともに保存されているメタデータや、プロジェクトパネルに登録されているメタデータを参照したり、書き換えたり、検索するためのパネルです。➲ 332 ページ

ボタンエディター：ソースモニターやプログラムモニターの「＋」アイコンのボタンをクリックして表示できます。ここから各種のボタンをドラッグ&ドロップすることでそれぞれのモニターにさまざまな機能が追加できます（右）。CC では、オーディオトラックでもボタンエディターが使えます（下）。トラックヘッダーで右クリックして表示されるメニューから［カスタマイズ］を選択して表示します。➲ 083 ページ

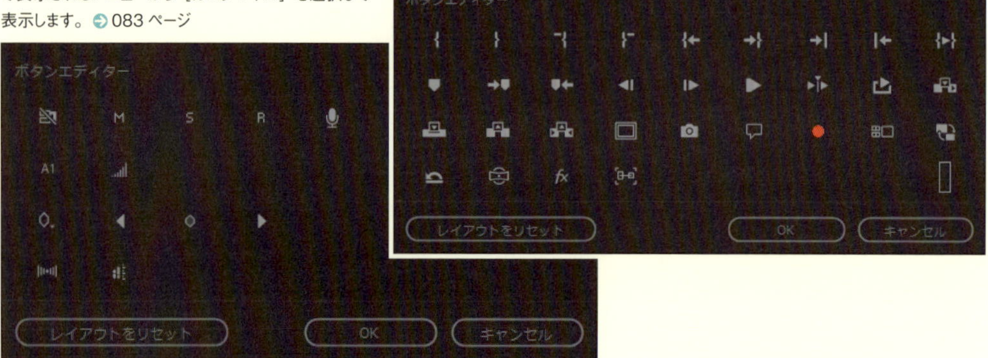

第1章　編集の準備

NO.
001 新規プロジェクトを作成する

Premiere Pro ではプロジェクト単位で作業を管理します。編集作業を行うためには、［新規プロジェクト］ファイルを用意します。

STEP 1 Premiere Pro を起動します。初期設定では、Premiere Pro が立ち上がる前にスタートアップスクリーンが表示されるので、［新規プロジェクト］をクリックします❶。

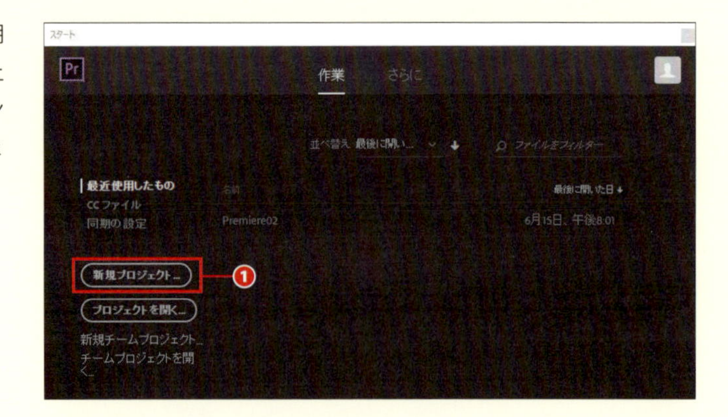

STEP 2 ［新規プロジェクト］ダイアログが開くので、必要なセッティングを行います。まず、プロジェクト名を［名前］に入力します❷。

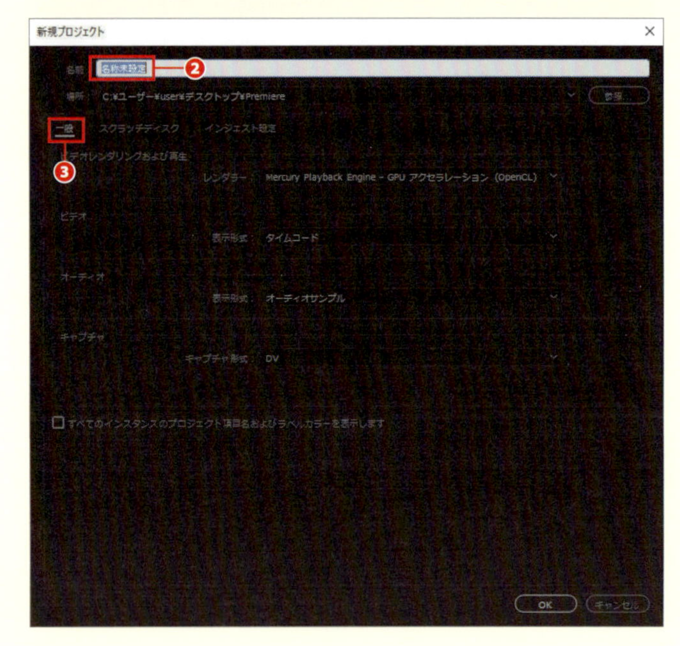

STEP 3 ［新規プロジェクト］ダイアログには、3 つのタブがあります。［一般］タブ❸では、下表のような設定が行えます。

設定項目	内容
ビデオレンダリングおよび再生	編集結果のプレビューやレンダリングに関する設定をします。すべての環境で機能する［ソフトウェア処理］のほか、PC に搭載されたビデオボードによって対応のオプションが選択できます
ビデオ／オーディオ	編集作業で使用するビデオやオーディオの単位をポップアップメニューで設定します。通常のビデオ編集では、初期設定のままでかまいません。［ビデオ］は［タイムコード］、［オーディオ］は［オーディオサンプル］に設定しておきます
キャプチャ	テープメディアから素材をキャプチャする場合のフォーマットを設定します。DV と HDV を指定できます。キャプチャ時に設定し直すことも可能です

002 シーケンスのプリセットを選択する
007 シーケンスのカスタムプリセットを作成する

STEP 4 基本的には、ここまでで新規プロジェクトを作成できます。必要があれば、次の［スクラッチディスク］を設定します❹。［スクラッチディスク］タブでは、素材ファイルや、プレビュー用に自動生成されたファイルをどのフォルダーに保存するかを指定します。初期設定ではすべてプロジェクトファイルと同じフォルダーに保存されるようになっていますが、必要に応じてポップアップメニュー❺や［参照］ボタン❻を使って変更できます。例えば、内蔵HDDの容量が心もとない場合は、容量の大きくなりがちな［ビデオプレビュー］の保存場所を外付けHDDを指定するなどの使い方ができます。一連の設定が終わったら、［OK］ボタン❼をクリックしてプロジェクトファイルを保存します。

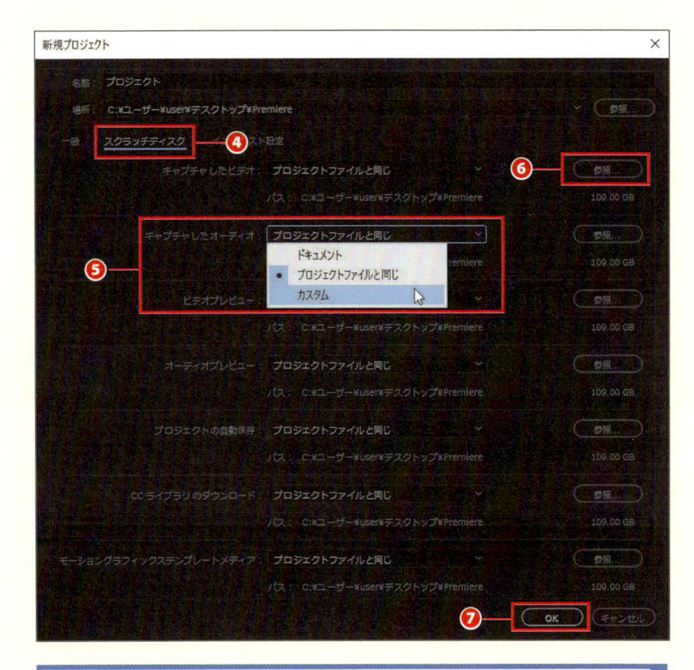

MEMO

［新規プロジェクト］ダイアログには、［インジェスト設定］というタブもあります。これは主に高解像度の素材を読み込むときのプロキシ設定を行うものです。「205 低解像度のファイルで作業する（プロキシファイルの利用）」をお読みください。

MEMO

新規プロジェクトは、Premiere Proの使用中にも作成できます。Premiere Proが起動している状態で、［ファイル］→［新規］→［プロジェクト］を実行しますⒶ。すると現在のプロジェクトが閉じられ、新しいプロジェクトが開きます。

また、編集作業中に、現在のプロジェクトの初期設定を変更したい場合には、［ファイル］→［プロジェクト設定］と選択し、変更内容によって［一般］か［スクラッチディスク］を選択しますⒷ。

［一般］を選択した場合には、新規プロジェクト作成の設定項目のほか、タイトルセーフエリア表示のパーセンテージの変更が行えます。

編集済みのシーケンスから独立したプロジェクトを作ることもできます。プロジェクトウィンドウでシーケンスを選択し、［ファイル］→［書き出し］→［Premiereプロジェクトとして選択］を選びますⒸ。

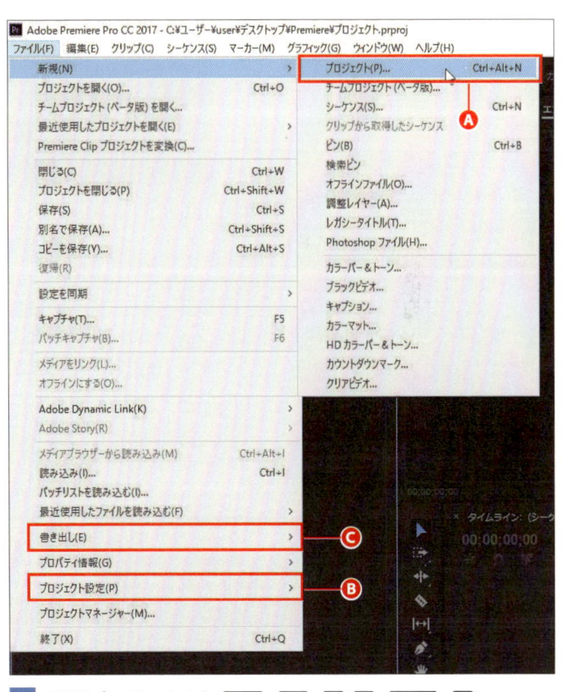

S 新規プロジェクト▶ Ctrl＋Alt＋N（⌘＋Option＋N）

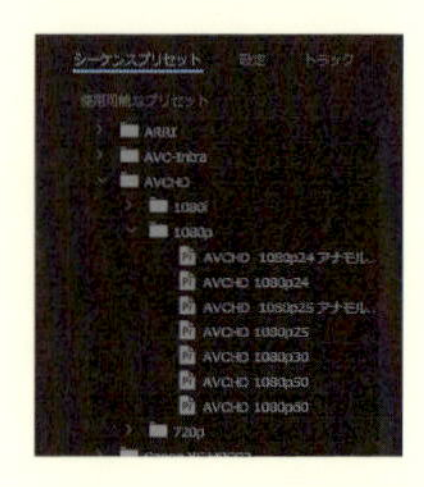

NO.

002 シーケンスのプリセットを選択する

映像の編集は、プロジェクトの中に作成された「シーケンス」を使って行います。１つのプロジェクトの中に、複数の異なる設定のシーケンスを作成できます。

METHOD 1

シーケンスの作成には、[ファイル] → [新規] → [シーケンス] を実行し [新規シーケンス] ダイアログを表示させます。[シーケンスプリセット] タブの左側に並んでいるのがあらかじめ用意されたプリセットです❶。基本的には素材の収録フォーマットに準じて選択します。例えば、一般的なAVCHD収録のHDカメラで撮影したのであれば、[AVCHD] フォルダーの [1080i] フォルダーにある [AVCHD 1080i30 (60i)] を選びます。

通常は収録素材に合わせたプリセットを選ぶだけで十分です。カスタマイズの方法については「007 シーケンスのカスタムプリセットを作成する」で詳しく解説しています。プリセットを選んだら、[シーケンス名] に名称を入力し❷、[OK] ボタンをクリックします。シーケンスが作成され、プロジェクトパネルに登録されます。

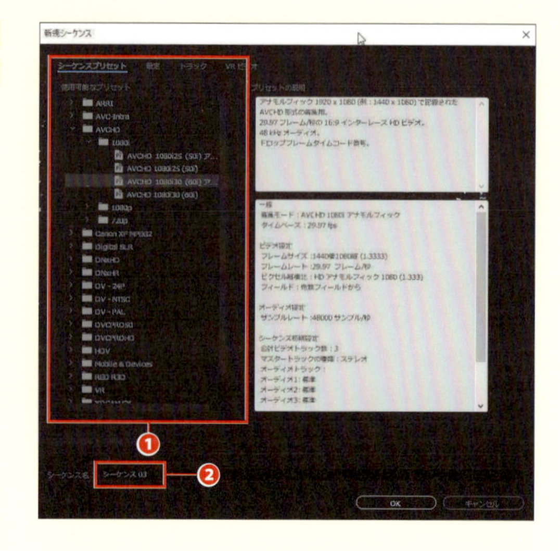

S 新規シーケンス作成▶ Ctrl + N (⌘ + N)

METHOD 2

Premiere Proには、もっと手軽なシーケンス設定方法も用意されています。プロジェクトを開いて、シーケンスが表示されていないタイムラインに、編集しようと思うメインの素材をドラッグ＆ドロップします❸。するとドラッグ＆ドロップした素材に最適化されたシーケンスが自動的に作成されます。

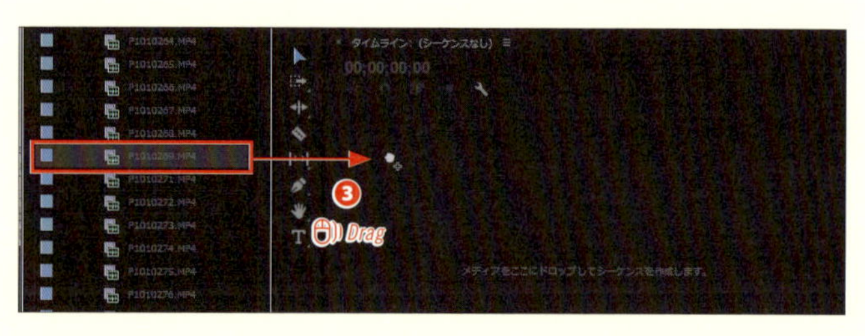

METHOD 3

一度作成したシーケンスに素材をドラッグ＆ドロップした場合、シーケンス設定と素材の設定が食い違っていることがあります。そのような場合、[クリップ不一致に関する警告] というダイアログが表示されます。ここで [シーケンス設定を変更] ボタンをクリックすると❹、自動的にクリップに合わせた設定がシーケンスに設定されます。また、クリップをプロジェクトパネルの [新規項目] にドラッグ＆ドロップすると、クリップの特性に合わせたシーケンスが自動的に作成されます。

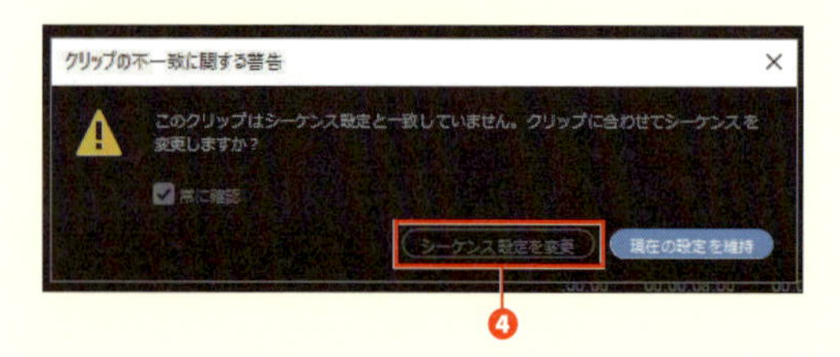

MEMO

新規シーケンスは、プロジェクトパネルの右下にある [新規項目] ボタンやプロジェクトパネルの何もない場所で右クリックして表示されるメニューから [新規項目] を選んで作成することもできます。

007 シーケンスのカスタムプリセットを作成する

NO. 003 プロジェクトを保存する／自動保存を設定する

編集作業を終え、Premiere Pro を終了するときには、プロジェクトを保存します。また作業の途中でプロジェクトを自動保存しておくこともできます。

METHOD 1

プロジェクトを保存するには、［ファイル］→［保存］を実行します❶。この場合、編集中のプロジェクトに上書き保存されます。編集中は、万が一に備えて頻繁に保存することを心がけましょう。

別バージョンとして保存したい場合には、［ファイル］→［別名で保存］を選びます❷。［プロジェクトを保存］ダイアログが開くので、［ファイル名］に新しい名称を入力し、［保存］ボタンをクリックします❸。

プロジェクトファイルの拡張子は［PRPROJ］となります。

Adobe Premiere Pro CC 2017 - C:¥ユーザー¥Instory01¥Dropbox¥
ファイル(F) 編集(E) クリップ(C) シーケンス(S) マーカー(M) グラフ
新規(N)
プロジェクトを開く(O)... Ctrl+O
チームプロジェクト (ベータ版) を開く...
最近使用したプロジェクトを開く(E)
Premiere Clip プロジェクトを変換(C)...
閉じる(C) Ctrl+W
プロジェクトを閉じる(P) Ctrl+Shift+W
保存(S) Ctrl+S ❶
別名で保存(A)... Ctrl+Shift+S ❷
コピーを保存(Y)... Ctrl+Alt+S
復帰(R)
設定を同期
キャプチャ(T)... F5

S 保存▶ Ctrl ＋ S （⌘ ＋ S）
別名で保存▶ Ctrl ＋ Shift ＋ S（⌘ ＋ Shift ＋ S）

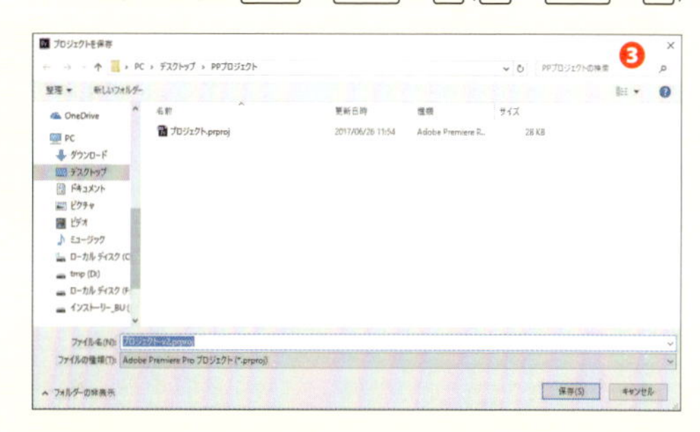

MEMO

［ファイル］→［コピーを保存］を実行して、編集途中のプロジェクトをバックアップファイルとして保存しておくこともできます。

結果は［別名で保存］と同じですが、現在開いているプロジェクトが保存したプロジェクトと置き換わることはありません。バージョンの履歴を残すように保存していくことができます。

METHOD 2

作業の途中にタイマーを使ってプロジェクトを自動保存することができます。初期設定では 15 分おきに最新の 20 バージョンが保存されますが、PC が不安定な場合は、保存の間隔を短くするとよいでしょう。自動保存の設定は、［編集］→［環境設定］→［自動保存］（［Premiere Pro］→［環境設定］→［自動保存］）で行います。［プロジェクトを自動保存］にチェックが入っていることを確認し❹、［自動保存の間隔］で保存する間隔、［プロジェクトバージョンの最大数］で保存しておきたいバージョン数を指定し❺、［OK］ボタンをクリックします。

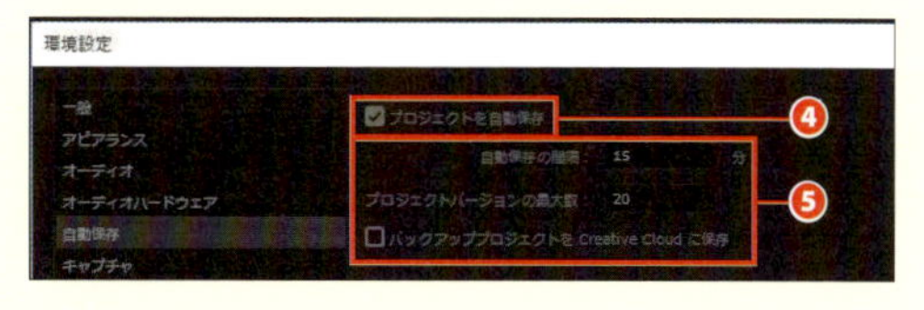

MEMO

自動保存されたプロジェクトは、オリジナルのプロジェクトに上書きされるわけではなく、プロジェクトを保存したディレクトリの［Adobe Premiere Pro Auto-Save］フォルダーに、別バージョンとして保存されます。自動保存されたバージョンを使うには、使用したいバージョンのプロジェクトを新たに立ち上げるか、［ファイル］→［復帰］を選択します。［復帰］では、現在のバージョンが破棄され、1 つ前のバージョンに入れ替わります。

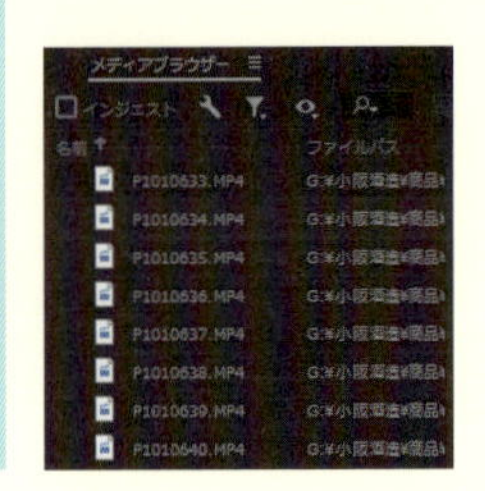

NO.

004 ファイルを読み込む

メディアブラウザーを使うと、Premiere Pro から直接 PC 内のフォルダーにアクセスし、エクスプローラー風の操作感でファイルを読み込めます。

STEP 1

メディアブラウザーパネルは、初期設定（ワークスペースが［編集］状態）では、画面左下のパネルに格納されています。見当たらない場合は、［ウィンドウ］→［メディアブラウザー］を選択して表示します。メディアブラウザーは2ペイン構成になっていて、左側のペインにはフォルダーが表示されます。目的のフォルダーを選択すると❶、右側のペインに選択したフォルダーに含まれるフォルダーとファイルが表示されます❷。フォルダーの中にフォルダーがある場合は、左ペインでフォルダーアイコンの左の三角マークをクリックして展開するか、右ペインでダブルクリックします。

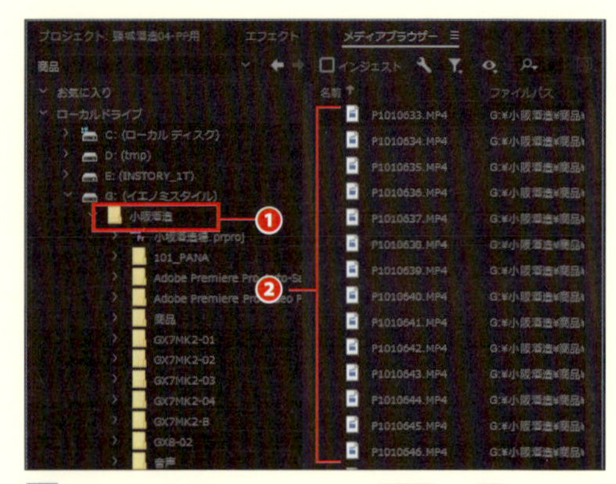

S メディアブラウザーを表示▶ Shift ＋ 8

STEP 2

目的のファイルが見つかったら、クリックして選択し、次のいずれかの操作を行います。

ファイルを選択して右クリックし、表示されたメニューから［読み込み］を選択❸。［ファイル］→［メディアブラウザーから読み込み］を実行。フォルダーを対象にしてこれらの操作を行うと、フォルダーを1つのビンとして中身を読み込むことができます。

このほか、ファイルをプロジェクトパネルに直接ドラッグ＆ドロップして読み込むこともできます❹（プロジェクトパネルとメディアブラウザーが同じウィンドウに格納されている場合は、プロジェクトパネルタブをドラッグし、プロジェクトパネルに切り替わったらパネル上でドロップします）。

また、タイムラインにドラッグ＆ドロップして直接タイムラインに読み込んだり、ダブルクリックしてソースモニターで表示させることもできます。

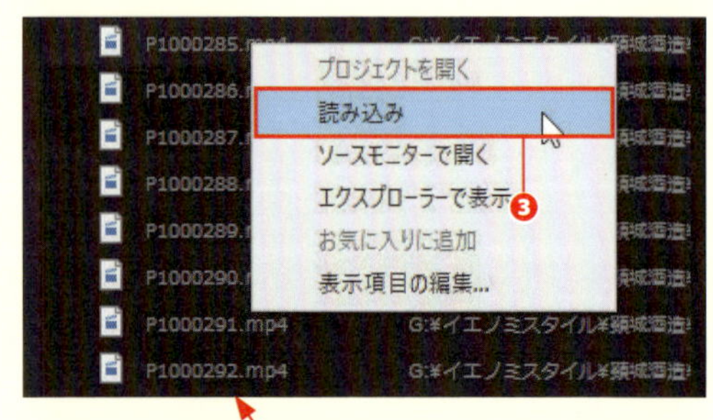

MEMO

メディアブラウザーでファイルを読み込んだ場合、ファイルは元のディレクトリに保存されたままです。なりゆきで読み込むと、素材があちこちのディレクトリに散らばってしまい、管理上やっかいなことになりかねません。読み込みたい素材は、あらかじめ管理しやすい場所（プロジェクトファイルと同じディレクトリなど）にコピーしておくことをおすすめします。

MEMO

パネル下部にある［リスト表示］［アイコン表示］ボタンで表示形式を変更できます。［アイコン表示］を選択してある場合は、ボタン右側のスライダーで大きさを調整できるほか、アイコン上でマウスを左右に動かすことで、動画をスクラブ（再生）することもできますⒶ。

005 連番付き静止画を読み込む
009 ビンを作成して素材を整理する

サポートされているビデオおよびアニメーションファイルの形式（2017年9月現在）
• 3GP、3G2
• ASF（Netshow、Windowsのみ）
• AVI（DV-AVI、Microsoft AVI Type 1およびType 2）
• DV（RAW DV Stream、QuickTime形式）
• FLV（On2 VP6のみ）、F4V
• GIF（アニメーションGIF）
• M1V（MPEG-1ビデオファイル）
• M2T（Sony HDV）
• M2TS（Blu-ray BDAV MPEG-2 Transport Stream、AVCHD）
• M4V（MPEG-4ビデオファイル）
• MOV（QuickTimeムービー、非ネイティブQuickTimeファイルの読み込みにはQuickTime 7が必要、WindowsではQuickTime Playerが必要）
• MP4（QuickTimeムービー、XDCAM EX）
• MPEG、MPE、MPG（MPEG-1、MPEG-2）、M2V（DVD-compliant MPEG-2）
• MTS（AVCHD）
• パナソニック P2（MXF OP-Atom, DV/DVCPRO/DVCPRO50）
• パナソニック P2HD（MXF OP-Atom, DVCPRO HD/AVC-Intra 50/AVC-Intra 100/AVC-Intra 200/AVC-LongG）
• ソニー XDCAM HD（MXF OP-1a, 18/25/35/HD422 50）
• ソニー XAVC（1920×1080, 2048×1080, 3840×2160, 4096×2160）
• ソニー RAW（F65/PMW-F55/NEX-FS700）
• キヤノン 1D C（4K）
• キヤノン XF（MXF OP-1a, 25/35/50）
• ARRIRAW
• Phantom Cine RAW
• CinemaDNG
• Avid メディアファイル（MXF OP-Atom, DNxHD）
• R3D（RED カメラ Dragon 6K にも対応）
• SWF（最上位のメインムービー内でキーフレームで定義されているアニメーションのみ）
• VOB
• WMV（Windows Media、Windowsのみ）
サポートされているオーディオファイル形式
• AAC
• AC3（5.1 サラウンドを含む）
• AIFF、AIF
• ASND（Adobe Sound Document）
• AVI（Video for Windows）
• BWF（Broadcast WAVE 形式）
• M4A（MPEG-4 オーディオ）
• mp3（mp3オーディオ）
• WMA（Windows Media Audio、Windowsのみ）
• WAV（Windows WAVeform）
サポートされている静止画および静止画シーケンスファイル形式
• AI、EPS
• BMP（BMP、DIB、RLE）
• DPX
• EPS
• GIF
• ICO（アイコンファイル）（Windowsのみ）
• JPEG（JPE、JPG、JPEG、JFIF）
• PICT
• PNG
• PSD
• PSQ（Adobe Premiere 6ストーリーボード）
• PTL、PRTL（Adobe Premiere タイトル）
• Targa（TGA、ICB、VDA、VST）
• TIFF（TIF、TIFF）

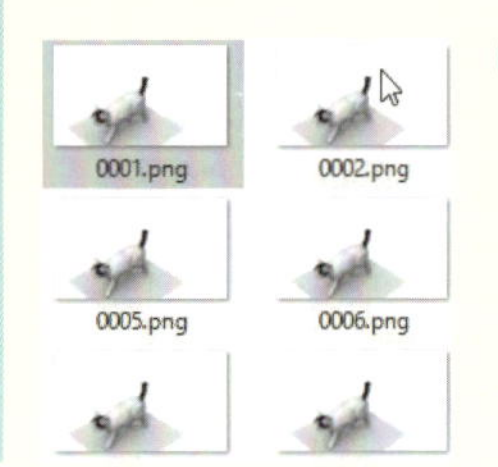

NO.

005 連番付き静止画を読み込む

CG素材の受け渡しフォーマットとして一般的に使われている［連番付き静止画］を1本のムービーとして読み込むことができます。

STEP 1

まず、準備として読み込む素材のタイムベースを設定します。［編集］→［環境設定］→［メディア］を選択して、［環境設定］ダイアログを表示します。この中の［不確定メディアのタイムベース］で設定します❶。通常は組み込むシーケンスのタイムベースに一致させればよいでしょう。設定したら［OK］ボタンをクリックします。

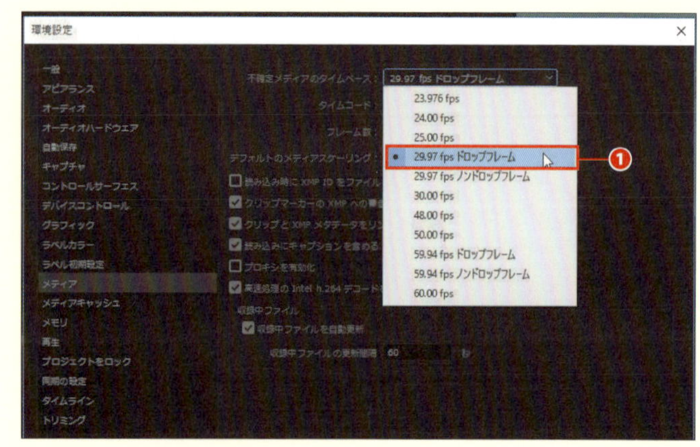

STEP 2

［ファイル］→［読み込み］を選択して、［読み込み］ダイアログを表示します。連番付き静止画の最初のファイルを選択し❷、［画像シーケンス］をチェックします❸。この状態で［開く］ボタンをクリックして読み込みます。

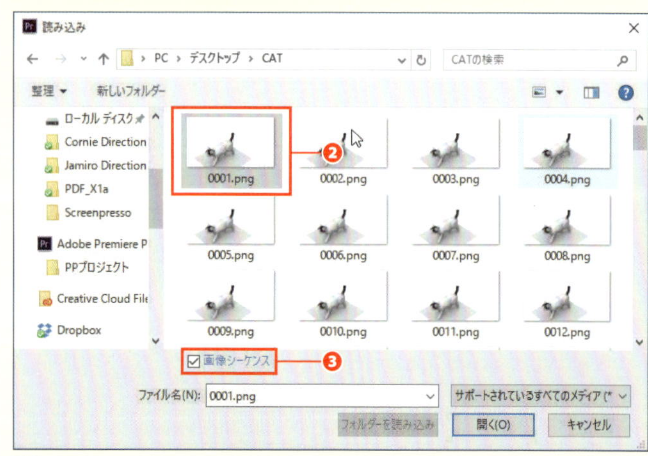

S 読み込み▶ Ctrl + I（⌘ + I）

STEP 3

読み込まれた連番付き静止画は、フィルムのアイコンがついた1本のムービーとしてプロジェクトパネルに登録されます❹。プレビューすると、静止画の1枚がビデオの1フレームとして再生されます。

NO.
006 素材や作業ファイルの保存先を指定する

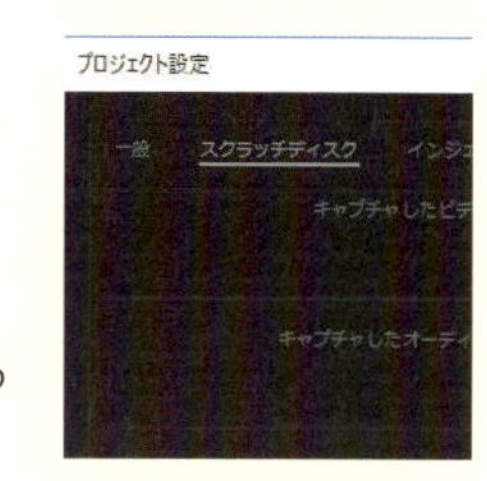

第1章
編集の準備

キャプチャ素材やレンダリングファイルの保存先を変更することができます、設定は［プロジェクト設定］で行います。

STEP 1

テープからキャプチャした素材や、レンダリングしたファイルは、プロジェクトファイルが置かれたフォルダーと同じ階層に保存されます（初期設定）。このフォルダーは、プロジェクトごとに変更することもできます。［ファイル］→［プロジェクト設定］→［スクラッチディスク］を実行して、［プロジェクト設定］ダイアログの［スクラッチディスク］タブを表示させます❶。
キャプチャ素材は［キャプチャしたビデオ］［キャプチャしたオーディオ］❷、レンダリングファイルは［ビデオプレビュー］［オーディオプレビュー］❸で設定します。また、プロジェクトの自動バックアップファイルの保存先は［プロジェクトの自動保存］で設定します❹。

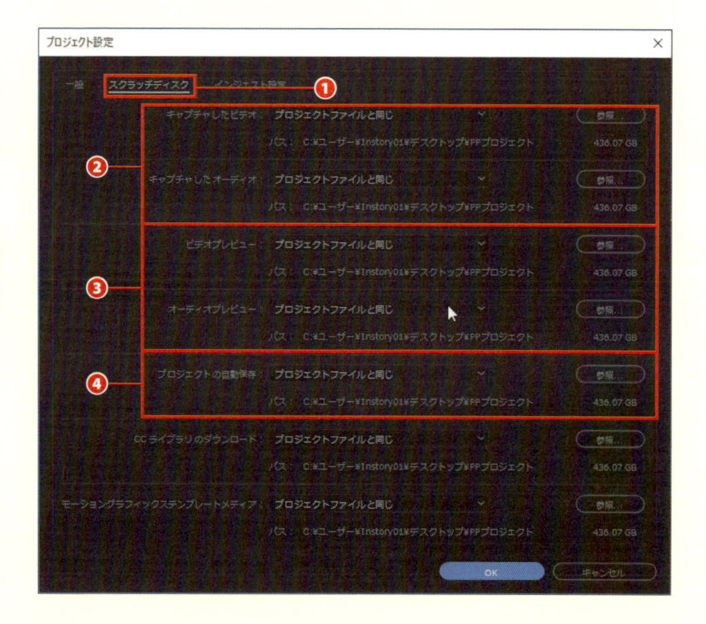

STEP 2

それぞれの保存先を変更する場合は、［参照］ボタンをクリックします。［フォルダーの選択］ダイアログが開くので、新しい保存先を指定して［フォルダーの選択］ボタンをクリックします❺。

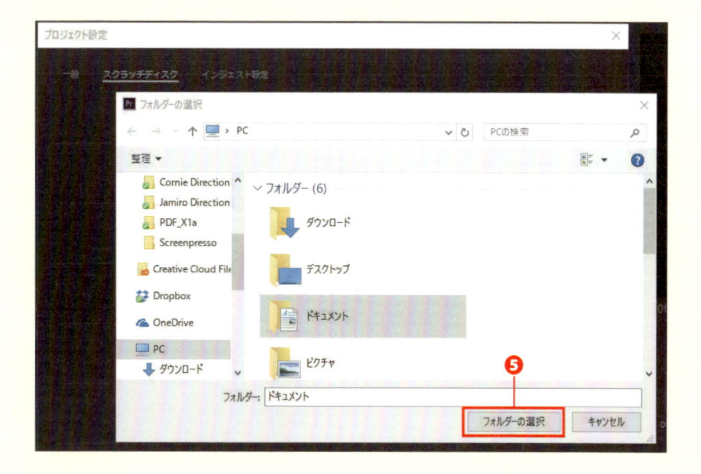

MEMO

［参照］ボタンの下には、現在指定されているフォルダーの残り容量が表示されています。フォルダー選択の目安にするとよいでしょう。なおテロップやエフェクトを多用するプロジェクトの場合には、［ビデオプレビュー］のフォルダーにも十分な空き容量が必要です。

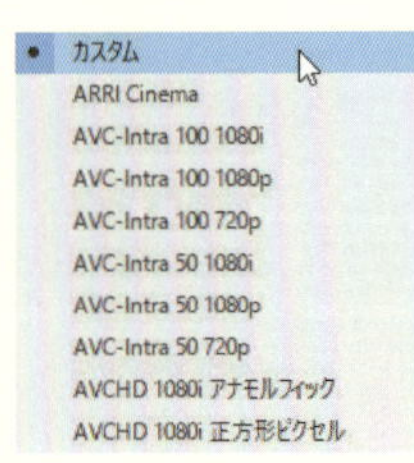

NO.

007 シーケンスのカスタムプリセットを作成する

初期設定のプリセットのほかに、特殊なアスペクト比のシーケンスなど、独自のプリセットを作ることができます。

STEP 1

例として、Web配信を念頭に、特殊なアスペクト比を持ったシーケンスをいちから作成してみましょう。これから作るプリセットは、960×480ピクセル（アスペクト比2:1）、フレームレート15fpsの横長のプリセットです。

まず［ファイル］→［新規］→［シーケンス］を実行し、［新規シーケンス］ダイアログを開きます。すでに、1つのプリセットが選択されていますが、この段階ではどのプリセットを選んでもかまいません❶。

S 新規シーケンス▶ Ctrl ＋ N （⌘ ＋ N）

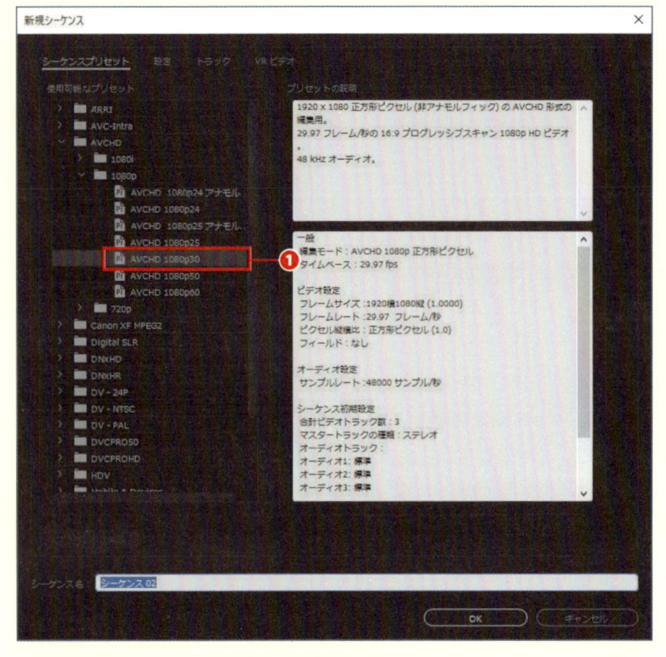

STEP 2

［設定］タブを開いて、［編集モード］のポップアップメニューを展開して❷［カスタム］を選択します❸。

［カスタム］を選択すると、各種設定に自由にアクセスできるようになります。

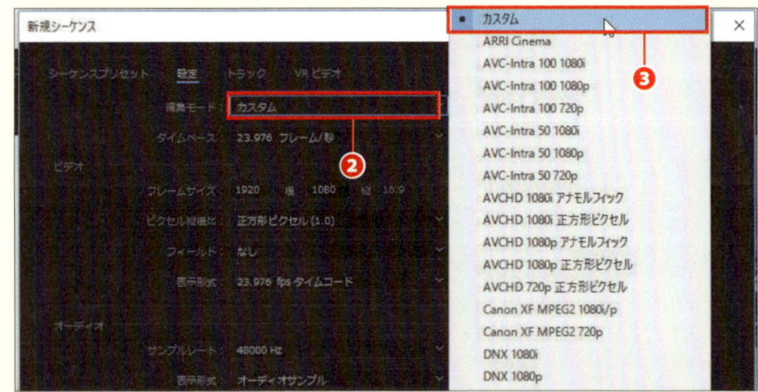

STEP 3

［タイムベース］は、ビデオ再生の「コマ数」の設定です❹。通常のビデオカメラ（NTSC）で撮影された素材に合わせるには、［29.97フレーム／秒］を選択します。今回はWeb配信時の負荷に配慮して、通常の約半分、ワンセグ放送と同じ［15フレーム／秒］を選択します。

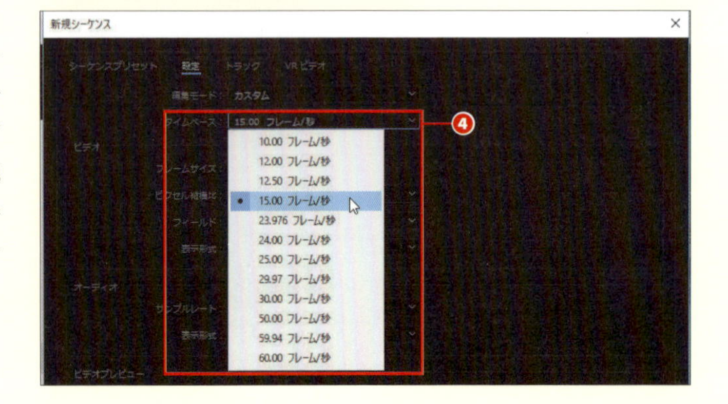

002 シーケンスのプリセットを選択する

STEP 4

［ビデオ］の設定に移ります。まず［フレームサイズ］です。今回は［横］に960、［縦］に480を入力して、2：1のアスペクト比にします❺。次に［ピクセル縦横比］を設定します。ビデオは収録フォーマットによってさまざまなピクセル比があります。DVフォーマットなら少し縦長の0.9091、HDVなら横に長い1.333など。画面のアスペクト比は、このピクセル縦横比とフレームサイズの兼ね合いで決まります。今回は2：1のフレームサイズをそのまま2：1で表示したいので、［ピクセル縦横比］は［正方形ピクセル（1.0）］にします❻。

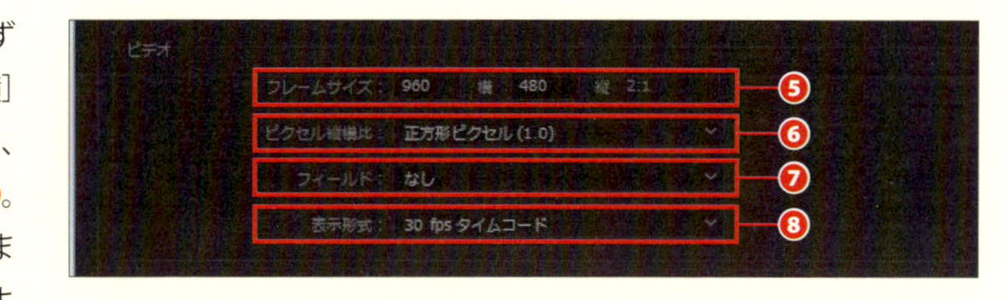

［フィールド］は、インターレース再生する時の優先フィールドの指定です❼。テレビでの再生は考慮していないので［なし］にします。

［表示形式］では、タイムコードの表現方法を指定します❽。ここでは「30fps ノンドロップフレーム」を選択しておきましょう。なお、この指定は編集結果には特に影響をおよぼしません。

STEP 5

続いて［オーディオ］の設定です。［サンプルレート］では、シーケンスに置かれたオーディオクリップの品質を設定します❾。一般的なビデオカメラで採用されている［48000Hz］を指定しておきます。その下の［表示形式］では、オーディオの時間表示の精度を設定します❿。タイムライン上では、ビデオのフレーム単位で編集することになりますが、オーディオのみを編集する場合にはより精細な単位で作業することができます。ここでは初期設定の［オーディオサンプル］を指定しておきましょう。

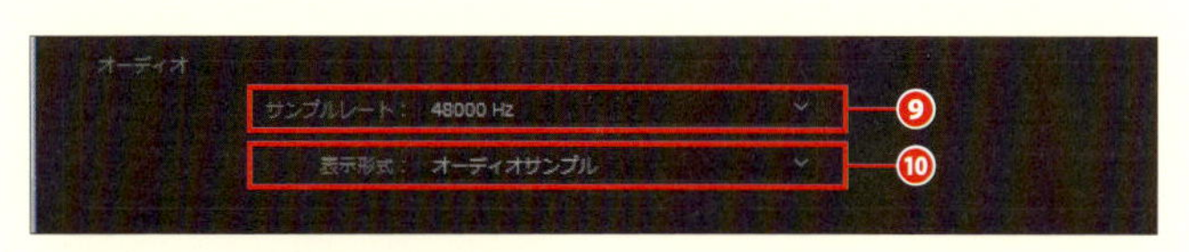

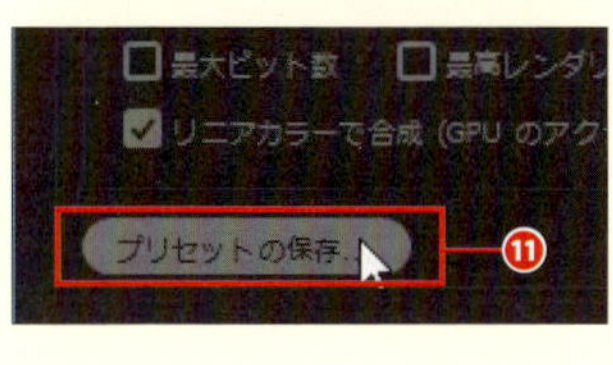

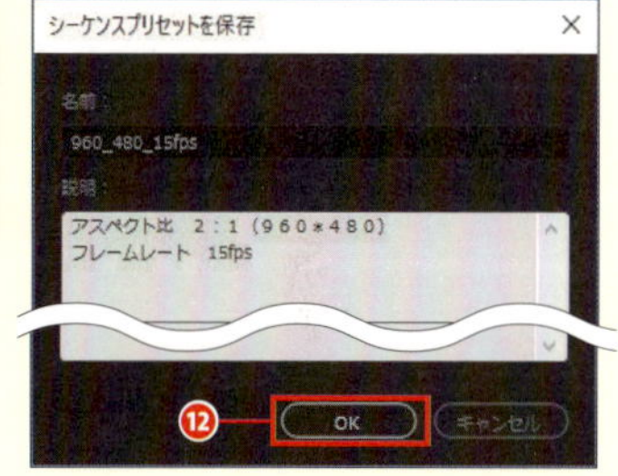

STEP 6

ここまでで、プリセットの設定はほぼ終わりです。このほかに編集中のプレビュー用のコーデックを設定する［ビデオプレビュー］や、ビデオトラックとオーディオトラックの初期値を指定する［トラック］タブでの設定がありますが、これらは初期設定のままでかまいません。

設定が終わったところで、**［プリセットの保存］ボタンをクリックします⓫**。［シーケンスプリセットを保存］ダイアログが開くので、プリセット名や、説明を入力し［OK］ボタンをクリックします⓬。保存が完了すると自動的に［シーケンスプリセット］タブに戻り、今保存したプリセットが表示されます⓭。［プリセットの説明］には設定内容が記載されています⓮。

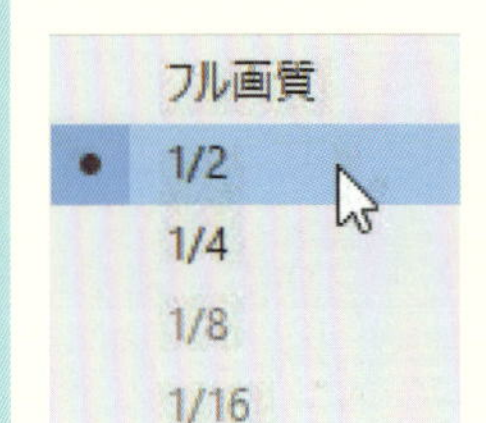

NO.

008 プレビュー環境を整える

再生時の解像度を変更してプレビューをスムーズにしたり、外部モニターに出力することができます。

ソース／プログラムモニターで解像度を変更する

METHOD 1

AVCHD など、複雑な処理を行うコーデックや 4K などの高解像度の場合、PC 環境によってはスムーズに再生できないことがあります。そのような時は、ソースモニターやプログラムモニターの右下にある［再生時の解像度］メニューを使って解像度を低めに設定します❶。1/2 や 1/4 に設定することで画像は粗くなりますが、動きはスムーズに改善されます。一時停止の静止状態の解像度も変更したい場合は、［設定］ボタン❷をクリックして表示されるメニューから［一時停止時の解像度］を使って設定します。

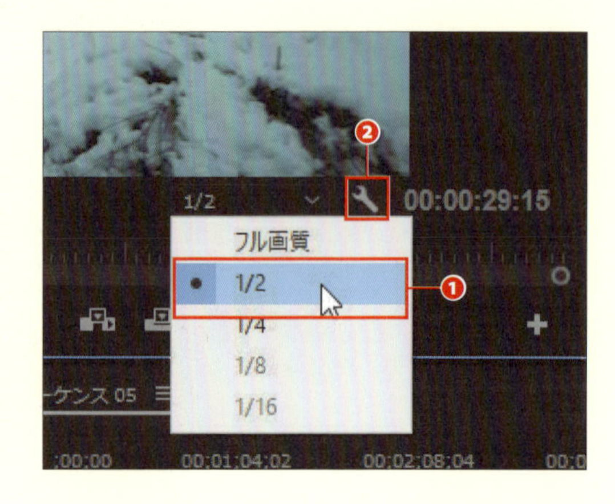

外部モニターに出力する

METHOD 2

PC に外部モニターが接続してある場合は、追加のモニターをプレビューモニターとして使うことができます。まず、OS のモニター設定で追加モニターを［拡張デスクトップ］に設定します。［編集］→［環境設定］→［再生］を実行して、環境設定の［再生］タブを表示させます❸。［ビデオデバイス］の中に、出力先がリストアップされているので目的の外部モニターにチェックを入れます❹。この際、IEEE（FireWire）経由で DV 機器が接続されている場合は、［ビデオデバイス］と［オーディオデバイス］を［Adobe DV］に設定することで、DV 機器に出力することもできます❺。この場合、HD シーケンスの映像は DV にダウンコンバートされます。

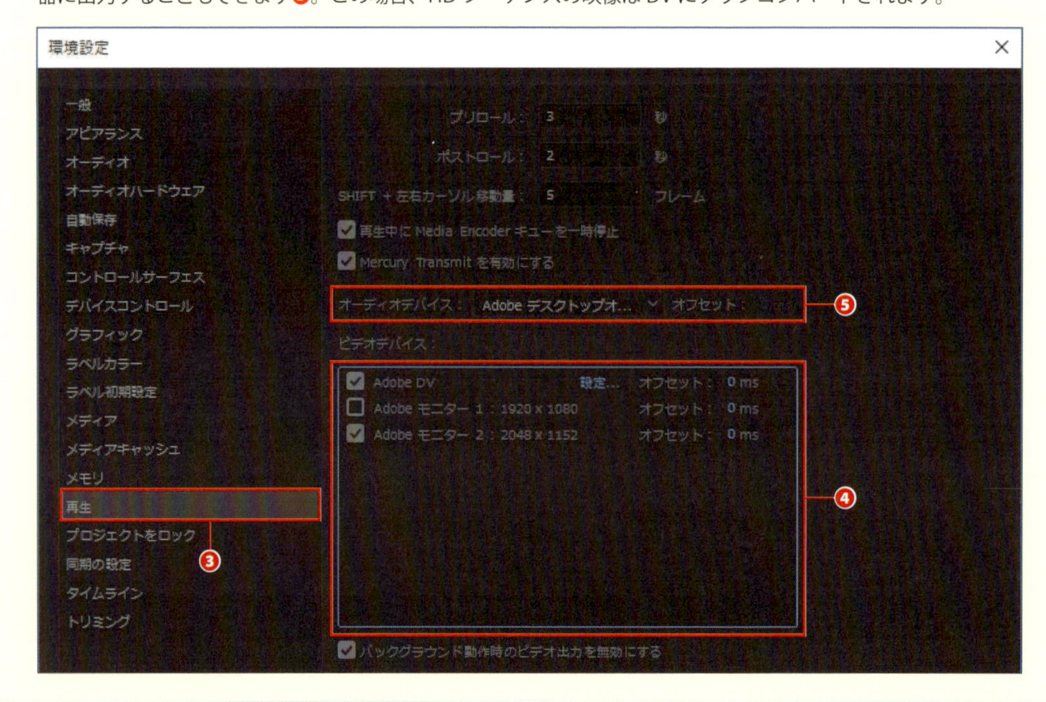

第2章 基本的な操作

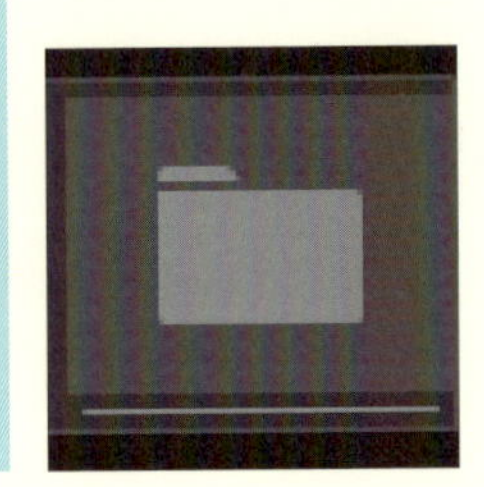

NO.

009 ビンを作成して素材を整理する

取り込んだクリップ（素材）はプロジェクトパネルに登録されます。同パネル内では「ビン」と呼ばれるフォルダーを使って分類整理できます。

STEP 1

ビンを作るには、以下のいずれかの操作を行います。

- プロジェクトパネルの下部にある［新規ビン］ボタンをクリック❶
- プロジェクトパネルをアクティブにした状態で［ファイル］→［新規］→［ビン］を実行
- パネル名の右側にあるパネルメニューから［新規ビン］を選択❷
- プロジェクトパネルの何もない部分を右クリックして表示されるメニューから［新規ビン］を選択

S 新規ビン▶ Ctrl ＋ / （⌘ ＋ / ）

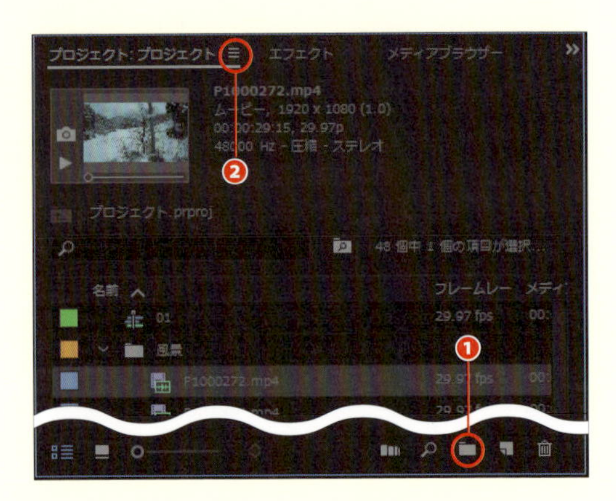

STEP 2

上記の操作で新規ビンが作成されるので❸、名前を入力してから Enter （ Return ）キーを押して確定します❹。ビンは、フォルダーと同じ仕組みなので、ビンの中にビンを作ることもできます。その場合は、目的のビンを選択した状態で同様の操作を行います。ビンを削除するには、削除したいビンを選択した状態で［消去］ボタンをクリックします❺。ビンにはクリップやシーケンスをドラッグ＆ドロップして格納することができます。ビンの中身を確認するには、ビンの左側の三角マークをクリックして展開させるか、ダブルクリックします。初期設定では、ダブルクリックすると別ウィンドウでビンが開きます。ビンをダブルクリックした時の挙動は、［環境設定］→［一般］の［ビン］で変更することができます。

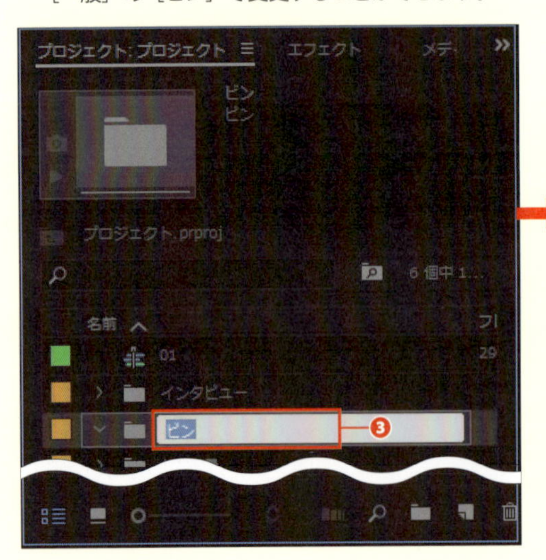

 MEMO

ビンの使い道はいろいろあります。キャプチャした素材をロールごとに分けておく、ムービーファイルと静止画ファイル、オーディオファイルなど、メディアの種類ごとに整理しておく、といった使い方のほか、シーケンスを入れて編集のバージョン管理をする、といったこともできます。

 MEMO

「検索ビン」という特殊なビンを作成することもできます。特定の条件を備えた素材だけを自動的に集めるビンです。詳細は「212 素材を検索する」で解説しています。

NO.

010 プロジェクトパネルの表示を変更する

素材を管理するプロジェクトパネルは、作業状況に応じて表示方法を変更できます。使いやすい表示を選びましょう。

METHOD 1

初期設定は［リスト表示］です。［アイコン表示］に変更するには、プロジェクトパネル左下の［アイコン表示］ボタンをクリックします❶。またはパネル名の右側にあるパネルメニューから［アイコン］を選択します❷。リストに戻す場合には、［リスト表示］ボタンをクリックするか❸、パネルメニューから［リスト］を選択します。

METHOD 2

アイコンのサイズを変更するには、パネル下部にある［アイコンとサムネールのサイズを調整］スライダーを使います❹。これらは、リスト表示の場合でも有効です。プロジェクトパネルのアイコン表示は一般にいうアイコンというよりもタイル的な表示になります。アイテムの移動は、あらかじめ用意されたマス内に限られ、自由な位置に配置することはできません。表示順の変更は、パネル下部の［アイコンの並び替え］ボタンを使って変更します❺。

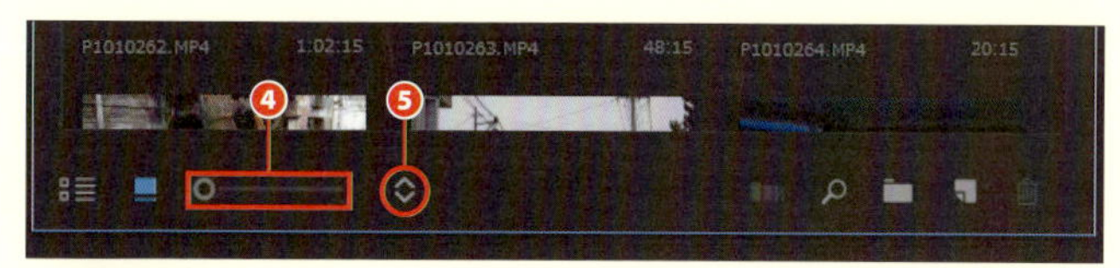

METHOD 3

パネル名の右側にあるパネルメニューを使うと、さらに詳しい設定ができます❻。リスト、アイコン表示の切り替えのほか、［プレビューエリア］を選択すると、プロジェクトパネルの左上の小さなモニターが表示され、プレビューできるようになります。また［動画をスクラブに合わせて表示する］を選択すると、マウスカーソルをアイコンの上で左右に動かすことで、動画をスクラブ（再生）できるようになります。パネル内のクリップをサムネール表示するかどうかもここで設定できます❼。

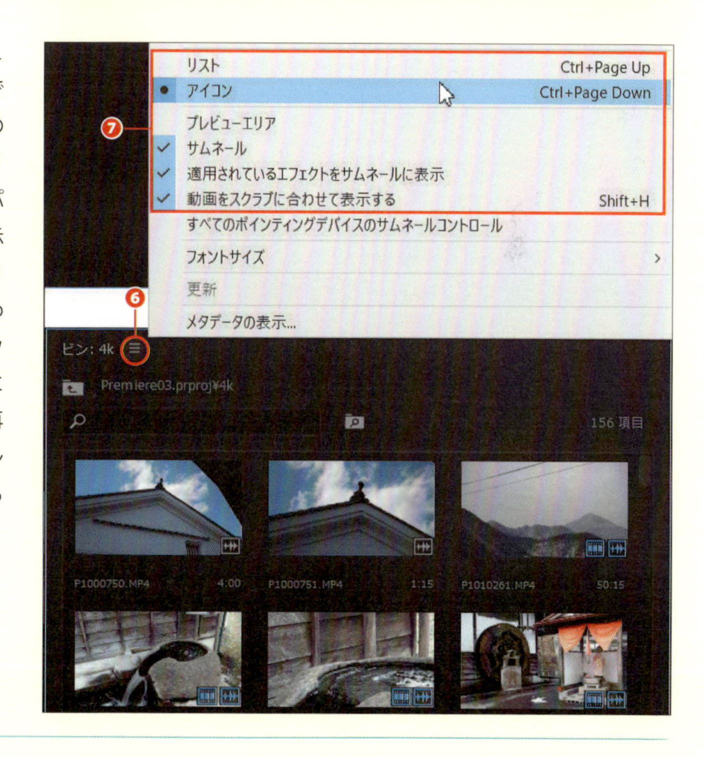

009 ビンを作成して素材を整理する

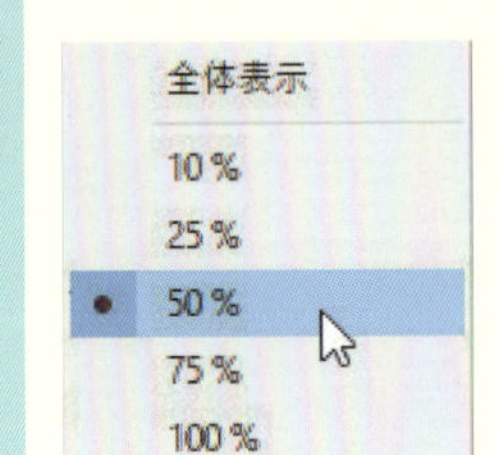

NO.

011 ソース／プログラムモニターのカスタマイズ

ソースモニターやプログラムモニターは、表示倍率のほか、各種情報の表示・非表示を設定をすることで、さらに使いやすくカスタマイズできます。

表示サイズの変更

初期設定では、各モニターのサイズに合わせて、全体表示するようになっています。等倍で素材を確認したり、合成作業の調整などのために拡大表示した場合には、［ズームレベルを選択］のポップアップメニューから倍率を選択します❶。

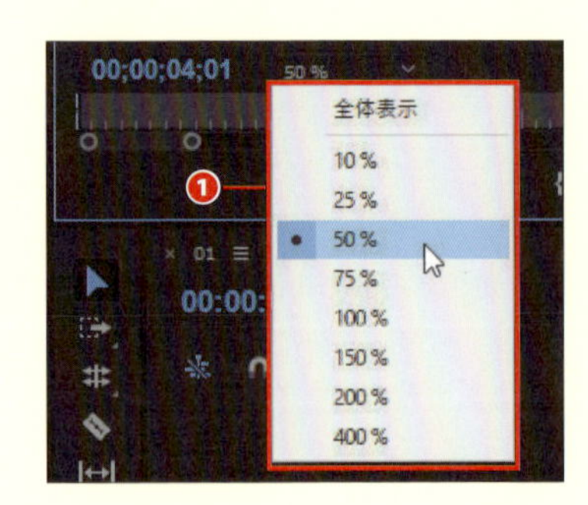

表示オプションの選択

パネルの右下にあるスパナのアイコン（［設定］）をクリックして表示されるメニューから、さまざまなオプションを選ぶことができます❷。

［トランスポートコントロールを表示］では、再生や編集ポイントの設定に使うトランスポートコントロールの表示をオン・オフできます。これらの操作をショートカットキーで行っている場合は、非表示にすることでモニターの表示エリアを広くとれます。

［コマ落ちインジケーターを表示］では、再生時のコマ落ちを知らせるインジケーターを追加できます。コマ落ちするとマークの色が緑から黄に変わり、カーソルを重ねるとコマ落ちのフレーム数が表示されます。

［セーフマージン］は、標準的なタイトルセーフエリア❸を表示してテロップ配置などの参考にできます。

［オーバーレイ］では、再生ヘッド❹下のタイムラインの状況を画面上に表示できます。トラックが複数重なった複雑なタイムラインを管理するのに便利です。

また［設定］メニュー→［オーバーレイ設定］→［設定］を実行して、［オーバーレイ設定］パネルを表示させると、セーフマージンのサイズや表示の位置などを細かく設定することもできます。

そのほか、マーカー表示のオン・オフなどもこのメニューから切り替えられます。

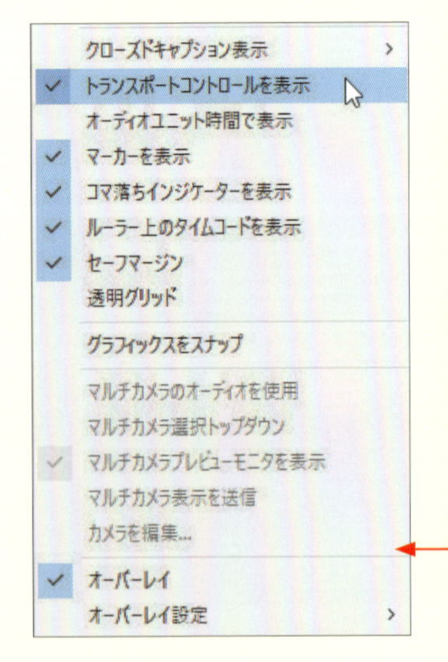

NO.
012 トラックを展開する

Premiere Pro のタイムラインは、編集作業の状況に応じて、高さ（幅）をフレキシブルに変えることができます。

METHOD 1

初期設定のトラックは、最も「畳まれた」状態になっています。この状態では、ビデオのサムネールは表示されません。これを展開するには、次のいずれかの操作を行います。**トラックヘッダー上をダブルクリック**すると❶、初期設定の高さにトラックが展開します。もう一度ダブルクリックすると折り畳まれます。

トラックの高さを調整したい場合には、トラックヘッダーでトラックの境界にカーソルを重ね、カーソルが上下矢印の状態になったら、上（ビデオトラック）、下（オーディオトラック）にドラッグします❷（またはトラックヘッダー上にカーソルを置き、マウスホイールを回転させます❸）。

トラックの高さを、初期設定よりもさらに低くし、より多くのトラックを同時に表示することもできます❸。

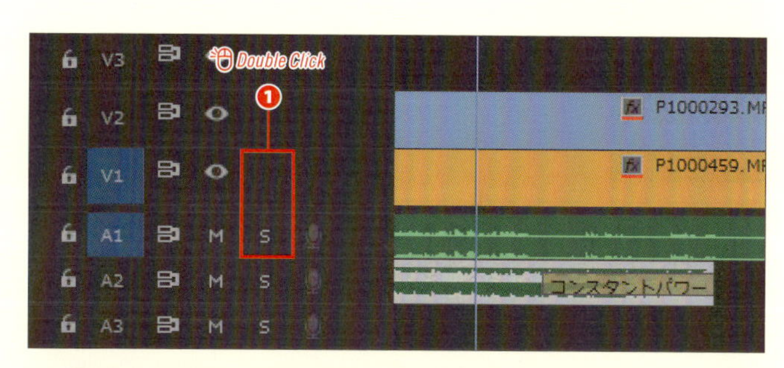

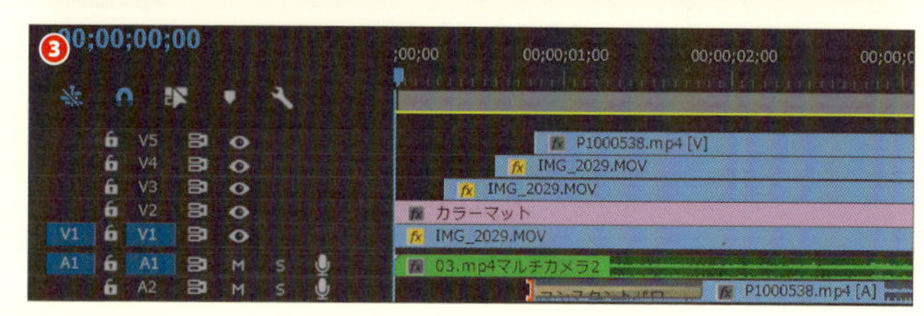

METHOD 2

クリップが配置されたすべてのトラックを同時に展開したり、高さを変更するには、タイムラインパネル右端にあるスクロールバーの上下のハンドルを上または下にドラッグします❹。

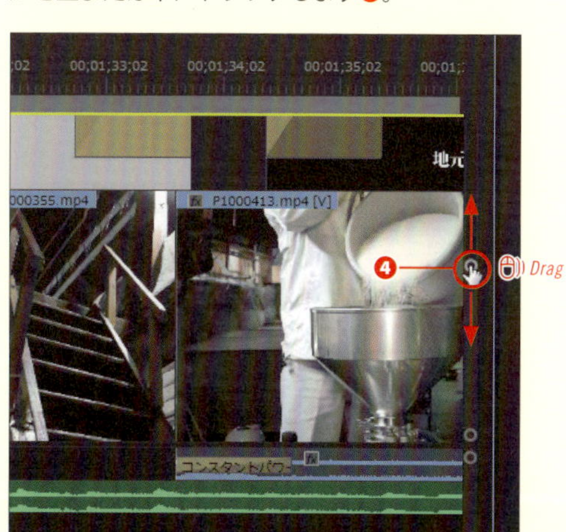

METHOD 3

ビデオトラックを展開した時に表示されるクリップのサムネールは、シーケンス名の右側にあるパネルメニューで設定します❺。

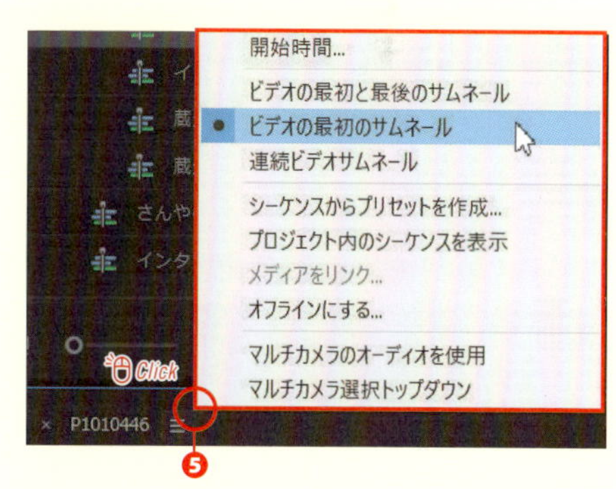

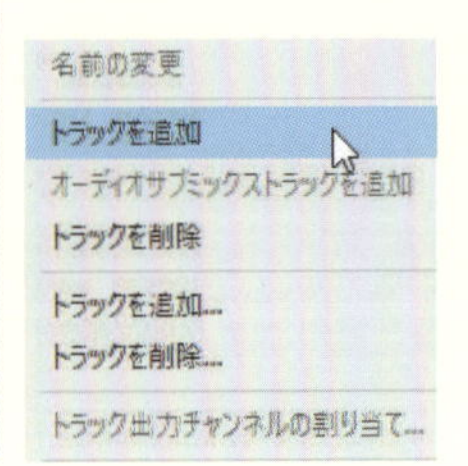

NO.

013 トラックを追加する、削除する

Premiere Proでは、ビデオトラックやオーディオトラックを必要な数だけ追加して、効率的かつ複雑な編集が行えます。

STEP 1

トラックを追加するには、[シーケンス] → [トラックの追加 ...] を実行し、[トラックの追加] ダイアログを表示します❶。また、タイムラインパネルのヘッダー部分を右クリックして表示されるメニューからも実行できます。追加できるのは、[ビデオトラック] [オーディオトラック]、オーディオのミックスに使う [オーディオサブミックストラック] です。それぞれのトラックの [追加] にトラック数を入力するか❷、数値をスクラブして指定します。

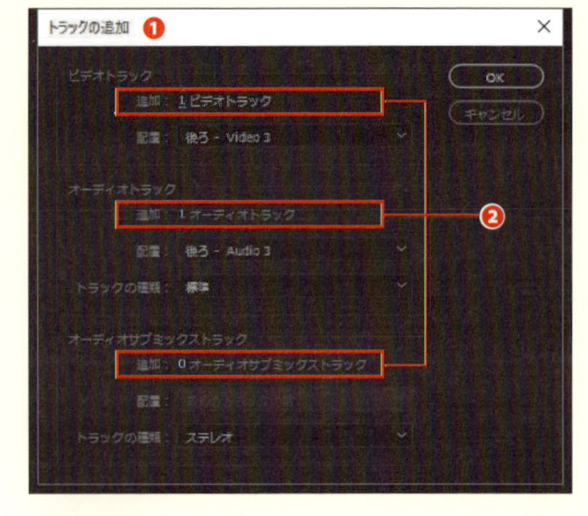

STEP 2

[配置] でタイムラインのどこに追加するかを選択し❸、[OK] ボタンをクリックします。タイムラインの一番下に追加する場合は [最初のトラックの前] を選択します。そのほかに[後ろ -(トラック名)]を使って、任意の場所に追加することもできます。

STEP 3

[オーディオトラック] や [オーディオサブミックストラック] の場合は、素材のチャンネルタイプや目的に応じて [トラックの種類] から [標準] (音楽やステレオ収録の素材用)、[モノラル] (ナレーションなどモノラル素材用)、[5.1] (サラウンド用) [アダプティブ] (出力チャンネルを設定できる) が選択できます❹。選択が終わったら [OK] ボタンをクリックして新しいトラックを作成します。

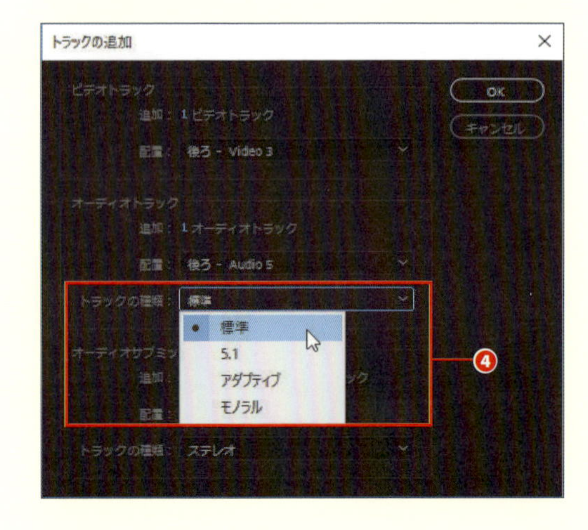

不要になったトラックを削除するには、［シーケンス］→［トラックの削除 ...］を実行します。タイムラインパネルのトラック名を右クリックして表示されるメニューからも実行できます。［トラックの削除］ダイアログが開くので❺、目的に合わせて［ビデオトラックを削除］［オーディオトラックを削除］［オーディオサブミックストラックを削除］にチェックを入れ、削除したいトラックを、ポップアップメニューから選択します❻。最後に［OK］ボタンをクリックします。何も配置されていない空のトラックを整理したい場合は、ポップアップメニューから［すべての空のトラック］を選択してください❼。

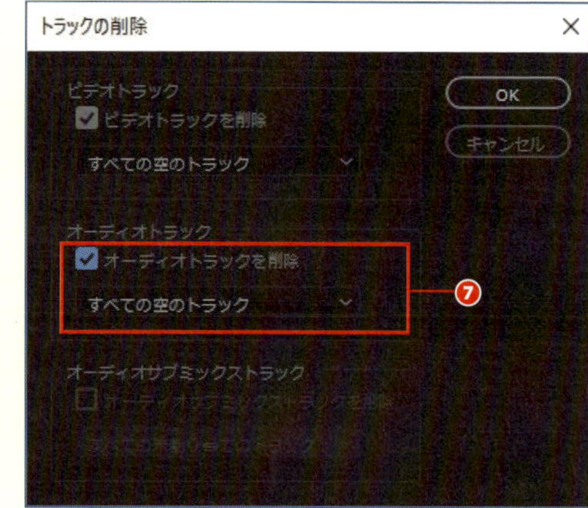

MEMO

ビデオトラックやオーディオトラックを１つだけ追加したい、または削除したい場合は、トラックヘッダー上を右クリックして、表示されたメニューから［トラックを追加］［トラックを削除］を選択します。［トラックを追加］の場合は、カーソルが置かれたトラックの上（ビデオトラックの場合）または下（オーディオトラックの場合）にトラックが１つ追加されます。

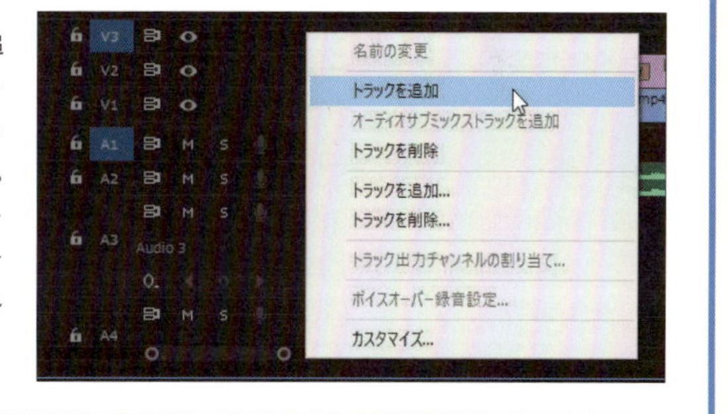

MEMO

初期設定では、トラック名は［Video（番号）］あるいは［Audio（番号）］になっています。この状態では、トラックを追加または削除するたびに名前は最初のトラックからの連番に変更されてしまいます。例えば「Video 3」というトラックの前にトラックを１本追加すると、「Video 3」は連番で変更されて「Video 4」になってしまうのです。これが困る場合は、トラック名を変更しておきましょう。変更したいトラックを展開してトラック名を表示し、その上で右クリックして❹表示されるメニューから［名前の変更］を実行します❺。

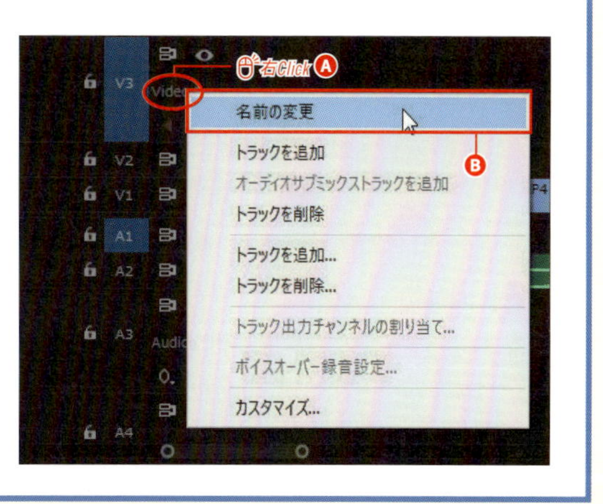

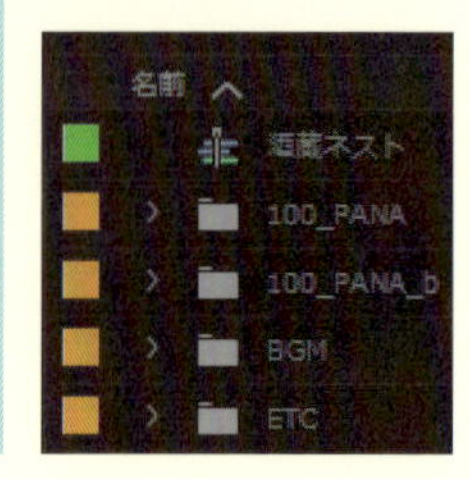

NO.

014 クリップをネストする

タイムライン上の複数のクリップを別のシーケンスとしてまとめるのが「ネスト」です。複数クリップをブロック化することで別のシーケンスでの使い回しなどが楽になります。

STEP 1

タイムライン上で、新しいシーケンスにまとめたいクリップを選択します❶。その上で［クリップ］→［ネスト］を実行するか、選択したクリップを右クリックしてメニューから［ネスト］を選択します。

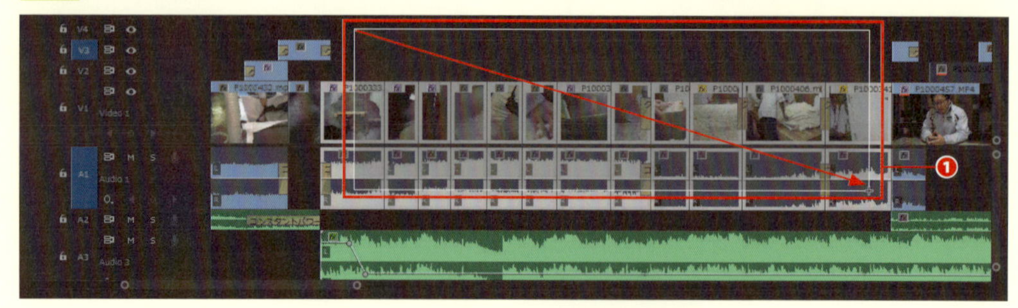

STEP 2

［ネストされたシーケンス名］ダイアログが表示されるので、名前を入力して［OK］ボタンをクリックします❷。

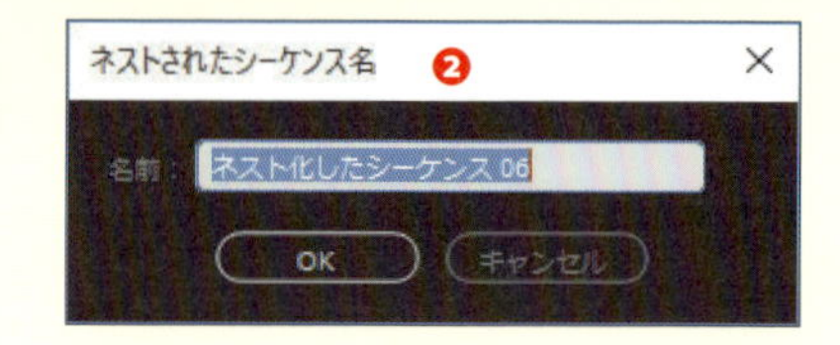

STEP 3

プロジェクトパネルに、新しいシーケンスが作成され❸、STEP2 で選択したクリップがそのままの形で配置されます❹。元のシーケンスには、選択したクリップの位置に新しくできたシーケンス［ネスト化した（シーケンス名）］が配置されます❹。このシーケンスをダブルクリックすると、新しいタイムラインで開くことができます。

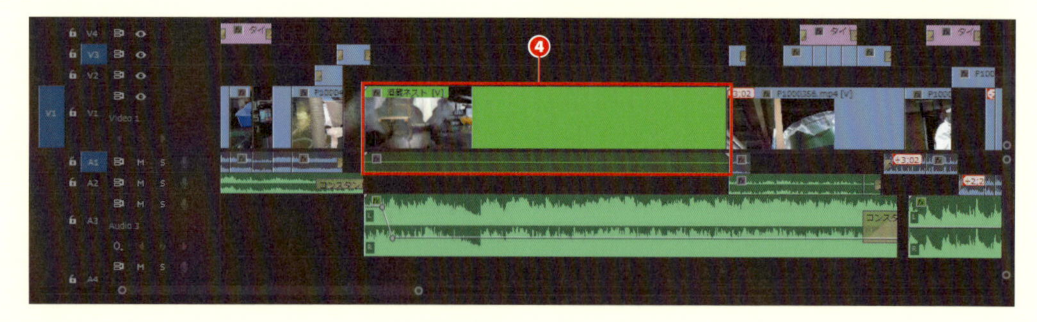

MEMO

「ネストする」とは、シーケンスの中に別のシーケンスを入れ子状に配置することです。「015 シーケンスを別のシーケンスに読み込んで使う」も一種のネストです。ネストすることで、同じシーケンスを何度も繰り返し使ったり、ほかのシーケンスと共有して使い回したりすることが簡単かつ安全にできるようになります。また、複雑な編集を行う時に不用意にいじってしまわないよう「保護」することもできます。

015 シーケンスを別のシーケンスに読み込んで編集する
016 別のプロジェクトをインポートして使用する

NO. 015 シーケンスを別のシーケンスに読み込んで編集する

Premiere Pro では、編集したシーケンスを別のシーケンスに読み込んで、ムービーファイルのように扱うことができます。

STEP 1

シーケンスを素材にした編集は、クリップを素材にした時と変わりはありません。まず読み込み先シーケンスを作成してタイムラインで開いておき❶、別のシーケンスをプロジェクトパネルからドラッグ＆ドロップするだけで配置できます❷。

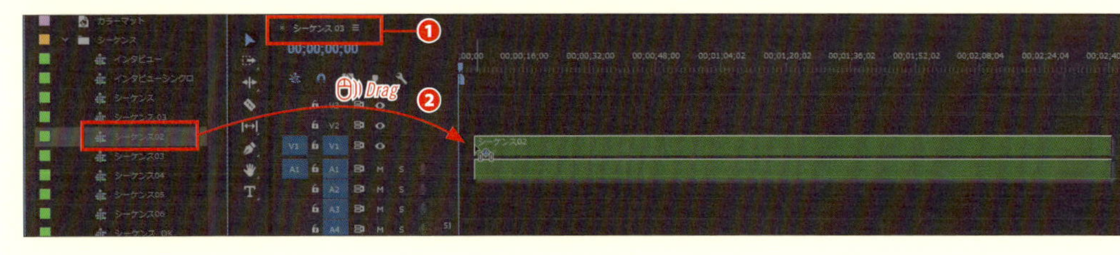

STEP 2

タイムラインの左上にある［ネストとしてまたは個別のクリップとしてシーケンスを挿入または上書き］ボタン❸をクリックしてオフにすると、シーケンス内に含まれるクリップを個別のクリップとして配置することができます。このようにして、シーケンスを１つのクリップのような形（ネスト）としてではなく、配置先のシーケンスに読み込んで元のシーケンスの「中身」を再現することもできます。

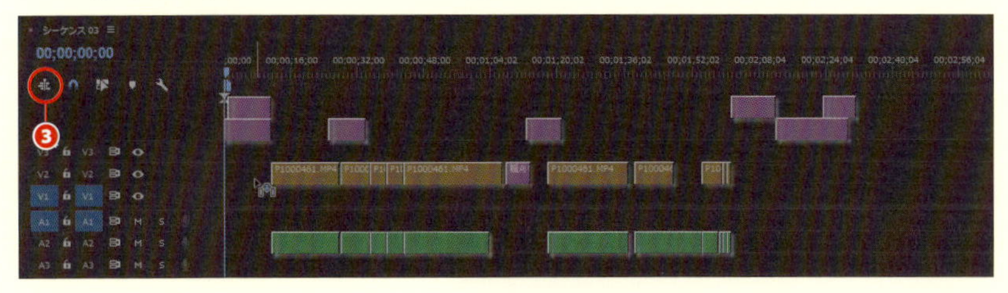

STEP 3

配置するシーケンスにインポイントやアウトポイントを設定したい場合には、ソースモニターにドラッグして表示し❹、クリップの場合と同様に［インをマーク］［アウトをマーク］ボタンを使って設定します❺。その後、ソースモニターからタイムラインへドラッグ＆ドロップするか、［インサート］［上書き］ボタン❻でタイムラインに配置します。

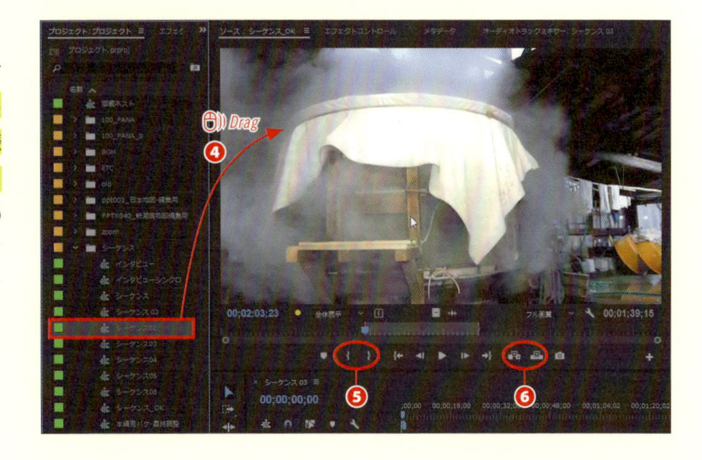

MEMO

シーケンスを別のシーケンスに読み込んで編集するメリットはいろいろあります。複雑なシーケンスを再レンダリングなしに別のシーケンスで利用する、ブロックごとに編集したシーケンスを別の１つのシーケンスにまとめるなど、使い方を覚えるとさまざまな場面で役立ちます。

014 クリップをネストする
016 別のプロジェクトをインポートして使用する

NO.
016 別のプロジェクトをインポートして使用する

編集中のプロジェクトに、別のプロジェクトを読み込んで利用することができます。プロジェクト全体はもちろん、特定のシーケンスだけを選ぶことも可能です。

STEP 1

メディアブラウザーを使って、インポートしたいプロジェクトを探し、クリックして選択します❶。右クリックで表示されるメニューから［読み込み］を選択するか、［ファイル］→［読み込み］を実行します❷。

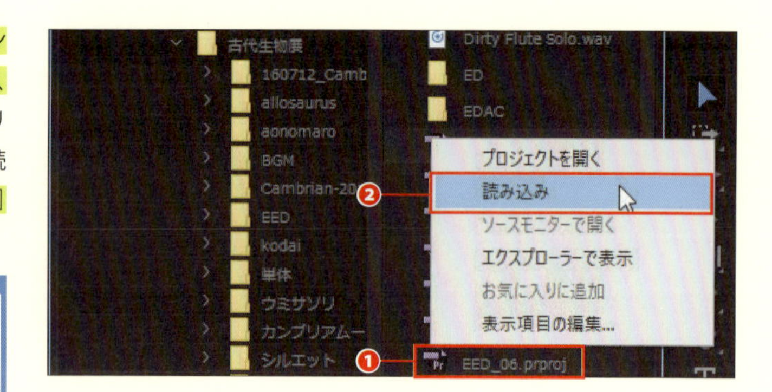

MEMO

メディアブラウザーの代わりに、［ファイル］メニューやプロジェクトパネル上で右クリックして表示されるメニューから［読み込み］を実行する方法もあります。

STEP 2

［プロジェクトの読み込み］ダイアログが表示されるので、読み込みのタイプを選択します❸。プロジェクトに含まれるシーケンスと素材をすべてインポートしたい場合には［プロジェクト全体を読み込み］を、特定のシーケンスと素材だけを読み込みたい場合は［選択したシーケンスを読み込み］を選びます。

この時に［読み込まれたアイテム用のフォルダーを作成します。］をチェックしておくと、読み込むプロジェクトに使われている素材を１つのフォルダーにまとめることができます❹。

また［重複しているメディアの読み込みを許可します。］をチェックすると、すでにプロジェクトで使用している素材も改めて読み込みます❺。

設定後、［OK］ボタンをクリックすると、プロジェクトが読み込まれます。なお［プロジェクトの読み込みタイプ］で［選択したシーケンスを読み込み］を選択した場合は、［Premiere Pro シーケンスを読み込み］ダイアログに切り替わり、そのプロジェクトに含まれるシーケンスのリストが表示されます。その中から読み込みたいシーケンスを選択して［OK］ボタンをクリックしてください。

STEP 3

読み込みが終了すると、プロジェクトパネルに、読み込んだプロジェクトに含まれるクリップやシーケンスが登録されます❹。

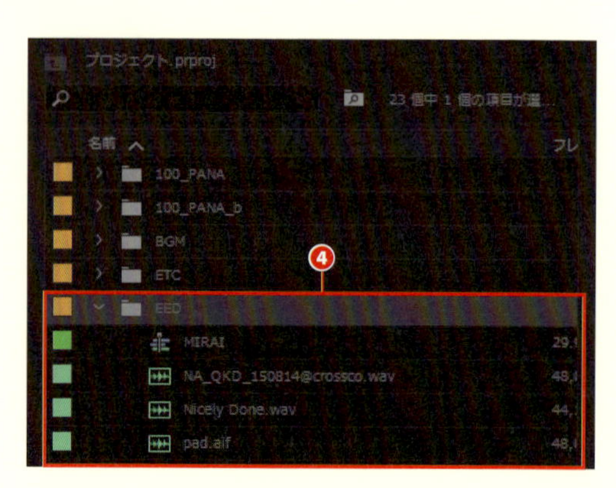

プロジェクトを別のプロジェクトにインポートする理由はいろいろですが、例えば「複数の編集者で分担して作業を進め、最後に１つのプロジェクトにまとめる」といった使い方や、「別々のプロジェクトファイルになっているシリーズものの作品の総集編を編集する」といった場合などに活躍します。

014 クリップをネストする
015 シーケンスを別のシーケンスに読み込んで編集する

NO. 017 トラックをロックする

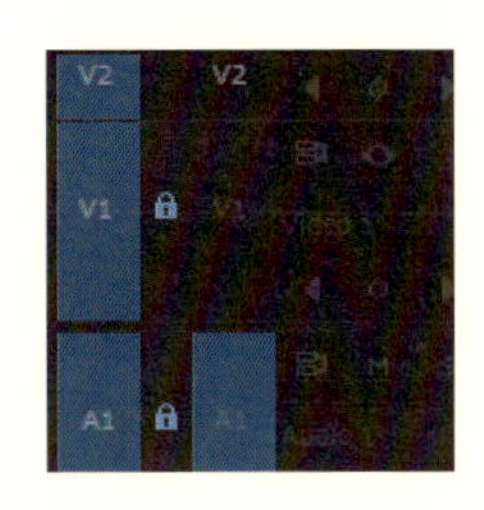

編集作業の途中で誤ってクリップを動かしてしまったりすることがないよう、トラックを［ロック］することができます。

METHOD 1

特定のトラックをロックするには、トラック名の左側にある［トラックロックの切り替え］スイッチをクリックします❶。するとトラック全体が網掛け表示になり、変更を受け付けないようになります❷。再び［トラックロックの切り替え］スイッチをクリックすると、ロックが解除されます。

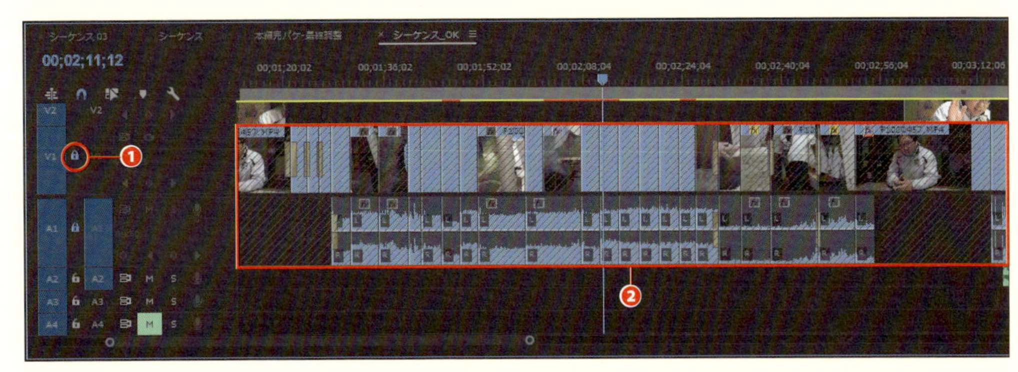

METHOD 2

トラックの［ロック］機能は、ベースになる流れを作って、そこに別のカットをインサート編集していくような場合に便利です。ベーストラックを［ロック］して❸、その上のトラックをインサート用のトラックとして編集していきます❹。こうすることで、ベースの流れを維持したまま、どのようなインサートカットがよいのかを検討しやすくなります。

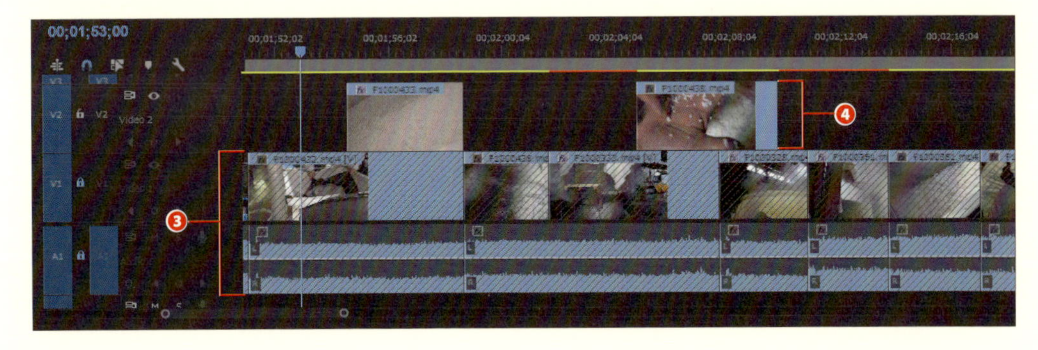

 MEMO

トラックの［ロック］機能は、複数のビデオトラックを使った複雑なシーケンスを「保全」するのにも有効です。また［ロック］とは違いますが、複雑に組み上げるシーケンスは、独立した別のシーケンスで編集して、あとから本編シーケンスに組み込んだり、ネストしておくと、ちょっとした操作ミスでこれまでの編集内容や合成結果が崩れてしまうのを防ぐことができます。これもシーケンスの「保全」の1つです。

NO.
018 クリップの情報を確認する

Premiere Pro に取り込んだビデオやファイル（クリップ）情報は、プロジェクトパネルで確認できます。［プロパティ］画面でチェックする方法もあります。

プレビューエリアで確認する

METHOD 1

プロジェクトパネルでクリップを選択すると❶、パネル上部のプレビューエリアに基本情報（ムービーのサイズ、長さ、シーケンス中で使われている回数など）が表示されます❷。プレビューエリアが表示されていない場合は、パネルのオプションメニューから［プレビューエリア］を選択します❸。

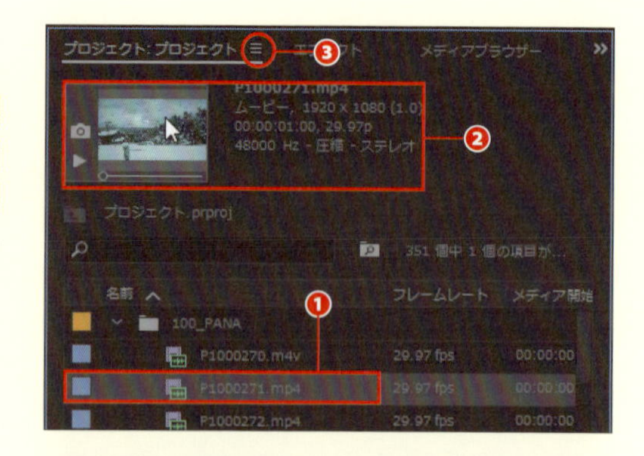

プロジェクトパネルから［プロパティ］を表示して確認する

METHOD 2

プロジェクトパネルでクリップを選択し、右クリックして表示されるメニューから［プロパティ］を選択します。するとプロパティが表示され、ムービーのフォーマットや保存先などを確認できます❹。

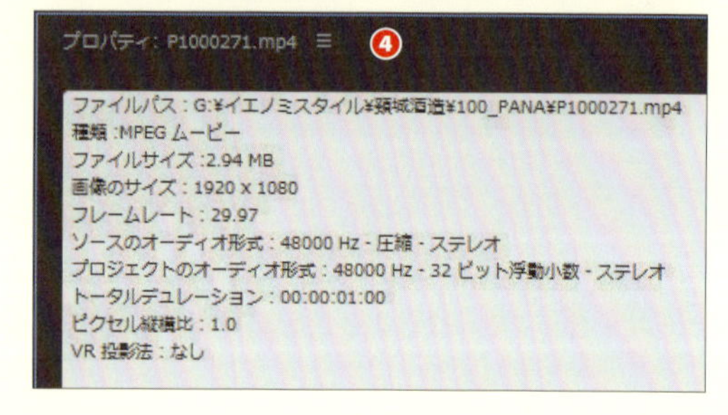

［リスト表示］に切り替えて確認する

METHOD 3

プロジェクトパネルを［リスト表示］にし❺、パネルの表示を左右にスクロールしていくと、キャプチャ時に書き込んだ情報も含めてさまざまな情報が確認できます。これらの項目はパネルのオプションメニューから［メタデータの表示］を実行して変更することができます❻。また項目名をドラッグして表示順番も入れ替えることも可能です。

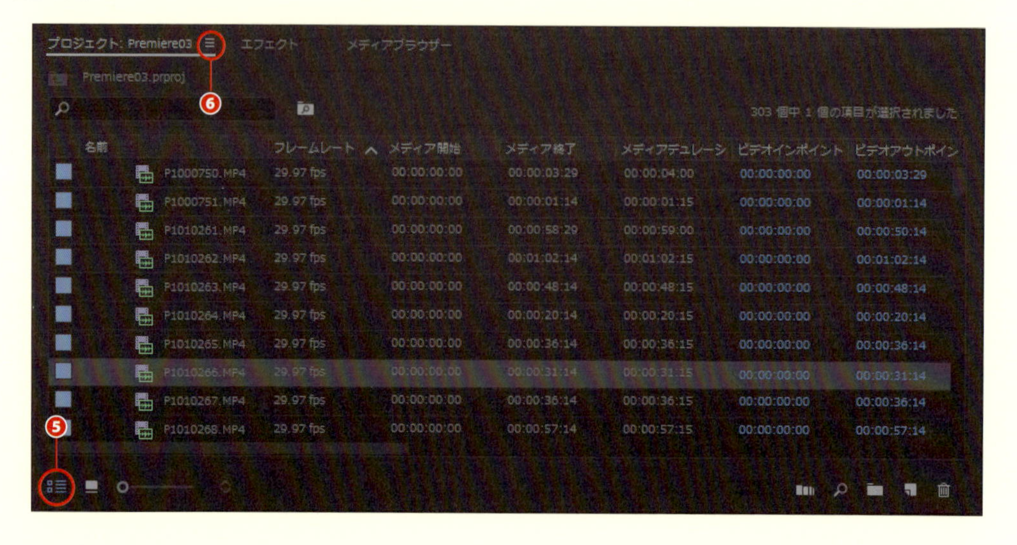

019 クリップにコメントを書き入れる
216 メタデータパネルで素材を管理する

NO. 019 クリップにコメントを書き入れる

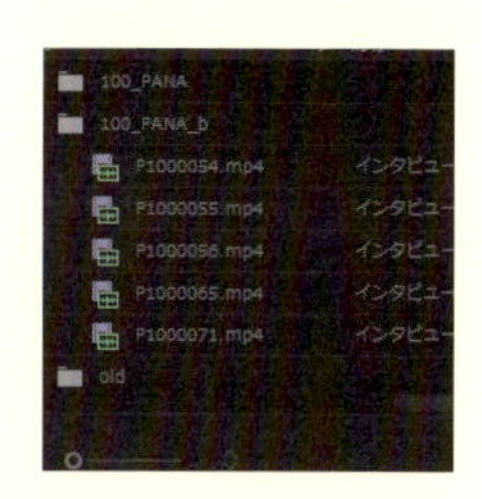

プロジェクトパネルに登録されたクリップに、[説明] や [ログの注釈] (メモ) などのコメントを付けることができます。

STEP 1

プロジェクトパネルの下部にある [リスト表示] ボタンをクリックして❶、[リスト表示] に切り替えます。

STEP 2

プロジェクトパネルにある項目のうち初期設定でコメントを追加できるのは、[説明] [ログの注釈] [シーン] です。目的の部分をクリックしてからテキストを入力し❷、Enter (Return) キーで確定します。キャプチャ時に入力した情報を修正する場合も同様に行います。

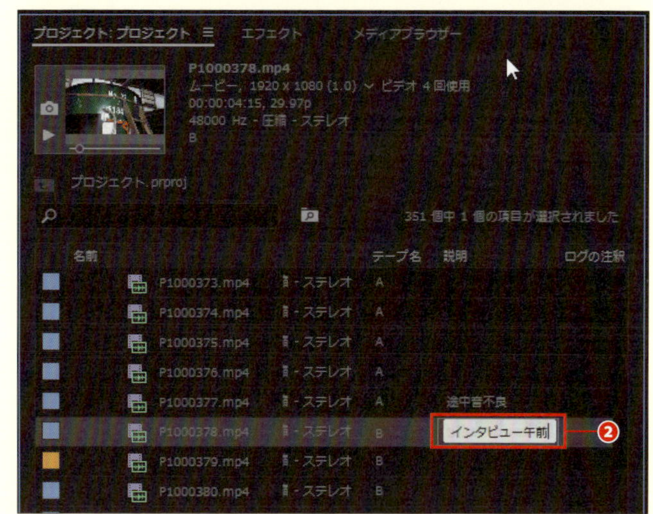

MEMO

ここで入力した情報をもとに、クリップを検索することができます。プロジェクトパネル上部にある [検索] にキーワードを入力しますⒶ。すると、それらの情報に合致した素材がプロジェクトパネルの一覧に表示されます。素材の数が膨大になる場合は、自分なりにルールを定めてコメントを入力していくとよいでしょう。

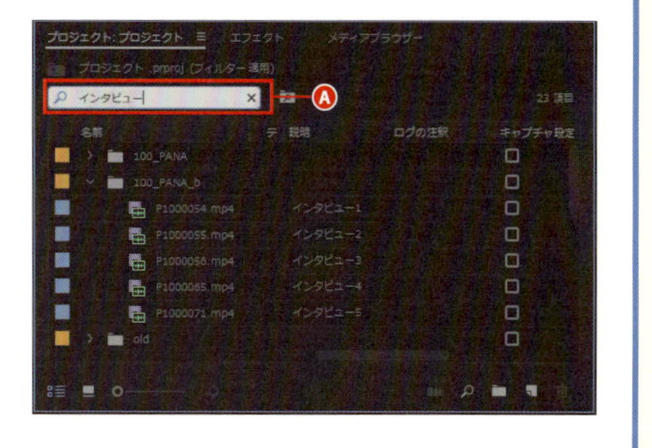

018 クリップの情報を確認する
216 メタデータパネルで素材を管理する

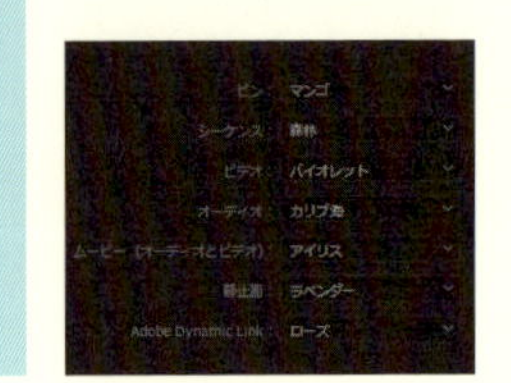

NO.
020 クリップにラベルを付けて管理する

プロジェクトパネルに登録されたクリップは、［ラベル］を付けて管理することができます。付けたラベルの色はタイムライン上のクリップにも反映されます。

STEP 1

プロジェクトパネルの下部にある［リスト表示］ボタンをクリックして❶、［リスト表示］に切り替えます。すると［ラベル］が表示されます❷。［アイコン表示］ではラベルは表示されません。

MEMO

［ラベル］を使って、同じラベルのクリップだけ選択することができます。その場合は、プロジェクトパネルで目的のラベルの付いたクリップを選択し、［編集］→［ラベル］→［ラベルグループを選択］を実行します。

STEP 2

ラベルを割り当てたり、変更したい場合には、プロジェクトパネルで対象となるクリップを選択し、［編集］→［ラベル］の中から目的のラベルの色を選びます❸。チェックされているのが現在設定されている［ラベル］です❹。

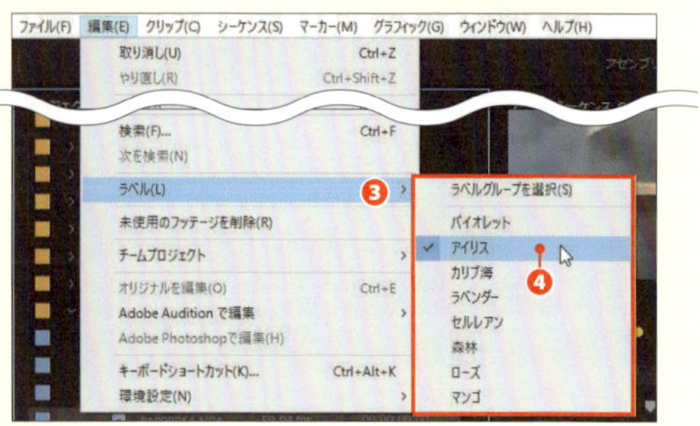

STEP 3

あらかじめ、素材の種類によってラベルの色が割り当てられています。［ビン］はマンゴ、［シーケンス］は森林、［ビデオ］はバイオレット、［静止画］はラベンダーなどです。これらの割り当ては、［編集］→［環境設定］→［ラベル初期設定］❺で変更可能です。また、ラベルの色そのものは、同様に［環境設定］ダイアログの［ラベルカラー］❻で、カラーピッカーを使って変更することができます❼。

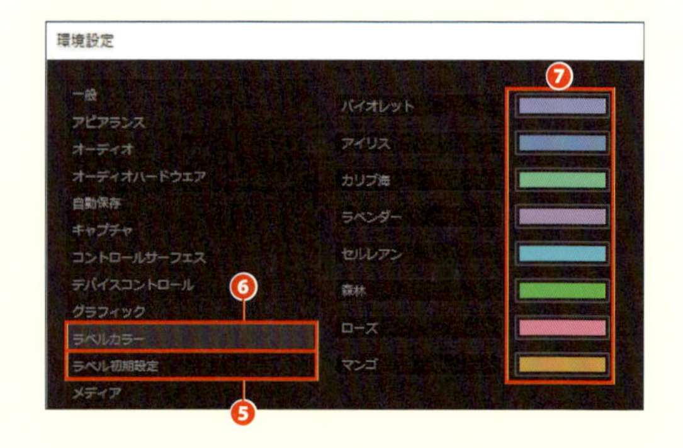

NO.
021 ビデオスコープを表示する

Premiere Pro には、色補正をしながら映像信号を管理するためのビデオスコープが搭載されています。ビデオスコープは Lumetri スコープモニターに表示します。

STEP 1

［ウィンドウ］→［Lumetri スコープ］を実行し、Lumetri スコープモニターを表示します。ビデオスコープを表示するには、Lumetri スコープモニターの下部にあるスパナのアイコンの［設定］ボタンをクリックして❶、表示したいスコープを選択します❷。

スコープには、色信号を管理する［ベクトルスコープ］、主に明るさを管理する［波形］、色成分のバランスを見る［パレード］、階調を管理する［ヒストグラム］が用意されています。それぞれに実用的なオプションが用意されており、たとえば［パレード］なら RGB や YUV 色空間での確認などが個別に行えます。また、よく使われるスコープのセットが［プリセット］として準備されています。

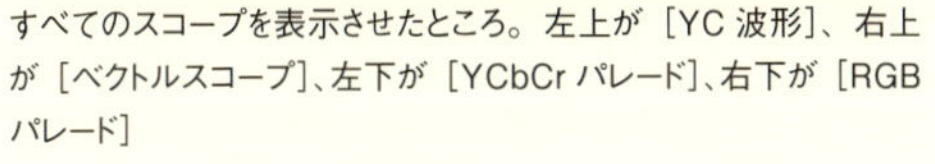

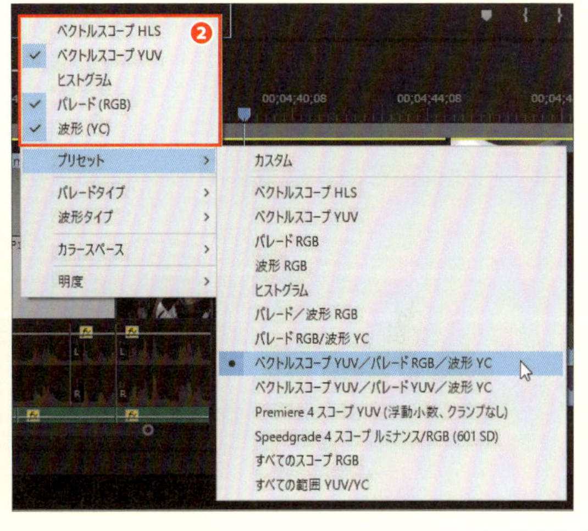

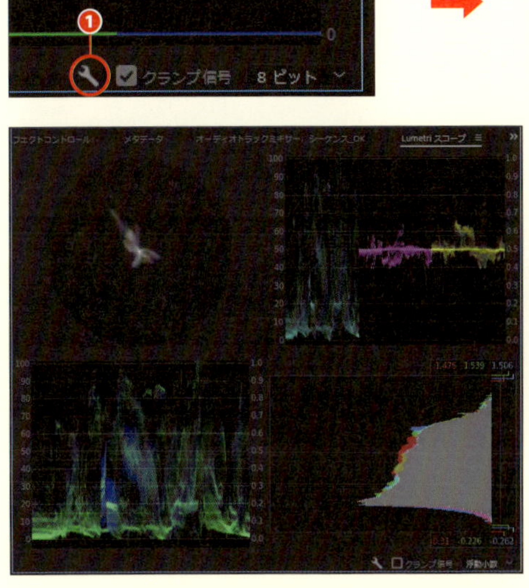

すべてのスコープを表示させたところ。左上が［YC 波形］、右上が［ベクトルスコープ］、左下が［YCbCr パレード］、右下が［RGB パレード］

STEP 2

パネル右下のポップアップメニューでは、計測結果のダイナミックレンジを［8 ビット］［浮動小数］［HDR］から選択できます。通常の地上波テレビ放送は 8 ビットで放送されているため初期設定は 8 ビットです。HDR 素材を扱う場合などは必要に応じて切り替えます。

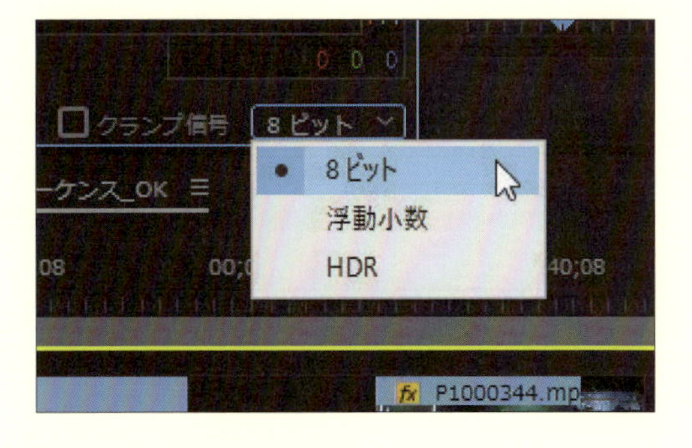

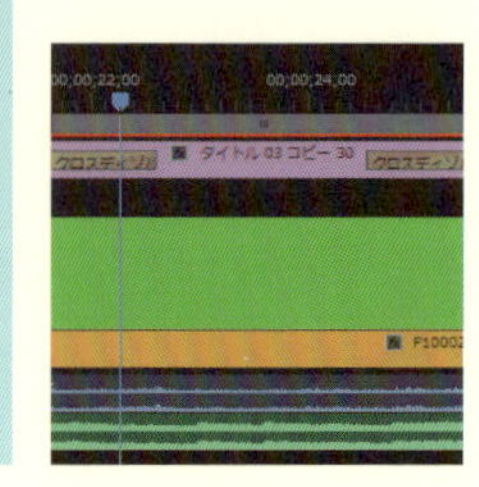

NO.

022 ワークエリアバーを使う

ワークエリアバーとは、タイムライン上で「範囲を指定する」ためのインターフェイスです。ドラッグして位置を変えたり、範囲を伸縮することができます。

ワークエリアバーが表示されていない場合には、シーケンス名の右側にあるパネルメニューで［ワークエリアバー］にチェックを入れて表示させます。

プレビューする範囲を指定する

METHOD 1

タイムラインパネルのワークエリアの中心をドラッグして移動したり❶（このときカーソルが手のアイコンに変わります）、左右の端をドラッグして伸ばしたり縮めたりして範囲を指定します❷。ワークエリアの指定が済んだら、Enter（Return）キーを押します。すると指定した部分がプログラムパネルでプレビューされます。停止するにはSpaceキーを押します。再生中にもう一度Enter（Return）キーを押すと、再びワークエリアの先頭から再生が始まります。

MEMO

ワークエリアをダブルクリックすると、ワークエリアの範囲がタイムラインの表示範囲内に調整されます。短いワークエリアをタイムライン全体に広げたり、表示からはみ出している部分を表示範囲に収めることができます。

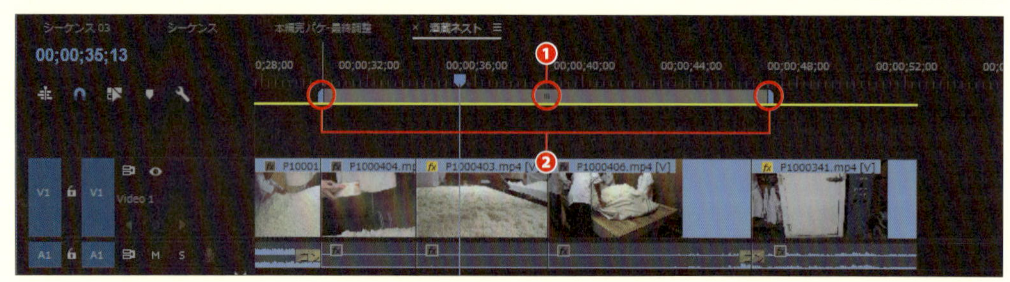

レンダリングの範囲を指定する

METHOD 2

長いクリップにカラー補正や変形などのエフェクトを適用した場合、全体をレンダリングする前に、試しに一部だけをレンダリングして様子を見たいことがあります。こうした場合は、レンダリングしたい範囲だけをワークエリアに指定し❸、［シーケンス］→［ワークエリアでエフェクトをレンダリング］を実行します。

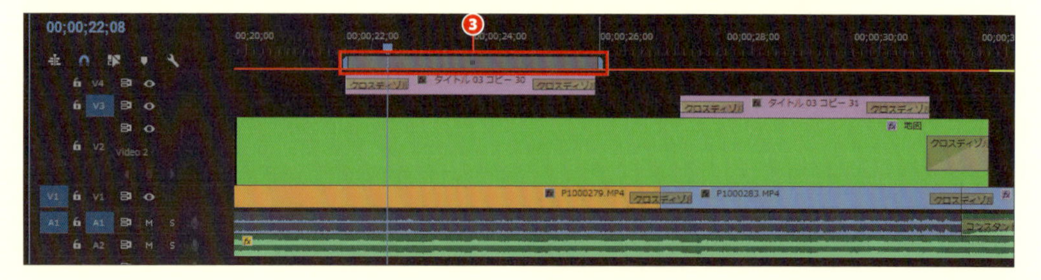

書き出しの範囲を指定する

ワークエリアの範囲だけムービーに書き出すことができます。［ファイル］→［書き出し］→［メディア］を実行し、［書き出し設定］ダイアログ下部にある［ソース範囲］のポップアップメニューから［ワークエリア］を選択します❹。

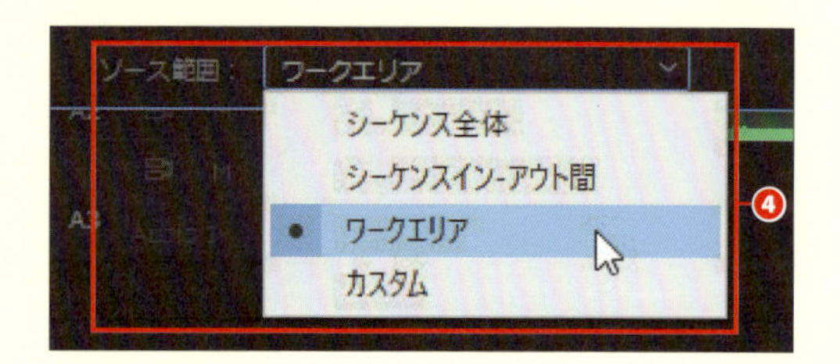

NO.
023 レンダリングを実行する

レンダリングは、色補正をはじめとしたエフェクトの結果をプレビュー用のビデオファイルとして書き出す作業です。

STEP 1

Premiere Proは、色補正をはじめ、エフェクトのプレビューを極力「レンダリングなし」で行うように設計されていますが、複雑なエフェクトではフルフレームレートでの再生が困難になります。そのような場合には［レンダリング］が必要です。レンダリングが必要な部分には、タイムラインの時間ルーラーに色の付いたバーが表示されます❶。赤色のバーはレンダリングしないとフルフレームの再生ができない部分で、黄色のバーはレンダリングされてはいませんが、そのままでフルフレームの再生が可能な部分です。

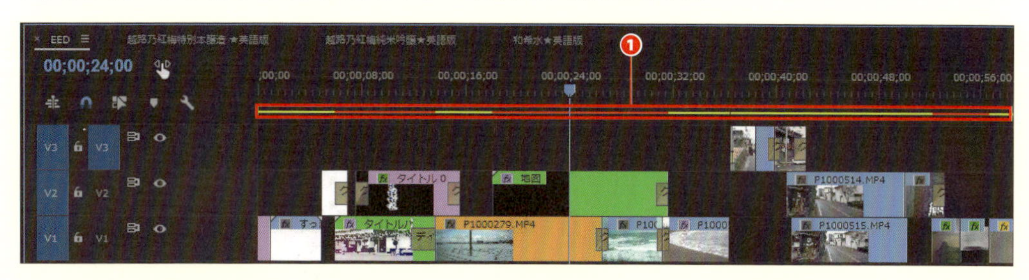

STEP 2

ワークエリアバーが表示されていない場合は、シーケンス名の右側にあるパネルメニューから表示させます。レンダリングしたい領域をワークエリアで覆います。この状態で Enter （Return）キーを押すと、［レンダリング］ダイアログが表示されてレンダリングが開始されます。［シーケンス］→［ワークエリアでエフェクトをレンダリング］を選択してもレンダリングが行えます。これらの方法では、ワークエリアに覆われた部分の赤色のバー（要レンダリング）の部分だけがレンダリングされます。レンダリングされた部分は緑色のバーが表示されます❷。ワークエリアバーの代わりに、プログラムモニターのイン点とアウト点の設定を使うこともできます。レンダリングしたい最初のフレームをイン点、最後のフレームをアウト点として設定します。

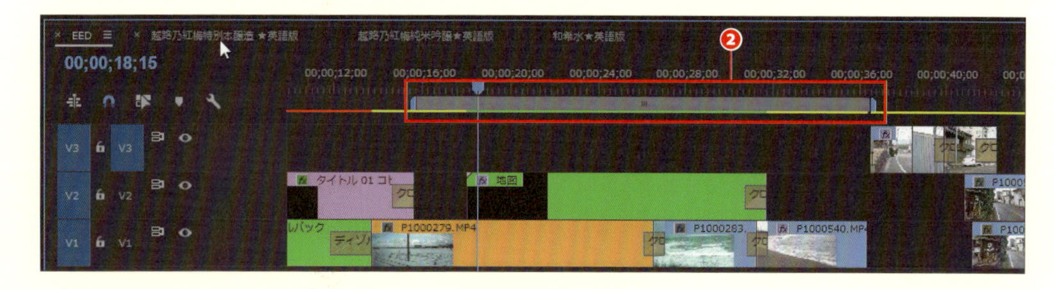

STEP 3

［シーケンス］→［ワークエリア全体をレンダリング］を選択すると、ワークエリア内のすべてのフレームがレンダリングされます（黄色のバーと赤色のバーの部分）。また、オーディオトラックが多数あったり、手の込んだエフェクトを多用している場合には、オーディオトラックのレンダリングが必要になることもあります。そのときには、［シーケンス］→［オーディオをレンダリング］を実行します。

MEMO

何らかの理由でレンダリングをやり直したい場合には、［シーケンス］→［レンダリングファイルを削除］を実行することでレンダリングファイルを消去できます。また、編集が終わってレンダリングファイルが不要になった場合も、この方法でレンダリングファイルを消去してディスクの容量を節約することができます。

022 ワークエリアバーを使う

NO.

024 エフェクトを適用する

エフェクトには、エフェクトにパネルから適用する［エフェクト］フィルターと、クリップに最初から与えられている［基本エフェクト］の2種類があります。

STEP 1

［エフェクト］フィルターは、エフェクトパネルに格納されています❶。表示されていない場合は、［ウィンドウ］→［エフェクト］を選択して表示します。［エフェクト］は複数のフォルダーに分類されているので、フォルダーの左側にある三角のアイコンをクリックして展開し❷、必要な［エフェクト］を選んで、タイムラインのクリップにドラッグして適用します❸。クリップを選択した状態で、エフェクトコントロールパネルを開き、そこにドラッグしても適用できます❹。また、タイムライン上でエフェクトを適用したいクリップを選択し、適用したいエフェクトをダブルクリックしてもかまいません。

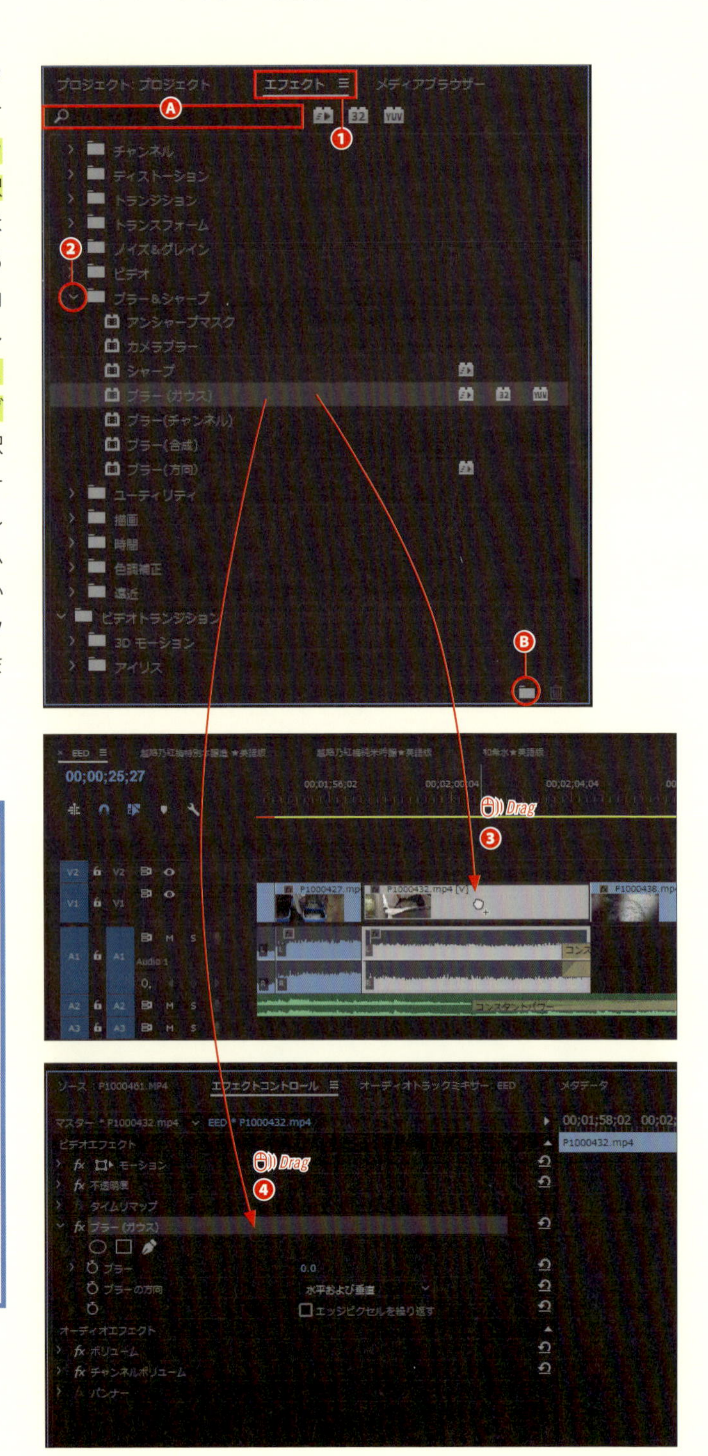

MEMO

使用したいエフェクトの名前がわかっていて、どのフォルダーに入っているのかわからない場合には、エフェクトパネルで検索できます。エフェクトパネル上部にある検索窓Ⓐに見つけたいエフェクトの名前か、名前の一部を入力すると、検索キーに関連するエフェクトだけが表示されます。表示を戻すには、検索窓の右にある［×］マークをクリックします。
パネル下部の［新規カスタムビン］ボタンⒷをクリックしてビンを作成し、そこによく使うエフェクトを格納しておくと便利です。

S エフェクトパネル▶ Shift + 7
エフェクトコントロールパネル▶ Shift + 5

025 エフェクトをアニメーションさせる
026 画面の一部にだけエフェクトを適用する

STEP 2 ［エフェクト］を適用したクリップを選択すると、エフェクトコントロールパネルに適用したエフェクト名が表示されます❺。名称の左側にある三角マークをクリックして、調整用のスライダーなどを展開し作業していきます❻。一時的にエフェクトをオフにするには［エフェクトのオン／オフ］ボタンをクリックします❼。もう一度クリックするとオンに切り替わります。エフェクトが不要になった場合には、エフェクト名をクリックして選択し、［編集］→［消去］を実行します。

STEP 3 調整項目はエフェクトによって異なります。またインターフェイスについても、多数のスライダーが並んでいるもの、円形スライダーや❽カラーホイールを使うもの、スポイトツールを使うもの❾、中には専用の調整パネルが別ウィンドウに表示されるものもあります。

スライダーには数値を入力するボックスが用意されており❿、クリックして直接数値を入力したり、数値部分を左右にスクラブして値を変更したりできます⓫。

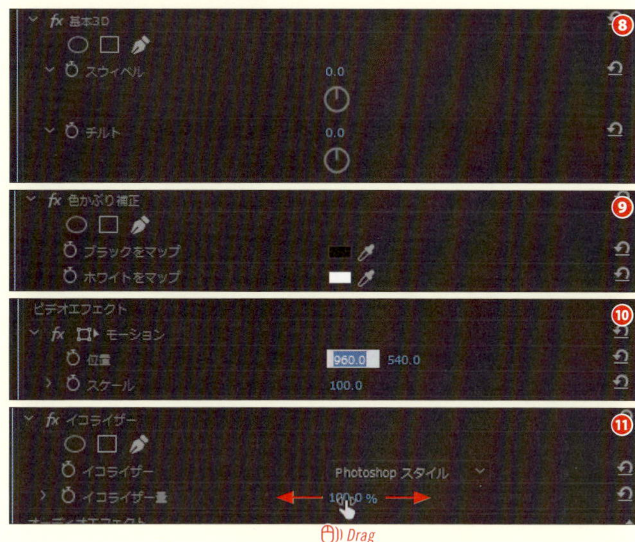

基本エフェクトを適用する

STEP 4 基本エフェクトは、クリップをタイムライン上に配置した時点ですでに適用されています。タイムラインパネルでクリップを選択してからエフェクトコントロールパネルを開くと⓬、画像のサイズや角度を変更する［モーション］⓭、不透明度を変更する［不透明度］⓮、再生速度を変更する［タイムリマップ］⓯の3項目が表示されます。これらが基本エフェクトです。それぞれの名称の左側ある三角をクリックして⓰、調整のためのスライダーなどを展開して作業します。

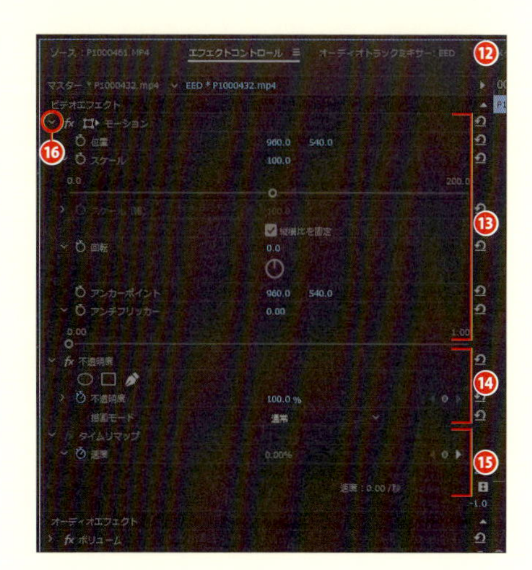

MEMO

［エフェクト］フィルターの中にも、画面の拡大／縮小、回転、縦横比の変更など、［基本エフェクト］と同様の機能を持ったものがあります。どちらを使用するかは状況次第ですが、通常は［基本エフェクト］を優先させ、その機能だけで済む場合には［基本エフェクト］のみを使用した方がわかりやすいでしょう。

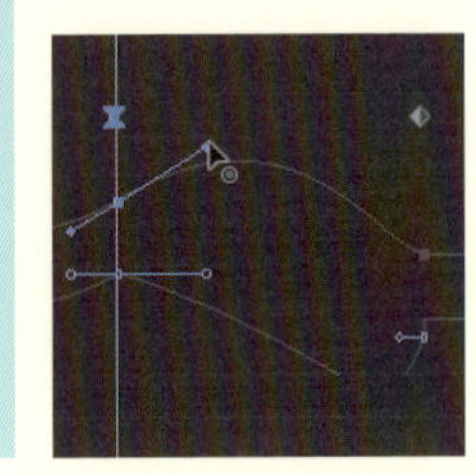

NO.

025 エフェクトを アニメーションさせる

［エフェクト］フィルターや基本エフェクトの効果は、キーフレームを使って設定値を変化させ、アニメートできます。

STEP 1

アニメートできる効果には､エフェクトパネルに［アニメーションのオン／オフ］ボタンが用意されています❶。パネル右側の［タイムラインビュー］にある再生ヘッドをドラッグして、アニメーションを始めたい位置にセットします❷。この再生ヘッドはタイムラインのものと同期していますので、タイムラインの再生ヘッドを動かしてもかまいません。次に［アニメーションのオン／オフ］ボタンをクリックしてオンにします。すると［タイムラインビュー］の再生ヘッドの位置に最初のキーフレームが追加され❸､アニメーションできるようになります。この状態で変化が始まる前の状態を設定します。エフェクトの種類により、スライダーのほか、グラフやキーフレームをドラッグすることで設定できます。キーフレームは左右にドラッグして、位置を調整することも可能です。タイムラインビューが表示されていない場合は、［タイムラインビューの表示／非表示］ボタンをクリックします❹。

STEP 2

エフェクトのアニメーションを終了したい位置に再生ヘッドを移動し❺、変化が終わった状態を設定します。設定のスライダーなどを変更すると、自動的にその位置にキーフレームが追加されます。また［キーフレームの追加／削除］ボタンをクリックしてキーフレームを追加することもできます❻。これで、最初のキーフレームから新しいキーフレームまでが連続的に変化するようになります。

MEMO

複数のキーフレーム間を移動するには、［前のキーフレームに移動］や［次のキーフレームに移動］ボタンを使います。［キーフレームの追加／削除］の左右にある▷のボタンです。

［スケール］にキーフレームを作成して、縮小した画像をズームインした例

028 エフェクトを適用する

STEP 3

キーフレーム間の変化を、［ベジェ］キーフレームを使ってさらに滑らかにしたり、ニュアンスを付け加えることもできます。タイムラインビューのキーフレームマーカーを右クリックして❼、メニューからベジェによる補間方法を選択します❽。補間方法の詳細は表の通りです。

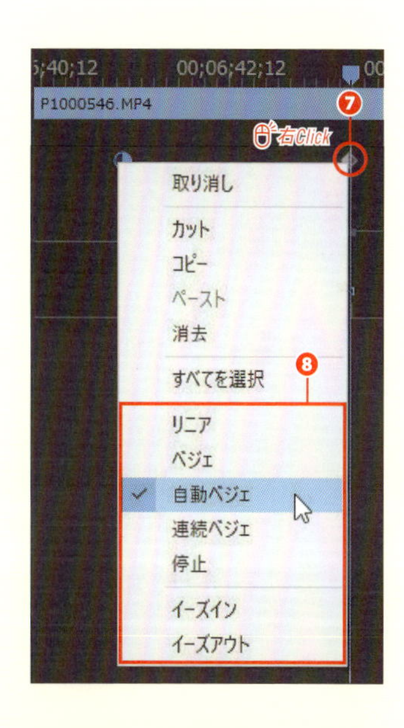

補間方法	内容
リニア	ベジェを使用せず、値が直線的に変化します
ベジェ	キーフレームの左右に1本ずつハンドルが現れ、それをドラッグすることで、キーフレームの左右の曲線を別々にコントロールできます
自動ベジェ	初期設定の曲線が割り振られ、自動的に滑らかな変化をするようになります。この状態でハンドルを動かすと連続ベジェの状態になります
連続ベジェ	左右一方のハンドルを動かすと、もう一方のハンドルも追随して動くモードです。一組のハンドルが、まるでシーソーのように動作します
停止	現在のキーフレームの状態を次のキーフレームまで保持します
イーズイン	キーフレームへの変化を滑らかにします
イーズアウト	キーフレームからの変化を滑らかにします

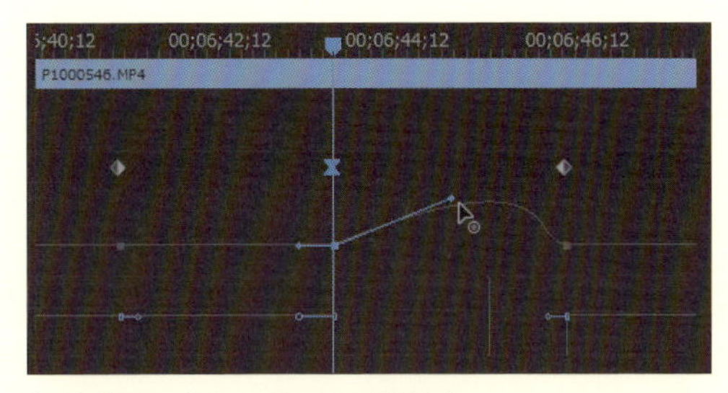

［ベジェ］では一方のハンドルのみが動きます

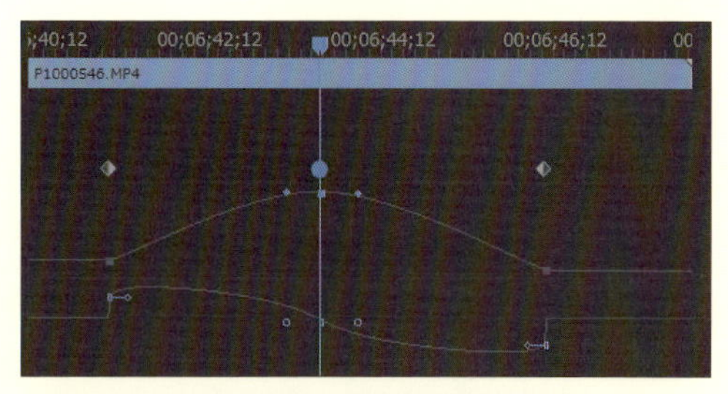

［自動ベジェ］は初期設定の状態で滑らかな動きをします

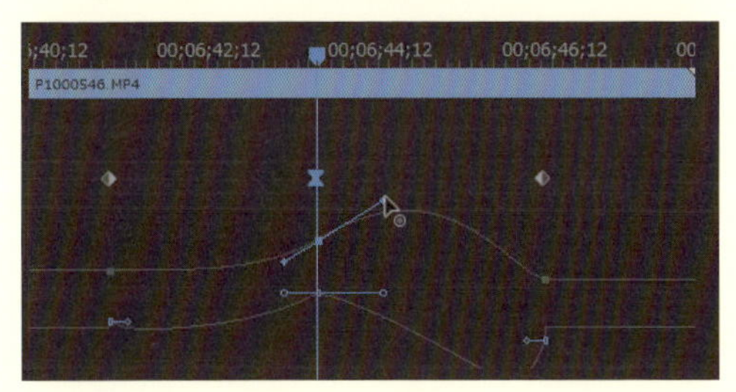

［連続ベジェ］では一方のハンドルの動きにつれて、もう片方のハンドルが逆方向に動きます

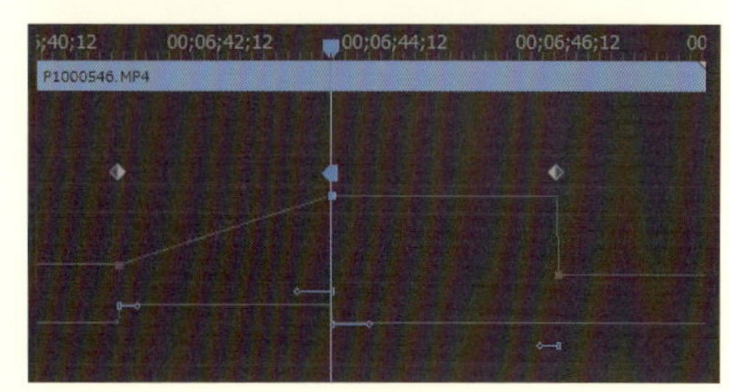

［停止］では次のキーフレームまで値が保たれます

STEP 4

一度設定したキーフレームを削除するには、［次のキーフレームに移動］や［前のキーフレームに移動］ボタンを使って❾再生ヘッドを目的のキーフレームに移動し❿、［キーフレームの追加／削除］ボタンをクリックします⓫。すべての設定を無効にするには、［アニメーションのオン／オフ］ボタンをクリックして⓬、すべてのキーフレームを削除します。またキーフレームは、右クリックメニューから［コピー］し、再生ヘッドの位置に［ペースト］することができます。

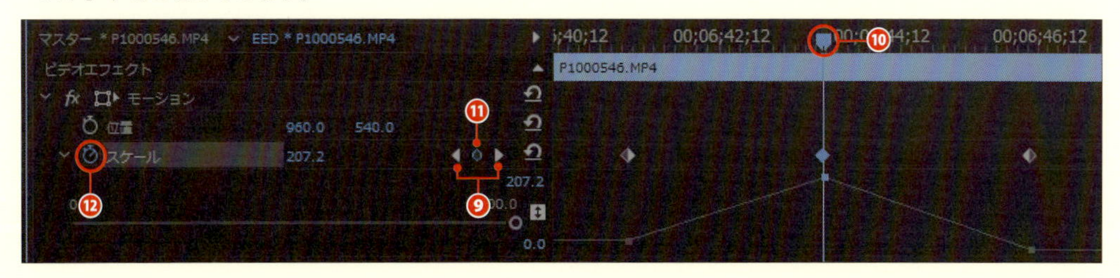

NO. 026

画面の一部にだけエフェクトを適用する

Premiere Pro に搭載されているほとんどのエフェクトにマスクとトラッキング機能が用意されています。これらは画面の一部だけにエフェクトを適用したい場合に使用します。

STEP 1

タイムライン上のクリップにエフェクトを適用したら、そのクリップを選択し、［エフェクトコントロール］パネルを開きます。エフェクト名の下にある［楕円形マスクの作成］❶か［4点の長方形マスクの作成］❷ボタンでマスクの形状を指定します。エフェクトを適用したい範囲に合わせて形状を選んでください。不規則な形状にしたいときは［ベジェのペンのマスクの作成］❸を選びます。マスクの形状を選ぶと、プログラムモニターにブルーのラインでマスクの範囲が表示されます❹。

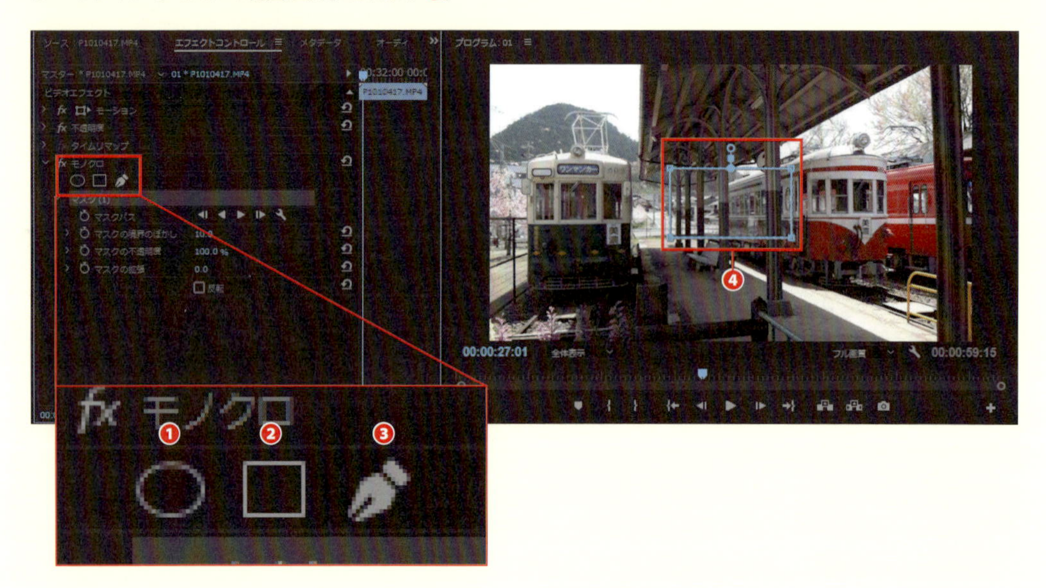

STEP 2

プログラムモニター上でマスクパスをドラッグして、サイズ、位置、形状、傾きを変更することができます。

STEP 3

マスクパスの上に飛び出しているハンドルは❺、マスク形状の周りの「ぼかし」をコントロールするものです。丸いハンドルを外側にドラッグすると、マスクの内側にフェザーがかかり、内側にいくにしたがって次第にエフェクトが強くかかるようになります。このとき、点線の範囲は外側にも広がっていきます。これはマスクを反転させたときのエフェクトのぼかし範囲になります❻。四角いハンドルは、丸いハンドルで設定したぼかし幅のコントロールに使います。外側にドラッグしていくほどボケ足が長くなります。

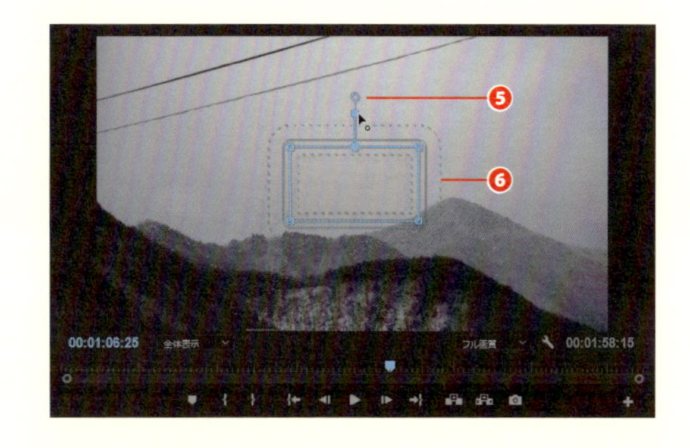

STEP 4

複雑な形状のマスクは［ベジェのペンのマスクの作成］で描きます。プログラムモニター上でマスク範囲を次々とクリックしていきます。サイズや位置などの調整やぼかし範囲のコントロールは先ほどと同様です。静止したままのマスクでよい場合はSTEP4までの作業で完了です。

STEP 5

映像内の動きに合わせてマスクを移動したい場合は、トラッキングの設定が必要です。例えば、クルマの運転手の顔を追いかけてぼかしを入れ続けたい場合などです。まずタイムラインパネルの再生ヘッドを、マスクを追いかけ始めたい位置まで移動し❼、STEP4までの解説にしたがってマスクを設定します❽。マスクが設定できたら、移動させたいマスクの［マスクパス］にある［選択したマスクを順方向にトラック］ボタンをクリックします❾。

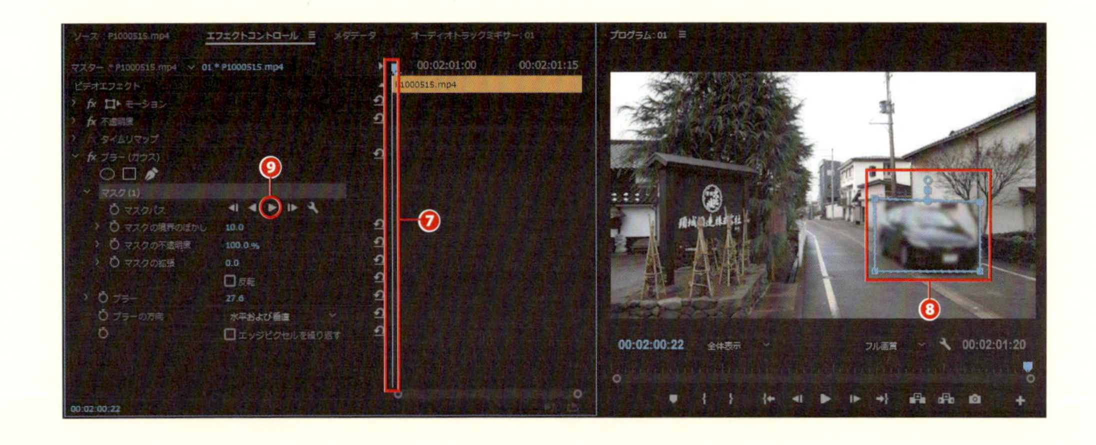

STEP 6

自動的にマスク位置のトラッキングが行われ⑩、マスクに［位置］のキーフレームが設定されていきます。追跡終了の位置まできたら［停止］ボタンをクリックして終了します⑪。１フレームごとにマスクの位置と形状のキーフレームが作られ⑫、トラッキングが終了します。

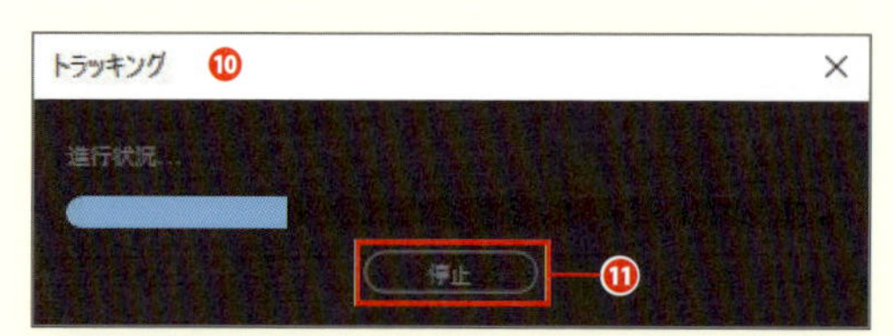

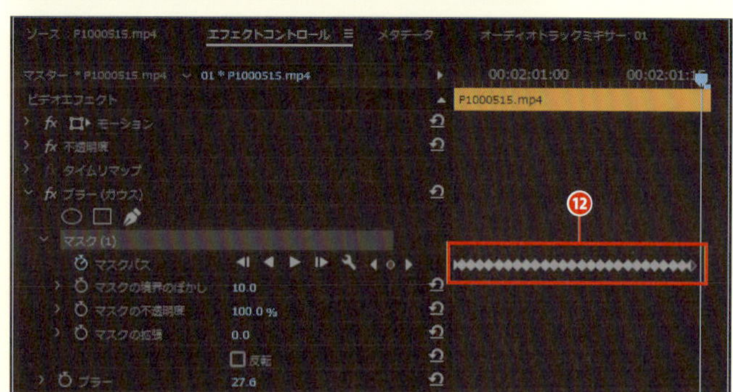

STEP 7

解析とキーフレームの設定が終わったら、プレビューしてうまく追跡できているかどうかを確認します。うまく追いかけられていない部分が見つかったら、そのキーフレーム上に再生ヘッドを移動させて⑬、手動でマスクをドラッグして調整しましょう⑭。手動調整の結果は、自動解析のキーフレームに上書きされます。

MEMO

［トラッキング方法］ボタンⒶをクリックして表示されるポップアップメニューで追跡の内容を指定できます。［位置、スケール、回転］を指定すると、マスクの位置のほか、サイズの変更や傾きの追跡が行われるようになります。トラッキングの対象に合わせて使い分けるとよいでしょう。

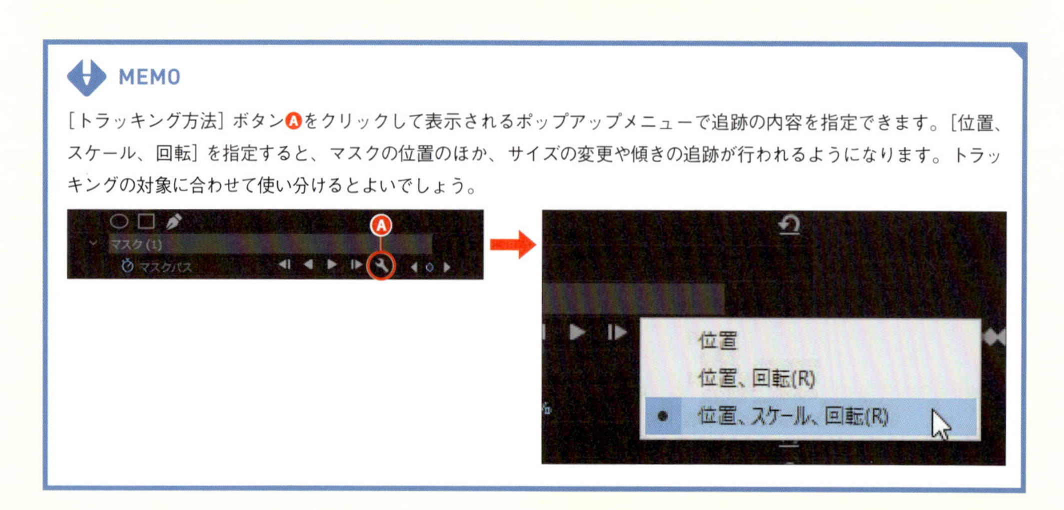

NO.
027 元の素材にエフェクトを適用する［マスタークリップエフェクト］

タイムライン上に切り出したクリップではなく、元の映像にエフェクトを適用します。同じ素材から複数のカットを使用している場合でも、一括してエフェクトがかけられます。

STEP 1

タイムライン上で［マスター］エフェクトを適用したいクリップを選択し、エフェクトコントロールパネルを開きます。パネルの左上部に表示されている[マスター *(ファイル名)]をクリックします❶。するとタブが［マスター］エフェクトのものに切り替わります。エフェクト適用前なので何も表示されていないはずです❷。エフェクトコントロールパネルと、ソースモニターパネルが同じ同じパネルグループ内で重なってしまい、エフェクトの設定が難しい場合は、クリップの一部を仮にタイムラインに配置して、プログラムモニターで調整結果を確認しながら設定を進めるとよいでしょう。

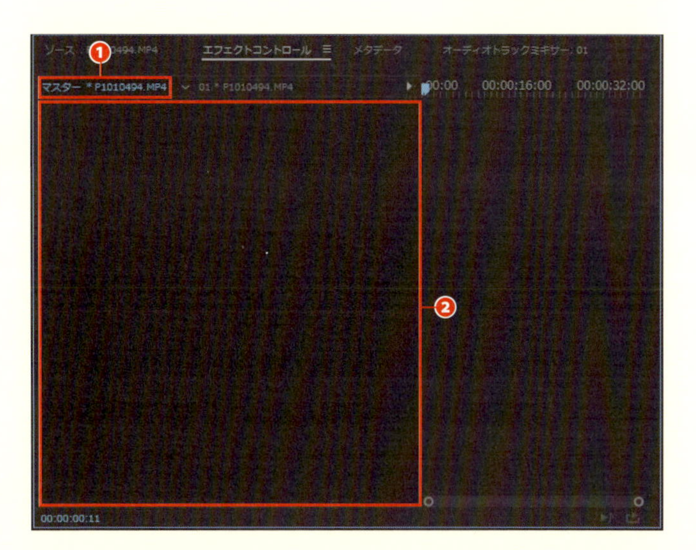

STEP 2

適用したいエフェクトをエフェクトコントロールパネルにドラッグ＆ドロップします❸。あとは通常のエフェクトの適用と同様にパラメーターを調整していきます。プロジェクトパネルで［マスター］エフェクトを適用したクリップをダブルクリックしてソースモニターを開いてみましょう。先ほどのエフェクトが適用されているのがわかります。

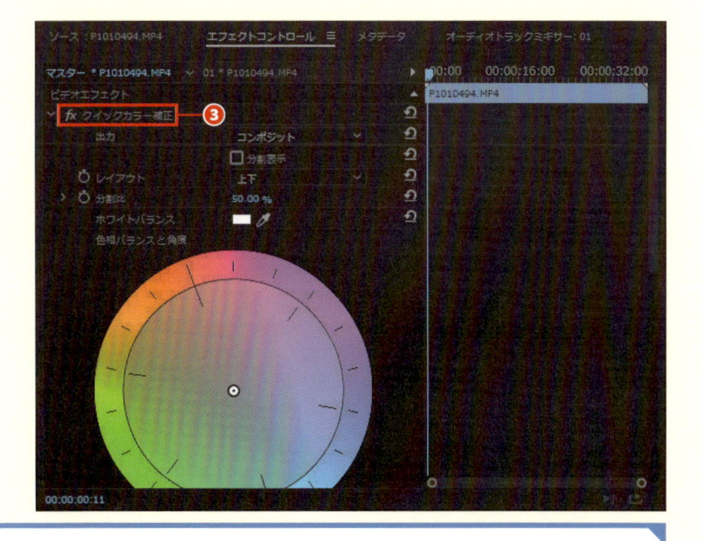

MEMO

［マスタークリップ］エフェクトは、例えば複数台のカメラを使って撮影、編集したあと、「そのうちの１台のカメラで撮影した映像だけ色味を補正したい」といった場合に便利です。すべてのカットを１回の作業ですべて補正できます。同一のファイルからの風景ショットだけを作品のあちこちに散りばめているような場合でも、［マスタークリップ］を使えば一回で補正や加工ができます。

024 エフェクトを適用する

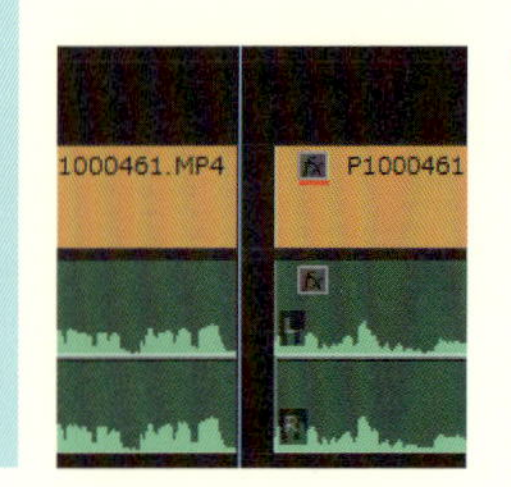

NO.
028 クリップの間のギャップを検出する

［ギャップへ移動］を使うと、クリップ同士の隙間を自動で検出して、その場所に再生ヘッドを移動できます。カット編集の最終段階で実行するとよいでしょう。

STEP 1

ギャップを検出したいシーケンスをタイムラインパネルに表示します。そして［シーケンス］→［ギャップへ移動］を選択して、オプションメニューを展開します❶。

MEMO

［ギャップへ移動］では、オーディオトラックのギャップも対象になります。ギャップの検索対象からオーディオを外すには、すべてのオーディオトラックでターゲットトラックを解除しておきます（オーディオトラックのヘッダーをクリックしてトラックがハイライトされていない状態にします）。

STEP 2

目的のオプションメニューを選択し、コマンドを実行します。［シーケンス内で次へ］を選択すると再生ヘッドがある現在位置から右側にあるギャップを検索します❷。［シーケンス内で前へ］を選択すると再生ヘッドの左側にあるギャップを検索します❸。複数トラックがある場合、すべてのトラックに「またがる」ギャップが検出されます。特定のトラックのギャップ、もしくはどのトラックにあるかわからないギャップを検出したい場合は、STEP3の方法を使います。

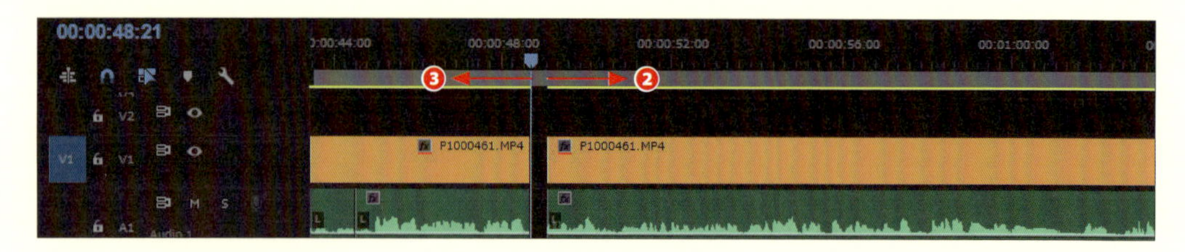

STEP 3

特定のトラックのギャップを検出したい場合は、検索対象にしたいトラックのトラック名をクリックして［ターゲットトラック］に指定（ハイライト表示されます）した上で❹、［トラック内で次へ］か［トラック内で前へ］を実行します。また、複数のトラックがあるシーケンスで、どこにあるのかわからないギャップを探す場合には、すべてのトラックをターゲットトラックに指定してから、［トラック内で次へ］を実行します。

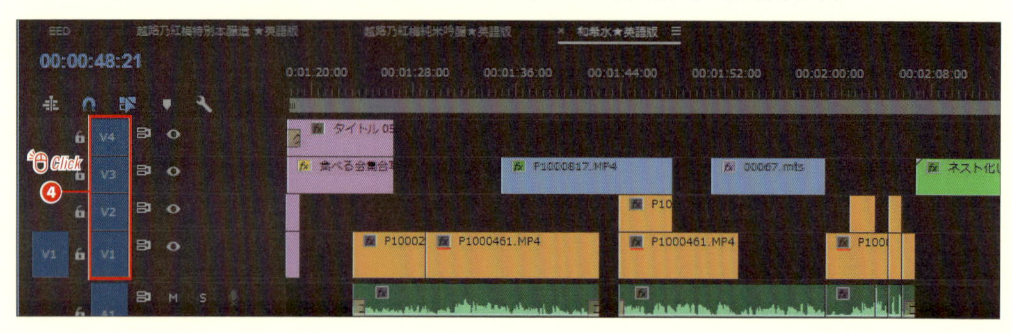

第3章 カット編集とトランジション

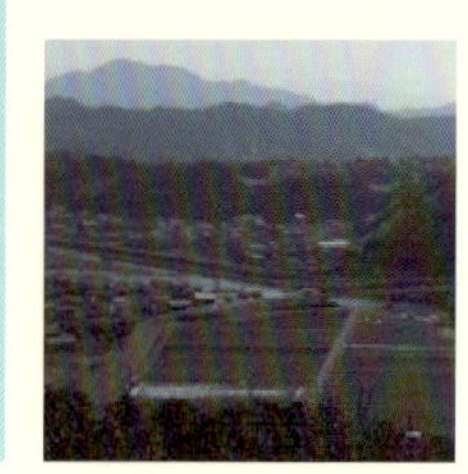

NO.

029 ソースモニターで素材をプレビューする

ビデオのカット編集は、素材のプレビューから始まります。プレビューは、ソースモニターを使って行います。

STEP 1

プロジェクトに登録されたクリップをプレビューするには、**プロジェクトパネルのクリップをダブルクリックするか❶、ソースモニターにドラッグ＆ドロップ**します❷。クリップをプロジェクトパネルに読み込まずに、直接メディアブラウザーから同様の操作をしてもかまいません。

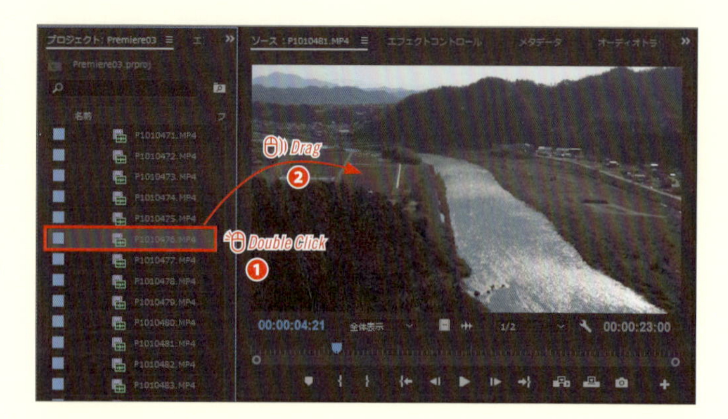

STEP 2

ソースモニターの操作は、ビデオデッキの操作とほぼ同じです。モニターの下部にある［再生／停止］❸［前のフレーム］❹［次のフレーム］❺ボタンを使ってクリップをプレビューします。

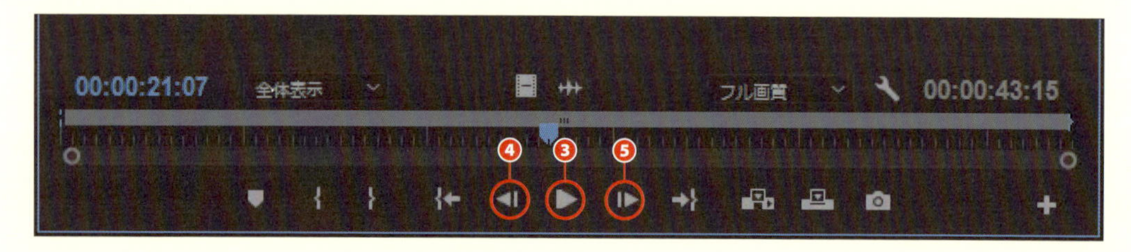

STEP 3

再生ヘッドを左右にドラッグして素材をスクラブ再生したり❻、タイムスケールの特定の箇所をクリックして再生ヘッドを移動させ、そのフレームを表示することもできます❼。

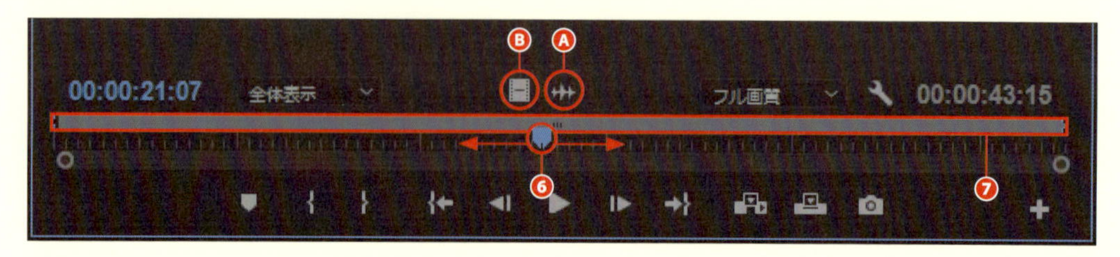

MEMO

音声を含んだビデオクリップをプレビューする時に、音声波形を見たい場合は、モニター下部の［オーディオのみドラッグ］をクリックしますⒶ。ビデオに戻したい場合は、その隣りの［ビデオのみドラッグ］をクリックしますⒷ。

STEP 3

ソースモニターに読み込んだクリップのデュレーション（継続時間）が極端に長い場合、再生ヘッドを使ったスクラブ再生では、少しドラッグしただけで大きく時間が移動してしまい、正確な作業ができません。このようなときは、ズームスクロールバー左右の端や❽、バーの中央部分を左右にドラッグしてタイムルーラー上に表示する範囲を調整するとよいでしょう❾。

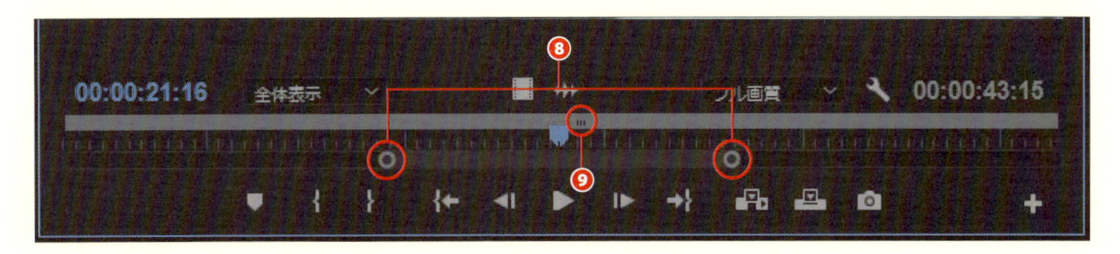

STEP 4

クリップ上の特定のフレームに移動するには、［現在の時間］をクリックします❿。すると入力可能な状態になるので、移動したいフレームのタイムコードを入力します。このとき［+］［-］を使って移動したいフレーム数（時間）を指定すると、その時間分だけ移動できます。例えば1秒後（30フレーム後）に移動したい場合は、「+0100」や「+30」、もしくは「+00000100」と入力します。

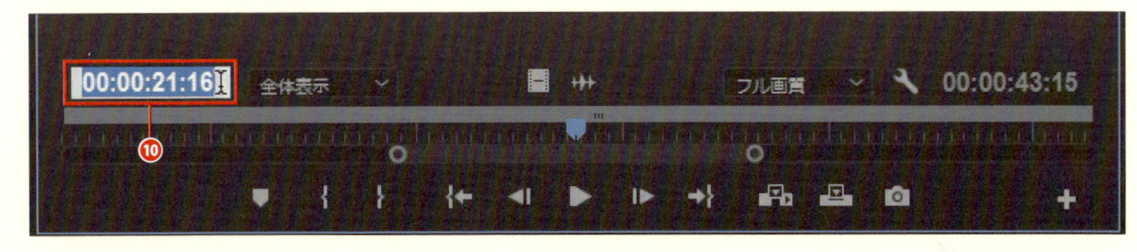

S 再生／停止▶ Space　再生▶ L　停止▶ K　逆再生▶ J　前のフレーム▶ ←　次のフレーム▶ →

MEMO

クリップの内容を簡単に確認する程度なら、プロジェクトパネル上部のプレビューエリアでもできますⒸ。

プロジェクトパネルが［アイコン表示］に設定されている場合には、クリップのアイコン上にカーソルを重ね、左右にドラッグすることで内容をすばやく確認できますⒹ。また、この状態でアイコンをクリックするとアイコン下部にシークバーが表示されるので、それをドラッグしてもスクラブ再生ができます。

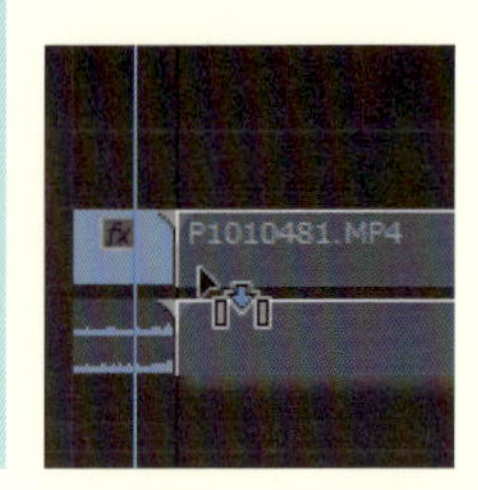

NO. 030

カット編集をする（ドラッグ&ドロップ）

ソースモニターでクリップの使う場所を指定し、ドラッグ&ドロップでタイムラインに並べていく標準的なカット編集の方法です。

STEP 1

プロジェクトパネルや、メディアブラウザーで使用するクリップをダブルクリックし❶、ソースモニターに表示します。クリップをソースモニターにドラッグ&ドロップしてもかまいません❷。

STEP 2

ソースモニターを使って、インポイント（使い始め）を探します。見つかったら、そのフレームが表示されている状態で［インをマーク］ボタンをクリックします❸。同様にアウトポイントを探し出して、［アウトをマーク］ボタンをクリックします❹。インポイントを設定しない場合にはクリップの先頭がインポイントに、アウトポイントを設定しない場合には、クリップの最後のフレームがアウトポイントになります。
一度設定したインポイントやアウトポイントを消去したい場合は、［マーカー］メニューから、［インを消去］［アウトを消去］［インとアウトを消去］のいずれかを実行します。

S インポイントを設定▶ I
アウトポイントを設定▶ O

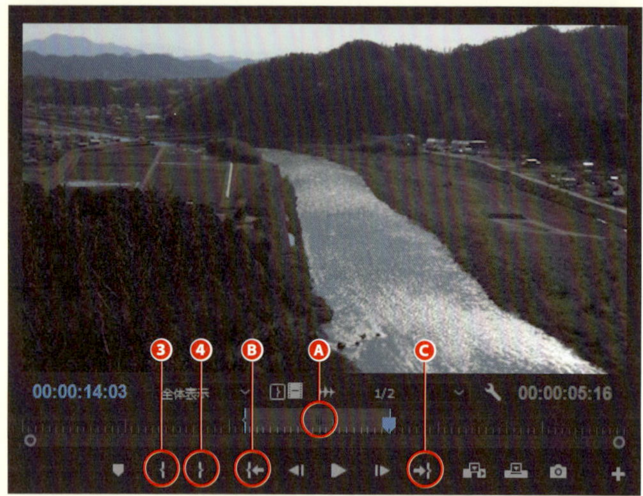

MEMO

インポイントとアウトポイントを設定したあと、タイムルーラー上のインポイントとアウトポイントの間にあるグリップをドラッグすると、デュレーション（長さ）を保ったまま、インポイントとアウトポイントを同時に移動できますⒶ。また、タイムルーラーでインポイント、アウトポイントを直接ドラッグしてタイミングを調整することもできます。

MEMO

再生ヘッドを指定したインポイントあるいはアウトポイントへ移動したい場合は、［インポイントへ移動］Ⓑ［アウトポイントへ移動］Ⓒボタンをクリックします。

029 ソースモニターで素材をプレビューする
031 カット編集をする（インサート・上書きボタン）

STEP 3

インポイント、アウトポイントを指定したクリップをソースモニターからタイムラインパネルへドラッグ&ドロップして配置します❺。
この作業を繰り返して、必要なクリップを順番に並べていきます。
また、インポイントやアウトポイントを指定する必要のない、まるまる使用するクリップは、プロジェクトパネルやメディアブラウザーから直接タイムラインにドラッグ&ドロップすることもできます。
初期設定では、すでに配置してあるクリップの上に新たなクリップをドロップすると、そのまま「上書き」されます。
Ctrl（⌘）キーを押しながらドロップすると「インサート」モードになり、配置済みのクリップの中に割り込むような形で配置されます。

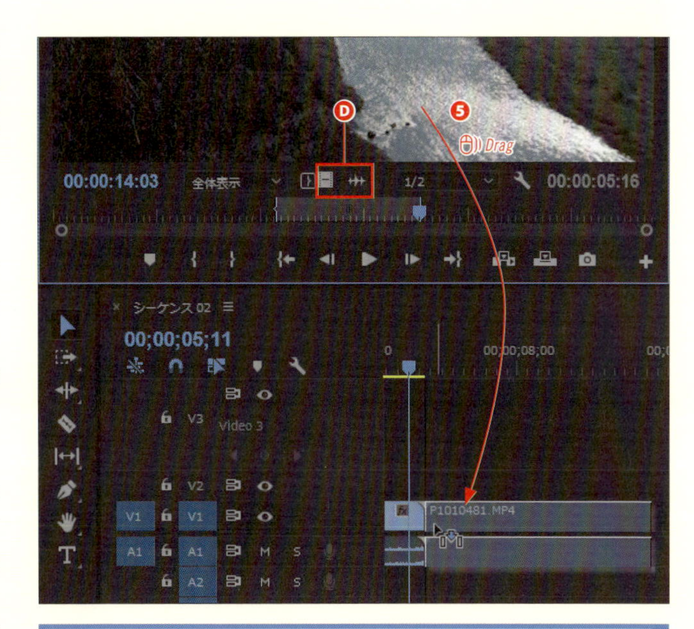

MEMO

音声を含んだビデオクリップの映像だけを使いたい場合にはソースモニターではなく、画面下にあるフィルムのアイコンの［ビデオのみドラッグ］をタイムラインにドラッグ&ドロップします。また、音声のみ使いたい場合には波形のアイコンの［オーディオのみドラッグ］をドラッグ&ドロップします❹。

STEP 4

Premiere Proでは、複数のビデオトラックを使用することができます。この場合、上のトラック（数字の大きいトラック）ほど優先的に表示されます。ベースになるビデオトラックに対して、インサート（挿入）カットを入れていくような場合には、上のビデオトラックに配置していくと作業しやすくなります❻。

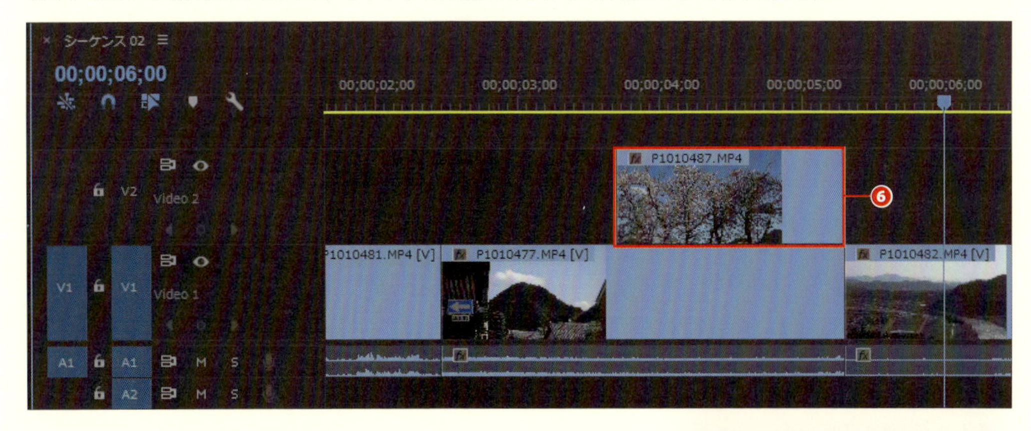

STEP 5

タイムラインパネルの左上にある［スナップ］をオンにすると❼、クリップ同士が吸着し、隙間なくクリップを配置できます。ドラッグしているクリップの端が配置済みのクリップの端や再生ヘッドに吸着します。また［環境設定］の［タイムライン］タブで［スナップが有効になっている場合に、タイムラインで再生ヘッドをスナップ］をチェックしておくと、再生ヘッドも配置済みのクリップの端に吸着するようになります（チェックしていない場合でも、Shift キーを押しながら再生ヘッドをドラッグして吸着させることができます）。

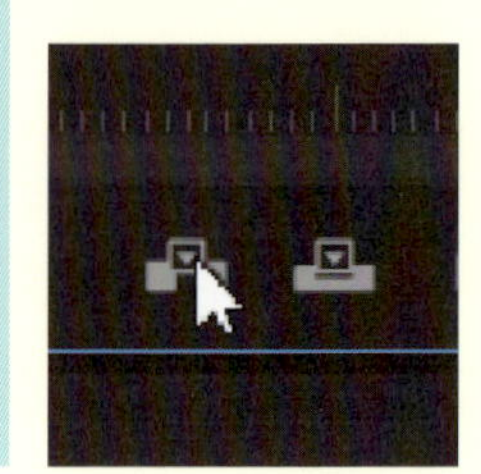

NO.
031 カット編集をする（インサート・上書きボタン）

ソースモニターの［インサート］［上書き］ボタンと、タイムラインのソースアサインを使って任意の場所にクリップを配置していきます。

STEP 1
「030 カット編集をする（ドラッグ＆ドロップ）」のSTEP1の手順で、クリップにインポイントとアウトポイントを設定します。

STEP 2
タイムラインのヘッダーにある［挿入や上書きを行うソースのパッチ］を、クリップを配置したいトラックにドラッグ（あるいは目的のトラックでクリック）して、ソースアサインを設定します❶。初期設定では、一番若い数字のトラックに設定されています。この際、ビデオをトラック3へ、オーディオはトラック2へ、という風にビデオとオーディオを別々に設定することもできます。

STEP 3
タイムラインで、クリップを配置したい場所まで再生ヘッドを移動し❷、ソースモニターの右下にある、［インサート］もしくは［上書き］ボタンをクリックします❸。これで指定したトラックにクリップが配置されます❹。すでにその場所にクリップが配置されている場合に、［インサート］ボタンをクリックするとクリップの中に割り込むような形で配置され、再生ヘッドの下にあるフレーム以降が新たなクリップに押し出されるようにして後ろにずれていきます。［上書き］ボタンを使った場合はそのまま上書きされます。

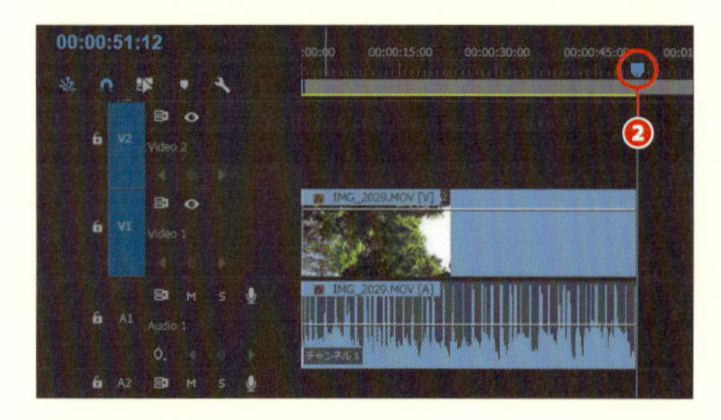

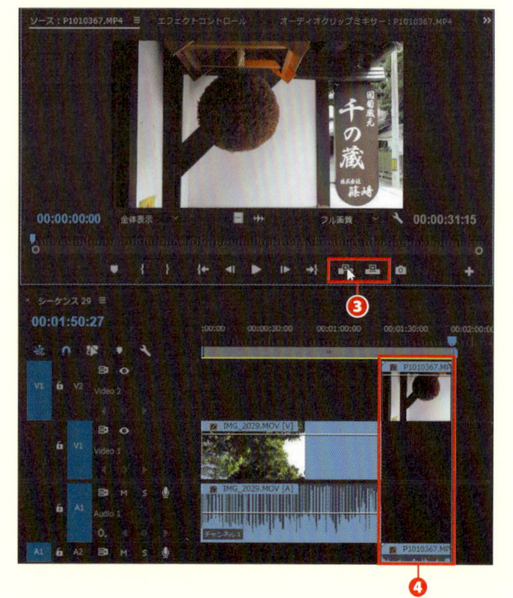

S インサート▶ ,
上書き▶ .

029 ソースモニターで素材をプレビューする
030 カット編集をする（ドラッグ＆ドロップ）

STEP 4

ソースモニターからプログラムモニターに素材をドラッグ＆ドロップして編集していくこともできます。ソースモニターでインポイントとアウトポイントを設定したら、プログラムモニターにドロップします❺。その際、プログラムモニター上に6つのエリアが表示されるので、目的に沿ったエリアにドロップします。あまり細かい調整は行えませんが、大まかに組み立てていく行程では、手早く素材を並べていくことができます。

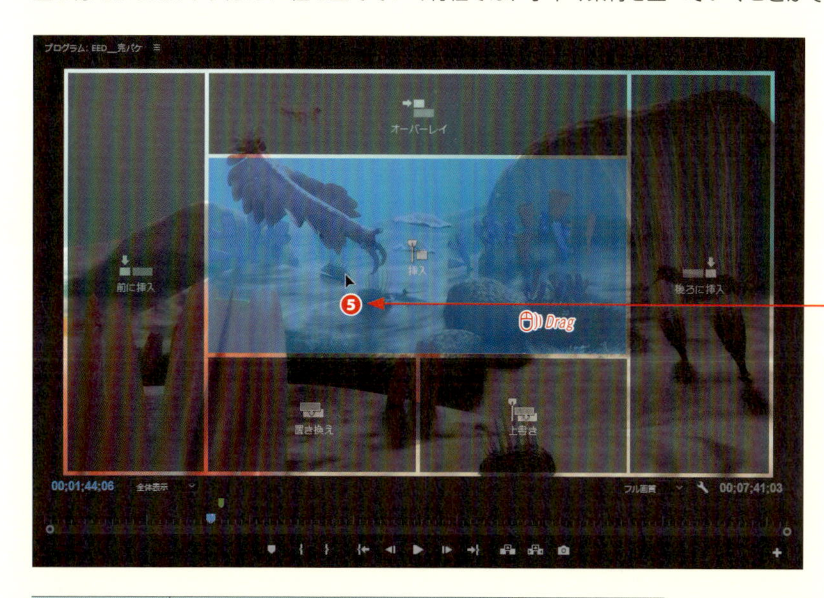

ソースモニターから

エリア名	内容
前に挿入	[挿入や上書きを行うソースのパッチ] が設定してあるトラックで、再生ヘッド直下にあるクリップの直前に挿入します
挿入	再生ヘッドの位置でクリップを分割して挿入します
オーバーレイ	一番上にあるトラックの上にオーバーレイ配置します。トラックがない場合には、新たに作成されます
置き換え	選択したクリップをドロップした素材で置き換えます
上書き	[挿入や上書きを行うソースのパッチ] が設定してあるトラックで再生ヘッドの位置に上書きします
後ろに挿入	[挿入や上書きを行うソースのパッチ] が設定してあるトラックで、再生ヘッドの直下にあるクリップの後ろに挿入します

MEMO

タイムラインにインポイントとアウトポイントを設定することで、タイムライン上の任意の場所に、任意の長さでクリップを配置することができます。タイムラインの再生ヘッドとプログラムモニターの [インをマーク] [アウトをマーク] ボタンで、タイムラインにインポイントとアウトポイントを設定しⒶ、ソースモニターでクリップのインポイントを設定後、[インサート] [上書き] ボタンをクリックしてクリップを配置します。

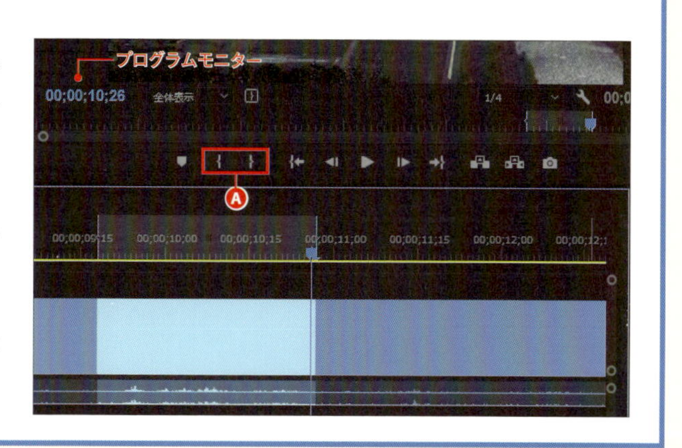

第3章 カット編集とトランジション

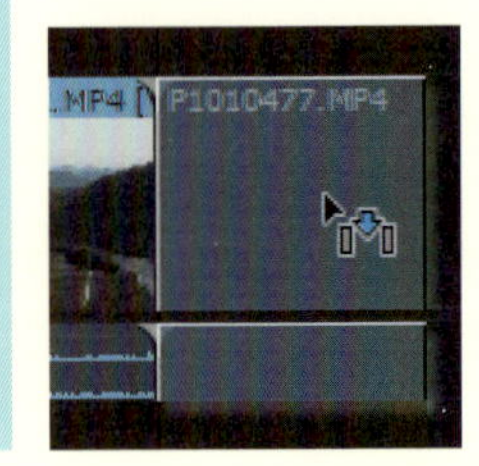

NO.
032 クリップの位置を調整する

タイムラインに配置したクリップの位置は自由に調整できます。目的に合わせて、選択ツール、トラック選択ツール、スライドツールを使い分けます。

ドラッグして前後に移動する

METHOD 1

ツールパネルで選択ツールを選び、目的のクリップを左右にドラッグして移動します❶。このとき、ほかのクリップをまたいで移動することもできます。また、Ctrl（⌘）キーを押しながらドラッグするとインサートモードになり、ドロップした場所に割り込んで配置することができます。

MEMO

選択ツールでクリップを選択し、[編集]→[カット]を実行、再生ヘッドを移動先にセットして、[編集]→[ペースト]または[インサートペースト]を実行しても同様の結果が得られます。

S 選択ツール▶ V

複数のクリップを同時に移動する

METHOD 2

複数のクリップを同時に移動させる場合は、選択ツールで移動させたいクリップを囲んで選択するか❷、Shift キーを押しながらクリックして選択し、目的の位置にドラッグします❸。

MEMO

状況に応じて[スナップ]のオンオフを切り替えながら作業すると、ストレスの少ないオペレーションになります。[スナップ]については、「030 カット編集をする（ドラッグ＆ドロップ）」の STEP5 で解説しています。

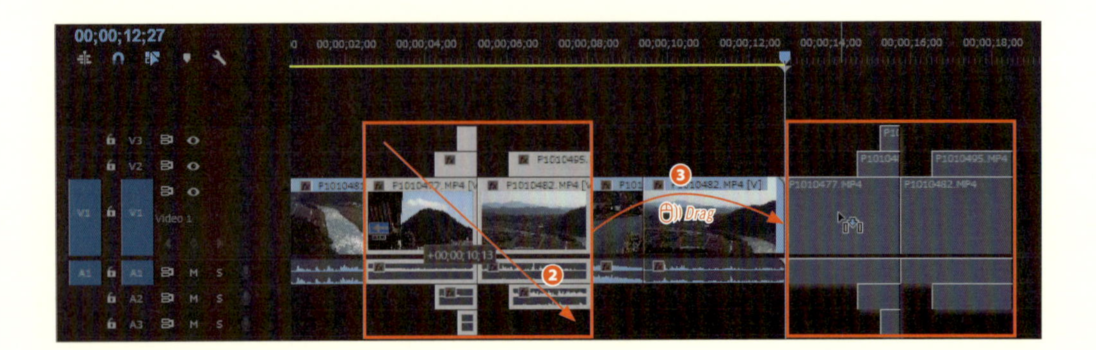

クリップとクリップの間に隙間を作る

METHOD 3

ツールパネルでトラックの前方選択ツールを選び❹、移動させたいクリップをクリックします。するとそのクリップより前方（右側）のクリップがすべて選択されるので、そのままドラッグして隙間を作ります❺。複数のトラックがある場合にはすべてのトラックが選択されます。

特定のトラックのみを移動させるには、Shift キーを押しながら移動させたいトラックのクリップをすべて選択するか、囲むようにドラッグして選択し、移動させます。トラックの後方選択ツールを使えば、クリックした後方（左側）のクリップをすべて選択することができます。

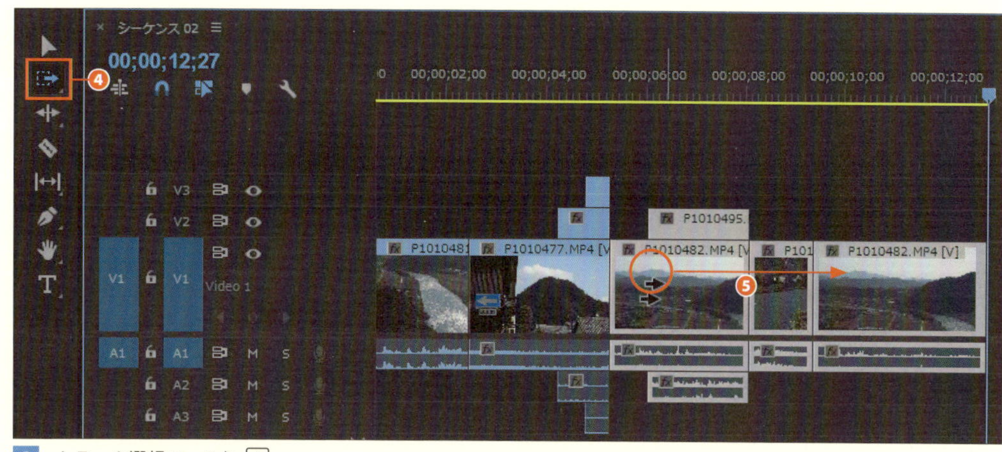

S トラック選択ツール▶ A

長さを保ったままクリップを前後に動かす

METHOD 4

全体の長さを保ったまま、クリップの位置を前後させるには、スライドツールを使います。ツールパネルでスライドツールを選び、目的のクリップを選択してからドラッグします❻。すると移動した分だけ、前のクリップのアウトポイントと後ろのクリップのインポイントが移動し、前後に位置を微調整できます。このときプログラムモニターには、関連する2つのインポイントと2つのアウトポイントがマルチ表示されます❼。

S スライドツール▶ U

長さを保ったままインポイント／アウトポイントのタイミングをずらす

METHOD 5

クリップの長さを保ったまま、映像のタイミングをずらすには、スリップツール を使います。ツールパネルでスリップツール を選び、目的のクリップを選択してからドラッグします❽。クリップの位置や長さはそのままに、ドラッグした分だけ「使いどころ」のタイミングを変更することができます。

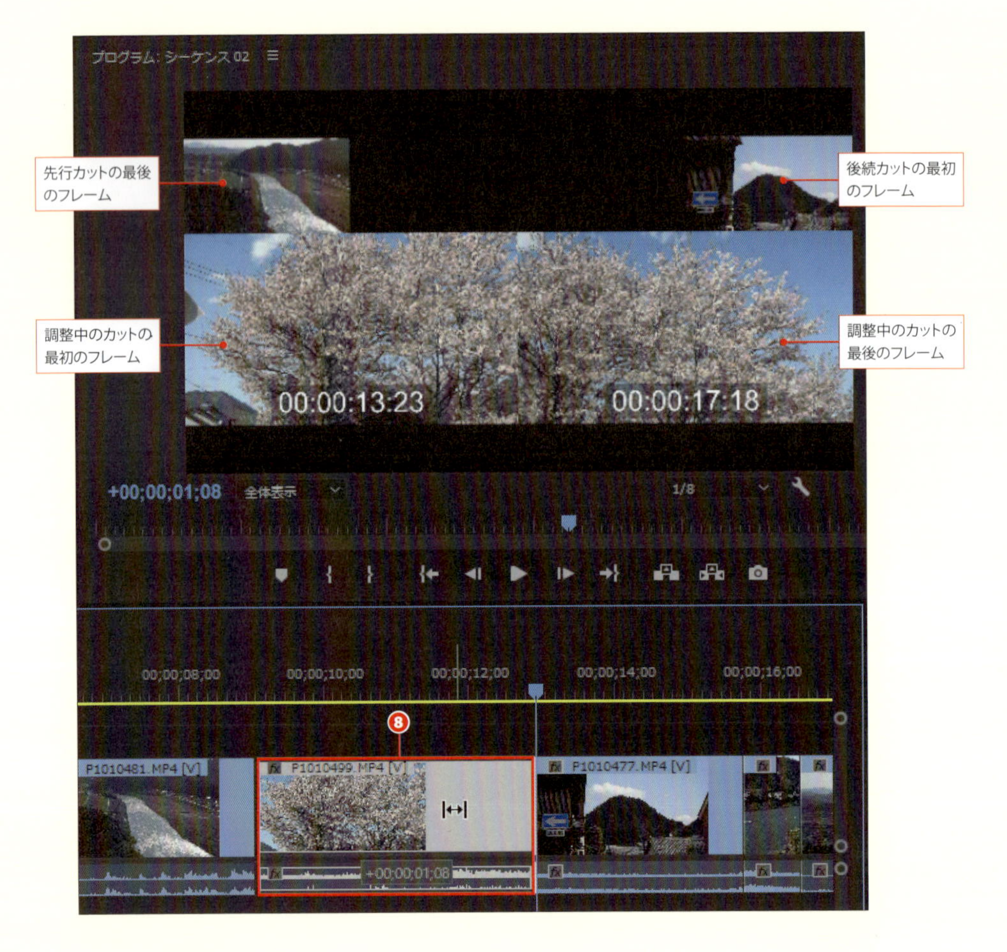

S スリップツール▶ Y

MEMO

スライドツール やスリップツール は便利なツールですが、はじめはその役割がわかりにくいかもしれません。やりたいことさえわかっていれば、「033 クリップの長さを調整する」や「034 クリップを分割する」で紹介している選択ツール やレーザーツール による調整でも、多少の手間はかかりますが、同様の結果を得ることができます。

NO. 033 クリップの長さを調整する

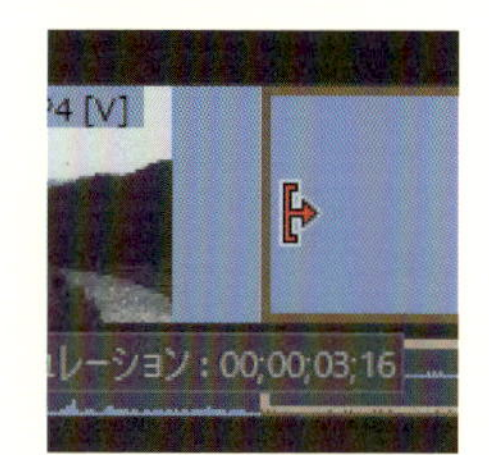

タイムライン上のクリップのインポイントやアウトポイントを選択ツールでドラッグして、クリップの長さを調整します。

選択ツールでドラッグして調整する

ツールパネルで**選択ツール**を選び、クリップのインポイント❶かアウトポイント❷にカーソルを合わせ、トリムアイコンに変わったところで左右にドラッグします。ドラッグした分だけクリップの長さが変わります。

> **MEMO**
> ビデオトラックあるいはオーディオトラックのみを調整したい場合には、トラックヘッダー上部にある［リンクされた選択］Ⓐをクリックしてオフにします。元に戻したい場合はもう一度クリックすれば、リンクが有効になります。

S 選択ツール▶ V

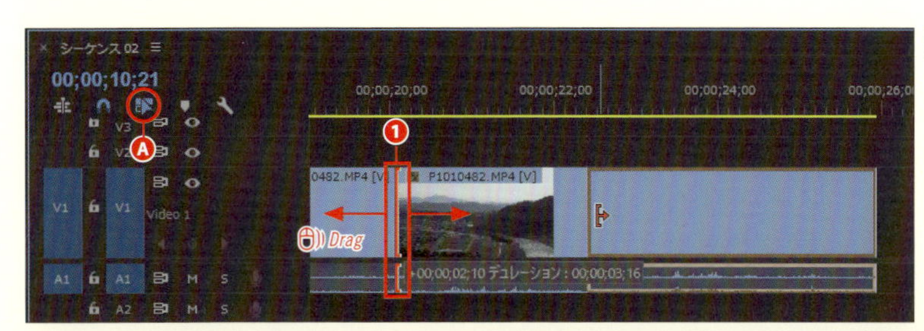

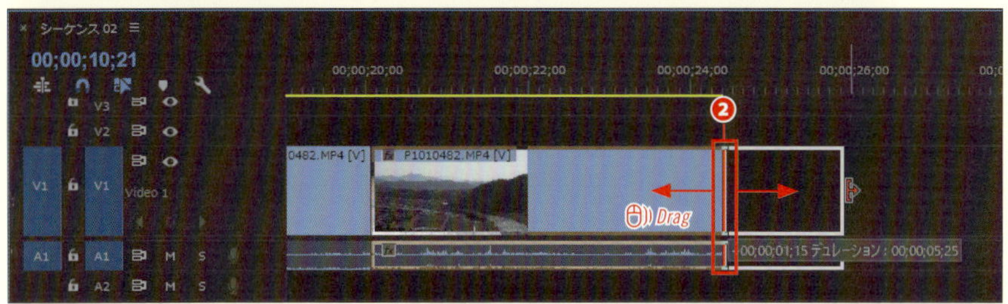

ソースモニター上でイン／アウトポイントを調整する

タイムライン上で目的のクリップをダブルクリックしてソースモニターに表示し❸、**タイムラインルーラー上でインポイント❹あるいはアウトポイント❺をドラッグ**して調整することもできます。

> **MEMO**
> クリップの端がほかのクリップに隣接している場合、これらの方法では縮める方向にしか調整（トリミング）できません。クリップを伸ばしたい場合には、隣接するクリップを移動して、隣のクリップとの間に隙間を作っておく必要があります。前後にクリップがある場合はリップルツールを使うと便利です。詳しくは「036 リップルツールとローリングツールで編集点を調整する」をご覧ください。

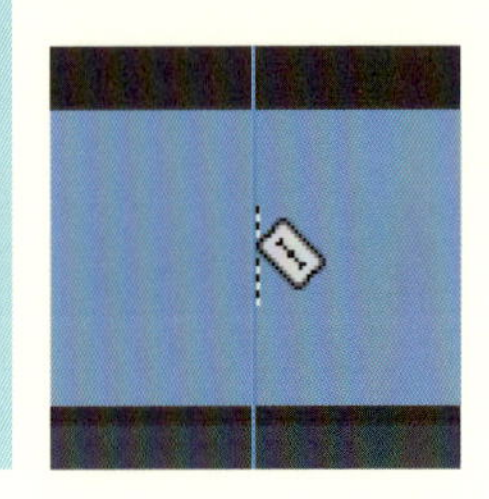

NO.
034 クリップを分割する

タイムライン上のクリップの分割は、カット編集の中でも使う機会の多い操作です。レーザーツールや［編集点を追加］コマンドを使います。

レーザーツールで分割する

METHOD 1

ツールパネルでレーザーツールを選択し❶、タイムライン上のクリップの分割したい場所でクリックします❷。再生ヘッドの場所で分割したい場合には、タイムラインパネル左上の［スナップ］をオンにして作業しましょう❸。レーザーツールが再生ヘッドに吸着するので正確な位置で分割できます。複数トラックを一度に分割するには、Shift キーを押しながらレーザーツールでクリックします。ビデオトラックのみ、オーディオトラックのみを分割したい場合には、分割したいトラック上で Alt （Option）キーを押しながらレーザーツールでクリックします。

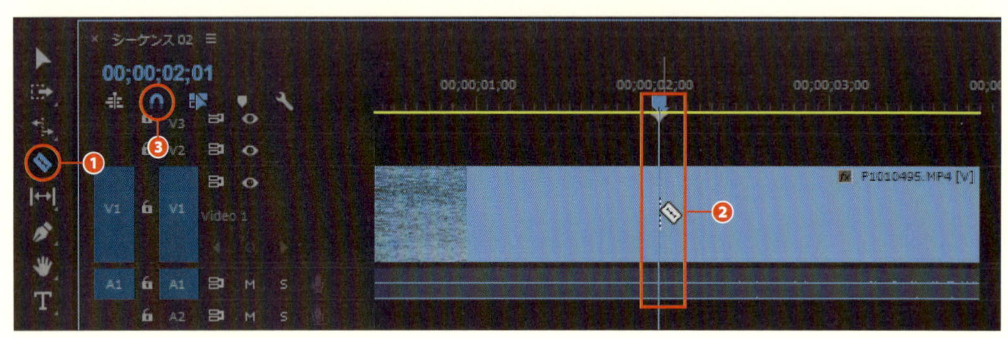

S レーザーツール▶ C

再生ヘッドの位置で分割する

METHOD 2

タイムラインパネルで再生ヘッドを移動して❹、分割したいフレームを表示し、［シーケンス］→［編集点を追加］を選択します❺。このときに分割の対象になるのは［ターゲットトラック］に設定されているトラック、もしくは選択中のクリップです。目的のトラックのヘッダーがハイライト表示されていない場合は［ターゲットトラック］から外れているので、ヘッダー（V1、A1などトラックナンバーの部分）をクリックしてハイライトさせるか、あらかじめ選択ツールで選択しておきます。すべてのトラックを同時に分割するには、［シーケンス］→［編集点をすべてのトラックに追加］を実行します❻。この場合には、ターゲットトラック以外のトラックも含めてすべてのトラックで編集点が追加され、クリップが分割されます。

S 編集点を追加▶ Ctrl ＋ K （⌘ ＋ K）
編集点をすべてのトラックに追加▶
Ctrl ＋ Shift ＋ K （⌘ ＋ Shift ＋ K）

NO. 035

クリップを削除する／複製する

不要なクリップの削除は、[カット][消去][リップル削除]コマンドで行います。

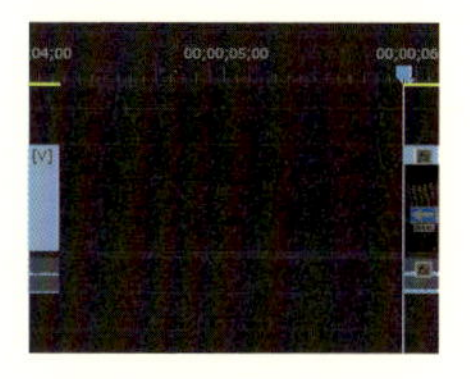

不要な部分を削除する

METHOD 1

必要のないクリップや分割によって発生した不要な部分は、**選択ツールでクリックしたり、複数の場合はドラッグして選択し、[編集]→[消去]もしくは[カット]で削除**します。削除した部分は空白になります❶。

S カット▶ Ctrl + X (⌘ + X) 消去▶ Delete または Back Space

不要な部分を削除して詰める

METHOD 2

削除した部分を詰める「トルツメ」を行うには、タイムライン上で削除したいクリップを選択してから、**[編集]→[リップル削除]を実行**します❷。もしくは、右クリックして表示されるメニューから[リップル削除]を選択します。また、クリップを削除してできた空白を選択ツールでクリックして選択し、同様にして削除して詰めることもできます。

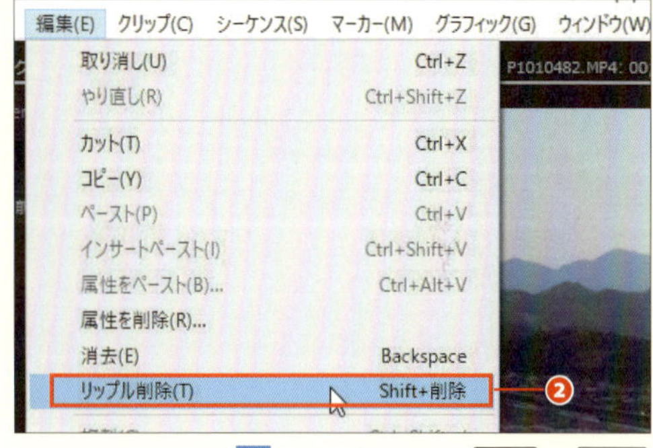

S リップル削除▶ Shift + Delete

プログラムモニターで不要な部分を指定、削除する

METHOD 3

タイムラインにインポイントやアウトポイントを設定して削除することもできます。タイムラインパネルで再生ヘッドを移動して、削除したい範囲の最初のフレームを表示します❸。プログラムモニターにある[インをマーク]ボタンをクリック❹、続いて再生ヘッドを移動して削除したい最後のフレームを表示し❺、[アウトをマーク]ボタンをクリックします❻。こうして範囲の設定ができたら、**プログラムモニターの[リフト]ボタンもしくは[抽出]ボタンをクリックして消去**します❼。[リフト]を使った場合は、消去した部分が空白になります。対して[抽出]の場合は「トルツメ」になり、空白はできません。

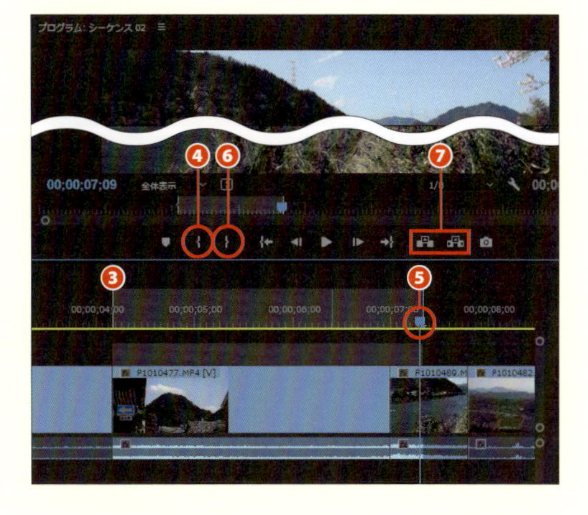

クリップを複製する

METHOD 4

タイムライン上のクリップを複製するには、選択した状態で**[編集]→[コピー]**を実行し、複製先に再生ヘッドを移動させて[編集]→[ペースト]を実行します。また、**Alt (Option) +ドラッグで複製**することもできます。

第3章 カット編集とトランジション

NO.
036 リップルツールとローリングツールで編集点を調整する

タイムライン上の編集点（クリップとクリップのつなぎ目）を調整するのがリップル編集とロール編集です。

リップルツールで調整する

METHOD 1

ツールパネルでリップルツールを選び、タイムラインパネルでクリップのインポイント、アウトポイントのうち１点を前後にドラッグします❶。カーソルの矢印が左を向いている時が先行カットのアウトポイントを調整できる状態、右を向いている時が後続カットのインポイントを調整できる状態です。
これらの状態で左右にドラッグすると隣接したクリップが調整した分だけ前後に移動します。つまり、調整した分だけ全体の長さが変わるわけです。例えば、右図の状態で右にドラッグすると、調整中のカットの先頭がドラッグした分だけ削られ、全体の長さが短くなります。

ローリングツールで調整する

METHOD 2

ローリングツールは、隣り合うクリップのインポイントとアウトポイントを同時に調整します。操作方法はリップルツールと同様です。ツールパネルでローリングツールを選び、タイムラインパネルでクリップのつなぎ目を前後にドラッグします❷。ローリングツールで調整した場合、全体の長さに変化はありません。対象となる「カット」を調整するというよりも、カットのつなぎ目を前後に動かして、タイミングを調整するイメージです。

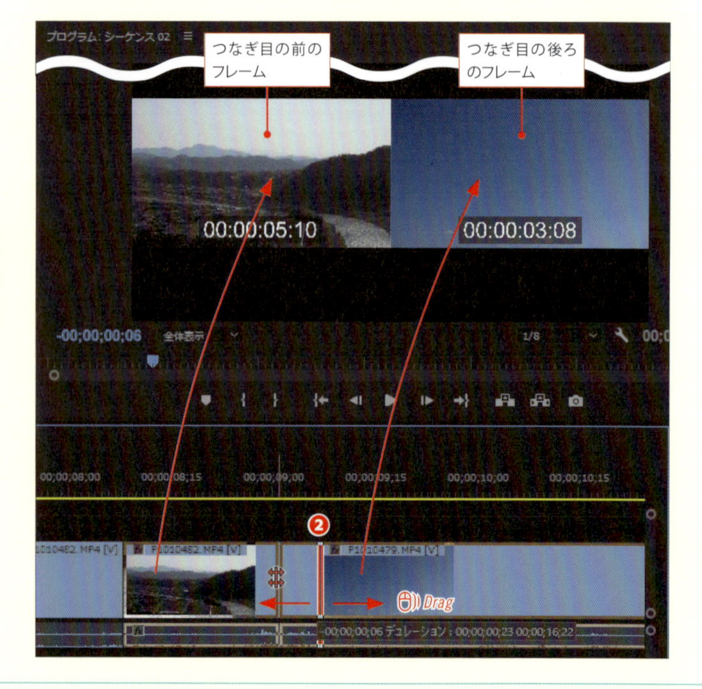

037 トリミングモニターで編集点を調整する

NO.
037 トリミングモニターで編集点を調整する

トリミングモニターは、リップルツールとローリングツールによる調整をより詳細に行うためのパネルです。

METHOD 1

選択ツール■を使って、タイムライン上の調整したいクリップのつなぎ目をダブルクリックします。するとプログラムモニターの中に、トリミング用のモニターが表示されます❶。トリミングモニターの左側には先行カットのアウトポイント❷、右側には後続カットのインポイントが表示されています❸。最も直感的な操作は、調整したい方の画面にカーソルをもっていき、左右にドラッグする方法です。左側でドラッグすれば先行カットのアウトポイントを、右側でドラッグすれば後続カットのインポイントを、中心でドラッグすれば両方を同時に調整できます。

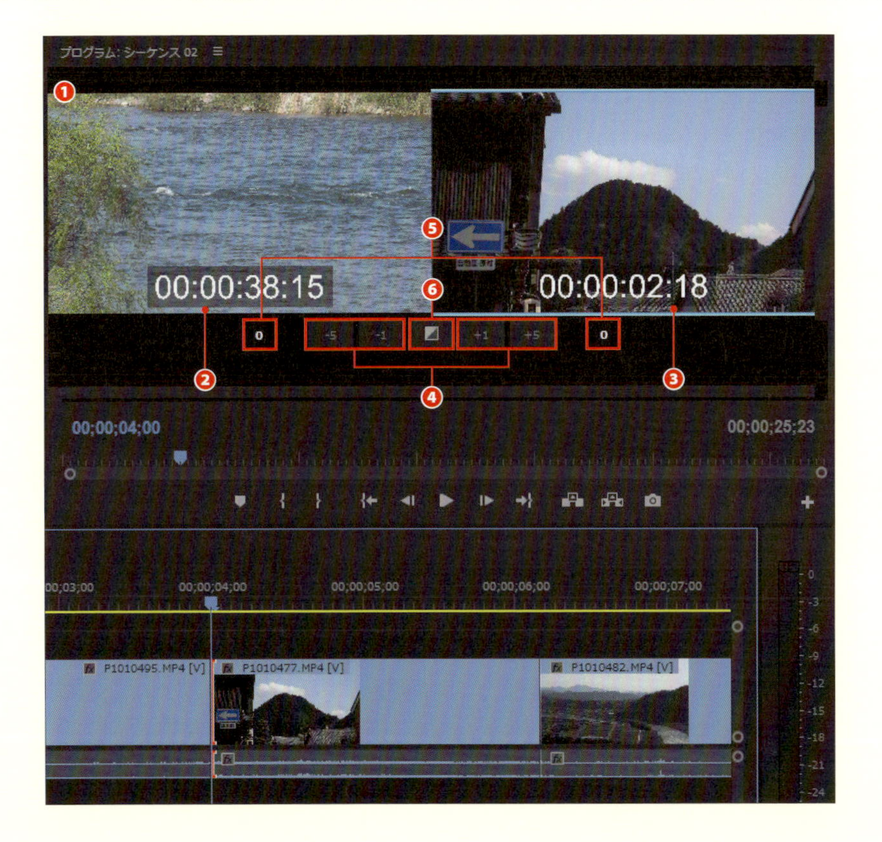

METHOD 2

数値で調整することもできます。トリミングモニターの下に並んでいる［-5］［-1］［+1］［+5］のボタンで❹、それぞれの数値に対応したフレーム数だけインポイント、もしくはアウトポイントを移動できます。ボタン両側の［アウトのシフトフレーム］［インのシフトフレーム］❺には、最初の状態と比較してそれぞれ何フレーム調整されたかが表示されます。

また、［選択項目にデフォルトのトランジションを適用］をクリックすると❻、クリップのつなぎ目に、初期設定として登録してあるトランジション（［クロスディゾルブ］）が適用されます。

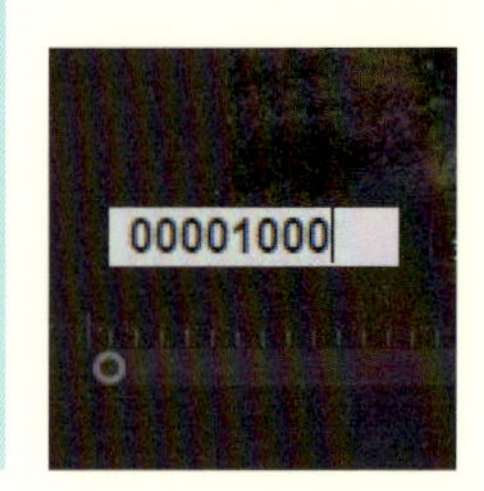

NO.
038 タイムコード情報を使って編集する

タイムコードを使って、再生ヘッドを制御したり、タイムライン上の場所を特定してクリップを配置したりできます。

ソースモニターでタイムコードを使う

ソースモニターのタイムコードは、インポイントやアウトポイントの指定に使うことができます。例えば「タイムコード：00:00:10:00（10秒）」にインポイントを設定したい場合は、タイムコードをクリックして入力状態にし、「00001000」と入力します（頭の0は省略可）❶。すると再生ヘッドが指定のタイムコードに移動するので、［インをマーク］ボタンで設定します❷。アウトポイントも同様の操作で狙ったタイムコードに指定できます。
デュレーション（長さ）を使って指定することも可能です。現在のインポイントから5秒後にアウトポイントを設定したい場合は、［インへ移動］ボタン❸をクリックして再生ヘッドをインポイントに移動させたあと、タイムコードをクリックして入力状態にし、「+00000500」と入力します（頭の0は省略可）。すると再生ヘッドが5秒後に移動するので［アウトをマーク］ボタンをクリックしてアウトポイントを設定します❹。ソースモニターをアクティブにした状態で、キーボードのテンキーから「+」や「-」を入力すると、自動的にタイムコードを入力できる状態になります。これはソースモニターにかぎらず、プログラムモニターやタイムラインでも同様です。

MEMO

頭に「+」を付けたタイムコード指定では、通常のタイムコードの書式以外にも秒数とフレーム数を3桁ないし4桁の数値で、またはフレーム数で指定することもできます。例えば、5秒15フレームの場合は、「+00000515」や「+515」（いずれも5秒15フレームの意味）、または［+165］（5秒15フレーム＝165フレーム、1秒は30フレームとして計算）のいずれでも同様の結果が得られます。

タイムラインでタイムコードを使う

METHOD 2

タイムラインのタイムコードは、再生ヘッドの「位置」を示しています。METHOD1 と同様に、クリックしてタイムコードやデュレーションを入力し、再生ヘッドの位置を指定できます❺。指定の位置に再生ヘッドを移動させて、ソースモニターの［インサート］［オーバーレイ］ボタンで正確にクリップを配置することができます。頭に「＋」を付けた指定はソースモニターでの操作と同様です。また、タイムライン上のクリップを選択して、「＋」「－」付きのフレーム数や秒数を入力すると、そのフレーム数だけクリップを移動することができます。

プログラムモニターでタイムコードを使う

METHOD 3

プログラムモニターのタイムコードは、左側がタイムラインのタイムコードとリンクしており❻、タイムライン上の再生ヘッドの位置を示しています。よって、タイムラインのタイムコードと同様に使うことができます。右側はタイムライン全体のデュレーション（継続時間）を表示しています❼。

ソースモニターからクリップをタイムラインにドラッグしたり、タイムライン上でクリップをドラッグした場合には、左側のタイムコードが「クリップの先頭がある位置」を❽、右側が「クリップの最後のフレームの位置」を表します❾。これを見ながら、狙ったタイムコードにクリップを配置できます。

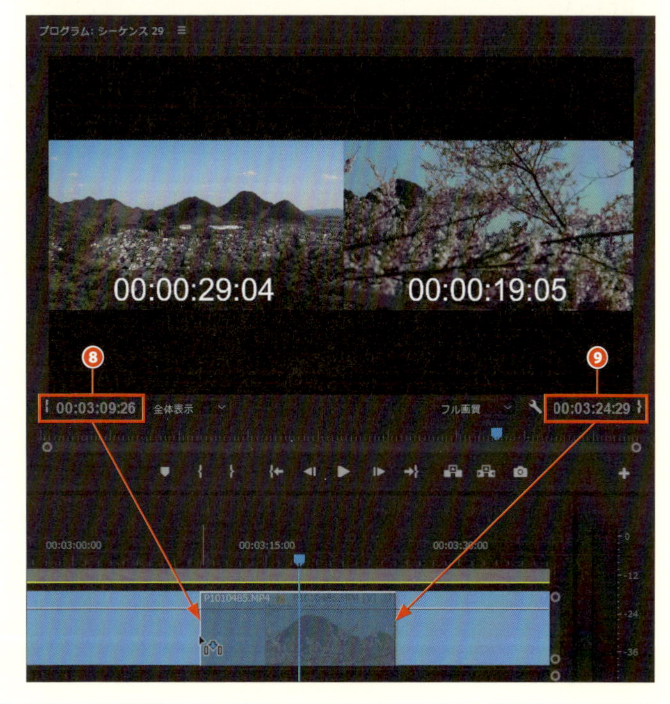

NO.
039 オート編集で大まかな流れを作る

オート編集は、プロジェクトパネルから直接タイムラインにクリップを流し込む機能です。大まかな予備編集を行うのに便利です。

STEP 1

まず、プロジェクトパネルで、Ctrl（⌘）キーを押しながら、タイムラインに並べたい順でクリップをクリックし選択していきます❶。新しいビンを作り、［アイコン表示］にしておくと作業しやすいでしょう❷。

STEP 2

そのままの状態で、パネル右下にある［シーケンスへオート編集］ボタンをクリックします❸。

STEP 3

［シーケンスへオート編集］ダイアログが表示されるので、［並び］で［選択順］を選びます❹。［配置］では、タイムラインへの配置方法を設定します❺。そのまま並べるか、タイムラインに設定した番号なしマーカー上に配置する方法も選べます。設定が終わったら［OK］ボタンをクリックします。するとビンの中のクリップがタイムラインに配置されます。

また、初期設定されたトランジションをすべての編集点に自動的に適用するオプションもあるので、スチール素材のスライドショームービーの場合などに活用できるでしょう❻。

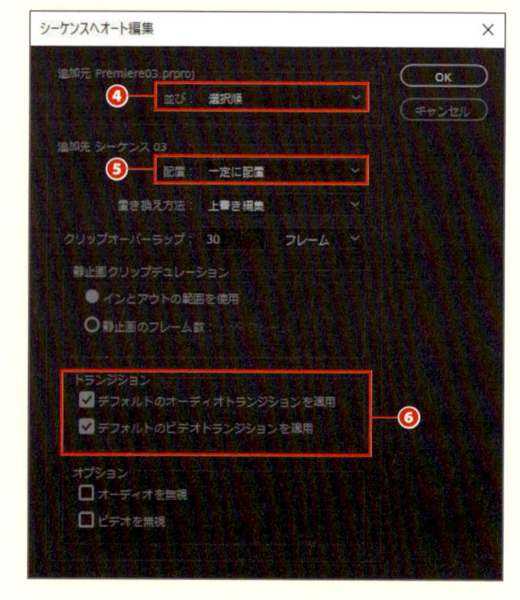

MEMO

このほかに、プロジェクトパネルの並び順で配置する方法もあります。アイコン表示にしてクリップを順番に右から左（あるいは上から下）に並べたり、クリップ名に番号を振って名前でソートするなどし、それらをすべて選択した上で、［シーケンスへオート編集］を実行します。次に表示される［シーケンスへオート編集］ダイアログの［並び］は［配置順］に設定します。

NO. 040 サブクリップを作って OKテイクを切り出す

クリップが長かったり、たくさんのテイクがある場合は、[サブクリップを作成] して OK テイク（使う部分）を切り出しておくと作業がしやすくなります。

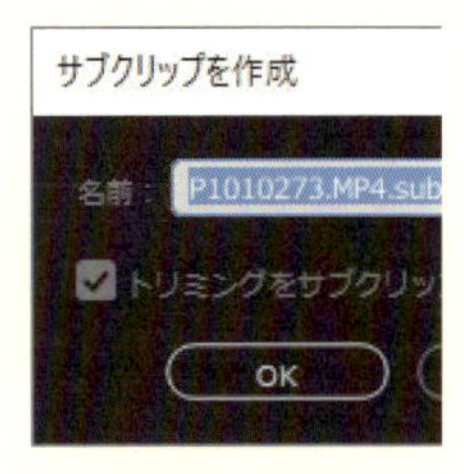

STEP 1

プロジェクトパネルでサブクリップの元になるクリップ（マスタークリップ）をダブルクリックします。そしてソースモニターでインポイント❶とアウトポイント❷を設定します。

STEP 2

[クリップ] → [サブクリップを作成] を実行します。すると [サブクリップを作成] ダイアログが開くので❸、[名前] を入力して [OK] ボタンをクリックします。[トリミングをサブクリップの境界に制限] ❹のチェックを外すと、できあがったサブクリップは、長さを自由に変更できるようになります。

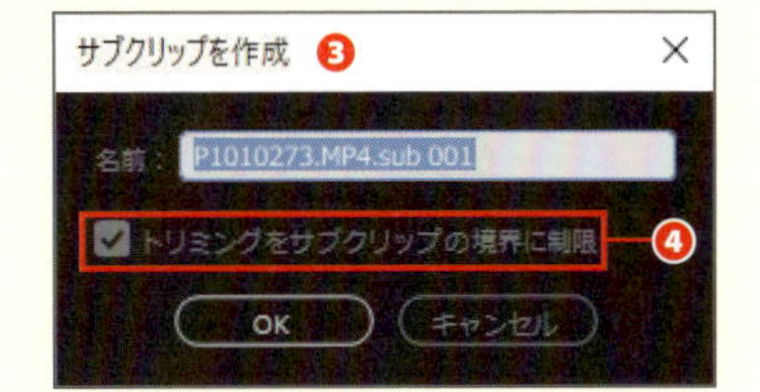

STEP 3

プロジェクトパネルの元クリップがあるビンに、サブクリップが追加されます❺。サブクリップは元になっているマスタークリップへの参照データですが、ほかのクリップと同じように使用できます。

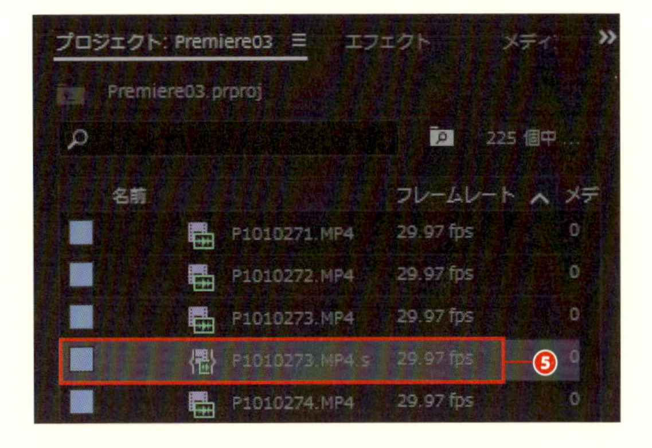

 MEMO

サブクリップを選択した状態で [クリップ] → [サブクリップを編集] を実行すると、[サブクリップを編集] ダイアログが表示されます。このダイアログでサブクリップのインポイント（[開始]）とアウトポイント（[終了]）を変更することができます。また [マスタークリップに変換] にチェックを入れると、参照データではなく、クリップそのものに変換することも可能です。

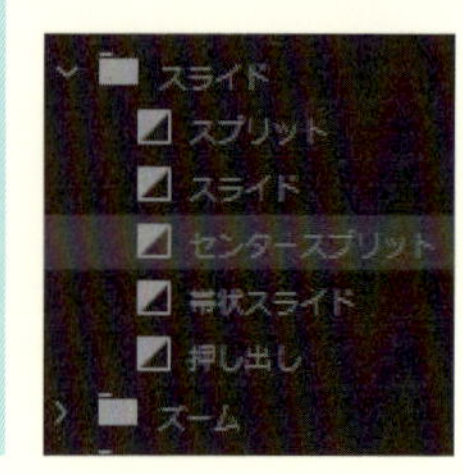

NO.
041 トランジションを適用する

カットとカットのつなぎ目を演出するエフェクトが［ビデオトランジション］です。エフェクトパネルからタイムライン上にドラッグして適用します。

STEP 1

［ウィンドウ］→［エフェクト］を実行して、エフェクトパネルを表示します。［ビデオトランジション］をダブルクリックするか、三角形をクリックしてフォルダーを展開し❶、目的の［ビデオトランジション］を表示します。

S エフェクトパネル▶ Shift ＋ 7

STEP 2

目的の［ビデオトランジション］を選択して❷、タイムライン上のトランジションしたいカットのつなぎ目にドラッグします❸。するとカットとカットのつなぎ部分にトランジションが適用されます。カットのつなぎ目の左側にドロップすると、つなぎ目でトランジションが終了、右側にドロップすると、つなぎ目からトランジションが始まるようになります。

トランジションのデュレーション（長さ）を指定するには、適用したトランジションを選択し、トランジションの端をドラッグします。詳細な設定を行うにはエフェクトコントロールパネルを使用します。

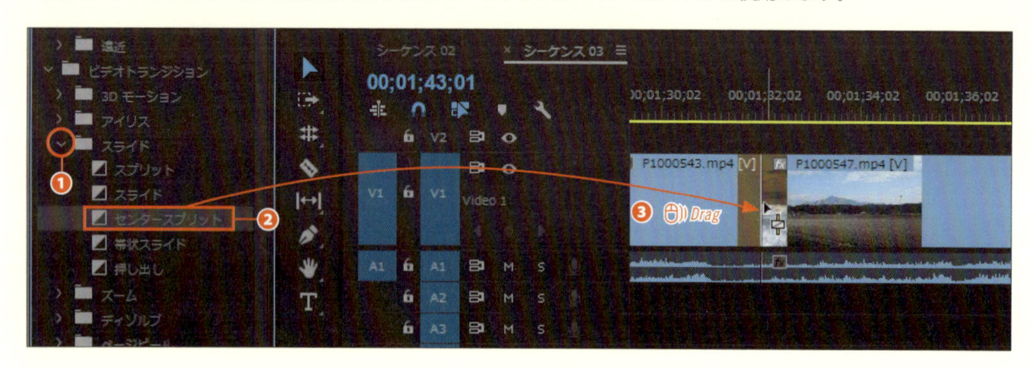

MEMO

Premiere Pro にはたくさんの［ビデオトランジション］が用意されているので、よく使うものだけをビンに整理しておくと便利です。エフェクトパネルの下部にある［新規カスタムビン］ボタンをクリックして新しいビンを作成し❹、そこに目的の［ビデオトランジション］をドラッグします。

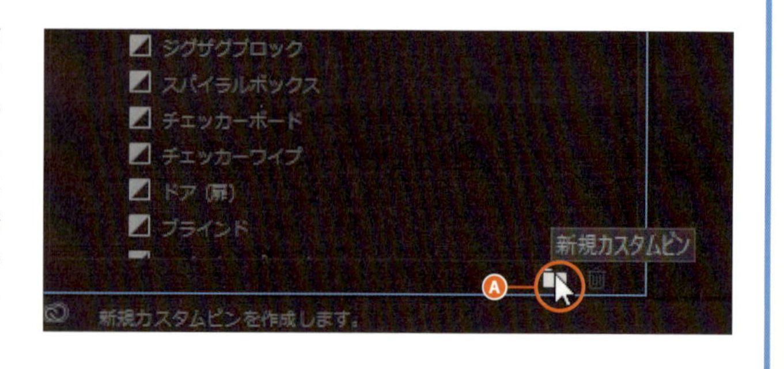

042 トランジションの位置や長さを調整する
043 ソフトワイプを適用する

NO. 042 トランジションの位置や長さを調整する

エフェクトコントロールパネルを開いて、トランジションの［配置］や［デュレーション］などを変更します。プレビューしながらの調整も可能です。

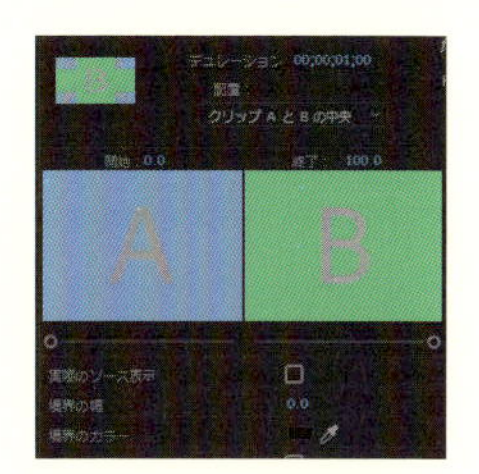

STEP 1

タイムラインパネルでトランジションをクリックして選択してから、エフェクトコントロールパネルを開きます❶。見当たらない場合は［ウィンドウ］→［エフェクトコントロール］を実行します。

エフェクトコントロールパネル
▶ Shift ＋ 5

MEMO

エフェクトコントロールで設定できる項目は、トランジションの種類によって異なります。ここではトランジション共通の調整項目のみを取り上げました。

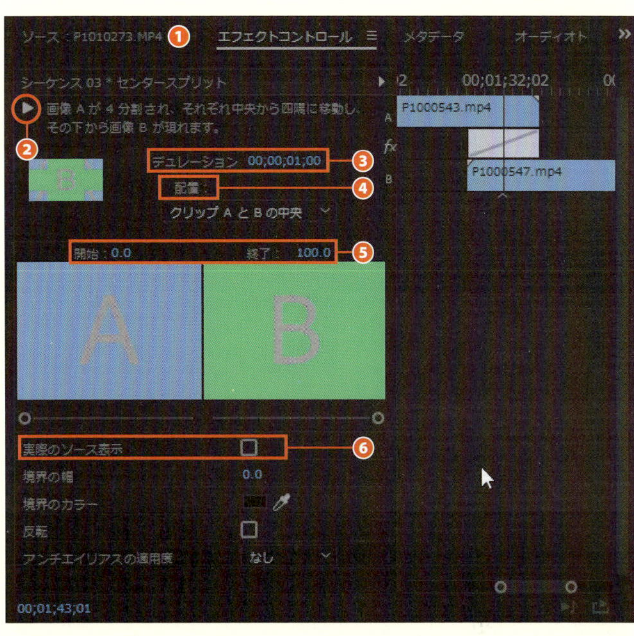

設定項目	内容
❷ トランジション再生	▶をクリックするとトランジションをプレビューできます
❸ デュレーション	トランジションの継続時間を示しています。右側にあるタイムコードをドラッグするか、クリックして数値を入力して調整します。また、パネル右側のタイムラインに表示されたトランジションの左右をドラッグして調整することもできます
❹ 配置	トランジションの開始位置を指定します。［クリップ A と B の中央］ではクリップのつなぎ目を中心に配置、［クリップ B の先頭を基準］では後続カットのインポイントからトランジションが始まるように配置、そして［クリップ A の最後を基準］では、先行カットのアウトポイントでトランジションが終わるように配置されます。［配置］は、パネル右のタイムラインに表示されたトランジションを左右にドラッグして調整することもできます
❺ 開始／終了	トランジションの始まり方と終わり方をパーセンテージで指定します。［開始］［終了］の横にある数値をドラッグ、またはクリックして数値を入力するか、プレビューの下のスライダーをドラッグして指定します
❻ 実際のソース表示	ここにチェックを入れておくと、実際のクリップの映像を使ってプレビューできます

STEP 2

トランジションの長さはマウスのドラッグで変更できます。選択ツールでトランジションを選択し、カーソルがトランジションの調整に変わったらドラッグします❼。

また、トランジションをダブルクリックして表示される［トランジションのデュレーションを設定］ダイアログで調整することも可能です❽。

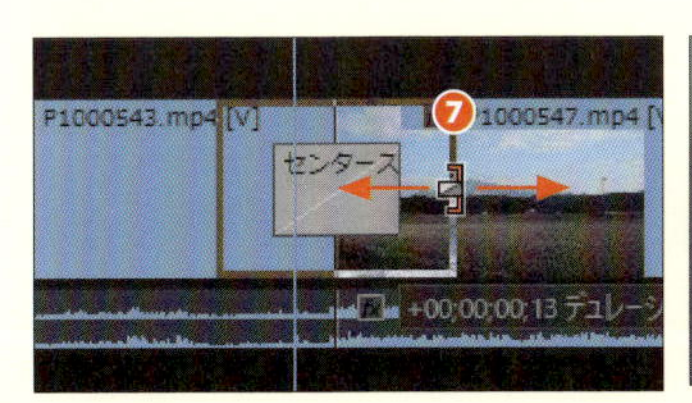

041 トランジションを適用する
043 ソフトワイプを適用する

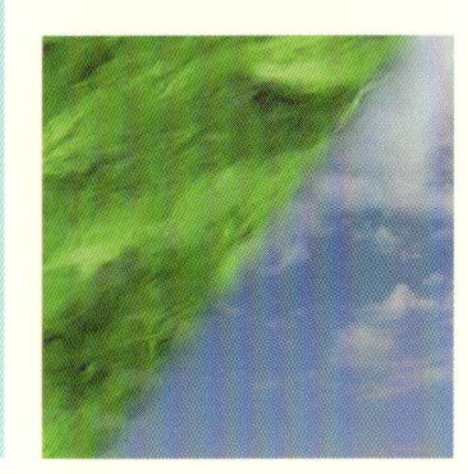

NO.

043 ソフトワイプを適用する

ソフトワイプは、トランジションの中でも使用頻度の高い効果です。Premiere Pro では、［リニアワイプ］エフェクトとして用意されています。

STEP 1

タイムラインパネルで先行カットを［Video 1］❶、後続カットを［Video 2］❷に配置します。このとき、ソフトワイプのデュレーション分だけ重なるようにします❸。例えばデュレーションが 1 秒なら、後続カット［Video 2］を 1 秒以上前にずらして先行カット［Video 1］と重ねます。次にエフェクトパネルで［ビデオエフェクト］→［トランジション］を開き、［リニアワイプ］を後続カットの上にドラッグ＆ドロップします❹。

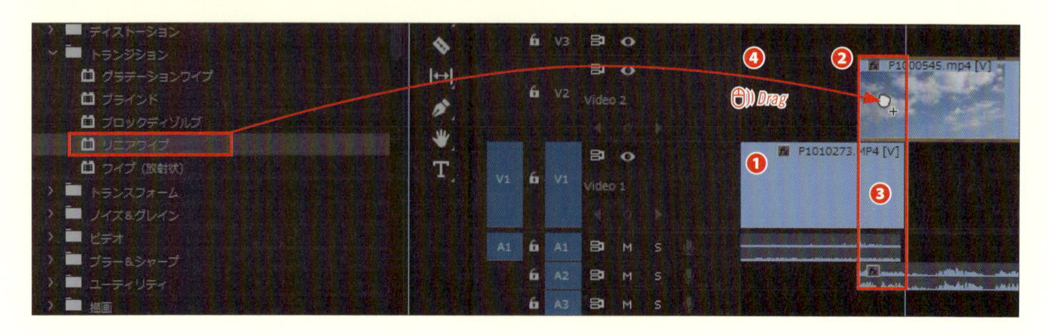

MEMO

［リニアワイプ］は、［ビデオトランジション］ではなく、［ビデオエフェクト］内の［トランジション］として提供されています。

STEP 2

［リニアワイプ］を適用した後続カットをタイムラインパネルで選択し、エフェクトコントロールパネルを表示します。［ビデオエフェクト］の欄で［リニアワイプ］の三角をクリックして調整項目を展開します❺。続いて後続カットの先頭に再生ヘッドを移動し❻、エフェクトコントロールパネルの［変換終了］の［アニメーションのオン／オフ］ボタンをクリックし❼、変換終了のスライダーを［100］にします❽。

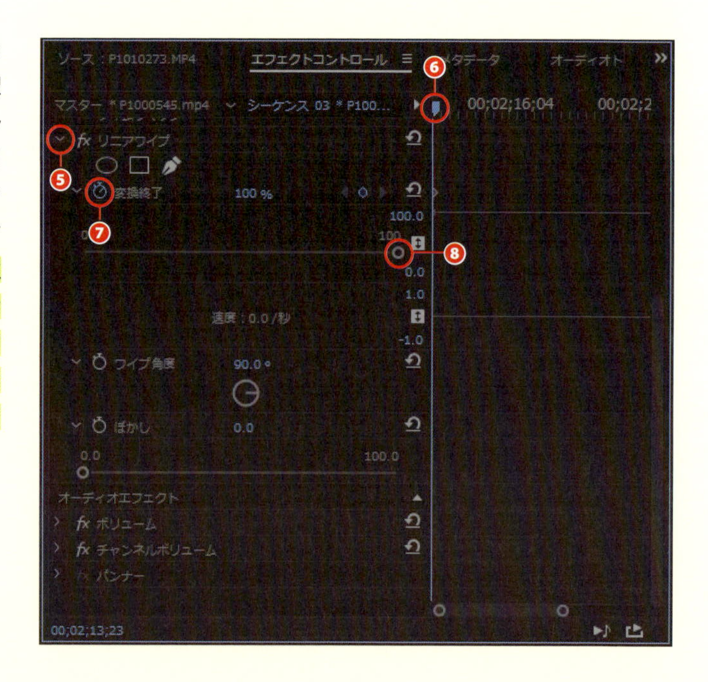

041 トランジションを適用する
042 トランジションの位置や長さを調整する

STEP 3

トランジションを終了させたい位置に再生ヘッドを移動します❾。そしてエフェクトコントロールパネルの［変換終了］のスライダーを［0］に設定します❿。これで、キーフレーム間がソフトワイプでトランジションするようになります。

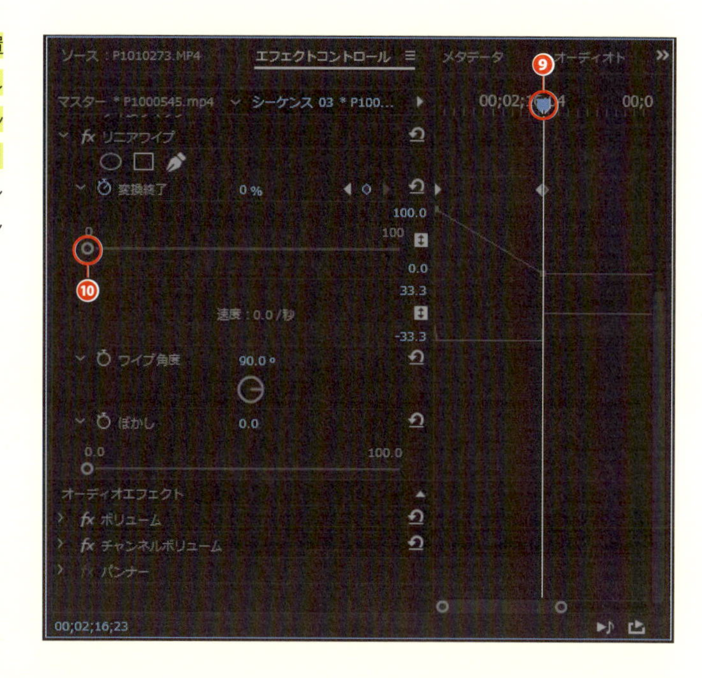

STEP 4

ワイプの角度を調整します。エフェクトコントロールパネルで［ワイプ角度］を展開し、円形スライダーをドラッグするか、［ワイプ角度］の数値をドラッグまたはクリックして数値を入力します⓫。そして最後に［ぼかし］の量を設定します。スライダーでは［0～100%］までしか指定できませんが、［ぼかし］の数値をクリックして入力すれば、［500%］や［1000%］といった大幅なぼかしも設定できます⓬。

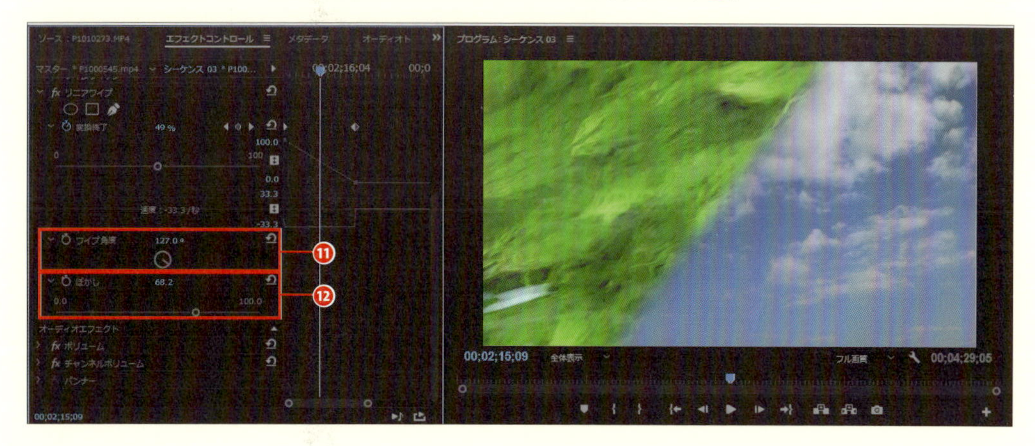

MEMO

［ビデオエフェクト］→［トランジション］にある［ブラインド］は、［リニアワイプ］と同様のプロパティを持つトランジションです。同様の方法でトラックに適用することができます。

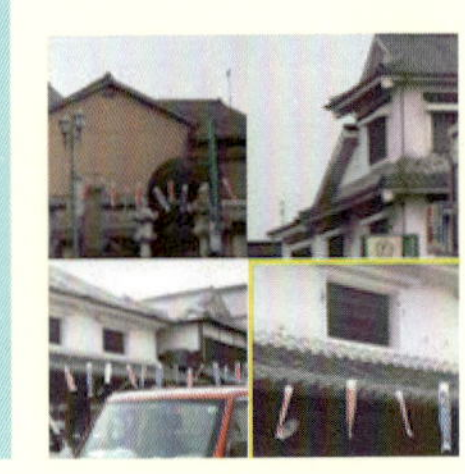

NO.
044 マルチカメラ編集を行う

マルチカメラ編集では、同時に複数の素材を再生し、それらをスイッチングしながら編集できます。複数のカメラで同時収録した場合などに威力を発揮します。

STEP 1

まず使用する素材を1つのビンにまとめておきます。次にビンを右クリックして表示されたメニューから［マルチカメラソースシーケンスを作成］を選択します❶。［マルチカメラソースシーケンスを作成］ダイアログが表示されるので、素材の同期方法を選択して［OK］をクリックします。

今回は、あらかじめ素材の同期ポイントにクリップマーカーを設定してあるので、［クリップマーカー］を選択しています❷。このほかにインポイントやタイムコードでの同期も可能です。また［オーディオ］にチェックを入れて、音声波形を使った同期もできます。

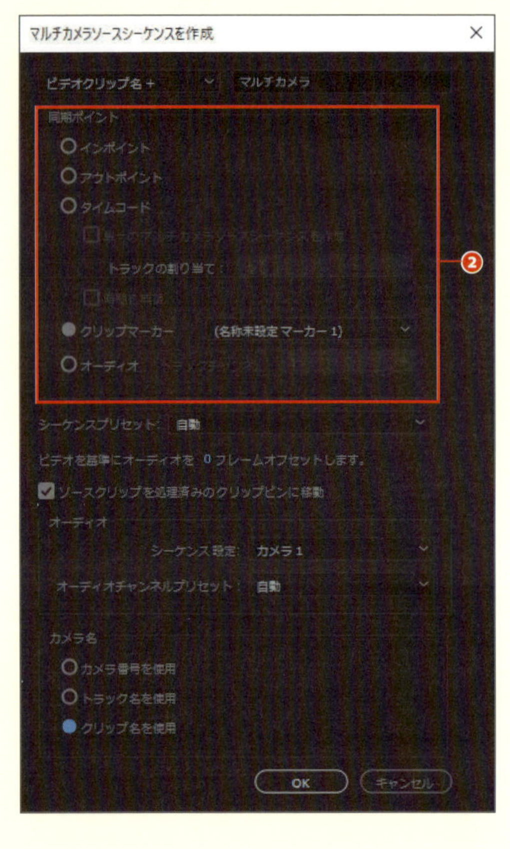

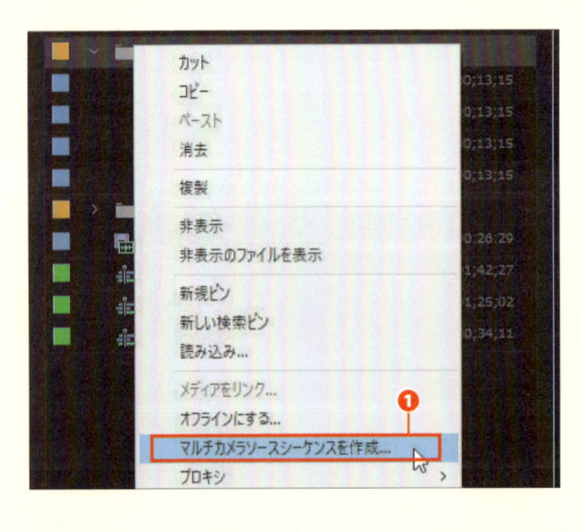

STEP 2

素材を入れたビンの中に［マルチトラックシーケンス］が作成されます❸。作成された［マルチトラックシーケンス］を右クリックして、［クリップに最適な新規シーケンス］を実行します❹。すると新しいシーケンスの中に同期された素材がクリップネストされ、タイムラインに表示されます。

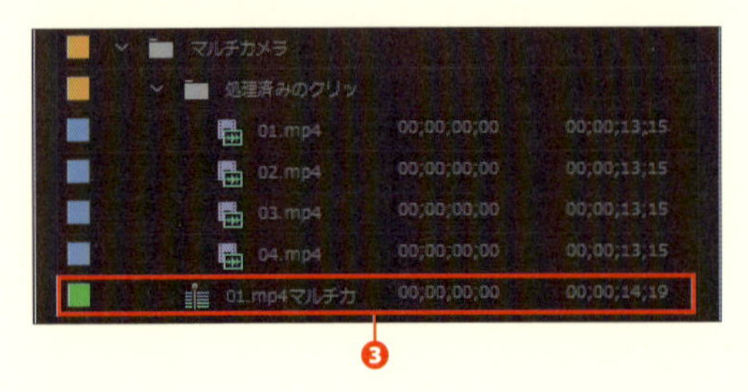

STEP 3

プログラムモニターの右下にあるスパナのアイコンの［設定］ボタンをクリックし❺、表示されたメニューで［マルチカメラ］にチェックを入れます❻。すると、プログラムモニターの表示がマルチカメラモードになり、画面の左側には各カメラの映像がマルチで表示され、右側には選択したカメラの映像が表示されます❼。この状態で、カメラのスイッチングを行っていきます。スイッチングを行うには、［マルチカメラ記録 / 停止］ボタンを使います❽。表示されていない場合は、パネル下部にある「＋」マークが付いた［ボタンエディター］をクリックし❾、［マルチカメラ記録／停止］ボタンをドラッグして、パネル下部の適当な位置にドラッグして配置します。これで準備が整いました。

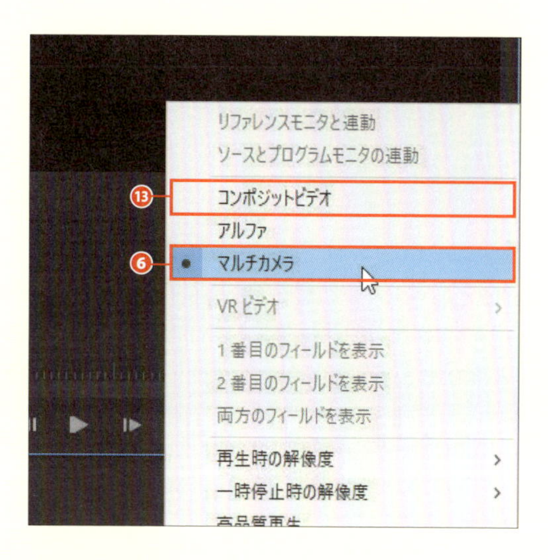

STEP 4

再生ヘッドを、開始位置にセットして❿、［マルチカメラ記録／停止］ボタンをクリックし❽、［再生／停止］ボタンをクリックして再生します⓫。再生しながら、順次左画面のカメラをクリックすることでアングルの切り替えができます⓬。終了したら、再び［再生／停止］ボタンをクリックして停止します。この操作は何度でもやり直しができます。

納得できるスイッチングができたら、プログラムモニターの［設定］ボタン❺から［コンポジットビデオ］を選択してプログラムモニターの表示を元に戻します⓭。

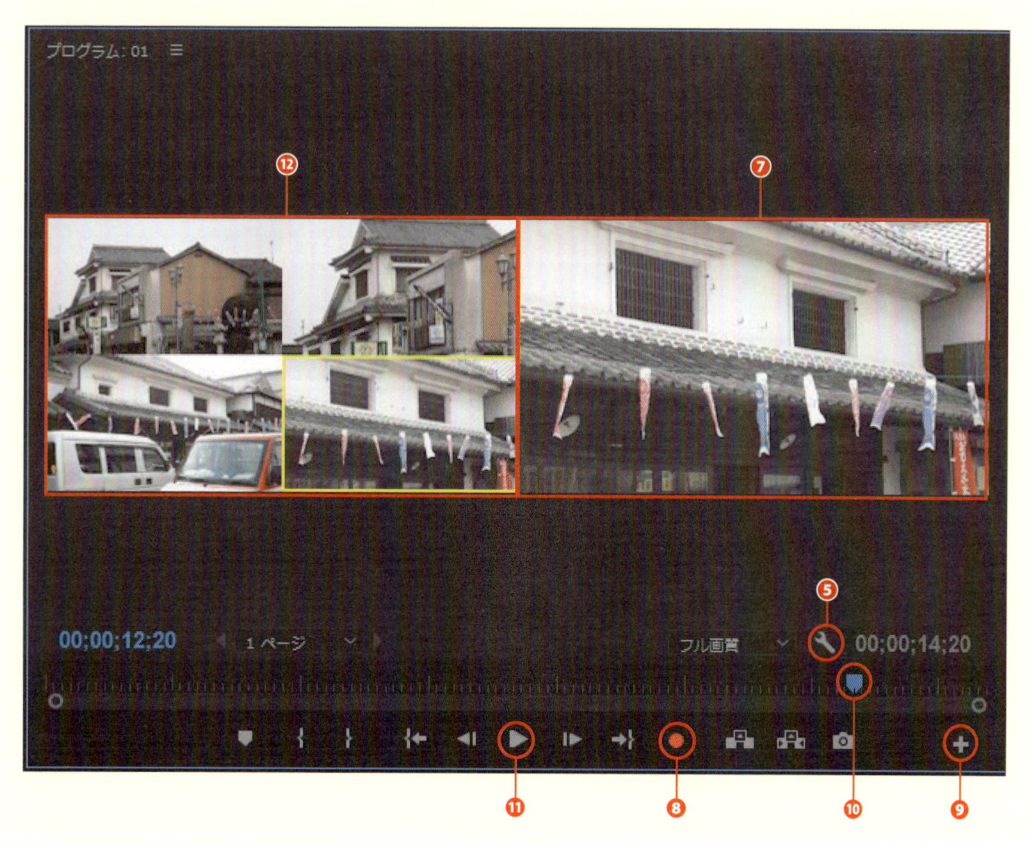

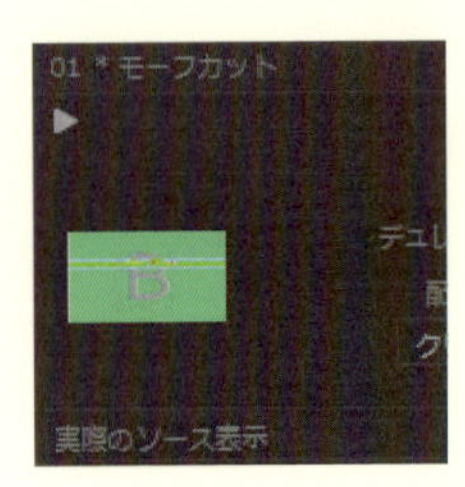

NO. 045

ジャンプカットを軽減する［モーフカット］

インタビューの編集でコメントを中抜きした時などに発生する「ジャンプカット」のショックは［モーフカット］エフェクトで和らげることができます。

STEP 1

タイムライン上で、ジャンプカットが気になる編集点に［ビデオトランジション］→［ディゾルブ］の中の［モーフカット］をドラッグ＆ドロップして適用します❶。すぐにバックグラウンドで画像の分析が行われます。このときに再生ヘッドをモーフカットの位置に移動すると、プログラムモニターに［バックグラウンドで分析中］と表示されます❷。この表示が消えれば分析終了ですが、以降の設定作業は、分析が終わる前でも行えます。

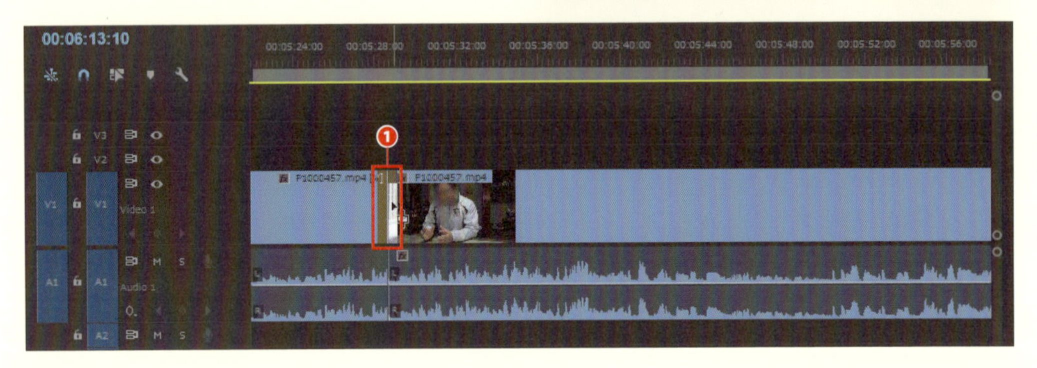

STEP 2

タイムラインパネルで［モーフカット］のアイコンを選択して、エフェクトコントロールパネルを開き❸、通常のトランジションと同じようにデュレーションを設定します。初期設定の１秒では少し長すぎるかもしれません。プレビューしてみて適当でない場合は、デュレーションを変更してみるといいでしょう❹。

MEMO

［モーフカット］は、その名の通りトランジションの最中でジャップカットの中間を埋めるようにモーフィングする機能です。［モーフカット］はビデオ編集者にとって夢のエフェクトと言えます。これまで避けようがなかった「ジャンプカット」を克服できる可能性があるからです。
もっとも効果が期待できるのは、トランジションの前後でカメラが完全にFIX しており、かつ人物の位置が変わっていない場合です。
素材によっては早回しが起こったかのような見え方になったり、かえって不自然になることもあります。ジャンプカットの状態、短くディゾルブした状態、［モーフカット］を使った状態を見比べて一番違和感のないものを選びましょう。

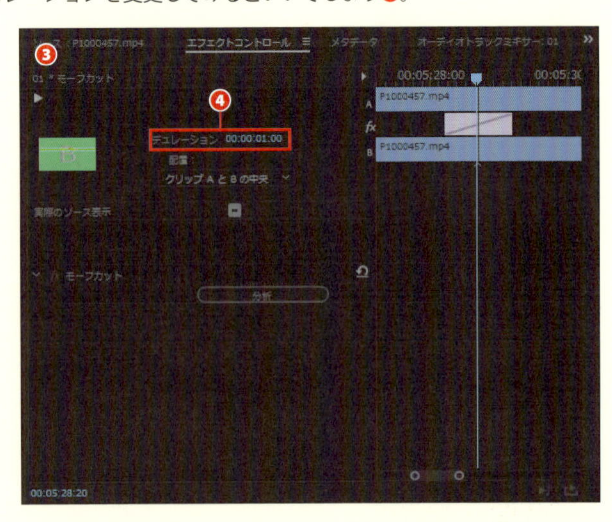

第4章 映像の色調整と色彩表現

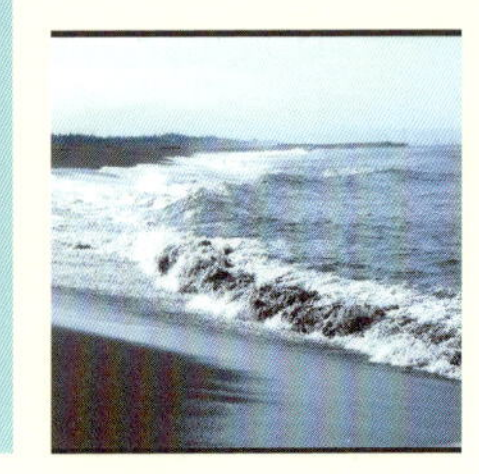

NO.
046 色補正用エフェクト① [調整用ツール]

Premiere Pro に搭載されているさまざまな色補正用エフェクトの中から、色調の補正に使用できるものをピックアップしました。

カテゴリー	名称	収録フォルダー	説明
複合ツール	Lumetri カラー	カラー補正	色調やコントラストなどを総合的にコントロールできます。また LOG 収録素材の現像や調整結果をほかの Adobe ソフトと共有するなど、今後 Premiere Pro のカラーコントロールツールの中心になっていくと予想されるエフェクト。Lumetri カラーパネルとセットで使用します
	クイックカラー補正	Obsolete	色調やコントラストなどを総合的にコントロールできるエフェクト。基本的な調整はこれ１つでまかなえます
	３ウェイカラー補正	Obsolete	クイックカラー補正と同様ですが、シャドウ、ミッドトーン、ハイライトの３つのセクションでより詳細にコントロールできます
	プロセスアンプ	色調補正	HLS 色空間を使って色調や明るさを補正するエフェクト。テレビの色調整のような感覚で操作できます
階調補正ツール	ルミナンス補正	Obsolete	明るさ、コントラスト、レベルの調整ツールがセットになったエフェクトです
	ルミナンスカーブ	Obsolete	明るさ、コントラストをグラフを使って調整するエフェクト
	輝度＆コントラスト	カラー補正	明るさとコントラストを調整するシンプルなエフェクト
	ガンマ補正	イメージコントロール	画像のミッドトーンの明るさを調整します。スライダー１本のシンプルなツール
	レベル補正	色調補正	コントラストを調整できるほか、赤、青、緑を別々にコントロールできるので、色調を変更することもできます
色補正ツール	カラーバランス	カラー補正	赤、青、緑の量を、シャドウ、ミッドトーン、ハイライトの３セクションに分けて量を調整します
	カラーバランス（RGB）	イメージコントロール	上記［カラーバランス］を簡略化したエフェクト。赤、青、緑の３本のスライダーで色調整を行います
	カラーバランス（HLS）	カラー補正	HLS 色空間を使って色調整を行います
	RGB カーブ	Obsolete	色調をグラフを使って調整するエフェクトです
自動調整	自動カラー補正／自動コントラスト／自動レベル補正	Obsolete	それぞれ、色調、コントラスト、レベルを自動的に調整します

MEMO

Premiere Pro の最新バージョンには、色彩に関する総合的な調整ツールとして［Lumetri カラー］エフェクトと、その拡張機能 Lumetri カラーパネルが搭載されました。これにより同等の色調整機能を持った従来のエフェクト群は「Obsolete（旧式の）」というフォルダーにまとめられました。しかし、これらのエフェクトの中にはシンプルな機能で使いやすいものが多く、本書ではまだ「現役」のエフェクトとして紹介していきます。

NO.

047 色補正用エフェクト②［加工用ツール］

Premiere Pro に搭載されているさまざまな色補正用エフェクトの中から、画像の外観を大きく変えることができるものをピックアップしました。

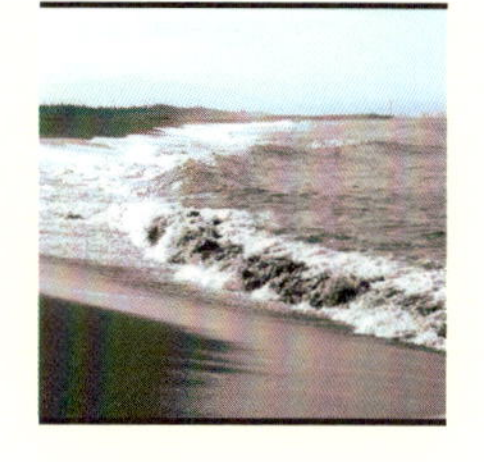

名称	収録フォルダー	説明
色を変更	カラー補正	特定の色だけをピックアップし、色相や明度、彩度を変更することができます
他のカラーへ変更	カラー補正	特定の色だけをピックアップし、別の色に置き換えることができます
モノクロ	イメージコントロール	このエフェクトを適用するだけで、色の成分を捨て、シンプルなモノクロ画像を作ることができます
色抜き	カラー補正	特定の色だけを残して、他をモノクロにします
色かぶり補正	カラー補正	ブラックとホワイトを別の色に置き換えることで、セピア調の画像を作ります
ソラリゼーション	スタイライズ	写真の現像表現の1つ、ソラリゼーションをシミュレーションします
ポスタリゼーション	スタイライズ	色や階調を単純化して、平面的に塗ったような画像を作ります
ブラシストローク	スタイライズ	画像の描写を粗くして、絵筆で描いたような効果を作ります
エンボス	スタイライズ	被写体のエッジに明暗をつけて浮き彫りのようなイメージを作ります
輪郭検出	スタイライズ	被写体の輪郭だけを取り出して線画のようなイメージを作ります
反転	チャンネル	様々なモードで色相や明度を反転させます
しきい値	スタイライズ	画像の階調を単純化して、モノクロでハードコピーを取ったようなイメージを作ります

NO.

048 色補正用エフェクトの操作

色補正用エフェクトだけに用意された機能を見ていきます。［カラーホイール］や［分割表示］、［二次カラー補正］といった機能です。

カラーホイール

METHOD 1

カラーホイールは、クイックカラー補正をはじめ、いくつかの色補正エフェクトに用意されている円盤型のインターフェイスです。円盤の外側に色相環があり、これをドラッグして回転させることで、画像全体の色相を変更することができます❶。時計回りに回転させると、画像は緑っぽくなり、さらに青に転がり、マゼンタを経由して再び元の状態に戻ります。

円盤の中心にあるハンドルをドラッグすると、特定の色味を強調することができます❷。

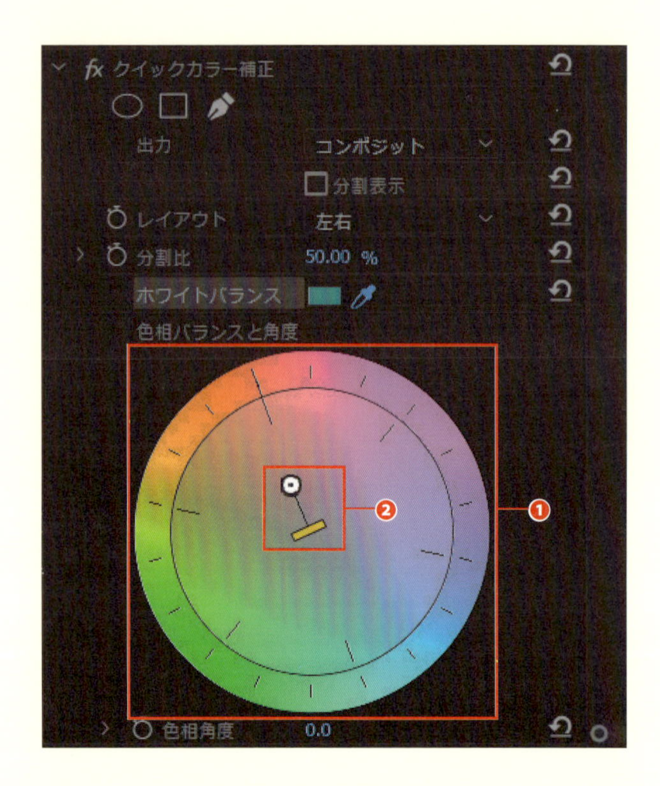

分割表示

METHOD 2

［分割表示］も多くの色補正エフェクトに用意されています。これは、調整前と調整後の状態をプログラムモニター上で同時に確認できる機能です。［分割表示］にチェックを入れ、［レイアウト］ポップアップメニューから［上下］分割か［左右］分割を選び❷、［分割比］で調整前と調整後の表示比率を調整します❸。同じ画面の中で調整前後が比較できて便利です❹。調整が終わったら、［分割表示］のチェックを外して通常の表示に戻します。

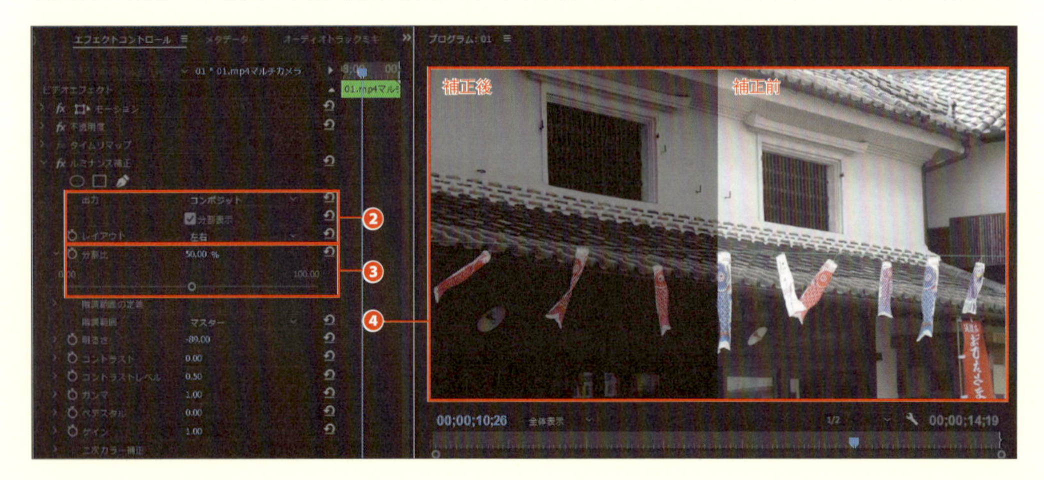

二次カラー補正

METHOD 3

［二次カラー補正］は、エフェクトの適用範囲を調整する機能です。カラー補正を明るい部分にだけ適用したい、あるいは特定の色の部分にだけ適用したい、といった場合に使用します。これもいくつかの色補正用エフェクトに用意されています。基本的な使い方は、［二次カラー補正］を展開させ❺、スポイトツールをクリックしてプログラムモニター上でエフェクトを適用したい部分をクリックします❻。さらに「＋」や「－」の付いたスポイトでクリックするとエフェクト適用範囲を広げたり、狭めたりできます。適用範囲は、通常そのままではエッジ部分が硬いので、［柔らかく］のスライダーで境界線をぼかしたり❼、［エッジを細く］のスライダーで境界線の幅を調整して❽うまく周囲となじむように調整します。

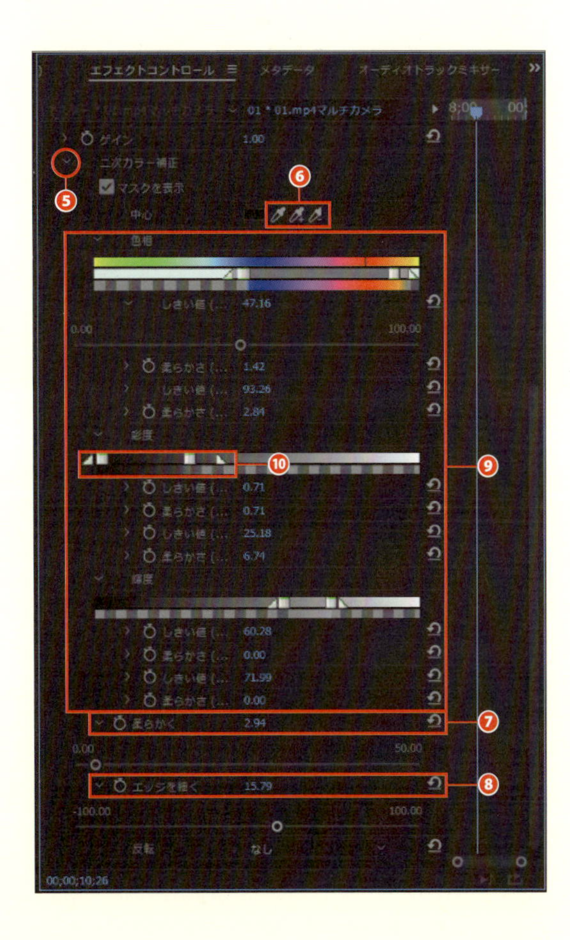

METHOD 4

さらに、［色相］［彩度］［輝度］を展開させ、スライダーを使って、適用範囲を調整し、追い込むこともできます❾。例えば［輝度］では、左右の三角形で選択する輝度（明るさ）の範囲を、三角形に挟まれた四角形のカーソルで選択範囲の中心とそこから設定値までのグラデーション（柔らかさ）を指定できます❿。その下の４つの項目は、上記４つのカーソルに対応しています。なお［色相］は色味、［彩度］は色の濃さを使って調整します。方法は［輝度］と同様です。

［マスクを表示］にチェックを入れると、エフェクトの適用範囲を白黒画像で確認することができます⓫。白の部分がエフェクト適用範囲です⓬。これをチェックしながら調整を行うとよいでしょう。

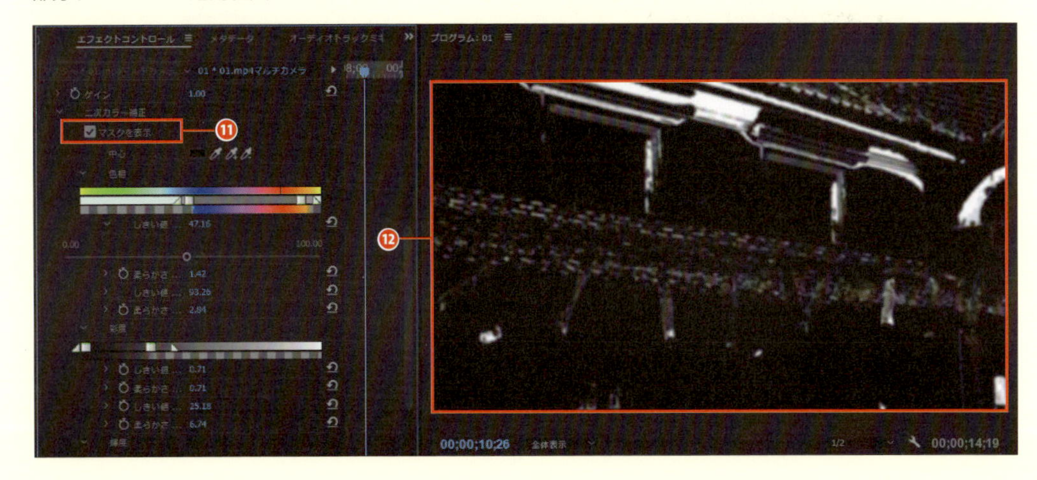

NO.
049 画像全体を手早く補正する［クイックカラー補正］

［クイックカラー補正］は、色調やコントラストを補正をするための各種ツールがワンセットになった、応用範囲の広いエフェクトです。

ホワイトバランスを補正する

METHOD 1

補正したいクリップに［ビデオエフェクト］→［obsolete］フォルダーの［クイックカラー補正］を適用します❶（以下同じ）。次に［ホワイトバランス］のスポイトをクリックして❷、プログラムパネルで「白」であって欲しい部分をクリックしていきます❸。クリックした部分の「白」からのズレに応じて全体のカラーバランスが調整されます。撮影時の光の状態などで青みがかったり、赤みがかった素材をノーマルな色に戻せます。

青みがかった素材を補正した例

色味を強くする、弱くする

METHOD 2

目的のクリップに［クイックカラー補正］を適用し、［彩度］を調整します❹。右にスライドさせる（値を増やす）と色味が強くなり、左にスライドさせる（値を下げる）と弱くなります。

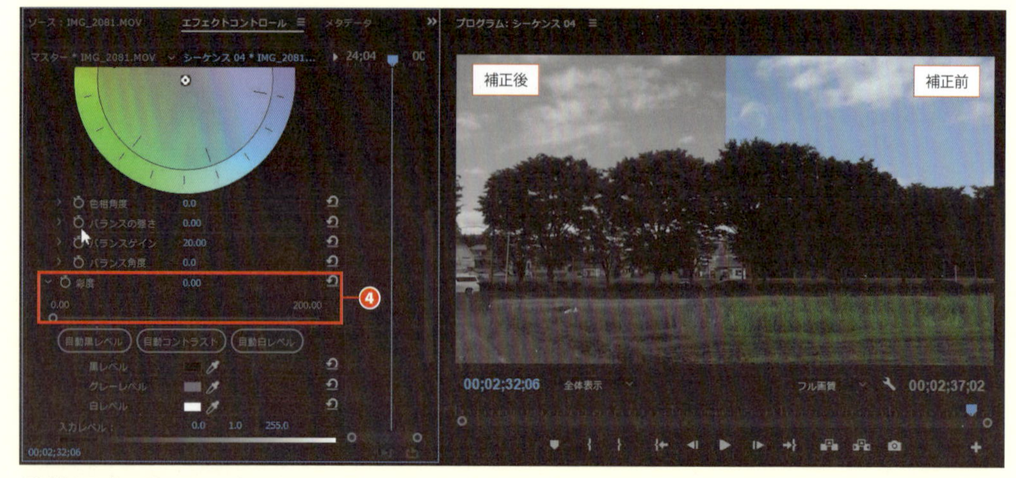

［彩度］を下げていくとモノクロになります

048 色補正用エフェクトの操作
050 階調ごとに詳細に補正する［3 ウェイカラー補正］

コントラストを整える

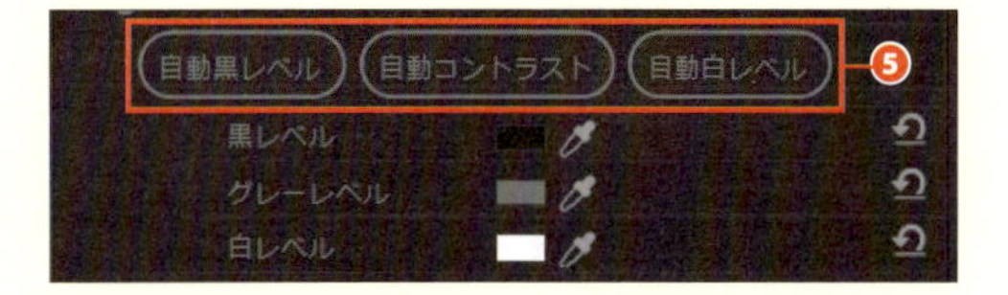

METHOD 3

コントラストを整えるには、[自動黒レベル][自動白レベル][自動コントラスト]ボタンをクリックします❺。前の2つは、それぞれクリップの黒レベルと白レベルをNTSCの基準に合わせます。また[自動コントラスト]ではそれらを同時に行います。

コントラストを変える

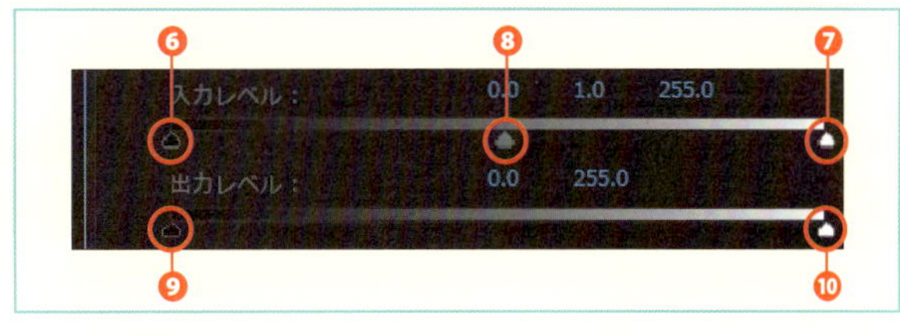

入力レベルと出力レベルの関係

METHOD 4

[自動コントラスト]などでの調整以上に変更を加えたい場合は、[入力レベル]を使います。[入力レベル]のスライダーには△のつまみが3つ付いています。左の△は黒のレベルを調整するもので、右にドラッグしていくと黒の範囲が広がり暗い部分がつぶれていきます❻。右の△は白のレベルを調整するもので、左にドラッグしていくと白の範囲が広がり、明るい部分が白と飛びしていきます❼。真ん中の△は黒と白の中間地点のグレーのポイントを示しています。これを左にドラッグすると中間のグレーが暗い方向に変更され、全体が暗くなり、右にドラッグしていくと中間のグレーが明るい方向に変更されて、全体が明るくなります。どちらの場合でも、黒と白のレベルはそのまま保たれるので結果、コントラストの変更が行えます❽。

その下にある[出力レベル]では、[入力レベル]で設定した黒と白の基準を変更することができます。左の△を右にドラッグすると黒は明るい方向に変更され暗い部分が浮いてきます❾。右の△を左にドラッグすると白は暗い方向に変更され、白が沈んできます❿。

色を転がす

入力レベルのグレーを調整してコントラストを高めた例

METHOD 5

[色相バランスと角度]を使えば、色を転がしたり補正することができます。円形のカラーホイールの中心にある丸を転がしたい色の方向へドラッグします⓫。円の周辺に行くほど強く転がります。この補正の強さは、バランスゲインのハンドルで微調整できます⓬。これも円の周辺にいくほど強く補正されます。また、円の外側のリングを回転させることで画像全体の色相を変更できます⓭。時計回りに回転させれば赤方向に、半時計に回転させれば緑方向に転がります。

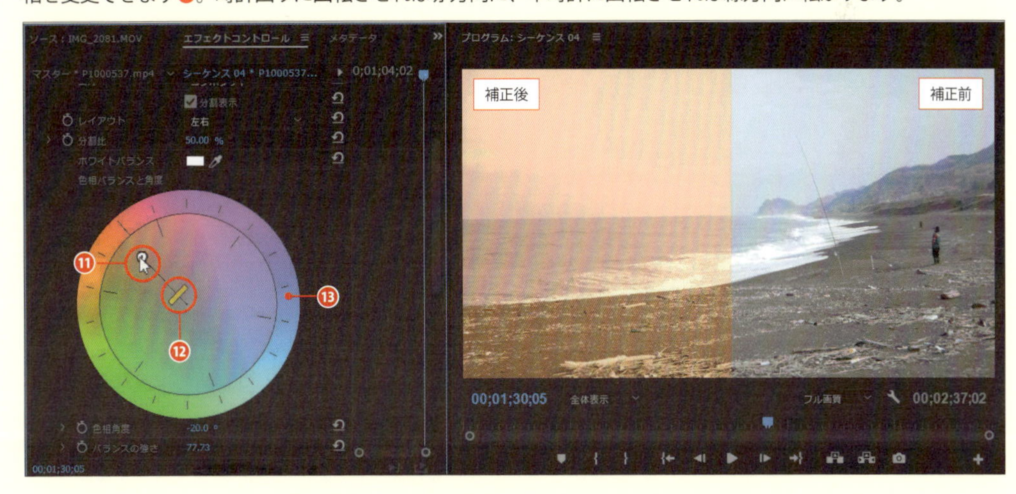

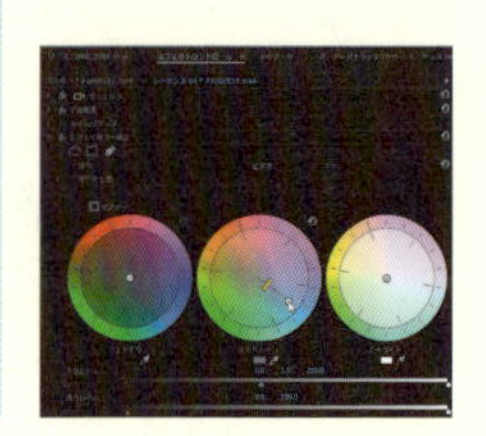

NO.

050 階調ごとに詳細に補正する［3ウェイカラー補正］

素材によっては、明部、中間部、暗部を別々に補正したいケースがあります。その場合には［3ウェイカラー補正］を使用します。

色調を変える

METHOD 1

クリップに［ビデオエフェクト］→［Obsolete］フォルダーの［3ウェイカラー補正］を適用します。エフェクトコントロールには、カラーホイールが3つ並んでいます。左からシャドウ（黒）❶、ミッドトーン（グレー）❷、ハイライト（白）❸の調整を行います。調整したい階調のホイールの中心の丸を、近づけたい色の方向にドラッグします❹。円の周辺に近づくほど強く補正されます。この補正の強さは、バランスゲインのハンドルをドラッグして変更できます❺。円の周辺に近づけば近づくほどわずかのドラッグで強く補正が働くようになります。

シャドウのホイールの上にある［マスター］にチェックを入れると、すべてのホイールが連動して同時に動くようになり、全階調を同時に調整することができます❻（［クイックカラー補正］と同様）。

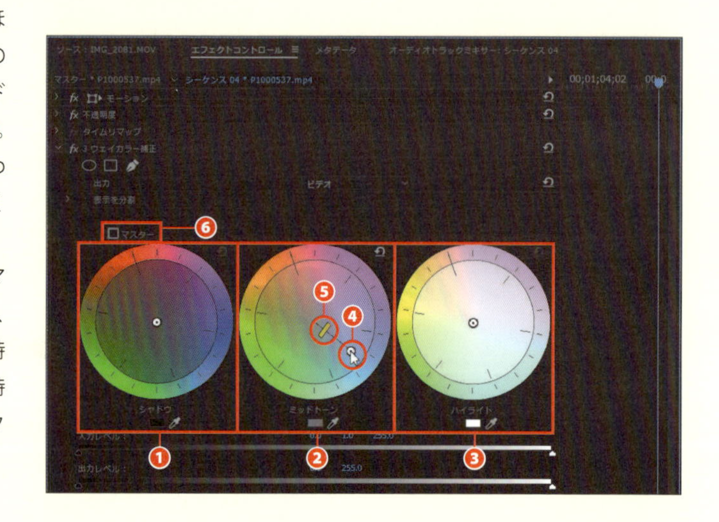

ホワイトバランスを変える

METHOD 2

ホワイトバランスを使って、それぞれの階調の色を補正したり、転がしたりすることもできます。調整したい階調のホイールの下にあるカラーサンプルをクリックして❼カラーピッカーを表示させ❽、新しいホワイトバランスの基準色を選択します❾。例えば、暖色に転がしたい場合は、色相が逆の青色系を指定します。カラーサンプルの右にあるスポイトツールを使って、画面の中から色をピックアップすることもできます。ホワイトバランスのずれた素材をノーマルに補正するには、スポイトツールを使い、プログラムモニター上で「無彩色（黒、グレー、白）」であって欲しい部分をピックアップします。

048 色補正用エフェクトの操作
049 画像全体を手早く補正する［クイックカラー補正］

階調を調整する

METHOD 3

3つのカラーホイールの下にある［入力レベル］［出力レベル］は、階調を調整するためのスライダーです⑩。使い方は「049 画像全体を手早く補正する［クイックカラー補正］」をご覧ください。このスライダーだけは、3ウェイではなく、全階調を同時に補正します。

階調範囲の定義を変更する

METHOD 4

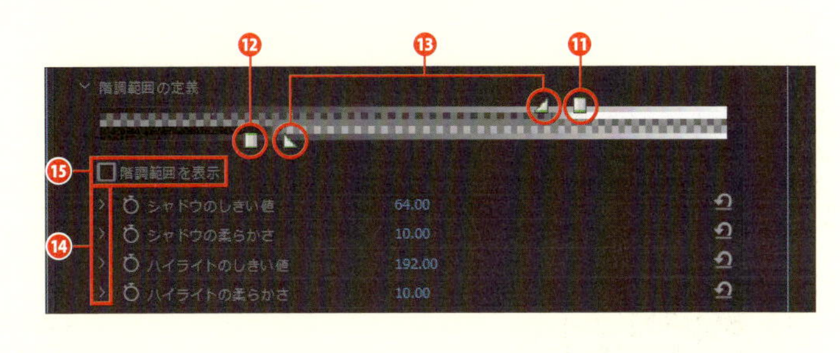

初期設定の階調範囲で満足のいく結果が得られない場合は、シャドウ、ミッドトーン、ハイライトの3つの階調範囲を再定義して、各ホイールの調整範囲を変更することができます。これには［階調範囲の定義］のスライダーを使います。

右の□を左にスライドさせるとハイライトの範囲が暗い方向に拡張され、［ハイライト］のホイールの調整範囲がその分広がります。逆に右にスライドさせるとハイライトの範囲が明るい方向に狭まり、［ハイライト］のホイールの調整範囲がその分狭まります⑪。同様に左の□でシャドウの範囲を調整することができます⑫。

◁や▷をスライドさせることで、ミッドトーンからのグラデーションの長さを変更することができます⑬。□と◁▷の距離が長ければ長いほど、移り変わりがソフトになります。

［階調範囲の定義］の左にある三角をクリックして展開すると、各パラメーターを独立させたスライダーにアクセスできます⑭。また、［階調範囲を表示］をチェックすると、プログラムモニターに階調が表示され、より直感的に調整できるようになります⑮。

下図はカラーホイールの状態を同じにして、［階調範囲の定義］だけを変更した例です。結果に大きな違いが見られます。

階調範囲は初期設定のままで、ミッドトーンを赤く転がした例

調整はそのままに、白の階調範囲を広げ、ミッドトーンの範囲を狭めた例

NO.

051 HLS色空間で補正する［プロセスアンプ］

［プロセスアンプ］では、HLSと呼ばれる色空間を使って色調を調整します。テレビの色調整をするような感覚で補正できます。

STEP 1

クリップに［ビデオエフェクト］→［色調補正］フォルダーの［プロセスアンプ］を適用します❶。［明度］の数値を上げ下げすると、映像全体の輝度が変化します❷。その下の［コントラスト］は、文字通りにコントラストを上げ下げするスライダーです❸。［明度］とセットで交互に操作すると良いでしょう。

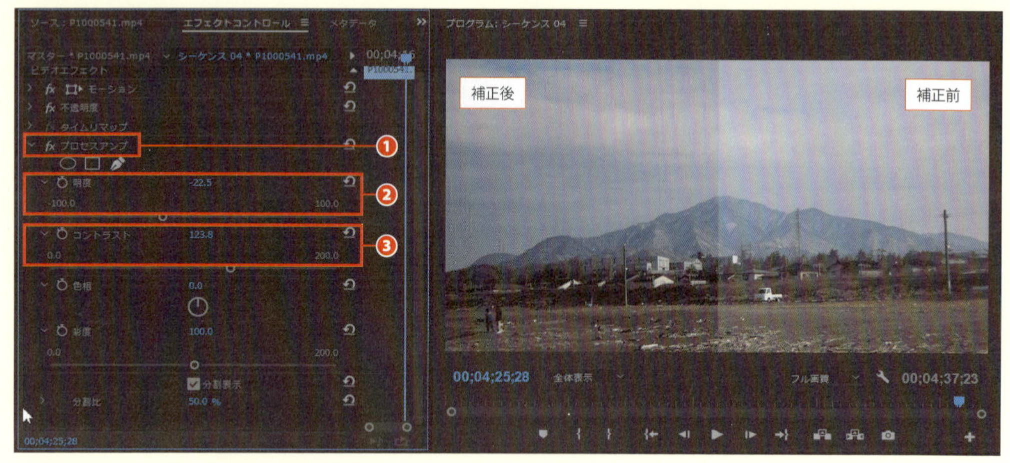

［明度］と［コントラスト］を調整してメリハリをつけたところ。［分割表示］にチェックを入れると調整前後の状態が比較でき作業しやすくなります

STEP 2

［色相］では、色味を調整します❹。ホイールをドラッグして［180°］に設定すると反対色になります。その下の［彩度］では、色の濃さを調整します❺。［0］で完全にモノクロになります。

［明度］［コントラスト］でメリハリをつけた上で、［色相］を180度回転させた例

MEMO

［カラー補正］フォルダーにある［カラーバランス（HLS）］は、［プロセスアンプ］から［明るさ］と［コントラスト］の調整項目を省いたものです。使い方は［プロセスアンプ］に準じます。

049 画像全体を手早く補正する［クイックカラー補正］
050 階調ごとに詳細に補正する［3ウェイカラー補正］

NO.
052 明るさ・コントラストを補正する[輝度&コントラスト][ガンマ補正]

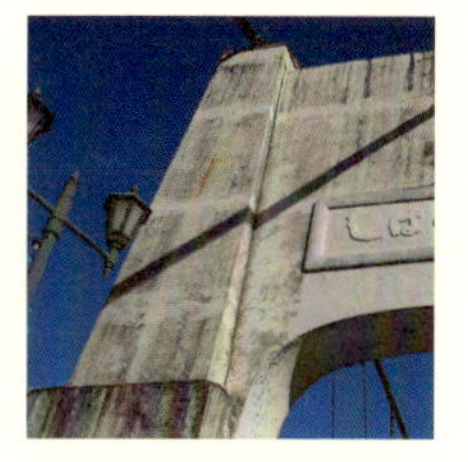

[輝度&コントラスト][ガンマ補正]は、シンプルな設定項目で明るさやコントラストを調整できます。少ないパラメーターで手軽に補正が行えます。

[輝度&コントラスト]で調整する

METHOD 1

クリップに[ビデオエフェクト]→[Obsolete]フォルダーの[輝度&コントラスト]を適用します❶。調整項目は、明るさを調整する[明るさ]と❷、コントラストを調整する[コントラスト]の2つです❸。[コントラスト]調整後、上がりすぎた、あるいは下がりすぎた輝度を[明るさ]で整える、といった具合に使います。

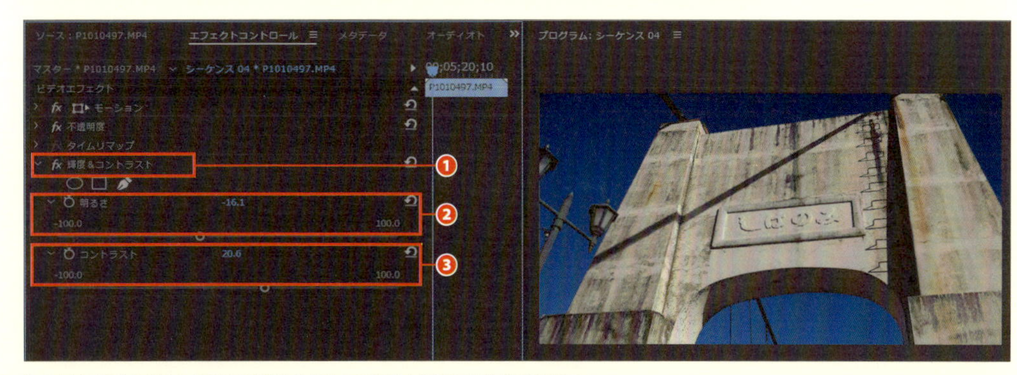

[コントラスト]を上げると、同時に彩度も上がるので極端な調整には注意が必要です

[ガンマ補正]で調整する

METHOD 2

クリップに[ビデオエフェクト]→[イメージコントロール]フォルダーの[ガンマ補正]を適用します❹。調整項目は[ガンマ]のみです。黒と白の値はそのままに、中間の階調(ガンマ)だけを調整できます。スライダーを右に動かすと中間調が暗い方向に調整されて、全体的に落ち着いた(暗い)画調になります❺。左に動かすと明るい方向に調整されて、白く飛んでいきます。逆光ぎみに写ってしまったカットの補正や、少し画を落ち着かせて重厚な感じにしたい、といった場合に便利です。

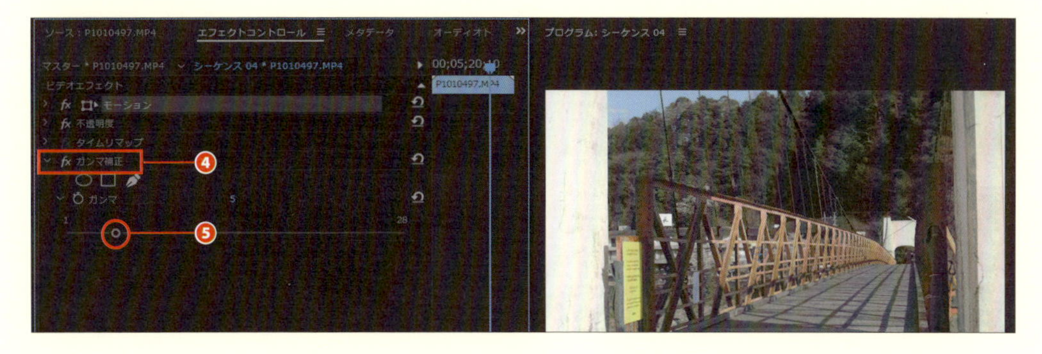

MEMO

コントラストの強調には、[カラー補正]→[イコライザー]も使用できます。スライダー1本だけのシンプルなツールですが、[輝度&コントラスト]と[ガンマ補正]を同時に使用したような効果が手軽に得られます。色だけを調整する[RGB]、明るさだけを調整する[明るさ]、色と明るさを同時に調整する[Photoshop スタイル]の3つのモードがあります。

053 明るさ・コントラストを補正する[ルミナンス補正]
054 コントラストを補正する[レベル補正]

NO.
053 明るさ・コントラストを補正する[ルミナンス補正]

[ルミナンス補正]は、素材の明るさとコントラストを調整するためのツールがワンセットになったエフェクトです。

STEP 1

クリップに［ビデオエフェクト］→［Obsolete］フォルダーの［ルミナンス補正］を適用します。そしてエフェクトコントロールパネルにアクセスし［階調範囲］で調整する階調を選びます❶。［マスター］を選ぶと、全階調が対象となります。以降の操作は、［階調範囲］で設定した階調に対して働きます。

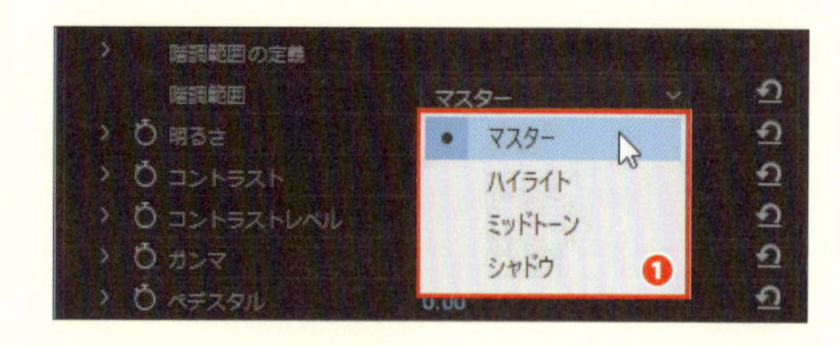

STEP 2

［明るさ］では、ビデオレベル全体を上げ下げします❷。数値を大きくすると全体が明るくなります。

[明るさ]を上げていくと、全体が明るくなります

STEP 3

[コントラスト]では、文字通りにコントラストを上げ下げします❸。その下にある[コントラストレベル]は、[コントラスト］の変化の度合いを調整するプロパティ❹、つまり［コントラスト］スライダーの「効き具合」を調整できます。

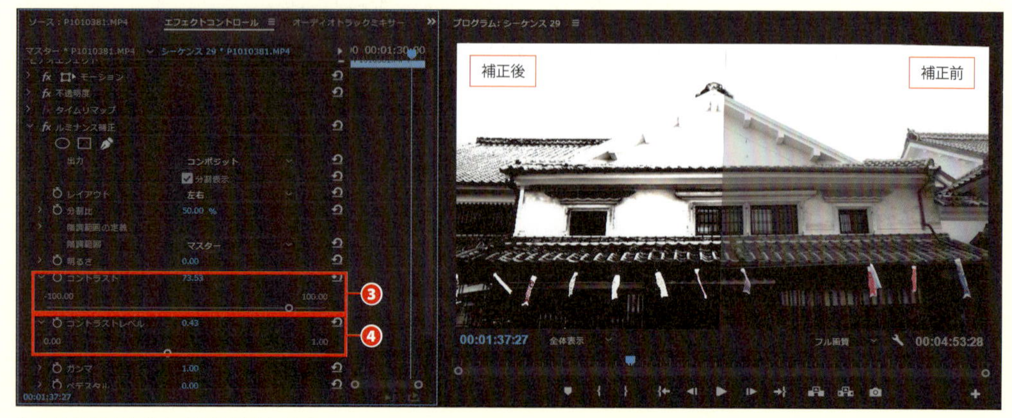

[コントラスト]を上げていくと画が硬くなります

052 明るさ・コントラストを補正する［輝度&コントラスト］［ガンマ補正］
054 コントラストを補正する［レベル補正］

STEP 4 [ガンマ] では、明部と暗部のレベルはそのままに、中間調の明るさを調整できます❺。全体を少し明るめ、あるいは暗めにしたいという場合に利用します。

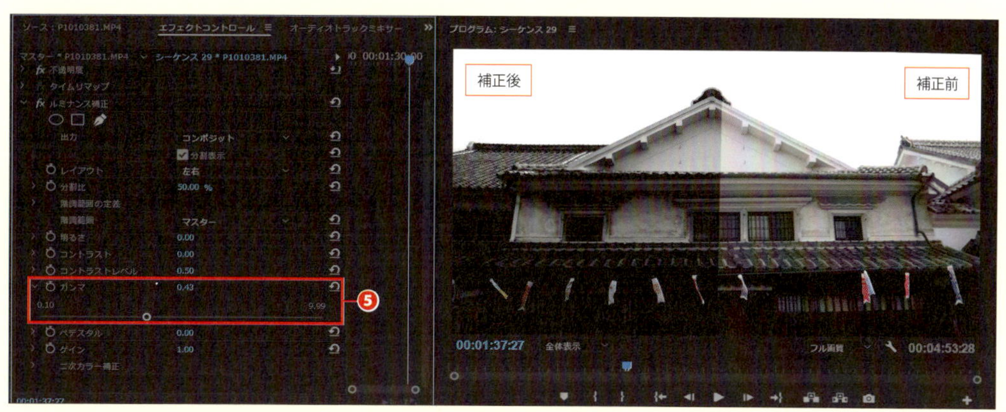

[ガンマ]を下げると重厚感のある雰囲気が出ます

STEP 5 [ペデスタル] とその下にある [ゲイン] では、コントラストと明るさを同時にコントロールできます❻。この2つには値を上下させたときの変化の度合いに違いがあり、[ペデスタル] は暗部が明部よりも敏感に反応し、[ゲイン] は明部が暗部よりも敏感に反応します。コントラストを強く補正したい場合、まず [ゲイン] で明るく補正し、その上で [ペデスタル] を使って暗い方向に調整すると、ハイコントラストな画像になります。

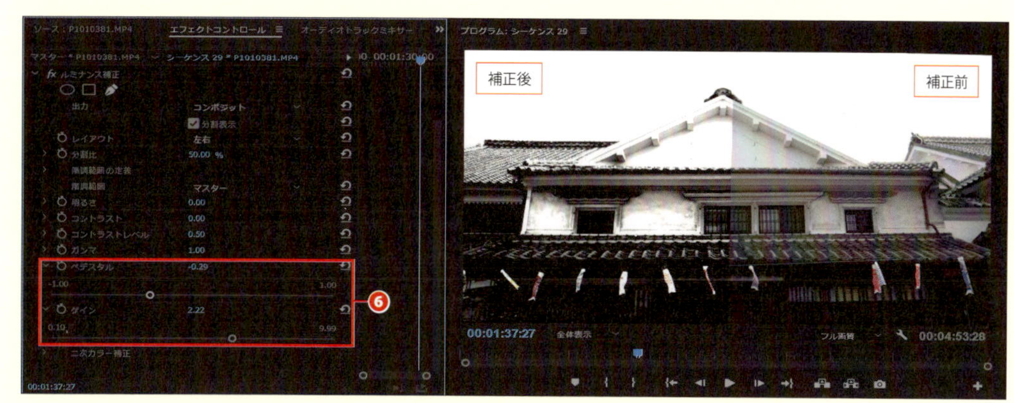

[ゲイン] を高め、[ペデスタル] を低めにしてコントラストにメリハリを効かせた例

MEMO

画像の明るさの補正では、[ガンマ] (中間調) の補正が重要です。[ハイライト] (明部) は画像の一番明るい部分、[シャドウ] (暗部) は一番暗い部分ですが、[ガンマ] はその間の幅広い階調に影響します。画像が全体的に暗い、または明るい場合は、まず [ガンマ] を補正してみましょう。[ガンマ] を補正するスライダーは、[ルミナンス補正] 以外にも、多くの色補正エフェクトに搭載されています。それだけ補正作業にとっては重要な項目であるということです。Premiere Pro には、ガンマの補正のみを行う [ガンマ補正] エフェクトも用意されているので、色調補正のみを行うフィルターと組み合わせて使うとよいでしょう。

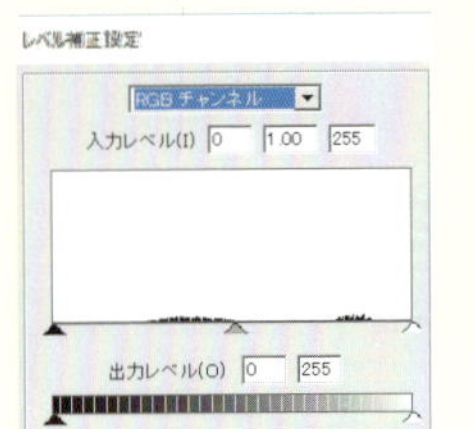

NO.

054 コントラストを補正する［レベル補正］

［レベル補正］は、階調の補正に使用するエフェクトです。赤、青、緑の各色（チャンネル）を独立して調整することができます。

STEP 1

クリップに［ビデオエフェクト］→［色調補正］フォルダーの［レベル補正］を適用します。そして［レベル補正］の左にある［設定］ボタンをクリックして❶、［レベル補正設定］ダイアログを開きます❷。

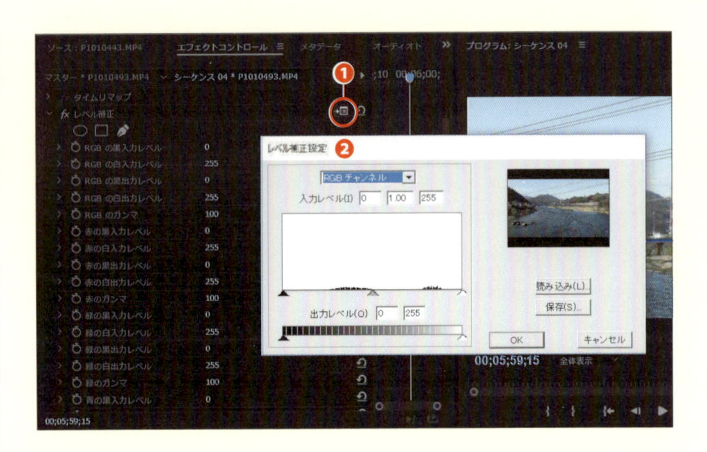

MEMO

エフェクトコントロールパネルで［レベル補正］の左にある三角をクリックしてプロパティを展開すると、スライダーを使った調整が可能になります。

STEP 2

［レベル補正設定］ダイアログ上部にあるメニューで補正するチャンネルを選択します。画像全体の階調を調整する場合は［RGB チャンネル］を選びます❸。

MEMO

［レベル補正］は、調整対象を［RGB チャンネル］に設定した場合はコントラストを変化させるエフェクト、単独のチャンネルに設定した場合には色味に変化を付けるエフェクトとして機能します。

STEP 3

［入力レベル］のグラフには、現在の明るさの分布が表示されています❹。［RGB チャンネル］の場合はグラフ横軸の左端が黒、右端が白です。そのほかのチャンネルを選択している場合には、左端が選択している色の量が最も少ない部分、右が最も多い部分を表しています。右側にあるのはプレビュー画面で❺、調整の結果がリアルタイムに反映されます。

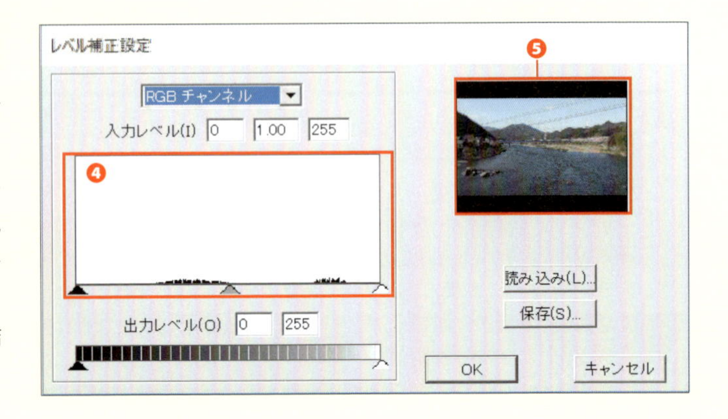

052 明るさ・コントラストを補正する［輝度&コントラスト］［ガンマ補正］
053 明るさ・コントラストを補正する［ルミナンス補正］

STEP 4

基本的には、［出力レベル］は初期設定（黒が 0、白が 255）のままにした状態で、［入力レベル］の黒と白のスライダーをドラッグして調整します。例えば調整の対象が［RGB チャンネル］の場合、黒を締めるには、［入力レベル］の黒のスライダーを右方向へ動かします❻。するとスライダーの位置の「やや暗い部分」が、［出力レベル］の「黒」にマッピングされ、黒が締まります。逆に白を飛ばしたい場合は、［入力レベル］の白のスライダーを左方向に動かします❼。すると白のスライダーの位置の「やや明るい部分」が、［出力レベル］の「白」にマッピングされて白が飛ぶ方向に調整されます。

真ん中にあるグレーのスライダーを左右に動かすと、中間調の明るさを調整できます❽。画面全体の明るさを補正したい場合は、まずこの中間調のスライダーを動かしてみるとよいでしょう。

［出力レベル］の黒のスライダーを右に動かすと、暗い部分が明るく浮いたような調子になります❾。白のスライダーを左に動かすと、明るい部分が沈んで暗くなります❿。

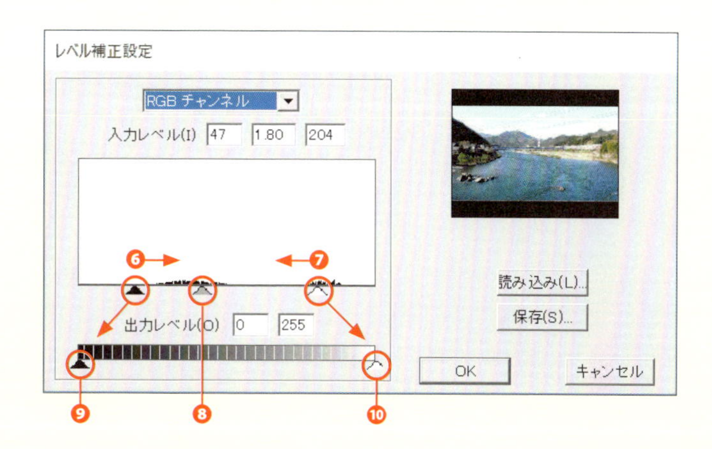

STEP 5

［赤チャンネル］［緑チャンネル］など、単独のチャンネルを調整する場合も同様です。例えば［赤チャンネル］の場合⓫、［入力レベル］の黒のスライダー（赤の黒入力レベル）を右方向に動かしていくと⓬、次第に暗部の［赤］の量が増えていきますが、これが［出力レベル］の「赤がない」状態にマッピングされるので⓭、結果として暗部を中心に赤の量が減り、シアン系の色に転がります⓮。

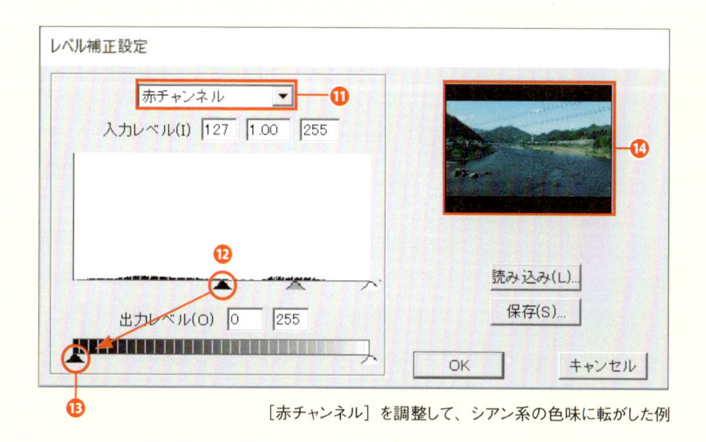

［赤チャンネル］を調整して、シアン系の色味に転がした例

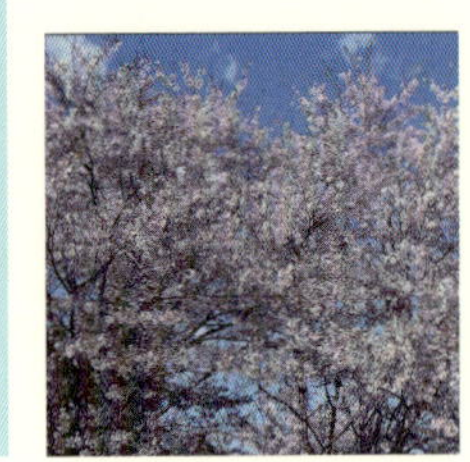

NO. 055

色調を補正する［カラーバランス］

色調の補正には、［カラーバランス（RGB）］と［カラーバランス］が使用できます。どちらもスライダーで赤、青、緑の各量をコントロールします。

［カラーバランス（RGB）］で調整する

METHOD 1

クリップに［ビデオエフェクト］→［イメージコントロール］フォルダーの［カラーバランス（RGB）］を適用します❶。［カラーバランス（RGB）］では、［赤］［緑］［青］の量を合計3本のスライダーでコントロールします。例えば、赤っぽくしたければ［赤］を上げるか❷、［赤］以外の色の値を下げて調整します❸。

［カラーバランス］で調整する

METHOD 2

クリップに［ビデオエフェクト］→［カラー補正］フォルダーの［カラーバランス］を適用します❹。［カラーバランス］では、［カラーバランス（RGB）］よりも詳細な設定が可能です。赤、緑、青の各チャンネルに［シャドウ（暗部）］［ミッドトーン（中間調）］［ハイライト（明部）］が用意され❺、合計9本のスライダーで色を調整します。例えば、暗部だけを青っぽくしたり、中間調だけ赤みを抜いたり、といった細かい補正が可能です。

MEMO

色調の補正には、［カラー補正］→［カラーバランス（HLS）］を使用することもできます。［色相］（色味）、［明度］（明るさ）、［彩度］（色の濃さ）の3つのパラメーターを使い、テレビの画面調整のような感覚で補正できます。

シャドウを中心に、暗い部分を青っぽく補正した例

049 画像全体を手早く補正する［クイックカラー補正］
050 階調ごとに詳細に補正する［3ウェイカラー補正］

NO.
056 色調やコントラストを自動補正する

［自動カラー補正］［自動コントラスト］［自動レベル補正］は、クリップにドラッグして適用するだけで自動的に適正な補正を行います。

STEP 1

クリップに［ビデオエフェクト］→［Obsolete］フォルダーの［自動カラー補正］［自動コントラスト］［自動レベル補正］のいずれかを適用します❶。すると自動的にカラー、色調、コントラストなどが補正されます。

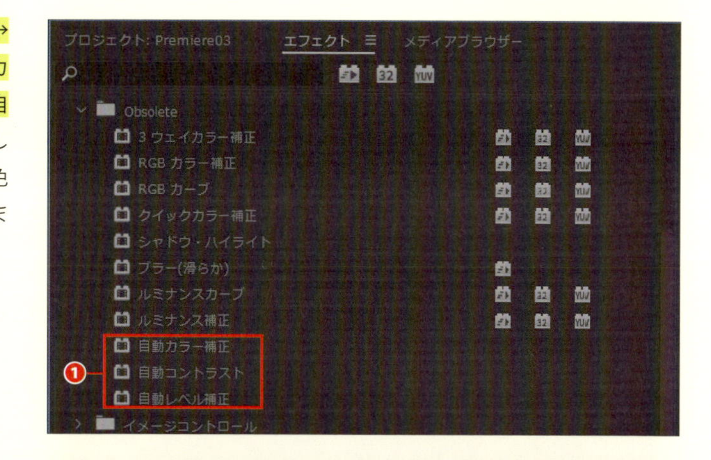

STEP 2

適用後にエフェクトコントロールパネルで微調整することもできます。設定項目には、［時間軸方向のスムージング（秒）］［シャドウのクリップ］［ハイライトのクリップ］［元の画像とブレンド］などがあります❷。詳細については以下の表をご覧ください。

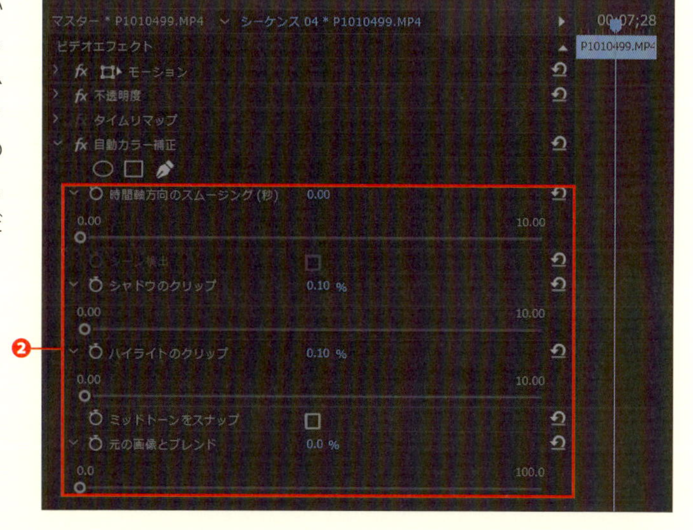

設定項目	内容
時間軸方向のスムージング（秒）	自動補正系のエフェクトは、前後のフレームを参照しながら補正しており、その参照範囲を秒単位で指定します。［0］にすると参照せず、フレーム単位で独立して補正するようになります。［シーン検出］にチェックを入れると、大きく映像が変わった時に、参照を一度リセットしてシーンの変化に対応します
シャドウのクリップ	初期設定での暗部の「締め具合」に不満が残る場合に調整します。クリップして「黒」にしてしまうポイントをパーセンテージで指定します
ハイライトのクリップ	初期設定での明部の「飛び具合」に不満が残る場合に調整します。クリップして「白」にしてしまうポイントをパーセンテージで指定します
ミッドトーンをスナップ	［自動カラー補正］だけにあるチェックボックスです。チェックを入れると中間調を自動で調整するようになります
元の画像とブレンド	補正しないそのままの画像とのミックス度合いをパーセンテージで指定します。［0］（初期設定値）にすると補正した画像だけになります

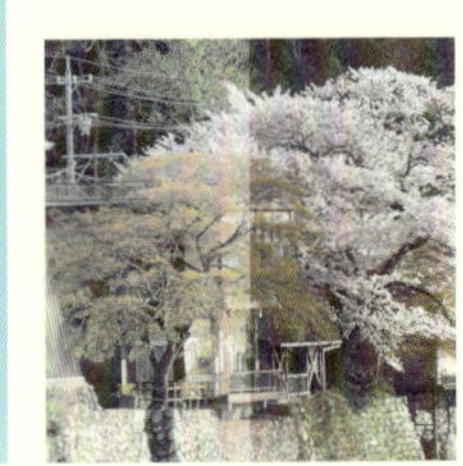

NO.
057 グラフを使って明るさと色を調整する

グラフを操作して色や明るさを補正するエフェクトもあります。［ルミナンスカーブ］では明るさ、［RGB カーブ］では色を調整できます。

［ルミナンスカーブ］で明るさを調整する

クリップに［ビデオエフェクト］→［Obslete］フォルダーの［ルミナンスカーブ］を適用します❶。［ルミナンスカーブ］には、現在の輝度分布が斜め 45 度のグラフで表されています。グラフの横軸が階調を表し、左端（原点）が黒、右端が白です。縦軸は輝度レベルを表しています。このグラフをクリックしてカーブポイントを追加し、ドラッグしてカーブを変形することで階調を変化させます。傾向としては、山型のカーブにするとコントラストが弱く全体が明るくなります❷。逆に谷型にすると、コントラストが強く全体が暗くなります❸。グラフの両端を上下にドラッグすることで黒レベルや白レベルを調整することもできます。これらのグラフの形状と調整結果の関係は、［Lumetri カラー］を使った調整にも共通しています。頭に入れておくとよいでしょう。

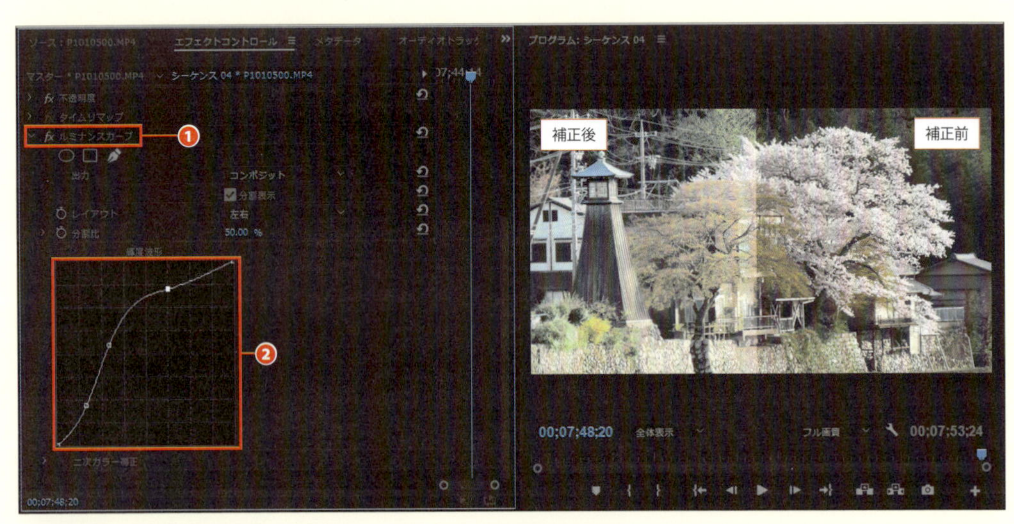

グラフを山型にセットして明るめに補正した例

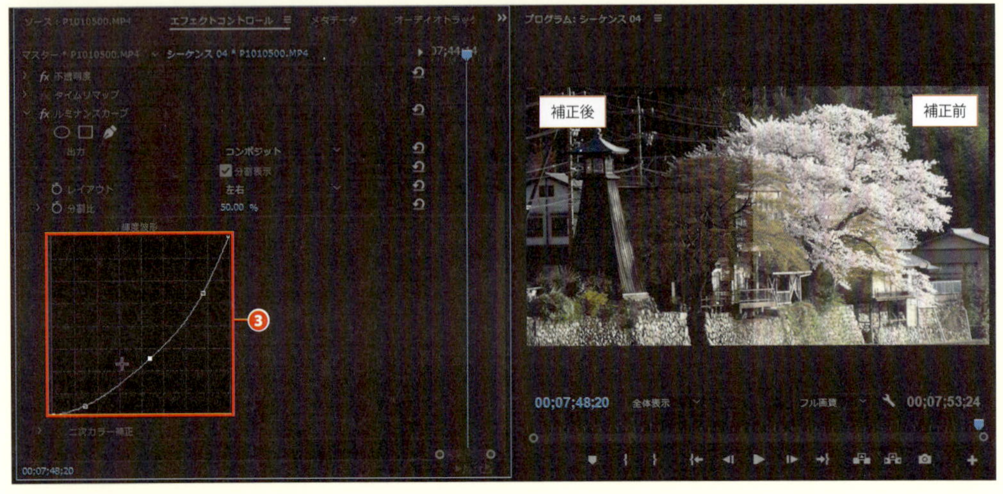

グラフを谷型にセットして暗めに補正した例

070 クリエイティブな色調整ができる［Lumetri カラー］

グラフにカーソルを合わせるとカーソルが十字型になります。この状態でクリックしてカーブポイントを追加します❹。ポイントは最大16個まで追加できます。追加したポイントをドラッグするとそれに合わせてグラフが変化します。カーブポイントを削除するには、ポイントを選択してグラフの外にドラッグします❺。

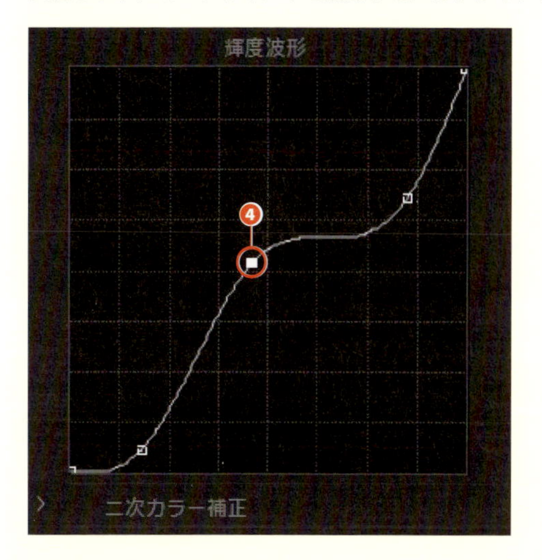

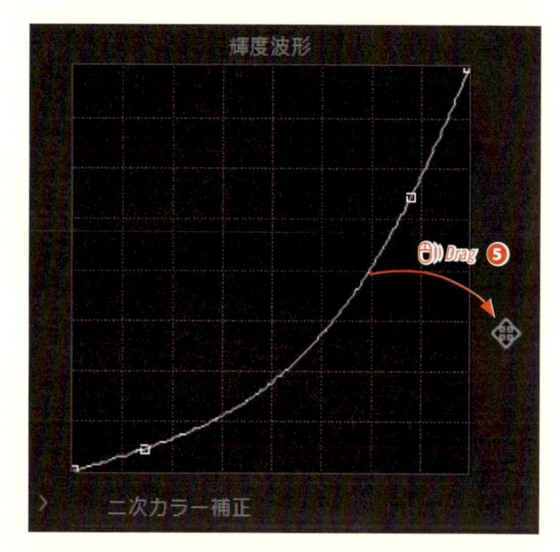

［RGBカーブ］で色を調整する

METHOD 2

クリップに［ビデオエフェクト］→［カラー補正］フォルダーの［RGBカーブ］を適用します❻。［RGBカーブ］のインターフェイスは［ルミナンスカーブ］によく似ています。［赤（R）］［緑（G）］［青（B）］の各階調のグラフを操作して調整していきます。［マスター］はRGBを同時に調整するプロパティで、［ルミナンスカーブ］と同じ効果が得られます。RGBを調整する場合、それぞれのバランスに留意しましょう。例えば「青っぽく」したい場合には、［青］のカーブを山型に調整して「青を足す」方向にするのか、逆に［赤］と［緑］を谷型に調整して「赤と緑を引く」方向にするのか、映像のニュアンスを考慮して決める必要があります。

［赤］を強調するとともに［緑］を引いて、全体を赤く染めた例

MEMO

両エフェクトとも、［分割表示］にチェックを入れると、補正前と補正後の状態を分割画面で確認することができます。

第4章 映像の色調整と色彩表現

NO.

058 特定の色だけ変更する［色を変更］

［色を変更］を使えば、特定の色だけをピックアップして色調を変えることができます。

STEP 1 クリップに［ビデオエフェクト］→［カラー補正］フォルダーの［色を変更］を適用します❶。まず［変更するカラー］の横のスポイトをクリックし❷、プログラムモニターから、変更したい色をクリックしてピックアップします❸。ここでは、電車の赤い部分の色調を変更してみましょう。スポイトツールを使わずに［変更するカラー］のカラーピッカーを使って色を指定することもできます。

STEP 2 ［色相の変更］［明度の変更］［彩度の変更］の各スライダーを展開して、色を変更していきます。最初に［色相の変更］のスライダーを動かして色を変更します❹。ここでは色相を180度回転させて、電車の赤色の部分が緑色になるように調整しました。必要に応じて［明度の変更］で明るさを❺、［彩度の変更］で色の濃さを調整してください❻。

059 色を置き換える［他のカラーへ変更］

STEP 3

次に［マッチングの許容度］と［マッチングの柔軟度］のスライダーを展開し、変更する色の範囲を調整してなじませます。［マッチングの許容度］のスライダーを右に動かすと❼、STEP1 でピックアップした色と似た色も変更の対象に含まれるようになります。また［マッチングの柔軟度］のスライダーを右に動かすと❽、色を変更する範囲が広くなります。

［マッチングの許容度］と［マッチングの柔軟度］を調整して、なじませました

STEP 4

［表示］メニューから［カラー補正マスク］を選択すると❾、プログラムモニターに色の変更範囲のマスクが表示されます❿。マスクの白い部分が、色が変更される範囲です。適宜参考にしながら調整するとよいでしょう。特に［マッチングの柔軟度］の調整がわかりやすくなります⓫。

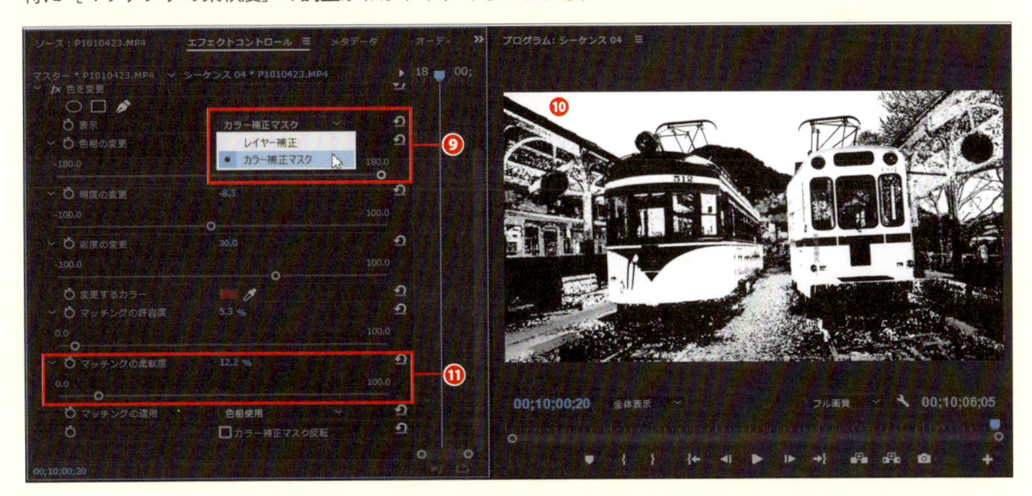

STEP 5

［マッチングの適用］では⓬、色の変更方法を切り替えることができます。実際に切り替えてみて、一番合ったものを選択しましょう。

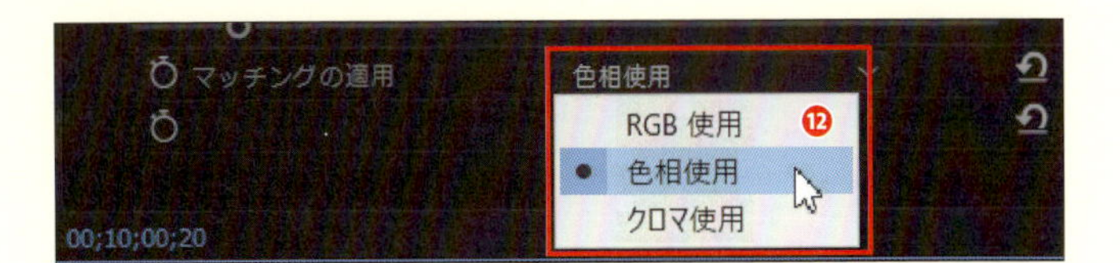

第4章 映像の色調整と色彩表現

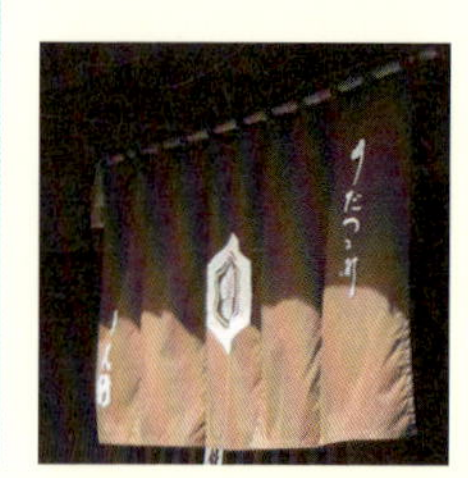

NO.

059 色を置き換える［他のカラーへ変更］

［他のカラーへ変更］を使えば、画面内の特定の色をピックアップして、任意の色に置き換えることができます。

STEP 1

クリップに［ビデオエフェクト］→［カラー補正］フォルダーの［他のカラーへ変更］を適用します❶。［変更オプション］のスポイトをクリックして❷、プログラムモニターから他のカラーに置き換えたい色を選択します❸。あるいはカラーサンプルをクリックして、［カラーピッカー］ダイアログを表示させて色を設定することもできます。ここでは、お店ののれんの紺色をピックアップしました。

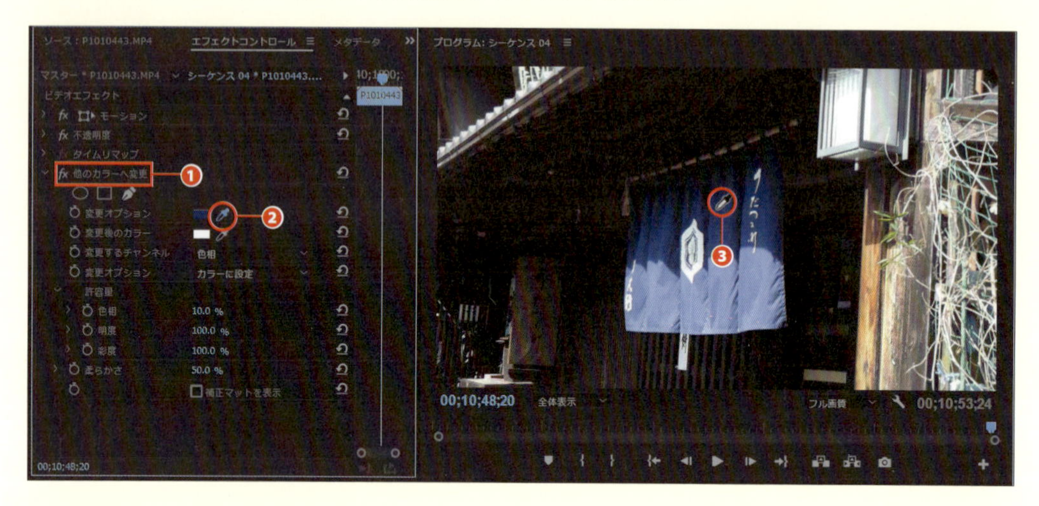

STEP 2

［変更後のカラー］❹のカラーサンプルをクリックして［カラーピッカー］ダイアログを表示し❺、置き換えたい色を選択します❻。これでSTEP1で設定した色が、指定した色に置き換わります。下図では、のれんの紺色をオレンジ色に変更しようとしています。

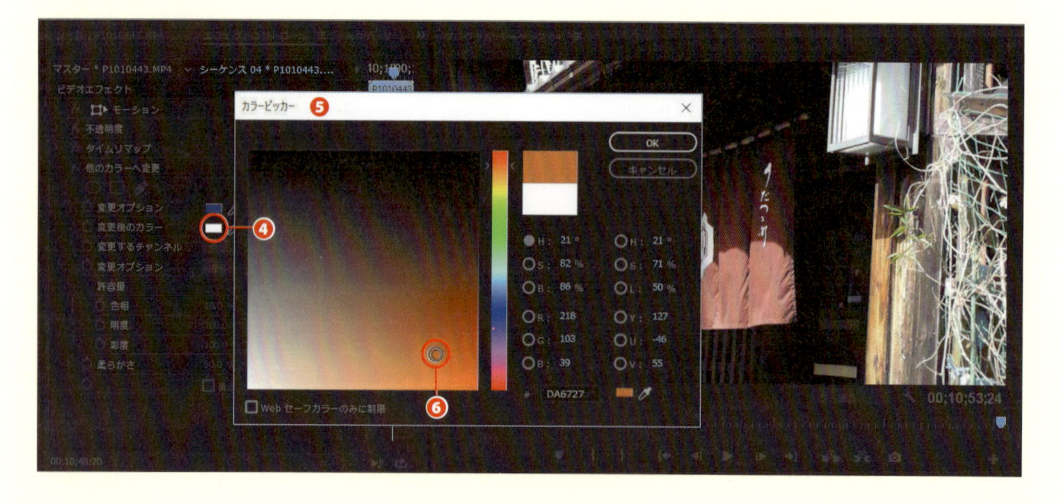

058 特定の色だけ変更する［色を変更］

STEP 3

色を置き換える方法には、いくつかのオプションが用意されています。[変更するチャンネル]では❼、STEP1で設定した色に対してどのチャンネルを置き換えるかを設定します。色だけを変えたい場合には[色相]を選択します。また[変更オプション]では、色の変更の仕方を選択できます❽。[カラーに設定]では色を単純に置き換え、[カラーに変換]では元の色と変更する色との差を計算して色を置き換えます。この場合、元の色がどの程度変化するかは、元の色が変更する色とどれだけ似ているかによって異なります。両方を試してみて、適切な方を選びましょう。

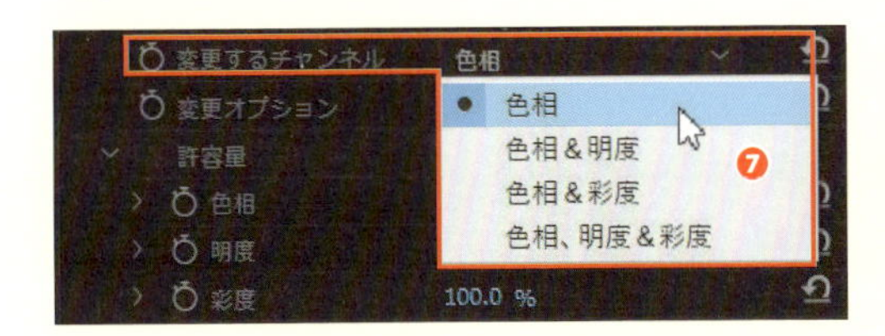

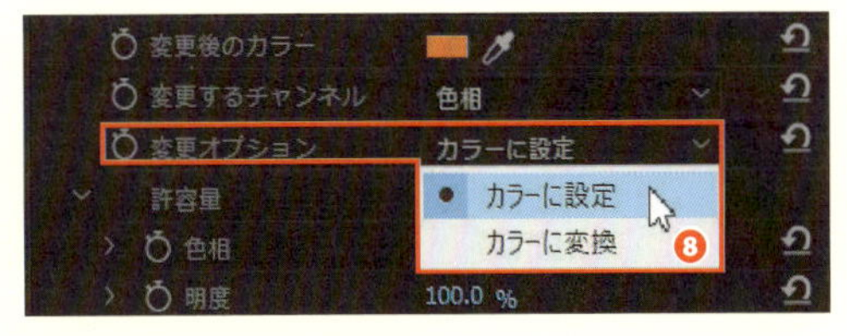

STEP 4

[許容量]では、STEP1で選択した色に対して、どれぐらい近い色までを対象に含めるかを設定します❾。三角をクリックして展開して表示される[色相][明度][彩度]のスライダーで調整します。それぞれのスライダーを交互に動かして、適切なセッティングを探しましょう。

また、[柔らかさ]を展開して表示されるスライダーでは、色を変更するエリアの境目を調整します❿。[補正マットを表示]にチェックを入れると⓫、プログラムモニターに補正マットが表示されます⓬。マットの白い部分が、色が置き換えられる範囲です。黒い部分と白い部分の境目のグラデーションを[柔らかさ]のスライダーで調整します⓭。

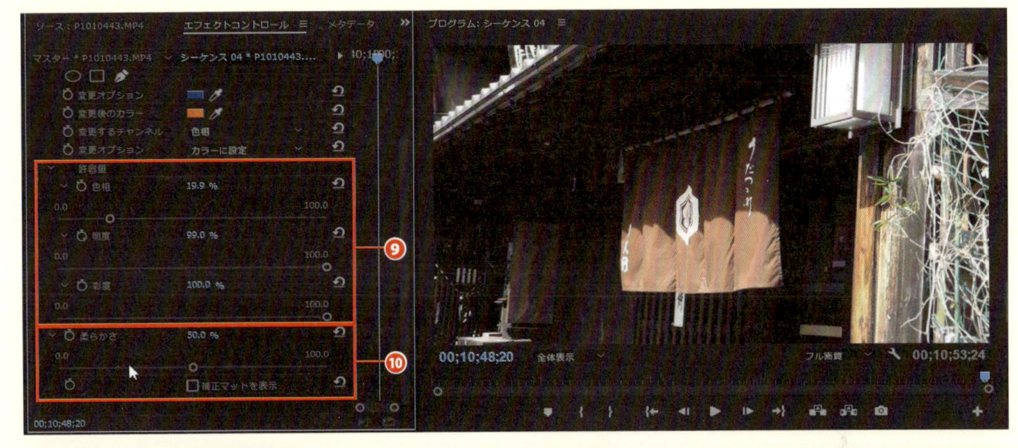

紺色ののれんをオレンジ色に変更した例

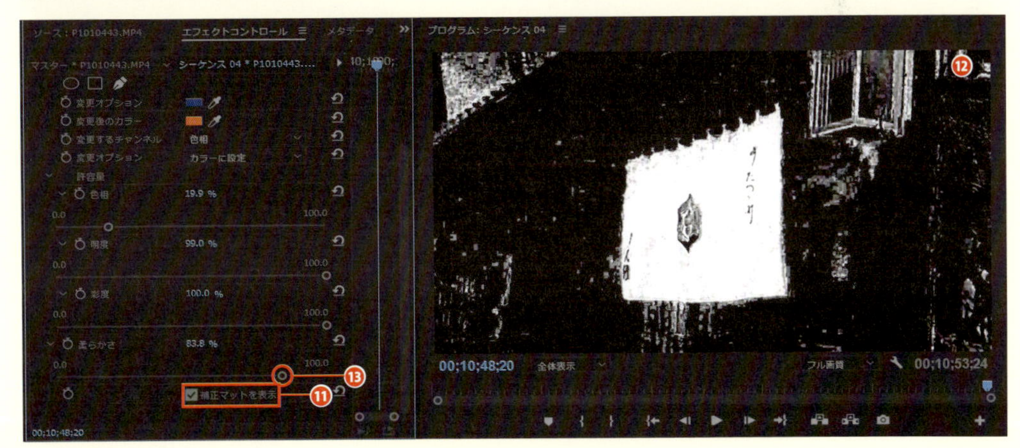

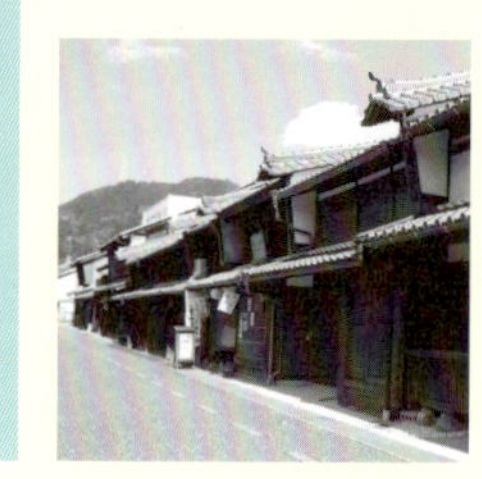

NO.

060 モノクロにする

モノクローム映像を作り出すには、[モノクロ]を使うか、[カラーバランス(HLS)]や[プロセスアンプ]、[クイックカラー補正]で[彩度]を[0]に下げます。

[モノクロ]を適用する

METHOD 1

クリップに[ビデオエフェクト]→[イメージコントロール]フォルダーの[モノクロ]を適用します❶。すると[彩度]が[0]になり、クリップがモノクロになります❷。

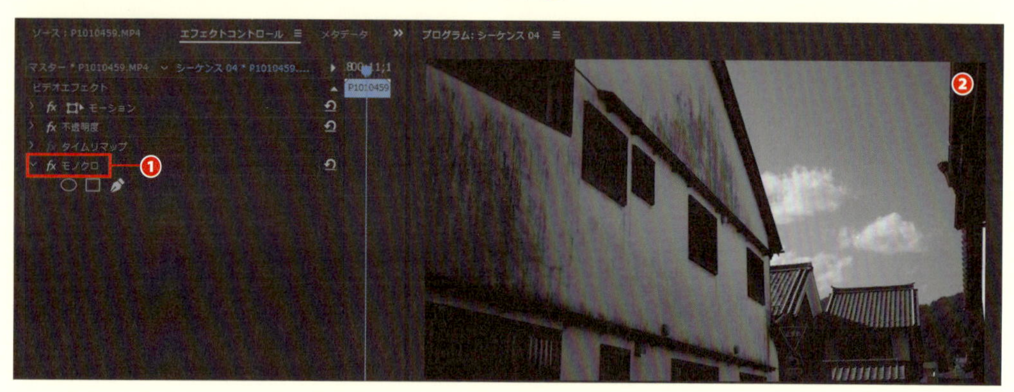

[カラーバランス(HLS)]や[プロセスアンプ]、[クイックカラー補正]を適用する

METHOD 2

クリップに[ビデオエフェクト]→[カラー補正]フォルダーの[カラーバランス(HLS)]❸、または[色調補正]フォルダーの[プロセスアンプ]を適用し、[彩度]を一番低い値にします❹。するとモノクロになります❺。色調整の総合ツール[クイックカラー補正]で[彩度]を[0]にしても同様の結果が得られます。

MEMO

これらの方法で得られるイメージは、単純に色を抜いただけのモノクロです。モノクロフィルム的な重厚感が欲しい場合は、上記の方法でモノクロにし、[レベル補正][ガンマ補正][輝度&コントラスト]でコントラストを調整するとよいでしょう。[クイックカラー補正]を使用した場合には、同じツール内の[入力レベル]で調整できます。また[色補正]→[抽出]を使うと、クセのある独特のモノトーンが作れます。

062 セピア調にする[色かぶり補正]

NO. 061 特定の色だけを残す［色抜き］

［色抜き］を使うと、特定の色だけを残してほかをモノクロにできます。例えば、赤く塗られた唇をカラーに、ほかをモノクロにする場合などに使います。

STEP 1

クリップに［ビデオエフェクト］→［カラー補正］フォルダーの［色抜き］を適用します❶。［保持するカラー］のスポイトツールをクリックして❷、プログラムモニターで残したい色をピックアップします❸。

STEP 2

［色抜き量］のスライダーを右に動かして❹、STEP1 で選択した以外の色を抜きます。スライダーの位置によっては、微妙に元の色を残すような調整もできます。また、ここにキーフレームを作成して値を変化させると、徐々に目的の色だけが浮かび上がる、といった演出も可能です。

次に、［許容量］と［エッジの柔らかさ］のスライダーを交互に動かして❺、抽出した色部分とその周囲のなじみ具合を調整します。

［マッチングの適用］では変更する色を抽出する方法を設定します❻。初期設定は対象の色を持ったピクセルを直接置き換える［RGB を使用］ですが、納得のいく結果が得られない場合はよりソフトな結果が得られる［色相を使用］に切り替えて作業してみましょう。

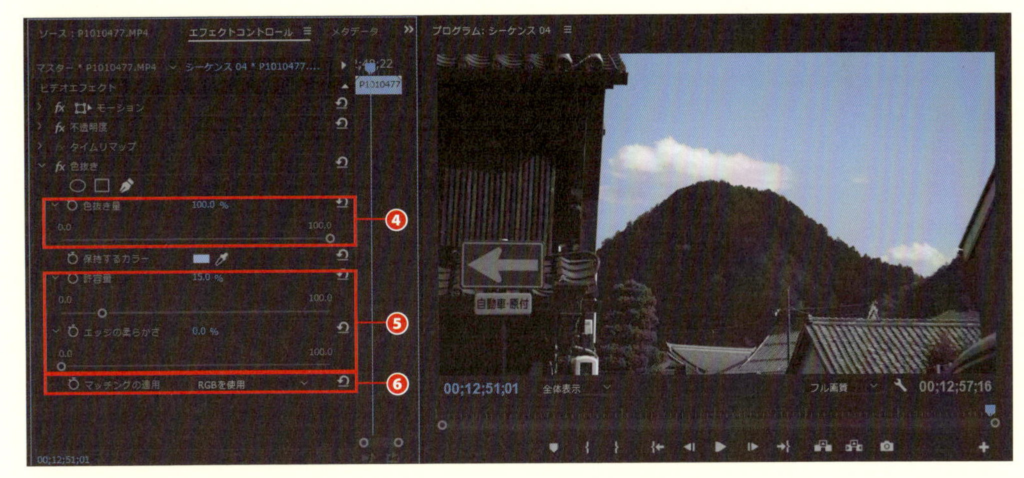

空のブルーだけを残し、ほかを白黒にした例

058 特定の色だけ変更する［色を変更］
059 色を置き換える［他のカラーへ変更］

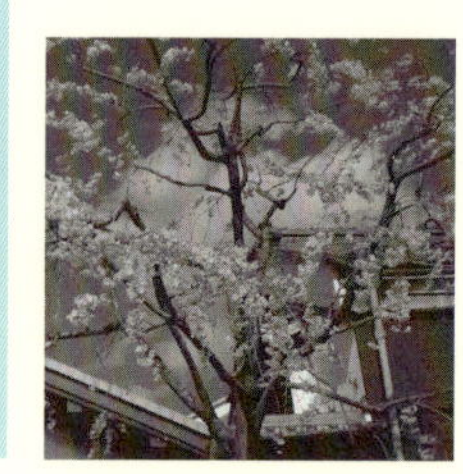

NO.

062 セピア調にする［色かぶり補正］

ドラマの回想シーンや、懐古的な雰囲気を出すためによく使われる手法に「セピア」があります。セピア調の画像は、［色かぶり補正］で簡単に作り出せます。

STEP 1

クリップに［ビデオエフェクト］→［カラー補正］フォルダーの［色かぶり補正］を適用します❶。するとクリップの色が抜かれてモノクロになります❷。

STEP 2

［ブラックをマップ］［ホワイトをマップ］のカラーサンプルをそれぞれクリックして❸、［カラーピッカー］ダイアログを表示し、色合いを選びます❹。例えば、［ブラックをマップ］で黒、［ホワイトをマップ］で明るい茶色をピックアップすると、いわゆる「セピア調」になります。

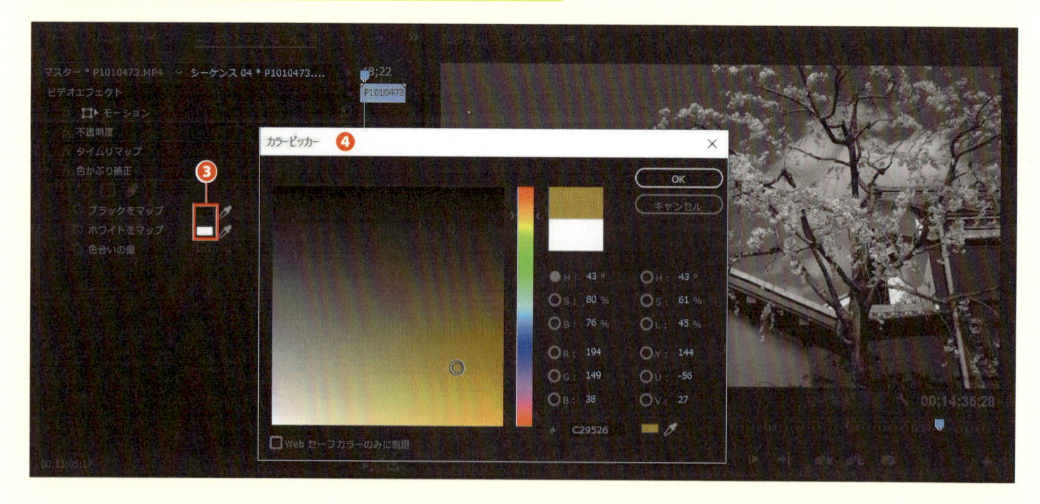

060 モノクロにする

STEP 3

［色合いの量］を調整して❺、元のイメージと色をミックスすることもできます。微妙にミックス具合を調整することで、ホワイトバランスが狂ってしまった素材などのいわゆる「色かぶり」を解消できます。

STEP 4

［色かぶり補正］は、白と黒を別の色に割り振るだけなので、全体的にソフトなイメージになります。仕上がりに不満が残る場合は、［輝度＆コントラスト］❻や［ガンマ補正］などを重ねて適用し、さらに調整をするとよいでしょう❼。

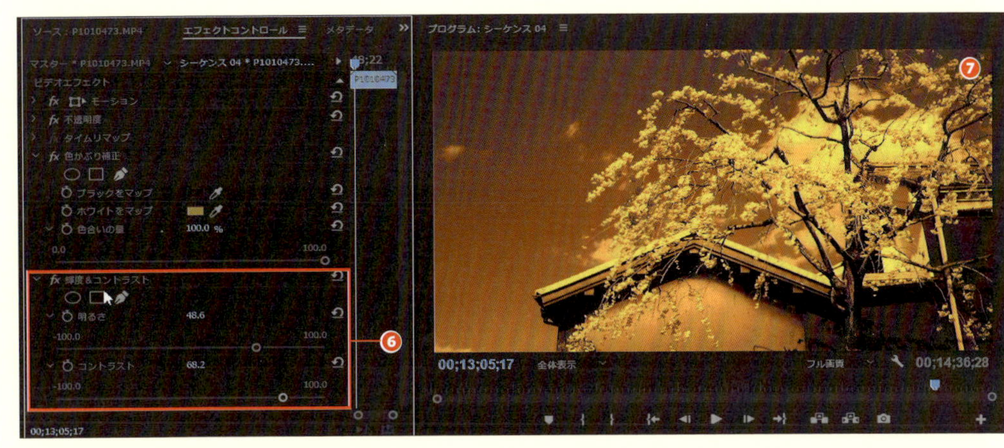

［色かぶり補正］でセピア調にした後、［輝度&コントラスト］を使ってメリハリをつけた例

MEMO

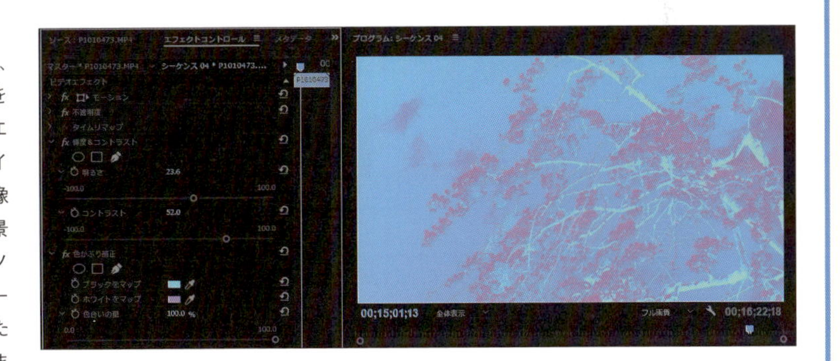

［色かぶり補正］は、色を抜いて黒と白を別の色に染めるエフェクトです。タイトルバック用の画像や、グラフの背景用の画像など、モノクロ画像のバリエーションを作り出すために幅広く使えます。この例は［ブラックをマップ］をシアン、［ホワイトをマップ］をマゼンタに染めた例です。あらかじめ［輝度＆コントラスト］でコントラストを強く補正した上で、［色かぶり補正］を適用しています。

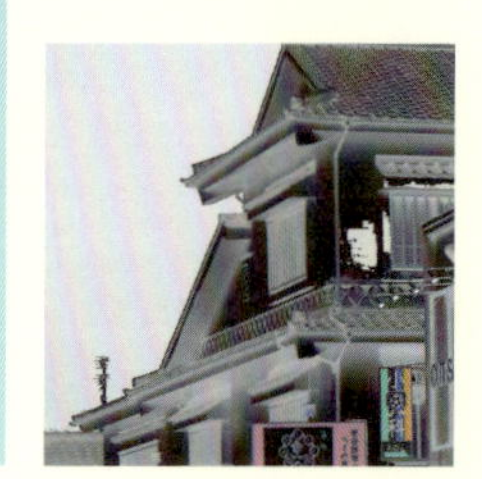

NO.
063 明暗を反転させる［ソラリゼーション］

ソラリゼーションとは、明暗を反転させることによって作り出されるショッキングな視覚効果です。Premiere Pro では［ソラリゼーション］で再現できます。

STEP 1 クリップに［ビデオエフェクト］→［スタイライズ］フォルダーの［ソラリゼーション］を適用します❶。

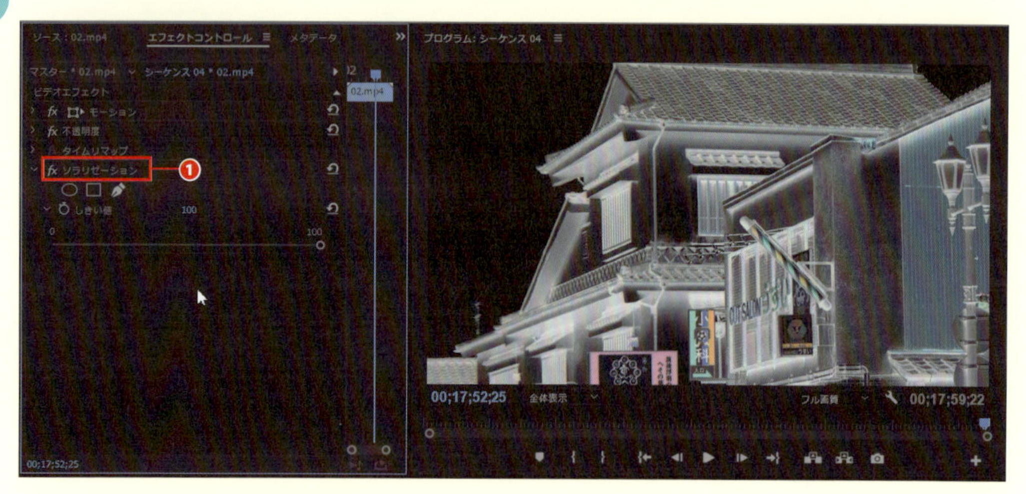

STEP 2 ［しきい値］のスライダーを動かして、反転の度合いを調整します❷。スライダーを右に動かすと反転する範囲が増え、左端の［0］では元画像そのままの状態になります。下の例では［しきい値］の調整によって、空だけをノーマルに残しています❸。

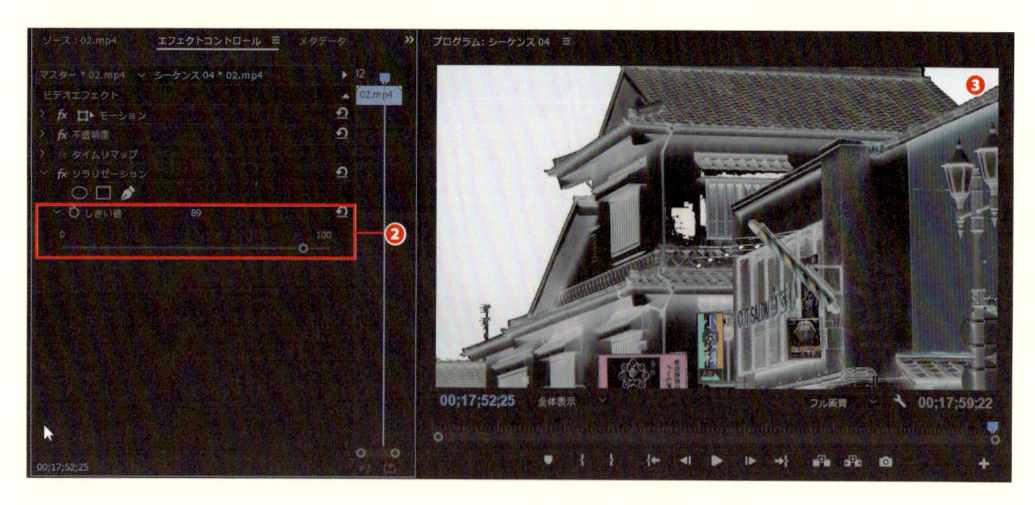

MEMO

ソラリゼーションとは、元々は写真のプリント時に露光を過多にすることで明暗が逆転する現象をさします。米国の写真家マン・レイがソラリゼーションを多用して作品を作ったことでも有名です。Premiere Pro の［ソラリゼーション］エフェクトは、それをデジタル的に再現します。

064 絵画調にする①［ポスタリゼーション］
065 絵画調にする②［ブラシストローク］

NO.
064 絵画調にする①［ポスタリゼーション］

［ポスタリゼーション］は、色と明るさを少ない階調に割り当てることで、自然な実写画像を、絵の具で塗ったような絵画的なイメージに作り変えます。

STEP 1 クリップに［ビデオエフェクト］→［スタイライズ］フォルダーの［ポスタリゼーション］を適用します❶。

STEP 2 ［レベル］のスライダーを動かしてポスタリゼーションの度合いを調整します❷。［レベル］の数値は、ポスタリゼーションの効果に割り当てる階調の深さを表します。極端に少ない数値（ここでは［2］階調）に設定すると❷、木版画のような雰囲気になります❸。

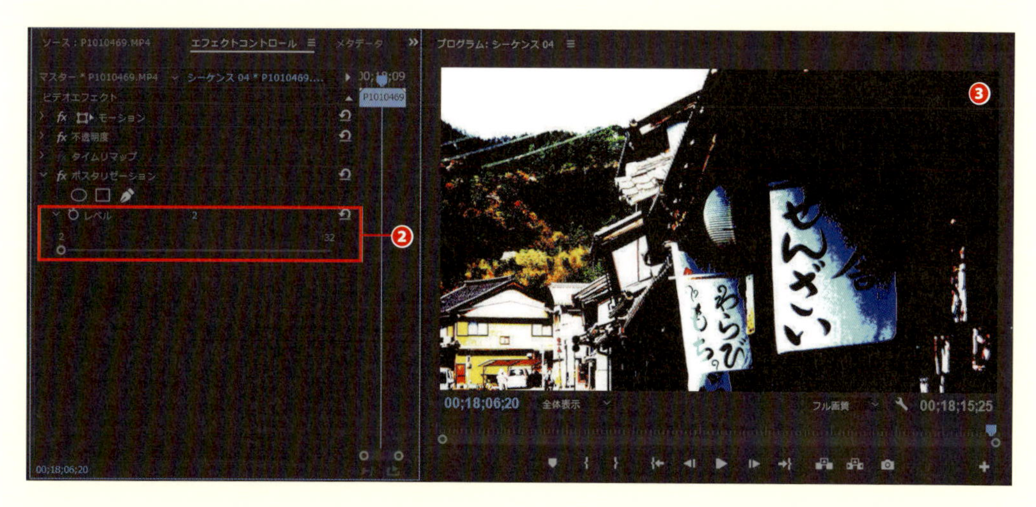

063 明暗を反転させる［ソラリゼーション］
065 絵画調にする②［ブラシストローク］

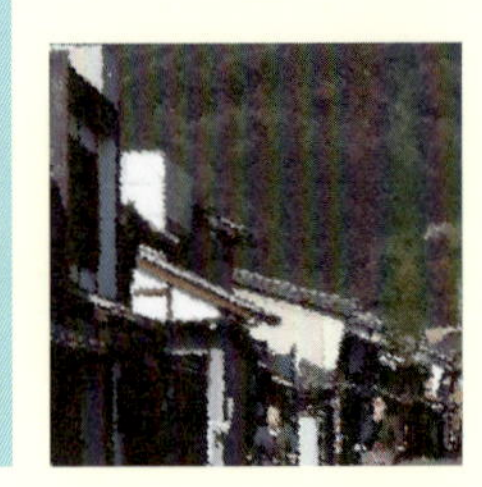

NO.
065 絵画調にする② [ブラシストローク]

[ブラシストローク] を適用すると、油絵で描いたような絵画的なイメージに変換されます。

STEP 1

クリップに [ビデオエフェクト] → [スタイライズ] フォルダーの [ブラシストローク] を適用します❶。そして [描画角度] でブラシストロークの方向を設定し❷、[ブラシのサイズ] [描画の長さ] [描画の濃度] [ランダムに描画] などを調整します❸。それぞれの内容は以下の表を参照してください。

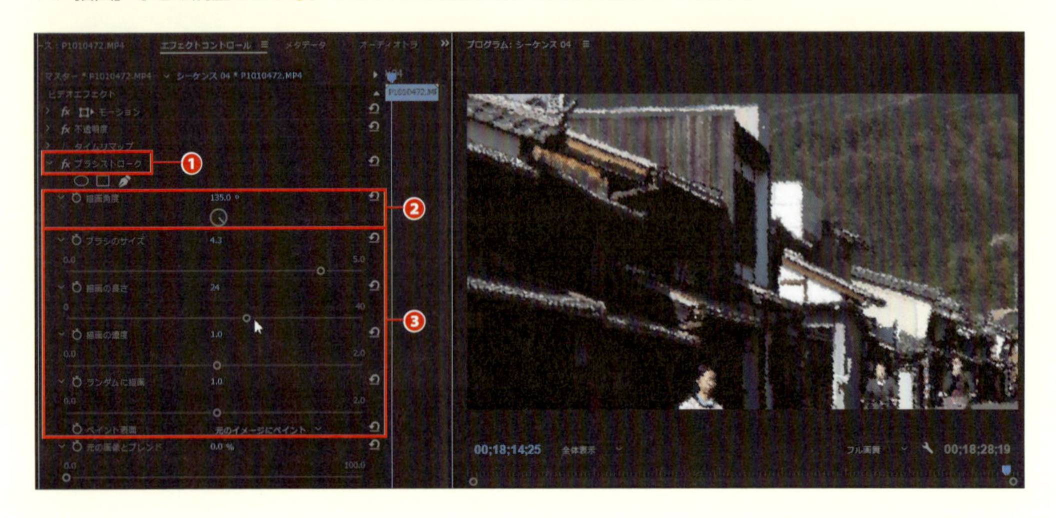

設定項目	内容
描画角度	ブラシストロークの方向を角度で指定します
ブラシのサイズ／描画の長さ	描画するブラシの大きさとストロークの長さを設定します。スライダーを右に動かしていくと太い筆で長く描画し、左に動かすと細い筆で点描風に描くようになります
描画の濃度	描画タッチの強さの度合いを決めます。濃度を上げると強く濃く描くようになります
ランダムに描画	ブラシの大きさ、強さ、動きをどの程度規則的（あるいはランダム）にするかを決めます。数値を上げると設定した方向やブラシサイズの値から離れた不規則タッチが多く加わるようになります
ペイント表面	加工した画像が描かれる背景を設定します。初期設定の [元のイメージにペイント] では、背景はまったく見えません。[透明にペイント] では、ストロークの隙間が透明になり、下のトラックに何かイメージを配置している場合にはそれが見えます。同様に [白にペイント] [黒にペイント] では、ストロークの隙間は白または黒になります

STEP 2

一番下の [元の画像とブレンド] は、加工した画像と、オリジナルの画像をミックスするためのものです❹。[100] に設定するとオリジナル画像のみ、[0] に設定すると加工した画像のみが表示されます。

[元の画像とブレンド]を[50%]に設定した例

063 明暗を反転させる [ソラリゼーション]
064 絵画調にする① [ポスタリゼーション]

NO.

066 レリーフ状にする［エンボス］

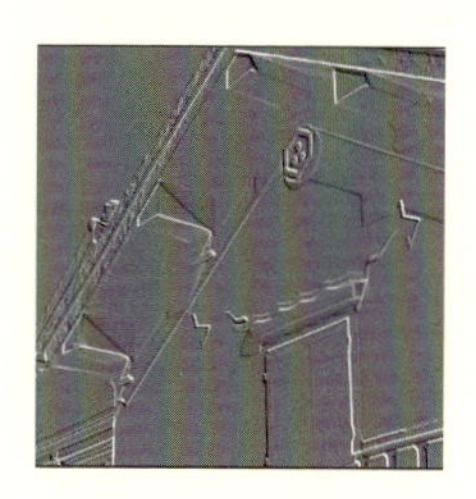

［エンボス］は、被写体の輪郭を抽出して陰影をつけ、レリーフのような効果を得ることができます。

STEP 1

クリップに［ビデオエフェクト］→［スタイライズ］フォルダーの［エンボス］を適用します❶。すると画像がモノクロになり、映っていたものが浮き彫りになります。浮き出させる向きは［方向］❷、浮き彫りの深さは［レリーフ］で指定します❸。また、へこんだ部分の影と出っ張った部分の明るさは［コントラスト］で調整できます❹。

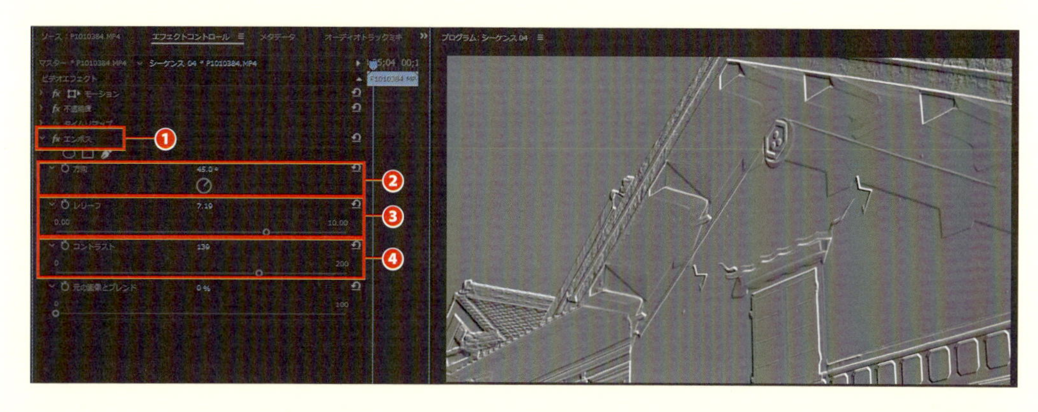

STEP 2

一番下の［元の画像とブレンド］は、オリジナルの画像と、エンボスの画像を重ね合わせる割合を設定するものです❺。［100］に設定するとオリジナル画像のみ、［0］に設定するとエンボス加工した画像のみが表示されます。

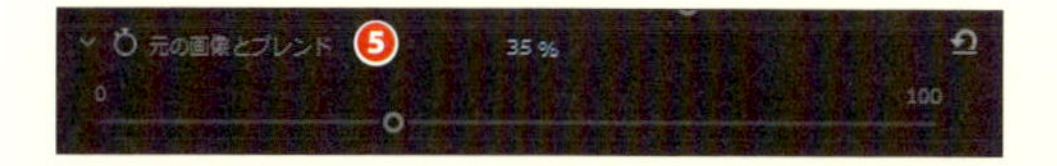

［元の画像とブレンド］を［35%］に設定した例

MEMO

Premiere Pro には、もう 1 つのエンボス効果、［カラーエンボス］が用意されています。これは名前の通り、色彩を保ったまま浮き彫り効果を作り出せます。調整項目もインターフェイスも［エンボス］と同様です。

064 絵画調にする①［ポスタリゼーション］
066 絵画調にする②［ブラシストローク］

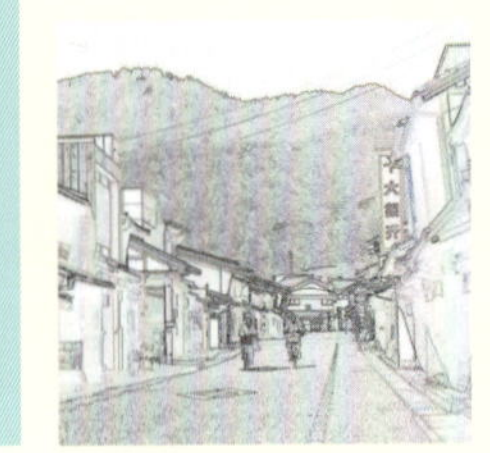

NO.

067 線画状にする［輪郭検出］

［輪郭検出］では、画像の輪郭部分だけを抽出して、線画風の効果を作り出すことができます。

STEP 1

クリップに［ビデオエフェクト］→［スタイライズ］フォルダーの［輪郭検出］を適用します❶。すると自動的に輪郭が抽出されます❷。このとき［反転］にチェックを入れると❸、全体の階調が反転して、黒地に白い線が抽出されます。

STEP 2

オリジナルの画像と抽出した画像をミックスしたい場合は、［元の画像とブレンド］を調整します❹。［100］にするとオリジナル画像のみ、［0］にすると、輪郭検出した画像のみが表示されます。元画像とミックスすると、独特のイラストタッチ風の画像に仕上がります❺。

［元の画像とブレンド］を45%に設定した例

MEMO

思うように輪郭が抽出できない場合は、［輝度＆コントラスト］や［クイックカラー補正］などを［輪郭抽出］の前（エフェクトコントロールパネルの上の段）に適用して、階調を変化させてみるとよいでしょう。コントラストや明るさの変化に応じて抽出される輪郭が変化します。

071 ハイコントラストなモノクロにする［抽出］

NO. 068 色彩やコントラストを反転させる[反転]

[反転]を適用するとネガフィルムのように輝度や色彩を反転できます。

STEP 1

クリップに［ビデオエフェクト］→［チャンネル］フォルダーの［反転］を適用します❶。これだけで指定のチャンネル（初期設定は RGB）が反転します。［元の画像とブレンド］を使って元画像と反転画像をミックスすることができます❷。

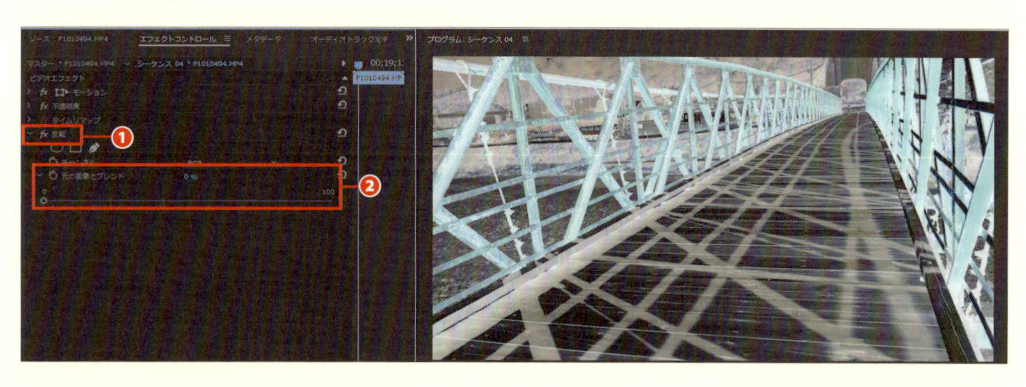

STEP 2

［反転］では、画像が持つチャンネルを何でも反転できます。変更したい場合は、［チャンネル］で目的のチャンネルを選択します❸。

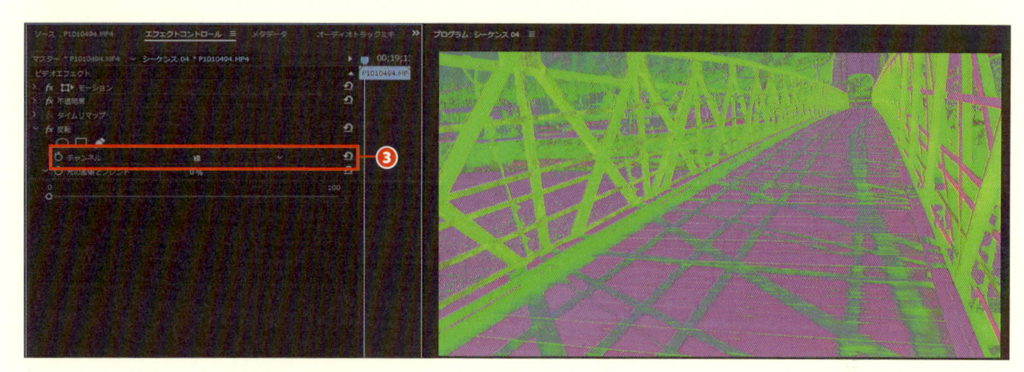

[チャンネル]で[緑]チャンネルを選択して反転させた例

この例では、［緑］チャンネルのみを反転させて不思議な色調にしてみました。この効果と［チャンネルブラー］などを組み合わせたりすると、おもしろい効果が得られます。また、アルファチャンネルや明度の反転もできるので、合成用のマスクに適用して、「オスのマスクからメスのマスクを取り出す」といった用途にも利用できます。

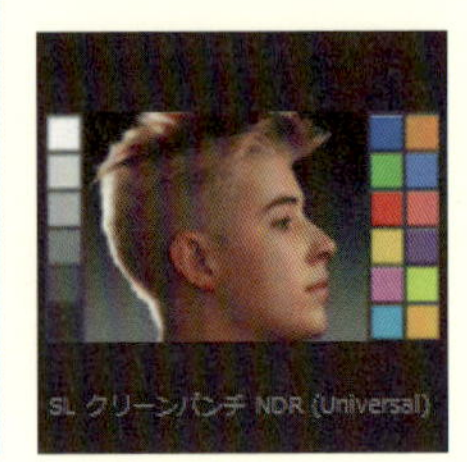

NO.
069 グレーディングを施す［Lumetriプリセット］

Premiere Pro では、映像の雰囲気を作り出す「カラーグレーディング」機能が強化されました。その最も手軽なものが［Lumetri プリセット］を使う方法です。

カラーグレーディングとは、さまざまなカラーコレクションやフィルタ効果を組み合わせて、映像に独特の雰囲気を与えることです。Adobe の Creative Cloud（CC）ファミリーには、専用の「Speedgrade」というカラーグレーディングツールが用意されています。Premiere Pro では、その Speedgrade で提供されているグレーディングのプリセットが簡単に利用できます。

STEP 1

エフェクトパネルの［Lumetri プリセット］を展開します❶。フォルダーの中に［SpeedLock］［テクニカル］［フィルムストック］［モノクロ］［映画］といったカテゴリのフォルダーがあります。これらを展開させると、プリセットにアクセスできます❷。フォルダーを開くと、パネルの右側に効果のサンプルが表示されるので、ビデオエフェクトを適用する場合と同様に、タイムライン上のクリップにドラッグ＆ドロップするか、クリップを選択した上でダブルクリックします。基本的に、これだけで、プリセットが適用されます。

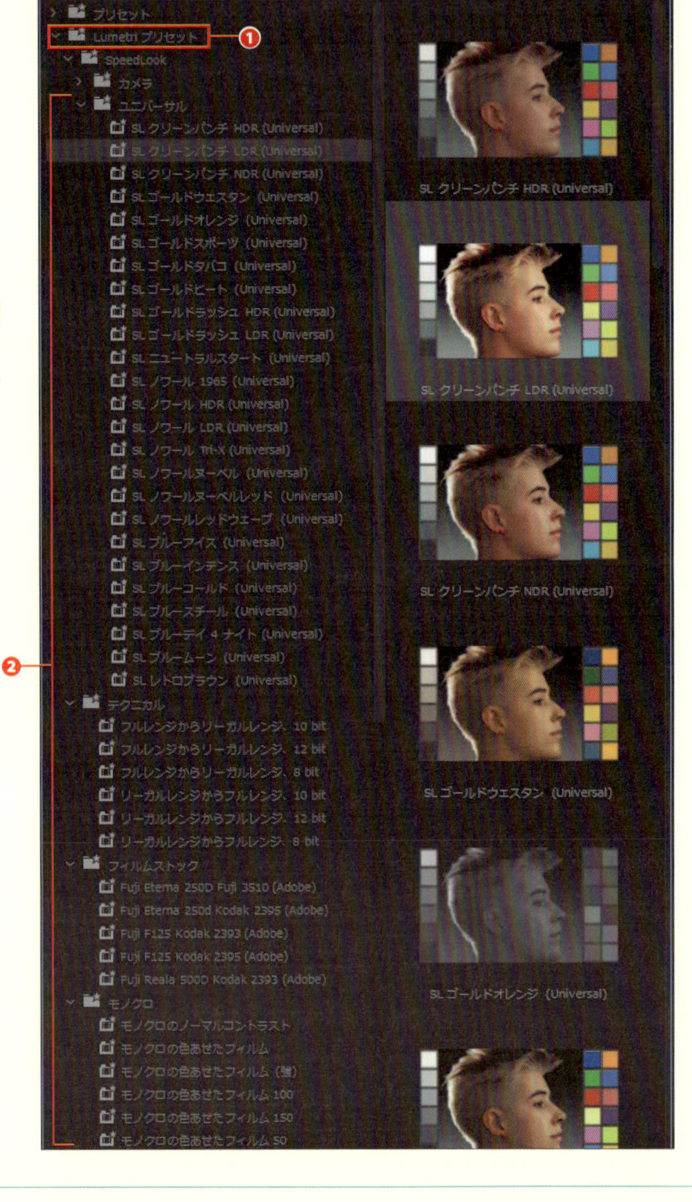

STEP 2 下図は［映画］→［Cinespace 50 色あせたフィルム］をドラッグ＆ドロップして適用した例です❸。ノスタルジックな雰囲気が出せます。

STEP 3 プリセットは、複数を同時に適用することもできます❹。通常のエフェクトと同様に、パネルの上にあるものから計算されるため、適用する順番によって効果が変わってきます。
また、適用したプリセットはパラメーターを展開させて、自由にカスタマイズすることができます。これには専用の「Lumetri カラーパネル」が用意されています。

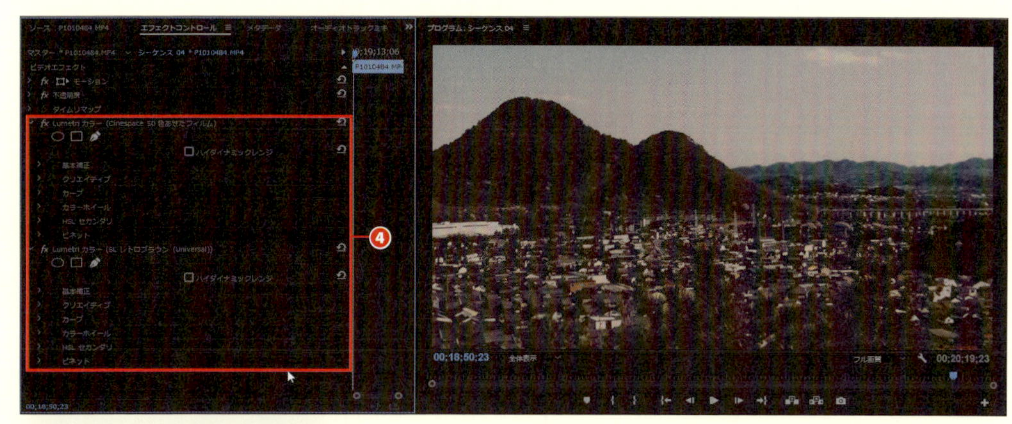

 MEMO
［ビデオエフェクト］→［カラー補正］→［Lumetri カラー］を使ってプリセットを読み込むこともできます。Speedgrade 以外のツールで作成したプリセットを使用する場合には、こちらを使います。詳しくは「070 クリエイティブな色調整ができる［Lumetri カラー］」をご覧ください。

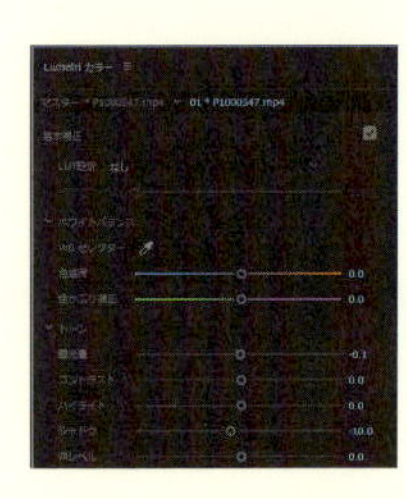

NO. 070

クリエイティブな色調整ができる[Lumetriカラー]

[Lumetri カラー] は、明度、彩度、色相といった基本的な色補正を超えて、クリエイティブな画作りができる強力な色彩コントロールツールです。

STEP 1

調整したいクリップに [ビデオエフェクト] → [カラー補正] → [Lumetri カラー] を適用します❶。エフェクトコントロールパネルに [Lumetri カラー] が追加され、各パラメーターを開いていくと調整スライダーが表示されます。これらのスライダーで色調整することもできますが、専用のパネルで操作したほうが直感的に作業できます。ここでは専用パネルを使った方法を解説します。

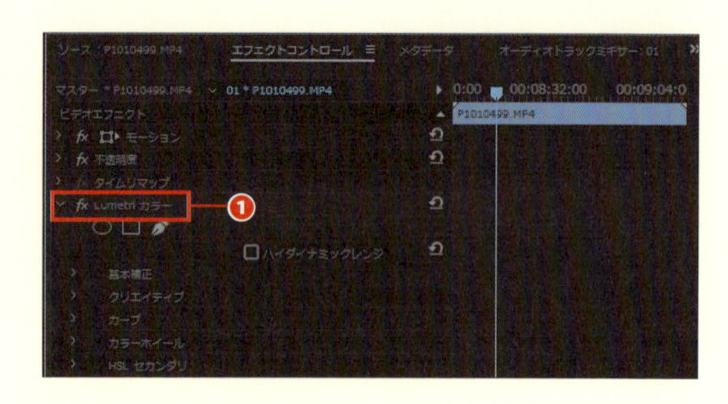

STEP 2

[ウィンドウ] → [Lumetri カラー] を選択し、Lumetri カラーパネルを表示します❷。初期状態では [クリエイティブ] タブが表示されています❸。

パネルの一番上にある [基本補正] タブをクリックして表示します❹。このタブでは、ホワイトバランスや露出補正といった基本的な調整が行えます。[LUT 設定] というプルダウンメニューがありますが、これは LOG 収録した素材を扱う場合に、収録機器に応じた現像プリセットを呼び出すためのものです。LOG ではなく一般的な mp4 や AVCHD の素材を編集している場合には [なし] でかまいません。

[ホワイトバランス] は 2 本のスライダーで調整します❺。[色温度] は、左にドラッグすると全体が青っぽく (色温度が高く)、右にドラッグさせると赤っぽく (色温度が低く) なります。[色かぶり補正] では、左にドラッグすると緑が加わり、右にドラッグするとマゼンタが加わります。

[トーン] では、画像の階調を総合的にコントロールできます❻。[自動] ボタンをクリックすると、[露光量] から [黒レベル] までが自動補正されます❼。まず自動補正を行い、必要に応じて各パラメーターを微調整していくとよいでしょう。[トーン] の各パラメーターの内容は次ページの表のとおりです。

クリエイティブタブ

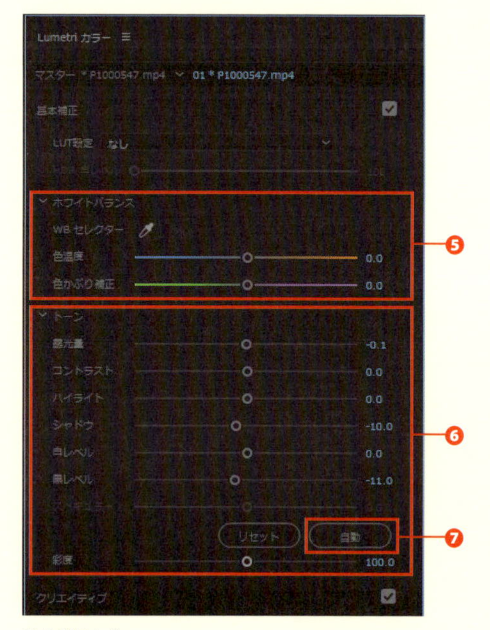

基本補正タブ

設定項目	内容
露光量	全体的な明るさをコントロールします
コントラスト	コントラストの調整です
ハイライト／シャドウ	明るい（暗い）部分のみ、明るさの調整を行います
白レベル／黒レベル	最も明るい部分と最も暗い部分（白と黒）のクリッピングレベルを調整します。例えば［白レベル］を右にドラッグすると、最も明るい部分がさらに明るくなります
彩度	全体的な色味の濃さを調整します。左にドラッグして最も小さい値にすると完全に色がなくなり、モノクロになります

STEP 3

［クリエイティブ］タブでは、画像の外観を大きく変えることができます。［LOOK］というポップアップメニューから画像加工用のプリセットが呼び出せます❽。イメージを積極的に作り込みたい場合には、ここからイメージにあったプリセットを適用し、そのあとに個々のパラメーターを調整していくとよいでしょう。

プレビュー画面には、いま選択されているエフェクトの効果が表示されます❾。画面左右の「<」「>」をクリックすることで順番に効果を見ていくことができます❿。そのほかのパラメーターの内容は表のとおりです。

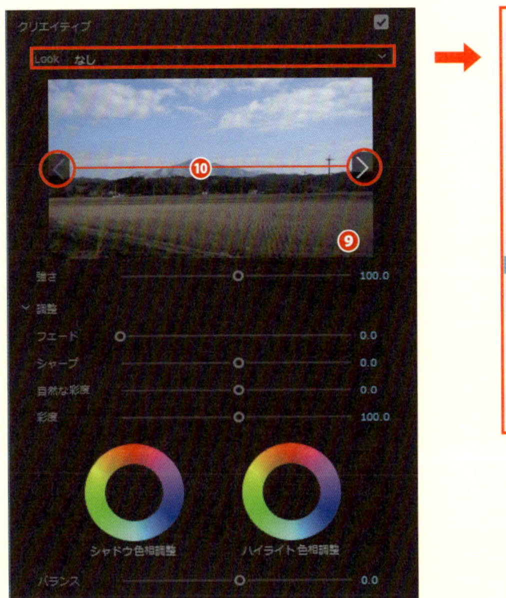

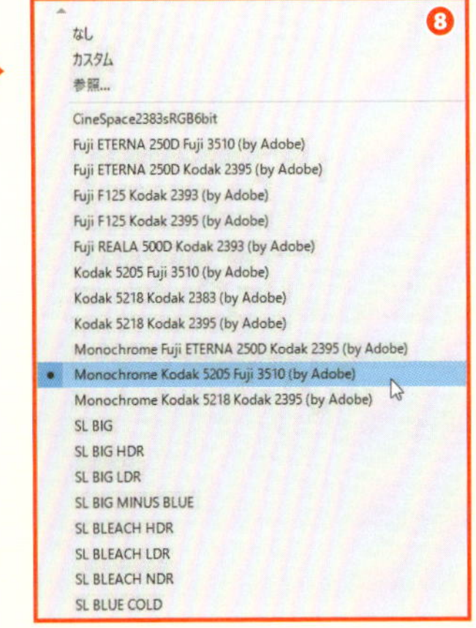

設定項目	内容
強さ	LOOKで選択したエフェクトの強さを調整します
調整	画像の「雰囲気」を調整します。全部で下記の5つのパラメーターがあります
フェード	画像の明瞭度を調整します。右にドラッグしていくにしたがって古びた写真のようになります
シャープ	画像に映っているもののエッジを際立たせたり、ぼかしたりできます。右にドラッグするとエッジが際立ってくっきりした印象に、左にドラッグするとエッジが不明瞭になり、ぼかしがかかります
自然な彩度	彩度の調整をある程度インテリジェントに行うスライダーです。彩度の高い部分をそのままに、低い部分だけを使って彩度を調整するため、全体に自然な色味に仕上がります
彩度	画像の色味の濃さを均一に調整します。スライダーの下にある色合い調整用のホイールは、シャドウとハイライトの色相を個別に調整するものです。何も調整していない状態ではドーナツ形をしていますが、ホイル上の「+」をドラッグして調整を始めると円形になり、色味を変えられるようになります
バランス	ホイールで調整した結果、過剰になったマゼンタとグリーンの量を補正します

STEP 4

［カーブ］タブでは、階調と色調の調整ができます⑪。［RGB カーブ］はグラフを使って階調と色調を調整するツールです⑫。スライダーの下に表示されている白、赤、緑、青の●印で調整したい色チャンネルを選択します。白は赤緑青を合算した輝度を、そのほかの３色ではそれぞれの色の輝度を調整します。
グラフのライン上にカーソルを重ねるとペンのカーソルに変わり、クリックするとコントロールポイントが追加され、マウスドラッグで調整できるようになります⑬。追加したコントロールポイントを削除したい場合は、Ctrl（⌘）キーを押しながら目的のコントロールポイントをクリックします。

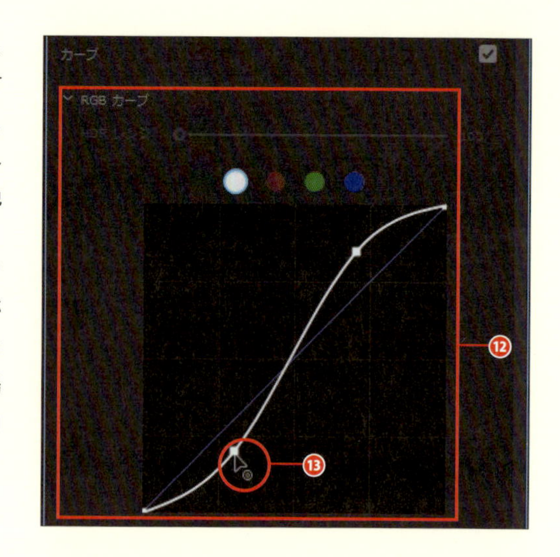

STEP 5

［カーブ］タブの［色相／彩度カーブ］では、ドーナツ形のカラーホイールに表示されたリング状のラインを使って色味を調整します⑭。ホイールの下に表示された６色の●印から調整したい色味を選んでクリックします⑮。ライン上に３つのコントロールポイントが追加されるので、それをドラッグして調整します。ラインがホイールの外側に近づくほど彩度が上がり、中心部に近づくほど彩度が下がります。また、ライン上をクリックするとコントロールポイントが追加され、それをドラッグして調整していくこともできます⑯。コントロールポイントの削除は、Ctrl（⌘）キーを押しながらのクリックです。

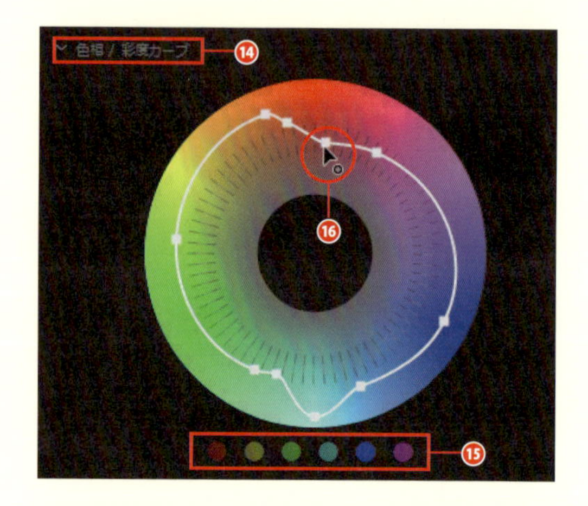

STEP 6

［カラーホイール］タブでは、［ミッドトーン］（中間調）、［シャドウ］（暗部）、［ハイライト］（明部）、それぞれの強さをスライダーを使って調整していきます⑰。コントロールする色調をホイールを使って指定することも可能です。初期状態のホイールはドーナツ状をしており⑱、なんらかの変更を加えたホールは円盤状に変わり、補正ポイントが「＋」で表示されます⑲。

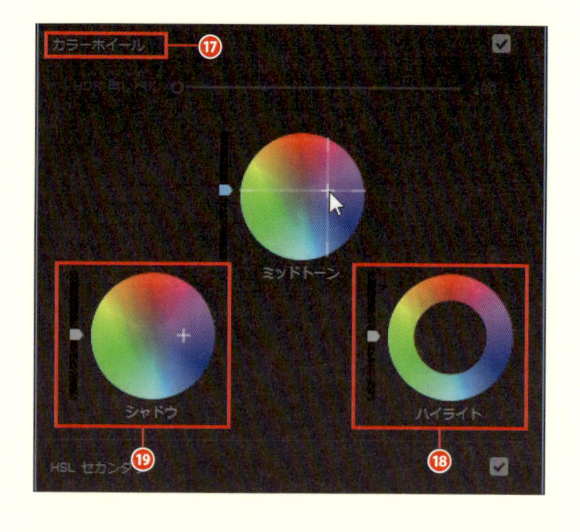

STEP 7

［HLS セカンダリ］では、特定の色域だけに補正をかけることができます⑳。［キー］で、補正の対象にする色域を設定します㉑。●印から色味を選択することも、スポイトツールを使って画面上からピックアップすることもできます。キーが作成されると、［H］（色味）、［S］（色の濃さ）、［L］（明るさ）の３つのスライダーにピックアップした色域の情報が表示されます。このスライダーの帯がピックアップされた色や明るさの情報です。▲マークをドラッグすると微調整できます。

［カラー／」グレー］の左にあるチェックボックスをオンにすると㉒、プログラムモニターにマスクが表示されます㉓。マスクの表示カラーは［カラー／黒］や、通常マスクの表示に使われる［白／黒］から選ぶことができます。［リファイン］にある２本のスライダーはマスク補正用のものです㉔。［クロマノイズ］はマスクのエッジのノイズの除去、［ブラー］はマスク全体をぼかします。

マスクの設定が終わったら［補正］で色補正を行います㉕。初期設定ではミッドトーン（中間調）を補正するツールが表示されていますが、切り替えボタンで３ウェイに切り替えることもできます㉖。ここでの補正はマスクの範囲のみに限られます。

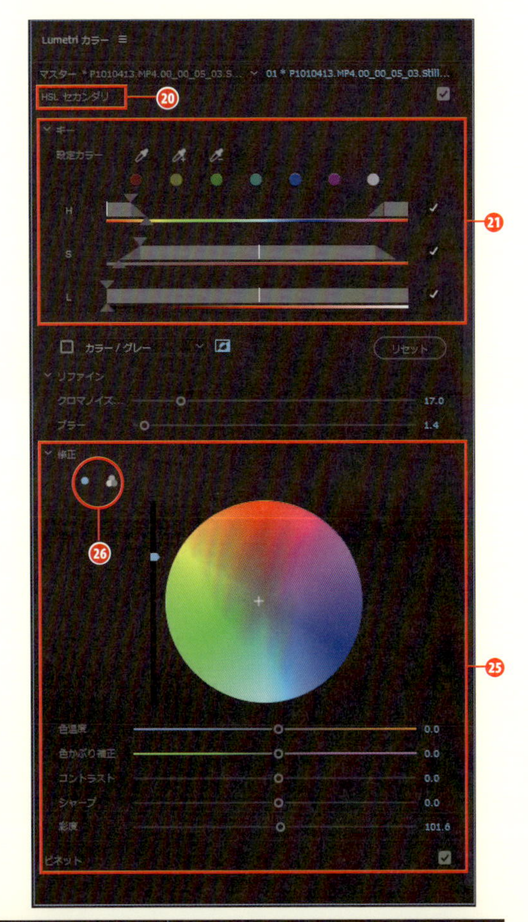

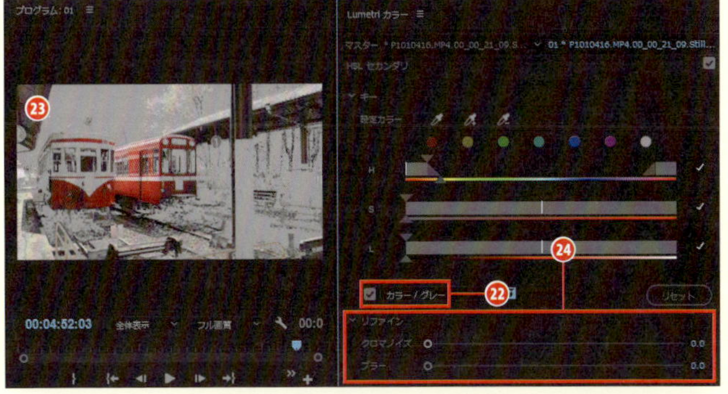

STEP 8

［ビネット］タブでは、画像にスポットライトをあてたような効果が作り出せます㉗。［適用量］（強さ）、［拡張］（サイズ）、［角丸の割合］（形状）、［ぼかし］（スポットの柔らかさ）の全部で４本のスライダーで調整します㉘。［適用量］はセンター位置で効果が見えない状態になり、右にドラッグすると周囲が明るく、左にドラッグすると周囲が暗くなります。

第4章 映像の色調整と色彩表現

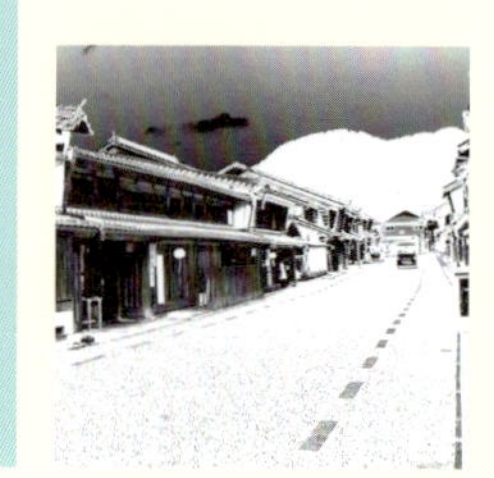

NO.

071 ハイコントラストなモノクロにする[抽出]

［抽出］は画像の階調を2値化して、ハードコピーのようなハイコントラストな白黒画像を作り出します。

STEP 1

クリップに［ビデオエフェクト］→［色調補正］フォルダーの［抽出］を適用します❶。これだけで、ハイコントラストな白黒画像に変換されます。［黒入力レベル］［白入力レベル］のスライダーを使って、白と黒の範囲を調整することができます❷。［黒入力レベル］のスライダーを右にドラッグしていくと黒の範囲が広がります。［白入力レベル］を右にドラッグすれば白の範囲が広がります。

STEP 2

［柔らかさ］のスライダーでは、白と黒に2値化した画像に中間調を加えることができます❸。右にドラッグすると中間調が現れ、ソフトな白黒画像に近づいていきます。

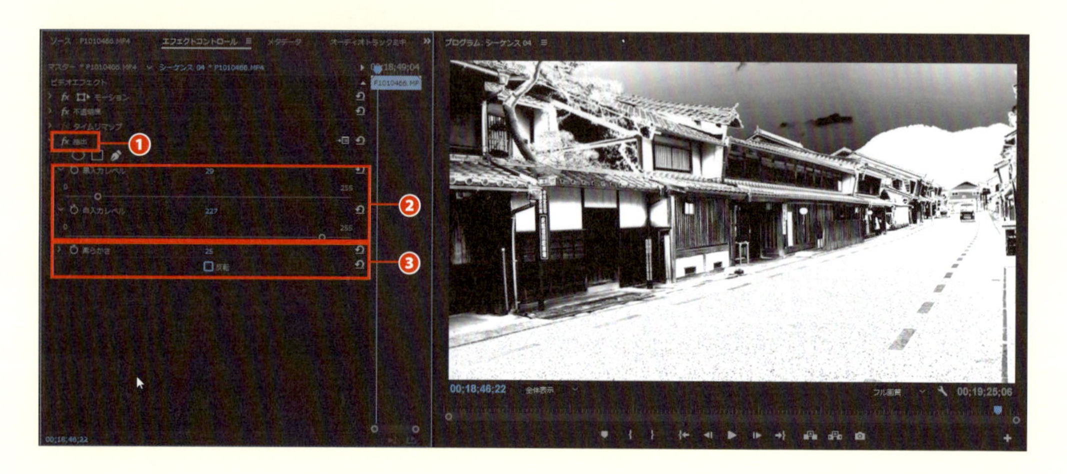

 MEMO

［スタイライズ］フォルダーの［しきい値］も、ハイコントラストなモノクロ画像を作り出すことができます。こちらは1本のスライダーだけで設定するシンプルなエフェクトです。機能としては、［抽出］から［柔らかさ］の調整機能を省いたものと考えればよいでしょう。

第5章 映像の加工と変形

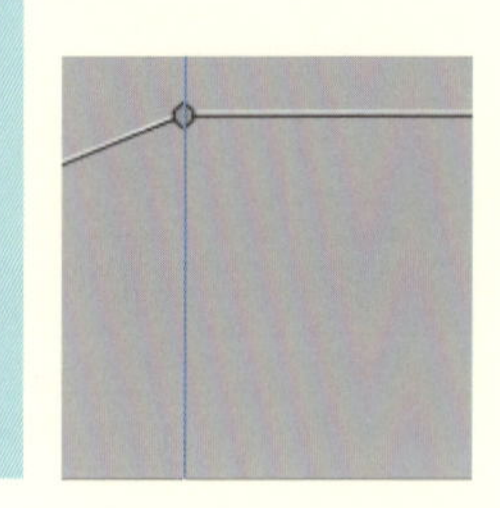

NO.

072 不透明度を変化させる

基本エフェクトの［不透明度］を使って不透明度を変化させると、映像のミックスやフェードができます。設定はタイムラインやエフェクトコントロールパネルで行います。

STEP 1

ここでは、タイムライン上で設定する方法を見ていきます。クリップを配置したビデオトラックが展開されていない場合はトラックを展開させます❶（「012 トラックを展開する」を参照してください）。クリップ上には、不透明度を示すグラフが一本の直線として表示されます。このグラフは設定によってほかのエフェクトのものに変更できます。不透明度のグラフが表示されていることを確かめるには、クリップ名の右にある「fx」と書かれたボックスを右クリックし❷、表示されたメニューで［不透明度］を選択し、［不透明度］の左に丸印が表示されていることを確認します❸。もしない場合は選択して［不透明度］のグラフに切り替えます。

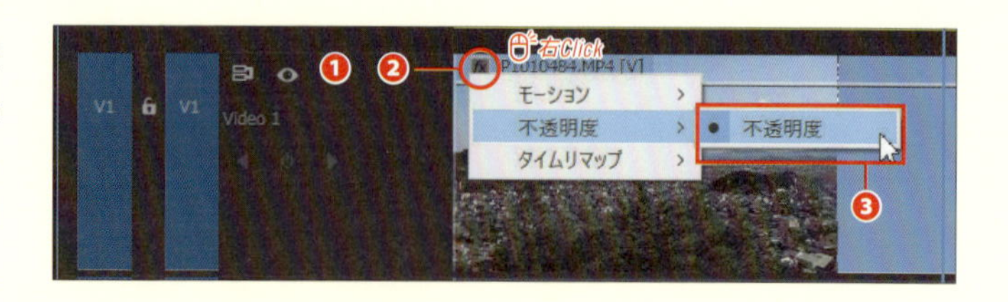

STEP 2

不透明度を均一に変更するには、選択ツールで黄色のラインで示された［不透明度］ハンドルを上下にドラッグします❹。こうすることで、クリップは半透明になり、下のトラックに何もクリップが配置されていなければ暗くなります。何かクリップが配置されていれば、それが透けて見えるようになります。

STEP 3

［不透明度］を連続的に変化させたい場合は、キーフレームを使います。ここではシンプルな例として、クリップをフェードインさせてみましょう。まず、再生ヘッドをフェードインの始まりのフレーム（最初のフレーム）に移動させます❺。クリップを選択ツールでクリックして選択し、ビデオトラックのヘッダーにある［キーフレームの追加／削除］ボタンをクリックして❻キーフレームを追加します❼。

STEP 4

続いて、フェードを終わらせたいフレームに再生ヘッドを移動させ❽、再び［キーフレームの追加／削除］ボタンを押して❾キーフレームを追加します❿。これで都合2つのキーフレームが追加されました。

025 エフェクトをアニメーションさせる
073 映像をミックスする

STEP 5 次に最初に追加したキーフレームを選択ツール で選択し、トラックの下いっぱいまでドラッグします⓫。これで最初のキーフレームの［不透明度］が［0］、2つ目のキーフレームが［100］に設定され、クリップがフェードインするようになります。

STEP 6 2つのキーフレームの間にさらにキーフレームを追加して［不透明度］を調整し、最初はゆるやかに、終わりは急激に、など緩急をつけたフェードインにすることもできます⓬。

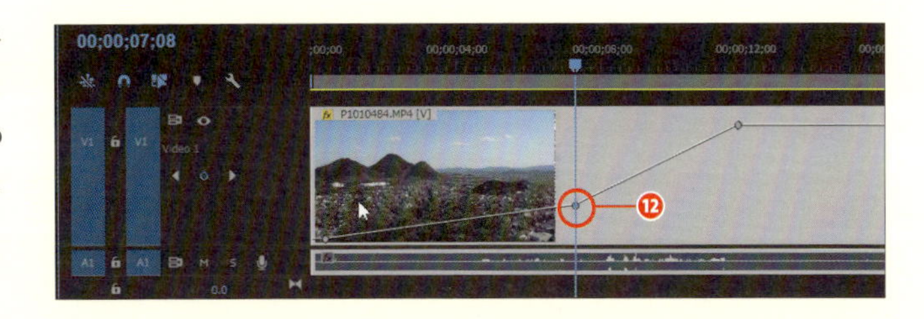

STEP 7 キーフレーム間の［不透明度］の差が100以下の場合には、キーフレームの間のグラフをドラッグして［不透明度］を変化させることも可能です⓭。この場合には、キーフレーム間の［不透明度］の差は保たれたまま、全体の［不透明度］が変化します。

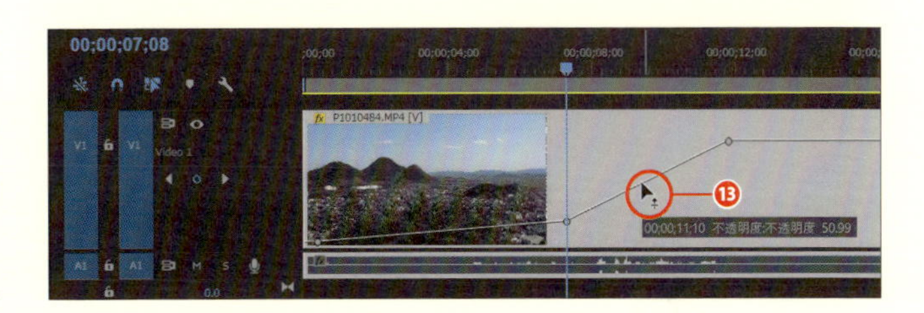

MEMO

［不透明度］の変更は、エフェクトコントロールパネルでも行えますⒶ。また、タイムラインのキーフレームを右クリックして、キーフレームの補間方法を［ベジェ］に変更するとⒷ、さらにニュアンスに富んだ設定ができるようになります。詳細は「025 エフェクトをアニメーションさせる」を参照してください。

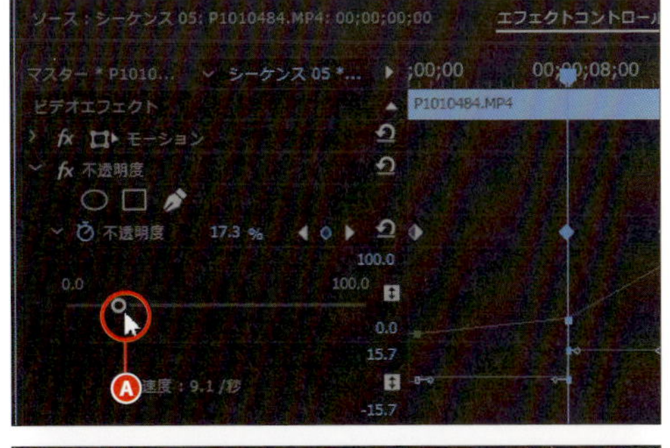

第5章 映像の加工と変形

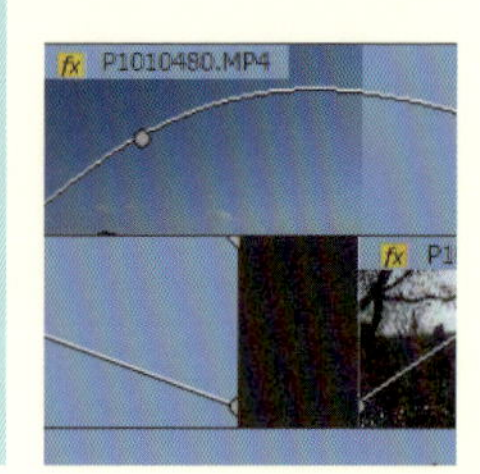

NO.

073 映像をミックスする

複数のビデオトラックと［不透明度］のアニメーションを使うと、映像を自由にミックスできます。ここでは、基本例としてオーバーラップを作成します。

STEP 1

Premiere Proのビデオトラックは上に配置されたものが優先的に表示されますが、上のトラックの［不透明度］を低くすると、その下の重なっているトラックの映像が透けて見えてきます。これを使って、オーバーラップをはじめ、さまざまな映像のミックスができます。

まず、ビデオトラックを2本用意します。下のトラック［Video 1］に先行カット❶、上のトラック［Video 2］に後続カットを配置します❷。そして、選択ツールで後続カットの［Video 2］を右にドラッグして❸、オーバーラップのデュレーション（継続時間）分だけ先行カット［Video 1］に重なるようにします❹。

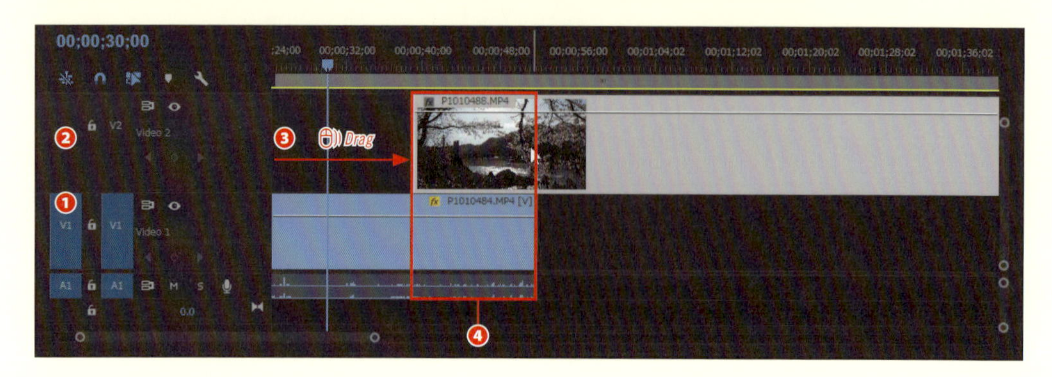

MEMO

エフェクトコントロールパネルで［不透明度］のキーフレームを表示する方法については、前項「［不透明度］を変化させる」をご覧ください。

STEP 2

選択ツールで後続カットを選択し❺、再生ヘッドを後続カットの最初のフレームに合わせます❻。そして［キーフレームの追加／削除］ボタンをクリックして❼、再生ヘッドの位置にキーフレームを作成します❽。

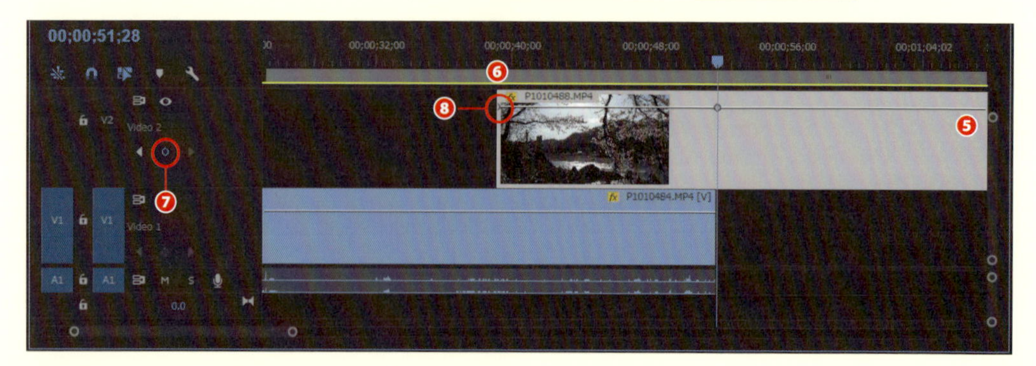

025 エフェクトをアニメーションさせる
072 ［不透明度］を変化させる

STEP 3

再生ヘッドをオーバーラップが終わる位置（この場合は先行カットの最後のフレーム）に移動し❾、［キーフレームの追加／削除］ボタンをクリックします❿。これでオーバーラップの終了位置にキーフレームが追加されます⓫。続いて、STEP2 で追加した先頭のキーフレームを選択ツール で下にドラッグし⓬、［不透明度］を［0%］に設定します。

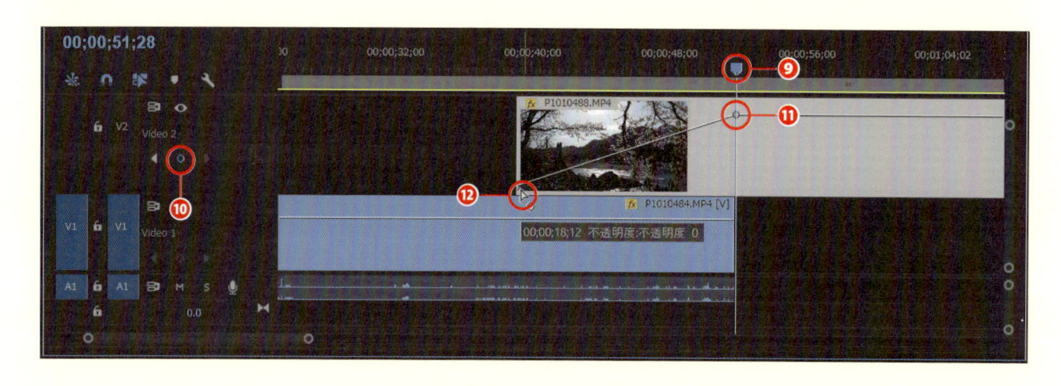

MEMO

［不透明度］のキーフレームを右クリックして表示されるメニューから［ベジェ］に設定すれば、よりニュアンスに富んだオーバーラップが可能になりますⒶ。

STEP 4

ビデオトラックをさらに増やし、複雑に映像をミックスすることもできます。必要な数だけトラックを用意したら、クリップ同士のタイミングを調整し、ここで解説したオーバーラップと同じ方法でキーフレームを追加し、［不透明度］を変更していきます。下図は、3 本のビデオトラックを使用して映像をミックスした例です。

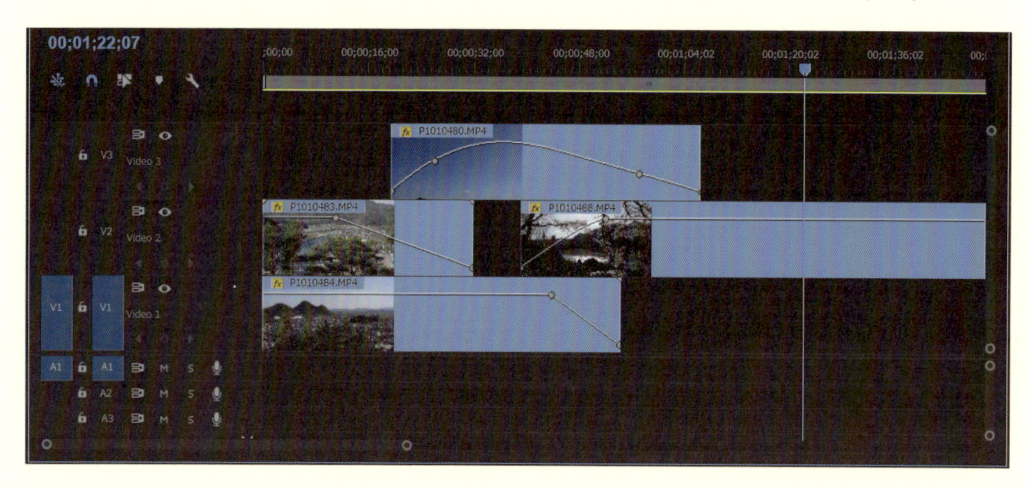

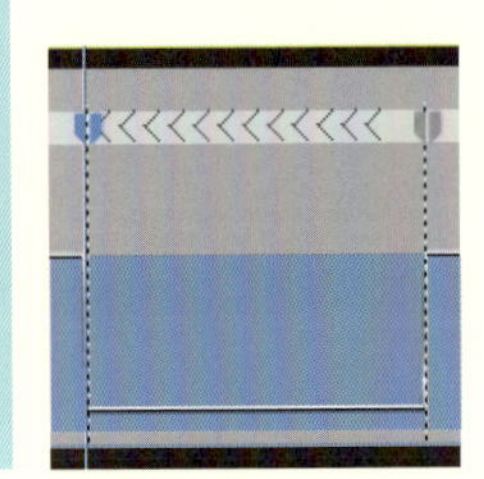

NO.

074 再生時間を連続的に変化させる[タイムリマップ]

[タイムリマップ]は、速度の変更や、再生方向の正逆といったクリップの時間軸を連続的に操ることができます。

スローモーション／早回しにする

まず、タイムリマップ用のグラフをタイムラインのクリップ上に表示させます。タイムラインに配置したクリップのクリップ名の右側にある「fx」と書かれたボックスをクリックし❶、表示されるメニューから［タイムリマップ］→［速度］を選択します❷。ここは初期設定では［不透明度］のグラフになっています。［速度］を選択して左側に丸印が付けば［タイムリマップ］用のグラフに切り替わります。
表示されたグラフにキーフレームを追加して速度を変更していきます。クリップを選択した状態で❸、スローモーション、あるいは早回しにしたいなど、速度を変えたい瞬間のフレームに再生ヘッドを移動します❹。トラックヘッダーにある［キーフレームの追加／削除］ボタンをクリックして❺、［タイムリマップ］のキーフレームを作成します❻。そして選択ツール▶でキーフレームの後ろのグラフのラインを上下させ、速度を変化させます❼。グラフを上にドラッグすると早回し、下にドラッグするとスローモーションになります。

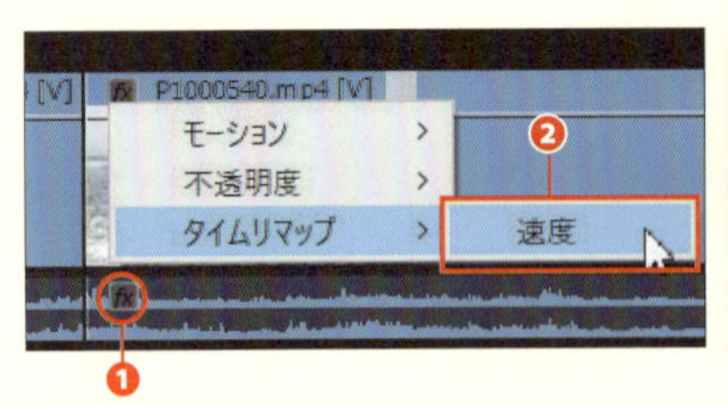

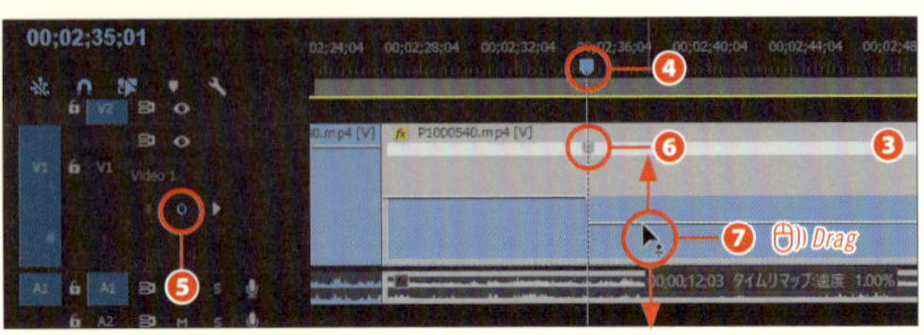

［タイムリマップ］のキーフレームは、左右 2 つに分かれるようになっています。カーソルをキーフレームに近づけ、両矢印の形になったところで、右側のキーフレームを右にドラッグして❽、速度変化を終了させたいフレームまで移動すると、左右 2 つのキーフレーム間が連続的に変化するようになります❾。

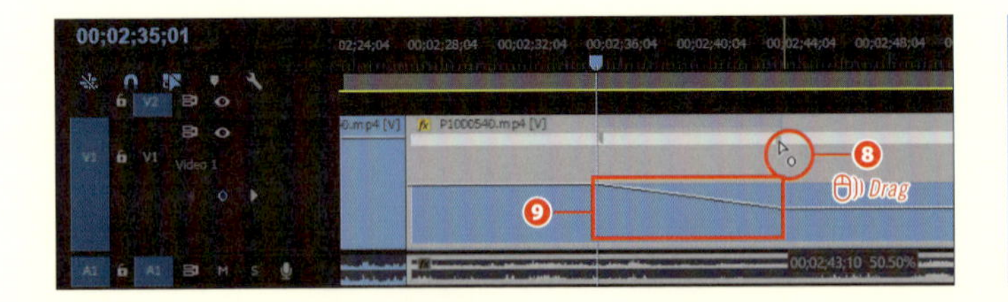

MEMO

［タイムリマップ］は、エフェクトコントロールパネルでも設定できますが、タイムライン上で操作した方が直感的に作業できます。

左右どちらかのキーフレームを選択すると❿、グラフにベジェ曲線を操作するハンドルが表示されます⓫。この 2 つのハンドルをドラッグすれば、カーブの形状を調整できます。速度変化し始めたキーフレームを左右にドラッグすると、2 つのキーフレームの間隔を変更できます。また、キーフレームの間にカーソルを置き、両矢印の形になったところでドラッグすると 2 つのキーフレームをセットで移動できます。

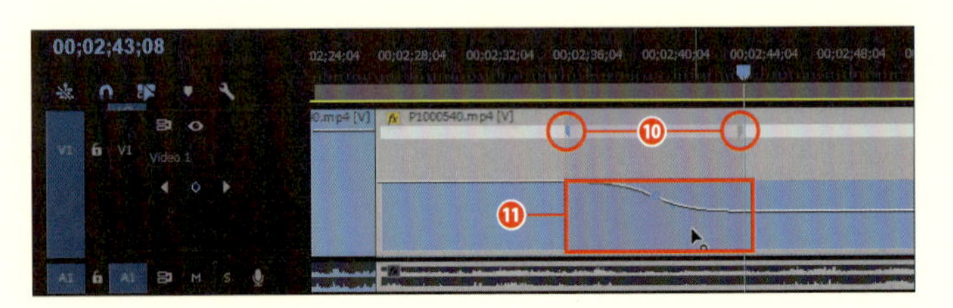

MEMO

タイムラインの幅が狭すぎて思うように作業できない場合は、ビデオトラックのタイトル上部をドラッグすれば広げることができます。

075 再生時間を伸ばす、縮める

逆再生にする

逆再生する場合には、逆転させたい瞬間のフレームに再生ヘッドを移動し⓫、［キーフレームの追加／削除］ボタンでキーフレームを追加します⓬。そして Ctrl （⌘）キーを押しながらキーフレームを右にドラッグします⓭。すると新たに２つのキーフレームが現れます⓮。

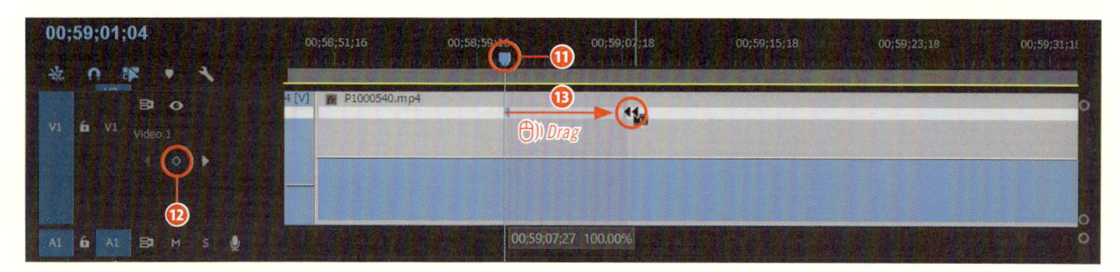

最初のキーフレームから２つ目のキーフレームまでが逆再生になり⓯、２つ目のキーフレームから３つ目のキーフレームまでは通常の順方向の再生になります⓰。

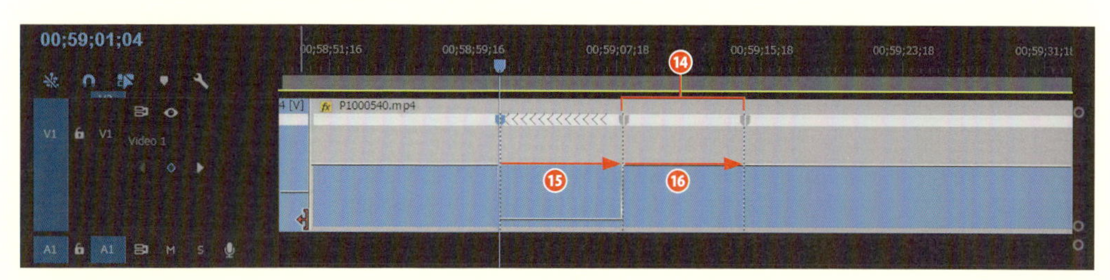

この操作でできたキーフレームは、ドラッグすると２つに分かれます⓱。それらのキーフレーム間は速度が連続的に変化します。つまり、徐々にスローになって逆回転へ移行したり、その逆の動きを作り出すことができます。

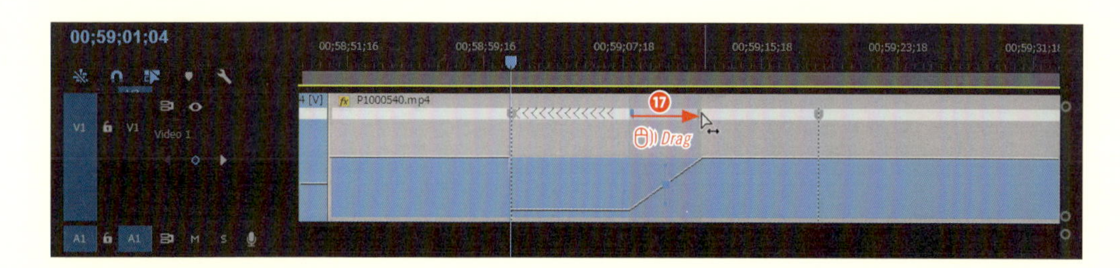

ストップモーションにする

Ctrl ＋ Alt （⌘ ＋ Option）キーを押しながらキーフレームをドラッグすると⓲、静止用のキーフレームを作ることができます⓳。この場合、２つのキーフレーム間がストップモーションになります。それぞれのキーフレームは２つに分割でき、これらを使って「だんだんとスローになって停止、停止から次第に速く動いてノーマル再生」のような効果を作り出すことができます。

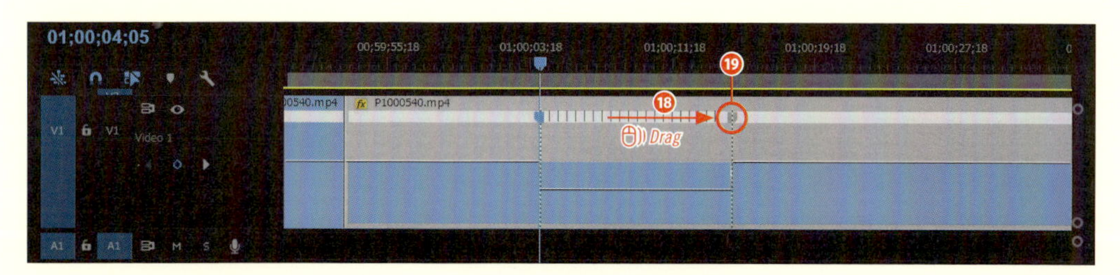

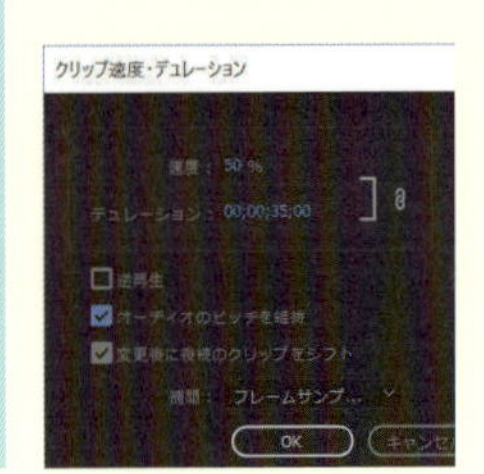

NO.
075 再生時間を伸ばす、縮める

再生時間を伸縮させる「スローモーション」や「早回し」はよく使われる効果です。［速度・デュレーション］かレート調整ツールで設定します。

［速度・デュレーション］を適用する

タイムラインパネルで再生時間を変更したいクリップを選択し、［クリップ］→［速度・デュレーション］を実行します。［クリップ速度・デュレーション］ダイアログが開くので、再生時間を［速度］か［デュレーション］で指定します❶。［速度］で設定する場合は、［100%］が通常の速度です。スローモーションにしたい場合は［100%］以下（例えば50%）、早回しの場合は［100%］以上（例えば300%）を指定します。［デュレーション］では「クリップの長さ」を指します。［デュレーション］で指定する場合は、現在のデュレーションに対して、長いデュレーションを指定すればスローモーションになり、短いデュレーションを指定すれば早回しになります。初期設定では［速度］と［デュレーション］はリンクしており、一方を変更すると自動的にもう一方も変更されます。「早回しにしたいけれども長さは変えたくない」など、独立させて設定したい場合は、鎖のアイコン❷をクリックしてリンクを解除します。

S 速度・デュレーション▶ Ctrl + R（⌘ + R）

MEMO

［クリップ速度・デュレーション］には、3つのオプションが用意されていますⒶ。［逆再生］は文字通りクリップの一番最後のフレームから先頭に向かって逆に再生します。［オーディオのピッチを維持］をチェックすると、再生速度に関係なくオリジナルのオーディオの「ピッチ（高さ）」が保たれます。通常、スローモーションにすると音のピッチが低くなりますが（女性の声が野太くなるなど）、ここにチェックを入れておくと再生速度だけが遅くなり、オリジナルのピッチが保たれます。

MEMO

再生時間を変更したクリップに後続のクリップが続いている場合には、［変更後に後続のクリップをシフト］が役立ちますⒷ。通常、クリップの長さが伸びる方向（スローモーション）に変更した場合、長さはそのままで再生速度が変更されます。逆に短くなる方向（早回し）に変更した場合は、短くなった分だけギャップができます。ところが［変更後に後続のクリップをシフト］にチェックを入れておくと、変わった長さ分だけ後続のクリップが前後にずれてくれます。

MEMO

［クリップ速度・デュレーション］には［補間］オプションが用意されています。［フレームサンプリング］は、速度の変更に合わせて単純にフレームを間引いたり複製したりします。［フレームブレンド］は、隣り合ったフレームを微妙にブレンドしてソフトな印象にします。［オプティカルフロー］は微妙なモーフィングも併用してより自然な速度変更を行いますが、処理が遅くなったり、絵柄によってはかえって不自然な結果になることがあります。プレビューで確認して一番よい補間方法を選びましょう。

レート調整ツールで変更する

ツールパレットでレート調整ツールを選択します。タイムライン上で速度を変更したいクリップの左右どちらかの端をドラッグしてデュレーション（長さ）を変更します❸。デュレーションに応じて再生速度が変化し、元のデュレーションよりも長くすればスローモーション、短くすれば早回しの効果が得られます。

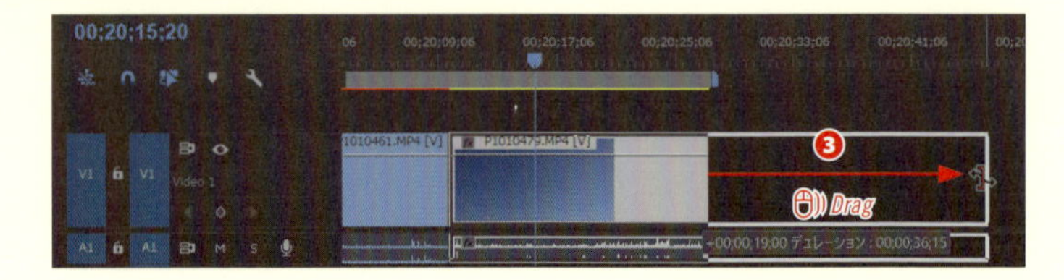

074 再生時間を連続的に変化させる［タイムリマップ］
076 ストップモーションにする② ［フレーム書き出し］

NO. 076 ストップモーションにする① [フレームの保持]

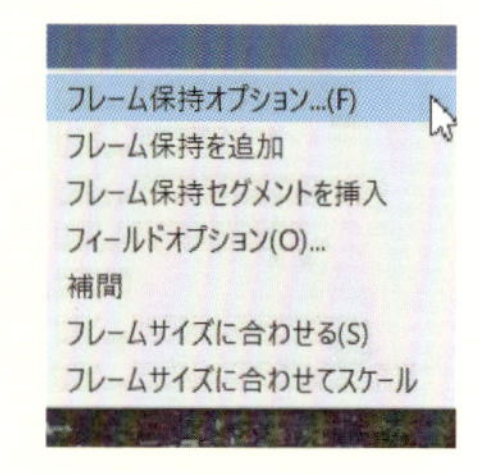

［フレームの保持］を使って、クリップの途中のフレームを停止させる［ストップモーション］を作ることができます。

［フレーム保持オプション］で停止させる

METHOD 1

タイムラインに配置したクリップを選択した状態で、［クリップ］→［ビデオオプション］→［フレーム保持オプション］を実行します❶。［フレーム保持オプション］ダイアログが開くので❷、［保持するフレーム］にチェックを入れます❸。この右側にあるポップアップメニューでどのフレームを保持するかを選択します❹。［ソースタイムコード］と［シーケンスタイムコード］は、下の［フレーム］❺で指定したタイムコードのフレームをストップモーションにします。［ソースタイムコード］はクリップのタイムコード、［シーケンスタイムコード］は現在編集しているタイムラインのタイムコードで指定します。そのほかに［インポイント］［アウトポイント］［再生ヘッド］などが選択できます。あらかじめ、再生ヘッドをストップモーションにしたいフレームに移動させておき、［再生ヘッド］を選んでストップモーションにするのが一番使いやすいかもしれません。クリップに適用しているエフェクトを保持したい場合には［フィルター保持］にチェックを入れておきます❻。

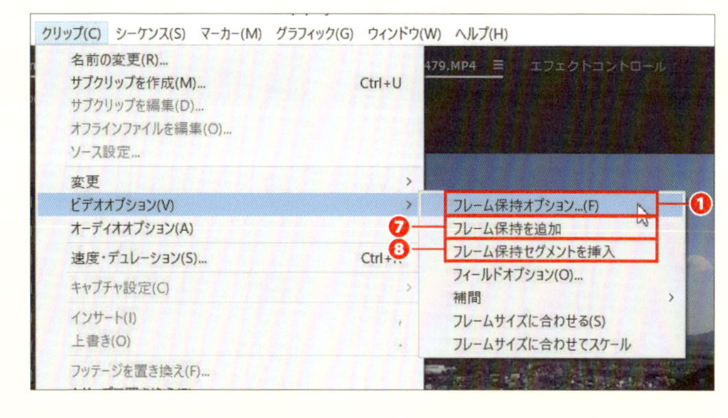

［フレーム保持を追加］を使用する

METHOD 2

［クリップ］→［ビデオオプション］→［フレーム保持を追加］を実行すると❼、再生ヘッドがあるフレームがクリップの終わりまでストップモーションになります。再生ヘッドのあるフレームで突然ストップモーションになります。

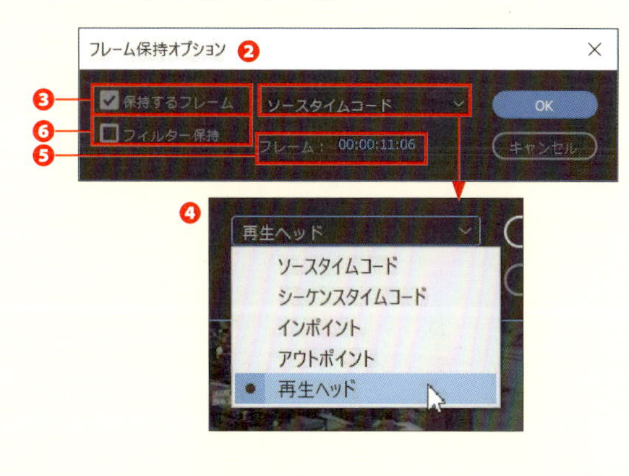

［フレーム保持セグメントを挿入］を使用する

METHOD 3

［クリップ］→［ビデオオプション］→［フレーム保持セグメントを挿入］❽を実行すると、再生ヘッドのあるフレームがストップモーションになり、再生ヘッドの位置からおよそ2秒間の静止画としてインサートされます❾。この静止画（ストップモーション）の長さはリップルツールなどを使って調整すればよいでしょう。クリップの途中で一時ストップモーションになり、また動き始める、といった局面で便利に使えます。

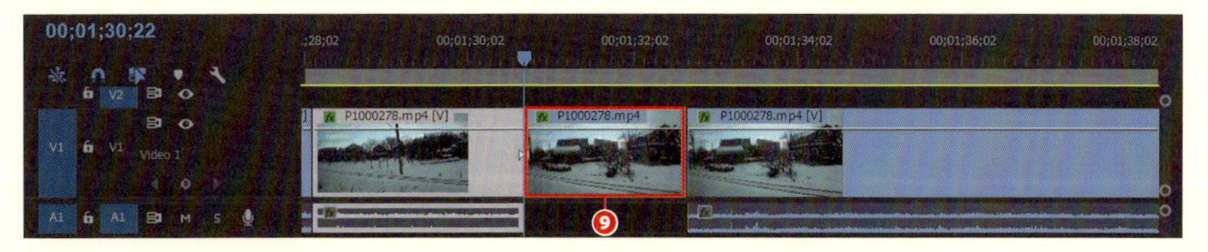

075 再生時間を伸ばす、縮める
076 ストップモーションにする②［フレーム書き出し］

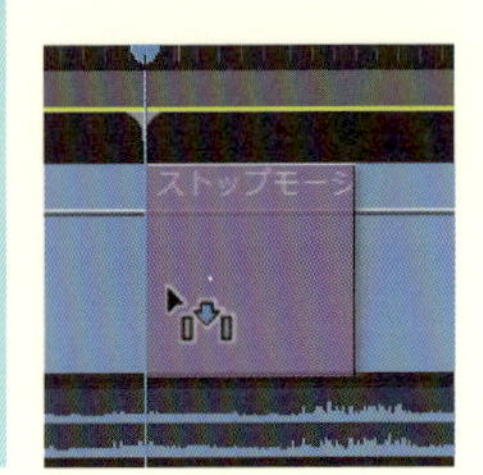

NO.
077 ストップモーションにする② ［フレーム書き出し］

［フレームを書き出し］を使って、目的のフレームを静止画ファイルとして書き出し、それを Premiere Pro に読み込んでストップモーションにできます。

STEP 1

ソースモニターかプログラムモニターで静止させたいフレームを表示させます❶。それぞれのパネルの右下にある［フレームを書き出し］ボタンをクリックします❷。

MEMO

［フレームを書き出し］ボタンが表示されていない場合は、モニターの右下にある［+］マークの［ボタンエディター］をクリックして、ボタンを追加します。

STEP 2

［フレームを書き出し］ダイアログが表示されるので、［名前］にファイル名を入力します❸。初期設定では、クリップ名と連番を使ったファイル名が割り当てられています。また、ファイルの保存先は［参照］ボタンを使って自由に設定できます❹。静止画の形式は［形式］メニューで選択できます❺。設定できたら［OK］ボタンをクリックして保存します。［プロジェクトに読み込む］にチェックを入れておくと、書き出した静止画を自動的にプロジェクトパネルに登録します❻。

STEP 3

［フレームを書き出し］ダイアログで［プロジェクトに読み込む］にチェックを入れている場合は、プロジェクトパネルにすでに登録されているので❼、そのクリップをドラッグしてタイムラインに配置します❽。［フレームを書き出し］ボタンをクリックしたときの再生ヘッドの位置に配置すれば、その瞬間がストップモーションになります❾。あるいは、メディアブラウザーパネルを使って、STEP2 で書き出した静止画ファイルを見つけ、ドラッグ＆ドロップで同様にタイムラインに配置します。

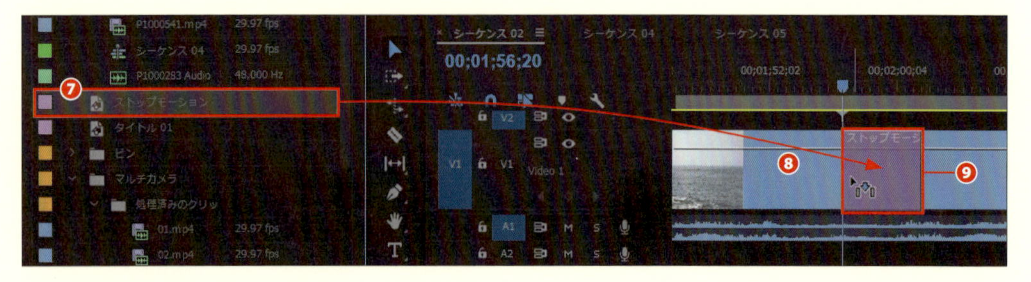

075 再生時間を伸ばす、縮める
076 ストップモーションにする①［フレームの保持］

NO. 078 フリッカーを与える［ストロボ］

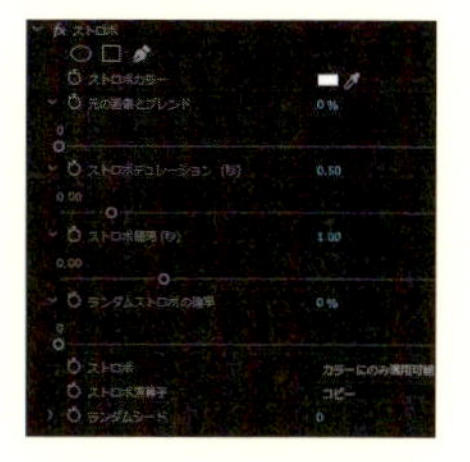

［ストロボ］エフェクトを使うと、指定した間隔で色画面を出力し、フリッカーを作り出すことができます。

STEP 1

クリップに［ビデオエフェクト］→［スタイライズ］フォルダーの［ストロボ］を適用します❶。まずストロボの色を設定します。［ストロボカラー］のカラーサンプル❷をクリックしてカラーピッカーを表示し、色を設定します。［元の画像とブレンド］❸でストロボの不透明度をパーセンテージで設定します。［0%］ならストロボのみ、［100%］の場合はストロボは見えません。［ストロボデュレーション］でストロボの長さ❹、［ストロボ間隔（秒）］でストロボ間の間隔❺をそれぞれ「秒」単位で指定します。ストロボを不定期に出したい場合は［ランダムストロボの確率］を設定します❻。このときに［ストロボデュレーション］と［ストロボ間隔（秒）］の出発点は同じ時間になります。例えば、0.5 秒のストロボを 0.5 秒間隔で出力したい場合、［ストロボ間隔（秒）］の値は 1 秒になります。

STEP 2

ストロボを透明にしたい場合には、［ストロボ］で［レイヤーを透明にする］を選択します❼。こうすると［ストロボカラー］で選択した色は無視され、［元の画像とブレンド］で指定した不透明度を持ったアルファチャンネルが出力されます。この状態で下のビデオトラックにクリップを配置しておけば、ストロボの瞬間だけ下のトラックのクリップが見えるようになります。また［ストロボ演算子］ではストロボの色を元の画像とどう合成するかを設定できます❽。［加算］［乗算］［スクリーン］などさまざまな合成モードが選択できます。

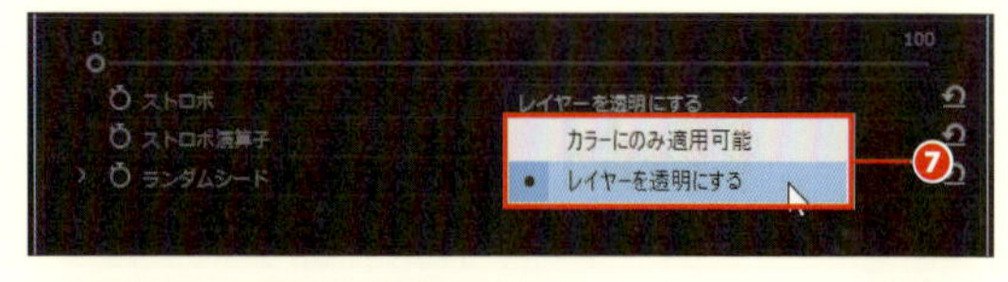

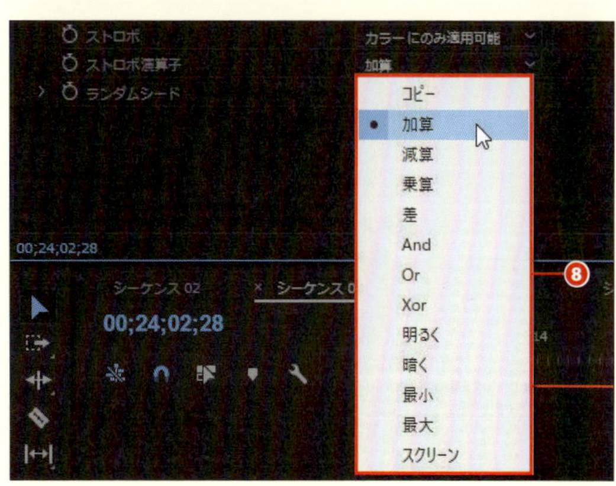

NO.

079 残像を与える[エコー]

[エコー]エフェクトは、指定した回数の残像を作り出し、元の画像に重ね合わせます。

STEP 1

クリップに[ビデオエフェクト]→[時間]フォルダーの[エコー]を適用します❶。[エコー時間(秒)]❷では、残像を残す間隔を設定します。マイナスの数値を設定した場合は先行するフレームから残像が発生し、プラスの数値を設定すると後続のフレームから残像が発生して残像が動きに先行するようになります。[エコーの数]❸は、残す残像の量の設定です。数が増えるほど残像が残り続け、全体がにじんだようになります。[開始強度]❹は、最初の残像の強さを設定します。最大は[1]で、元画像と同じ強さ(濃さ)になります。[減衰]❺は、残像が時間とともに弱くなっていく度合いを設定します。最大の[1]を指定すると残像は弱まらずに重なり続けます。

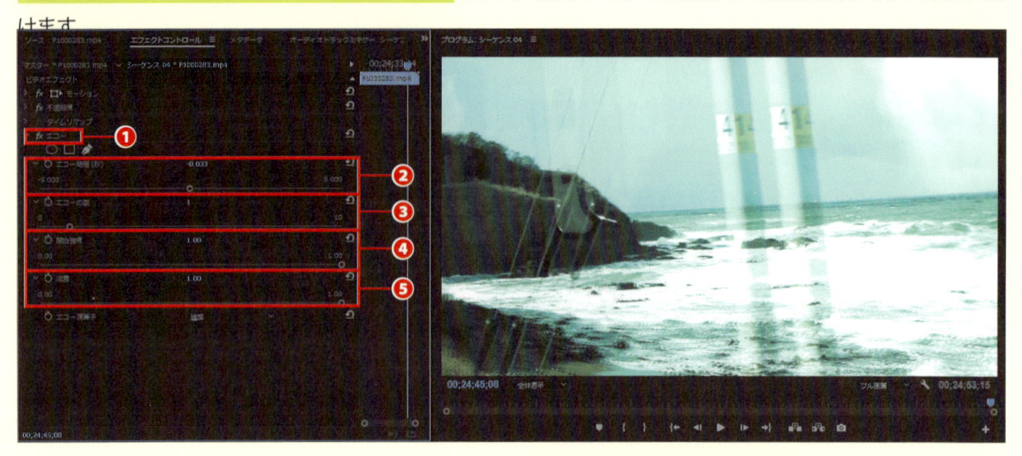

STEP 2

[エコー演算子]は、残像を元の画像に重ね合わせるときの合成モードをポップアップメニュー❻から選択します。詳細は以下の表をご覧ください。

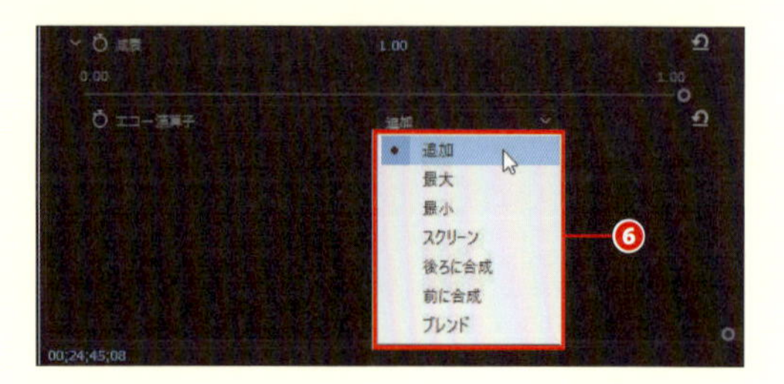

設定項目	内容
追加	残像を加算モードで合成します。ピクセルの明るさに関係なく「加算」されるので、全体が明るくなります
最大	残像の最も明るいピクセルを合成します。明るい部分に優先的に残像が残ります
最小	最大の逆で最も暗いピクセルを合成します。暗い部分に優先的に残像が残ります
スクリーン	スクリーンモードで合成します。[追加]に似ていますが、ピクセルの明るさの割合が考慮されるので、よりソフトな仕上がりになります
後ろに合成	新しい残像が古い残像の手前に合成されます(タイトル表記とは逆に動作します)
前に合成	新しい残像が古い残像の後ろに合成されます(これもタイトル表記とは逆の動作です)
ブレンド	残像の明るさの平均値を取って合成します

MEMO

[エコー演算子]でいずれを選択した場合でも、最終的な見え方は[開始強度][減衰]の設定の仕方でだいぶ変わってきます。演算子を変更したら、これらのパラメーターも変更してみるとよいでしょう。

NO.

080 間欠運動させる［ポスタリゼーション時間］

［ポスタリゼーション時間］エフェクトは、指定した間隔で、繰り返しストップモーションして間欠的な動きを作り出します。

STEP 1 クリップに［ビデオエフェクト］→［時間］フォルダーの［ポスタリゼーション時間］を適用します❶。

STEP 2 設定は単純で、［フレームレート］で1秒間を何枚のストップモーションで構成するかを指定するだけです❷。撮影時のフレームレート以下に設定するとカクカクとした動きになり、極端に小さくするとパラパラマンガのような動きになります。最大［64］まで設定できますが、撮影時のフレームレート以上に設定しても効果はありません。

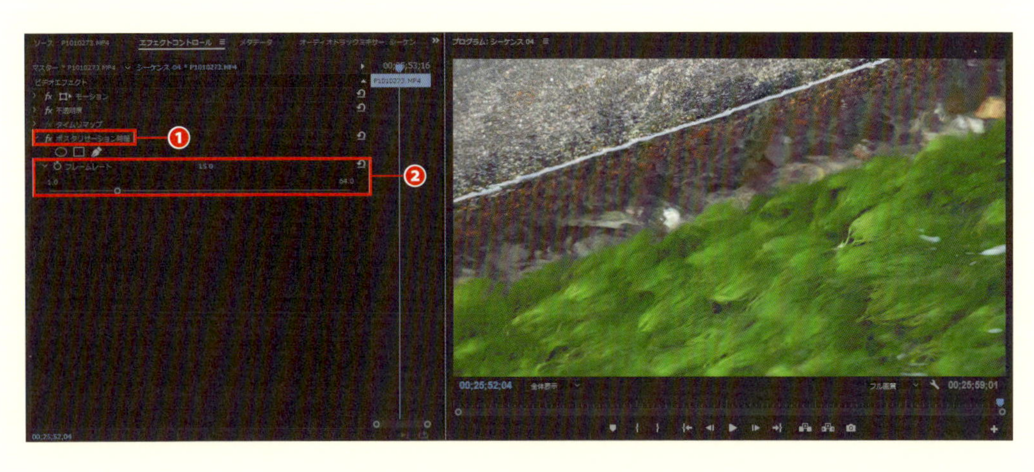

MEMO

映画のフィルムのような効果を出したい場合は、［ポスタリゼーション時間］だけではなく、［エコー］を使って若干残像を残したり、［ノイズHLSオート］などでノイズを加えると効果的ですⒶ。

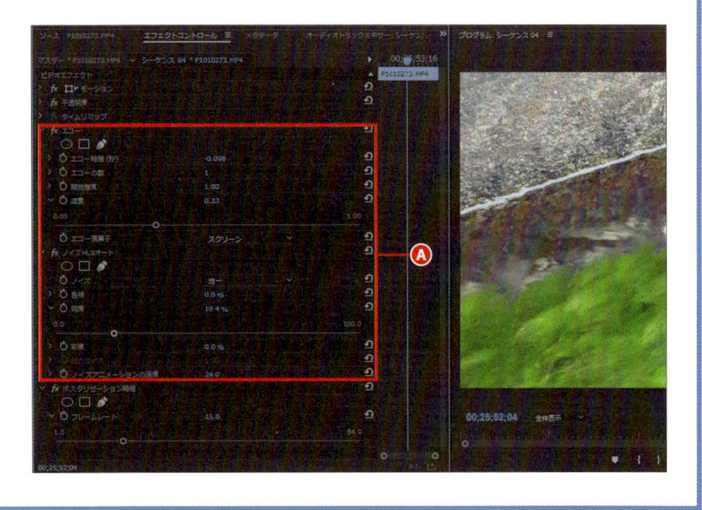

079 残像を与える［エコー］
099 ノイズを加える

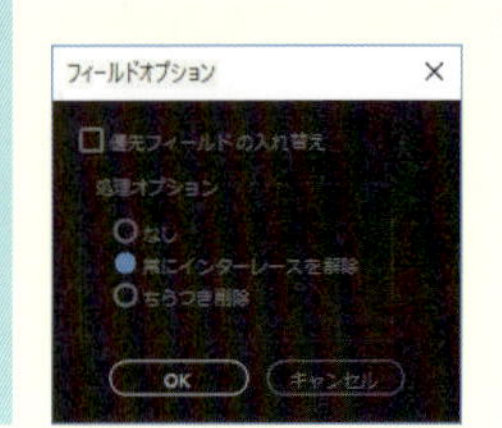

NO.
081 インターレースを解除する

必要に応じて、[フィールドオプション] ダイアログで素材のインターレースを解除することができます。

STEP 1

タイムラインパネルでインターレースを解除したいクリップを選択して、[クリップ] → [ビデオオプション] → [フィールドオプション] を実行します❶。

STEP 2

[フィールドオプション] ダイアログボックスが開くので、[処理オプション] の [常にインターレースを解除] にチェックを入れて❷、[OK] ボタンをクリックします。これでクリップのインターレースが解除され、プログレッシブになります。[処理オプション] には、ほかに下の表のような機能があります。また、パネルの最上部にある [優先フィールドの入れ替え] にチェックを入れると❸、上下の優先フィールドを入れ替えた上で処理が行われます。ただし [処理オプション] で [なし] を選択した場合には、[優先フィールドの入れ替え] の処理も行われません。

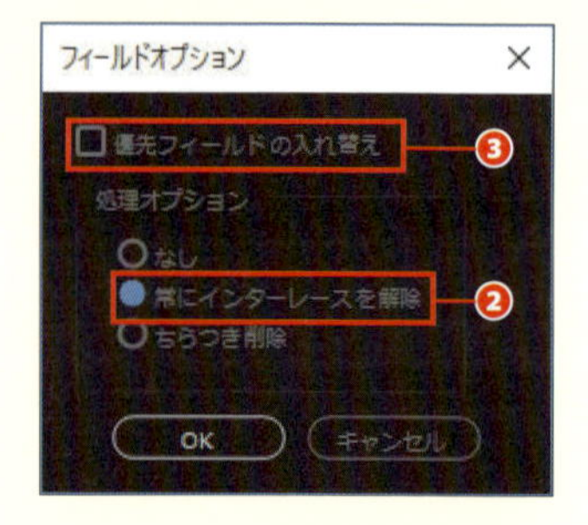

インターレース処理してある画像

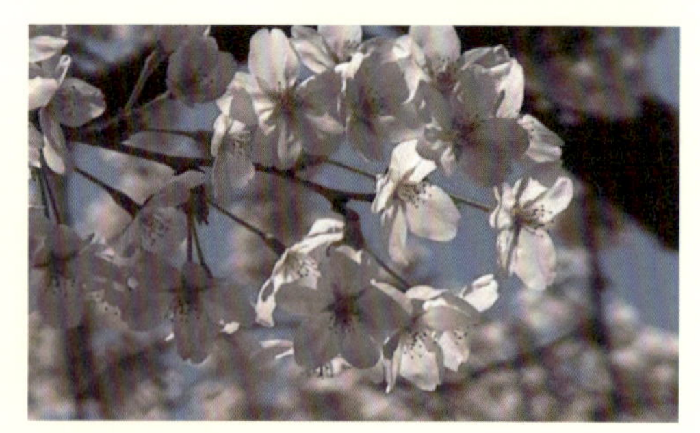

インターレースを解除した画像

設定項目	内容
なし	フィールドの処理を行いません。つまりそのまま何もしない状態です
ちらつき削除	ごく細い横線などは、インターレースの片方のフィールドにしか表示されないため、再生時にちらつきが生じます。そのような場合に、このオプションを設定すると、2本のフィールドを微妙にぼかしてちらつきを抑制できます

NO. 082 手ブレを補正する［ワープスタビライザー］

［ワープスタビライザー］は不安定なカメラワークを滑らかにするエフェクトです。手持ちの素材をステディカム風にしたり、微妙に揺れている画面を完全FIXに補正できます。

STEP 1

手ブレしているクリップをタイムラインに配置して［ビデオエフェクト］→［ディストーション］フォルダーの［ワープスタビライザー］を適用し❶、エフェクトコントロールパネルを開きます。このエフェクトを適用するとすぐにプログラムモニターに分析中のメッセージが表示されバックグラウンドでクリップの分析が始まります❷。分析が終わったら、補正のパラメーターを調整していきます。分析が終わると初期設定の設定での結果をプレビューできるので、まずはそれを確認しましょう。結果に満足できない場合は、パラメーターの変更を行います。

STEP 2

［スタビライズ］を展開させ❸［結果］のポップアップメニューでスタビライズのタイプを選びます❹。［滑らかなモーション］は元のカメラの動きのニュアンスを残しつつ、スムーズな動きに処理します。［モーションなし］はカメラの揺れを完全に取り除きFIXを目指します。［滑らかなモーション］を選択した場合には、滑らかさの度合いを調整する［滑らかさ］のスライダーが使えるようになります。この数値が低いほど元のカメラワークのニュアンスが残るようになります。

［補間方法］のポップアップメニューからはスタビライズの仕方を選択します❺。初期設定ではクリップの分析結果から総合的に補正する［サブスペースワープ］が選択されていますが、その結果に違和感がある場合には、ほかのオプションも試してみましょう。

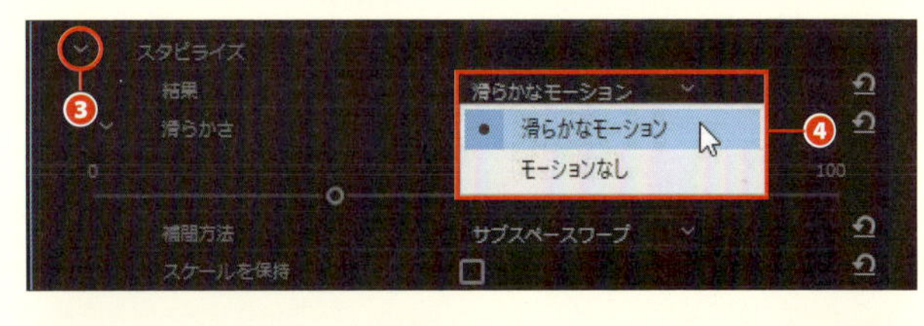

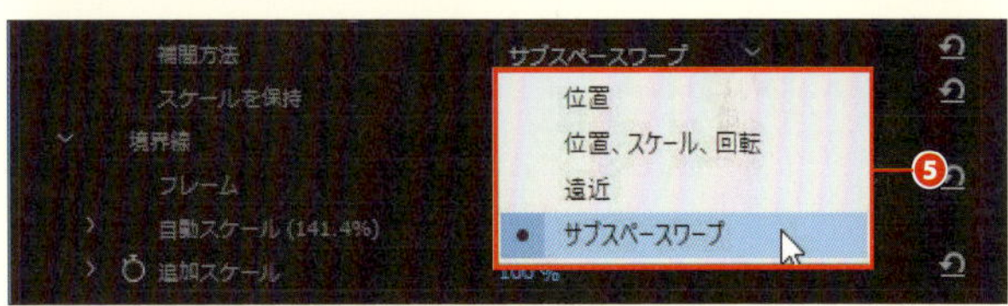

MEMO

［ワープスタビライザー］の原理は、フレームの中の主だった被写体を拡大し、それを追随して、常に画面の中心に置くよう移動させます。画面の「拡大」がともなうので素材によっては荒れた画像になってしまうケースがあります。

STEP 3 これらのパラメーターは変更するたびに自動的に計算し直され、プログラムモニターに「スタビライズ中」であることを示すメッセージが表示されます❻。その表示が消えたら変更結果をプレビューできます。

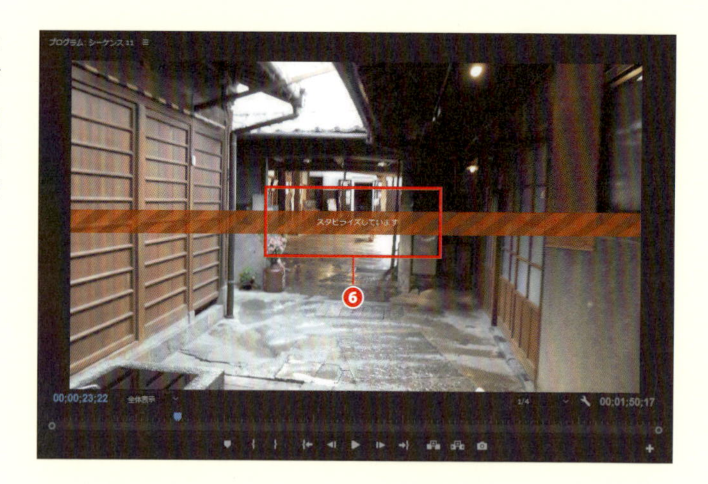

MEMO

[ワープスタビライザー] は、シーケンスの設定とクリップのプロパティが一致していないと動作しません。シーケンスの設定に対して、サイズの大きな素材を縮小して使用しているなど、シーケンスシーケンス設定を変更したくない場合は、スタビライザーを適用したいクリップを選択し [クリップ] → [ネスト] を実行して、1つのクリップだけでネストし、それに対して [ワープスタビライザー] を適用します。

STEP 4 [境界線] では、スタビライズした結果生じる、画面周囲の「見切れ」の処理方法を設定します。[フレーム] のポップアップメニューからオプションを選びます❼。[スタビライズのみ] [スタビライズ、切り抜き] を選択した場合には、画面周囲に黒い見切れが生じます。また [スタビライズ、エッジを合成] は、見切れ部分を前後のフレームの内容を使って埋めます。カメラがトラックインしているような素材の場合、画像を拡大せずにすむ分きれいな仕上がりになる可能性があります。

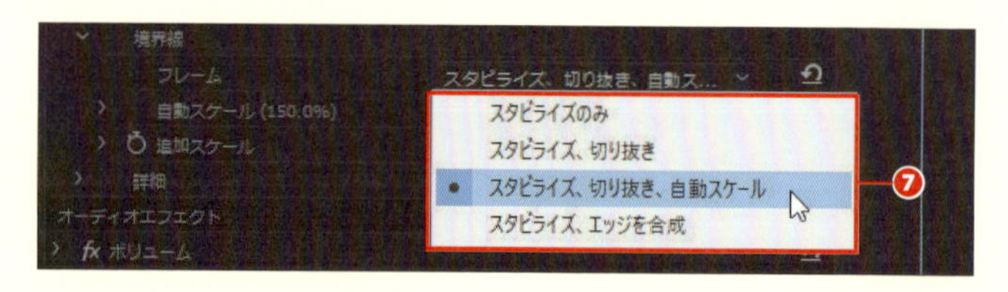

STEP 5 [境界線] で [スタビライズ、切り抜き、自動スケール] を選択した場合❽、[自動スケール] の2本のスライダーを使って拡大率を制限することができます❾。[最大スケール] は拡大の上限の設定、[アクションセーフマージン] を設定すると画面全体がアクションセーフマージンに収まるように縮小し拡大によるダメージを抑えます (周囲に黒い縁ができます)。[追加スケール] を設定すると❿、スタビライズされた画像を強制的に拡大縮小できます。自動スケールの補正を手動で行いたいときなどに使用します。

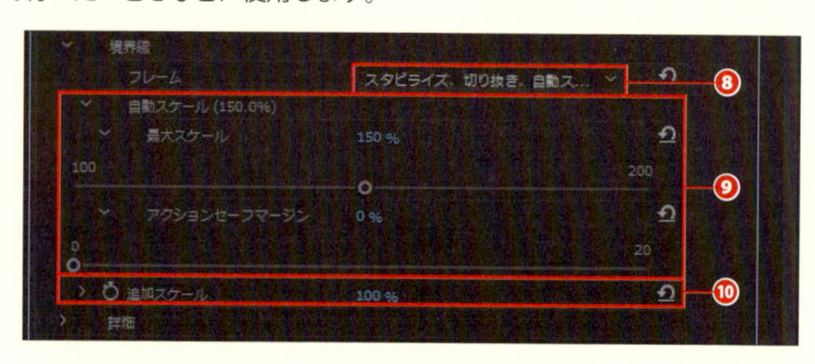

[境界線]で[スタビライズのみ]に設定した例。拡大処理が行われないため周囲に黒い見切れが出ます

[境界線]で[スタビライズ、切り抜き、自動スケール]に設定した例。周囲に見切れは出ないが、拡大処理された分だけ画質は劣ります

MEMO

[ワープスタビライザー]は、基本エフェクトで拡大縮小した素材には使えません。その場合は、スタビライズしたい素材をタイムライン上で選択し、[クリップ]→[ネスト]でネスト化してから適用します。

MEMO

[ワープスタビライザー]を適用した素材をトリミングした場合、分析をやり直す必要があります。エフェクトコントロールパネルで[分析]ボタンをクリックしてください。再分析が始まります。

STEP 6

[詳細]を展開すると、さらに下記のようなオプションが追加できます。

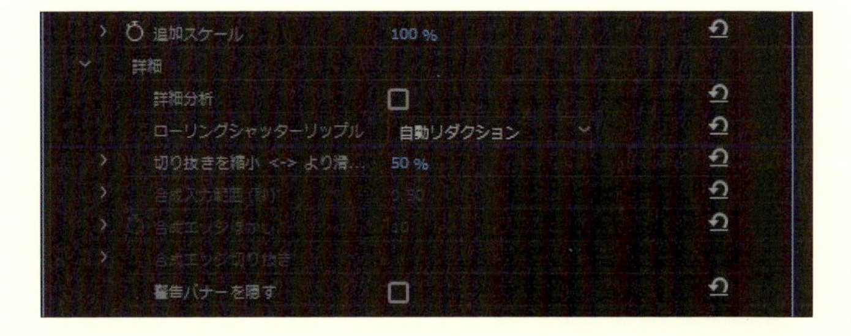

設定項目	内容
詳細分析	これをチェックするとより詳細にクリップの動きを分析し直します
ローリングシャッターリップル	CMOS カメラを使った際の歪みを取り除く方法を選択します。初期設定の結果に満足できない場合は[拡張リダクション]を試してみましょう
[切り抜きを縮小⇔より滑らかに]	被写体を追随するときの動きの滑らかさを調整できます
合成入力範囲	[フレーム]で[スタビライズ、エッジを合成]を選択しているときに、エッジに合成するために引用するフレームの範囲を指定します
合成エッジぼかし	[フレーム]で[スタビライズ、エッジを合成]を選択しているときに、合成の境界部分にぼかしを施して違和感を軽減します
合成エッジ切り抜き	[フレーム]で[スタビライズ、エッジを合成]を選択しているときに、画面周囲の余分な部分をクロップして拡大します。古いアナログ VTR 素材などの周囲に写り込んでいる不要なノイズなどを除去したい場合に使います

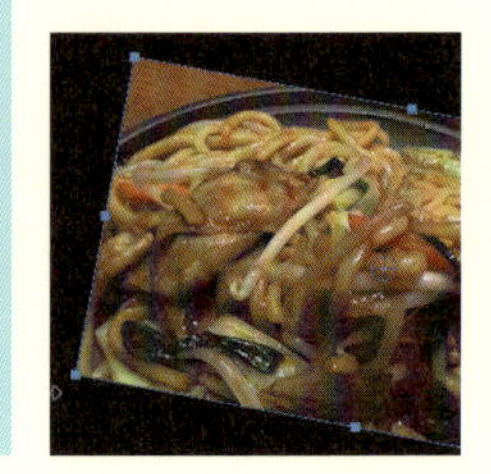

NO.

083 画像を拡大／縮小／回転する［モーション］

クリップの拡大や縮小、回転といった基本的な変形は、エフェクトコントロールパネルの［モーション］で設定できます。

STEP 1

まず、タイムラインパネルで**変形したいクリップを選択**し、再生ヘッドをクリップの上に移動させます❶。この状態で、**エフェクトコントロールパネルを開き、［モーション］をクリックしてハイライト**させます❷。このとき左側に付いている「fx」がオンになっていることを確認しましょう。「fx」の上に斜線が表示されている場合はオフになっているので、クリックしてオンにします❸。これで、プログラムモニター上でクリップをドラッグして、拡大、縮小、回転が行えるようになります❹。**クリップの四隅や四辺にあるボックスをドラッグ**するとサイズが変わります❺。また**クリップの外側でカーソルが❻の状態になったところで回転**が行えます。位置を変える場合は、クリップ内でドラッグします。

STEP 2

エフェクトパネルの［モーション］の左にある三角マークをクリックして展開させると、各プロパティに直接アクセスできます。これらはプログラムモニターでの変形操作と連動しています。厳密な数値管理が必要な場合は、スライダーや数値入力で調整した方がよいでしょう。各プロパティを展開させるとスライダーで調整できるようになります。

設定項目	内容
位置	初期設定では、画面の中心にセットされています。数値上でスクラブするか、クリックして数値を入力します。原点（0, 0）は画面の左上隅です
スケール（高さ／幅）	スライダーの最大値は200%です。それ以上に拡大したい場合は、数値上でスクラブするか、クリックして数値を入力します
縦横比を固定	初期設定ではオンになっています。チェックを外してオフにすると［スケール］（高さ）と［スケール］（幅）のスライダーを別々に動かし、縦横比を変えながらリサイズできます
回転	円形のスライダーで角度を指定し、画面を傾けます
アンカーポイント	アンカーポイントは［回転］で角度を変更するときや［位置］の中心となる点です。初期設定では、画面の中心にセットされています。アンカーポイントは、プログラムモニター上でドラッグしても変更することもできます
アンチフリッカー	［モーション］で画面を縮小した場合、絵柄によってはちらつきが現れることがあります。そのようなときは、［アンチフリッカー］でぼかし、ちらつきを軽減します

084 画像をリサイズする、回転／歪ませる［変形］
085 立体的に変形させる［基本 3D］

NO. 084 画像をリサイズする、回転／歪ませる[変形]

[変形] エフェクトは、基本エフェクトの [モーション] と同様の機能に加え、[歪曲] を使って変形できます。

STEP 1

クリップに [ビデオエフェクト] → [ディストーション] フォルダーの [変形] を適用します❶。[アンカーポイント] と [位置] で位置と回転軸を決め、その下の [スケール] でサイズを調整します❷。[歪曲] は [モーション] にはない調整項目で、画面の歪みを設定します❸。また、その下の [回転] は画面を奥行き方向に傾けるときに使います❹。背景は透明になるので、下のビデオトラックにクリップを配置しておけば、合成することができます。そのほかの設定内容は表の通りです。

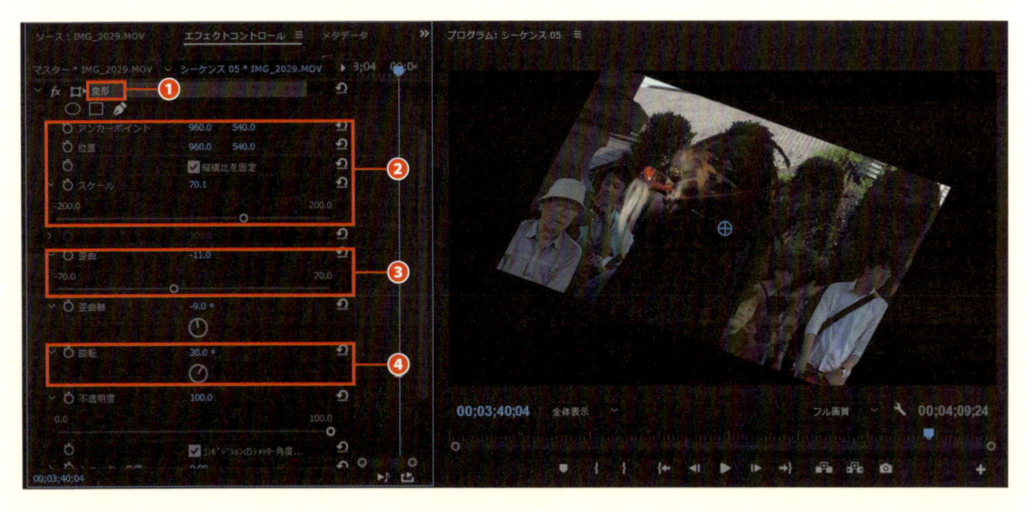

設定項目	内容
アンカーポイント	クリップの回転軸や中心点を設定します。初期設定ではクリップの中心に設定されていますが、必要に応じて XY 座標で指定します
位置	クリップの位置、正確には上記 [アンカーポイント] の位置を XY 座標で指定します。エフェクトパネル上で [変形] をクリックして選択すると、プロジェクトパネル上でドラッグして設定できるようになります
縦横比を固定	クリップのスケールを変えるときに、縦横比を保持するかどうか決めます。チェックを入れると、[スケール] のスライダーが1本になり、縦横比を保ったままリサイズできます
スケール	画像を縮小したり拡大したりできます。[縦横比を固定] をオフにした状態では、高さと幅、それぞれのスライダーを別々にコントロールできます
歪曲	画面を下の [歪曲軸] に沿って3次元的に歪めます
歪曲軸	[歪曲] の中心軸の角度を設定します
回転	画面を Z 方向に傾ける円形のスライダーです。[歪曲] [歪曲軸] と合わせて使うことで、三次元デジタルビデオエフェクターの (DVE) 的な効果を作り出せます
不透明度	基本エフェクトの [不透明度] と同じく、下に配置されたクリップを透過させます
シャッター角度	[変形] は、Adobe After Effects と共通のプラグインですが、この [シャッター角度] のオプションは Premiere Pro では動作しません

083 画像を拡大／縮小／回転する [モーション]
085 立体的に変形させる [基本 3D]

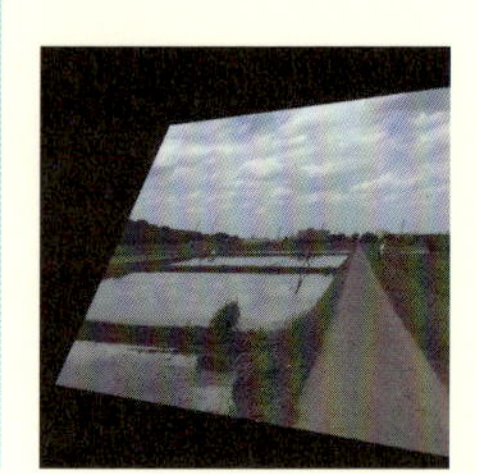

NO.

085 立体的に変形させる［基本3D］

［基本3D］エフェクトは、画像のサイズとともに画面の角度を変更することで、遠近感のある変形が行えます。

STEP 1

クリップに［ビデオエフェクト］→［遠近］フォルダーから［基本3D］を適用します❶。一番上の［スウィベル］と［チルト］で、奥行き方向の変形を加えて画面を斜めに傾けます❷。画面のサイズは［画像までの距離］で設定します❸。数値を上げると距離が遠くなり、画像のサイズは小さくなります。

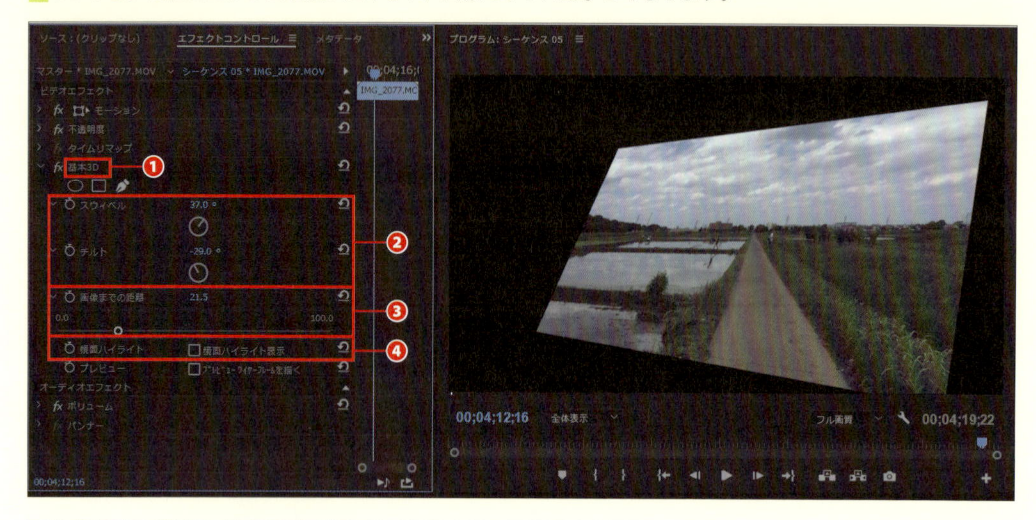

設定項目	内容
スウィベル	円形スライダーを回転すると、それに合わせて画面が縦軸を中心に回転します
チルト	円形スライダーを回転すると、それに合わせて画面が横軸を中心に回転します
画像までの距離	画像のサイズを「距離」で指定します。値が小さいほどサイズは大きく、大きいほど画像は小さくなります。スライダーは［0～100］までしかありませんが、数値を入力することでその範囲以上の設定も可能です。［0］より拡大したい場合は［-］の値を入力します
鏡面ハイライト	チェックを入れると、画像の表面に「てかり」が加えられ、光が反射したようなビジュアルになります
プレビュー	チェックするとワイヤーフレームの表示に切り替わります

STEP 2

［鏡面ハイライト］にチェックを入れると❹、仮想のライトから照らされた「映り込み（てかり）」を入れることができます❺。［スウィベル］や［チルト］をアニメーションさせる場合に効果的です。

083 画像を拡大／縮小／回転する［モーション］
084 画像をリサイズする、回転／歪ませる［変形］

NO. 086 画面のコーナーを動かして変形させる[コーナーピン]

［コーナーピン］エフェクトは、画面の四隅をドラッグして、画像を斜めに変形します。

STEP 1 クリップに［ビデオエフェクト］→［ディストーション］フォルダーの［コーナーピン］を適用します❶。次にエフェクトコントロールパネルで［コーナーピン］をクリックして選択します。するとプログラムモニターの四隅にハンドルが現れます❷。これを自由にドラッグして画面を変形します。

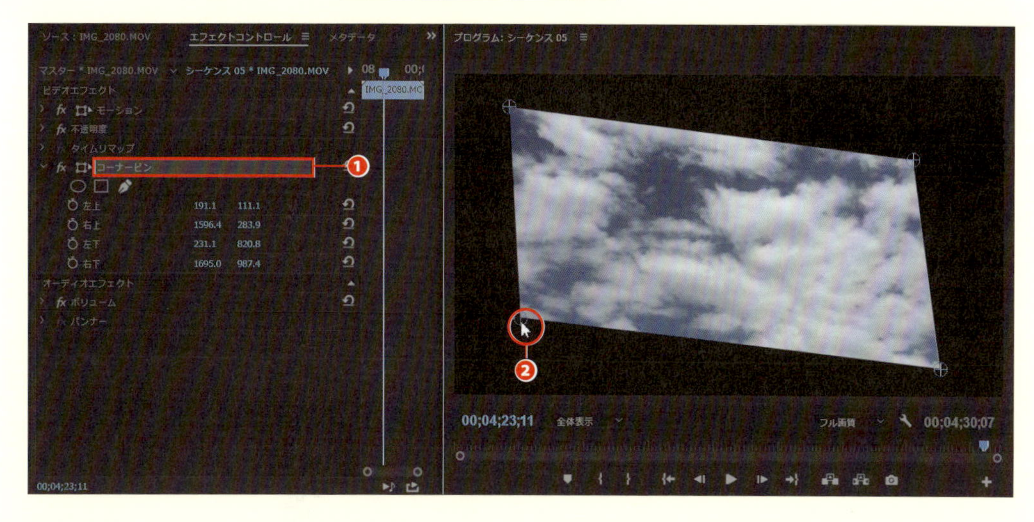

STEP 2 エフェクトコントロールパネルで数値を入力して変形することもできます。その場合には、四隅の位置（XY座標）を［左上］［右上］［左下］［右下］に直接入力するか、数値上をスクラブして指定します❸。

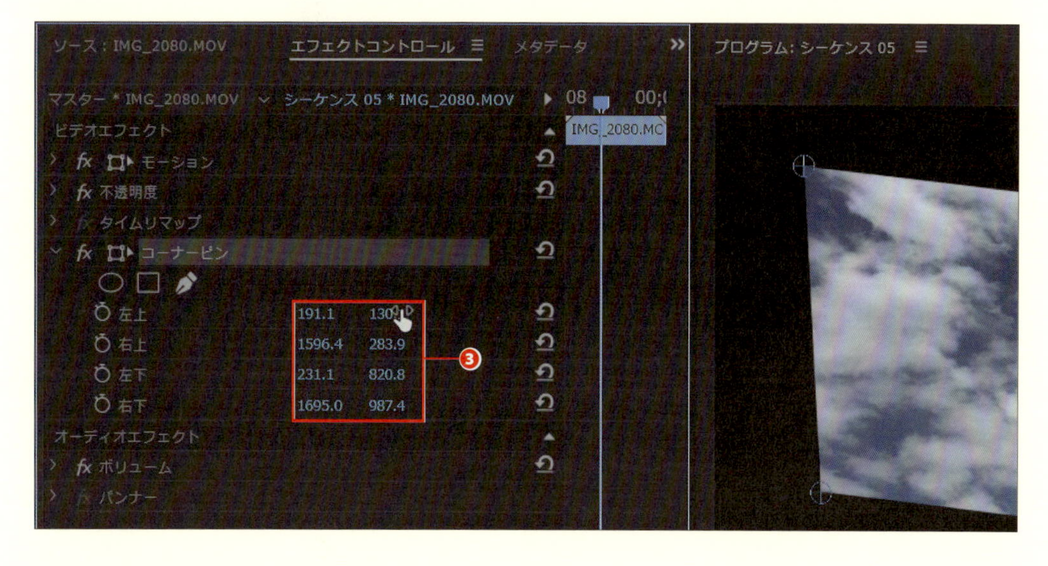

083 画像を拡大／縮小／回転する［モーション］
084 画像をリサイズする、回転／歪ませる［変形］

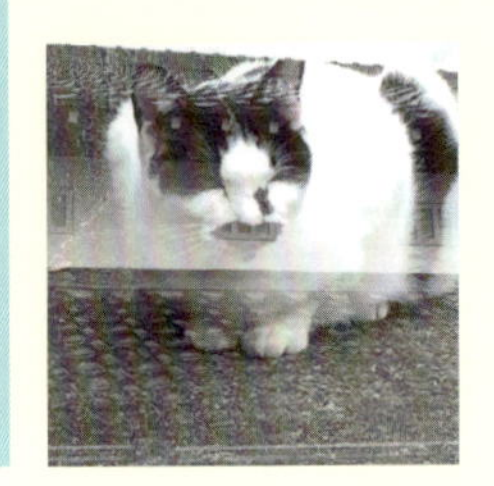

NO.

087 描画モードを変更して画像を重ねる

クリップの［描画モード］を変更すると、さまざまなニュアンスで下のビデオトラックにある画像に重ね合わせることができます。

STEP 1

ビデオトラックを2本用意し、下のトラックに背景クリップ❶、上のトラックに重ね合わせたいクリップを配置します❷。

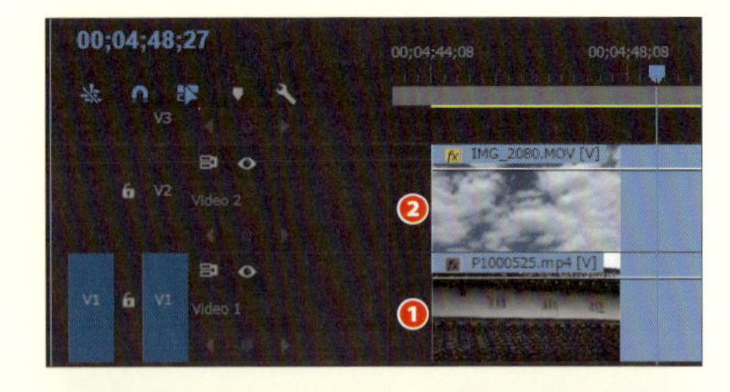

STEP 2

上のトラックのクリップを選択し、エフェクトコントロールパネルを開きます❸。［不透明度］のプロパティを展開して❹、［描画モード］のポップアップメニューを開き、目的の描画モードを選択します❺。

［描画モード］のうち［通常］と［ディゾルブ］は、［不透明度］を下げないと効果が見えてきません。ほかのモードは、下のトラックの画像と比較や演算を行って重ね合わせます。

合成モードの中で［乗算］は、明るい部分を透過します。これを使って、白地に描いた図形や文字をテロップのように乗せたり、暗い部分を透過させる［スクリーン］などで、黒地に描いた文字などを合成することもできます。合成モードをキーイングの代わりにするわけです。

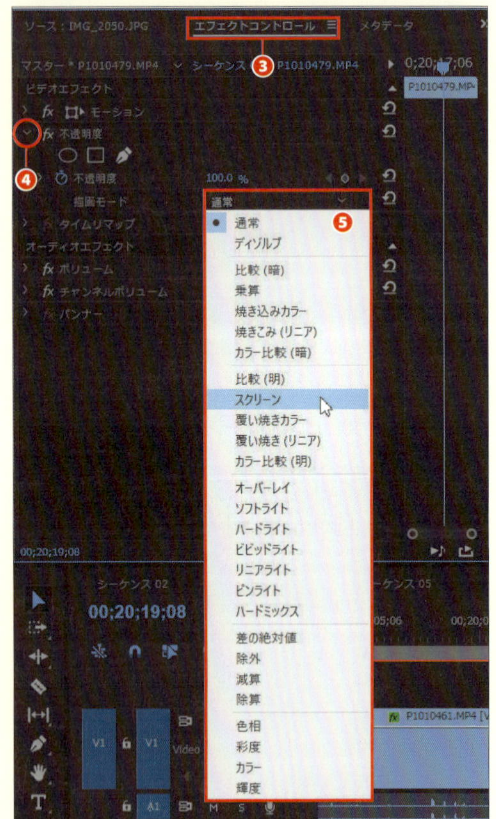

［スクリーン］に設定

［リニアライト］に設定

白地に黒文字を［乗算］で合成した例

073 映像をミックスする
117 黒バックや白バックで合成する［ルミナンスキー］

NO.

088 垂直方向・水平方向に反転する

［垂直反転］［水平反転］エフェクトを適用すると、画像を上下、左右に反転することができます。

STEP 1 クリップに［ビデオエフェクト］→［トランスフォーム］フォルダーの［垂直反転］を適用します❶。すると水平線を軸に反転し、画が逆さまになります❷。

STEP 2 同じく［ビデオエフェクト］→［トランスフォーム］フォルダーの［水平反転］を適用すると❸、今度は、画が左右逆になります❹。

STEP 3 同じクリップに［垂直反転］と［水平反転］を適用すると、上下左右とも逆転します。

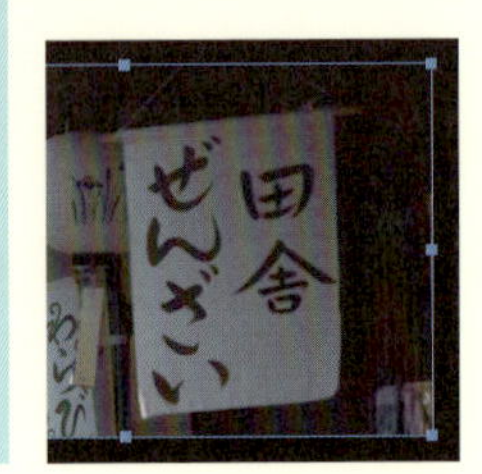

NO.

089 画面をトリミングする［クロップ］

画面の四辺を切り取ってトリミングするには、［クロップ］エフェクトを使用します。

STEP 1

クリップに［ビデオエフェクト］→［トランスフォーム］フォルダーの［クロップ］を適用します❶。エフェクトコントロールパネルで［クロップ］をクリックして選択すると、プログラムモニターの四隅にハンドルが現れます❷。これをドラッグして、切り取る範囲を設定します。

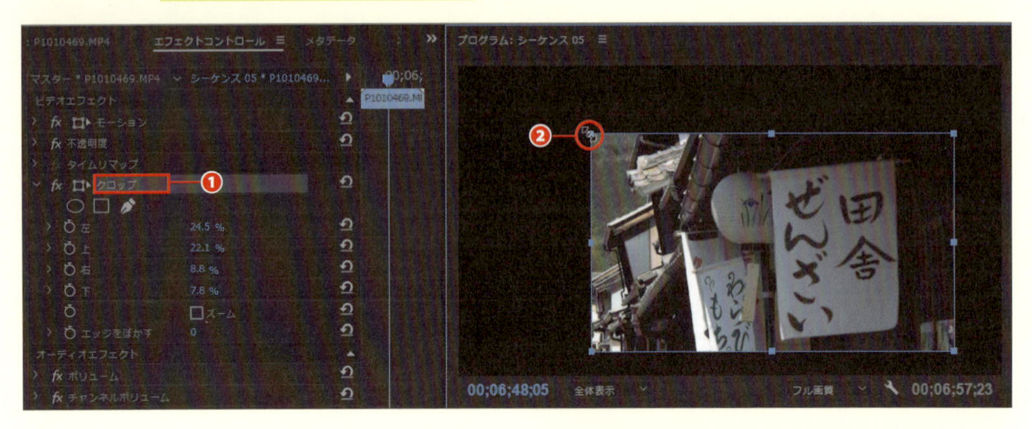

STEP 2

エフェクトコントロールパネルのスライダーを使って作業することもできます。その場合には、［左］［上］［右］［下］の4本のスライダーで、4辺の切り取り量を指定します❸。まったく切り取らない状態が［0］、［100］ですべてが切り取られて画像が見えなくなります。切り取った部分はアルファチャンネルになるので、下のトラックに画像を配置しておけば、切り取った部分にイメージをはめ込むことができます。

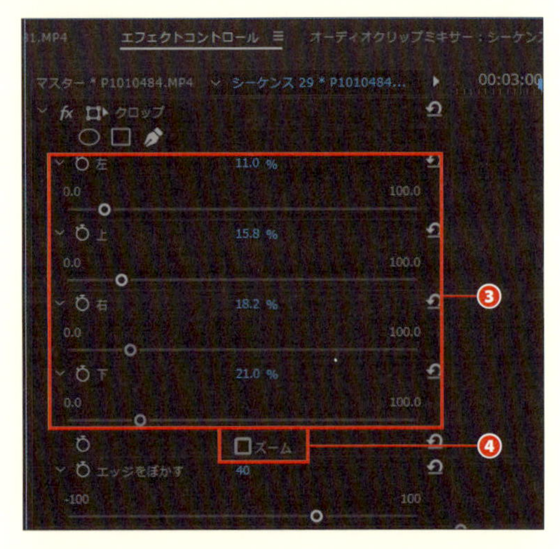

STEP 3

一番下の［ズーム］にチェックを入れると❹、切り取った分だけ画像を拡大して、見切れ部分をなくすことができます。例えば［左］を切り取れば、切り取った分だけ左側を拡大して、イメージは横に伸びた状態になります。上下左右を同じだけ切り取ると、比率を保ったまま画面いっぱいまで拡大します❺。その下の［エッジをぼかす］はクロップの縁をぼかす設定です。プラスの値にすればクロップの外側が、マイナスにすれば内側がぼけます。

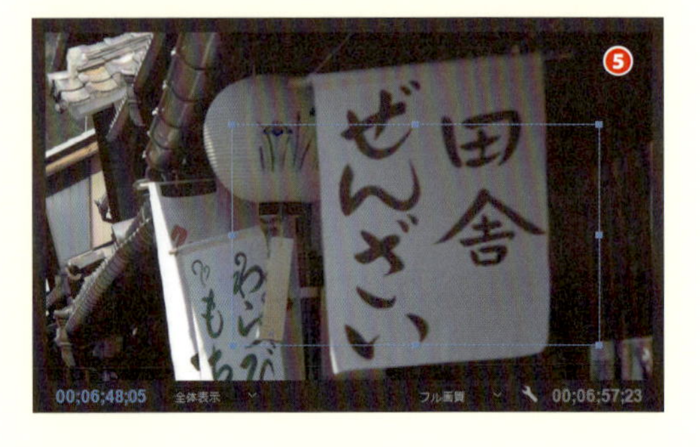

084 画像をリサイズする、回転／歪ませる［変形］

NO.
090 自由な形に切り抜く

基本エフェクトの［不透明度］のマスクを使って画像を自由な形に切り抜くことができます。

STEP 1

タイムラインで切り抜きたいクリップを選択し、エフェクトコントロールパネルを開きます。エフェクトコントロールパネルの［不透明度］プロパティを展開し❶、［ベジェのペンマスクの作成］をクリックします❷。マスクは［楕円形マスクの作成］や［4点の長方形マスクの作成］で作成することもできますが、自由な形に切り抜きたい場合は［ベジェのペンマスクの作成］を使います。

STEP 2

プログラムモニターで切り抜きたい形になるよう順番にクリックしていきます。最後に、最初のクリックポイントをもう一度クリックするとマスクが完成します❸。クリックしたポイントを後からドラッグしてマスクの形状を調整することも可能です。

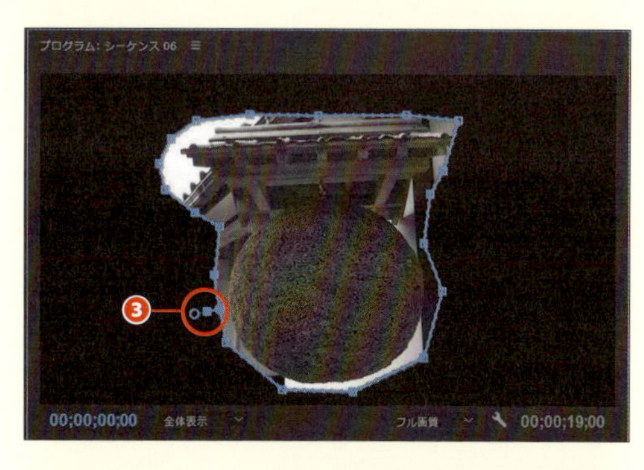

STEP 3

マスクのハンドルをドラッグするとマスクをぼかすことができます❹。また、エフェクトコントロールパネルの［反転］❺にチェックを入れるとマスクが反転し、画像に「穴」をあけることができます。

エフェクトのマスク操作は、「026 画面の一部にだけエフェクトを適用する」で詳しく解説しています。

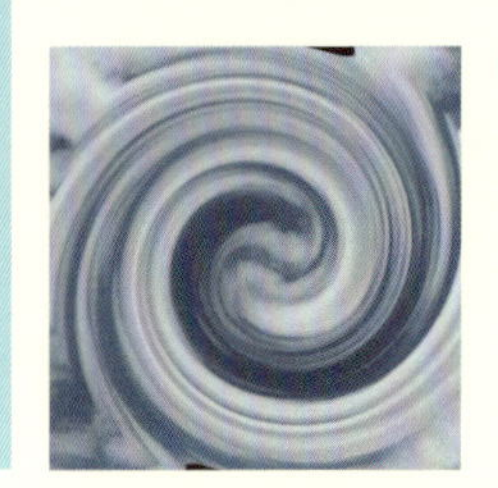

NO.
091 渦巻状に歪ませる[回転]

[回転] エフェクトを使うと、画像を渦のように歪ませることができます。

STEP 1

クリップに [ビデオエフェクト] → [ディストーション] フォルダーの [回転] を適用します❶。渦巻きの度合いは [角度] で指定します❷。角度を増やしていくと、渦巻きの「巻き」が多くなります。渦巻きの大きさは [回転半径] で調整します❸。

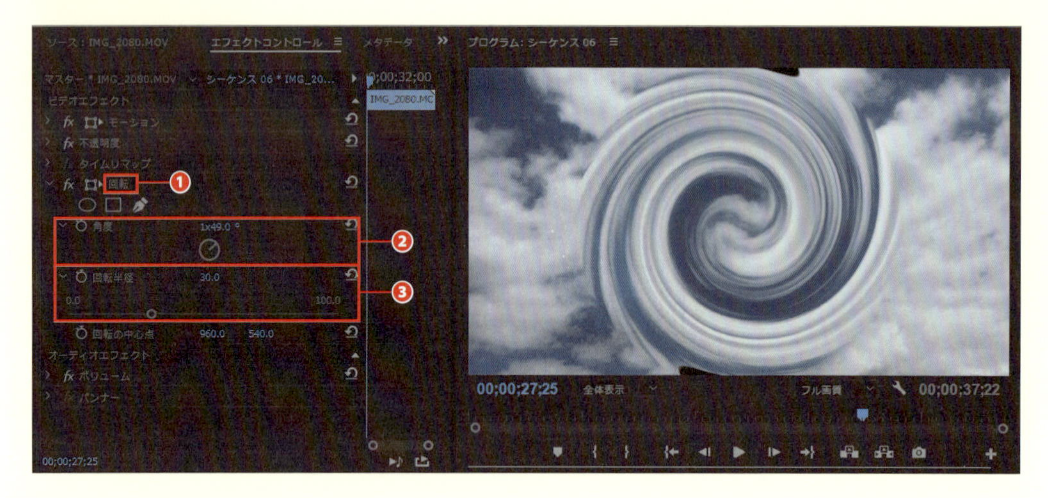

STEP 2

渦巻きの中心は [回転の中心点] で移動します❹。エフェクトコントロールパネルで [回転] をクリックして選択すると❺プログラムモニター上に中心点のハンドルが現れるので❻、これをドラッグして設定することもできます。

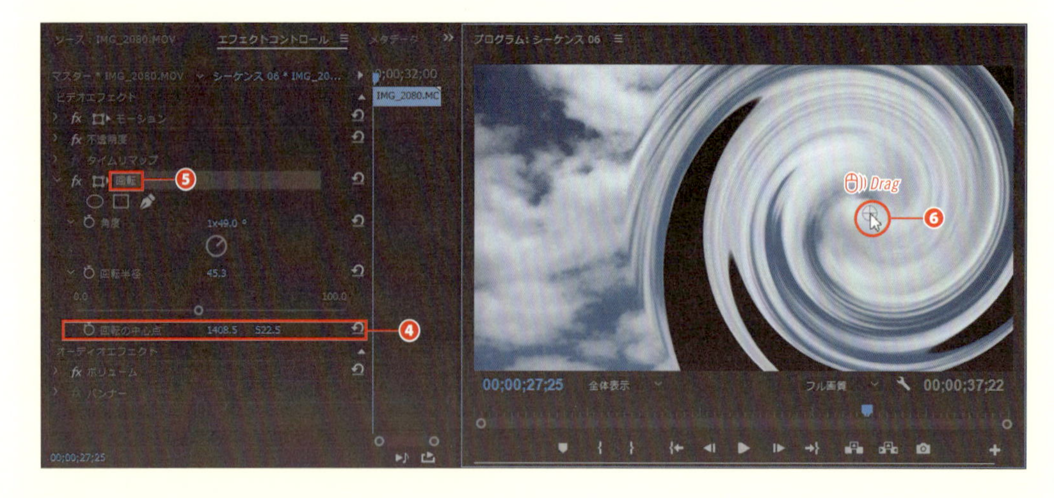

092 魚眼レンズ状に歪ませる [球面]
095 画面の一部を拡大する [ズーム]

NO.
092 魚眼レンズ状に歪ませる［球面］

［球面］エフェクトを使うと、魚眼レンズのようなイメージで画面を歪ませることができます。

STEP 1

クリップに［ビデオエフェクト］→［ディストーション］フォルダーの［球面］を適用します❶。歪みの大きさは［半径］で設定します❷。画面全体を歪ませたい場合にはスライダーの数値では足りません。［半径］に直接数値を入力しましょう❸。

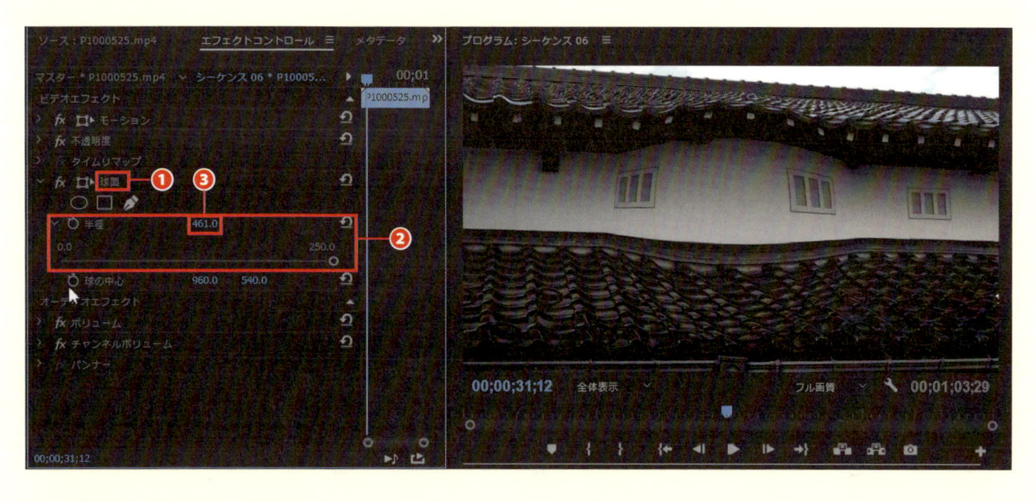

STEP 2

歪みの中心点は［球の中心］で設定します❹。エフェクトコントロールパネルで［球面］をクリックして選択すると❺プログラムモニター上に中心のハンドルが現れます❻。それをドラッグして中心点を移動することもできます。

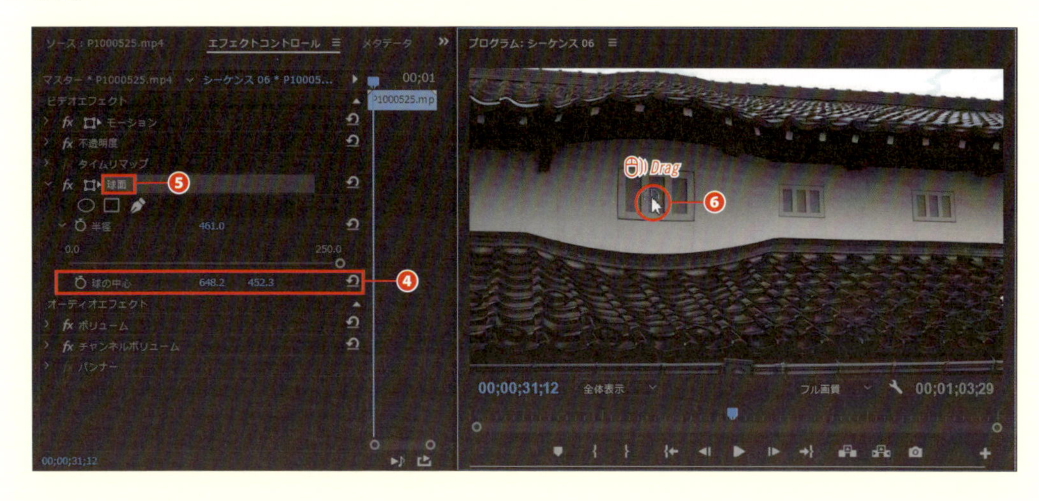

091 渦巻状に歪ませる［回転］
095 画面の一部を拡大する［ズーム］

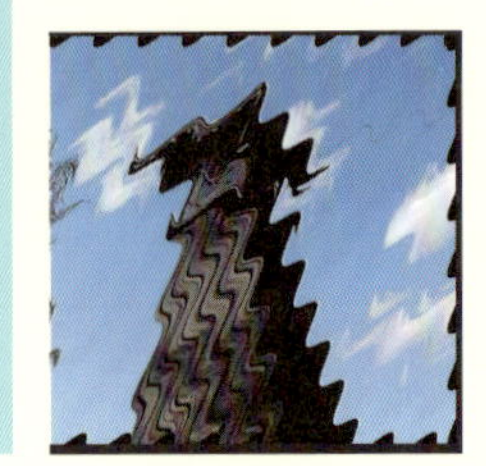

NO.
093 波のように揺らす［波形ワープ］

［波形ワープ］エフェクトを使うと、画面を波紋状に歪ませ、揺らすことができます。キーフレームを設定することなく、アニメーションできます。

STEP 1

クリップに［ビデオエフェクト］→［ディストーション］フォルダーの［波形ワープ］を適用します❶。そしてまず、[波形の種類] のポップアップメニューで歪みを作り出す波形を選択します❷。いわゆる波型の［サイン］❸や［矩形］❹をはじめ、粒子が舞ったように変形させる［ノイズ］❺など 9 種類から選択できます。

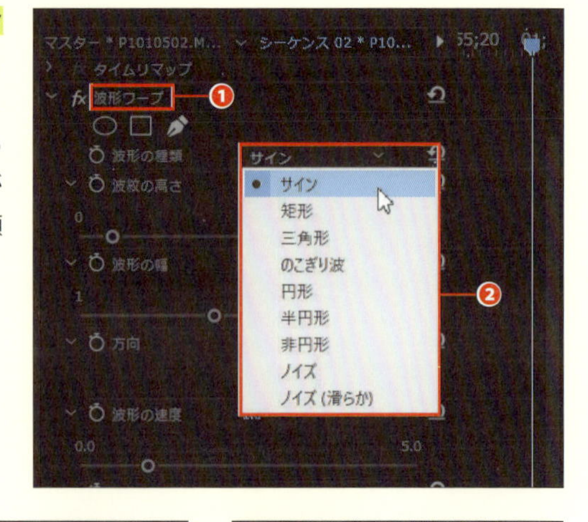

［サイン］の適用例

［矩形］の適用例

［ノイズ］の適用例

STEP 2

続いて［波形の高さ］❻と［波形の幅］❼で波の大きさを設定します。それぞれの数値が大きくなるほど、高く幅広い波になります。

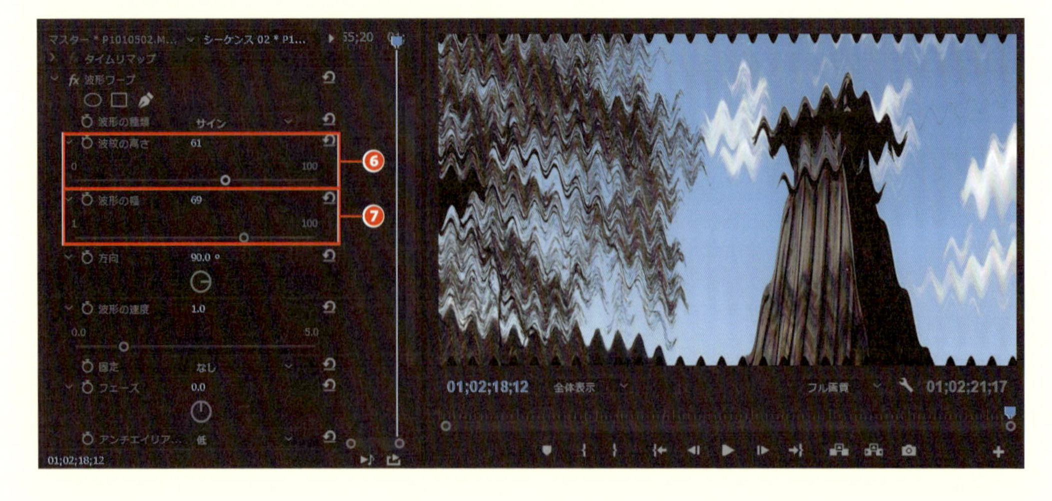

STEP 3

波が揺れる方向は［方向］❽、波が揺れるスピードは［波形の速度］で設定します❾。［波形の速度］の値が大きくなるほど速くなります。

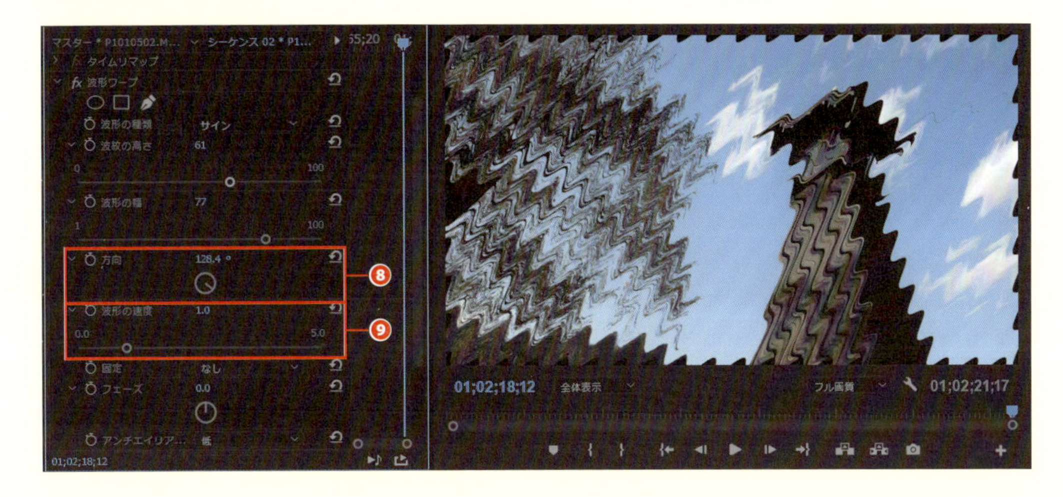

STEP 4

［固定］を［なし］以外に設定すると❿、画面の一辺を固定し、そこには波を作らないようにできます⓫。例えば布の一辺を固定して、風になびかせたような効果を作り出せます。

左エッジを固定した例。固定した辺には波は起きません

MEMO

［フェーズ］では、波の始まりの位置を設定します。細かい波の場合はあまり効果がありませんが、大きく揺らす場合、波がどこから始まるかで見た目のニュアンスが変わってきます。

MEMO

波紋を作り出す際には、画面内で拡大や縮小が行われます。そのときの画像の補正をどの程度行うかを［アンチエイリアス（最高画質）］で設定します。［高］に設定するとその分だけレンダリングに時間がかかります。

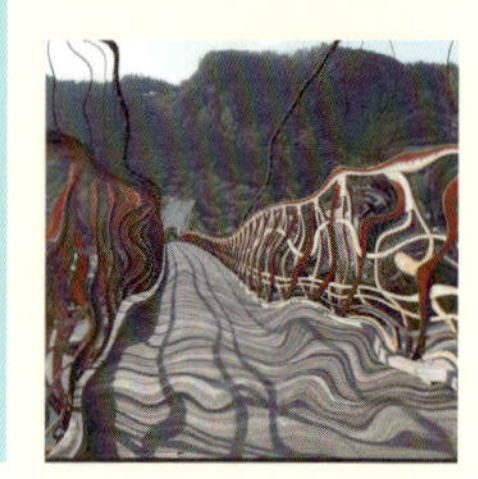

NO.

094 複雑なゆらぎを作り出す［タービュレントディスプレイス］

［タービュレントディスプレイス］エフェクトでは、同じ波形を繰り返す［波形ワープ］にはできない不規則なゆらぎを作り出すことができます。

STEP 1

クリップに［ビデオエフェクト］→［ディストーション］フォルダーの［タービュレントディスプレイス］を適用します❶。そして、まず変形に用いる乱流の種類を［変形］から選択します❷。それぞれニュアンスの違う［タービュレント］❸［バルジ］❹［ツイスト］❺の3種以外に、［水平方向］のみ、［垂直方向］のみ、［両方向］に歪めるオプションを選択できます。

元画像

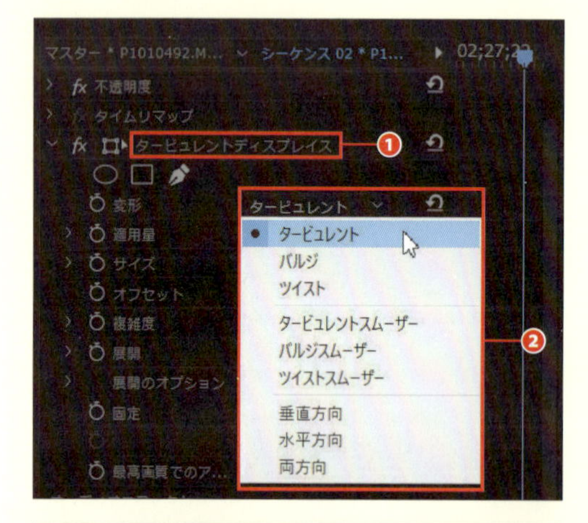

［タービュレント］の適用例

［バルジ］の適用例

［垂直方向］の適用例

STEP 2

続いて、歪みの形状をスライダーを使って設定していきます。［適用量］❻と［サイズ］❼で歪みの強さと歪みの細かさを調整します。［適用量］の値を大きくすると強く歪み、［サイズ］の値を大きくすると歪み1つ1つの範囲が大きくなります。［オフセット］は歪みの位置の設定です❽。［タービュレントディスプレイス］をクリックして選択するとプログラムモニターにハンドルが現れるのでそれをドラッグして位置を移動することもできます。［複雑度］は歪みの変化の複雑さの設定です❾。数値が大きくなるほど、歪みは複雑で、細かくなります。

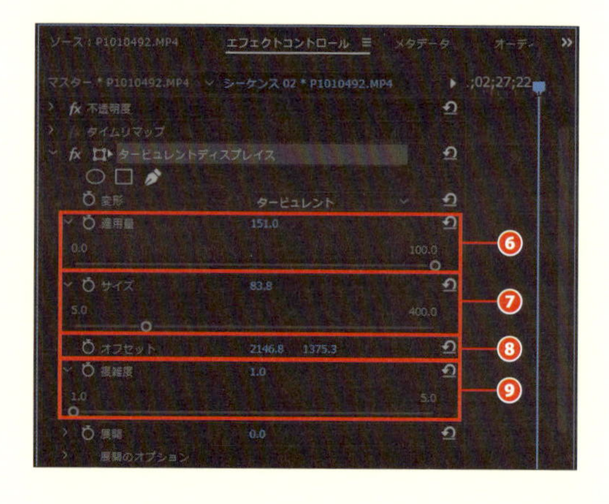

STEP 3

次に歪みの動きを設定していきます。［タービュレントディスプレイス］では、キーフレームをアニメーションしない限り、波は静止したままです。**再生ヘッドをクリップの先頭に移動し⑩、［展開］の左側にある［アニメーションのオン／オフ］ボタンをクリック**して⑪、キーフレームを有効にします⑫。

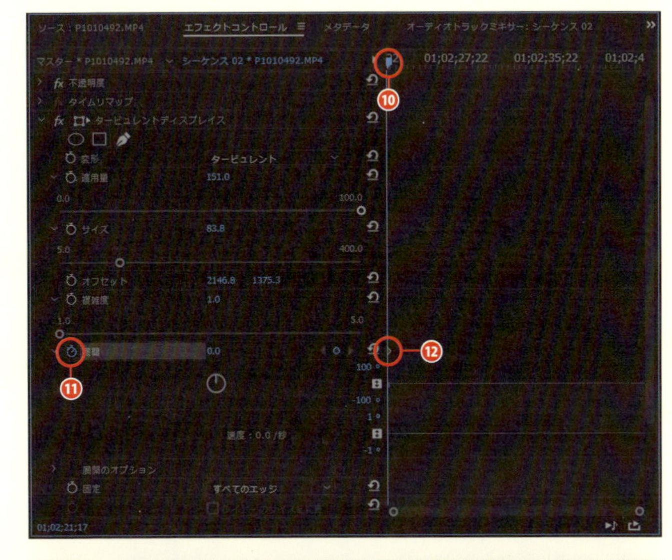

STEP 4

クリップの最後のフレームに再生ヘッドを移動して⑬、最後の値をセットします⑭。［展開］の値は、大きいほど動きが激しくなります。これで歪みがアニメーションするようになります。

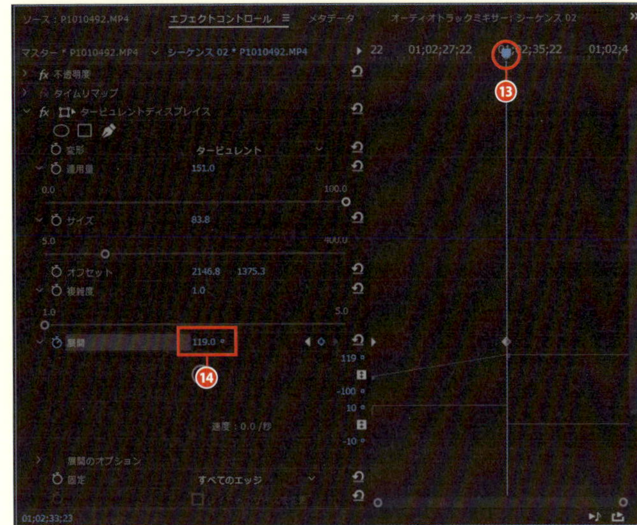

MEMO

［展開］には、いくつかのオプション設定があります。［展開のオプション］で［サイクル展開］にチェックを入れると、下の［サイクル（周期）］で設定した周期で歪みがループするようになりますⒶ。［ランダムシード］は、歪みをセットする乱数を発生させますⒷ。また［固定］のプルダウンメニューを使って、画面の周囲に歪まない辺を設定することも可能ですⒸ。

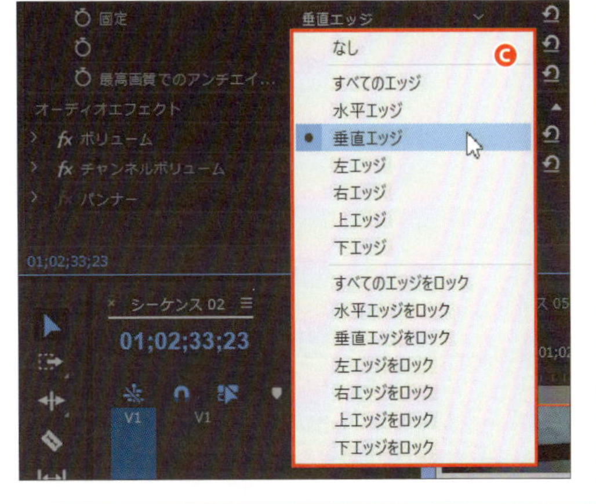

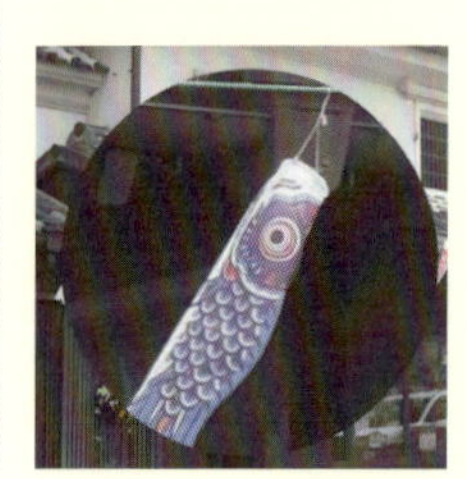

NO.
095 画面の一部を拡大する［ズーム］

［ズーム］は、画面の一部を虫メガネで映し出したかのように拡大できます。

STEP 1 クリップに［ビデオエフェクト］→［ディストーション］フォルダーの［ズーム］を適用します❶。タイムラインパネルでクリップを選択し、エフェクトコントロールパネルで［ズーム］を展開させます。

STEP 2 まず［シェイプ］のポップアップメニューから、拡大するエリアの形状を「円」か「正方形」から選びます❷。そして、ズームの位置は［中心］で座標を入力するか❸、［ズーム］をクリックして選択し、プログラムモニターでハンドルをドラッグして指定します。拡大率と範囲は［拡大率］［サイズ］で設定します❹。そのほかのオプションは表をご覧ください。

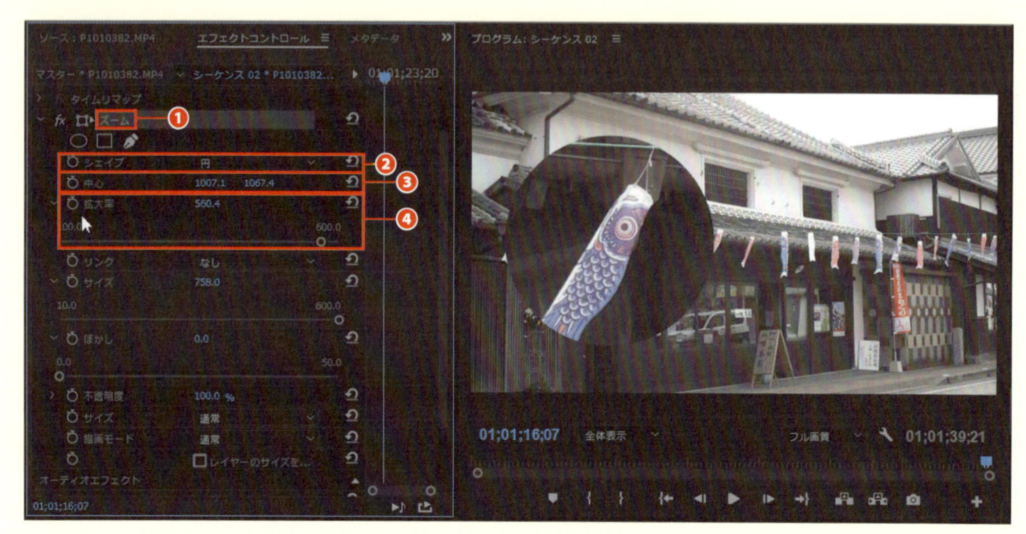

設定項目	内容
シェイプ	拡大するエリアの形状を［円］と［正方形］から選びます
中心	拡大する場所を XY 座標で指定します
拡大率	拡大の度合いをパーセンテージで指定します。縮小はできません
リンク	［拡大率］を変更した時に、［サイズ］と［ぼかし］を連動させるかどうかを選択します。［なし］に設定するとそれぞれのパラメーターは独立して動作します。［サイズを拡大率に比例］［サイズとぼかしを拡大率に比例］を選択すると、［拡大率］の変更にともなって［サイズ］［ぼかし］が追随して変化するようになります。これを使えばアニメーションするときに設定項目を減らすことができます
サイズ	画像を拡大するエリアの大きさを設定します
ぼかし	拡大するエリアの周囲をぼかして、背景になじませることができます
不透明度	拡大した部分の透明度を下げて、背景とダブらせることができます
サイズ	上記の［サイズ］と同じ名称ですが、こちらは画像を拡大する時のアルゴリズムを選択します。［通常］はできるかぎりシャープネスを保持するように拡大、［ソフト］は拡大率を上げるとアンチエイリアスをかけます。［拡散］は、拡大した部分に意図的にノイズを合成します
描画モード	拡大したエリアと背景との合成モードを設定します。［なし］に設定すると背景は透明になり、拡大エリアのみが表示されます
レイヤーのサイズを変更	これをチェックすると、拡大エリアを元のクリップからはみ出すような大きさに設定している場合、そのはみ出した部分を有効にできます。通常では元クリップのサイズでカットされてしまう部分が表示されます。これは、あらかじめ［モーション］などでクリップを縮小している場合に意味を持ちます

091 渦巻状に歪ませる［回転］
092 魚眼レンズ状に歪ませる［球面］

NO.
096 画像をずらす［オフセット］

［オフセット］エフェクトでは、画面を水平方向、垂直方向にずらすことができます。

STEP 1

クリップに［ビデオエフェクト］→［ディストーション］フォルダーの［オフセット］を適用します❶。エフェクトコントロールパネルで[オフセット]をクリックすると、プログラムモニターに円形のハンドルが現れます❷。これをドラッグして画面をずらす量をコントロールします。［中央をシフト］❸の数値をドラッグするか、クリックして直接ピクセル数を入力してもかまいません。

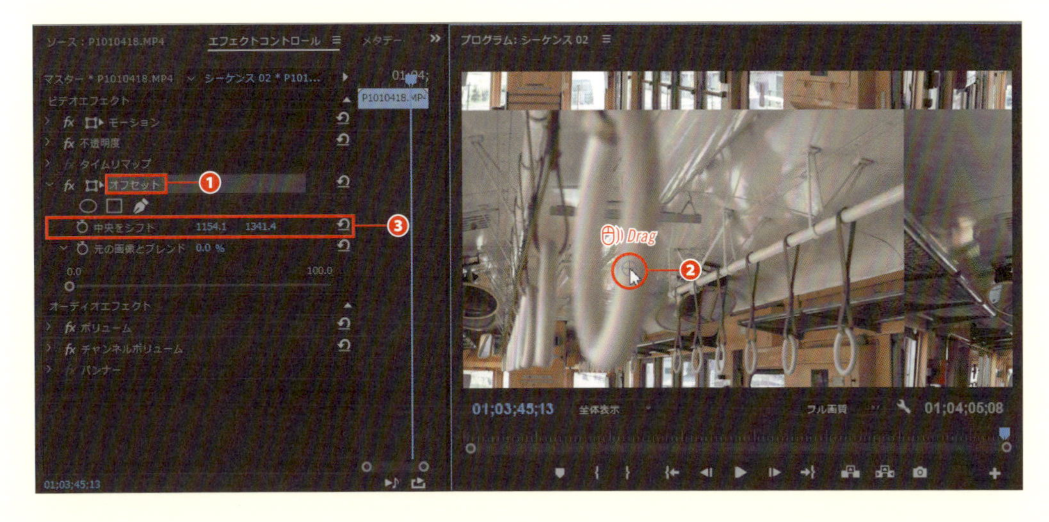

STEP 2

［元の画像とブレンド］のスライダーを動かすと❹、［オフセット］でずらした結果と元絵がブレンドされて出力されます。

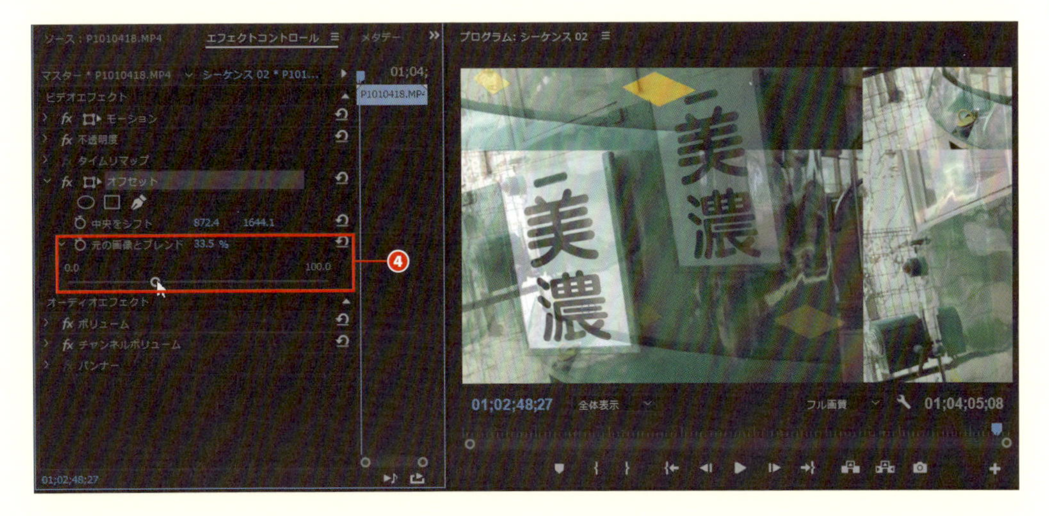

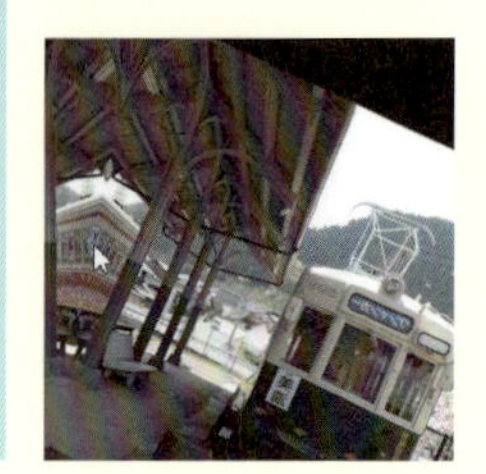

NO.

097 鏡に映したように見せる［ミラー］

［ミラー］エフェクトを使えば、画面上に鏡を置いて反射させた鏡像を作ったり、万華鏡のような効果を作り出すことができます。

STEP 1

クリップに［ビデオエフェクト］→［ディストーション］フォルダーの［ミラー］を適用します❶。エフェクトコントロールパネルで［ミラー］をクリックすると、プログラムモニターに円形のハンドルが現れます❷。このハンドルの位置が「鏡の位置」です。プログラムモニター上でドラッグして位置を設定します。

STEP 2

鏡の角度は、［反射角度］の円形スライダーで調整します❸。

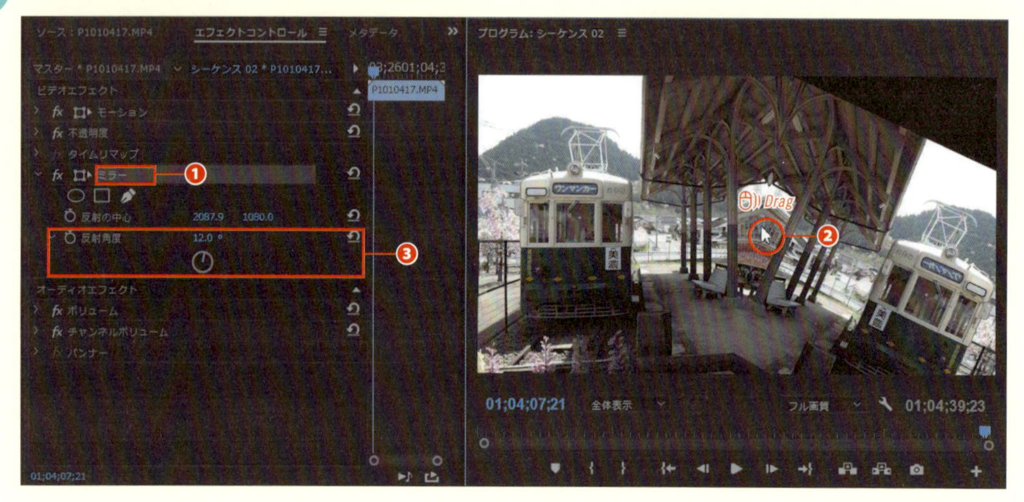

MEMO

［ミラー］を複数重ねて適用すると、万華鏡のような効果を出すことができますⒶ。

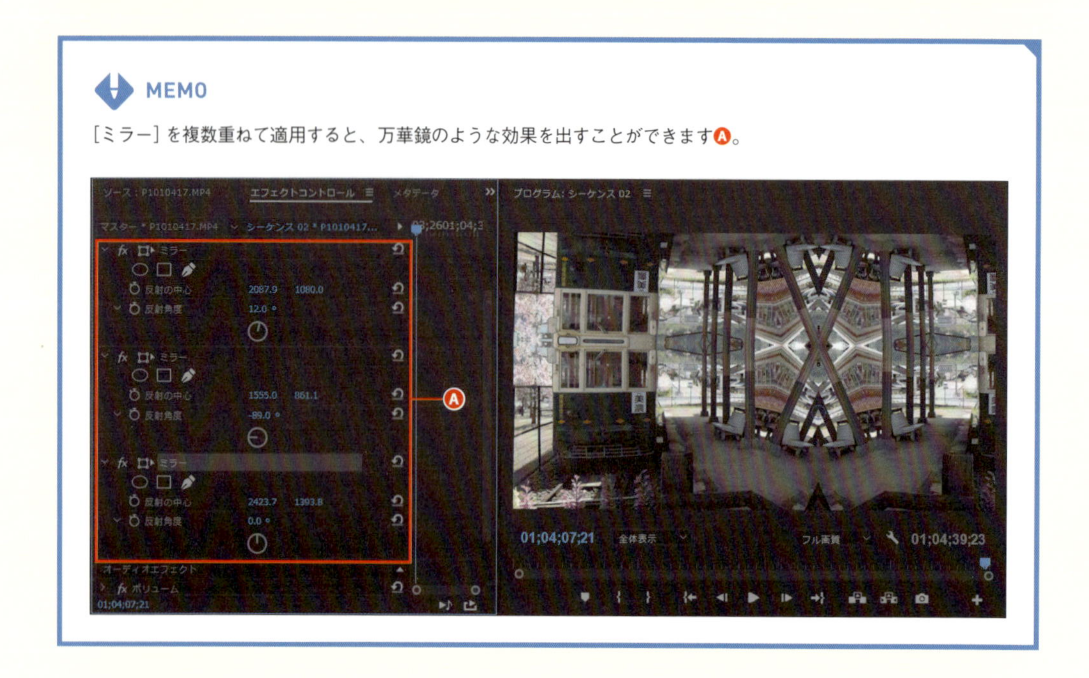

NO.
098 ゴミやノイズを取り除く［ダストアンドスクラッチ］

フィルムの傷などのノイズを目立たなくするには、［ダスト&スクラッチ］エフェクトを使用します。

STEP 1

クリップに［ビデオエフェクト］→［ノイズ&グレイン］フォルダーの［ダスト&スクラッチ］を適用します❶。映像の中の隣接しているピクセルは互いに似た色、明るさを持っていますが、傷やゴミのピクセルは周囲と関連なく突然明るかったり、暗かったりします。［ダスト&スクラッチ］はこの異質なピクセルを検出し、それを周囲と同じようなピクセルに入れ替えることでノイズを除去します。異質なピクセルを調べる範囲（ノイズを判定する範囲）を［半径］で設定し❷、次に［しきい値］で異質なピクセル（ノイズ）を判定する基準を設定します❸。

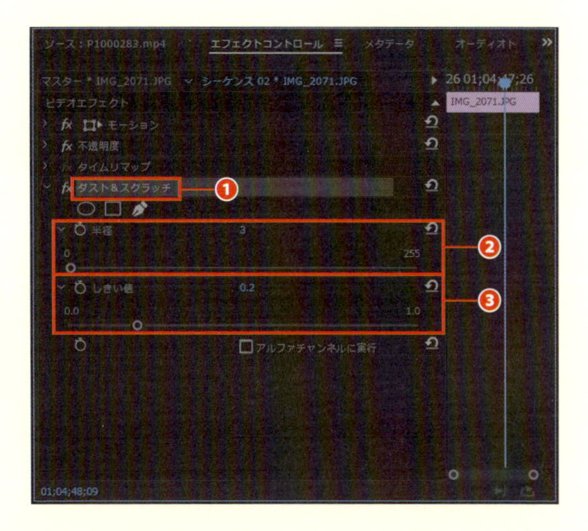

STEP 2

［半径］の数値を上げるほど広い範囲を均一化してしまうので❹、画像の解像度は落ちてぼけてきます❺。また［しきい値］の方も値を上げるほど許容範囲が広がるため❺、ノイズ除去の効果が薄れてしまうので注意しましょう❻。

［半径］を大きく設定した例。ピクセルが均一化して全体的にぼけてしまいます

MEMO

［ダスト&スクラッチ］は、その原理上、ノイズがはっきりしているほど効果があります。撮影時のゲインアップ画像のように均一にノイズがばらまかれている状況では、あまりはっきりした効果がありません。しかし、画面全体を滑らかにする効果があるため、弱く適用することで不快感を軽減できる場合があります。また、全体に乗ったノイズの軽減には、［ノイズ&グレイン］フォルダーの［ミディアン］エフェクトも試してみる価値があります。これは隣接するピクセル同士をなじませる効果があります。

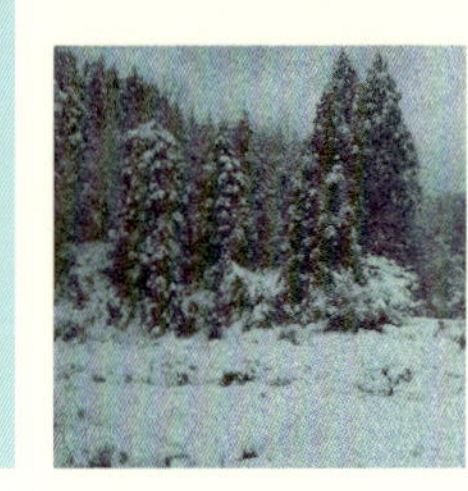

NO.

099 ノイズを加える

画像にノイズを加えて、フィルム的な表現や、画像を粗らした表現にしたい場合は、［ノイズ HLS オート］［ノイズ HLS］［ノイズ］エフェクトが利用できます。

［ノイズ HLS オート］［ノイズ HLS］を使う

METHOD 1

クリップに［ビデオエフェクト］→［ノイズ&グレイン］フォルダーの［ノイズ HLS オート］を適用します❶。［ノイズ HLS オート］は、［色相］［明度］［彩度］の各要素をランダムに変化させてノイズを加えます。それぞれのスライダーを使って各要素へのノイズの入り方を調整します❷。ノイズの入れ方や形状は［ノイズ］で変更できます❸。［粒状］を指定した場合には、［粒のサイズ］スライダーで粒子の大きさを指定できるようになります❹。一番下の［ノイズアニメーションの速度］は、ノイズの動きのスピードをコントロールするスライダーです❺。同じフォルダーにある［ノイズ HLS］は、［ノイズ HLS オート］からアニメーション機能を省いたようなエフェクトです。初期設定のままではアニメーションはできませんが、［ノイズフェーズ］のパラメーターにキーフレームを設定して変化させれば動くノイズにできます。

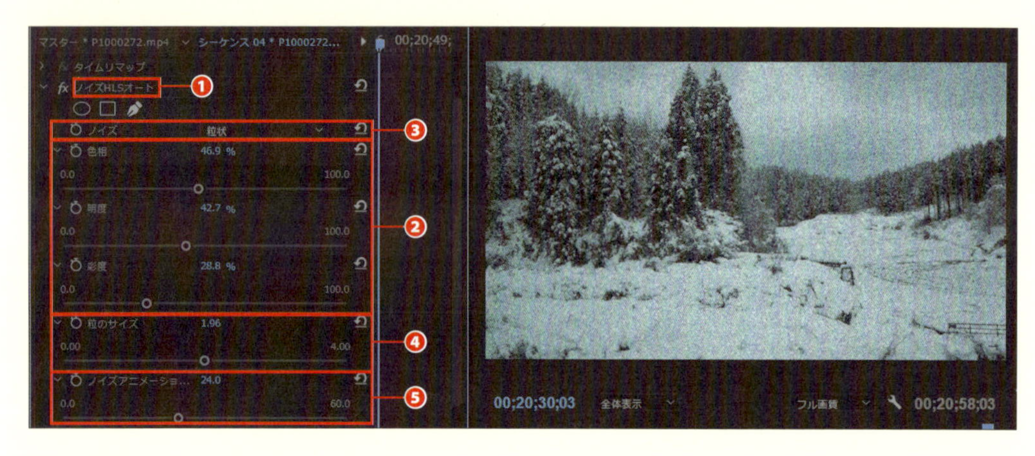

［ノイズ］を使う

METHOD 2

［ノイズ］では❻、［ノイズ量］のスライダーでノイズの量をコントロールします❼。［ノイズの種類］でモノクロノイズかカラーノイズを選択できます❽。初期設定では、暗い部分、明るい部分でノイズを生成するときに発生する白飛びを防ぐためにカラーチャンネルの値をクリッピングしていますが、［クリップ結果値］のチェックを外すと❾、明部、暗部に白飛びしたノイズが乗るようになり、メリハリの効いた印象になります。

［ノイズ］でカラーのノイズを加えた例

NO.
100 画像をシャープにする[アンシャープマスク][シャープ]

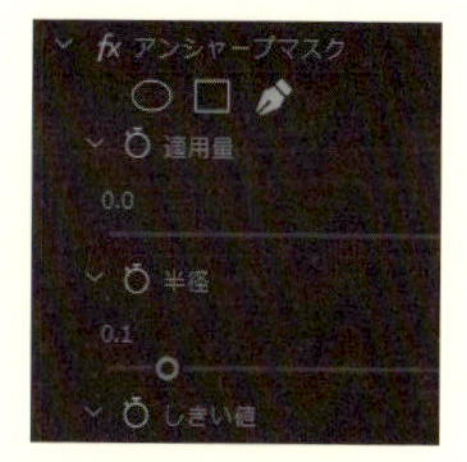

［アンシャープマスク］エフェクトは、ピントがあまい素材の輪郭線を強調し、ボケを軽減します。輪郭の強調には［シャープ］エフェクトも利用できます。

［アンシャープマスク］を使う

クリップに［ビデオエフェクト］→［ブラー＆シャープ］フォルダーの［アンシャープマスク］を適用します❶。効果の強さは［適用量］で設定します❷。［0］が効果のまったくない状態で、値が大きくなるほど効果が強くなります。［半径］では、輪郭線をどの程度の幅で強調するかを決めます❸。小さな値にすれば輪郭線の近くだけが強調され、大きく設定すれば、より幅の広い範囲が強調されるようになります。一番下の［しきい値］は、強調の仕方の設定です❹。大きい値にすると、強調しない部分から強調される部分までが滑らかに変化し、小さくすると滑らかさが失われていきます。

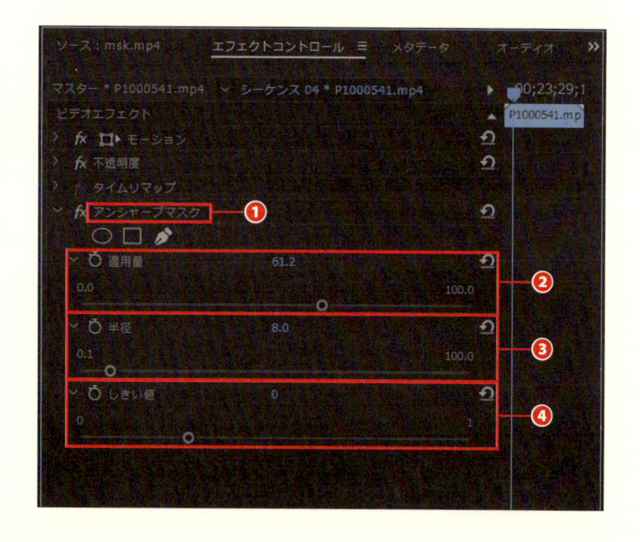

MEMO

［アンシャープマスク］では、［半径］と［しきい値］のバランスが重要です。両方のスライダーを交互に操作するとうまく調整できます。［しきい値］を小さく設定した場合、［半径］の状態によっては、コントラストが変化したり、ノイズが発生する場合があります。

［シャープ］を使う

クリップに［ビデオエフェクト］→［ブラー＆シャープ］フォルダーの［シャープ］を適用します❺。設定項目は１つだけで、輪郭線の強調度合いを［シャープ量］でコントロールします❻。微妙な調整はできませんが、ちょっとピントが甘い感じがする、といった素材に弱く適用すると効果的な場合があります。

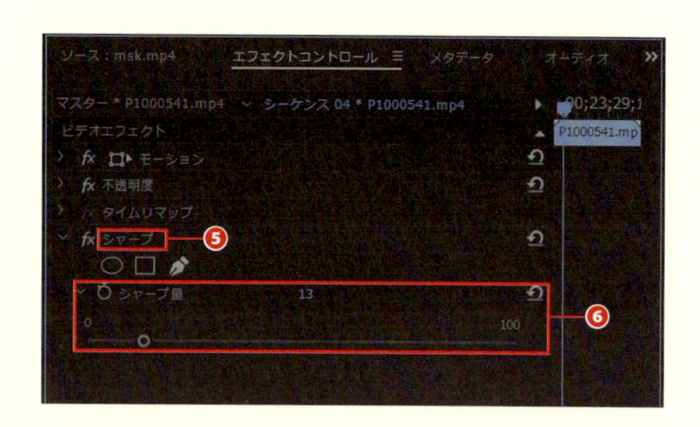

NO.

101 画像をぼかす[ブラー]

画像をぼかす[ブラー]エフェクトには、いくつか種類があります。用途に応じて使い分けましょう。

[ブラー(ガウス)]を使う

METHOD 1

[ブラー(ガウス)]は、最も一般的なぼかしエフェクトです。クリップに[ビデオエフェクト]→[ブラー&シャープ]フォルダーの[ブラー(ガウス)]を適用したら❶、[ブラー]のスライダーでぼかしの度合いを指定します❷。その下の[ブラーの方向]では❸、縦横均一にぼかすか、縦方向だけ([水平])あるいは横方向だけ([垂直])ぼかすかを選べます。また[エッジピクセルを繰り返す]にチェックを入れると、画面の端に現れる黒い「見切れ」を取り除くことができます。

[ブラー(滑らか)]を使う

METHOD 2

[ブラー(滑らか)]は、[ブラー(ガウス)]とほぼ同じ効果が得られるエフェクトです。[ビデオエフェクト]→[Obsolete]フォルダーの[ブラー(滑らか)]を適用します❹。[ブラー(ガウス)]よりもスライダーでのコントロール域が広く、大きくぼかす場合に便利です❺。ブラーの向きは[ブラーの方向]で選択できます❻。[エッジピクセルを繰り返す]にチェックを入れれば❼、画面周囲の「見切れ」をなくすことができます。

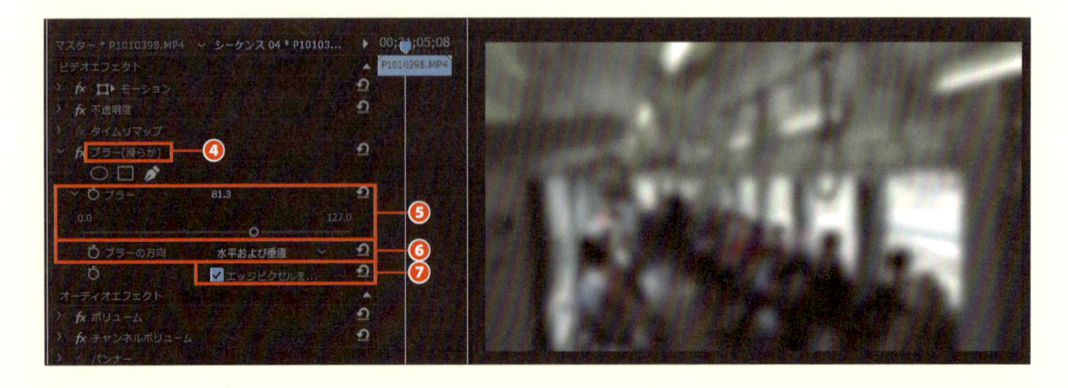

［ブラー（方向）］を使う

METHOD 3

［ブラー（方向）］は、「ぼかす」というよりも「ぶらす」といった方がしっくりくるエフェクトです。クリップに［ビデオエフェクト］→［ブラー＆シャープ］フォルダーの［ブラー（方向）］を適用したら❽、［方向］の円形スライダーでぼかす向きを指定し❾、［ブラーの長さ］でぼかし度合いを決めます❿。

［カメラブラー］を使う（Windows 版のみ）

METHOD 4

［カメラブラー］は、カメラのレンズによる光学的なボケをシミュレーションしたエフェクトです。構成はシンプルで、クリップに［ビデオエフェクト］→［ブラー＆シャープ］フォルダーの［カメラブラー］を適用したら⓫、［ブラーの割合］でぼけの度合いを設定するだけです⓬。

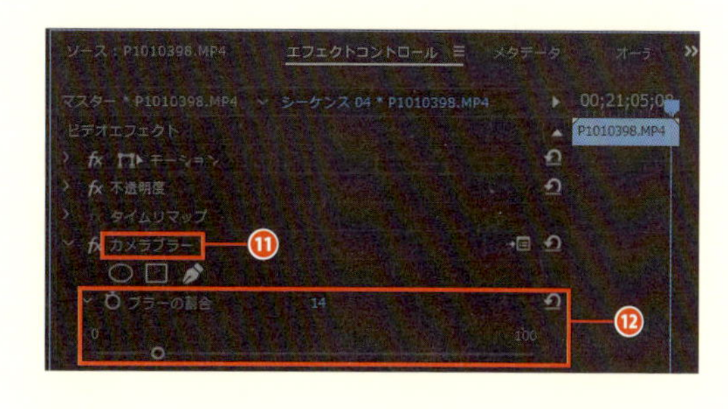

［ブラー（チャンネル）］を使う

METHOD 5

［ブラー（チャンネル）］は、赤、緑、青、アルファの各チャンネルにぼかしを適用するエフェクトです。クリップに［ビデオエフェクト］→［ブラー＆シャープ］フォルダーの［ブラー（チャンネル）］を適用したら⓭、［赤ブラー］［緑ブラー］［青ブラー］［アルファブラー］の量を調整していきます⓮。アルファチャンネルをぼかすことができるので、アルファチャンネルを持ったCG素材などをぼかした状態のまま合成する、といった用途にも使えます。

赤チャンネルのみをぼかした例

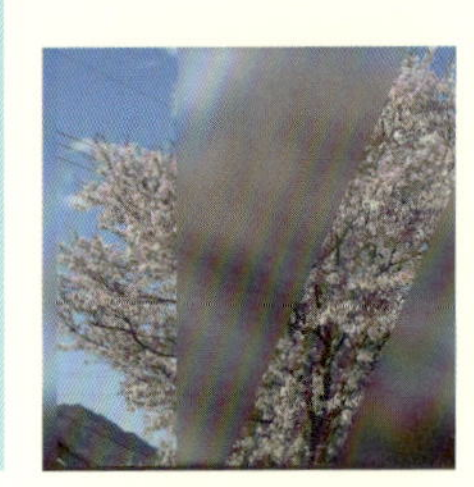

NO.

102 部分的にぼかす［ブラー合成］

［ブラー（合成）］エフェクトを使うと、画像の一部分だけをぼかしたり、ぼかしの強い部分や弱い部分を作り出すことができます。

STEP 1

タイムラインにビデオトラックを2本用意します。そして下のトラックにぼかしたいクリップ❶、その上のトラックに白黒で作ったマスク素材を配置します❷❸。［ブラー（合成）］では、この白黒マスクの形状を使ってぼかしの効果を加えます。ただし、このままではマスク素材が画面に表示されてしまうので、マスク素材を選択して［クリップ］→［有効］のチェックを外しておきます❹。

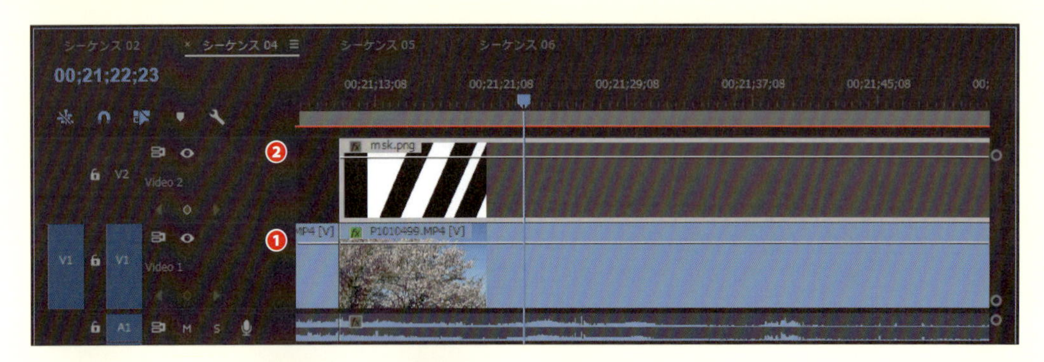

マスク素材

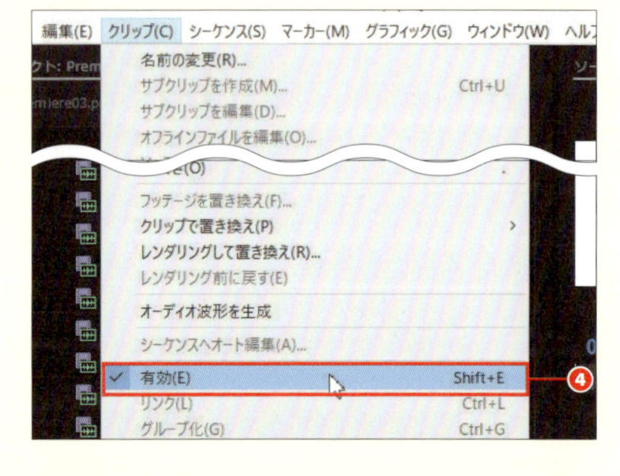

STEP 2

下に配置したぼかすクリップを選択し、［ビデオエフェクト］→［ブラー＆シャープ］フォルダーの［ブラー（合成）］を適用します❺。そしてまず［ブラーレイヤー］で、ぼかしの形状を決めるマスク（トラック）を指定します❻。STEP1で［Video 2］にマスクを配置したので、ここでは［Video 2］を選択します。

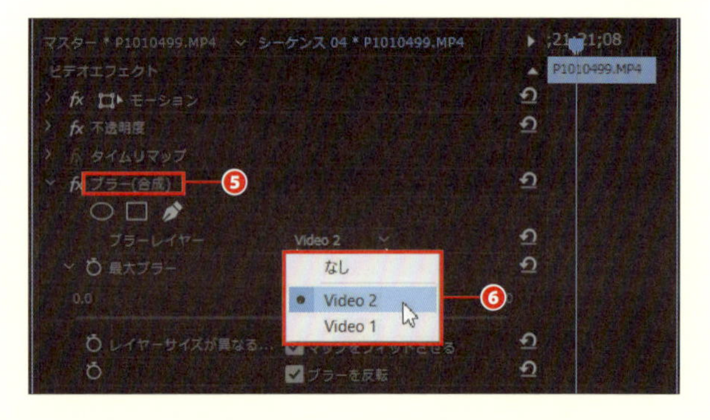

026 画面の一部にだけエフェクトを適用する
101 画像をぼかす［ブラー］

STEP 3 ぼかしの度合いを［最大ブラー］で指定します❼。これで［ブラー（合成）］の設定は完了です❽。もし、マスクとして配置した画像がビデオのサイズと異なる場合には、［マップをフィットさせる］にチェックを入れます❾。すると、マスクのサイズをビデオサイズに自動的に合わせてくれます。

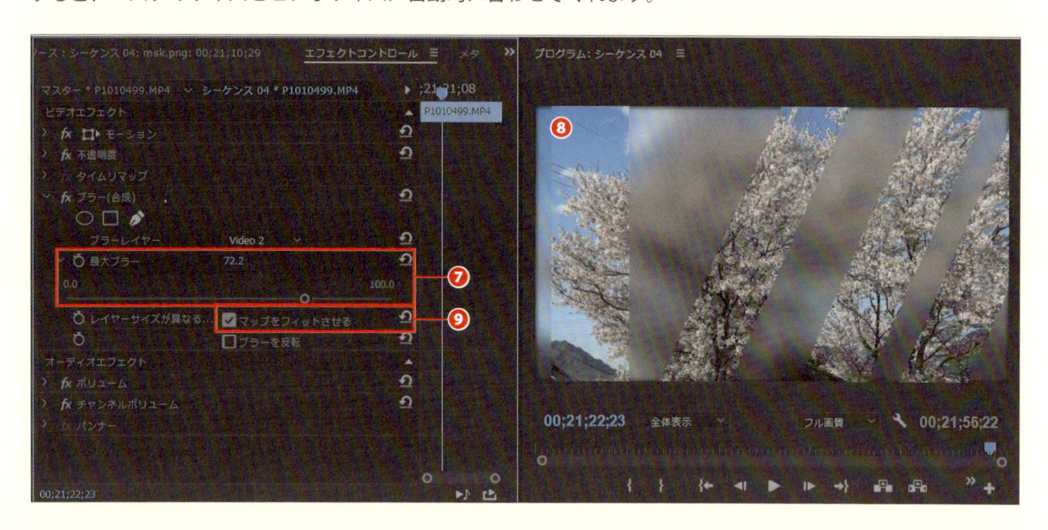

STEP 4 ぼかす範囲を反転する場合には、［ブラーを反転］にチェックを入れます❿。これでぼかしが反転します⓫。

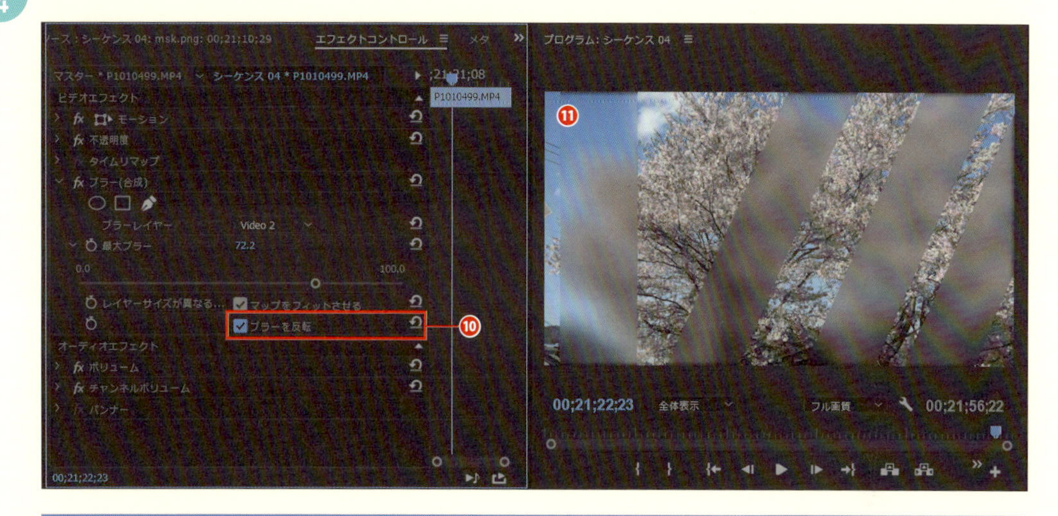

 **MEMO**

単純な矩形や円形あるいはペンツールで一筆書きできる形状にぼかす場合は、［ブラー（ガウス）］などを適用したあとにエフェクトマスクを使用するとよいでしょう。より手軽に同等の効果が得られます。詳しくは「026 画面の一部にだけエフェクトを適用する」をご覧ください。

 **MEMO**

［ブラー（合成）］では、マスクにムービーが利用できます。白黒画像のムービーを使用することで、「動くぼけ」が作り出せます。また、円形のマスクを大きめのサイズで作っておき、［モーション］で動かすことで、動きまわる対象をボケが追いかける、いわゆる「ボカシ入れ」ができます。

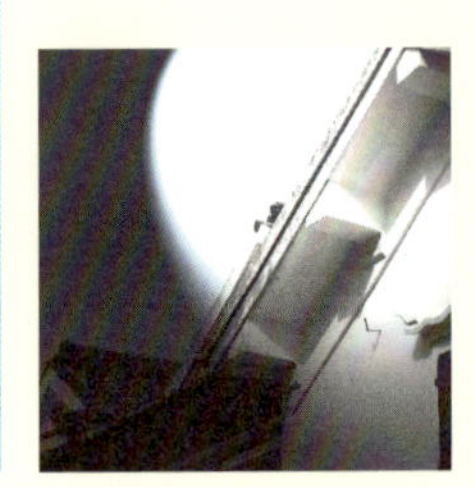

NO.
103 照明効果を加える

［照明効果］エフェクトは、画像にライティングしたような効果を加え、部分的に強調したり、ドラマチックな演出を加えることができます。

STEP 1

クリップに［ビデオエフェクト］→［色調補正］フォルダーの［照明効果］を適用します❶。そして［ライト 1］から［ライト 5］までの仮想ライトを設定して、ライティング効果を出していきます。まず［ライトの種類］を選びます❷。方向性を持った［単一指向性］ライト❸、方向性はなく範囲と強さだけを持った［全指向性］ライト❹、現実のスポットライトと同じように動作する［スポットライト］❺の 3 種から選べます。

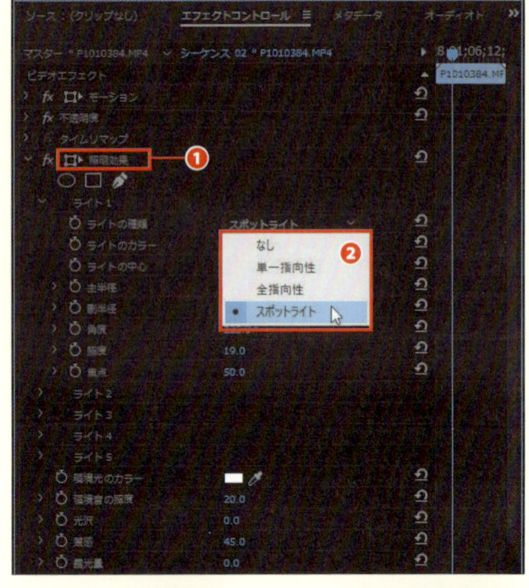

［ライトの種類］によるライティングの違い。左から［単一指向性］［全指向性］［スポットライト］

STEP 2

［ライトのカラー］で光の色を設定します。カラーサンプルをクリックすると❻［カラーピッカー］ダイアログが表示されるので、そこから色を選択します。ライトの位置は［ライトの中心］で調整します❼。設定項目は［ライトの種類］によって異なります。

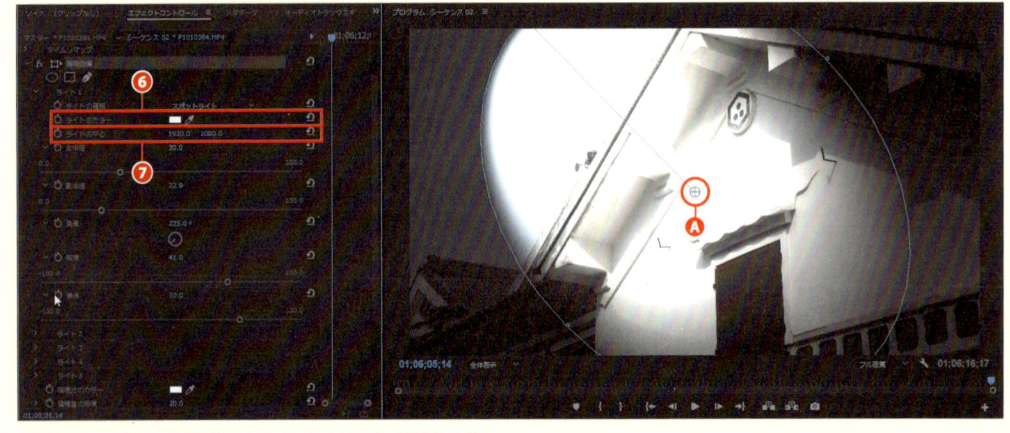

最もライティングらしい結果が得られる［スポットライト］を適用した例

ライトの種類	設定の内容
単一指向性	[投影半径] でライトのおよぶ範囲、[角度] の円形スライダーで指向性の方向を指定します。[照度] でライトの強さを設定します
全指向性	[主半径] でライトのおよぶ範囲を指定します。方向性は持っていません。[照度] はライトの強さです
スポットライト	[主半径] [副半径] でライティング範囲 (長さと幅)、[角度] でスポットの傾き、[照度] で強さを設定します。[焦点] ではスポットの周囲のぼかし具合を調整します

MEMO

エフェクトコントロールパネルで [照明効果] をクリックして選択すると、プログラムモニター上に複数のハンドルが表示されます (STEP2の図中A)。これらをドラッグしてライトの主だった設定を直感的に変更することができます。

STEP 3

ライトが当たっている部分以外の明るさや色を設定することもできます。それが環境光の設定です。[環境光のカラー] では、環境光の色を変更できます8。カラーサンプルをクリックして [カラーピッカー] ダイアログを表示し、色を選択します。明るさの設定は [環境光の照度] です9。ライトに対する感度は [露光量] で変更します10。これは言わば照明の「効き」の調整です。

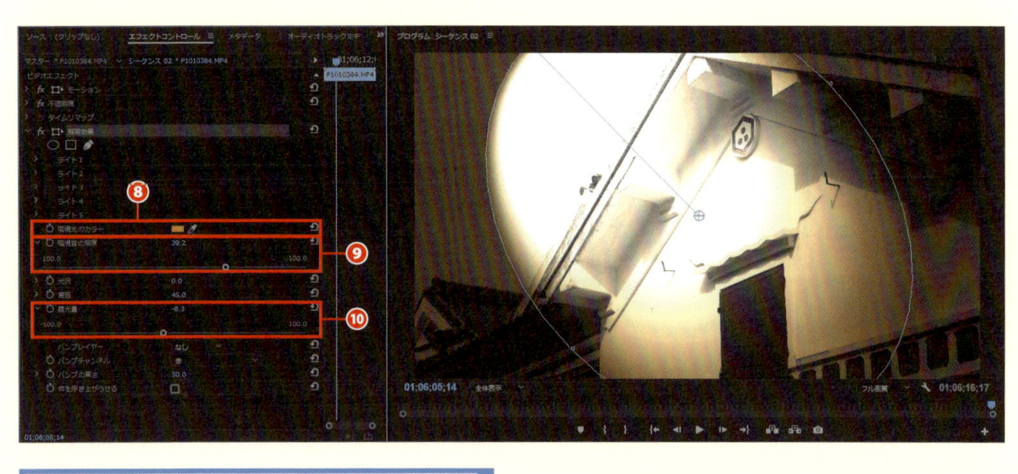

MEMO

明るさを設定する [照度] は、マイナスにすることもできます。マイナスに設定すると、ライトが照らしている範囲が「暗く」なります。

MEMO

基本的には上記の設定でライティングを行えますが、さらに [光沢] で画面表面にライトの反射を設定したり、[質感] でざらつきを加えたり、[バンププレイヤー] [バンプチャンネル] [バンプの高さ] で、画面表面に凹凸を付けることも可能です。

NO.
104 グリッド・チェッカー模様を描く

グリッド画面は［グリッド］、チェッカーボード画面は［チェッカーボード］で作成できます。作成した模様をクリップに合成することも可能です。

STEP 1

［グリッド］と［チェッカーボード］エフェクトは、［ビデオエフェクト］の［描画］フォルダーに格納されています。この2つのエフェクトは描画結果が違うだけで、同じインターフェイスでコントロールできます。以下では［グリッド］を例に解説します。

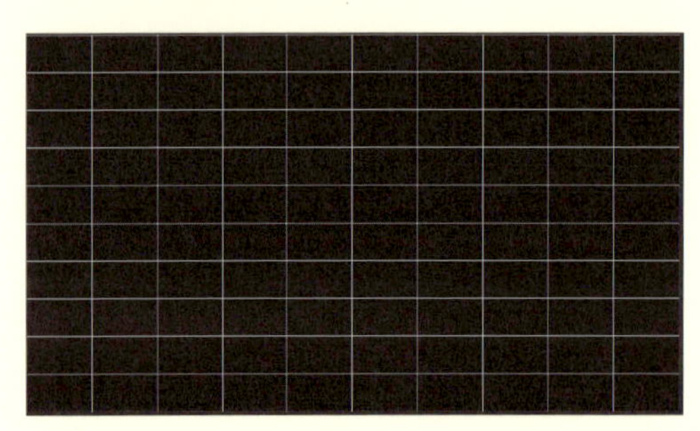

［グリッド］

［チェッカーボード］

STEP 2

クリップに［グリッド］エフェクトを適用したら❶、グリッドのサイズの設定方法を［グリッドサイズ］で選択します❷。最も直感的に操作できるのが［コーナーポイント］（初期設定）です。これを選択すると、プログラムモニターに2つのハンドルが現れます❸。2つのハンドルの距離がグリッドの左上と右下の長さになるので、ドラッグして調整します❹。

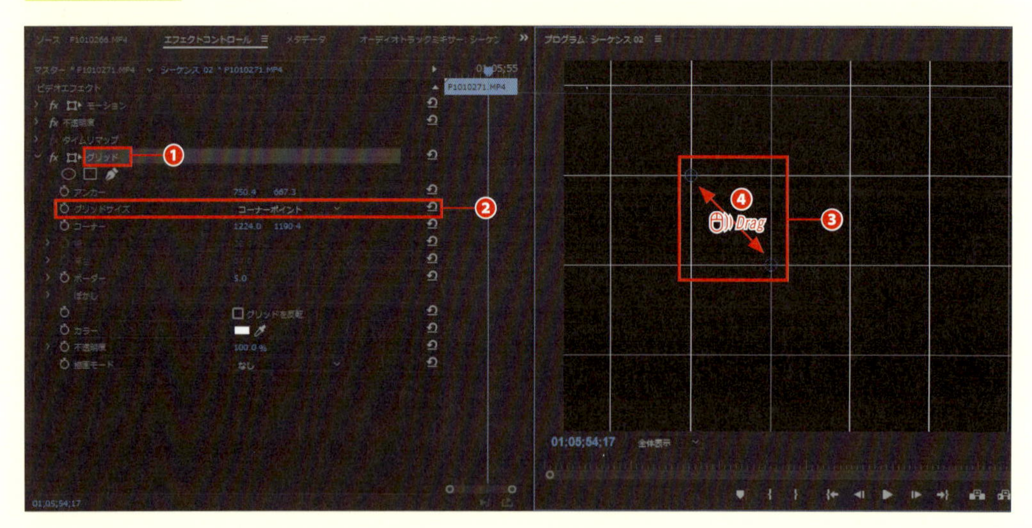

STEP 3

［グリッドサイズ］で［幅スライダー］を選択すると❺、［幅］のスライダーが使えるようになります。正方形のグリッドを作る場合は、この状態で作業するとよいでしょう。また［幅と高さスライダー］を選択すると、［幅］スライダーと［高さ］スライダーが使用可能になり、幅と高さを別々にコントロールできます。

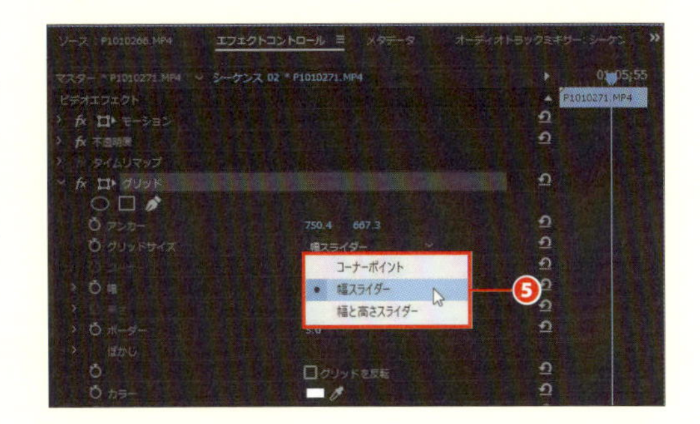

STEP 4

グリッドの太さは［ボーダー］で調整します❻。その下の［ぼかし］では、［幅］と［高さ］方向のソフトネスが調整できます❼。グリッドの色は［カラー］で設定します❽。カラーサンプルをクリックして［カラーピッカー］ダイアログで色を選択します。スポイトツールを使って画面上からピックアップもできます。

MEMO

［グリッドを反転］にチェックを入れてグリッド線と背景を入れ替えたり、［不透明度］でグリッドを半透明にすることもできます。

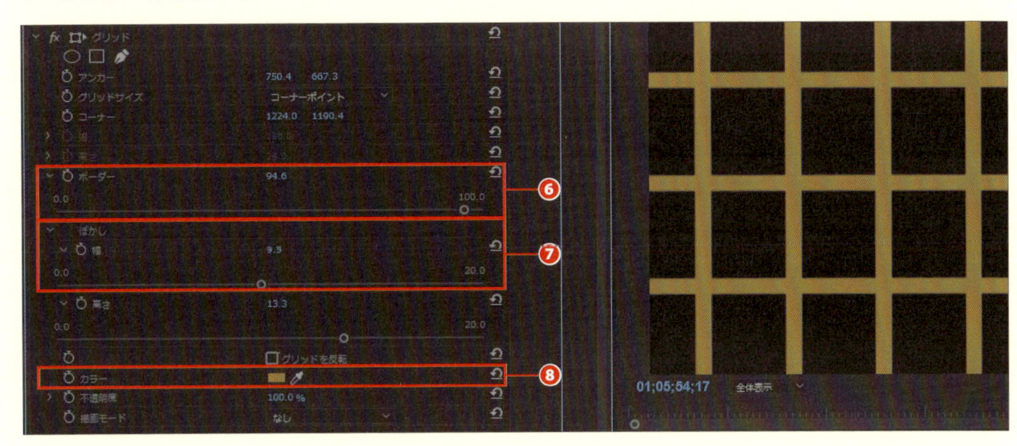

STEP 5

［描画モード］を［なし］以外に設定すると❾、［グリッド］を適用したクリップとそこに作成したグリッドをさまざまな方法で合成できます。下図は［スクリーン］に設定して風景に重ねた例です。なお［なし］の場合には、グリッドの背景がアルファチャンネルになるため、ほかのビデオトラックの上に配置することで下のビデオトラックの画像と合成できます。

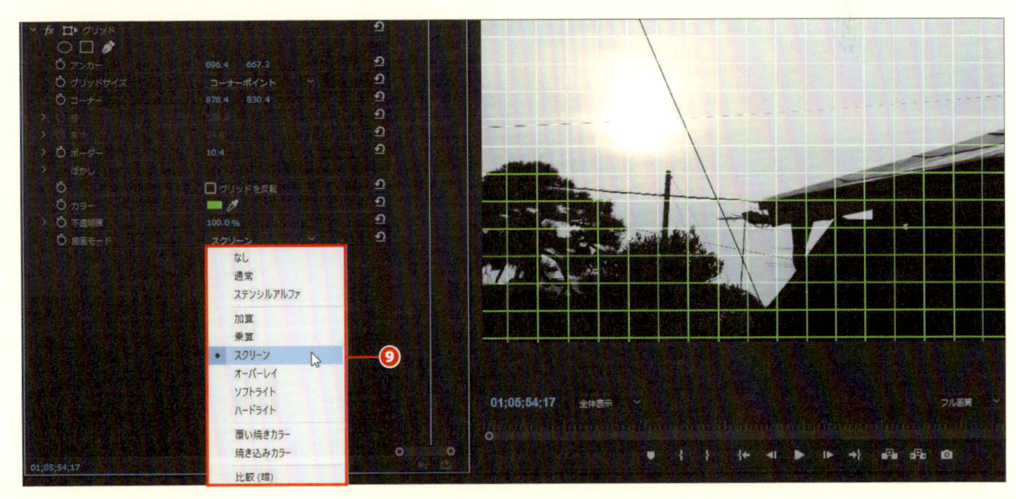

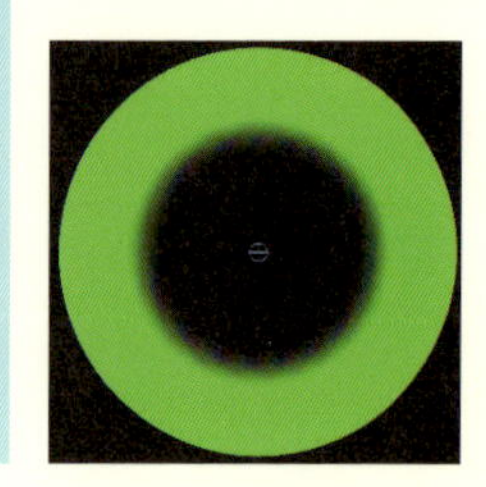

NO.

105 円を描く

[円] エフェクトを使うと、クリップの任意の場所に円を描くことができます。画像の一部にスポットを当てたり、丸印を付けるような場合に役立ちます。

STEP 1

クリップに［ビデオエフェクト］→［描画］フォルダーの［円］を適用します❶。そしてエフェクトコントロールパネルで［円］をクリックして選択します。するとプログラムモニター上に円の中心点が表示されます❷。これをドラッグして円の位置を決めます。［中心］に XY 座標を入力してもかまいません❸。次に［半径］で円の大きさを決めます❹。

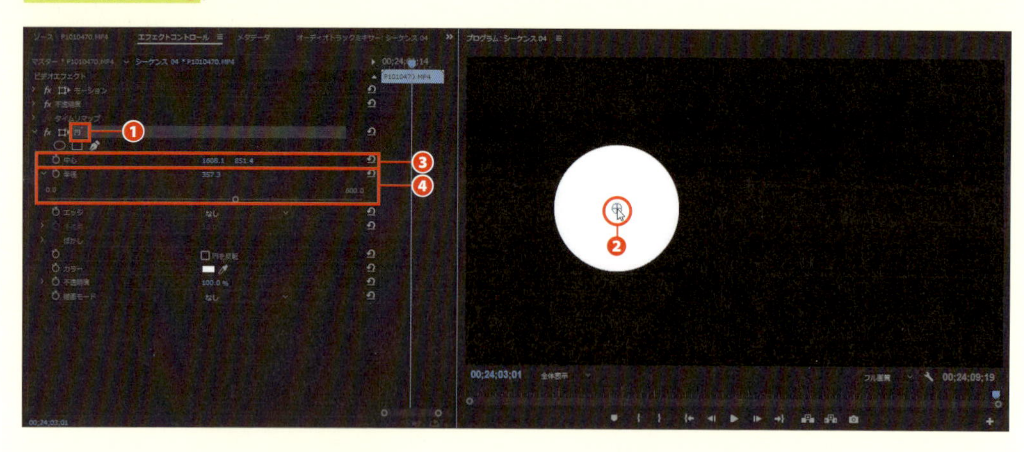

STEP 2

円を塗りではなく、縁取り（線）として描画することもできます。その場合には［エッジ］で［なし］（初期設定）以外を選択します❺。そして線の［太さ］をその下に表示されるスライダーで調整します❻。スライダーの内容は［エッジ］の設定によって違ってきますが、基本的には右に動かすと太く、左に動かすと細くなります。

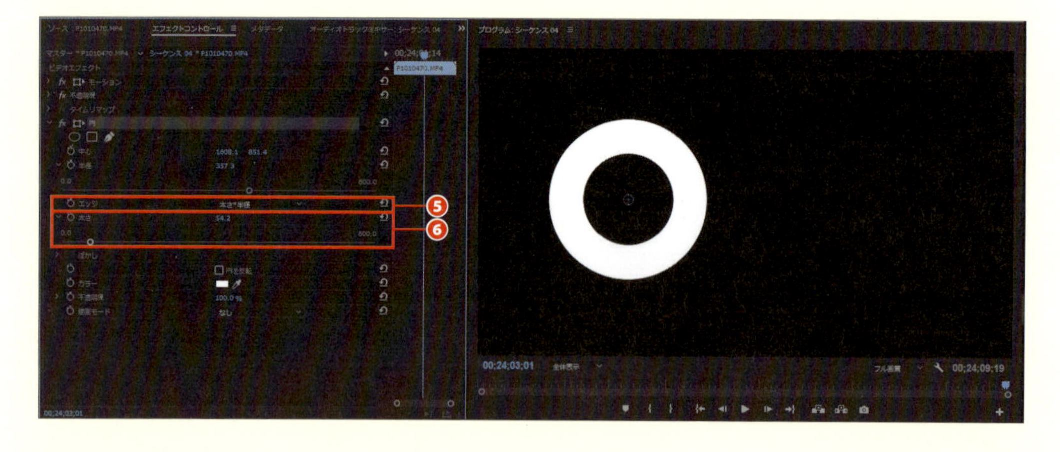

STEP 3

[エッジ]を[なし]に設定している場合には、[エッジの外側をぼかす]で円の周囲をぼかすことができます。また、[エッジ] を [なし] 以外に設定して縁取りを表示している場合には❼、[エッジの外側をぼかす] [エッジの内側をぼかす] で、縁取りの内側と外側に別々のぼかしを加えることが可能です❽。円の色は [カラー] で設定します。カラーサンプル❾をクリックすると [カラーピッカー] ダイアログが開くのでそこから色を選びましょう。スポイトツールを使って、画面上から色をピックアップすることも可能です。

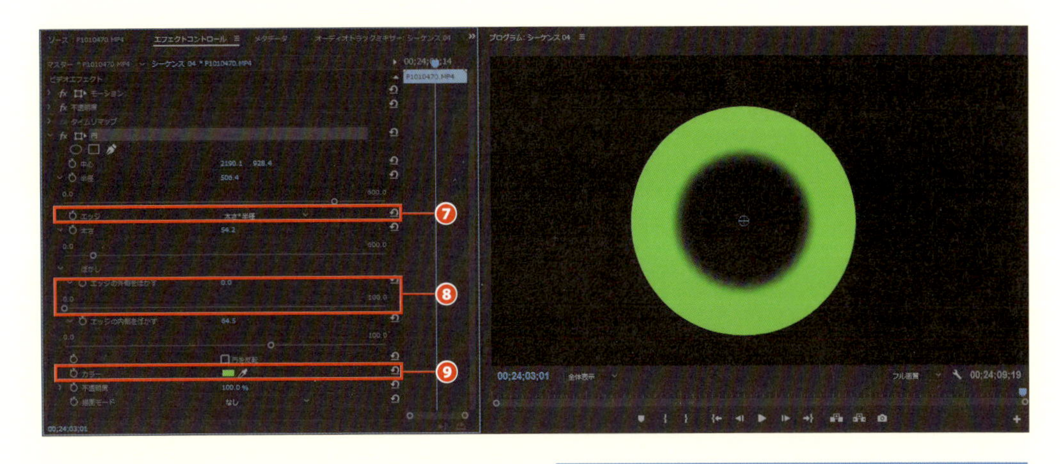

円と背景を反転したい場合は［円を反転］にチェックを入れます。また［不透明度］では円を半透明にすることができます。

STEP 4

一番下の [描画モード] で [なし] 以外を選択すると❿、[円] を適用したクリップにさまざまなモードで円を合成できます。下図は [ステンシルアルファ] に設定した例です。なお、[なし] に設定した場合は、背景がアルファチャンネルになるので、ほかのビデオトラックの上に配置することで、別のクリップと合成することも可能です。

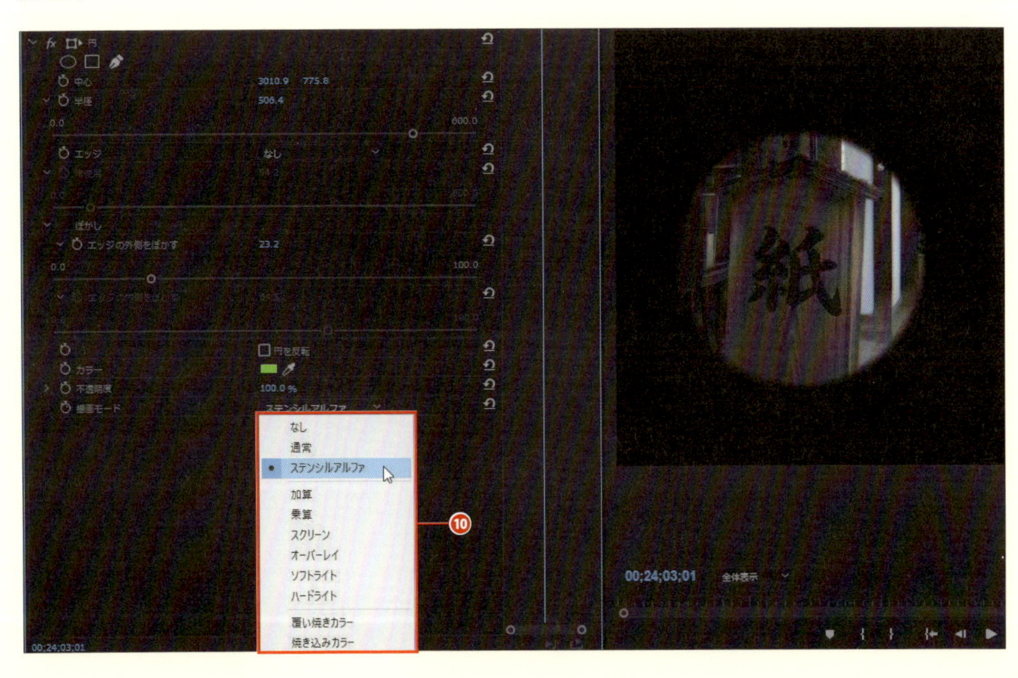

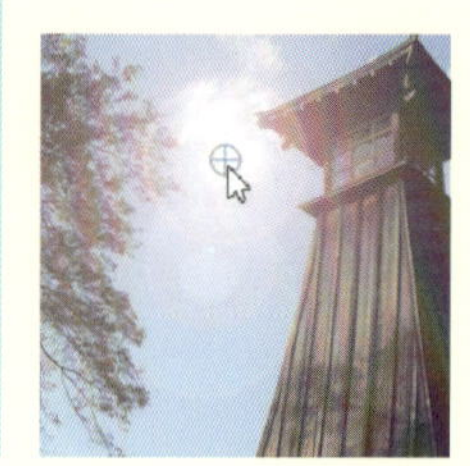

NO.
106 レンズフレアを入れる

レンズフレアとは、撮影時にレンズに光が入り込むことによってできる光の輪です。フレアを作り出すには、［レンズフレア］エフェクトを使用します。

STEP 1

クリップに［ビデオエフェクト］→［描画］フォルダーの［レンズフレア］を適用します❶。まず［光源の位置］でフレアの位置を決めます❷。XY座標で指定するか、［レンズフレア］をクリックして選択するとプログラムモニター上にハンドルが表示されるので、それを直接ドラッグして設定します❸。フレアを作り出す光の強さは［フレアの明るさ］で調整します❹。一番下の［元の画像とブレンド］は❺、フレアを元画像に重ね合わせる度合い、つまりフレアの不透明度（濃度）の調整です。数値が大きくなるほど、フレアが弱くなります。

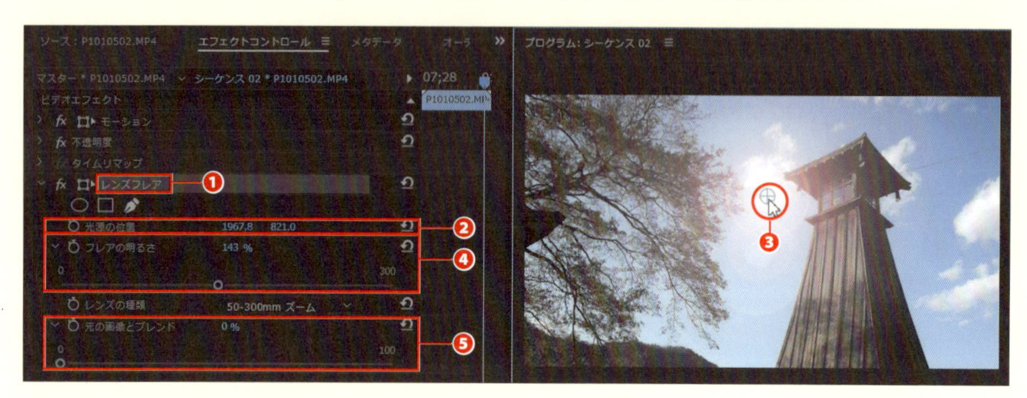

STEP 2

フレアの形状は、撮影に使用するレンズによって変わってきます。設定は［レンズの種類］で変更できます❻。

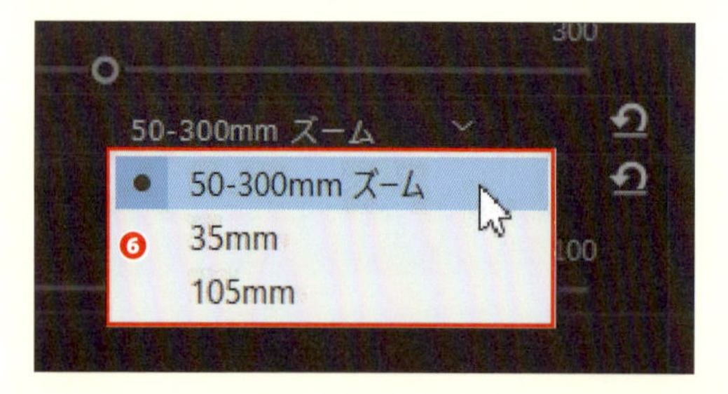

MEMO

［レンズフレア］を、対象となるクリップに直接適用せず、［ブラックビデオ］やブラックに設定した［カラーマット］に適用し、合成モードを［スクリーン］［オーバーレイ］などに設定して合成するという方法もあります。そのままではフレアが弱すぎると感じる場合などに有効です。また、カメラのパンにしたがって［光源の位置］をアニメーションしたり、［フレアの明るさ］を細かくアニメーションして木漏れ日を表現することで、より本物らしくなります。

［レンズの種類］によるフレア形状の違い。左から［50-300mmズーム］［35mm］［105mm］

NO. 107 アスペクト比の異なる素材を使う

現在のビデオのアスペクト比は16：9が主流ですが、従来の4：3の素材を使用しなければならない場合があります。その対処法を見ていきます。

サイドパネルと上下カット

METHOD 1

縦横比率「4：3」のクリップを「16：9」のシーケンスで使用するには、左右に黒を入れて、フルに表示する「サイドパネル」と、「4：3」の上下をカットして中央部分のみを表示する「上下カット」があります。

サイドパネル

上下カット

サイドパネルにする

METHOD 2

「4:3」のクリップを「16:9」のシーケンスに配置したら、タイムラインでクリップを選択し、[クリップ] → [ビデオオプション] → [フレームサイズに合わせてスケール] を選択します❶。クリップの上下がフレームサイズに合わされ、左右に黒の入ったサイドパネルになります。[ビデオオプション]には、[フレームサイズに合わせる] と [フレームサイズに合わせてスケール] の似たようなオプションがあります。前者はタイムライン上のクリップのサイズのプロパティそのものを変更して合わせ、後者は素材そのもののリイズは変更せずに拡大縮小します。前者は、シーケンス設定より大きなサイズの素材であっても縮小して100%にしてしまうので、あとで拡大したときに画像がぼやけてしまいます。よって後者の方が汎用性があります。

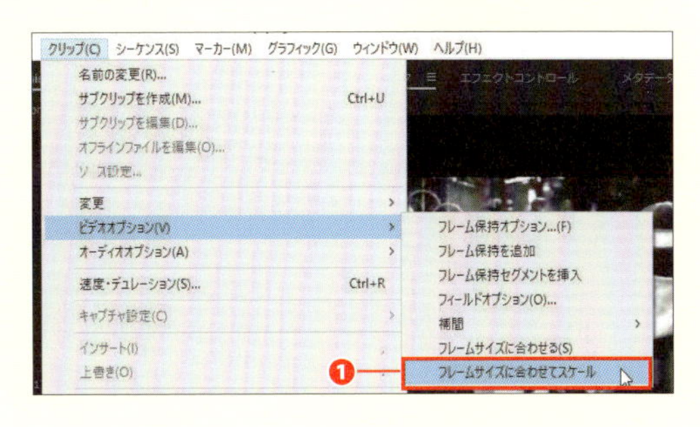

上下カットにする

METHOD 3

タイムラインでクリップを選択し、エフェクトパネルの [モーション] エフェクト→ [スケール] を調整して❷、左右のサイズをフレームに合わせます。このときに、[スケール] の [縦横比を固定] にチェックが入っていることを確認しましょう❸。構図によっては上下センターではバランスが悪い場合もあるので、そのときは [位置] の Y 座標を調整して上下位置を整えます❹。

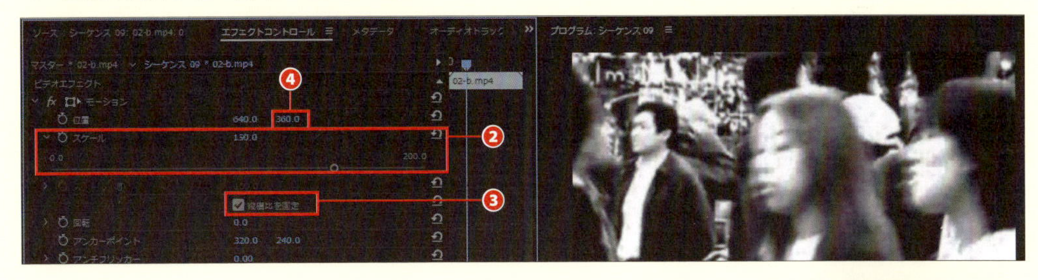

MEMO

[クリップ] → [フレーサイズに合わせる] コマンドは、この例とは逆に、「4：3」のアスペクトのシーケンスで「16：9」の素材を使う場合にも有効です。その場合は、左右のサイズが合わせられ、上下に黒の入った、いわゆる「レターボックス」になります。

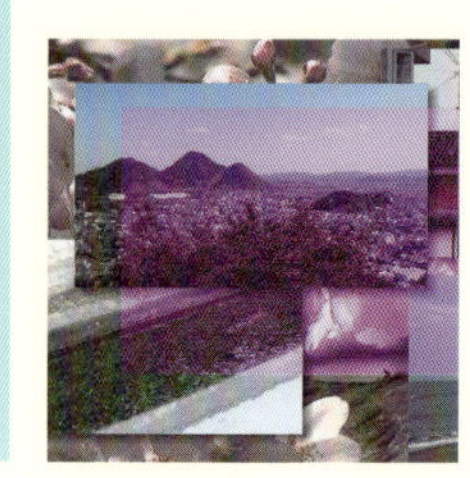

NO.
108 複数トラックに同時にエフェクトを適用する

［調整レイヤー］を使えば、複数のビデオトラックに、同時にエフェクトを適用し、カラーコレクションやアニメーションの手間を省くことができます。

STEP 1

プロジェクトパネルをアクティブにした状態で、［ファイル］→［新規］→［調整レイヤー］を選択します。［調整レイヤー］ダイアログが表示されるので❶、［幅］と［高さ］が使用するシーケンスの設定と合っていることを確認し、もしシーケンス設定と違っている場合には、［幅］［高さ］の値を書き替えます❷。［OK］ボタンをクリックすると、プロジェクトパネルに［調整レイヤー］が登録されます。

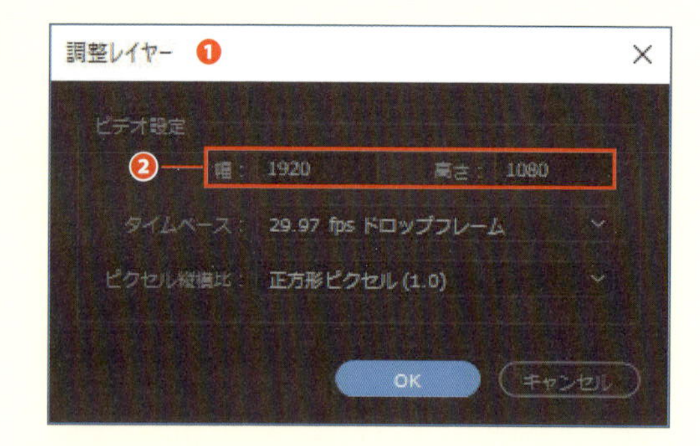

STEP 2

シーケンスのビデオトラックに、［調整レイヤー］を配置します❸。調整レイヤーの影響がおよぶ範囲は、調整レイヤーの下のすべてのトラックです。

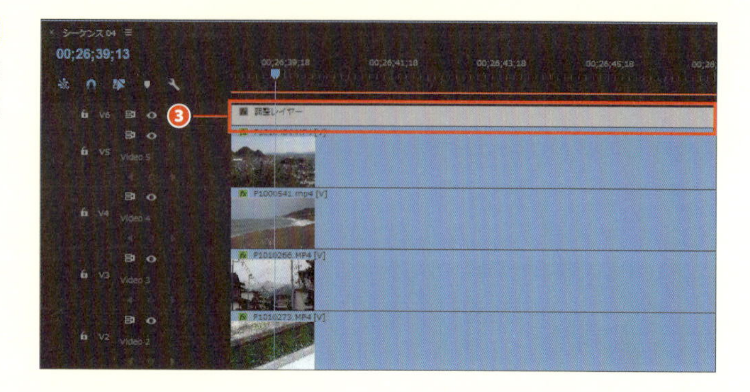

STEP 3

タイムラインの［調整レイヤー］に対して、エフェクトを適用し、エフェクトコントロールパネルで調整します。この例では［調整レイヤー］の下にあるクリップすべてを同一のカラーコレクションにしたいので［クイックカラー補正］を適用しています❹。調整の結果は、調整レイヤーが覆っているすべてのクリップに同時に適用されます。

026 画面の一部にだけエフェクトを適用する
122 マルチ画面に共通のエフェクトを適用する

STEP 4

［調整レイヤー］の基本エフェクト［モーション］でサイズや位置を変更すると❺、［調整レイヤー］の範囲だけが影響をうけます❻。これを使って、画面の一部を強調したり、ぼかしたり、といったことができます。エフェクトマスクを使って、部分的にエフェクトを適用することもできます。詳しくは「026 画面の一部にだけエフェクトを適用する」をご覧ください。

STEP 5

［調整レイヤー］には、あらゆるエフェクトが適用できます。例えば［基本 3D］を利用して複雑に配置された複数のビデオトラックのクリップを一律にスクロールさせるなど❼、従来ではネストして作業せざるをえなかったような効果も、シンプルな操作で実現できます。

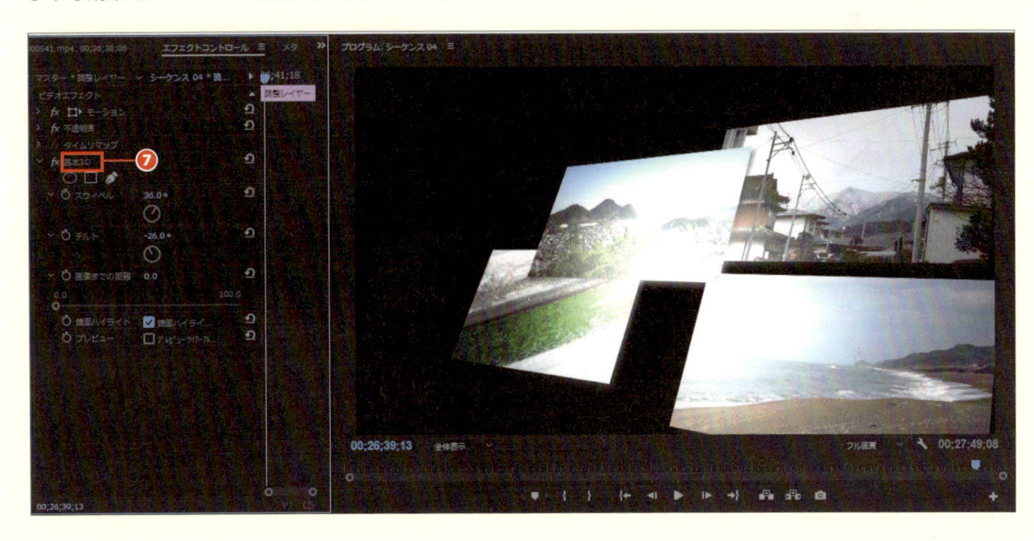

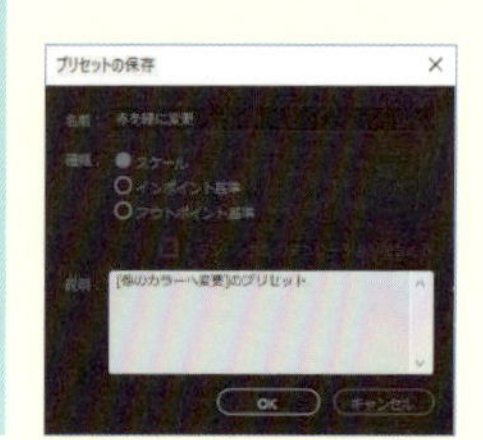

NO.

109 エフェクトプリセットを作成する

よく使うエフェクトの設定は［プリセット］として保存しておくと便利です。エフェクトパネルから再利用できるようになります。

STEP 1

エフェクトコントロールパネルで保存したいエフェクトをクリックして選択します❶。そして、パネル名の右側にあるパネルメニューから［プリセットの保存］を実行します❷。

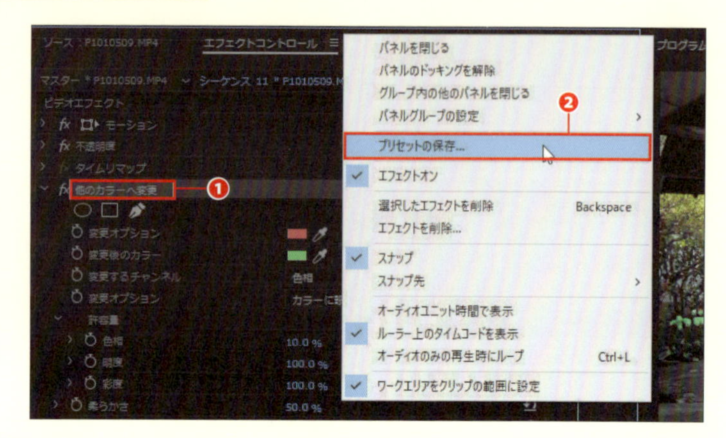

STEP 2

［プリセットの保存］ダイアログが表示されるので、［名前］と［説明］にプリセット名や説明を入力します❸。［種類］は、エフェクトをキーフレームでアニメーションさせている場合に、再利用先でキーフレームをどのように扱うかのオプションです❹。［スケール］を選ぶと、適用先のクリップの長さに応じてキーフレームの間隔を自動調整します。［インポイント基準］［アウトポイント基準］を選ぶと、キーフレームの間隔はそのままに、クリップのインポイント、アウトポイントを基準に配置されます。設定が済んだら［OK］ボタンをクリックします。

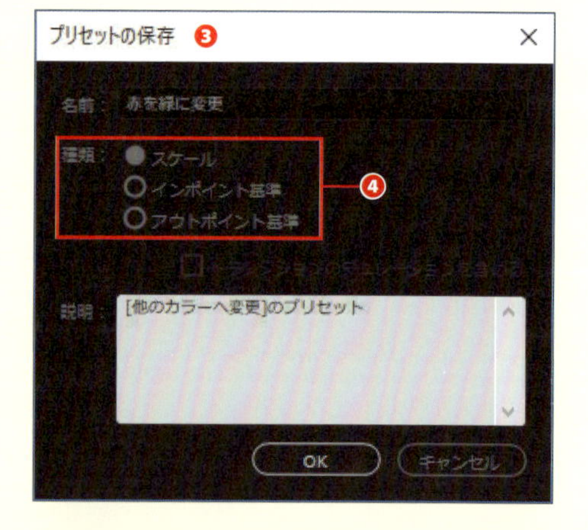

STEP 3

保存した［プリセット］は、エフェクトパネルの［プリセット］フォルダーに登録されます❺。クリップへの適用方法は、ほかのエフェクトと同様です。エフェクトパネルで選択し、クリップへドラッグして適用します。

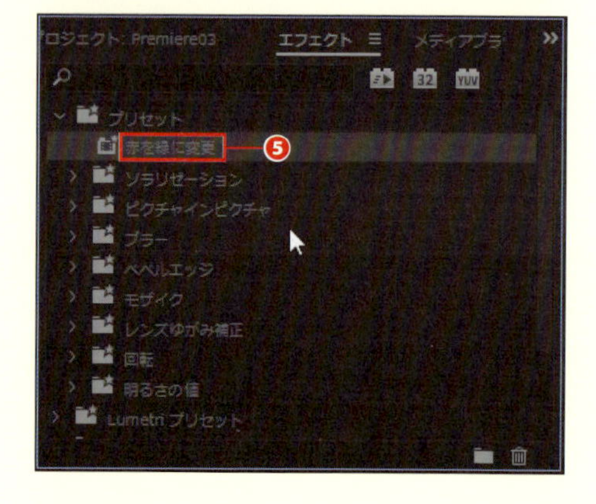

第6章 合成処理

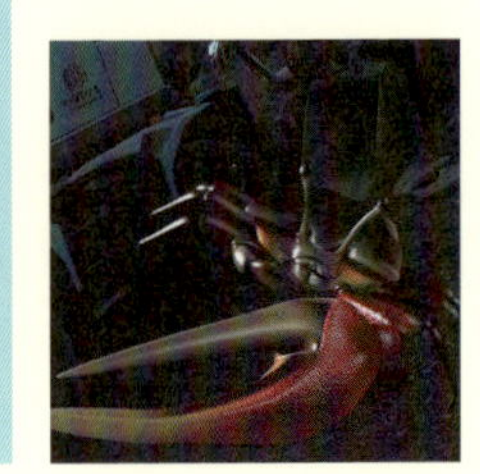

NO.
110 アルファチャンネルで合成する

各種グラフィックソフトや CG ソフトで作成した素材にアルファチャンネルが含まれていれば、簡単に合成できます。

STEP 1

デジタル画像は、赤（R）、緑（G）、青（B）の 3 つの色チャンネルを持っていますが、それ以外にも透明度を定義する「アルファチャンネル」を持たせることができます。❶は、Photoshop でアルファチャンネルを表示した画面です。赤い背景部分がアルファチャンネルで定義された透明な範囲です。

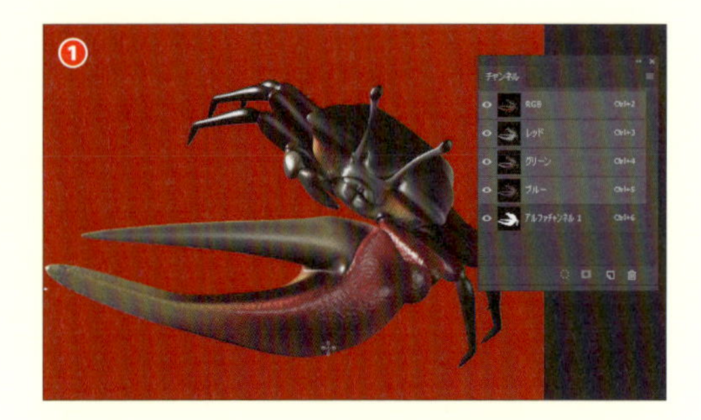

STEP 2

アルファチャンネルを持った素材を Premiere Pro に読み込み、タイムラインパネルに配置すると❷、アルファチャンネルが自動的に認識されて 1 つ下のビデオトラックに合成されます❸。

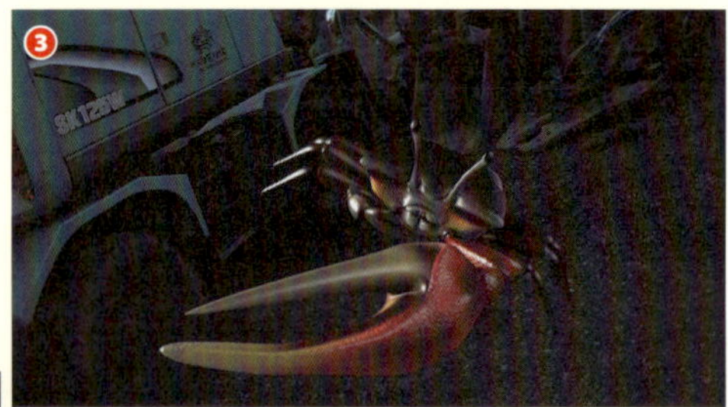

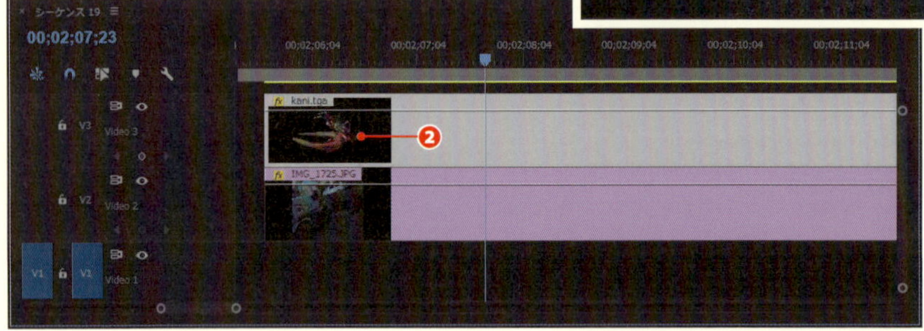

STEP 3

場合によっては、アルファチャンネルが不要になったり、反転したい場合があります。その場合には［ビデオエフェクト］→［キーイング］フォルダーにある［アルファチャンネルキー］を使用します❹。

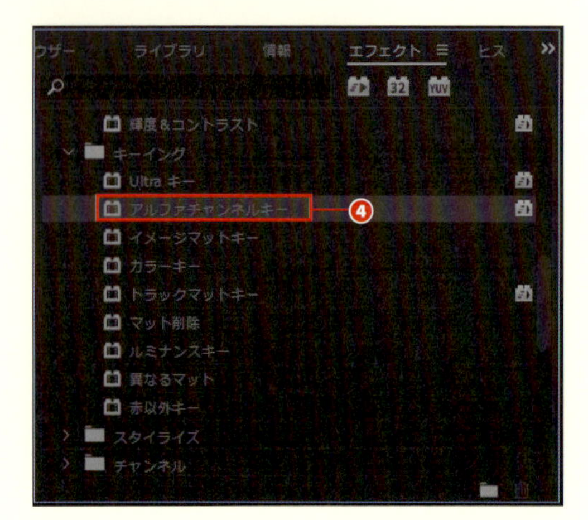

MEMO

［アルファチャンネルキー］は、アルファチャンネルを持っている素材だけではなく、［Ultra キー］や［ルミナンスキー］を適用したクリップにも有効です。その場合は、［Ultra キー］や［ルミナンスキー］の後（下）に適用します。

STEP 4

アルファチャンネルが不要な場合は［アルファを無視］❺❻、反転したい場合は［アルファを反転］にチェックを入れます❼。［アルファを反転］すると、透明部分と不透明部分が入れ替わります❽。［マスクのみ］は、RGBチャンネルを無視し、アルファチャンネルだけを生かす場合に使用します❾❿。一番上の［不透明度］は、アルファチャンネルの調整です⓫。値を下げると、半透明の状態で合成できます⓬。

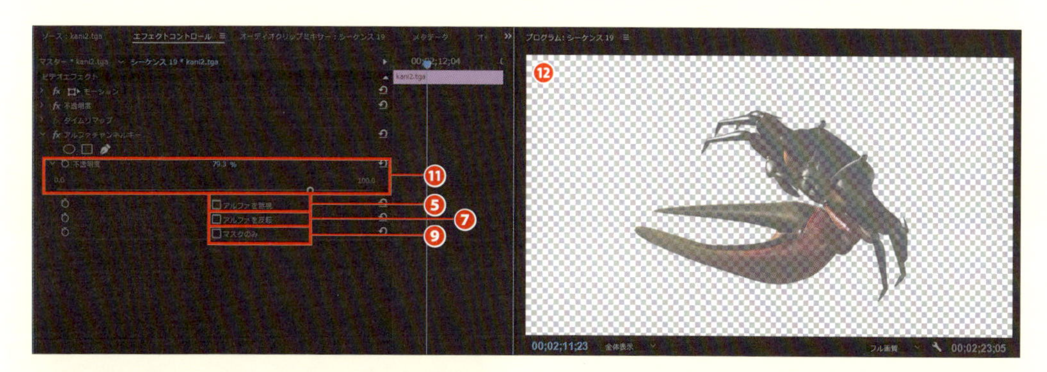

［アルファを無視］に設定

［アルファを反転］に設定

［マスクのみ］に設定

素材にアルファチャンネルを書き込む方法によっては、色チャンネルに透過情報状況が書き込まれている場合があり、エッジが汚くなってしまいます。その場合には、［キーイング］→［マット削除］を適用することで問題を解決できます。

［アルファを反転］と［マスクのみ］の両方にチェックを入れて、反転したアルファチャンネルだけを残すこともできます。

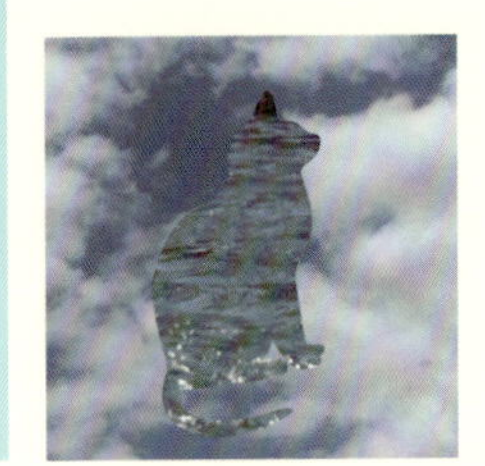

NO.
111 トラックマットで合成する［トラックマットキー］

トラックマットでは、クロマキーのようにクリップに含まれる情報でキーイングするのではなく、キーイング情報（マット素材）を別途用意して合成します。

STEP 1

Photoshopなどのグラフィックソフトや、Premiere Proのタイトル機能などを使って、マット素材を用意します❶。マット素材は、アルファチャンネルを含んだ状態で書き出すか、白黒の状態で書き出します。ここでは、Photoshopで作成した白黒画像を使います。

MEMO

ここで使う［トラックマットキー］エフェクトでは、アルファチャンネルとルミナンスを使ったマット素材が使用できます。

STEP 2

タイムラインパネルでビデオトラックを3本用意し、下から「背景」❷「合成したいクリップ」❸「合成に使うマット」❹の順に配置します。

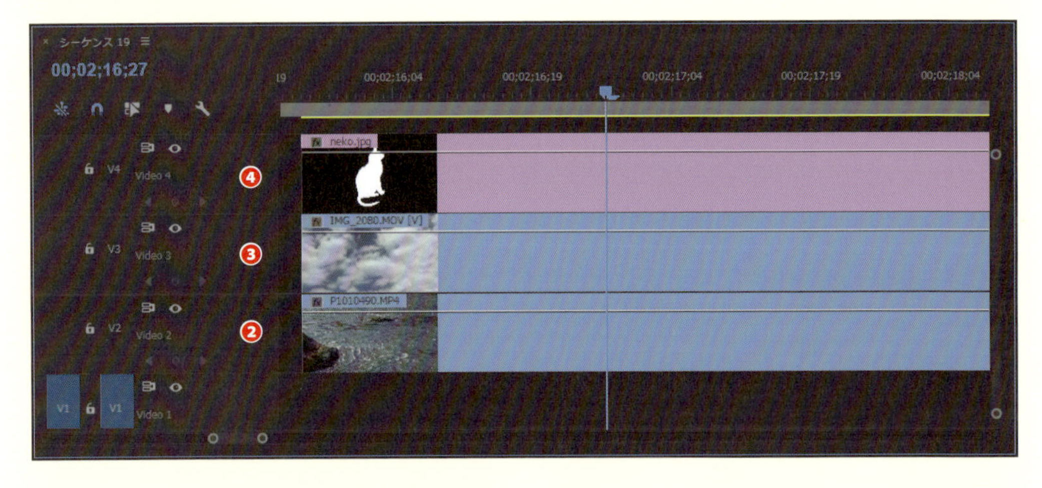

背景

合成したいクリップ

STEP 3

真ん中に配置した「合成したいクリップ」に、[ビデオエフェクト]→[キーイング]の[トラックマットキー]を適用します❺。そして[マット]で「合成に使うマット」を配置したビデオトラック(ここでは[Video 4])を指定します❻。

STEP 4

続いて[コンポジット用マット]でマットの形式を指定します❼。白黒画像をマットにする場合は[ルミナンスマット]、アルファチャンネルをマットにする場合は[アルファマット]を指定します。これで合成処理は終了です❽。

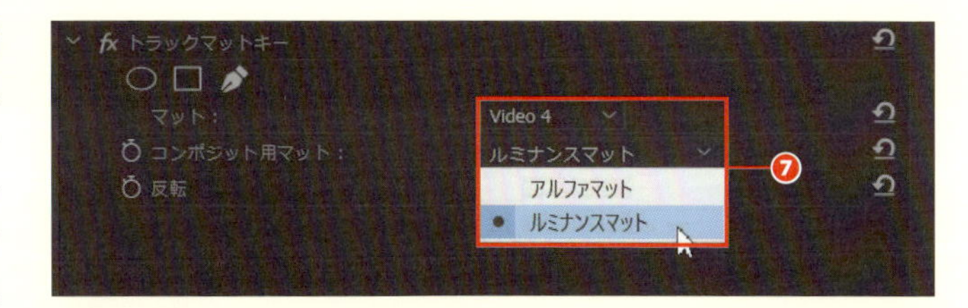

STEP 5

エフェクトコントロールパネルの一番下にある[反転]にチェックを入れると❾、マットが反転して、合成される範囲が入れ替わります❿。

MEMO

マット素材を[モーション]エフェクトなどでアニメーションさせれば、切抜きの範囲を動かすこともできます。また、マット素材にはムービーファイルも使えるので、CGソフトなどでアニメーションさせた「動くマット」を作り利用することも可能です。

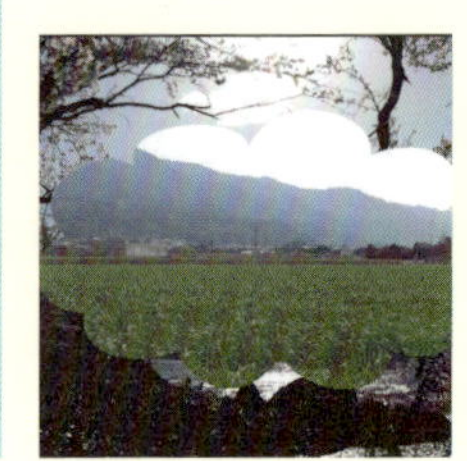

NO.
112 静止画をマスクにして合成する[イメージマットキー]

[イメージマットキー]は、静止画の白黒部分やアルファチャンネルを使ってビデオ素材を切り抜きます。

STEP 1
Photoshopなどのグラフィックソフトや、Premiere Proのタイトル機能などを使って、マット素材を用意します。マット素材は、アルファチャンネルを含んだ状態で書き出すか、白黒の状態で書き出します。ここでは、Photoshopで作成した白黒画像を使います❶。

白黒素材の場合は、黒い部分が透明になります（初期設定）

STEP 2
タイムラインパネルでビデオトラックを2本用意し、背景画像を下のビデオトラックに❷、切り抜いて合成したいクリップを上のビデオトラック（[Video 2]）に配置します❸。そして切り抜きたいクリップに［ビデオエフェクト］→［キーイング］フォルダーの[イメージマットキー]エフェクトを適用します❹。

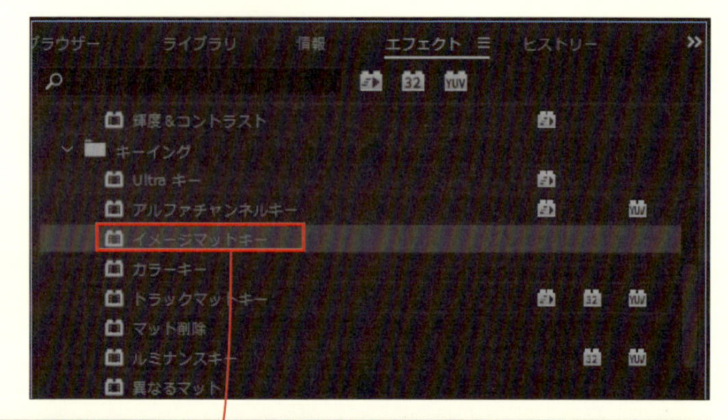

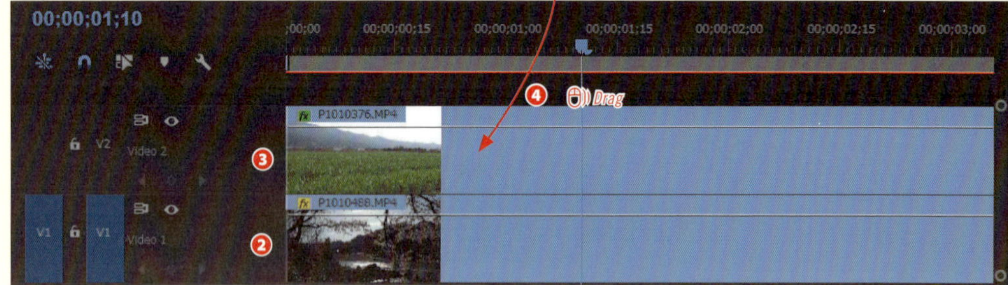

STEP 3
エフェクトコントロールパネルで［イメージマットキー］の右側にある［設定］ボタンをクリックします❺。

STEP 4

［マットイメージの選択］ダイアログが表示されるので、STEP1で用意したマット素材を選択し❻、［開く］ボタンをクリックします。

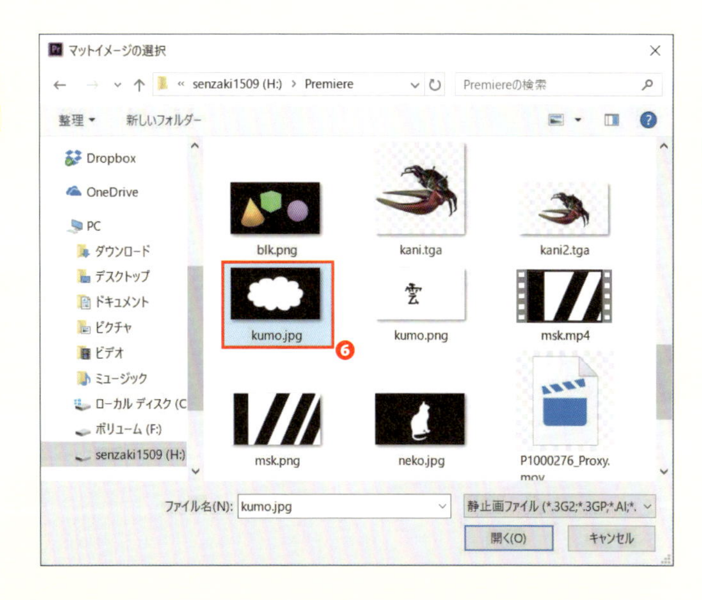

STEP 5

［コンポジット用マット］でマットの形式を選択します。アルファチャンネルを含んだ画像の場合は［アルファマット］、白黒画像の場合は［ルミナンスマット］を選択します❼。これで合成処理は終了です❽。

STEP 6

エフェクトコントロールパネルの一番下にある［反転］にチェックを入れると❾、マットが反転して、合成される範囲が入れ替わります❿。

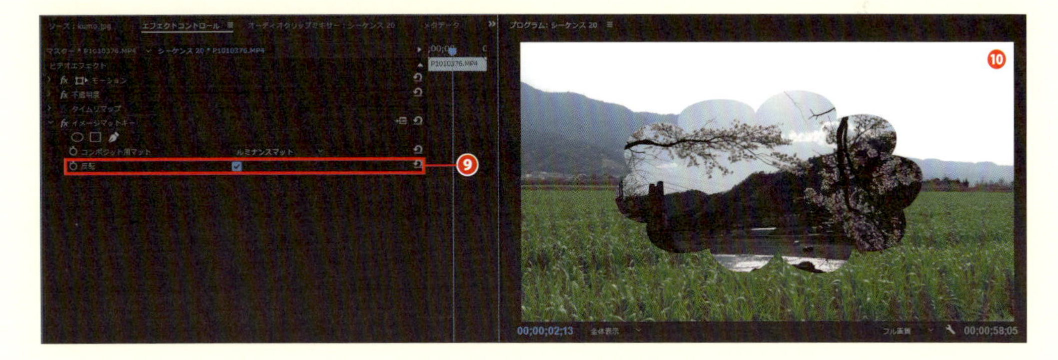

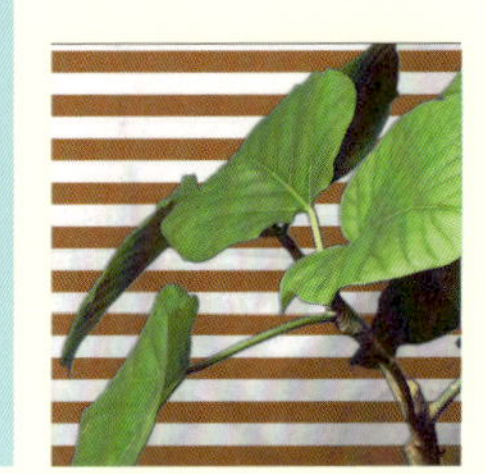

NO.

113 クロマキーで合成する①基本［Ultraキー］

［Ultra キー］エフェクトを使うと、ブルーやグリーンなど、特定の色をバックに撮影された素材を切り抜き、背景と合成できます。

STEP 1

タイムラインに、ビデオトラックを2本用意し、下のトラックに背景画像❶、上のトラックにブルーやグリーン背景などで撮影した合成する素材を配置します❷。合成するクリップに［ビデオエフェクト］→［キーイング］→［Ultra キー］を適用します❸。

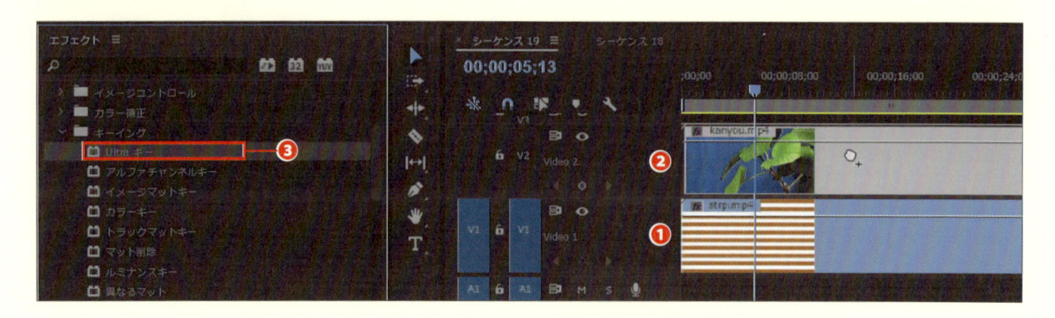

STEP 2

まず［キーカラー］で透明にする背景色を設定します。スポイトツール❹を使ってプログラムモニターから拾うか❺、カラーサンプル❻をクリックして［カラーピッカー］ダイアログから選択します。選択した色を中心にマットが生成され、透明になります。

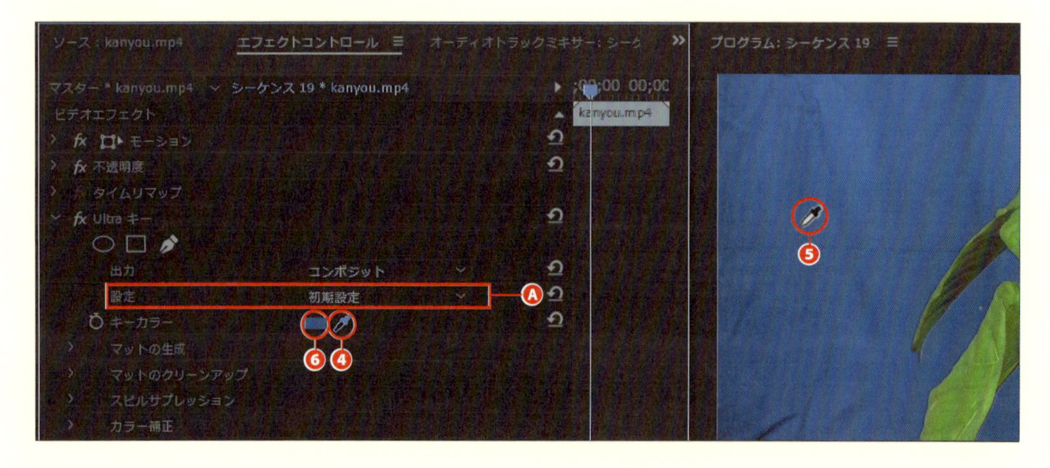

MEMO

［設定］では、調整の初期値を［初期設定］と［弱］［強］から選択できますⒶ。STEP2での操作結果が思わしくない場合は［弱］や［強］を試してみて、よりうまく合成できる設定を元に以降の作業を行います。

114 クロマキーで合成する②スピル除去［Ultra キー］
115 クロマキーで合成する③カラー補正［Ultra キー］

STEP 3

次に「抜け」の細かい調整をしていきます。まず［マットの生成］を展開して、各パラメーターの調整スライダーを表示します❼。各パラメーターの詳細は、表の通りです。

設定項目	内容
透明度	マットの透明度、つまり「抜け」を調整します。値を上げていくと透明度が増し、[0] ではマットの効果がなくなります。このスライダーを上げ下げして、透明にしたい範囲を確定します
ハイライト	透明にして抜いた範囲のうち、元々の輝度が高い部分の不透明度を調整することができます。例えば背景色の前にガラスがあり、そこに写り込んでいる光を残したい場合などに、このパラメーターの調整が効いてきます
シャドウ	[ハイライト] の逆で、透明にして抜いた範囲のうち、輝度が低い部分の不透明度を調整できます。例えば背景色に落ちた微妙な影を残したい場合などに有効です
許容量	ここまで調整した結果に対して、どの程度の誤差を認めるかを設定します。値を上げていくと許容量が上がり、より広い範囲の色や輝度が透明になります
ペデスタル	ここまでの調整で生成したマットのノイズを取ってきれいにするオプションです。収録された色のズレやノイズ成分によってできたマットの汚れを取って均一なマットを作ります

STEP 4

続いて、マットの微調整をします。［マットのクリーンアップ］を展開し、各パラメーターの調整スライダーを表示します❽。各パラメーターの詳細は、次ページの表の通りです。この調整が合成作業のキモになるので、プログラムモニターの表示を 100%以上に設定し、エッジの様子を拡大しながら作業するとよいでしょう。

設定項目	内容
チョーク	マットのエッジ、つまり透明にする部分と残す部分の境目を調整します。値を上げていくと透明部分の範囲が狭まり、残したい部分を「食う」ようになります
柔らかく	マットのエッジにぼかしを加える調整です。エッジがギザギザしている場合、この値を調整して透明部分のエッジを微妙にぼかしてなじませます
コントラスト	マットの強さを調整します。値を上げていくとコントラストが強くなり、微妙な影や映り込みが消えていきます
中間ポイント	［コントラスト］の調整の基準を変更できます。値を上げていくとよりコントラストが弱い方向に調整されます

STEP 5

［出力］で［アルファチャンネル］を選択すると❾、プログラムモニターにマットを表示できます❿。状況に応じて切り替えながら作業するとよいでしょう。

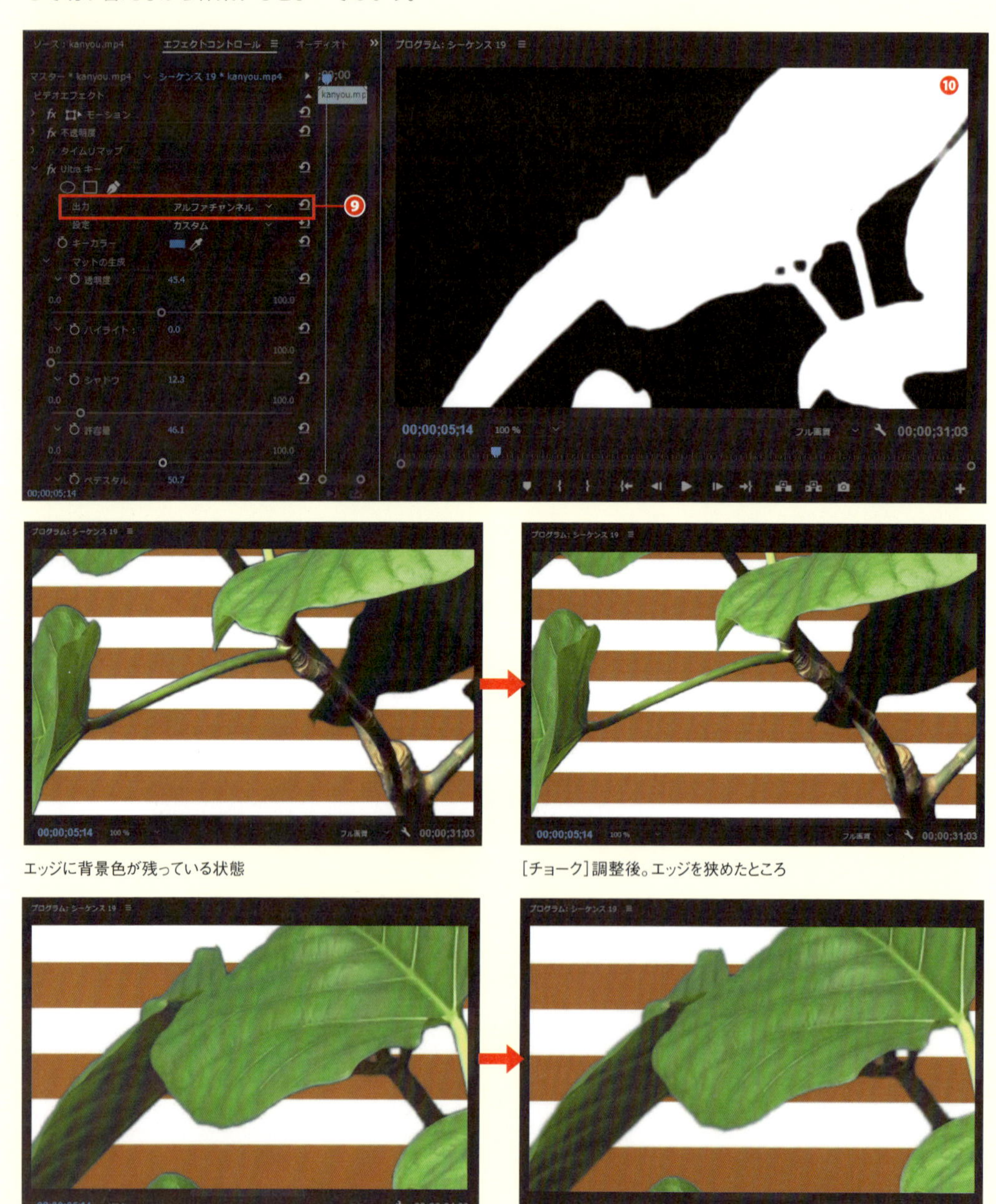

エッジに背景色が残っている状態

［チョーク］調整後。エッジを狭めたところ

エッジがギザギザしている状態

［柔らかく］調整後。エッジがソフトになりました

NO.
114 クロマキーで合成する② スピル除去［Ultraキー］

被写体に写り込んだ合成用の背景色を取り除く作業が「スピル除去」です。［Ultra キー］では［スピルサプレッション］という機能を使います。

STEP 1

［スピルサプレッション］では、被写体に影響している背景色を目立たなくすることができます❶。合成用素材を撮影する際に、グリーンやブルーの背景と被写体の距離が近すぎる場合など、背景色が微妙に被写体に反射したり、かぶったりして合成後も残ってしまう場合があります。これを「スピル」と呼びます。［スピルサプレッション］には、4つのパラメーターがあります。詳しくは、以下の表をご覧ください。

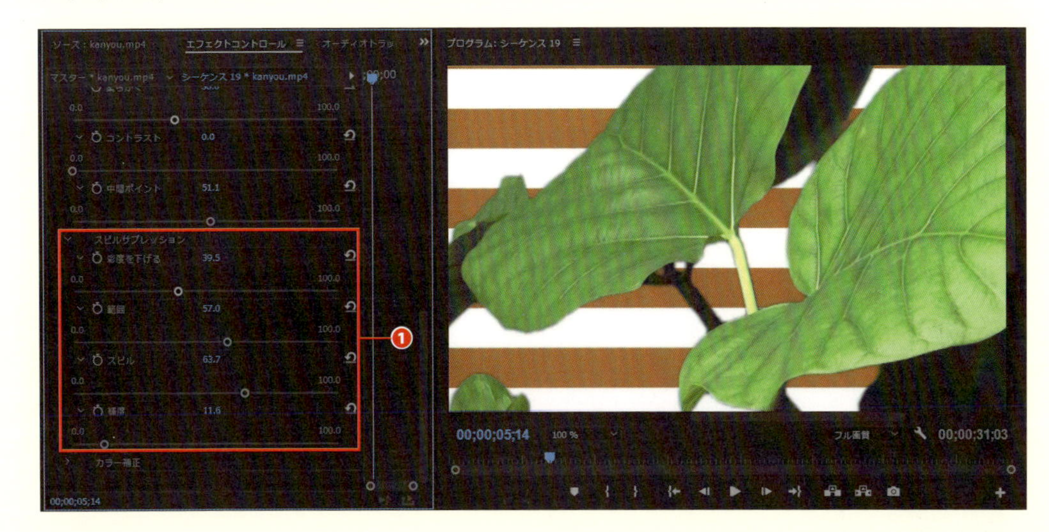

設定項目	内容
彩度を下げる	スピルの彩度を下げ、グレーにすることによって目立たなくできます
範囲／スピル	補正するスピルの範囲や量を調整します。値を上げていくと補正の範囲がより広範囲になります
輝度	スピルの輝度を調整して被写体の輝度になじませることができます

MEMO

ここで紹介した［スピルサプレッション］や、次項の［カラー補正］を調整しても、背景と前景とのマッチングがいまひとつの場合には、背景、前景（合成用素材）の双方に各種色補正用エフェクトを適用して、色やコントラストを合わせ込んでいきます。その場合には、色補正用フィルターは必ず［Ultra キー］の後（下）に適用してくださいⒶ。そうしないと、背景色に影響をおよぼし、［Ultra キー］での調整が台なしになってしまいます。

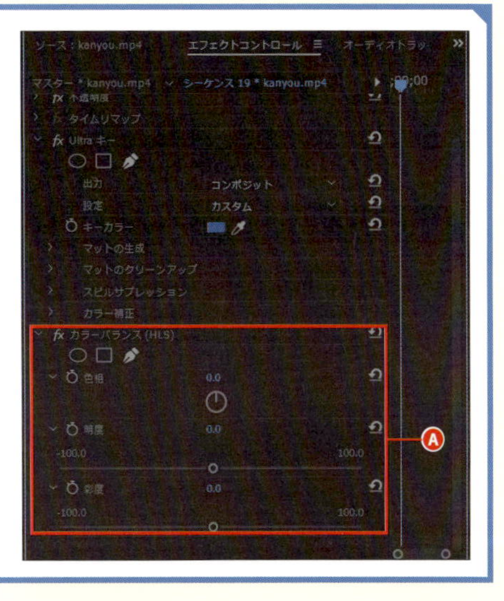

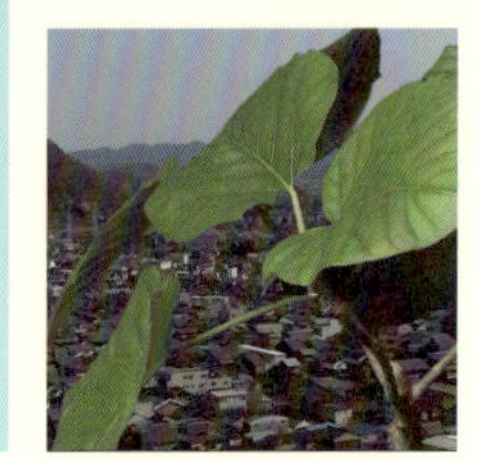

NO. 115 クロマキーで合成する③ カラー補正［Ultraキー］

［Ultra キー］の［カラー補正］を使うと、合成した被写体のトーンを調整して、背景になじませることができます。

STEP 1

背景に合成用素材を重ねた場合、双方の輝度や彩度が合っていないとしっくりした合成にはなりません。そのような時には、［Ultra キー］の［カラー補正］が役立ちます❶。**合成素材のトーンを調整して、背景のトーンになじませることができます**。［カラー補正］には、3つのパラメーターがあります。詳しくは、以下の表をご覧ください。

設定項目	内容
彩度	被写体の彩度を調整します。「0」ではモノクロになり、値を上げていくと彩度が上がり、鮮やかになっていきます
色相	色相を調整して色を転がすことができます
輝度	被写体の明るさを調整します

背景と前景の色調があっていない状態

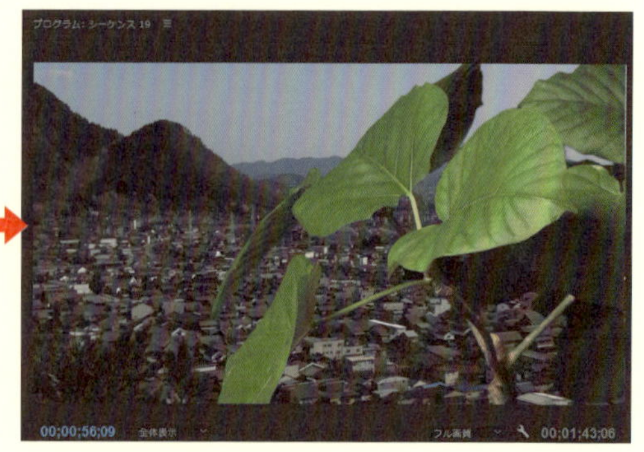

［カラー補正］で彩度を下げ、黄色みを入れて背景になじませた状態

NO.
116 そのほかのクロマキーエフェクト

Premiere Pro には、［Ultra キー］エフェクト以外にも、いくつかのキーイングエフェクトが用意されています。

カラーキー

［カラーキー］はクロマキー合成ができるエフェクトですが、［Ultra キー］に比較してあまり細かい調整はできません。その代わりに調整項目が少なくシンプルなので、単純なクロマキー素材からマスクを取り出すなど、ちょっとしたキーイングに手軽に使えます。［キーカラー］でキーイングする色を選択して❶、［カラー許容量］でキーイングの度合いを調整❷、［エッジを細く］［エッジのぼかし］を使って、マスクのエッジを補正します❸。

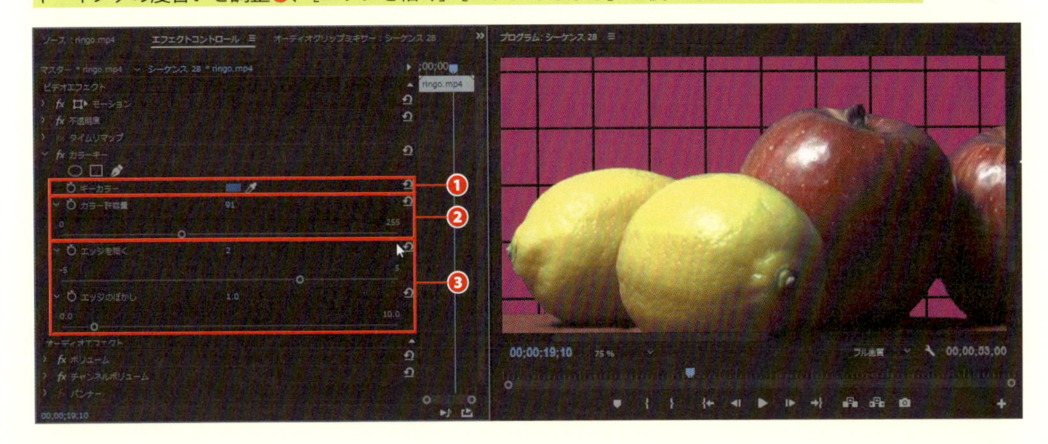

赤以外キー

METHOD 2

［赤以外キー］は、グリーンやブルーバック素材の合成に使います。［しきい値］と［カットオフ］のスライダーで調整していく❹、シンプルなクロマキーエフェクトです。マスクのエッジ調整は、青か緑のクロマキー色に応じた［フリンジ除去］と３段階の［スムージング］で行います❺。

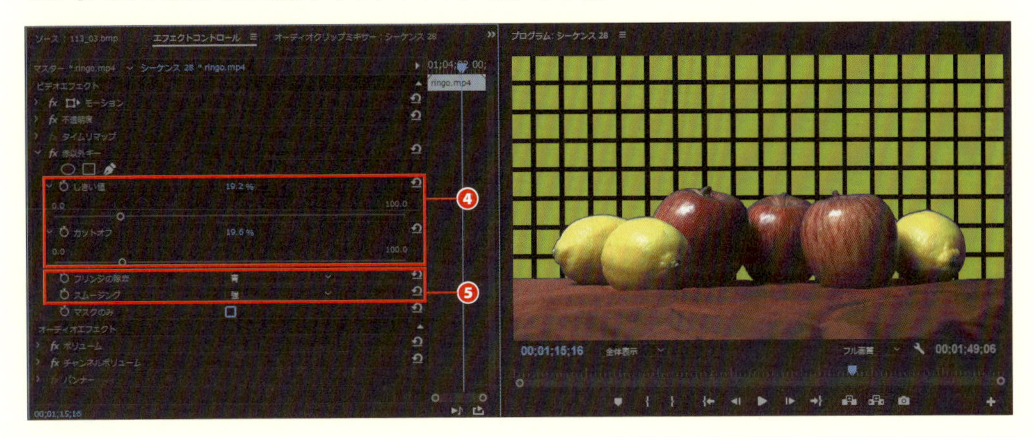

そのほかにも、２つの画像を比較して共通部分を透明化する［異なるマット］といったユニークなキーイングエフェクトもあります。

113 クロマキーで合成する①基本［Ultra キー］

NO.
117 黒バックや白バックで合成する[ルミナンスキー]

明るさの信号を使って、暗い部分や明るい部分を透明化するキーイングが［ルミナンスキー］です。黒バックの素材を合成するときに使います。白バックの素材も合成できます。

STEP 1

ビデオトラックを２本用意し、下のトラックに背景画像❶、上のトラックに黒バックで作成（撮影）した素材を配置します❷。そして黒バックで作成した素材に［ビデオエフェクト］→［キーイング］フォルダーの［ルミナンスキー］を適用します❸。

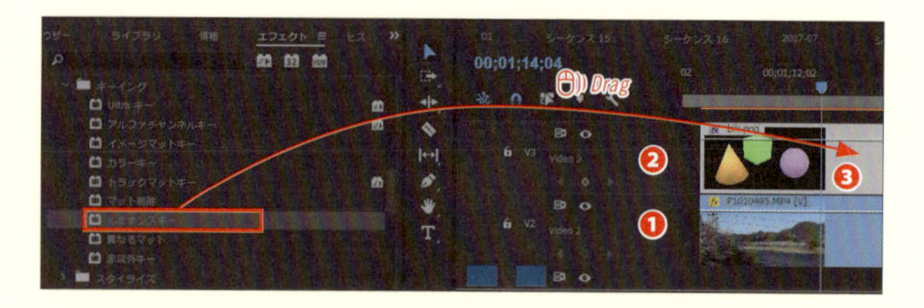

STEP 2

まず［しきい値］で透明化する「明るさ」を設定します❹。スライダーを左右に動かして、背景が最も透明になるように調整します。次に［カットオフ］で、［しきい値］で設定した不透明部分の濃さを調整します❺。［しきい値］を低め❻、［カットオフ］を高めに設定することで❼、白バックの素材など❽、明るい部分を透明化することも可能です❾。

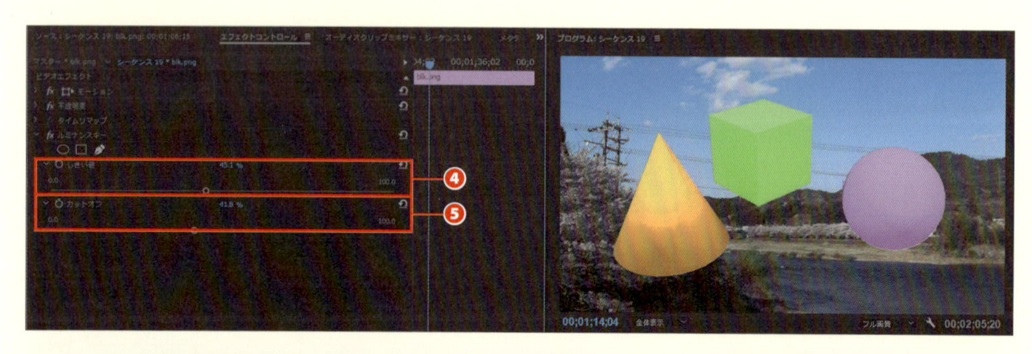

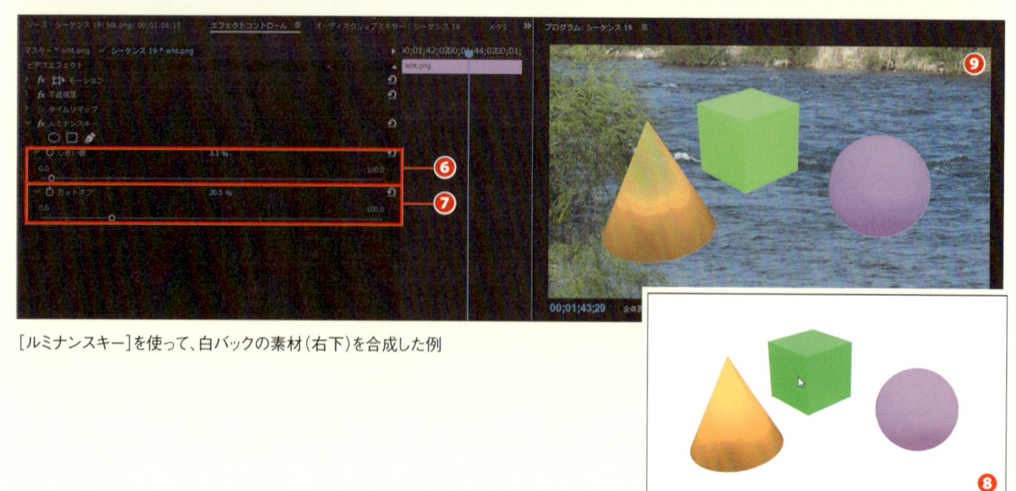

［ルミナンスキー］を使って、白バックの素材（右下）を合成した例

NO.
118 ピクチャ・イン・ピクチャを作る

画面に小画面を入れて合成することを「ピクチャ・イン・ピクチャ」と呼びます。作成には、各種の画像を縮小できるエフェクトを使用します。

STEP 1 タイムラインパネルにビデオトラックを2本用意し、下のトラックに背景になるクリップ❶、上のトラックに小画面になるクリップを配置します❷。

STEP 2 小画面になるクリップに各種の画像を縮小できるエフェクトを適用します。単純に縮小するだけなら、基本エフェクトの［モーション］、小画面に角度をつけて3次元的な効果を狙う場合には、［ディストーション］フォルダーの［変形］❸や［コーナーピン］、［遠近］フォルダーの［基本3D］などを使用します。

［変形］エフェクトで小画像を縮小し、パースをつけた例

MEMO

小画面の四辺をトリミングしたい場合には、上記エフェクトに加えて［トランスフォーム］フォルダーの［クロップ］エフェクトを併用します。その場合には、［クロップ］を最初に適用するようにします。

MEMO

Premiere Pro には、ピクチャ・イン・ピクチャ用のプリセットが用意されています。エフェクトパネルで［プリセット］→［ピクチャインピクチャ］→［25% ピクチャインピクチャ］フォルダーを開いてください。その中に小画面を25%縮小するピクチャ・イン・ピクチャのバリエーションが入っているので、クリップにドラッグ＆ドロップして適用します。

119 小画面に縁取りをする
120 小画面に［ドロップシャドウ］を付ける

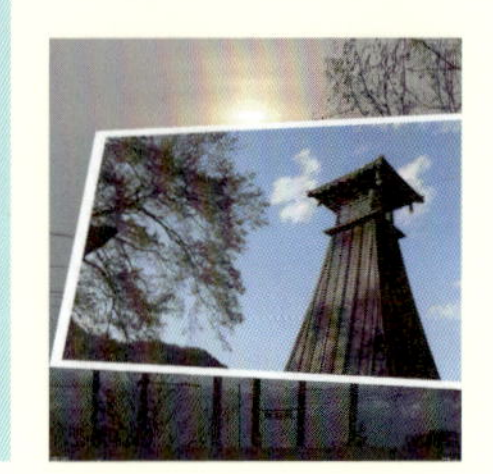

NO.

119 小画面に縁取りをする

ピクチャ・イン・ピクチャの小画面に縁取りを付けると、小画面を背景からくっきりと浮き立たせることができます。これにはいくつかの方法があります。

カラーマットを使う

METHOD 1

縁取りしたい小画面❶のトラックの下に、縁取りの色に設定したカラーマットを配置します❷。次に、小画面のクリップを選択して［編集］→［コピー］を実行。続いて、カラーマットを選択して［編集］→［属性のペースト］を実行します。こうすることで、小画面とカラーマットがぴったりと重なります。最後に小画面を選択して、エフェクトパネルの［モーション］→［スケール］を使って縁取りの幅だけ縮小します❸。こうして作った素材は、小画面と縁取り用カラーマットを［ネスト］して使用すると使い勝手が向上します。［属性のペースト］については、「203 別のクリップから属性をペーストする」で詳しく解説しています。

S コピー▶ Ctrl ＋ C （⌘ ＋ C）
属性のペースト▶ Ctrl ＋ Alt ＋ V （⌘ ＋ Option ＋ V）

118 ピクチャ・イン・ピクチャを作る
120 小画面に［ドロップシャドウ］を付ける

［放射状シャドウ］を使う

METHOD 2

小画面に［遠近］フォルダーの［放射状シャドウ］を適用します❹。本来このエフェクトは、アルファチャンネルを元にシャドウを落とす目的で作られていますが、ここでは縁取りを生成するために使います。［放射状シャドウ］を展開し、一番下の［レイヤーのサイズを変更］にチェックを入れます❺。次に［シャドウのカラー］を縁取りの色に設定します❻。そして［不透明度］を［100%］に設定します❼。［光源］の値を変更してシャドウがうまく小画面を均一に縁取るようにし、最後に［投影距離］で縁取りの太さを設定します❽。［柔らかさ］を調整するとソフトな縁取りにすることもできます❾。

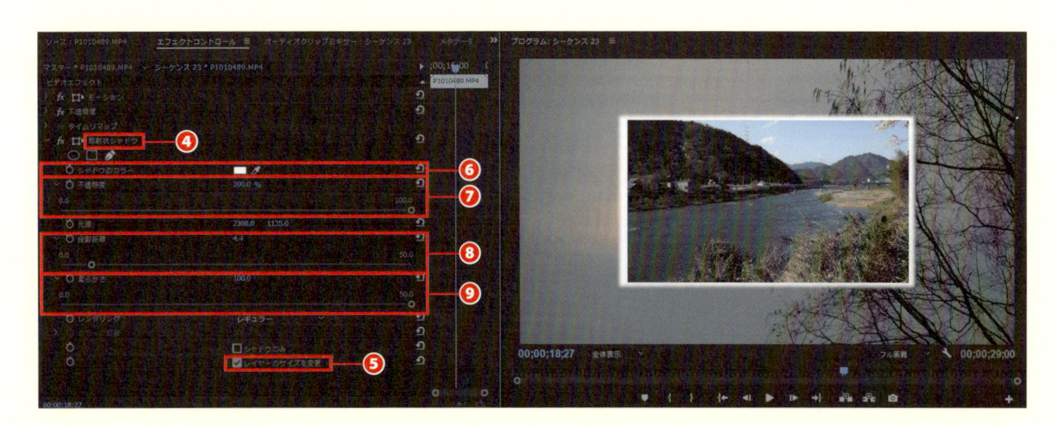

［ベベルエッジ］を使う方法

METHOD 3

［ベベルエッジ］を使うと、面取りしたガラスのような立体的な縁取りを付けることができます。［遠近］フォルダーの［ベベルエッジ］を小画面に適用し❿、［エッジの太さ］で縁取りの幅を設定します⓫。［ライトの角度］⓬と［ライトの強さ］⓭で立体感を調整します。縁取りの光が当たったようになっている部分は［ライトのカラー］で色を変更できます⓮。［ベベルエッジ］を［変形］や［基本３D］のようなパースを付けるエフェクトと同時に使う場合には、それらのエフェクトの前（上）に適用します。

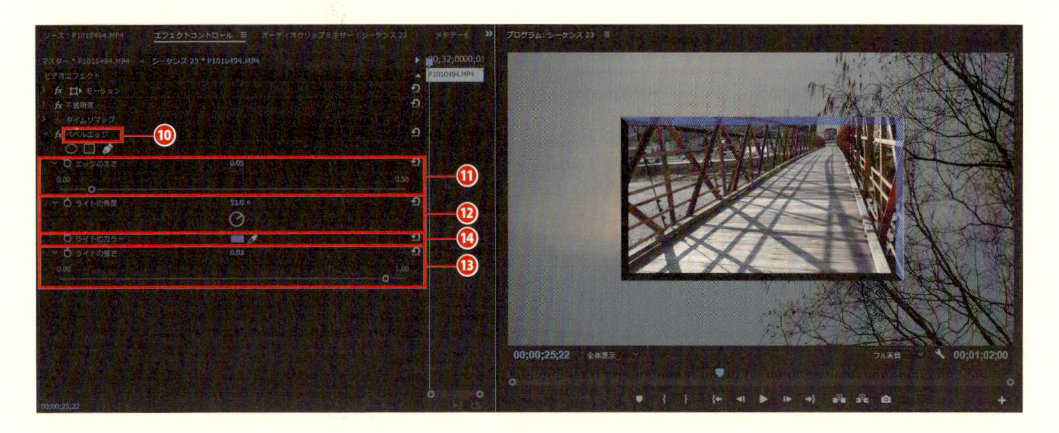

NO.

120 小画面に[ドロップシャドウ]を付ける

ピクチャ・イン・ピクチャの小画面など、合成した素材の背後に影を落とすことができます。影を付けるには［ドロップシャドウ］や［放射状シャドウ］エフェクトを使います。

［ドロップシャドウ］を使う

METHOD 1

クリップに［ビデオエフェクト］→［遠近］フォルダーの［ドロップシャドウ］を適用します。まず［シャドウのカラー］で影の色を決めます❶。カラーサンプルをクリックして表示される［カラーピッカー］ダイアログで色を選択するか、スポイトツールを使ってプログラムモニター上から色をピックアップします。次に［不透明度］で影の濃さ、［方向］で影が落ちる方向、［距離］で影の長さを設定していきます❷。［柔らかさ］の値を上げていくと影のぼかしが強くなります❸。

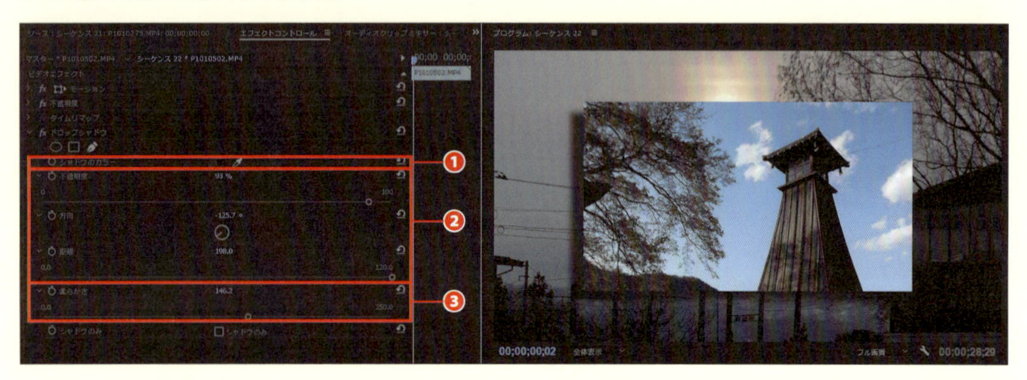

［放射状シャドウ］を使う

METHOD 2

クリップに［ビデオエフェクト］→［遠近］フォルダーの［放射状シャドウ］を適用します。このエフェクトは仮想のライトを想定し、その位置や距離をコントロールすることでシャドウを作り出します。まず［レイヤーのサイズを変更］にチェックを入れ❹、小画面の外の範囲にシャドウが落ちるようにします。［シャドウのカラー］でシャドウの色❺、［不透明度］で影の透け具合を調整します❻。［光源］の数値をドラッグして影の位置を決めます❼。左が横方向、右が縦方向です。［投影距離］でシャドウの長さ❽、［柔らかさ］で影のぼかしを調整します❾。［レンダリング］❿で［ガラスエッジ］を選択すると、小画面に［不透明度］を設定していたり、アルファチャンネルが含まれている場合、それがシャドウの色や濃さに反映されるようになります。

［レンダリング］で［ガラスエッジ］を選択し、合成素材（右図）の色をシャドウに反映させた例

118 ピクチャ・イン・ピクチャを作る
119 小画面に縁取りをする

NO.
121 マルチ画面を作る

ピクチャ・イン・ピクチャの小画面の数が増えると「マルチ画面」になります。基本的な作成方法は、ピクチャ・イン・ピクチャと同様です。

STEP 1

タイムラインパネルで「画面の数プラス背景分」のビデオトラックを用意し、それぞれのトラックにクリップを配置します。ここでは3つの小画面❶と背景❷のトラックを用意しました。まず一番上のトラックに配置してあるクリップを基本エフェクトの［モーション］で縮小し、小画面のサイズを決めます。

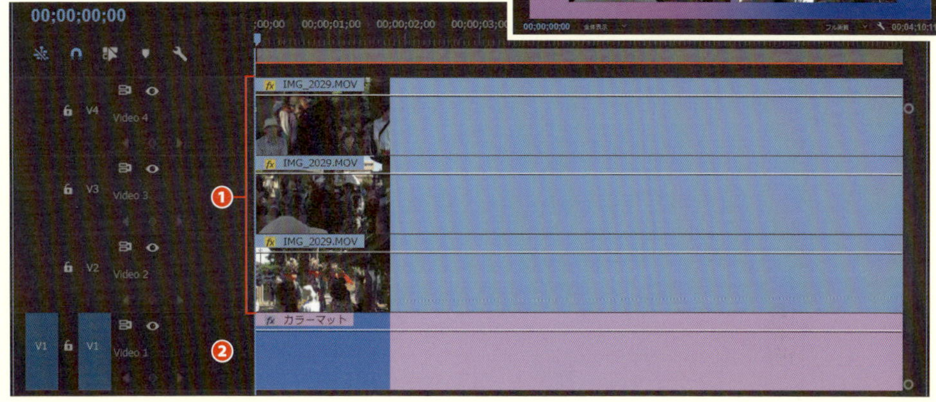

STEP 2

続いて、画面のサイズを揃える作業に移ります。タイムラインの一番上に配置したクリップに画面サイズを合わせてみましょう。サイズを決めた一番上のクリップを選択し❹、［編集］→［コピー］を実行します。そして、タイムラインパネルで残りのクリップを選択ツールで囲むようにして選択し、［編集］→［属性のペースト］を実行します❺。これですべての小画面のサイズが同じになります。このあと、基本エフェクトの［モーション］を使ってそれぞれの小画面を移動し、レイアウトを整えます❻。

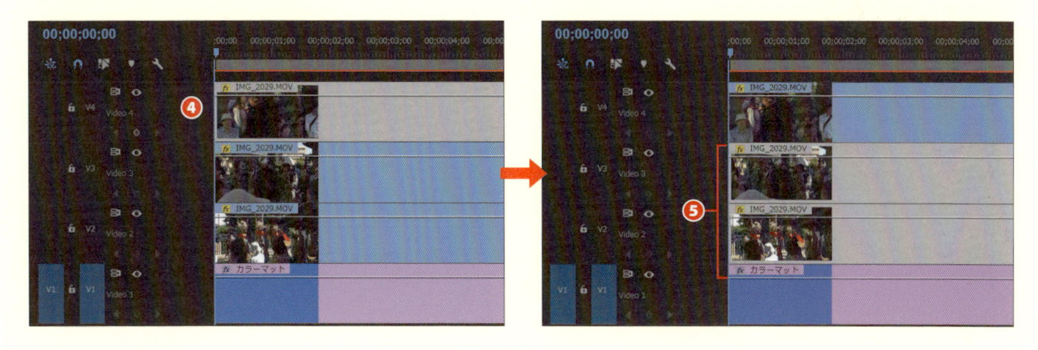

MEMO

［属性のペースト］コマンドは、エフェクトの設定をペーストすることもできます。ここで解説したサイズを揃える以外にもいろいろな場面で役立ちます。「203 別のクリップから属性をペーストする」で詳しく解説しています。

118 ピクチャ・イン・ピクチャを作る
203 別のクリップから属性をペーストする

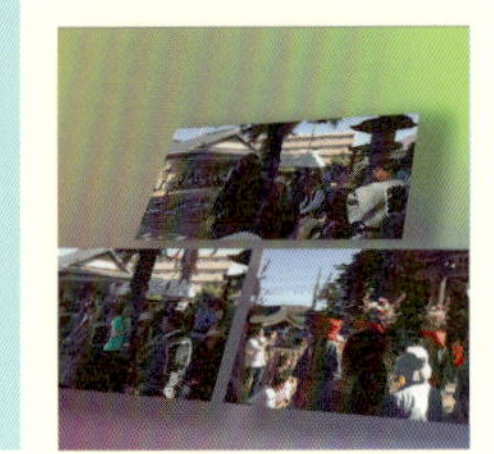

NO.

122 マルチ画面に共通のエフェクトを適用する

マルチ画面を作る際、マルチ画面の小画面に共通のエフェクトを適用するには、ネストしてから作業します。

STEP 1

タイムラインパネルで、背景になるクリップを一番下のビデオトラックに配置します❶。その上のビデオトラックにマルチ画面になるクリップを配置して❷、サイズ、位置を整えます。終わったら**背景クリップ以外をすべて選択**します。そして**［クリップ］→［ネスト］を実行**します。クリップのネストに関しては「014 クリップをネストする」もご覧ください。

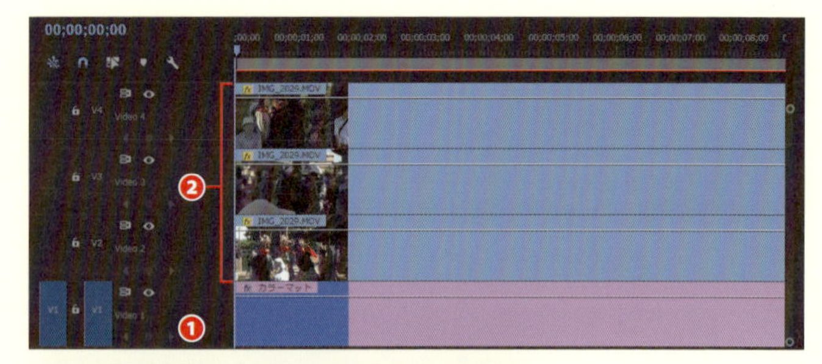

ここでは3つの小画面を設定しました

STEP 2

ネストされたクリップ❸に［基本3D］❹や［放射状シャドウ］❺などのエフェクトを適用し、設定していきます。するとすべての小画面にエフェクトが適用されます。

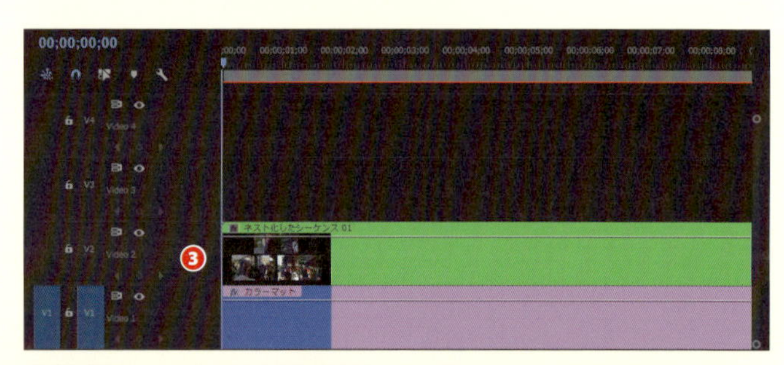

［基本3D］と［放射状シャドウ］を適用した例

108 複数トラックに同時にエフェクトを適用する
121 マルチ画面を作る

NO.
123 合成素材の周囲をグローさせる［アルファグロー］

キーイングされた素材の透明な部分にはアルファチャンネルが生成されています。これを使ってグロー（発光）を作り出すのが［アルファグロー］エフェクトです。

STEP 1

合成したクリップに［ビデオエフェクト］→［スタイライズ］フォルダーの［アルファグロー］を適用します❶。キーイングエフェクトと併用する場合には、キーイングエフェクトの直後（直下）に適用するようにします。［グロー］でグローの幅❷、［明るさ］でグローの強さを調整します❸。グローの色は［開始色］で設定します❹。［開始色］のカラーサンプルをクリックすると［カラーピッカー］ダイアログが表示されるので、そこから色を指定するか、スポイトツールを使ってプログラムモニター上から色をピックアップします。

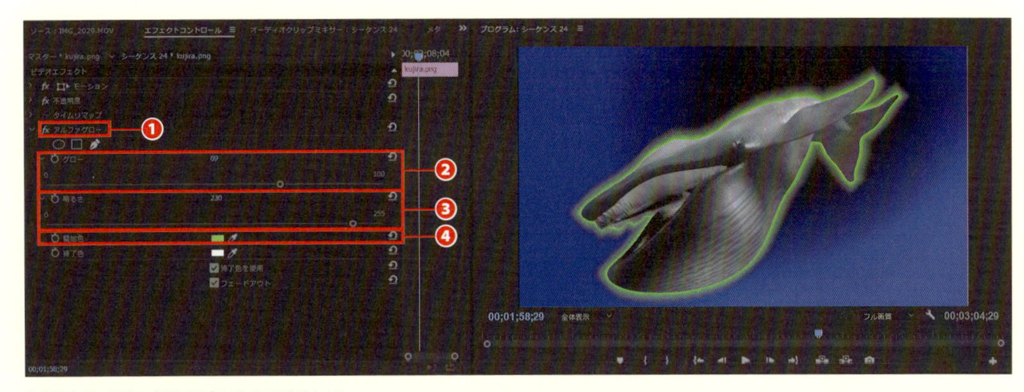

［開始色］に緑色、［終了色］に白色を設定して、アルファチャンネルを緑色に発光させた例

MEMO

グローの内側と外側で色を変える場合は、［終了色を使用］にチェックを入れて、［終了色］を指定します。色の指定方法は［開始色］と同様です。

STEP 2

一番下にある［フェードアウト］のチェックを外すと❺、グローのグラデーションがなくなり、縁がシャープになります❻。

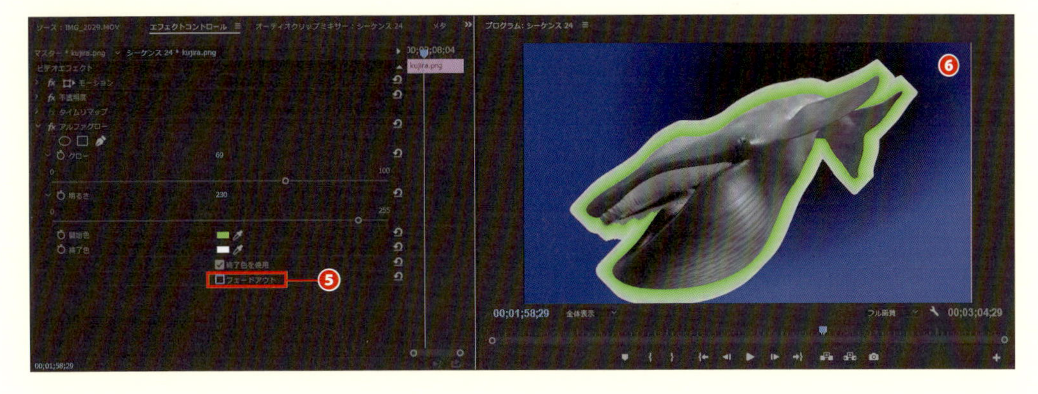

NO.
124 アルファチャンネルをぼかす［ブラー（チャンネル）］

合成素材のアルファチャンネルだけをぼかし、グロー用の素材作りやマスクの調整が行えます。

STEP 1

ぼかしたいマスクを含んだクリップに、［ビデオエフェクト］→［ブラー＆シャープ］→［ブラー（チャンネル）］を適用します❶。キーイングエフェクトと併用する場合には、キーイングエフェクトの直後（直下）に適用するようにします。エフェクトコントロールパネルで［アルファブラー］の値を上げてマスクをぼかします❷。このときに［エッジピクセルを繰り返す］にチェックを入れておくと❸、ブラーを付ける際に発生する画面周囲の見切れをなくすことができます。

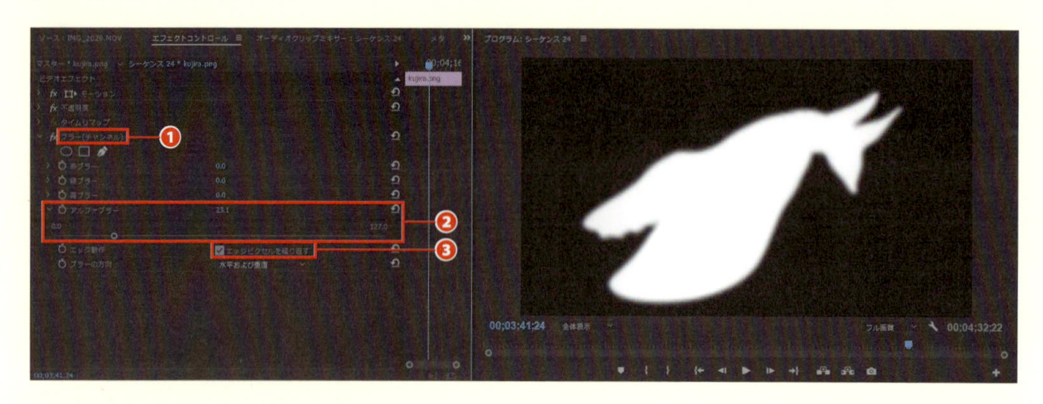

STEP 2

［ブラーの方向］でぼかす方向を［水平及び垂直］［水平］［垂直］の中から選択することもできます❹。

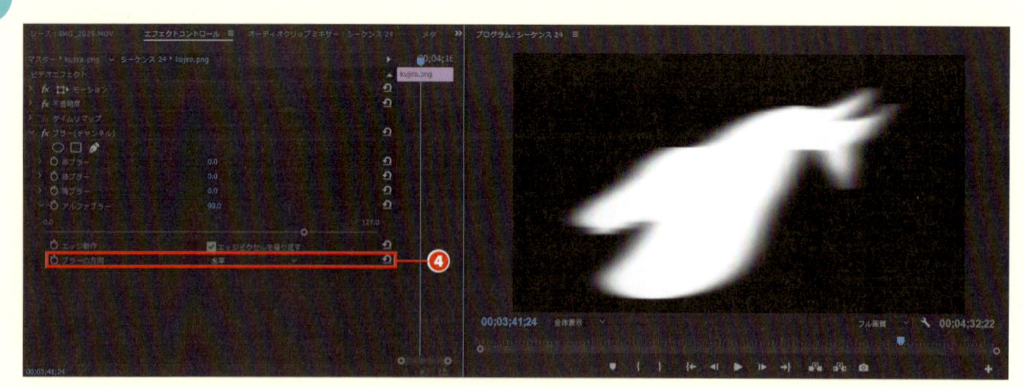

［ブラー方向］を［水平］に設定した例

NO. 125 合成素材の周囲を歪ませる［ラフエッジ］

［ラフエッジ］エフェクトは、アルファチャンネルのエッジをフラクタル計算を使って歪ませ、錆びて荒れたようなイメージを作り出します。

STEP 1

エフェクトパネルから［スタイライズ］フォルダーの［ラフエッジ］をクリップに適用します❶。次に［エッジの種類］で、歪みの種類を選択します❷。ここでは歪んだエッジにカラーをのせられる［ラフ＆カラー］を選択しました。ほかに全体に錆が浮いたようになる［さび＆カラー］や、縁に炎のような揺れができる［スパイキー］などがあります。

アルファチャンネル素材

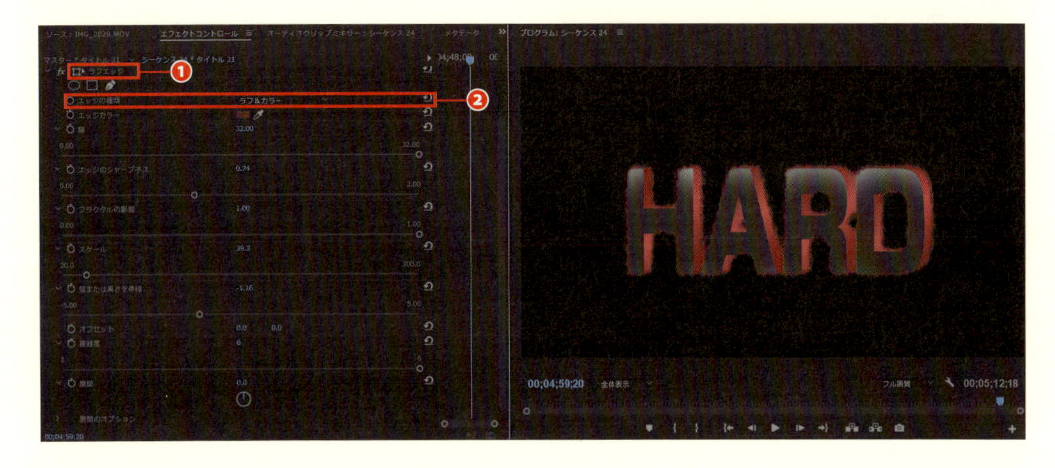

STEP 2

そのほかの設定項目は表の通りです。

設定項目	内容
エッジカラー	［エッジの種類］で［＊＊ & カラー］を選択した場合のカラーを設定するパラメーターで、カラーの選択には、カラーピッカーもしくはスポイトツールが使えます
縁	アルファチャンネルのエッジから歪みを作る範囲を設定します。値を大きくとると歪みの幅が広くなります
エッジのシャープネス	エッジをぼかしたり逆にシャープにすることができます
フラクタルの影響	歪みの度合いを調整します
スケール	歪みの大きさの調整です。値を小さくすると細かく、大きくするとゆったり歪みます
幅または高さを伸縮	値を大きくすると横方向、小さくすると縦方向への歪みが増します
オフセット	歪みの形状を上下（右の数値）や左右（左の数値）に移動させます。アニメーションさせると、歪みを流れのように動かすことができます
複雑度	フラクタルの複雑さの度合いで、値を大きくすると細かく複雑な歪みが生じます
展開	歪みをアニメートさせる場合には、キーフレームを使ってこのパラメーターを変化させます。エッジが揺れて炎のような表現を作り出すことができます

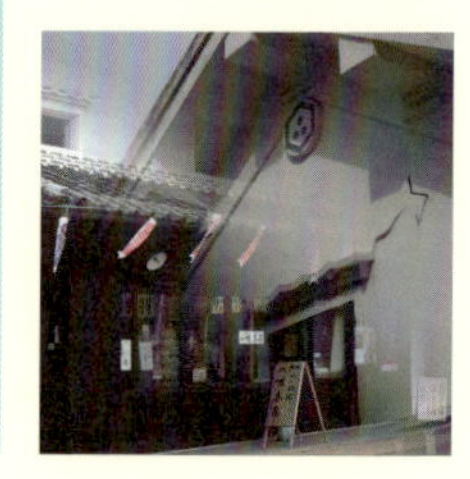

NO.
126 ソフトワイプで合成する

ソフトワイプは、2つ以上のビデオトラックを滑らかなグラデーションでミックスします。作成には［リニアワイプ］や［トラックマットキー］エフェクトを使います。

［リニアワイプ］を使う

METHOD 1

「043 ソフトワイプを適用する」で「ソフトワイプ」のトランジションとして解説している、［リニアワイプ］エフェクトをアニメーションせずに使用する方法です。まず、タイムラインパネルに2本のビデオトラックを用意し、ミックスしたい素材を上下に配置します。次に、上に配置したクリップを選択し、［ビデオエフェクト］→［トランジション］フォルダーの［リニアワイプ］を適用します❶。ミックスの割合は［変換終了］❷、ワイプの角度は［ワイプ角度］❸、ワイプのグラデーションの幅は［ぼかし］で調整します❹。［ぼかし］は、スライダーの範囲だけでは足りないので、直接数値を入力した方がよいでしょう❺。

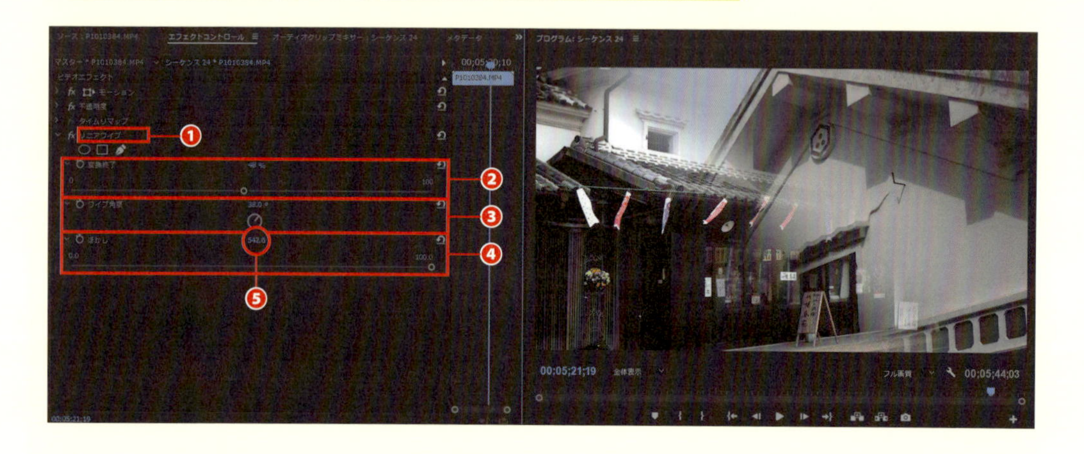

［トラックマットキー］や［イメージマット］を使う

METHOD 2

［キーイング］フォルダーの［トラックマットキー］や［イメージマットキー］エフェクトを使用すれば、複雑な形のグラデーションを使って画像をミックスできます。いずれの場合もマット用に白黒の素材を用意してから❻、合成処理を行います❼。詳しくは「111 トラックマットで合成する［トラックマットキー］」や「112 静止画をマスクにして合成する［イメージマットキー］」をご覧ください。

マット素材

左の楕円のマット素材を使い［イメージマット］で合成した例

043 ソフトワイプを適用する
111 トラックマットで合成する［トラックマットキー］

第7章 タイトル入れ

NO.

127 タイトルを作成する

タイトルの作成は、レガシータイトルパネルで行います。Power Point などのプレゼンテーションソフトと同じような感覚で作業ができます。

STEP 1

新しいタイトルを作成するには、タイムラインでタイトルを使用するシーケンスを表示し、[ファイル]→[新規]→[レガシータイトル]を実行します❶。

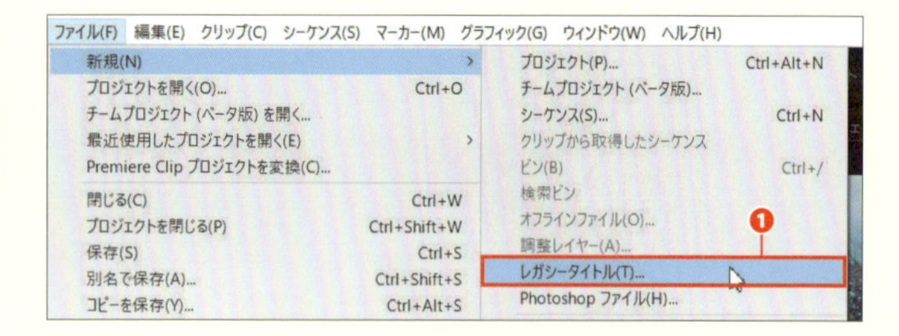

STEP 2

[新規タイトル]ダイアログが開きます❷。ここではタイトルの[幅][高さ]のほか、[タイムベース]や使用する[ピクセル縦横比]を設定します。基本的には、現在タイムラインで表示されているシーケンスの設定が引き継がれるので、そのままで問題ありません。[名前]にタイトル名を付けて❸、[OK]ボタンをクリックします。もし、[モーション]を使って、拡大するようなアニメーションを加えるような場合は、拡大率に応じて、シーケンスの設定を上回る[幅][高さ]を設定しておくときれいに仕上がります。

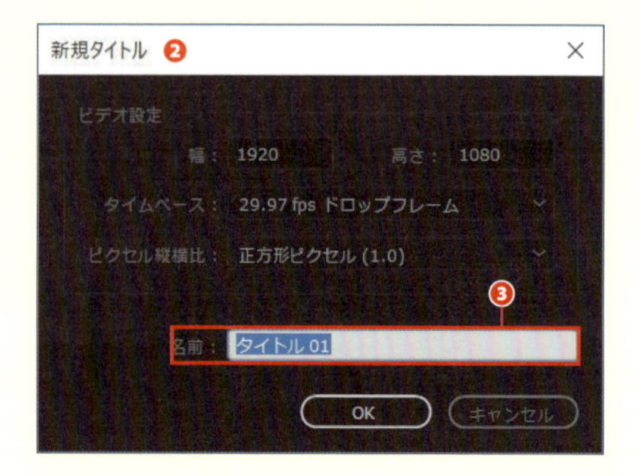

MEMO

バージョン CC 2017.1 で新しいタイトルツールとして[テキストレイヤー]が加わりました。これによってタイトル制作に関するメニューが大きく変わりました。従来の[タイトル]メニューはなくなり、[レガシータイトル]という名称に変更されています。以前のバージョンからのユーザーは少し面食らってしまうかもしれませんが、できることが減ったわけではありません。[レガシータイトル]を使えば、以前と同様に豊富なタイトル機能が使えます。「レガシー」となっていることから、今後少しずつ[テキストレイヤー]へ置き換わっていくシナリオが予想されますが、現状の[テキストレイヤー]は文字装飾機能が乏しく、今後の機能アップが望まれます。テキストレイヤーの使用方法は「152 テキストレイヤーを使う」で解説しています。

128 文字を入力する
129 文字の書式を設定する

STEP 3 レガシータイトルパネルは、レガシータイトルメイン❹、タイトルツール❺、レガシータイトルプロパティ❻、レガシータイトルスタイル❼、タイトルアクション❽によって構成されています。これらのパネルに用意されているツールを使って、タイトルを作成していきます。タイトルが完成したら、パネル右上の［閉じる］ボタンをクリックしてタイトルパネルを閉じます❾。作成したタイトルは、自動的にプロジェクトパネルに登録されます。

❺タイトルツール 文字の挿入方法やレイアウトの変更、図形の描画を行うためのツールパネル。パネル下には、現在選択中の文字のスタイルがプレビュー表示されています

❹レガシータイトルメイン 実際に文字を入力してタイトルを作るパネル。タイムラインの再生ヘッドがあるフレームを背景として表示できるほか、フォントの変更や文字サイズなど基本的な書式の変更ができます

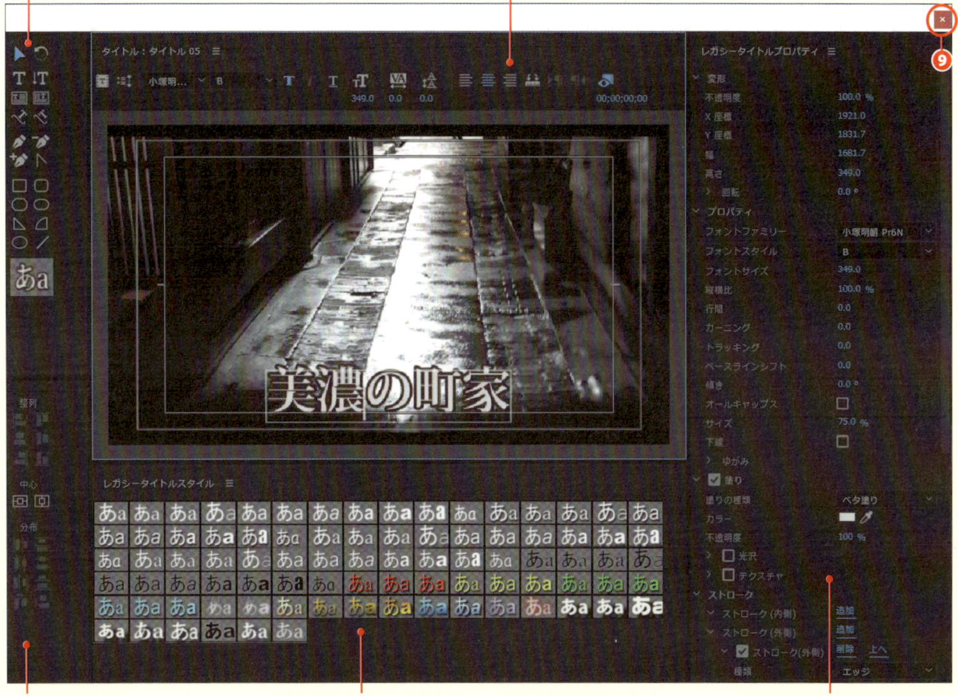

❽タイトルアクション タイトルを「揃える」ためのツールです。成り行きで「置いていた」タイトルを整列させたり、正確に中央に配置したりできます

❼レガシータイトルスタイル タイトルプロパティで設定した文字デザインを［スタイル］として登録しておくライブラリです。初期設定で数多くのスタイルが登録されているので、ここからイメージに近いものを選択して文字に適用し、カスタマイズしていけば効率的な作業ができます

❻レガシータイトルプロパティ 選択した文字の色やフォント、文字間隔、行間隔などの設定のほか、文字エッジやシャドウ、立体感といった文字の装飾ができます

STEP 4 プロジェクトパネルで作成したタイトルを選択し❿、タイムラインパネル上の挿入したいクリップの上のビデオトラックにドラッグして配置します⓫。これでタイトル入れ完了です⓬。

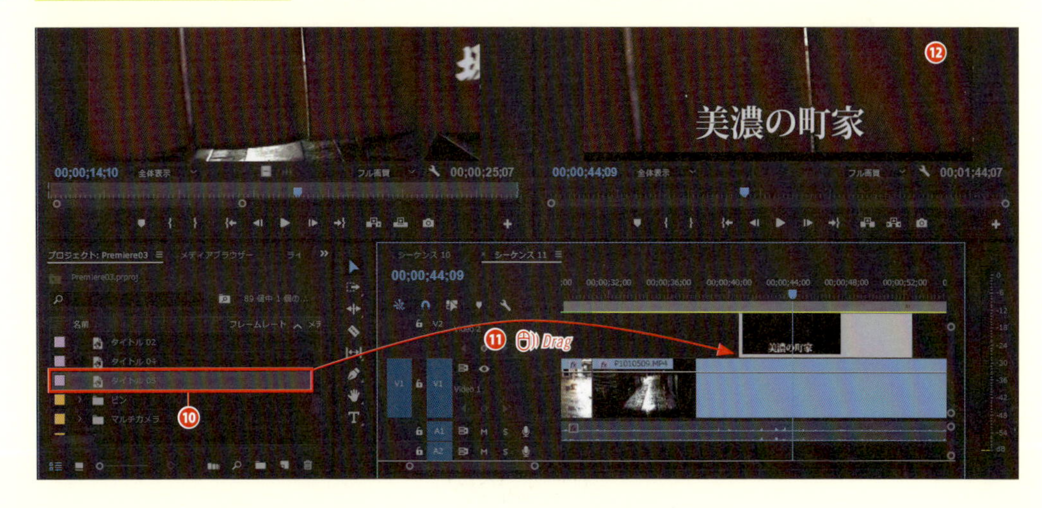

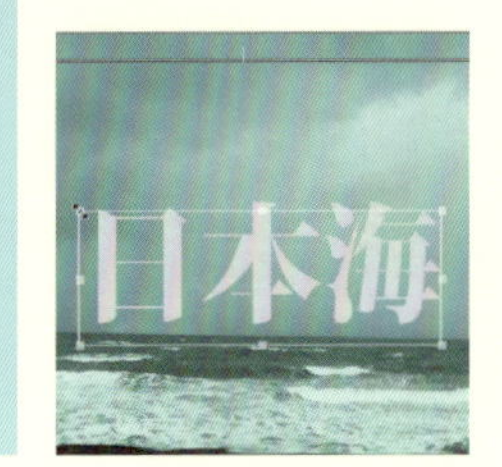

NO.
128 文字を入力する

文字の入力には、横書き文字ツール、縦書き文字ツール、エリア内文字ツールなどを使用します。

STEP 1

横書きのタイトルを作る場合は、タイトルツールパネルで横書き文字ツールかエリア内文字ツールを選択します❶。縦書きのタイトルの場合は縦書き文字ツールかエリア内文字ツール（縦書き）を選択します❷。

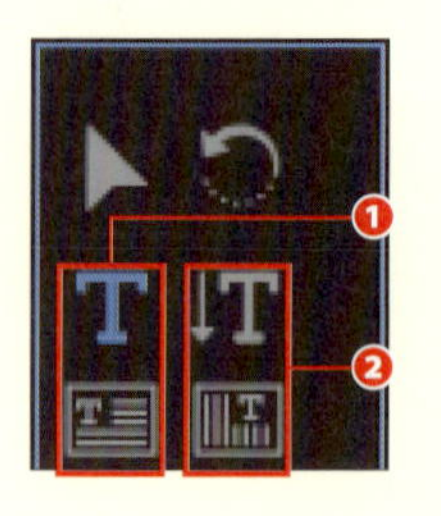

STEP 2

タイトルメインパネルで、文字を入力していきます。

横書き文字ツール
縦書き文字ツールを使う場合

横書き文字ツールや縦書き文字ツールを選んだ場合は、まずタイトルメインパネル上で、文字を入力したい場所をクリックします❸。これで文字が入力できる状態になるので、タイトルを入力していきます。文字の入力が済んだら、選択ツールに切り替えます。すると入力が確定されます。横書き文字ツールや縦書き文字ツールで入力した文字は、選択ツールでドラッグするだけで、文字のサイズや比率が変更できるので❹、1行のみの大きなタイトルなど、デザイン的な微調整が必要な部分に使用するとよいでしょう。

エリア内文字ツール
エリア内文字ツール（縦書き）を使う場合

エリア内文字ツール、エリア内文字ツール（縦書き）は、プレゼンテーションソフトの「テキストボックス」に似ています。タイトルメインパネルで、文字を入力したい範囲をドラッグすると文字入力が可能なエリア「テキストボックス」が描かれるので、そこに文字を入力していきます❺。文字はテキストボックスの端で自動的に折り返されます。また選択ツールでテキストボックスの端をドラッグした場合には、文字サイズではなく、テキストボックスのサイズが変化します❻。文字の入力が済んだら、選択ツールに切り替えます。すると入力が確定されます。エリア内文字ツール、エリア内文字ツール（縦書き）は、文字量の比較的多い説明タイトルや表内の文字などに向いています。

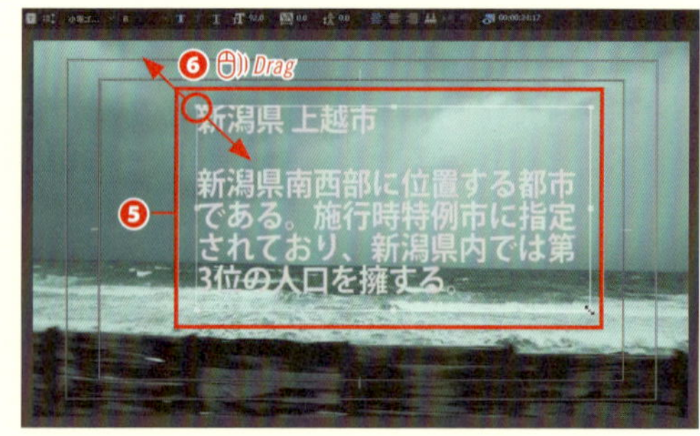

127 タイトルを作成する
129 文字の書式を設定する

MEMO

右図は、縦書き文字ツールを使った、縦書タイトルの例です。半角アルファベットもそのまま縦書きに入力されます。

STEP 3 入力中に大まかな書式設定を行いたい場合には、タイトルメインパネルの上部に並んだ書式設定機能を使うといいでしょう❼。フォント種やスタイルの変更、文字サイズ、行間、文字間隔といった基本的な書式設定が行えます❽。文字の揃えを変更するには［左］［中央］［右］ボタンを使用します❾。

初期設定では作成中のタイトルの背景に、再生ヘッドのあるフレームが表示されていますが、［背景ビデオを表示］ボタンをクリックすると、表示／非表示を切り替えられます❿。また［背景ビデオを表示］の右にあるタイムコードを変更することで、背景としてプレビューするフレームを変更することもできます⓫。

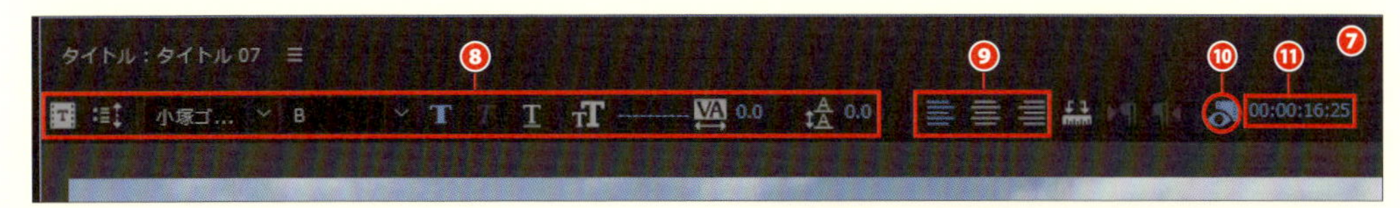

STEP 4 文字を入力した後、文字の位置を調整するには、タイトルツールパネルで選択ツールを選び、タイトルをドラッグします⓬。タイトルを選択してから、キーボードの上下左右キーを押して移動することもできます。また、タイトルを傾けるには、タイトルの四隅にカーソルをもっていき、両矢印に変わったところでドラッグします⓭。回転にはタイトルツールパネルの回転ツールも使えます。

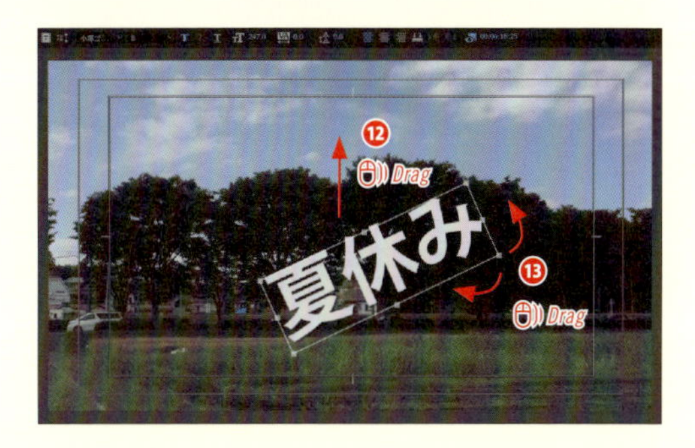

STEP 5 一度入力したタイトルを編集するには、選択ツールでそのタイトルをダブルクリックします。すると編集可能な状態になります。また、不要なタイトルを消去するには、右クリックして表示されるメニューから［カット］や［消去］を実行するか、選択してから Delete キーを押します。

MEMO

初期設定では、タイトルセーフマージン（外枠から20%）とアクションセーフマージン（外枠から10%）の白い枠が表示されています。これらの表示は、パネルメニューの［タイトルセーフマージン］や［アクションセーフマージン］でオンオフできます。

また、この比率以外のセーフマージンを表示したい場合は、プログラムモニターかソースモニターの左下にある［設定］ボタンをクリックして表示されるメニューから［オーバーレイ設定］→［設定］を選択して［オーバーレイ設定］ダイアログを開き、［アクションおよびタイトルセーフエリア］で変更します。

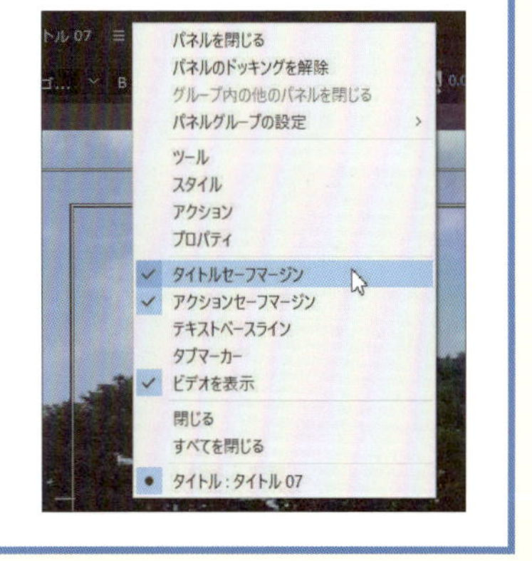

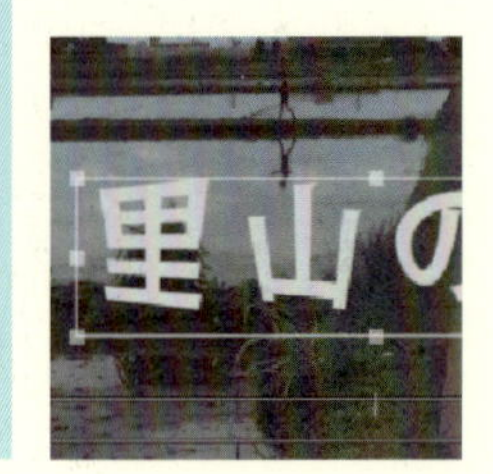

NO.
129 文字の書式を設定する

タイトルのフォント、サイズ、文字間隔などの書式設定は、タイトルメインパネルや、レガシータイトルプロパティパネルで行います。

文字の書式を設定するには、**選択ツール▶を使って、書式設定したいタイトルをクリックして選択**します。タイトルの一部分だけ設定するには、選択ツール▶でダブルクリックして文字入力状態にして、変更したい文字列をドラッグして選択します。

レガシータイトルメインパネルで設定する

METHOD 1

基本的な書式設定は、**レガシータイトルメインパネルの上部にある各種ボタンで設定**できます。フォントやフォントスタイル、太字、斜体、といった文字の属性に加えて、フォントサイズ、カーニング、行間隔、行揃えが変更でき、通常のタイトル作成ではこれらの機能だけで十分まかなえます。数値を変更するには、クリックして直接入力するか、カーソルを数値の上に置いて左右にドラッグします。

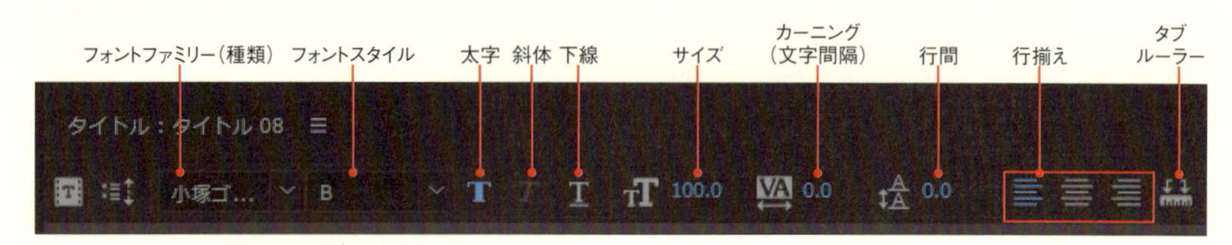

MEMO

レガシータイトルメインパネルにある［タブルーラー］をクリックすると、ワープロで使用するような「タブルーラー」を作成できます。入力中に Tab キーを押すと、ここで設定したタブルーラーへカーソルが移動します。ロールテロップなど行数の多いタイトルを効率よく整形する場合に便利です。

レガシータイトルプロパティパネルで設定する

METHOD 2

レガシータイトルプロパティパネルでは、タイトルメインパネルには用意されていない、文字の［縦横比］や［傾き］［ベースラインシフト］などの細かな書式設定が行えます❶。設定項目の中には、［フォントファミリー］や［フォントスタイル］❹［フォントサイズ］などのように、レガシータイトルメインパネルと重複しているものもあります❷❸。その場合は、どちらで設定してもかまいません。

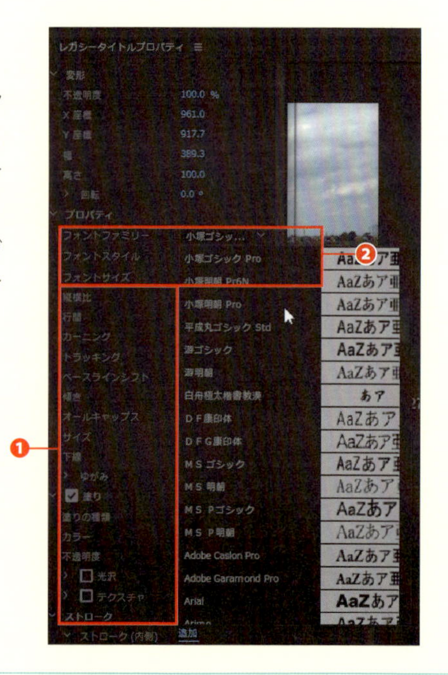

130 文字の色を変える
134 文字に縁取りを付ける

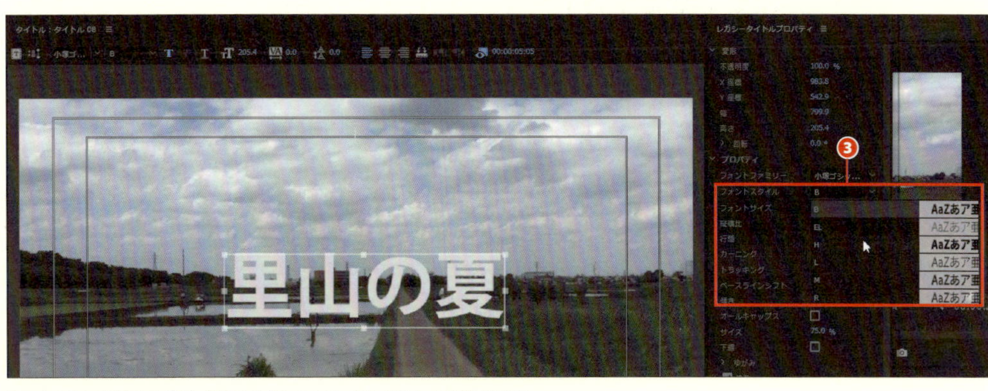

［フォントスタイル］の内容は、選択した［フォントファミリー］によって異なります

設定項目	内容
フォントファミリー／フォントスタイル	書体を設定します。［フォントファミリー］でフォントの種類を選択したら、その太さを［フォントスタイル］で指定します
フォントサイズ	文字の大きさを設定します
縦横比	文字の長体、平体を設定します。［100%］以上で平体、［100%］以下で長体になります
行間	行間の幅を設定します
カーニング	カーソル位置の文字間隔を調整します。この設定を行う場合は、選択ツールでタイトルをダブルクリックして入力状態にし、調整したい文字の間にカーソルを移動します。また複数の文字を選択した場合には、選択した文字の間隔がすべて調整されます
トラッキング	タイトル全体の文字間隔を調整します
ベースラインシフト	選択した文字列の上下位置を調整します
傾き	斜体を設定します。＋の値で右に傾き、-の値で左に傾きます

METHOD 3

そのほか、［オールキャップス］でアルファベットをすべて大文字表記にしたり、［下線］でアンダーラインを設定したり、［ゆがみ］で文字をXY方向に変形させるといったことができます❹。

［ゆがみ］を使って変形させた例

NO.

130 文字の色を変える

入力した文字の塗り色（ベタ塗り）は、レガシータイトルプロパティパネルの［塗り］の［カラー］で設定します。

STEP 1

選択ツール▶で**タイトルをクリックして選択**します❶。もしくは、ダブルクリックして色を変えたい文字列をドラッグして選択します。

STEP 2

レガシータイトルプロパティパネルの［塗り］にチェックが入っていて❷、かつ［塗りの種類］で［ベタ塗り］が選択されていることを確認します❸。次に［カラー］のカラーサンプルをクリックして❹**［カラーピッカー］ダイアログを表示し、目的の色をピックアップしてから❺［OK］ボタンをクリック**します。スポイトツールを使って❻、画面内の色をピックアップすることもできます。

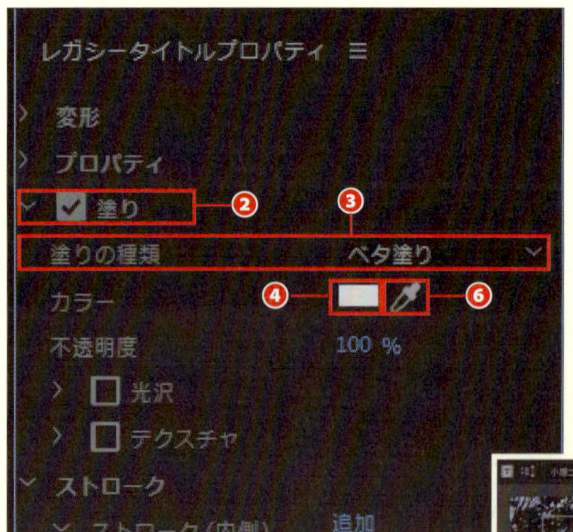

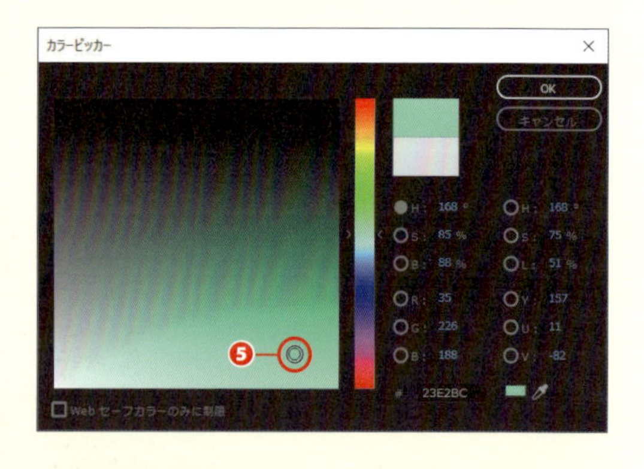

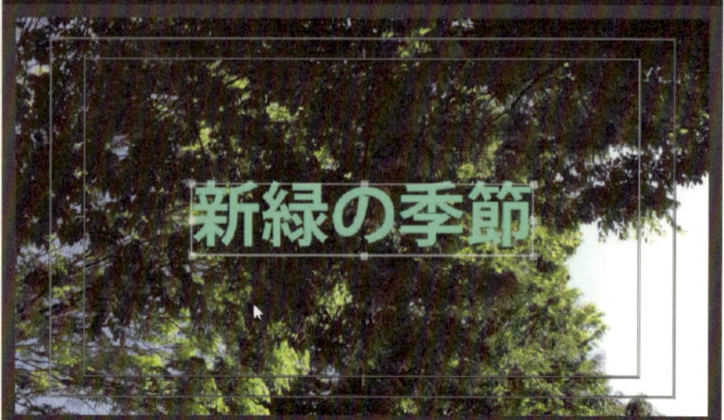

レガシータイトルプロパティの［塗り］で変更できるのは、文字本体の色だけです。縁取りや影の色は［ストローク］や［影］で変更します。

129 文字の書式を設定する
134 文字に縁取りを付ける

NO. 131 文字にグラデーションを設定する

入力した文字をグラデーションを使って塗ることができます。設定は、レガシータイトルプロパティパネルの［塗りの種類］で行います。

STEP 1

選択ツール▶で**タイトルをクリック**して選択します。もしくは、ダブルクリックして色を変えたい文字列をドラッグして選択します。レガシータイトルプロパティーパネルで［塗り］にチェックが入っていることを確認し❶、**［塗りの種類］からグラデーションの種類を選択**します❷。

［線形グラデーション］は、2色を使って直線状にグラデーションを作ります。［円形グラデーション］は、2色を使って円の外側と内側にグラデーションを作ります。［4色グラデーション］は、合計4色を使って四隅から囲むような、複雑なグラデーションを作ります。

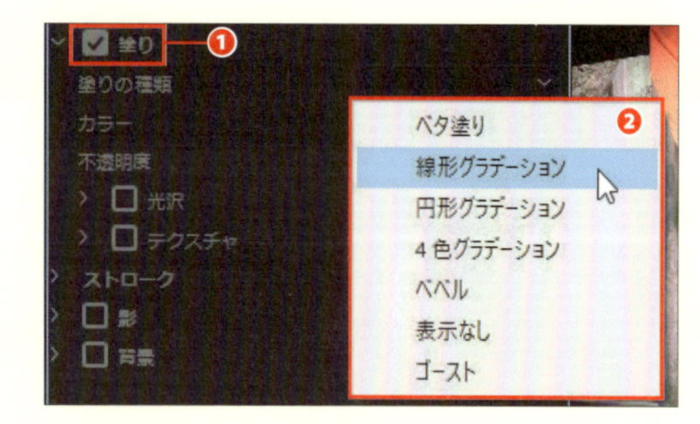

STEP 2

STEP1で選択したグラデーションの種類に応じて、［カラー］にグラデーションの設定が表示されます❸。小さな四角のマスがカラーストップで❹、グラデーションを塗り分ける色を設定できます。**目的のカラーストップをダブルクリック**するか、カラーストップをクリックしてから、［カラーストップの色］のカラーサンプルをクリックします❺。**［カラーピッカー］ダイアログが表示されるので、目的の色を設定**します。スポイトツールを使って画面から色を拾うこともできます❻。この設定を各カラーストップに対して行います❼。［線形グラデーション］［円形グラデーション］では、カラーストップを左右にドラッグすることでグラデーションの幅を変更できます。

MEMO

このほかに、［カラーストップの不透明度］を使ってグラデーションの一方の端を半透明にしたり、［角度］を使ってグラデーションの方向をコントロールをすることができます。また［繰り返し］を使うことで、縞模様や同心円を描くことも可能です🅐。

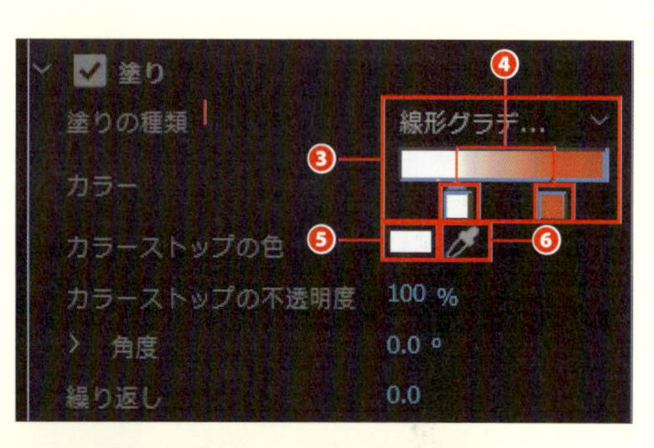

130 文字の色を変える
132 文字に光沢を加える

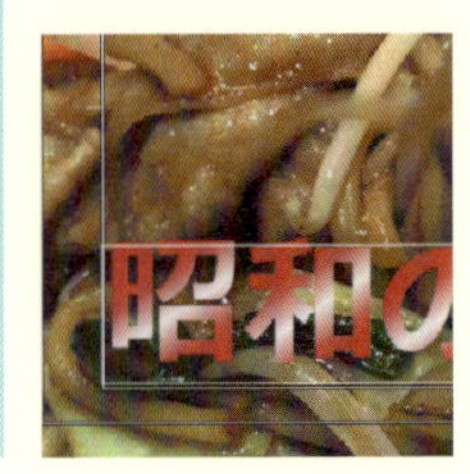

NO.

132 文字に光沢を加える

グラデーションで塗るのとは別に、帯状のグラデーションを生成して光沢を付けることができます。設定は、レガシータイトルプロパティパネルの［光沢］で行います。

STEP 1

選択ツール▶で**タイトルをクリックして選択**します。もしくは、ダブルクリックして光沢を加えたい文字列をドラッグして選択します❶。

STEP 2

レガシータイトルプロパティパネルで**［塗り］❷と［光沢］❸にチェック**を入れて、［光沢］の左の三角をクリックしてプロパティを展開します。

［カラー］のカラーサンプル❹をクリックして［カラーピッカー］ダイアログを開き、光沢の色を設定します。

光沢の幅は［サイズ］、光沢の濃さは［不透明度］、光沢の傾きは［角度］で調整します。また［オフセット］で光沢部分の位置を上下することができます❻。

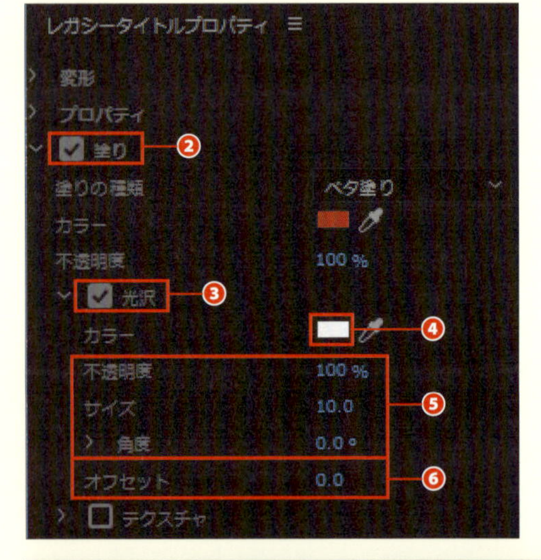

赤の文字に白い光沢を入れた例

MEMO

［光沢］は、その名の通り、金属質に見せたいタイトルで効果を発揮します。また、サイズを大きくしてオフセットを調整することで、［線形グラデーション］の代わりに使うこともできます。

130 文字の色を変える
131 文字にグラデーションを設定する

NO.
133 文字をベベルにする

文字を盛り上がらせて、ベベル状にすることができます。設定は、レガシータイトルプロパティパネルの［塗りの種類］で行います。

STEP 1

選択ツールでタイトルをクリックして選択します❶。もしくは、ダブルクリックしてベベルにしたい文字列をドラッグして選択します。次にタイトルプロパティの［塗りの種類］から［ベベル］を選択します❷。

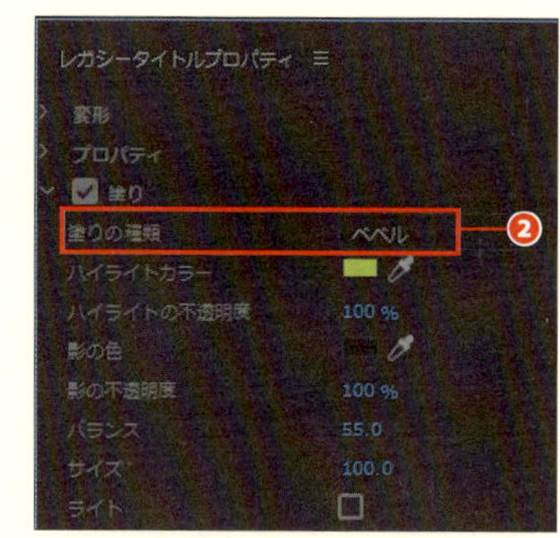

STEP 2

［ハイライトカラー］と［影の色］のカラーサンプルをそれぞれクリックして［カラーピッカー］ダイアログを表示し、［ハイライトカラー］（明るい＝でっぱった部分）と［影の色］（暗い＝引っ込んだ部分）をそれぞれ設定します❸。ハイライトで選んだ色が文字の色になります。次に［バランス］でハイライトと影の間のグラデーションを設定します❹。［サイズ］を使うと、ハイライトと影の割合を変えることができます❺。

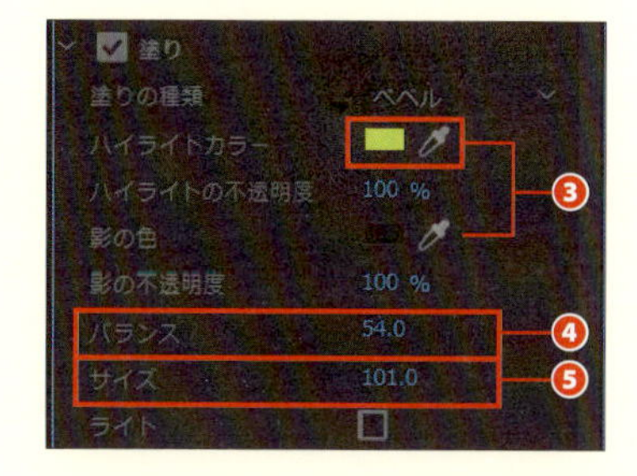

STEP 3

［ライト］にチェックを入れて❻、文字をライティングすることもできます。これを設定すると、より立体的になり、メリハリが増します。［ライトの角度］で光が照らす向き❼、［ライトの強さ］で明るさを調整します❽。

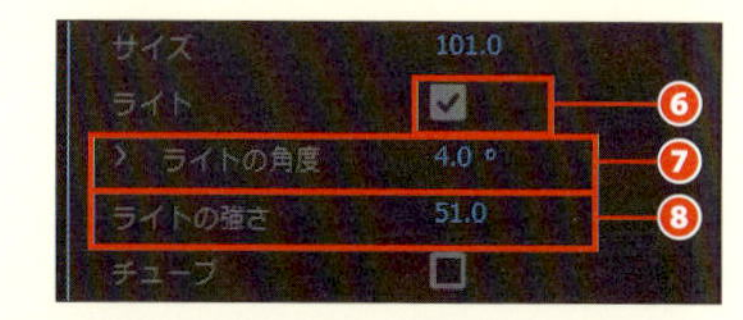

［ライト］の設定なし

［ライト］を設定した例

MEMO

［ハイライトの不透明度］と［影の不透明度］は、ハイライトと影を半透明にする場合に使います。

MEMO

［チューブ］にチェックを入れると、チューブ状のベベルで文字を縁取りするようになります。

130 文字の色を変える
131 文字にグラデーションを設定する

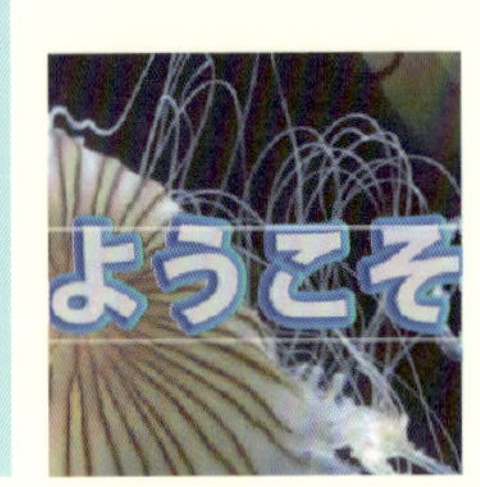

NO.
134 文字に縁取りを付ける

文字の周囲に縁取りを付けることができます。設定は、レガシータイトルプロパティパネルの［ストローク］で行います。

STEP 1

選択ツール▶でタイトルをクリックして選択します❶。もしくは、ダブルクリックして縁取りを付けたい文字列をドラッグして選択します。レガシータイトルプロパティパネルで［ストローク］プロパティを展開し❷、文字の内側を縁取る場合には［ストローク（内側）］❸、外側を縁取る場合には［ストローク（外側）］の［追加］❹をクリックします。すると［ストローク］に新たなプロパティが表示されます。

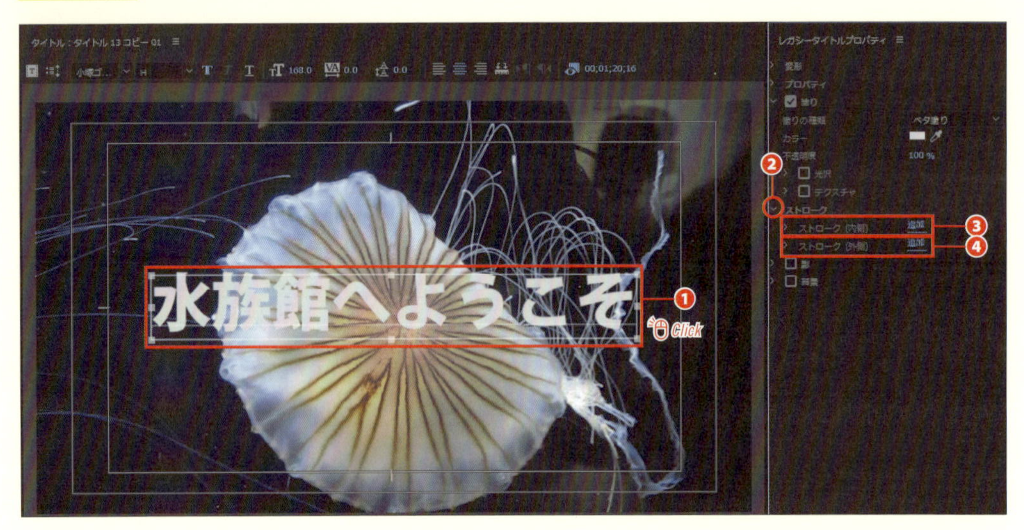

STEP 2

一般的な色の付いた縁取りをするには❺、［種類］で［エッジ］❻、［塗りの種類］で［ベタ塗り］❼を選択します（初期設定）。そして［サイズ］で縁取りの太さ❽、［カラー］で縁取りの色を設定します。カラーサンプル❾をクリックすると［カラーピッカー］ダイアログが表示されるので、そこから色をピックアップします。シンプルな文字の縁取りはこれで完成です。

［ストローク（外側）］を追加設定した、一般的な「白文字黒エッジ」のテロップ

131 文字にグラデーションを設定する
133 文字をベベルにする

STEP 3 そのままでは縁取りの存在感がありすぎる、という場合は［不透明度］を［100%］以下に設定して⑩、縁取りを半透明にすることができます。この場合、縁取りの部分だけ、背景が透けて見える状態になります⑪。

［不透明度］を［53%］に設定して、縁取りを半透明にした例

STEP 4 縁取りにもう少し装飾が欲しい場合には、［塗りの種類］⑫で［線形グラデーション］［円形グラデーション］［4色グラデーション］⑬［ベベル］⑭を選択することもできます。操作は、［塗り］の場合と同様です。

ストロークの［塗りの種類］に［4色グラデーション］を設定した例

ストロークの［塗りの種類］に［ベベル］を設定して立体的にした例

 MEMO

［ストローク］を使った縁取りでは、ソフトにボケていく縁取りは作り出すことができません。ソフトな縁取りが欲しい場合は、［影］を応用して作成します。詳しくは「135 シャドウを付ける／柔らかく縁取りをする」をご覧ください。

第7章 タイトル入れ

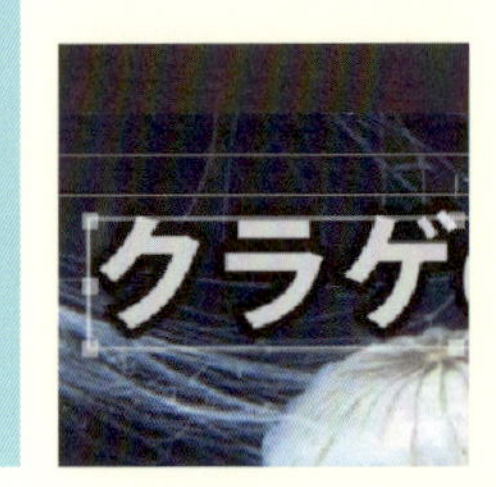

NO.
135 シャドウを付ける／柔らかく縁取りをする

文字にシャドウを付けることができます。設定は、レガシータイトルプロパティパネル［塗り］の［影］で行います。同じプロパティでソフトな縁取りを作成できます。

ドロップシャドウを付ける

METHOD 1

選択ツール▶でタイトルをクリックして選択しま❶す。次にレガシータイトルプロパティパネルで［影］にチェックを入れて❷、プロパティを展開します。そして影の色を［カラー］❸、影の落ちる方向を［角度］❹、文字と影の距離を［距離］❺、影の大きさを［サイズ］❻で指定します。［不透明度］を［100%］以下に設定して半透明にすることも可能です❼。また、一番下の［スプレッド］❽では、値を上げていくほどに影がぼやけ、ソフトな印象にできます。

ソフトな縁取りを付ける

METHOD 2

METHOD1と同様にして、影のプロパティを展開します。この場合は［距離］を「0」に設定して❾、影が上下左右均等になるようにします。その上で［サイズ］で縁取りの幅❿、［スプレッド］でソフトの度合いを調整します⓫。

MEMO

シャドウは、［ストローク］で［ストローク（外側）］を追加し、［種類］を［ドロップフェイス］にすることでも追加できます。その場合は、［強さ］の値がシャドウの「長さ」になります。なお、その場合はソフトなシャドウにすることはできません。

134 文字に縁取りを付ける
136 文字に厚みを付ける

NO. 136 文字に厚みを付ける

文字に厚みを付けて立体的にする場合は、レガシータイトルプロパティパネルで［ストローク］の［種類］を［奥行き］に設定します。

STEP 1

選択ツール▶でタイトルをクリックして選択、もしくは、ダブルクリックして厚みを付けたい文字列をドラッグして選択します。次に、レガシータイトルプロパティパネルで［ストローク］の左側の三角をクリックしてプロパティを展開します❶。文字の内側に厚みを付ける場合には［ストローク（内側）］❷、外側に厚みを付けるには［ストローク（外側）］の［追加］をクリックします❸。そして［種類］で［奥行き］を選択します❹。

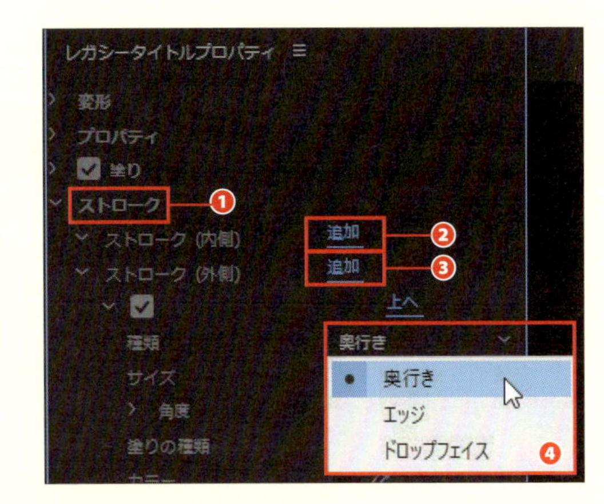

STEP 2

文字の厚み（奥行き）は［サイズ］❺、厚みを付ける方向は［角度］で設定します❻。また厚み部分の塗り方は［塗りの種類］、色は［カラー］、透明度は［不透明度］で調整できます❼。［塗りの種類］では、単色で塗りつぶす［ベタ塗り］以外にも、各種グラデーションや［ベベル］が選択できます。

STEP 3

［光沢］にチェックを入れて❽、厚み部分に光の帯を入れ、より立体感を強調することもできます。［塗り］の種類を［線形グラデーション］にして組み合わせるなど、いろいろ試してみるとよいでしょう。

［光沢］にチェックを入れて、3D感を出した例

134 文字に縁取りを付ける
135 シャドウを付ける／柔らかく縁取りをする

NO.
137 タイトルにテクスチャをマッピングする

タイトルの文字の中に静止画をマッピングすることができます。設定は、レガシータイトルプロパティパネルの［塗り］の［テクスチャ］で行います。

STEP 1

選択ツール▶で**マッピングしたいタイトルを選択**します❶。またはダブルクリックしてからドラッグして、マッピングしたい文字列を選択します。

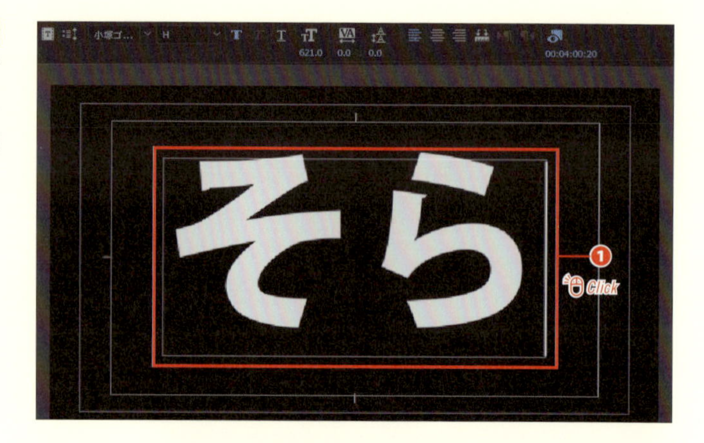

STEP 2

レガシータイトルプロパティパネルの**［テクスチャ］にチェック**を入れ❷、左側にある三角をクリックしてプロパティを展開します。そして［テクスチャ］の**右にあるボックスをクリック**します❸。

マッピングには、JPEG、BMP、PSD、AI 形式など、Premiere Pro に読み込めるさまざまなファイルを使用できます。

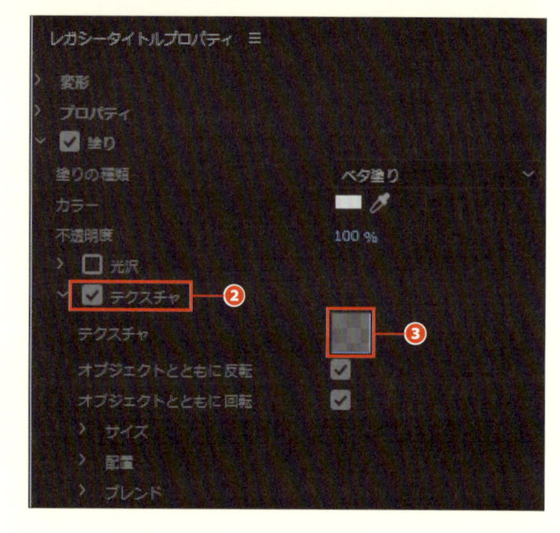

STEP 3

［テクスチャイメージの選択］ダイアログが表示されるので、使用したい**マッピング素材を選択して**❹、**［開く］ボタンをクリック**します❺。

MEMO

テクスチャのマッピングは、文字だけではなく、各種図形ツールやペンツールで作成した図形に対しても行えます。静止画を貼り付けたタイトルベースなどに応用できます。

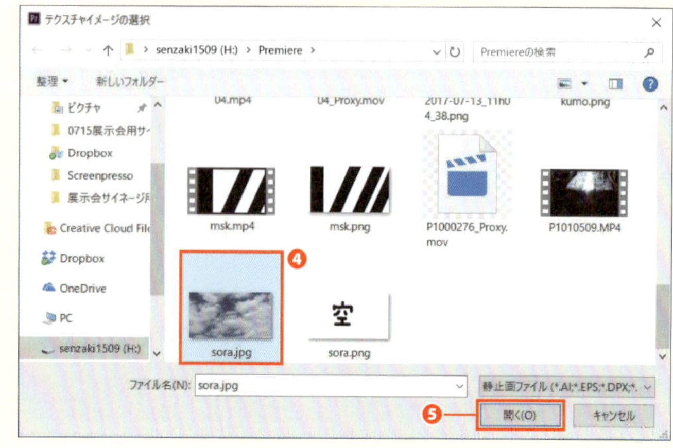

STEP 4 レガシータイトルメインパネルで選択した文字の表面に静止画がマッピングされます❻。

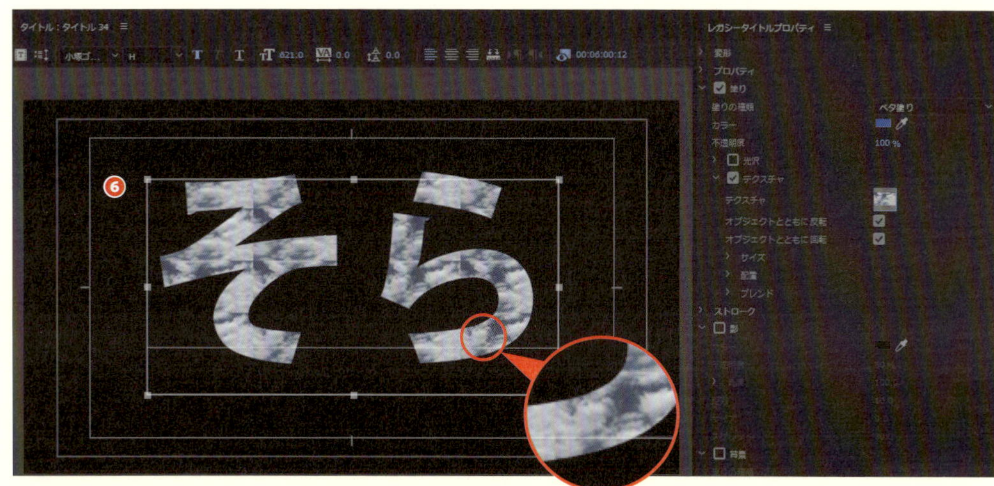

STEP 5 必要に応じて、レガシータイトルプロパティパネルの［サイズ］［配置］［ブレンド］のプロパティを展開して❼、画像サイズや位置、合成方法などを変更します。［オブジェクトとともに反転］と［オブジェクトとともに回転］にチェックを入れて、テクスチャをタイトルに「貼り付かせた」状態にすることもできます❽。

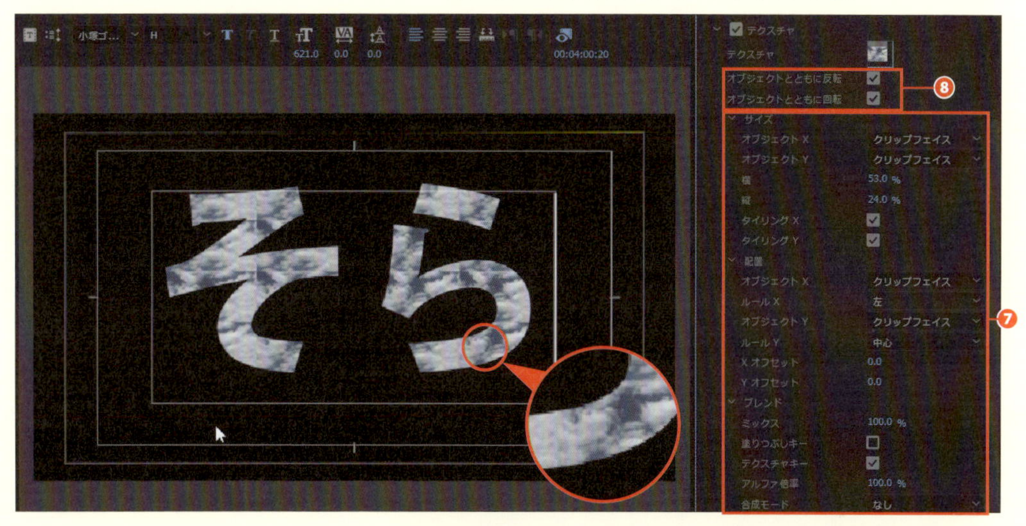

MEMO

文字の縁取りに静止画をマッピングすることもできます。その場合は［ストローク］の［テクスチャ］にチェックを入れて、同様の方法でマッピングに使う静止画ファイルを指定します。

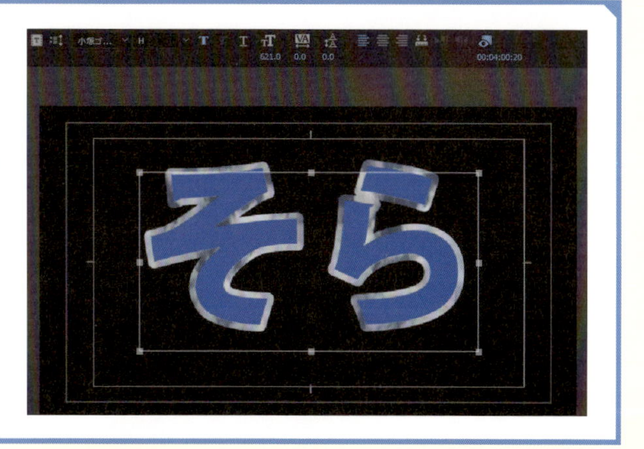

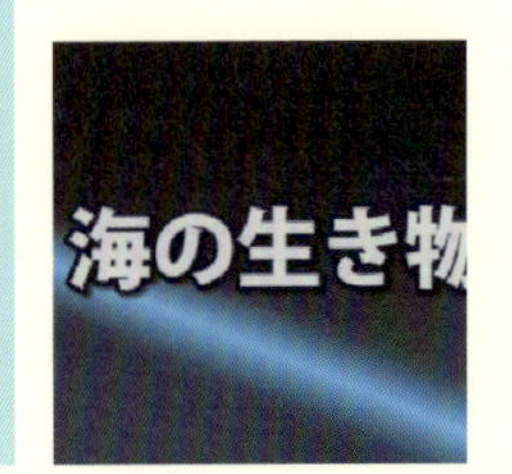

NO.
138 タイトルの背景を作る

グラデーションやベタ塗りのカラー、写真などの静止画を、タイトルの背景として設定することができます。

ベタ塗りやグラデーションの背景

METHOD 1

レガシータイトルプロパティの［背景］にチェックを入れて❶、三角をクリックして設定項目を展開します。次に［塗りの種類］で［ベタ塗り］や各種グラデーションなど背景のスタイルを選択します❷。選択したスタイルにしたがって色の設定項目が表示されるので、色を設定します。使い方は、文字に色やグラデーションを付けるときと同じです。また、［光沢］にチェックを入れると❸、任意の色と角度でソフトなラインを加えることができます❹。

写真やイラストレーションの背景

METHOD 2

背景に写真やイラストなどの静止画ファイルを使いたい場合は、［テクスチャ］にチェックを入れます❺。［テクスチャ］の右にあるボックスをクリックすると❻、ファイルを読み込むダイアログが表示されるので、使用するファイルを指定します。［ブレンド］を展開して、［ミックス］の数値を調整すると❼、METHOD1 で設定したカラーとテクスチャをミックスできます。

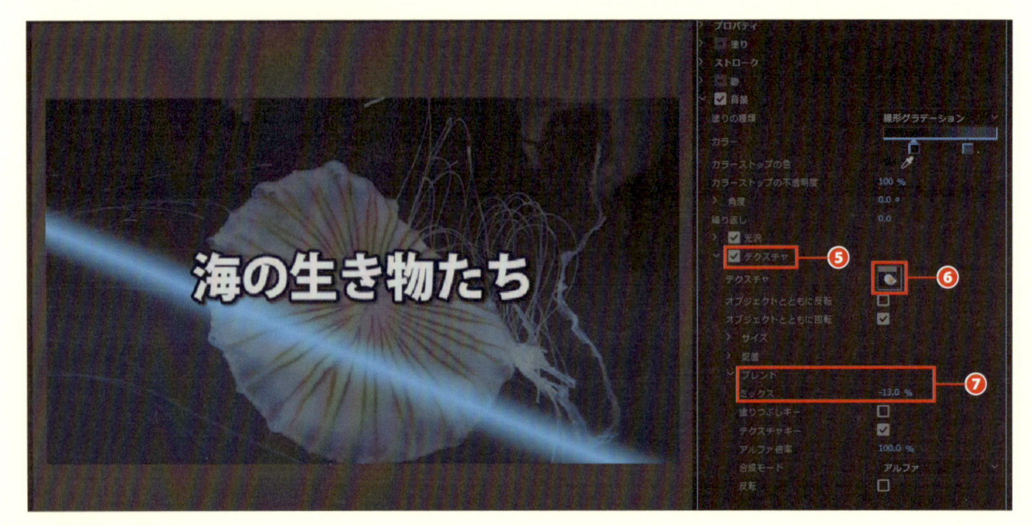

130 文字の色を変える
131 文字にグラデーションを設定する

NO. 139 スタイルのプリセットを適用する

文字のフォントや色、シャドウなど、［タイトルプロパティ］の設定をワンセットにしたプリセットが［レガシータイトルスタイル］です。

STEP 1

選択ツールで［レガシータイトルスタイル］を適用したいタイトルをクリックして選択するか、タイトルをダブルクリックしてスタイルを適用したい文字列をドラッグして選択します。次に、レガシータイトルスタイルパネルでイメージに合うスタイルをクリックします❶。これで選択した文字にスタイルが適用されます❷。

MEMO

レガシータイトルスタイルパネルには、たくさんのスタイルが登録されています。すべてのスタイルを同時に表示したい場合には、パネル名の右側にあるパネルメニューをクリックして、メニューから［テキストのみ］［サムネール（小）］に切り替えるとよいでしょう。初期設定は［サムネール（大）］になっています。

STEP 2

適用したスタイルがイメージ通りでない場合は、同じようにして別のスタイルをクリックします。

［レガシータイトルスタイル］には、フォントの設定も含まれているので、適用したスタイルのフォントを変更するだけでかなりイメージが変わります❸。一度にぴったりしたスタイルを探そうとせず、近いものを適用して、適宜カスタマイズしていくとよいでしょう。

140 スタイルを作成・保存する

NO.

140 スタイルを作成・保存する

レガシータイトルプロパティパネルで行った各種設定をスタイルとして保存しておくと、レガシータイトルスタイルパネルから再利用できるようになります。

STEP 1

選択ツールでスタイルを保存したいタイトルをクリックして選択します❶。次にレガシータイトルスタイルパネル名の右側にあるパネルメニューをクリックして❷、表示されたメニューから［新規スタイル］を実行します❸。

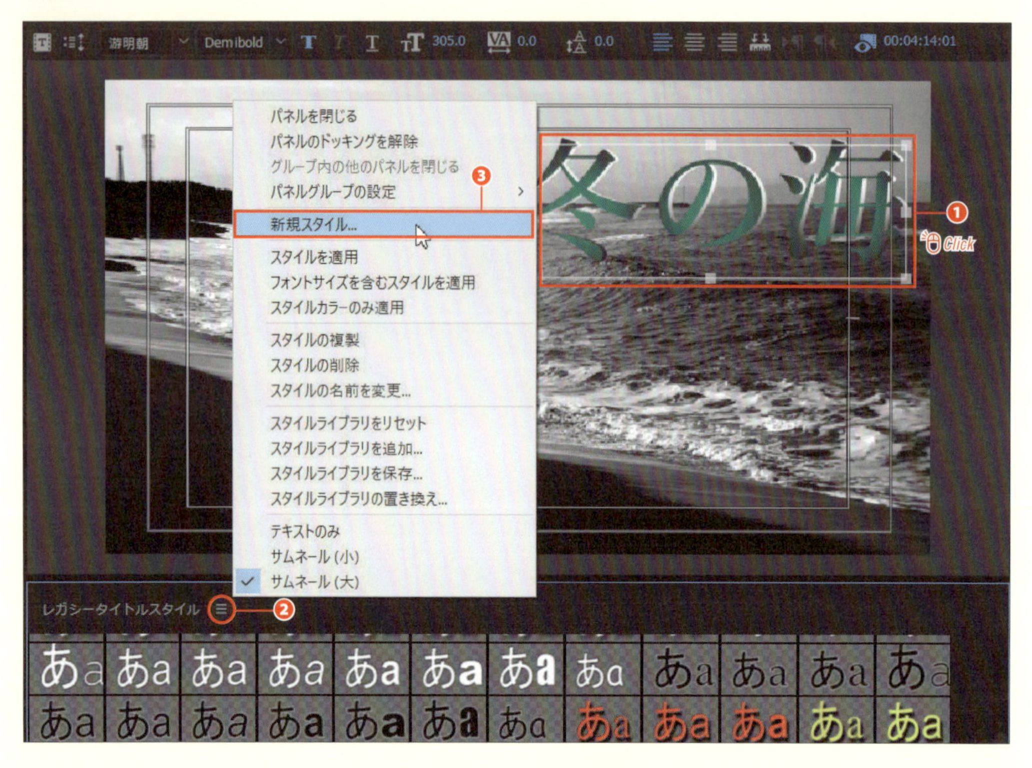

STEP 2

［新規スタイル］ダイアログが表示されるので、スタイルに［名前］を付けて、［OK］ボタンをクリックします❹。これで選択したスタイルが保存され、レガシータイトルスタイルパネルに登録されます❺。

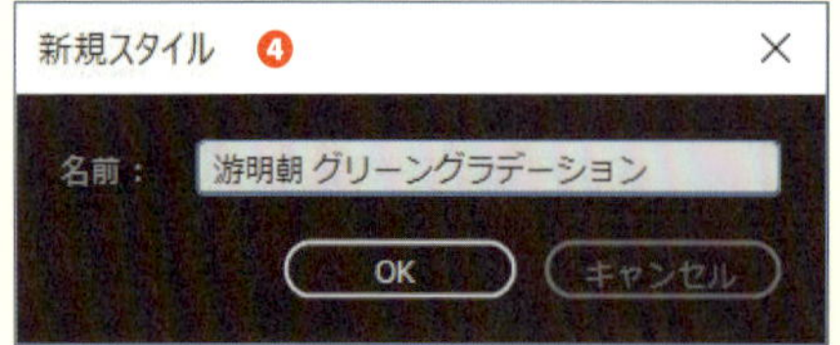

NO.
141 タイトルを曲線に沿って配置する

パス上文字ツールを使うと、自由な曲線に沿って文字を流し込むことができます。パスの形状は、各種アンカーポイントツールで変更できます。

STEP 1

タイトルツールパネルからパス上文字ツール（横書き）❶、もしくはパス上文字ツール（縦書き）❷を選択します。次に、タイトルメインパネル上で文字列の始まりの位置をクリックして❸、アンカーポイントを作成します。以降同じようにして、欲しい曲線に沿ってクリックしてアンカーポイントを追加し、パスを設定します❹。

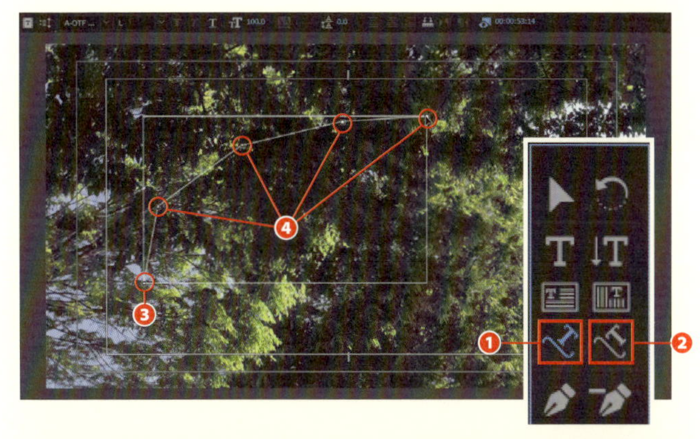

STEP 2

選択ツールに切り替えて、描いたパスをダブルクリックするか、横書き文字ツールあるいは縦書き文字ツールでクリックして文字を入力します❺。入力された文字が、STEP1で描いた線に沿って並んでいきます。

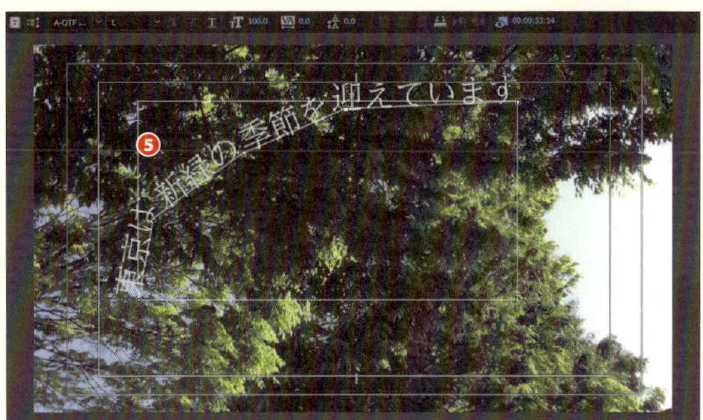

STEP 3

線の曲がり角を滑らかにしたい場合は、タイトルツールパネルでアンカーポイントの切り替えツールを選択し❻、アンカーポイントをクリックします❼。するとハンドルが現れるので、それをドラッグして曲線を調整します。

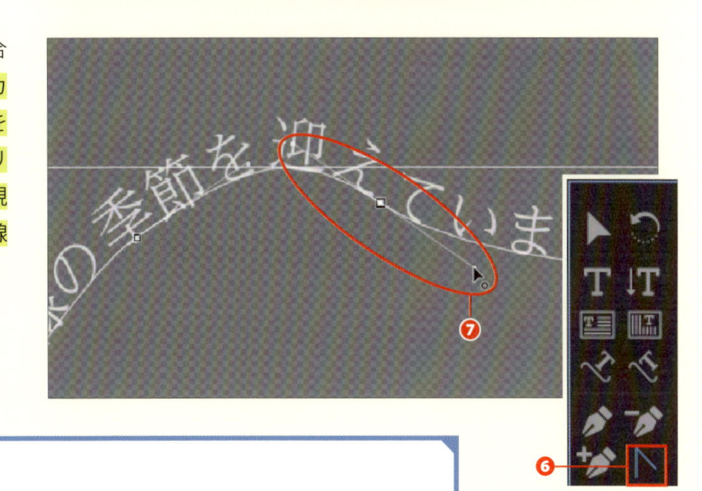

MEMO

あとからパスの形状を変更する場合は、ペンツールでアンカーポイントをドラッグします。またアンカーポイントを追加する場合はアンカーポイントの追加ツール、削除する場合はアンカーポイントの削除ツールでパス上のアンカーポイントをクリックします。

128 文字を入力する
144 曲線を描く

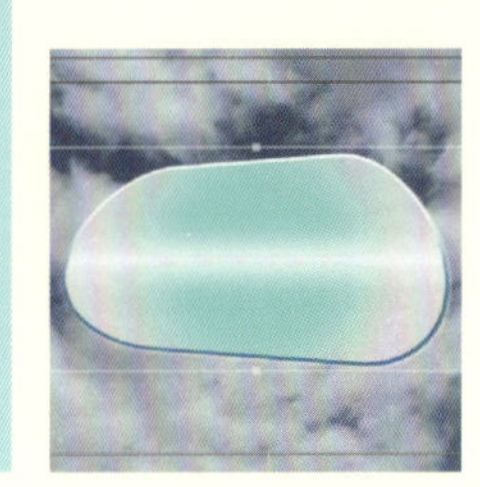

NO.

142 図形を描く

タイトルパネルには、文字や線だけではなく、簡単な図形を描く機能も備わっています。図形の描画は、専用ツールを使って行います。

STEP 1

描きたい図形に合わせて、タイトルツールパネルから専用ツールを選びます❶。ツールパネルには、長方形ツール、角丸長方形（可変）ツール、斜角長方形ツール、角丸長方形ツール、三角形ツール、楕円ツール、円弧ツールが用意されています。

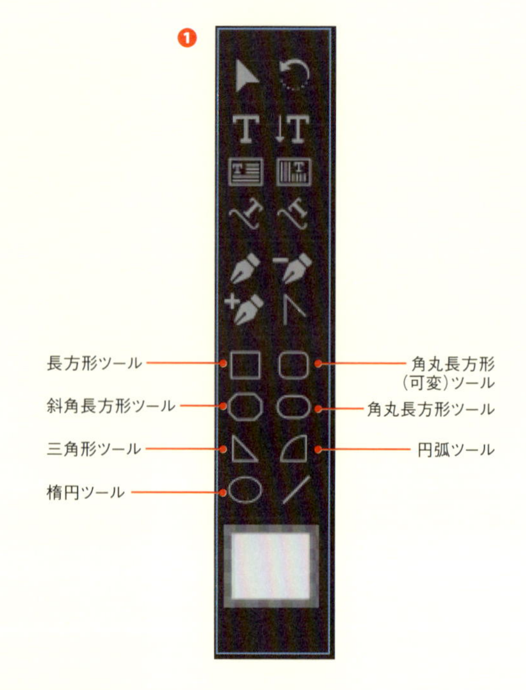

STEP 2

目的のツールを選択したら、タイトルメインパネル上でドラッグします❷。このとき Shift キーを押しながらドラッグすると、正方形や正円、正三角形などを描くことができます。描いた図形の位置を変更する場合は、選択ツールに切り替えてドラッグして移動します。また、選択した状態で図形の端をドラッグするとサイズや比率を変更することができます❸。

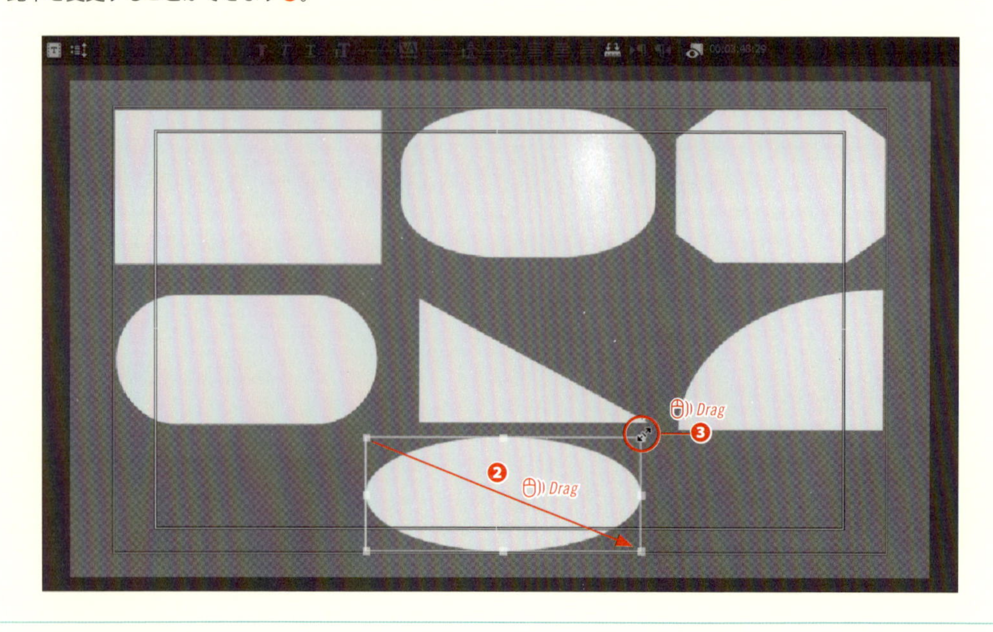

143 直線を描く
144 曲線を描く

STEP 3 ［ゆがみ］を使うと、描いた図形にパースをつけたり、一辺だけを傾けたりできます❹。これを使って、いびつな円を作ったり、ひしゃげた四角形を作ることができます。また、長方形の「X」の歪みを「-100」に設定すると二等辺三角形を作れたり、とさまざまな応用ができます。

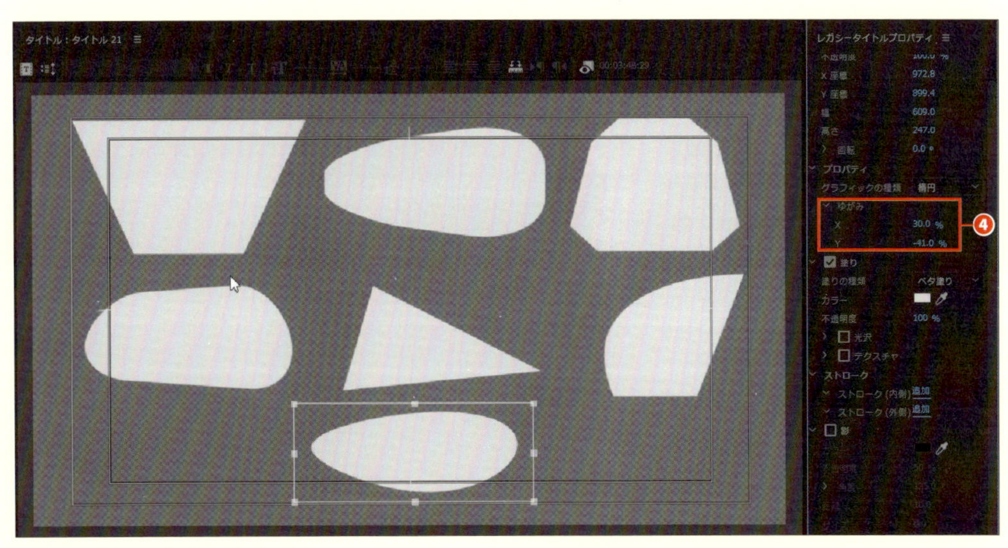

前頁の図形を［ゆがみ］を使って変形した例

描いた図形は、［グラフィックの種類］を使って、別の図形に変更することもできます。変更したい図形を選択して、［グラフィックの種類］のポップアップメニューから変更後の図形を選択します。

［開いたベジェ］［閉じたベジェ］［塗りつぶしベジェ］のいずれかに変換すると、ペンツールで自由に形状を編集できるようになります。

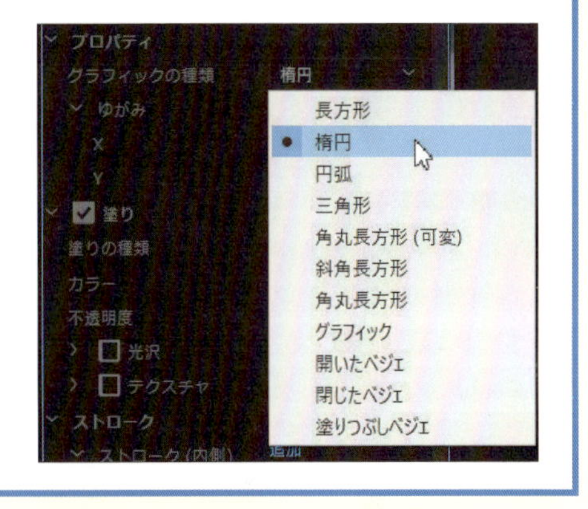

描いた図形には、レガシータイトルプロパティパネルで［塗り］［ストローク］［影］といったスタイルを文字同様に設定することができます。また［レガシータイトルスタイル］からスタイルを適用することも可能です。

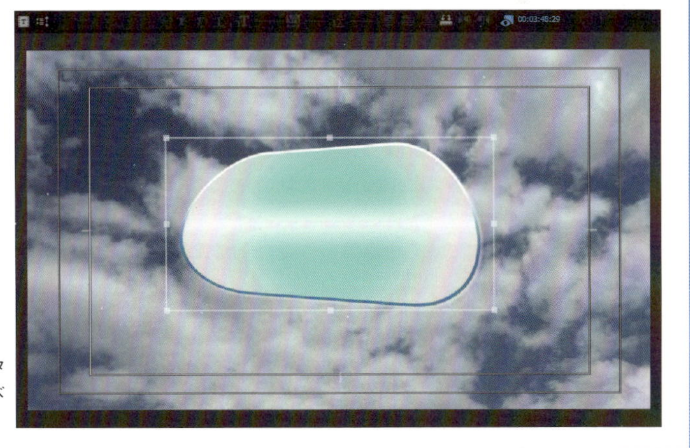

楕円ツールで描いた図形に［レガシータイトルスタイル］を適用して、タイトルベース（いわゆる座布団）に仕上げた例

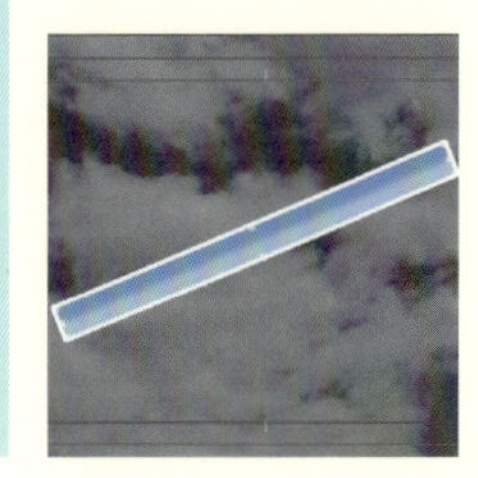

NO.
143 直線を描く

タイトルパネルでは、文字だけではなく、任意の太さの直線を描くことができます。直線の描画にはラインツールを使用します。

STEP 1

タイトルツールパネルでラインツール■を選択し❶、タイトルメインパネル上でドラッグします❷。Shift キーを押しながらドラッグすると、方向が垂直方向もしくは水平方向に制限され、垂直線や水平線を引くことができます。

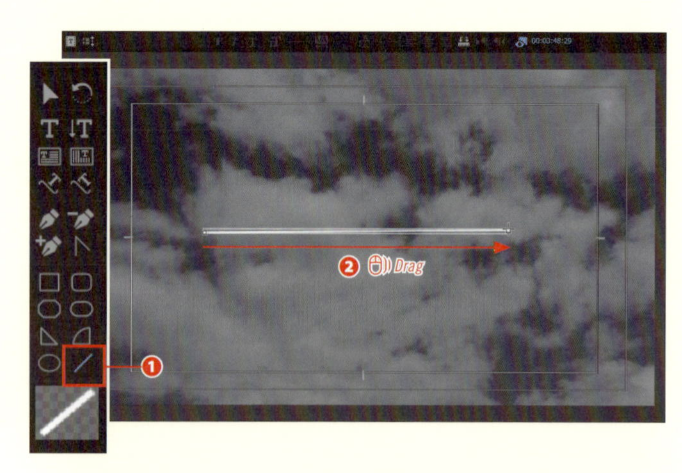

STEP 2

線の角度を変えるには、選択ツール■に切り替えてからマウスカーソルを線の両端に近づけ、両矢印になったところでドラッグします❸。また線の太さを変える場合は、選択ツール■で線を選択し、レガシータイトルプロパティパネルの［線幅］に直接数値を入力するか、数値の上でスクラブします❹。
［線端の形状］を［ラウンド］に設定すると線の端に丸みをつけることができます❺。

線の角度を変更し、［線幅］で太くした例

MEMO

描いた直線には、レガシータイトルプロパティパネルで［塗り］［ストローク］［影］といったスタイルを文字同様に設定することができます。また、［レガシータイトルスタイル］からスタイルを適用することも可能です。右図は、ラインツール■で描いた直線にスタイルを適用してグローさせた例です。

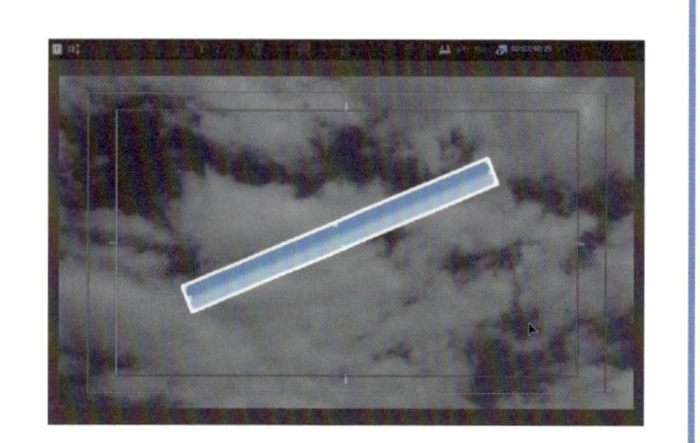

142 図形を描く
144 曲線を描く

NO.
144 曲線を描く

曲線を描くにはペンツールを使います。描いた直後は折れ線ですが、アンカーポイントのハンドルを調整することで、滑らかな曲線に仕上げられます。

STEP 1

タイトルツールパネルでペンツールを選択し❶、タイトルメインパネル上でクリックして、アンカーポイントを追加していきます❷。これで折れ線が描けます。

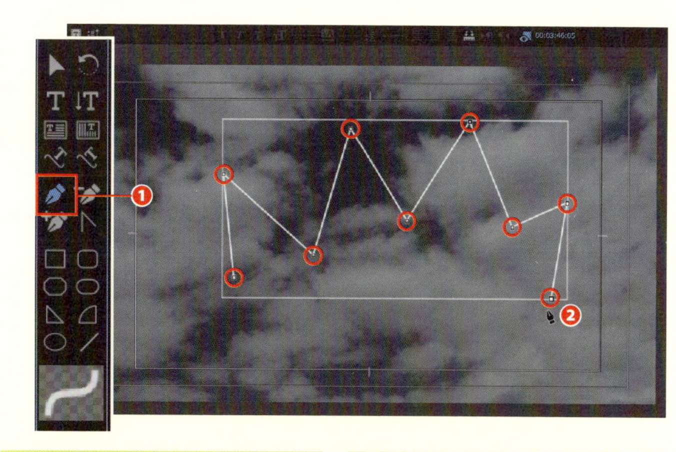

STEP 2

折れ線を滑らかな曲線にするには、アンカーポイントの切り替えツールでアンカーポイントをクリックしてハンドルを表示し、それをドラッグして角度を調整していきます❸。再び折れ線に戻したい場合は、もう一度、アンカーポイントの切り替えツールでアンカーポイントをクリックします。また、アンカーポイントの追加ツールやアンカーポイントの削除ツールでアンカーポイントを追加・削除し、曲線の形状を自由に変えることもできます。線の幅は、レガシータイトルプロパティパネルの［プロパティ］→［線幅］で変更します。

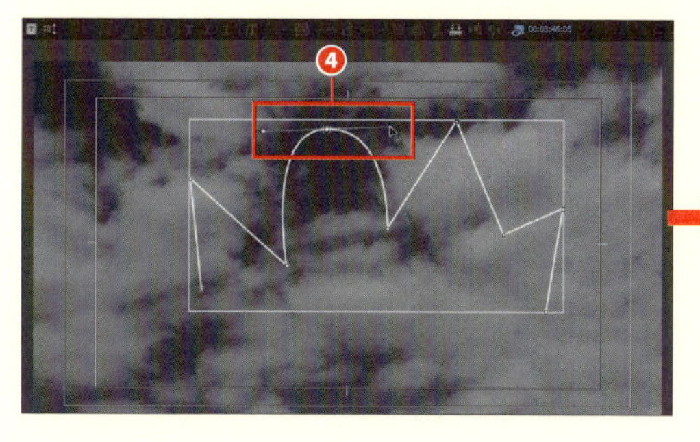

MEMO

曲線を描いたあと、［プロパティ］の［グラフィックの種類］で［塗りつぶしベジェ］に変更すると、中を塗りつぶした図形に変換できます。Ⓐは、ペンツールで雲のような図形を描いたあと［塗りつぶしベジェ］に変換して、各種スタイルを変更した例です。
また、長方形や楕円をまず描き、それを［グラフィックの種類］で［閉じたベジェ］などに変換すると、ペンツールを使って自由度の高い編集をすることができます。Ⓑは長方形を［閉じたベジェ］に変換し、角の1つをベジェを使って丸めた例です。

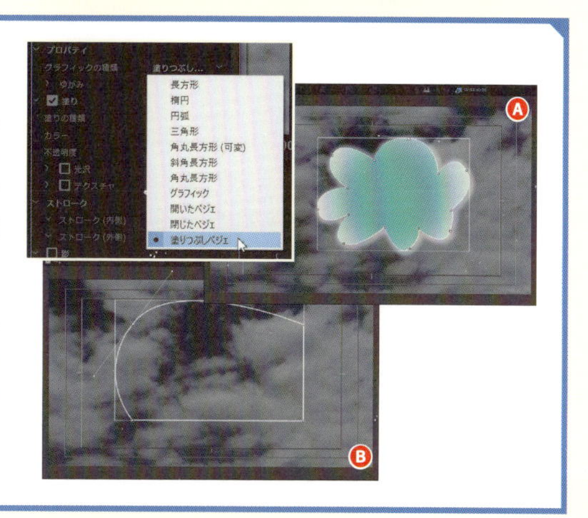

142 図形を描く
143 直線を描く

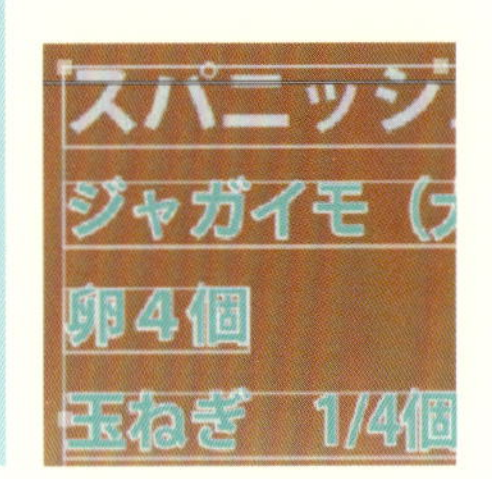

NO.

145 複数のタイトルを整列させる

タイトルを画面の中央に配置したり、複数のタイトルを整列させる場合には、タイトルメインパネルにある［整列］や［中央］ボタンを使います。

タイトルを整列させる

METHOD 1

整列させたいタイトルを選択ツールで囲むようにドラッグして選択するか、Shift キーを押しながらクリックして選択します❶。そして、タイトルアクションパネルで目的のボタンをクリックします❷。

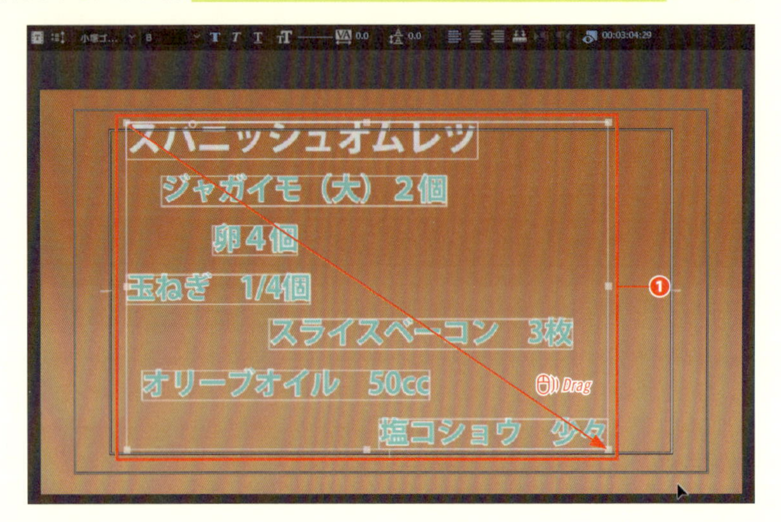

水平方向に整列させる

METHOD 2

タイトルアクションパネルの［整列］の左側にあるのが水平方向の整列ボタンです❸。［水平方向左］では、選択したタイトルのうち一番左にあるタイトルに左揃えで配置します❹。［水平方向中央］では、一番長いタイトルの中央にすべての中央を揃えます。そして［水平方向右］では、一番右にあるタイトルに右揃えで配置します。

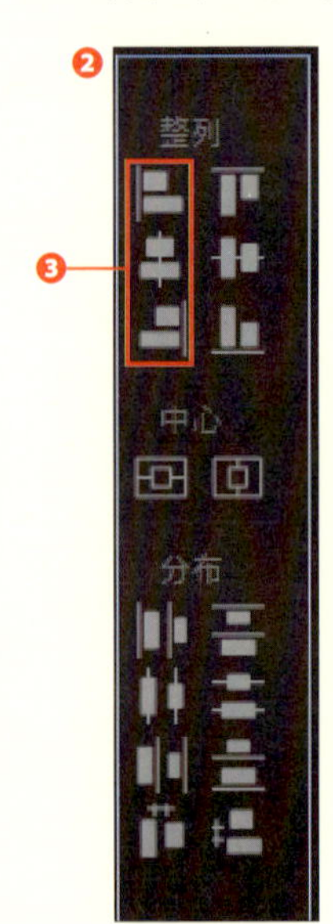

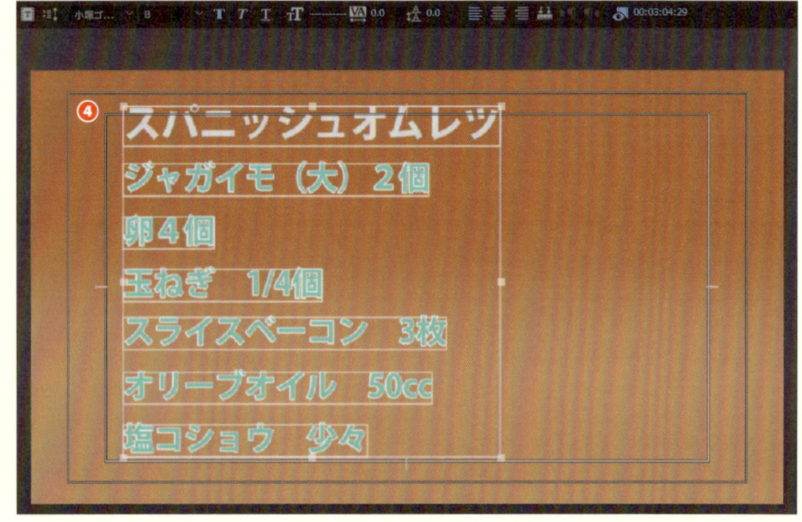

［水平方向左］で左揃えにした例

垂直方向に整列させる

METHOD 3

水平方向の整列ボタンの反対側にあるのが、垂直方向の整列ボタンです❺。［垂直方向上］では、一番上にあるタイトルに上揃えで配置します❻。［垂直方向中央］では、一番上下に長いタイトルにそれぞれ中央揃えで配置します。そして［垂直方向下］では、一番下にあるタイトルに下揃えで配置します。

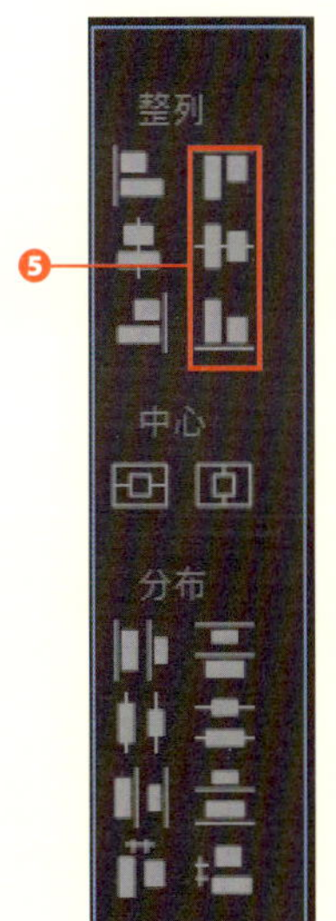

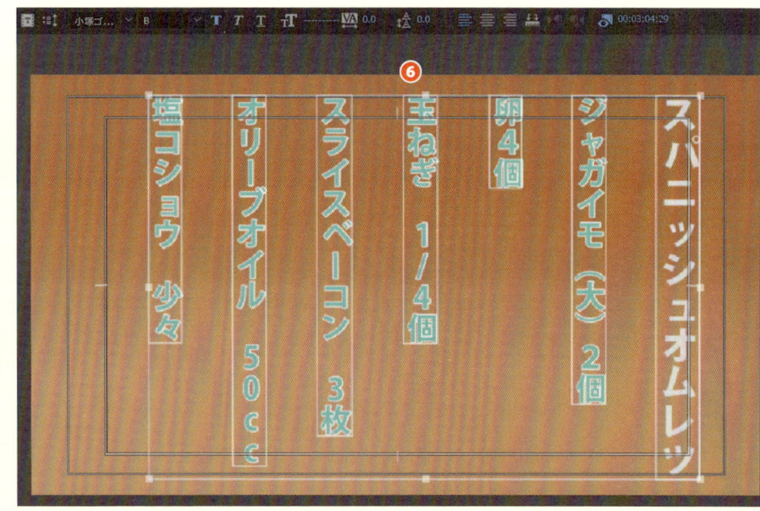

縦書き文字を［垂直方向上］で上揃えにした例

中央揃えにする

METHOD 4

タイトルを画面の中央に配置するには、タイトルを１つずつ選択し、［中心］ボタンを使います❼。［水平方向中央］では選択したタイトルを左右の中心に配置❽、［垂直方向中央］では選択したタイトルを上下の中心に配置します。複数のタイトルを選択してこれらのボタンを使い、「タイトルのかたまり」として中央に配置することもできます。

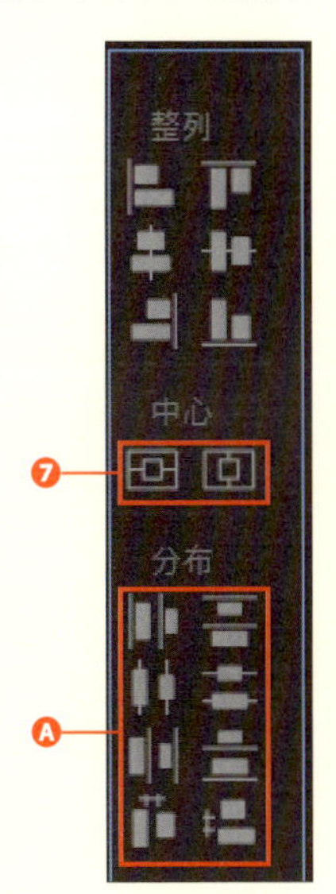

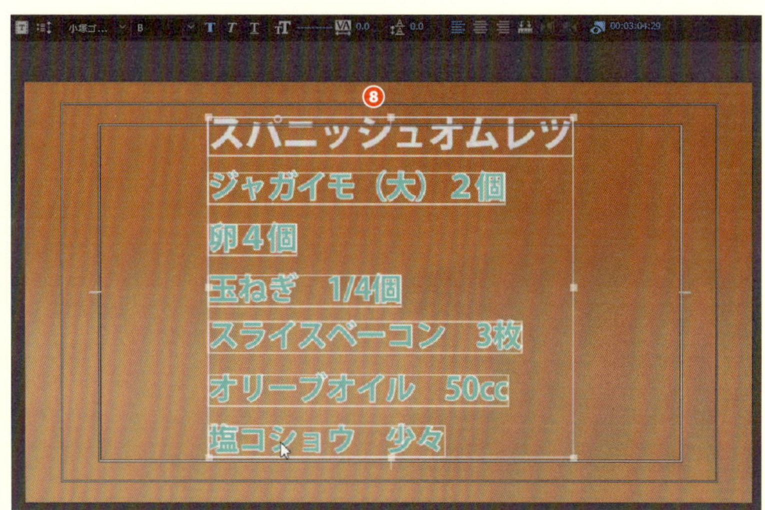

左揃えのタイトルをすべて選択し、［水平方向中央］で画面センターに配置した例

MEMO

上記のほかにも［分布］というオプションがありますⒶ。［分布］では、3つ以上のタイトルを相対的に自動配置できます。特に［垂直方向均等］は、複数の横位置タイトルを上下等間隔に並べることができるので、利用価値が高いでしょう。

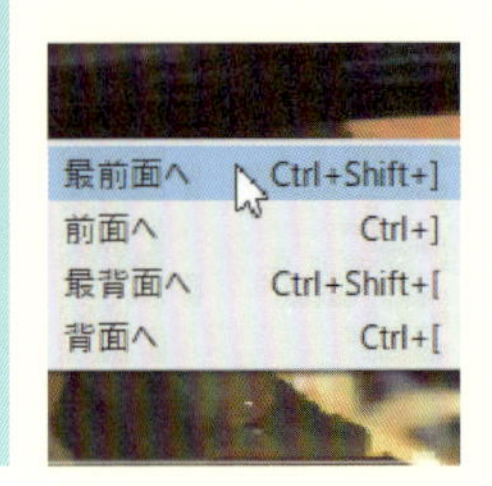

NO.
146 タイトル要素の重なり順を変更する

タイトル要素は、新しく作ったものが一番上に表示されます。もちろんあとから変更することができます。変更には、[タイトル]→[アレンジ]を使います。

STEP 1

選択ツール▶で並び順を入れ替えたいタイトルや図形を選択します❶。

STEP 2

タイトルの上で右クリックし、表示されたメニューの［アレンジ］の中から目的の順番を指定します❷。[最前面へ]（[最背面へ]）は、すべての要素の一番前（後ろ）に移動します❸。[前面へ]（[背面へ]）は、そのタイトルの上に重なっているタイトルの上（下）に移動します。

S 最前面へ▶ Ctrl（⌘）+ Shift +]
前面へ▶ Ctrl（⌘）+]
最背面へ▶ Ctrl（⌘）+ Shift + [
背面へ▶ Ctrl（⌘）+ [

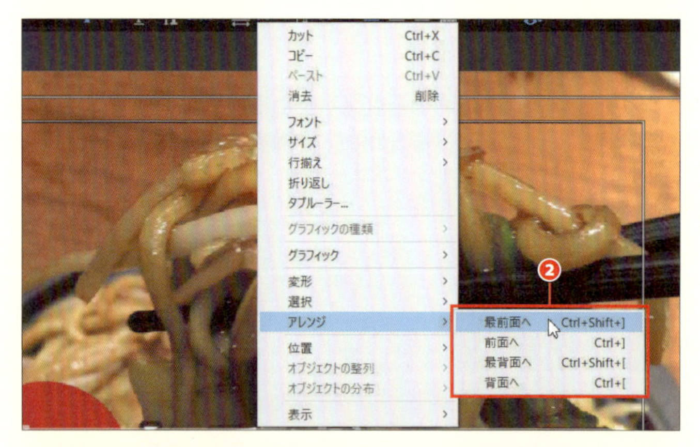

[最前面へ]で選択中の文字を一番前に移動した例

NO.
147 タイトルに静止画を組み込む

Photoshop などで作成した静止画（ロゴなど）ファイルをタイトルの要素として組み込むことができます。組み込みは［グラフィックを挿入］で行います。

STEP 1

レガシータイトルメインパネル上で右クリックし、表示されたメニューから［グラフィック］→［グラフィックを挿入］を選択します。❶。［グラフィックを読み込み］ダイアログが開くので、目的の静止画ファイルを選択し、［開く］ボタンをクリックします。

STEP 2

レガシータイトルメインパネルに選択した静止画が配置されます。PNG ファイルなど透明度を持った静止画ファイルの場合は、スーパーインポーズされます❷。

MEMO

タイトルの文字と文字の間に静止画を組み込むこともできます。その場合には、各種文字ツールで挿入したい場所をクリックして文字入力状態にし、右クリックして表示されたメニューから［グラフィック］→［グラフィックをテキスト範囲内に挿入］を選択します。

STEP 3

タイトルとして挿入した静止画は、レガシータイトルプロパティパネルでアレンジを加えることができます❸。縁取りを付けたい場合には［ストローク］の追加、シャドウを付けたい場合には［影］にチェックを入れます。

レガシータイトルプロパティで影と縁取りを追加した例

MEMO

静止画ファイルを使用してレイアウトを試行錯誤しているうちに、画像の縦横比が変更されてしまうことがあります。このような場合には、画像を選択してから、右クリックして表示されたメニューから［グラフィック］→［グラフィックの縦横比を元に戻す］を選択します。また、サイズを元に戻す場合には［グラフィックのサイズを元に戻す］を実行します。

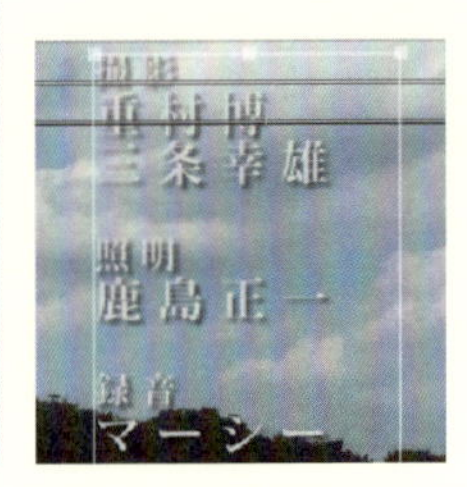

NO.
148 ロールテロップを作る

番組のエンディングタイトルなどに使用する「ロールテロップ」は、[ロール・クロールオプション] ダイアログで作成します。

STEP 1

レガシータイトルメインパネルの左上にある [ロール・クロールオプション] ボタンをクリックします❶。

STEP 2

[ロール・クロールオプション] ダイアログが表示されるので、作成する [タイトルの種類] を決めます❷。全部で 4 種類あります。詳細は下表の通りです。

設定項目	内容
静止	静止したタイトルになります
ロール	下から上にスクロールする、いわゆる「縦ロール」テロップになります
左にクロール	右から左に流れていく、いわゆる「横ロール」テロップになります
右にクロール	左から右に流れていく、横ロールテロップになります

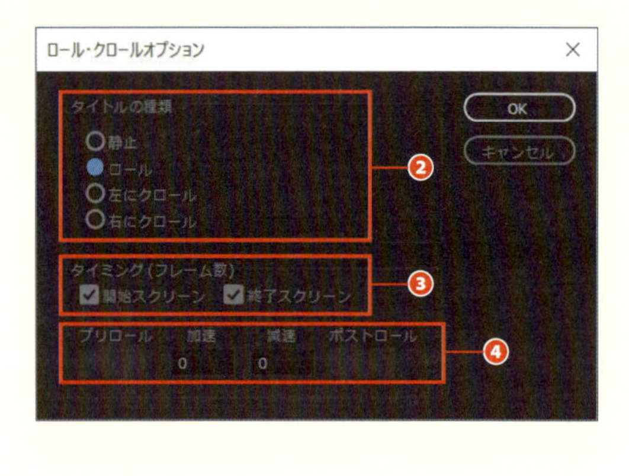

STEP 3

続いて [タイミング (フレーム数)] を設定します❸。[開始スクリーン] と [終了スクリーン] をチェックすると、ロールテロップが始まった直後に文字がフレームインし、終わる直前に文字がフレームアウトしきります。フレームイン・アウトするシンプルなロールテロップの場合は、この 2 つをチェックするだけで OK です。
この 2 つの項目をチェックしない場合は、スクロールの始まりと終わりのタイミングをそれぞれ [プリロール] [ポストロール] で設定できます❹。各項目の詳細は以下の表をご覧ください。設定が済んだら [OK] ボタンをクリックします。

設定項目	内容
開始スクリーン	ここにチェックを入れると、画面の端からスクロールが始まります (フレームインしてきます)
終了スクリーン	ここにチェックを入れると、画面の端でスクロールが終わります (フレームアウトします)
プリロール	スクロールが開始されるまでの「静止状態」の時間を指定します。テロップは、ここで指定されたフレーム数だけ静止したあと、スクロールが始まります
加速	ゆっくりとスクロールが始まり、ここで設定したフレーム数が経過した時点で本来のスピードになります
減速	終わりに向けてスクロールが次第に遅くなり、設定したフレーム数かけて終了します
ポストロール	スクロールが終了したあとの「静止状態」の時間を指定します。テロップは、スクロールのあと、ここで指定されたフレーム数だけ静止します

STEP 4 レガシータイトルメインパネルに移り、ロールテロップの文字を入力します❺。行数が多い場合には、改行のたびに行が増えていく横書き文字ツールか、縦書き文字ツールを使うと快適です。画面から行がはみだしても、スクロールバーを使ってスクロールできます❻。入力し終わったら、レガシータイトルメインパネルの右上にある［閉じる］ボタンをクリックします❼。すると作成したロールテロップがプロジェクトパネルに登録されます。ロール、クロールを設定したタイトルは、フィルムのアイコンになります。

STEP 5 プロジェクトパネルから作成した［ロール］タイトル❽をタイムラインパネルにドラッグし、目的のクリップの上のトラックに配置します❾。スクロールのスピードは、タイムライン上でのロールテロップの長さに左右されます。長ければ遅く、短ければ速くなるので、背景のクリップとの兼ね合いで調整しましょう。ビデオトラックに配置した［ロール］タイトルの長さ（デュレーション）は、ビデオクリップと同様に、左右の端をドラッグして変更できます❿。これでロールテロップの完成です⓫。

MEMO

細いフォントを使用している場合には、スクロール時に「ちらつき（フリッカー）」が現れることがあります。その場合には、［モーション］→［アンチフリッカー］や、［ビデオエフェクト］→［ブラー＆シャープ］→［ブラー（ガウス）］などを適用して、縦方向を若干ぼかすと軽減されます。

第7章 タイトル入れ

NO. 149 タイトルを再利用する

一度作成したタイトルは、いくつかの方法で再利用することができます。同じスタイルのテロップの文字違いをたくさん作る場合に便利です。

[現在のタイトルを元に新規作成]

METHOD 1

タイムラインやプロジェクトパネル上で再利用したいタイトルをダブルクリックし、タイトルパネルで開きます。レガシータイトルメインパネルの左上にある［現在のタイトルを元に新規タイトルを作成］ボタンをクリックします❶。［新規タイトル］ダイアログが表示されるのでタイトル名を入力して［OK］ボタンをクリックします❷。現在のタイトルの内容を継承したタイトルが作成されるので、文字などを変更して、パネルを閉じます。新たなタイトルがプロジェクトパネルに登録されるので、タイムラインにドラッグして配置します。

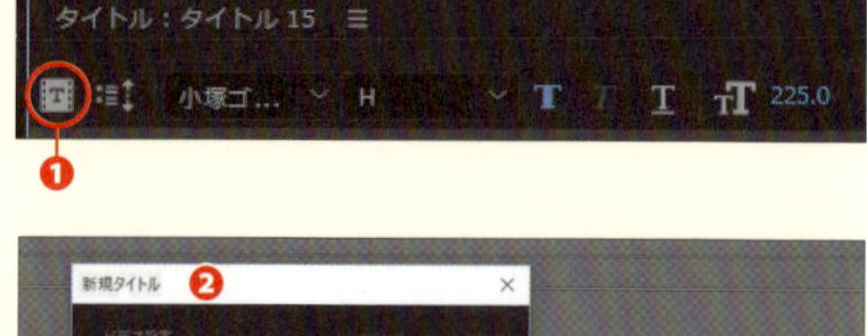

タイムライン上で「Alt +ドラッグ」

METHOD 2

タイムライン上で再利用したいタイトルを選択し、Alt（Option）キーを押しながらドラッグします❸。するとタイトルの複製ができるので❹、それをダブルクリックし、タイトルパネルで開いて文字の変更などを加えます。終わったらパネルを閉じます。タイトル再利用の場面では、このオペレーションが一番直感的でシンプルかもしれません。

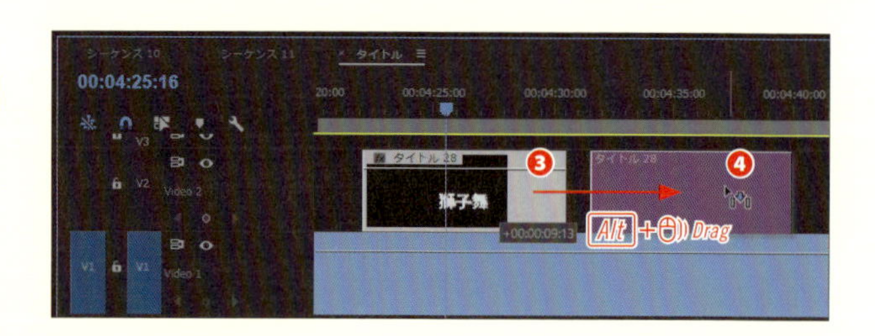

プロジェクトパネル上で「複製」

METHOD 3

プロジェクトパネルで、再利用したいタイトルを選択し❺、［編集］→［複製］を実行します❻。これでタイトルのコピーが作成され、自由に編集できるようになります。ダブルクリックでタイトルパネルを開き、変更を加えます。再利用したいタイトルを右クリックして表示されるメニューから［複製］を選択する方法もあります。

MEMO

タイトル中の文字や図形は、クリップボードを介してほかのタイトルで再利用することができます。コピーしたい文字や図形をクリックして選択し、［編集］→［コピー］や右クリック→［コピー］などでクリップボードにコピーし、利用先のタイトルを開いて、［編集］→［ペースト］や右クリック→［ペースト］などで、貼り付けます。

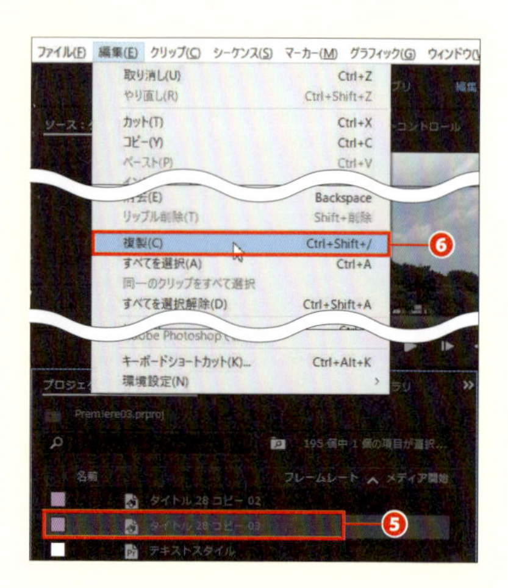

NO. 150 エッセンシャルグラフィックスパネルを使う

テキストや図形のサイズ、位置、カラーなどをアニメーションさせ、よりリッチなタイトル作りを可能にしてくれるのが、エッセンシャルグラフィックスパネルです。

STEP 1

[ウィンドウ] → [エッセンシャルグラフィックス] を選択するか❶、画面上部のワークスペースバーにある [グラフィック] をクリックして❷、エッセンシャルグラフィックスパネルを表示します。

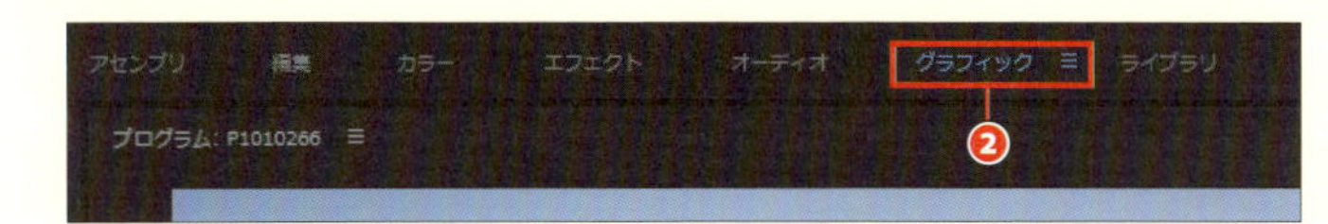

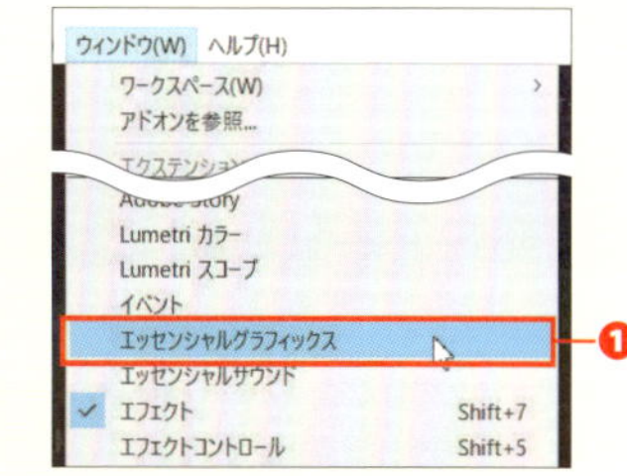

STEP 2

初期設定で表示されているのは、グラフィックスタイルやテキストアニメーションのテンプレートを選択する [参照] タブです❸。ここには複数のプリセットが用意されています。[編集] タブをクリックすると、グラフィックスの各要素や、テキスト、図形、写真などのクリップを編集できるモードになります❹。

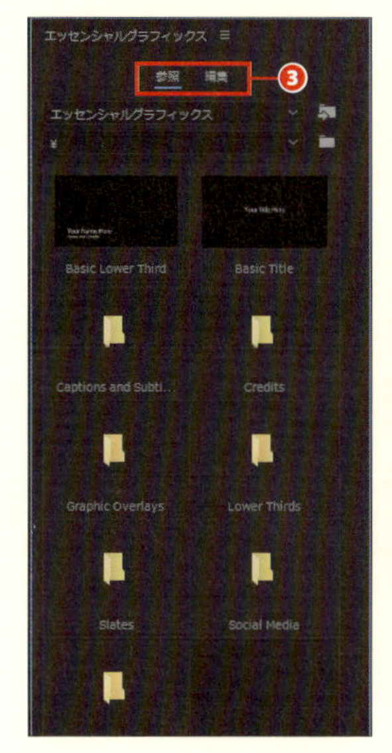

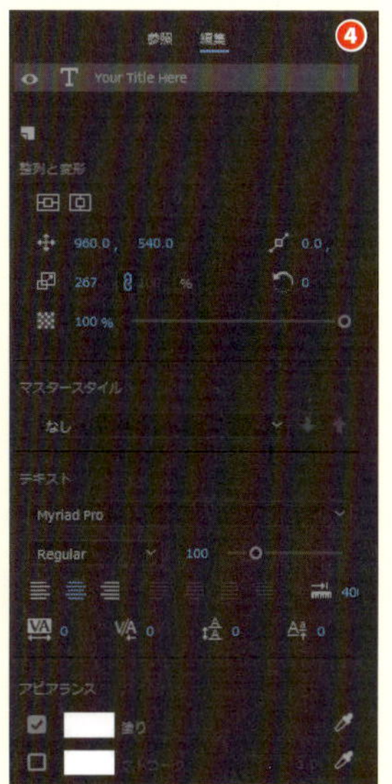

MEMO

エッセンシャルグラフィックスは、特殊な構造を持ったクリップです。タイムラインにグラフィッククリップを追加すると❹、その中に文字、図形、そのほかのクリップを「レイヤー」として格納できます。クリップは個別に位置やサイズ、文字間隔など、複数の要素を変更し、アニメーションできるようになっています。通常のクリップに適用できる基本エフェクトや、各種のプラグインエフェクトも利用でき、複雑で幅広い表現が可能です。

レイヤーは下からレンダリングされます。このため下にいくほど「奥」に表示されます。Photoshop のレイヤーと同じと考えればよいでしょう。このレイヤーの順番はドラッグして簡単に変更できます❺。

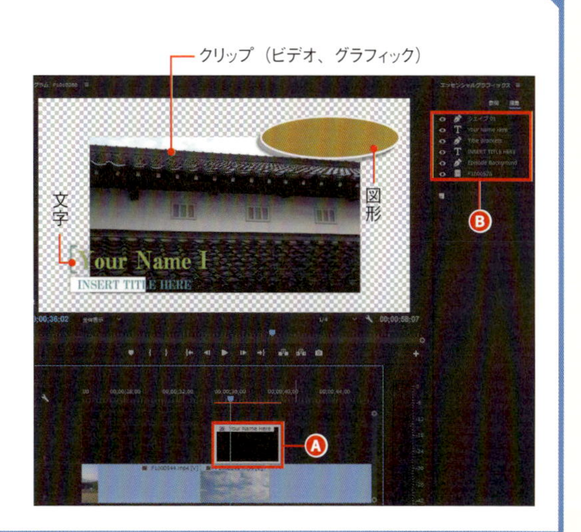

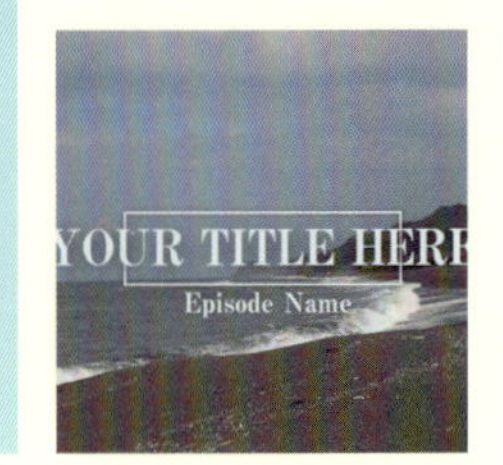

NO.

151 モーショングラフィックテンプレートを使う

エッセンシャルグラフィックスにはテンプレートが用意されています。これらを利用することで、スピーディーに見栄えのするモーショングラフィックが作成できます。

STEP 1

まずエッセンシャルグラフィックスパネルを表示します。エッセンシャルグラフィックスパネルの［参照］タブには適用可能なテンプレートが表示され❶、各フォルダーをダブルクリックすると内容を確認できます。ただし、Windowsのエクスプローラーのように元に「戻る」ためのボタンが用意されていないので、［フォルダーを参照］ポップアップメニューからアクセスしたほうが使いやすいでしょう❷。「¥」が初期状態のルートディレクトリです。

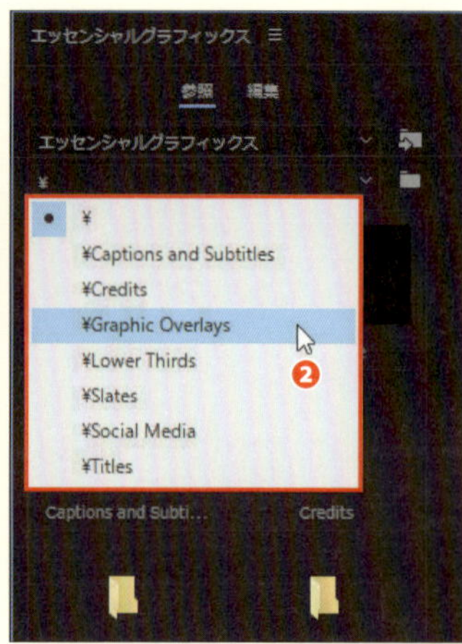

STEP 2

使いたいテンプレートをタイムラインにドラッグ&ドロップします❸。すると［モーショングラフィックステンプレートを読み込み中］の画面が表示されます❹。

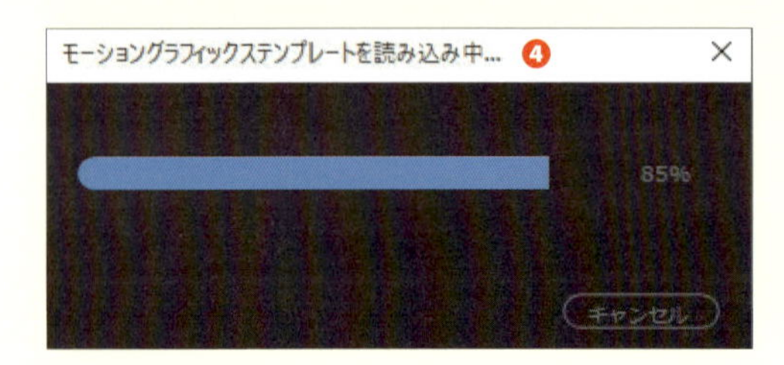

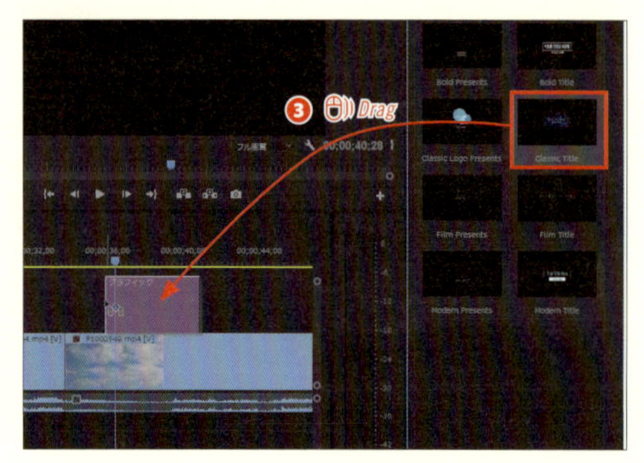

MEMO

テンプレートの中にインストールされていないフォントがある場合には、Typekitからフォントをダウンロードするかどうかをたずねるアラートが表示されます。必要ならフォントのチェックボックスにチェックを入れてⒶ、［フォントを同期］をクリックしますⒷ。すると、該当のフォントが自動的にダウンロードされ、インストールされます。現在のところ英文のテンプレートしか用意されていないので、日本語のタイトルを作成する場合には、同期せずに、あとから日本語のフォントを適用してもよいでしょう。

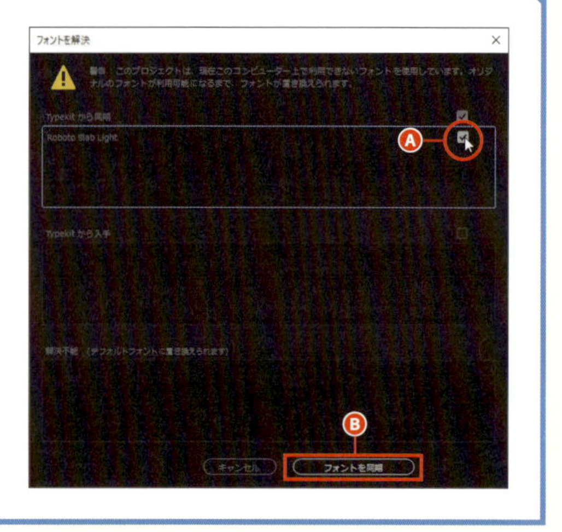

STEP 3

テンプレートを読み込んだら、タイムライン上でクリックして選択します。するとエッセンシャルグラフィックスパネルが［編集］タブに切り替わり❺、テンプレートが編集できるようになります❻。

STEP 4

テンプレート中の文字を差し替えてみましょう。エッセンシャルグラフィックスパネルの右上に表示されたレイヤーのうち［T］のアイコンのあるのがテキストレイヤーです❼。編集したいテキストレイヤーをクリックして選択すると❽、パネルに各種パラメーターが表示されます。この状態でツールバーからテキストツールを選択し❾、プログラムモニター上でアクティブになっているテキストボックスを編集します❿。文字の入力はレガシータイトルのときと同じです。

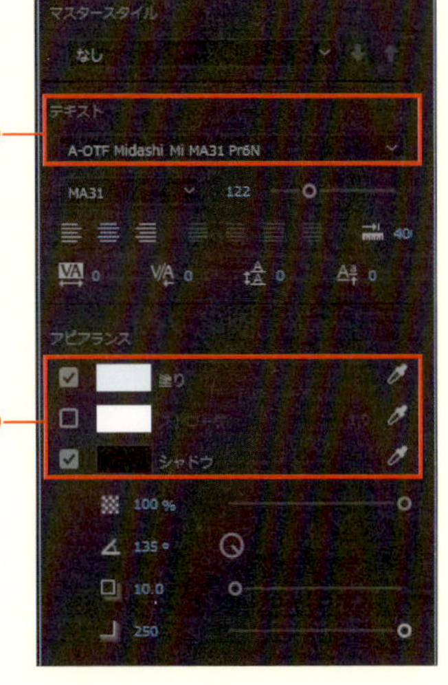

STEP 5

フォントや文字色を変えることもできます。フォントは［テキスト］ポップアップメニューから⓫、文字色は［アピアランス］のカラーピッカーで変更します⓬。

NO.
152 テキストレイヤーを使う

エッセンシャルグラフィックスのテキストレイヤーを使えば、文字のサイズや回転などを自由にアニメーションできます。文字を拡大縮小しても高品質が保たれます。

STEP 1

まずエッセンシャルグラフィックスパネルを表示します。次に、タイムラインでテキストを追加したい時間に再生ヘッドを移動し❶、［グラフィック］→［新規レイヤー］→［テキスト］を選択します。これで再生ヘッドの位置にグラフィックスのクリップが追加されます❷。また、ツールパネルでテキストツール T を選択し、プログラムモニター上で直接クリックしてもテキストレイヤーを追加することができます。

STEP 2

ツールバーでテキストツール T を選択し、プログラムモニター上で文字を編集します❸。
文字の位置を動かすときは選択ツール ▶ に切り替え、プログラムモニター上でドラッグします❹。サイズを変更するときも同様に選択ツール ▶ を使い、テキストボックスの端や隅をドラッグします❺。回転はテキストボックスの隅でカーソルが円弧の矢印になったところでドラッグ、アンカーポイントは初期設定ではテキストボックスの左端になっていますが、これもドラッグして位置を変更できます。

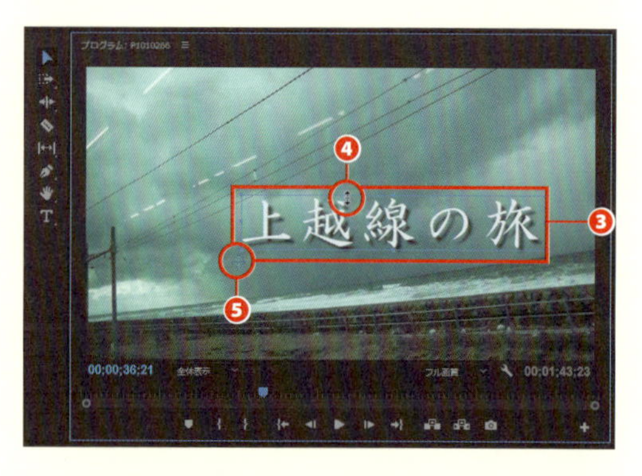

STEP 3

エッセンシャルグラフィックスパネルでは、さらに細かい設定を加えることができます。

整列と変形

文字の位置やサイズなどを変更できます。［位置］［アンカーポイント］［サイズ］［回転］を数値で正確に指定できるほか❻、［透明度］の変更も可能です❼。
一番上にある［垂直方向中央］［水平方向中央］ボタンは❽、テキストボックスをワンクリックで画面の中央に移動させられる便利な機能です。

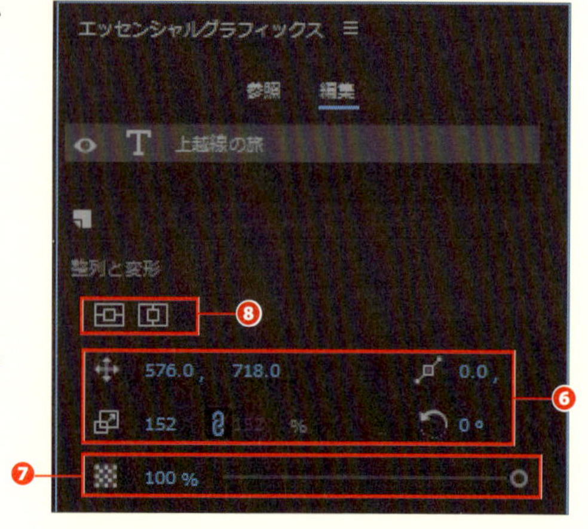

テキスト

［フォント］と［フォントスタイル］のポップアップメニューからフォントを変更できます❾。［フォントスタイル］の右にあるスライダーはサイズを変更するためのものです❿。その下にあるのは書式の設定項目です。テキストの［左揃え］［中央揃え］［右揃え］が行えます⓫。均等割付けなどのボタンも見えますが、現在のところ機能していないようです。一番右にあるのはタブを入力する際のスペースの幅の調整です。

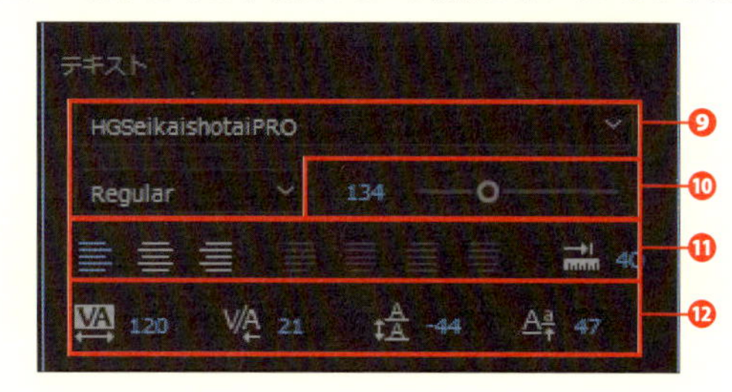

最後の段には、文字間隔などの設定が並んでいます⓬。左から［文字間隔］［カーニング］［行間］［ベースラインシフト］です。［カーニング］は、文字間隔を調整したい位置にカーソルを置いて、［ベースラインシフト］は調整したい文字列を選択した状態で設定します。それ以外は選択ツールでテキストボックスを選択した状態でも調整できます。

アピアランス

文字の色やシャドウに関する設定です。［塗り］は文字色の設定です⓭。現状、いわゆる「ベタ塗り」しかできません。左側のチェックボックスをチェックしてカラーサンプルをクリックすると、カラーピッカーが表示されます。右のスポイトツールで画面上から任意の色をピックアップすることもできます。

［ストローク］は文字の縁取りです⓮。現状、ぼかしなどの設定はできません。色の設定は［塗り］と同様です。スポイトの左の数値をドラッグするか、クリックして数値を入力することで縁取りの幅を設定できます。

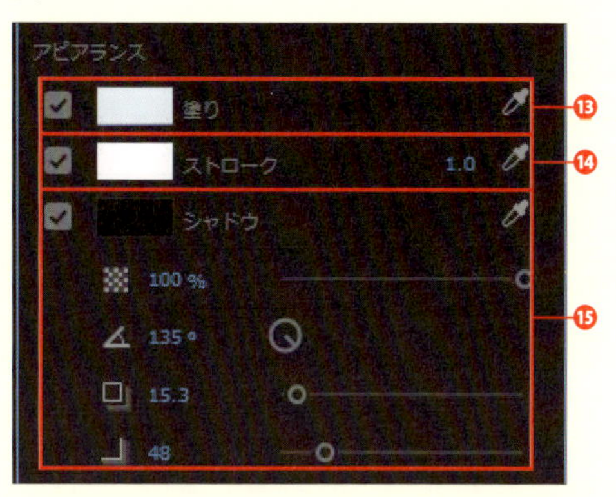

最後が［シャドウ］の設定です⓯。［シャドウ］の色は、カラーサンプルをクリックして選択するか、右のスポイトツールを使って画面上からピックアップします。一番上のスライダーはシャドウの濃さを設定します。スライダーを使うか、数値をクリックして［不透明度］の割合を決めます。そのほかに［角度］［シャドウの距離］［ぼかし］を調整できます。

STEP 4

STEP3のパラメーターのうち、［位置］［サイズ］［回転］［不透明度］［アンカーポイント］はキーフレームを使ってアニメーションさせられます。設定には、エフェクトコントロールパネルを使用します⓰。

タイムラインで目的のグラフィックを選択したら、エフェクトコントロールパネルを開きましょう。基本エフェクトの下に［テキスト（文字列）］という項目があります⓱。これがグラフィッククリップのテキストレイヤーです。左側の三角をクリックして展開し、さらにその中の［トランスフォーム］を開いてください。ここにキーフレームを追加して、それぞれのパラメーターをアニメーションさせます⓲。キーフレームアニメーションについては「025 エフェクトをアニメーションさせる」を参照してください。

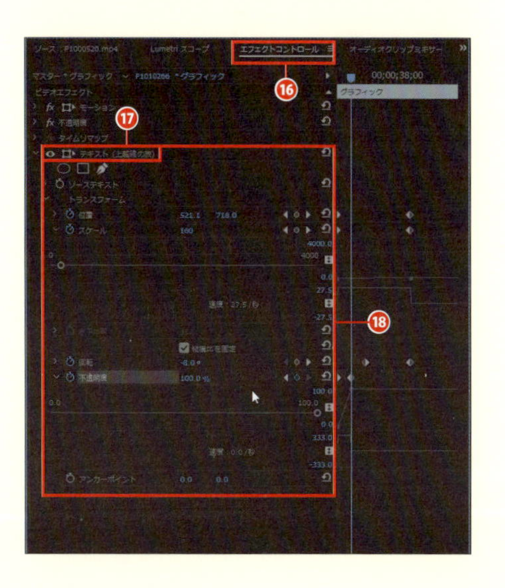

NO.

153 クリップレイヤーを使う

［クリップレイヤー］を使えば、エッセンシャルグラフィックスパネルに静止画やムービーを読み込み、モーショングラフィックスの素材として利用できます。

STEP 1

まずエッセンシャルグラフィックスパネルを表示します。次に、タイムラインで静止画や動画を読み込みたいグラフィッククリップを選択し❶、［グラフィック］→［新規レイヤー］→［ファイルから］を実行します❷。するとファイルの［読み込み］ダイアログが開くので、目的の素材を選択して［開く］ボタンをクリックします❸。すると新たにクリップレイヤーが作成され、選択した素材が読み込まれます。

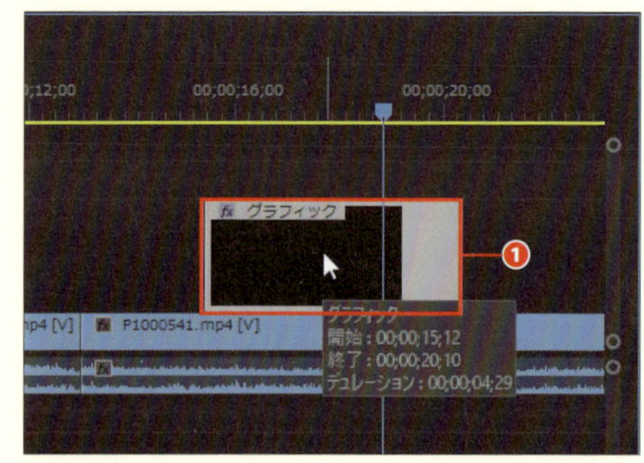

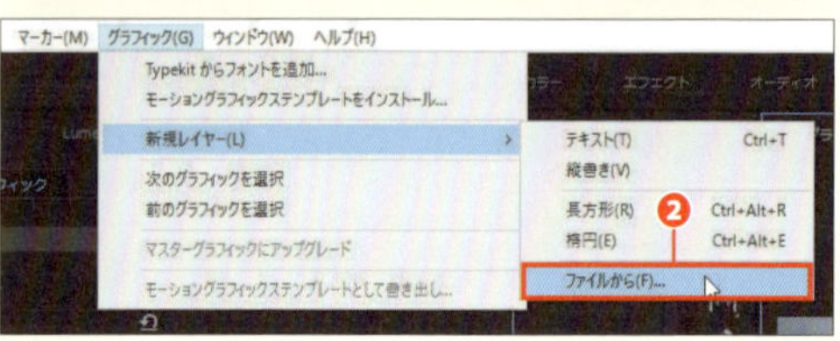

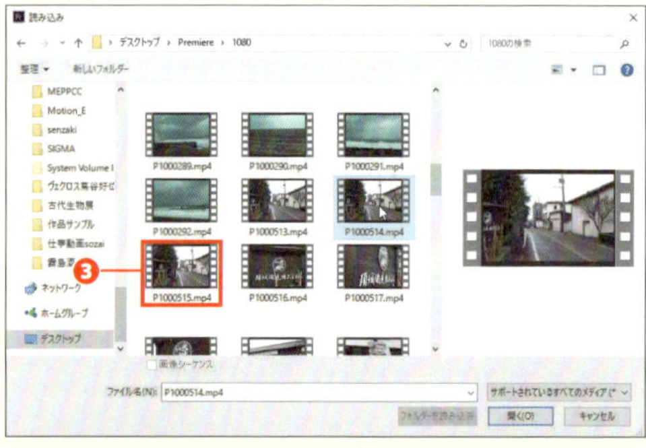

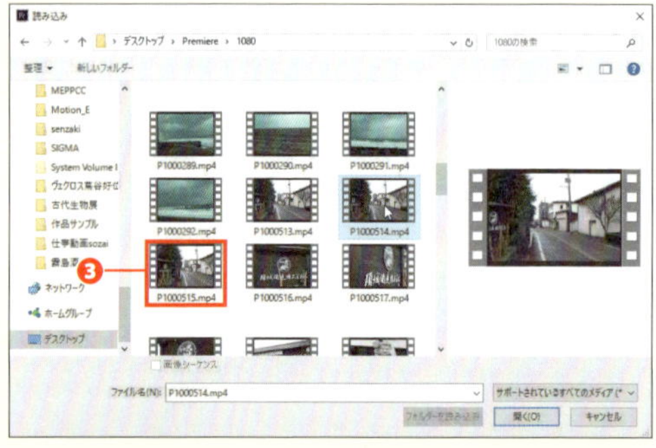

MEMO

［グラフィック］→［新規レイヤー］で各種レイヤーを追加する際に、タイムラインで別のグラフィッククリップが選択されていると、そのクリップに新しいレイヤーが追加されます。選択されていない場合は、新しいグラフィッククリップが新たに追加され、その中にレイヤーが格納されます。

STEP 2

エッセンシャルグラフィックスパネルの一番上に読み込んだ素材がリストアップされます❹。

STEP 3

読み込んだ素材は［位置］［スケール］［回転］アンカーポイントなどを変更できます。選択ツール▶を使い、プログラムモニター上でドラッグして変更します❺。

STEP 4

またエッセンシャルグラフィックスパネルでは、数値を使ってパラメーターを変更できます。クリップレイヤーに用意されているのは［整列と変形］です❻。ここでは、数値（座標）を入力して、クリップの［位置］を指定したり、［アンカーポイント］［スケール］［回転］の設定のほか、［不透明度］が変更できます。

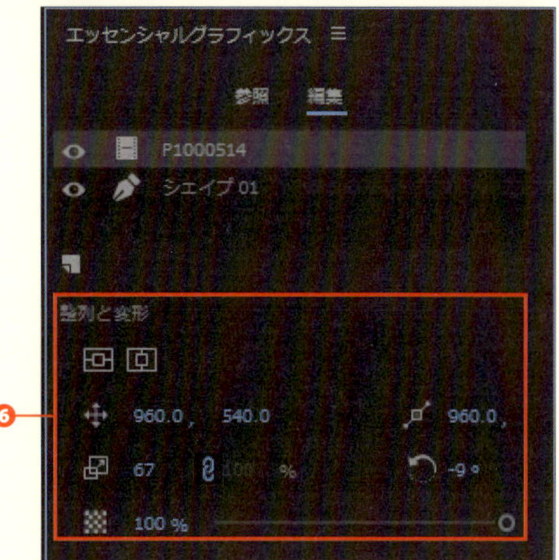

STEP 5

クリップをアニメーションさせることもできます。タイムラインでクリップレイヤーを含んだグラフィッククリップを選択し、エフェクトコントロールパネルを開きます❼。クリップ名の左にある三角をクリックして展開し、各種パラメーターにキーフレーム追加してアニメーションさせます❽。キーフレームアニメーションについては「025 エフェクトをアニメーションさせる」を参照してください。

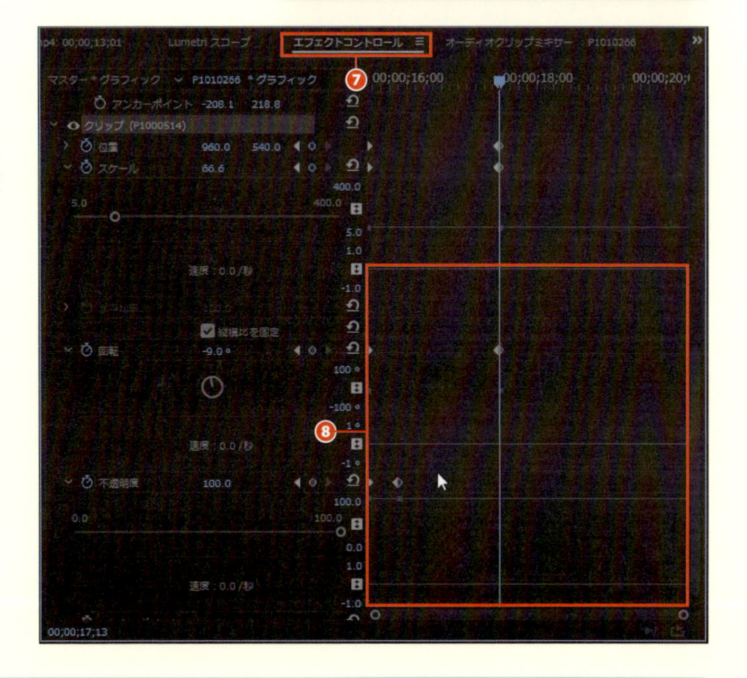

NO.
154 シェイプレイヤーを使う

エッセンシャルグラフィックスの［シェイプレイヤー］では四角形と円が追加できます。［テキストレイヤー］と組み合わせて効果的なタイトルが作成できます。

STEP 1 まずエッセンシャルグラフィックスパネルを表示します。次に、タイムラインでシェイプを追加したい時間に再生ヘッドを移動し、［グラフィック］→［新規レイヤー］→［長方形］もしくは［楕円］を選択します❶。これで再生ヘッドの位置にグラフィックスのクリップ(図形)が追加されます❷。

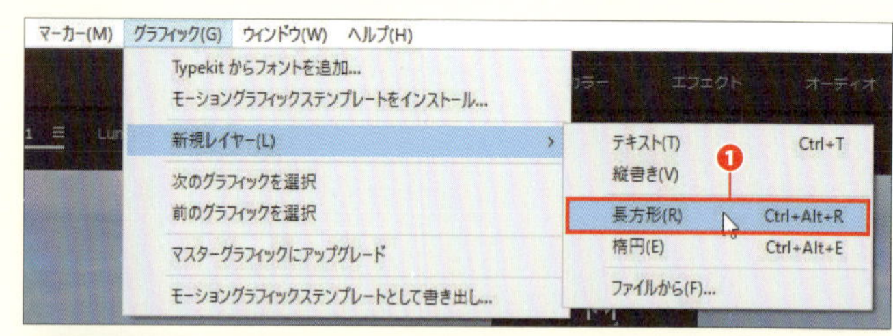

STEP 2 図形のサイズや位置の変更は、選択ツール を使ってプログラムモニター上で行います。図形を直接ドラッグして位置を変更したり、図形の端をドラッグしてサイズを変更します。アンカーポイントも同様にドラッグして変更できます。

STEP 3 エッセンシャルグラフィックスパネルを使えば、数値による正確な位置やサイズの調整、あるいは色の変更が行えます。内容は表の通りです。

設定項目	内容
整列と変形	数値（座標）を入力して位置を指定したり、［アンカーポイント］［サイズ］［回転］のほか、［不透明度］も変更できます
アピアランス	図形の塗り、縁取り（ストローク）、影の設定をいます。それぞれ、左側のチェックボックスをチェック（オンに）してから調整を行います
塗り	カラーサンプルをクリックするとカラーホイールが表示されます。右側のスポイトツールを使って画面の中の任意の色をピックアップすることもできます。［塗り］は現在のところ、ベタ塗りしか対応していません
ストローク	図形の縁取りの設定です。色は［塗り］と同様に変更できます。また、線幅はスポイトのアイコンの数値で指定可能です
シャドウ	スライダーを使って、影の［不透明度］［角度］［距離］［ブラー］（柔らかさ）を設定できます

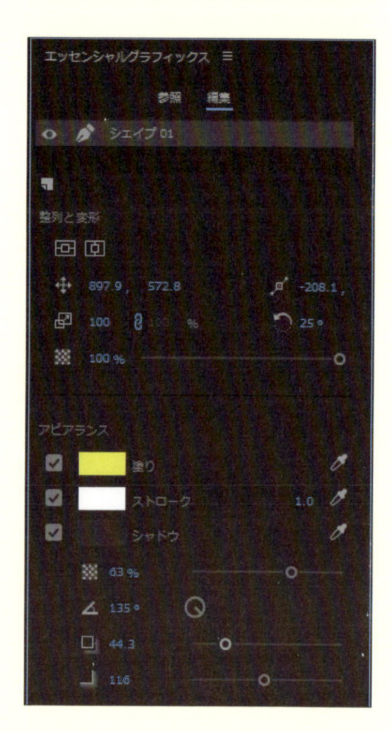

 MEMO

図形をアニメーションさせることができます。設定は、エフェクトコントロールパネルで行います。タイムラインでシェイプレイヤーを含んだグラフィックスを選択し、エフェクトコントロールパネルを開きます。図形名の左にある三角形をクリックして展開し、さらにその中の［トランスフォーム］をクリックして開きます。ここにキーフレームを追加して、それぞれのパラメーターをアニメーションさせます。キーフレームアニメーションについては「025 エフェクトをアニメーションさせる」を参照してください。

第8章　サウンド編集

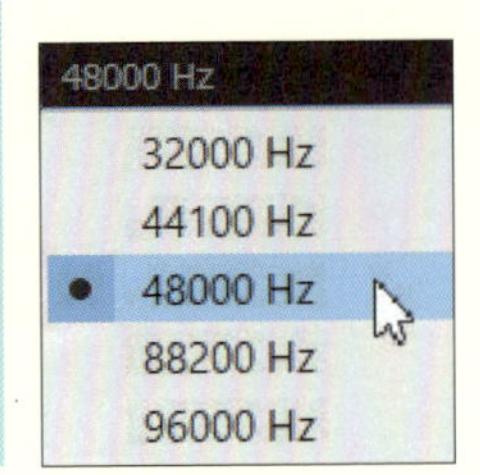

NO.
155 オーディオトラックの設定を変更する

新規シーケンスを作成する際のオーディオ関連の設定項目を見ていきます。設定は［新規シーケンス］ダイアログで行います。

サンプルレート

新規シーケンス作成時に表示される［新規シーケンス］ダイアログで［設定］タブを開き❶、［オーディオ］の［サンプルレート］で確認、変更できます❷。ほとんどの場合、初期設定の48000Hzで問題ありませんが、使用する素材に合わせて、さらに高いサンプルレートや低いサンプルレートに設定することもできます。使用する素材に合わせて必要な場合は変更しておきます。

ちなみに、その下にある［表示形式］❸はタイムラインでの表示や編集の単位の設定なので、初期設定の［オーディオサンプル］のままで問題ないでしょう。サンプルレート以下の詳細な編集をしたい場合は［表示形式］を［ミリ秒］に変更します。

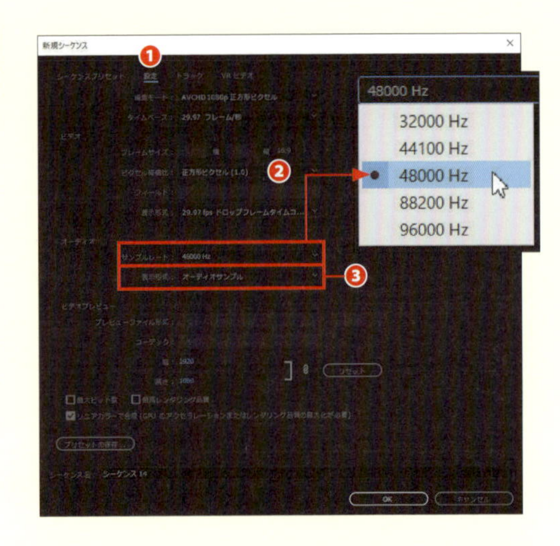

オーディオトラックの設定

シーケンス作成時には、オーディオトラックの初期状態を設定することもできます。［新規シーケンス］ダイアログの［トラック］タブを開き❹、［オーディオ］で設定します❺。

［マスター］は最終的なオーディオのアウトプットの形式です❻。標準的な2チャンネルの［ステレオ］、サラウンドの［5.1］、トラックが1つだけの［モノラル］、最大32チャンネルまで指定できる［マルチチャンネル］から選択できます。一般的なテレビ番組などの場合は［ステレオ］に設定します。

初期設定で作成されるオーディオトラックの種類と数も設定できます❼。トラック数を増やしたい場合には［+］のついたボタンをクリックして追加します❽。削除する場合には、トラック名の左にあるチェックボックスをチェックしてから［–］のついたボタンをクリックします❾。

それぞれのトラックの種類を設定するには［トラックの種類］欄のポップアップメニューを使います❿。［標準］はステレオ、［5.1］はサラウンド、［モノラル］はその名の通り1本のマイクで録音されたモノラルです。［アダプティブ］は、［マスター］の設定を［マルチチャンネル］に設定した場合に、マスターのどのチャンネルに出力するかを設定できるスイッチの付いたトラックです。

各トラックからの出力をいったんまとめるための［サブミックストラック］も4種類リストアップされていますが、これはミックス作業の中で必要に応じて追加すればよいので、ここでは無視してもかまいません。

ほかに必要であれば［パン／バランス］で左右のバランスの初期値を設定できます。また［開く］にチェックを入れておくと、初期状態でオーディオトラックが展開するようになり、何もしなくても波形が表示されます⓫。

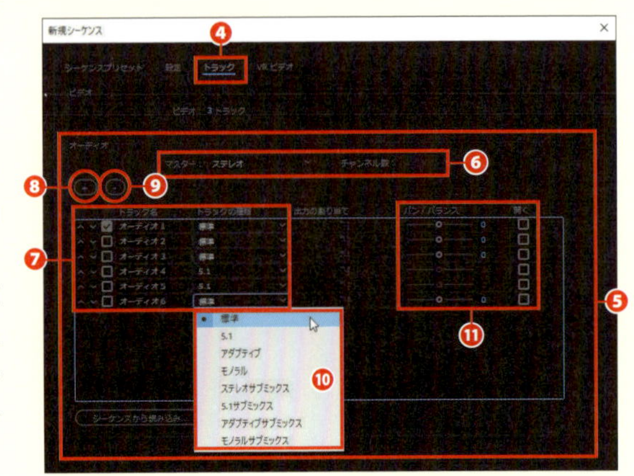

NO.
156 オーディオトラックのキーフレーム表示を切り替える

オーディオトラックのキーフレーム表示は、クリップのキーフレームと、トラックのキーフレームを切り替えて使うようになっています。

クリップキーフレームとトラックキーフレームの切り替え

METHOD 1

音に関連するキーフレームは2種類あります。1つはクリップに関するもの。クリップの音量やクリップに適用されたエフェクトのパラメーターなどです。もう1つはトラックに関するもの。トラック全体の音量の変化やトラックに適用されたエフェクトのパラメーターなど。状況に応じてこの2つを切り替えながら作業する必要があります。初期設定では、［クリップのキーフレーム］の［レベル］が表示され、クリップの音量調整ができる状態になっています。切り替えを行うには、トラックヘッダーをダブルクリックして展開させ、［キーフレームを表示］ボタンをクリックします❶。表示されたメニューから、［クリップのキーフレーム］か［トラックのキーフレーム］を選択します❷。

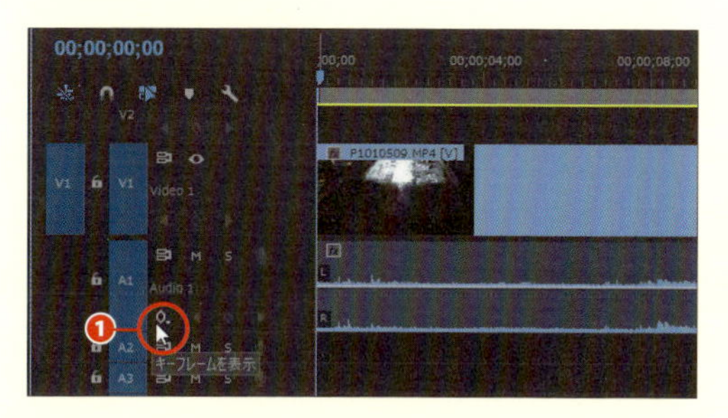

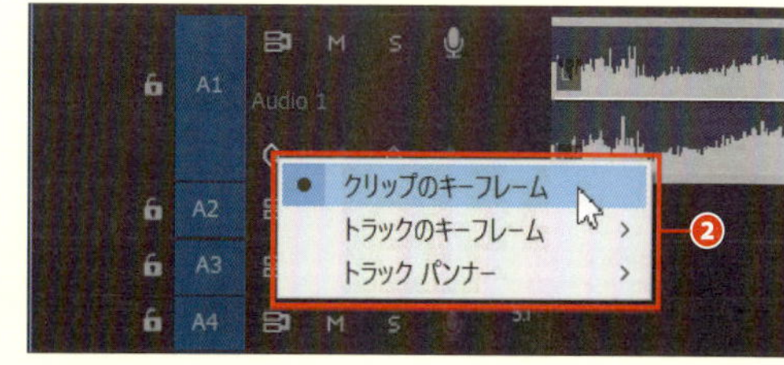

クリップキーフレームの種類を選択する

METHOD 2

クリップのキーフレームの種類を選択するには、タイムラインに配置したクリップの左上にある「fx」と書かれたボックスを右クリックします❸。メニューが表示されるので、目的の項目を選択します❹。音量調整に使用するキーフレームは［ボリューム］→［レベル］と選択します。

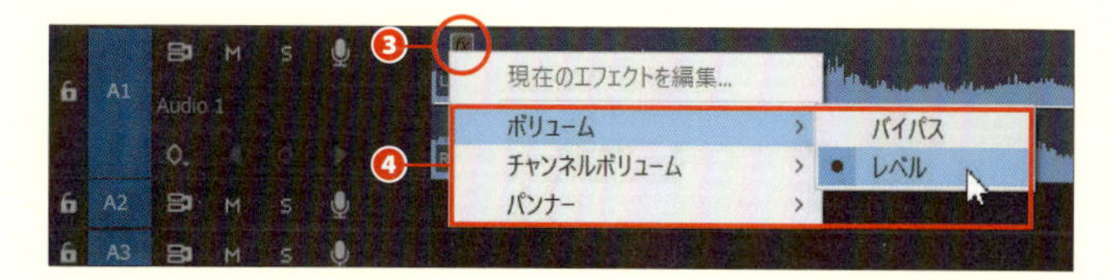

トラックキーフレームの種類を選択する

METHOD 3

トラックのキーフレームの種類は、METHOD1で［トラックのキーフレーム］を選択したあと、それに続くメニュー（［ボリューム］あるいは［ミュート］）をたどって指定します❺。ミキシングなどで音量を調整する場合には［トラックのキーフレーム］→［ボリューム］を選択します。

012 トラックを展開する

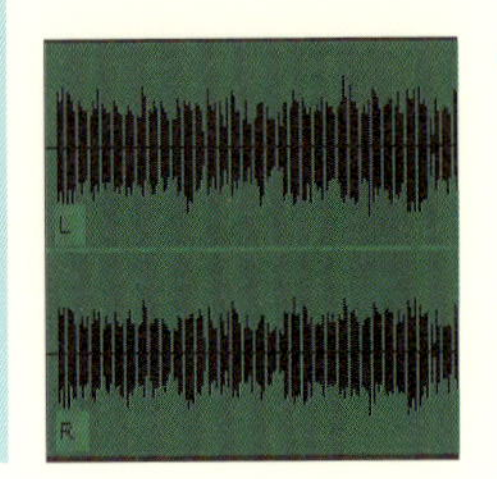

NO. 157 オーディオクリップを配置する

オーディオクリップの配置は、ムービーや静止画と同様に行えますが、トラックの種類とクリップの種類を意識する必要があります。

タイムラインへ追加

METHOD 1

プロジェクトパネルに登録されたオーディオファイルをタイムラインに追加するには、プロジェクトパネルからそのままドラッグ＆ドロップするか❶、ダブルクリックしてソースモニターを表示し❷、インポイントやアウトポイントを設定した上で❸波形の下に表示されている［オーディオのみドラッグ］アイコンをタイムラインへドラッグします❹。

ビデオの音だけを使う場合は、ダブルクリックしてソースモニターで開いたあと［オーディオのみドラッグ］アイコンをクリックするとサウンド波形が表示されるので同様に操作します。

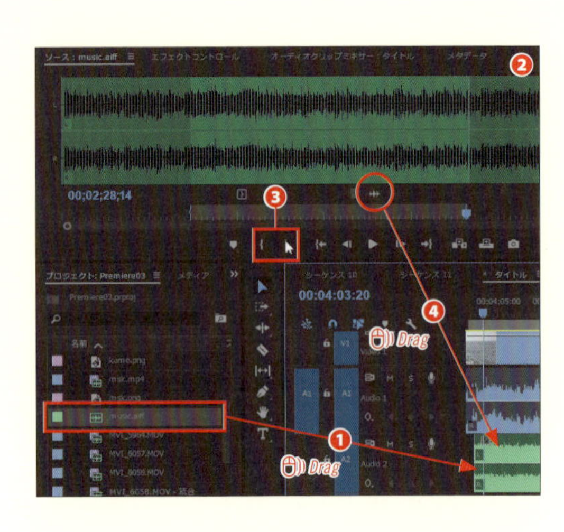

トラックの種類に注意

METHOD 2

オーディオトラックにはいくつか種類があります。トラックヘッダーにアイコンが表示されていないのが［標準］のオーディオトラックで、右と左 2 つのチャンネルを持ったいわゆる「ステレオ」のチャンネルです❺。［モノラル］のトラックは、トラックヘッダーに小さな一個のスピーカーのマークが表示されます❻。サラウンド収録された素材用の［5.1］のトラックは、トラックヘッダーに「5.1」と表示されます❼。［5.1］のトラックへは、5.1 チャンネルで収録された素材しか配置することはできません。ステレオ、モノラルの素材はステレオ、モノラルどちらの種類のトラックにも配置可能なので、ステレオのはずなのに音がモノラルに聞こえる、といった場合は、モノラルトラックに配置してしまっているかもしれません。

一度作成されたトラックの種類はあとから変更することはできません。［シーケンス］→［トラックの追加 ...］を実行して目的の種類のトラックを新たに作成する必要があります。また、クリップを、オーディオトラックの一番下（Master のさらに下）にドラッグすると❽、自動的にクリップの種類に合致した新しいトラックが作成されます❾。こちらのオペレーションの方が手っ取り早いかもしれません。

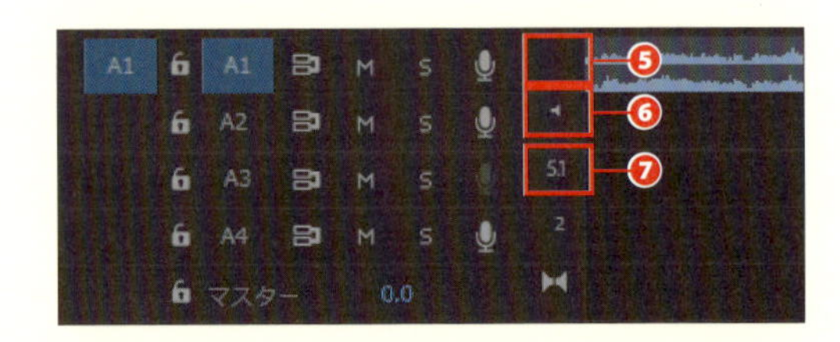

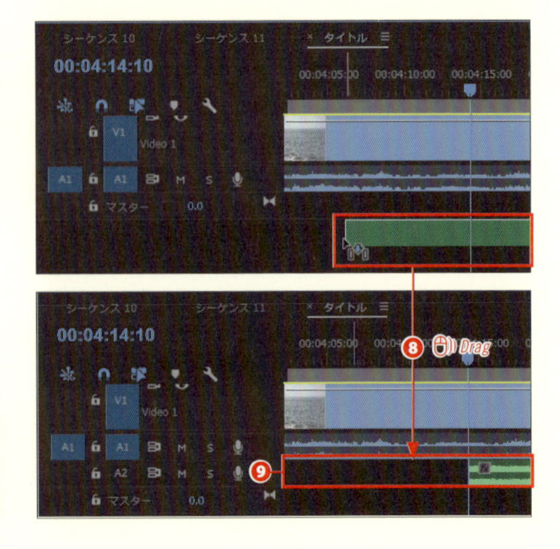

159 ビデオとオーディオのリンクを解除する
162 チャンネルマッピングを変更する

NO. 158 ビデオクリップから音声を抽出する

音声を含んだビデオクリップからオーディオのみを抜き出し、別クリップにすることができます。抽出には［オーディオを抽出］を使います。

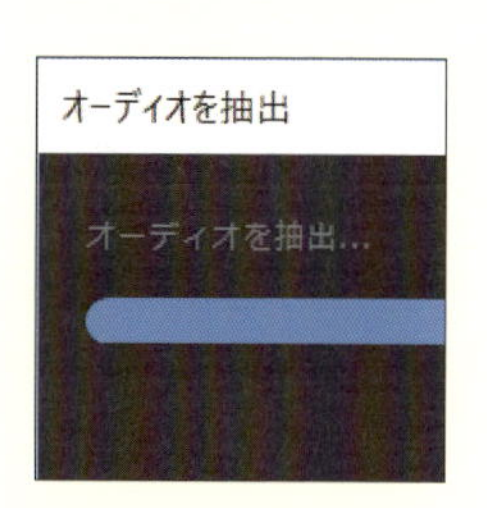

STEP 1

プロジェクトパネルで、目的のクリップを選択します❶。そして［クリップ］→［オーディオオプション］→［オーディオを抽出］を実行します❷。このコマンドが使えるのはプロジェクトパネルのみでタイムライン上のクリップには使えません。

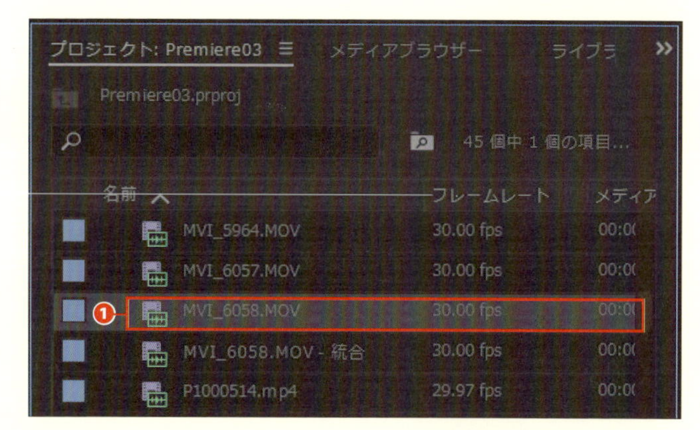

STEP 2

［オーディオを抽出］ダイアログが表示され❸、抽出が済むと新たなオーディオクリップとしてプロジェクトパネルに登録されます❹。［オーディオを抽出］を実行しても、元となったビデオクリップのオーディオトラックがなくなるわけではありません。オーディオだけが複製されます。

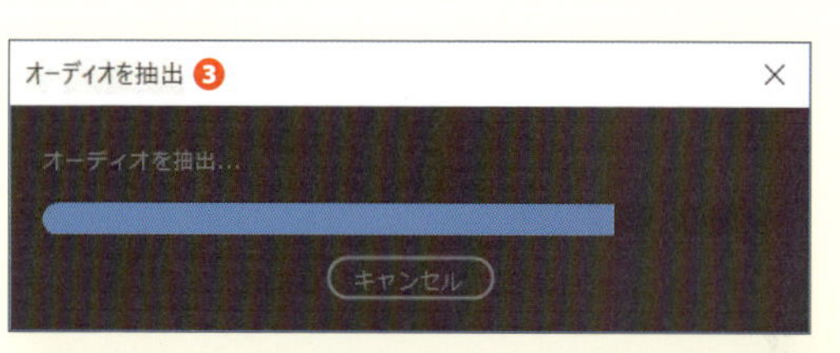

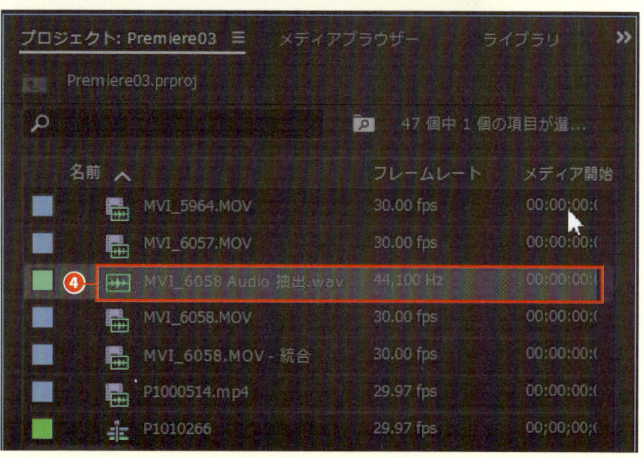

MEMO

抽出されたオーディオは、WAV 形式のファイルとして抽出先のビデオファイルと同じフォルダーに保存されています。ほかのアプリケーションでファイルを開いて、加工したり、再利用することもできます。

第8章 サウンド編集

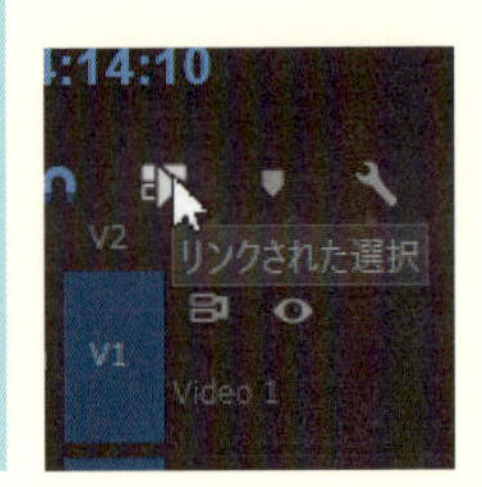

NO.
159 ビデオとオーディオのリンクを解除する

キャプチャしたビデオクリップは、画像と音がリンクしています。音だけをトリミングしたり、ずらしたりするには、［リンクされた選択］ボタンを使います。

［リンクされた選択］を切り替える

タイムラインパネルの左上にある、クリップと矢印カーソルをかたどったアイコンのボタンが［リンクされた選択］ボタンです❶。なんだか不思議な名称ですが、これは、タイムラインに配置されたクリップを選択ツール でクリックしたときに、映像と音とを「同時に選択」するか、「別々に選択」するかを切り替える機能を持っています。このボタンが「押されている」状態では、クリップのビデオ側をクリックしてもオーディオ側をクリックしても、ビデオとオーディオがセットで選択されます（初期設定）。
［リンクされた選択］ボタンをクリックして「押されていない」状態にすると❷、ビデオ側をクリックすればビデオだけ、オーディオ側をクリックすればオーディオだけが選択され、別々に扱うことができます。オーディオだけを編集したい場合には、［リンクされた選択］は解除するようにします❸。

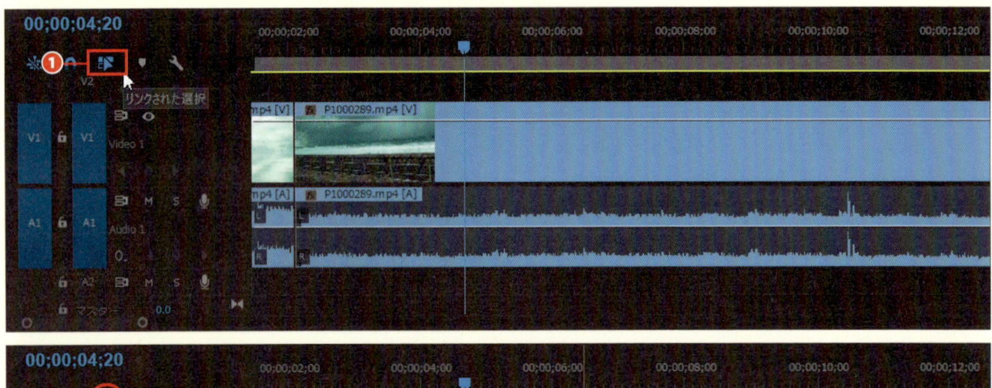

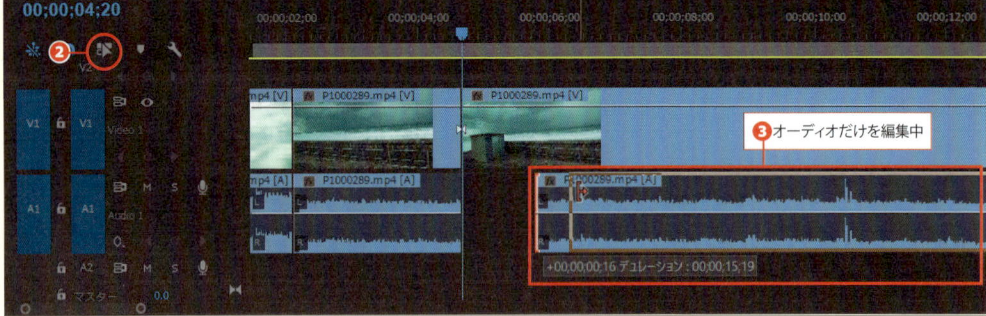

［リンクを解除］する

クリップのビデオとオーディオのリンクを解除して別々のものにすることもできます。タイムライン上でクリップを選択した状態で［クリップ］→［リンク解除］を実行します❹。

157 オーディオクリップを配置する

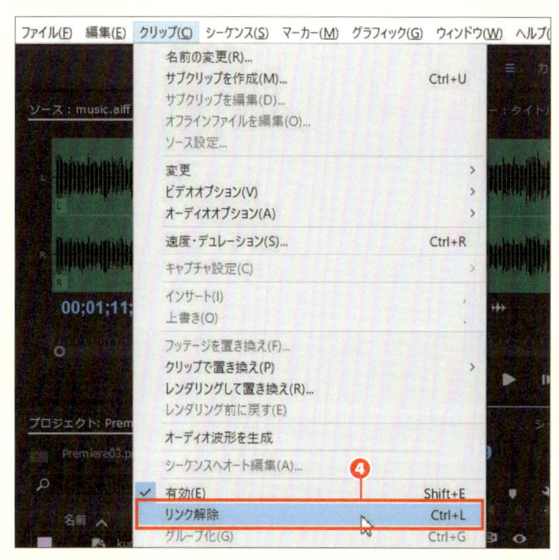

S リンク解除▶Ctrl+L(⌘+L)

ビデオとオーディオのずれ幅を表示する

METHOD 3

リンクを解除してビデオとオーディオを別々に扱っていると、意図しない部分でビデオとオーディオがずれてしまうことがあります。心配な場合は、[編集] → [環境設定] → [タイムライン] を実行して、[リンクが解除されたクリップの非同期インジケーターを表示] にチェックを入れておくとよいでしょう5。ビデオとオーディオにずれ幅を示すインジケーターが表示されるようになります6。万が一ずれてしまっても、インジケーターを右クリックして表示されるメニューから目的の同期方法を選択することで元に戻すことができます7。

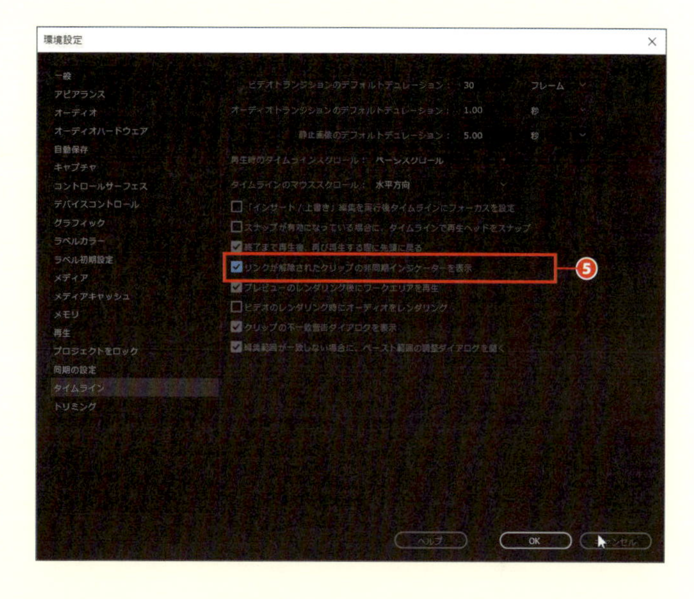

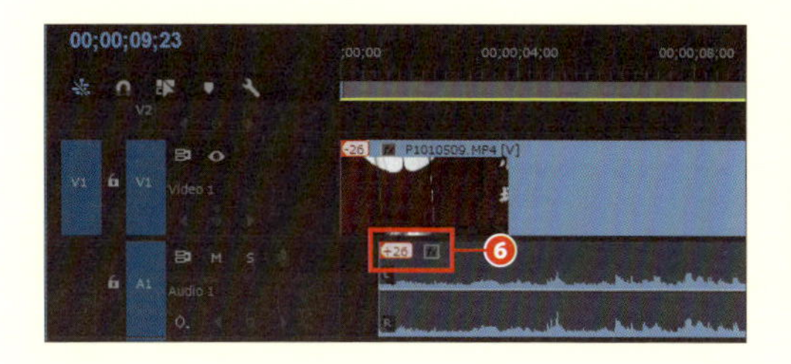

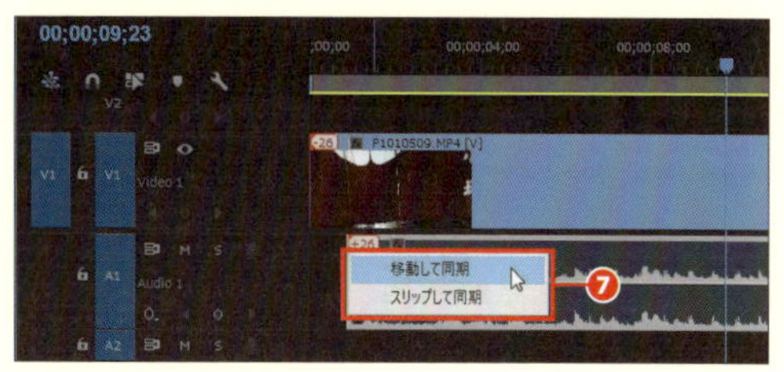

NO.
160 オーディオクリップを編集する

オーディオクリップは、ビデオクリップと同様に選択ツールで伸縮したり、削除したり、レーザーツールで切り離すことができます

クリップを伸縮する

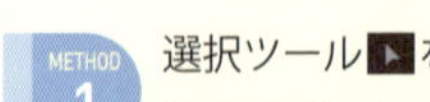

METHOD 1 選択ツールを使って、オーディオクリップの両端をドラッグします❶。すると、それに合わせてクリップの長さ（デュレーション）が伸縮します❷。

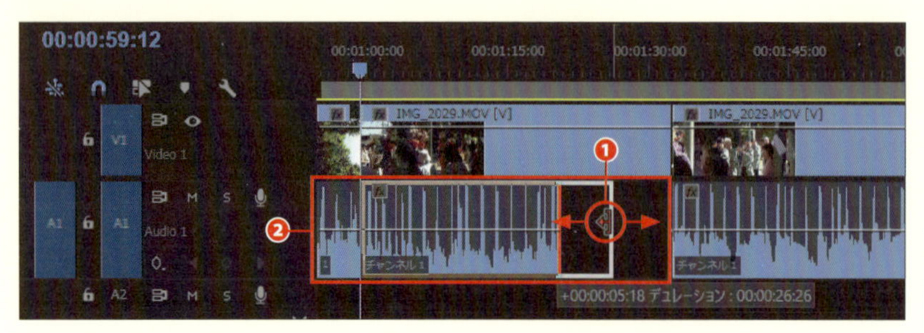

クリップを切り離す

METHOD 2 レーザーツールで切り離したいポイントをクリックして編集点を追加します❸。もしくは、切り離したいオーディオクリップを選択した状態で、［シーケンス］→［編集点を追加］を実行します。こうして切り離したオーディオクリップは、選択ツールで選択して、移動や削除することができます。

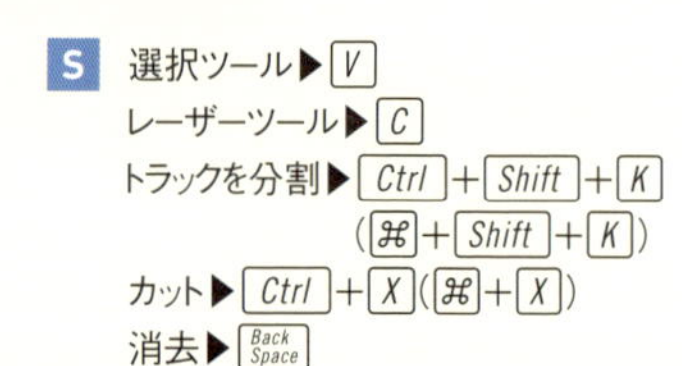

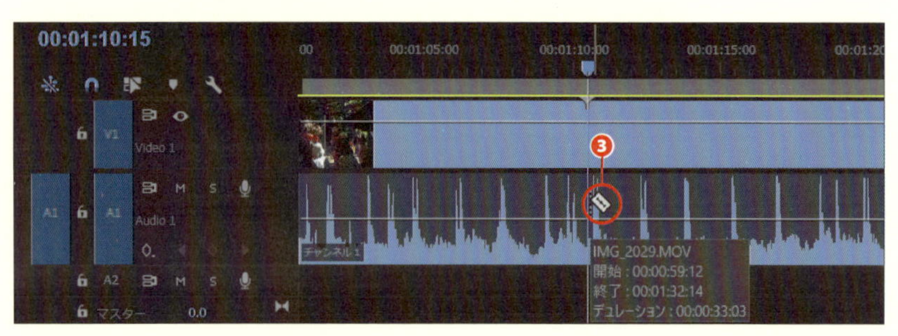

レーザーツールを使ってクリックするとオーディオクリップを分割することができます

クリップを削除する

METHOD 3 選択ツールで削除したいクリップを選択し、［編集］→［カット］❹か［消去］❺を選択します。削除したあとを詰める（トルツメ）場合は、［リップル削除］を実行します。

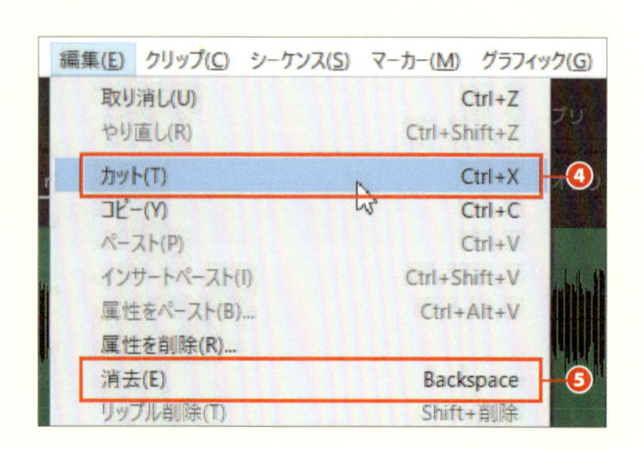

MEMO

［カット］を実行した場合には、［カット］した部分がクリップボードに残るので、［編集］→［ペースト］で再生ヘッドの位置に［ペースト］することができます。

034 クリップを分割する
159 ビデオとオーディオのリンクを解除する

NO.
161 ステレオや5.1オーディオをモノラルに分割する

ステレオとしてキャプチャした2チャンネルのオーディオを、左右1チャンネルずつのモノラルにするには、［モノラルクリップに分割］を使います。

STEP 1

プロジェクトパネルで目的のオーディオクリップやオーディオを含んだビデオクリップを選択します。そして［クリップ］→［オーディオオプション］→［モノラルクリップに分割］を実行します❶。

STEP 2

これで、元のクリップに含まれていたオーディオがモノラルオーディオに分割され、それぞれ独立したクリップとして保存されます❷。ステレオの場合は2本のモノラルオーディオクリップとして、5.1オーディオの場合は6本のモノラルオーディオクリップとしてプロジェクトパネルに登録されます。

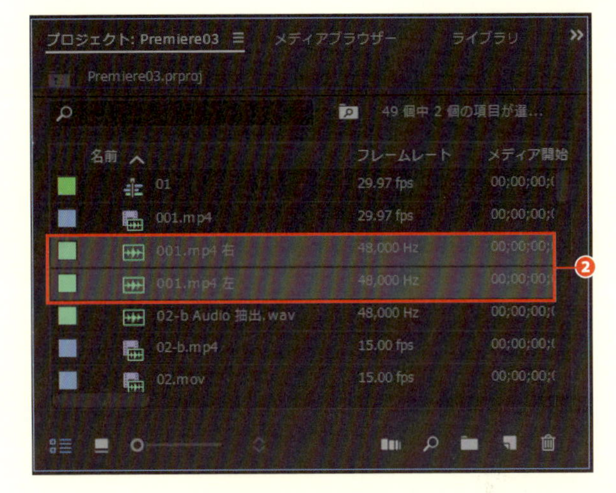

MEMO

ステレオオーディオの片方のチャンネルを生かして、もう片方を捨ててしまう場合は、オーディオエフェクトの［右チャンネルを左チャンネルに振る］［左チャンネルを右チャンネルに振る］を使用する方法もあります。これらのエフェクトを適用すると、左右（LR）のチャンネルに同じ音が入ったステレオクリップができます。「162　チャンネルマッピングを変更する」を応用しても同様の効果を得ることができます。

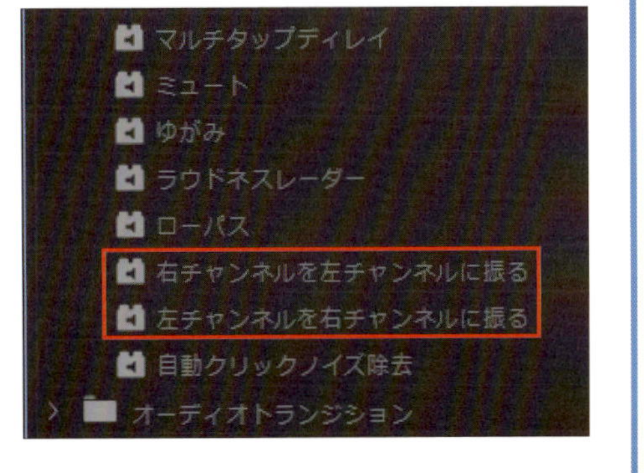

第8章 サウンド編集

162 チャンネルマッピングを変更する

NO.
162 チャンネルマッピングを変更する

素材のチャンネル形式は自由に変更できます。これによりステレオ収録の素材を、5.1チャンネルのトラックを使って編集するなど、柔軟な運用が可能になります。

STEP 1

プロジェクトパネルで目的のクリップを選択します。そして［クリップ］→［変更］→［オーディオチャンネル］を実行します❶。

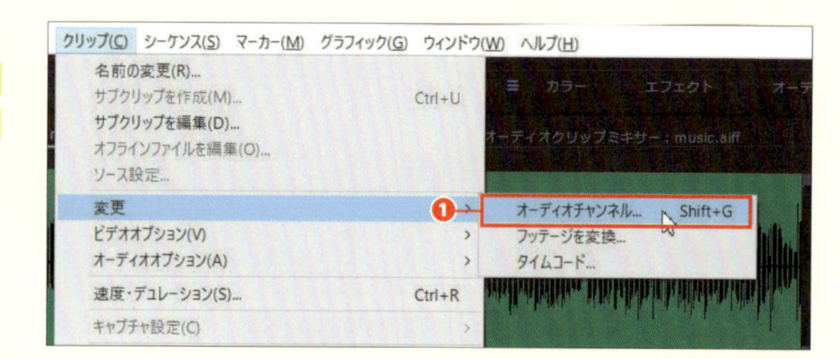

STEP 2

［クリップを変更］ダイアログの［オーディオチャンネル］タブが表示されます❷。ここでは「右」と「左」の2つのチャンネルを持った［ステレオ］のクリップを［5.1］に変更してみます。
まず［クリップチャンネル形式］をクリックして変更後の形式を選びます❸。［5.1］を選ぶと［5.1］に含まれる6本のチャンネルが表示されます❹。それぞれのチャンネルに元々持っていた「右」と「左」をどう割り振るかをチェックボックスで選択します。
同様にして、例えばステレオのクリップを［モノラル］に変更して、片方のチャンネルだけを活かして使用する、といった使い方もできます。また、モノラルのクリップを［ステレオ］に変更して、左右のチャンネルに同じ音が入ったステレオにすることもできます。

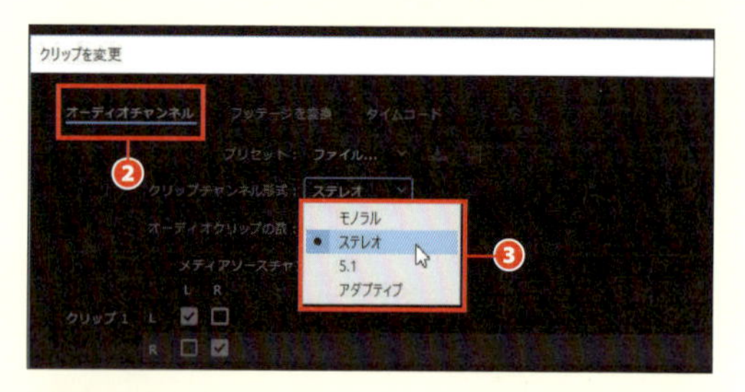

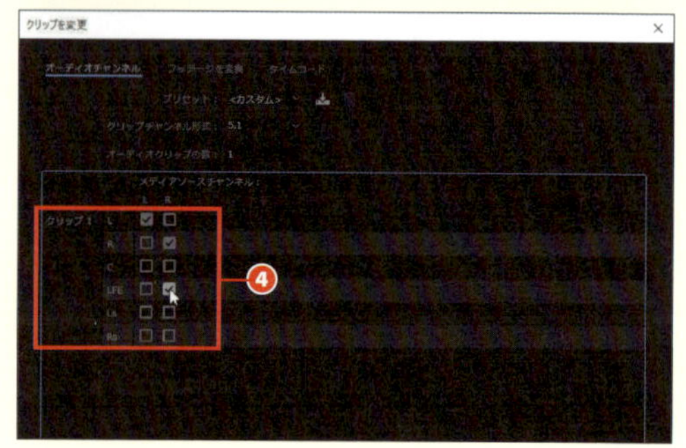

MEMO

［編集］→［環境設定］→［オーディオ］を開きⒶ、［デフォルトのオーディオのトラック］を使えば、読み込んだ素材のオーディオを特定の形式に自動的にマッピングできますⒷ。［ファイルを使用］ではオリジナルの形式が採用され、ステレオ素材はステレオに、5.1素材は5.1にマッピングされます。それ以外の選択肢を選んだ場合には、読み込み時に指定の形式に自動的にマッピングされます。例えば［ステレオ］に設定して5.1素材を読み込むと、素材に含まれている6トラックがステレオにバラされ、3本のステレオトラックにマッピングされます。

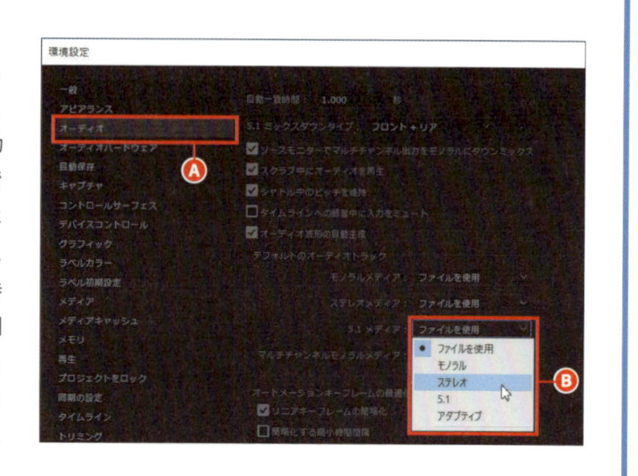

161 ステレオや5.1オーディオをモノラルに分割する

NO. 163 オーディオメーターで音のレベルを確認する

音のレベルは、オーディオメーターパネルで確認します。クリッピングインジケータが点灯した場合は調整が必要です。

STEP 1

オーディオメーターパネルが表示されていない場合には、[ウィンドウ] → [オーディオメーター] を実行して表示します❶。

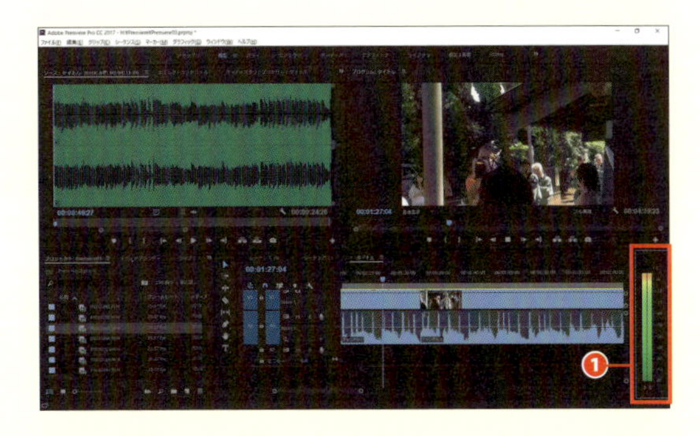

STEP 2

オーディオメーターには、VU メーター❷とクリッピングインジケーター❸、ソロボタン❹が付いています。VU メーターは、再生音量を示すメーターです。[0] が最大音量、つまり限界を示しています。クリッピングインジケーターは、音量が [0dB] を超えた時に点灯します❺。このインジケーターが点灯した場合は、音が割れている可能性が高いので、[オーディオゲイン] や [ボリューム] で調整する必要があります。特定のトラックのみをモニターしたい場合は、VU メーターの下にある「S」のマークの [ソロ] ボタンをクリックしてオンにします❹。オーディオメーターの横幅を広げ、横長にすると、表示も横表示になります❻。

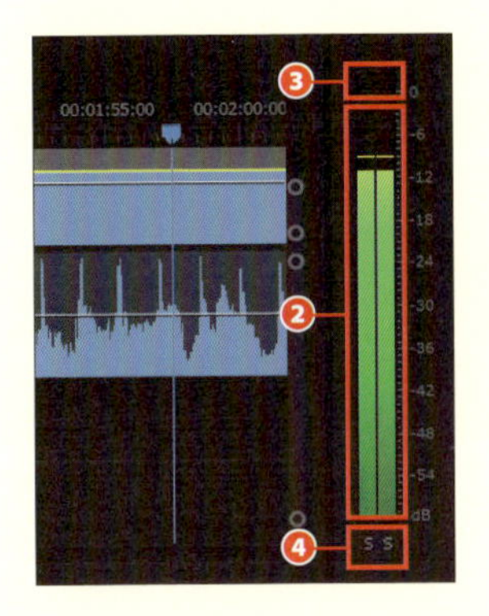

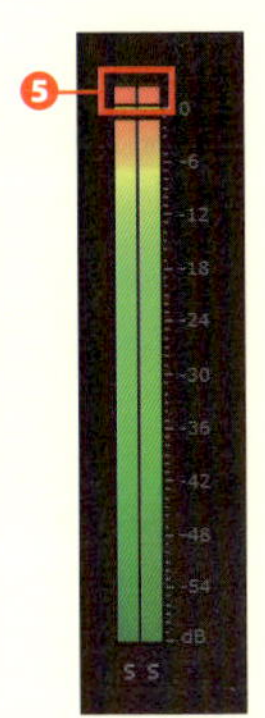

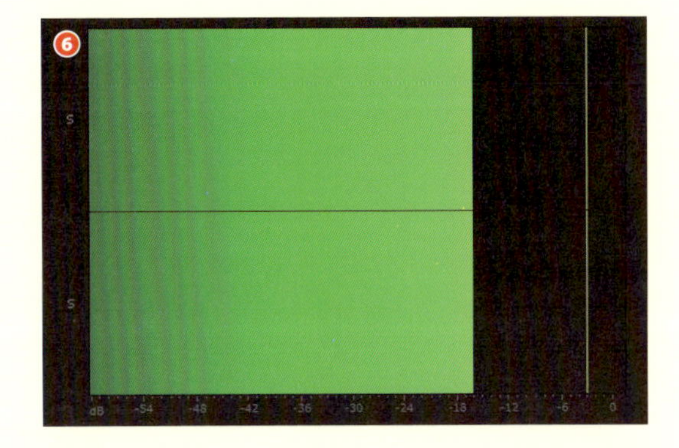

MEMO

複数のトラックがあって、個々のトラックの音量と、マスターの音量を同時に管理したい場合は、オーディオトラックミキサーパネルを使用します(「171 オーディオトラックミキサーを使う」参照)。また、個々のトラックの音量は、オーディオクリップミキサーパネルで管理できます(「169 オーディオクリップミキサーを使う」参照)。

MEMO

オーディオのクリッピングを避けるために[オーディオゲイン] や[ボリューム] で音量を下げると、全体的に音が小さくなって聴き取りにくくなってしまう場合もあります。そのような場合には、[ダイナミックス操作] エフェクトで調整するとよいでしょう。詳細は「188 音のダイナミックスを調整する[ダイナミックス操作]」を参照してください。

MEMO

各オーディオトラックのヘッダー部分に、簡易的な VU メーターを表示させることができます🅐。オーディオトラックを展開させ、トラックヘッダーを右クリックして表示されるメニューから[カスタマイズ] を選択して[ボタンエディター] を表示させます。ボタンのリストから[トラックメーター] のアイコンをトラックヘッダー部分にドラッグ&ドロップします。

169 オーディオクリップミキサーを使う
188 音のダイナミックスを調整する [ダイナミックス操作]

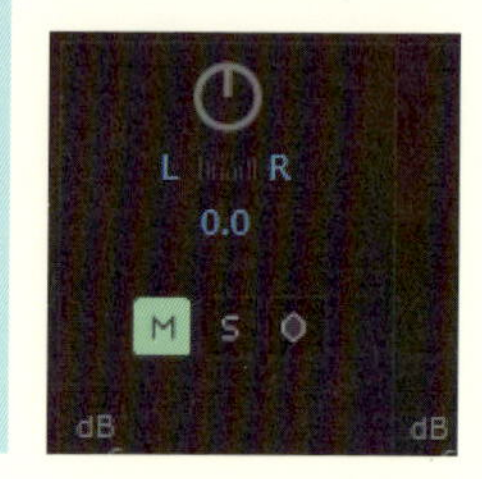

NO.
164 特定のトラックだけをミュートする、再生する

複数のオーディオトラックが同時に再生されている場合、特定のトラックだけを消音、あるいは再生して、音を確かめることができます。

タイムラインパネルで操作する

特定のトラックだけを消音＝「ミュート」するには、タイムラインのトラックヘッダーにある「M」と書かれた［トラックをミュート］ボタンをクリックしてオンにします❶。ミュートされると緑色に表示が変わります。特定のトラックだけを再生＝「ソロ」にするには、「S」と書かれた［ソロトラック］ボタンをクリックしてオンにします❷。ソロになると黄色に表示が変わります。ミュートやソロを解除する場合には、もう一度ボタンをクリックします。

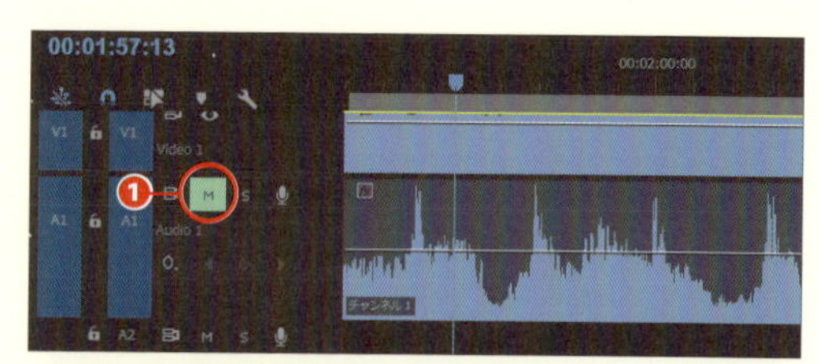

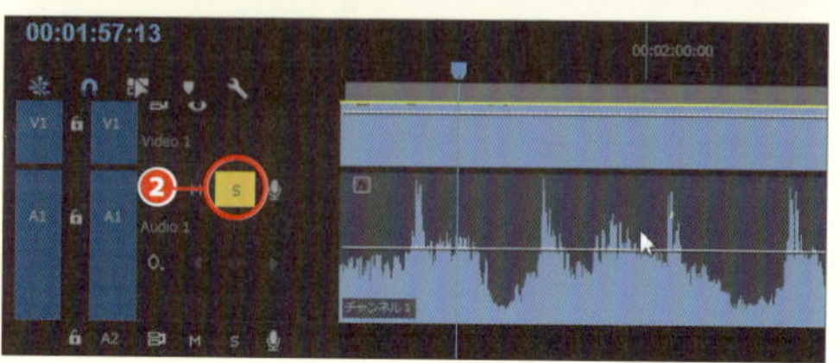

オーディオクリップミキサー／オーディオトラックミキサーで操作する

METHOD 2

［ウィンドウ］→［オーディオトラックミキサー］、もしくは［オーディオクリップミキサー］を実行してミキサーパネルを表示します。フェーダーの上部に、「M」と書かれた［トラックをミュート］ボタン❸と「S」と書かれた［ソロトラック］ボタン❹が並んでいます。それぞれクリックしてオンにします。ミュートやソロを解除する場合には、もう一度ボタンをクリックします。

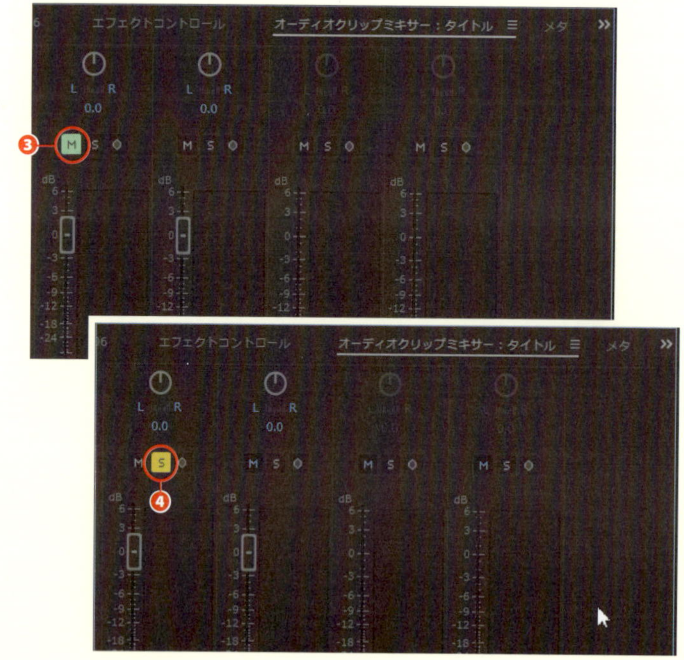

オーディオクリップミキサー

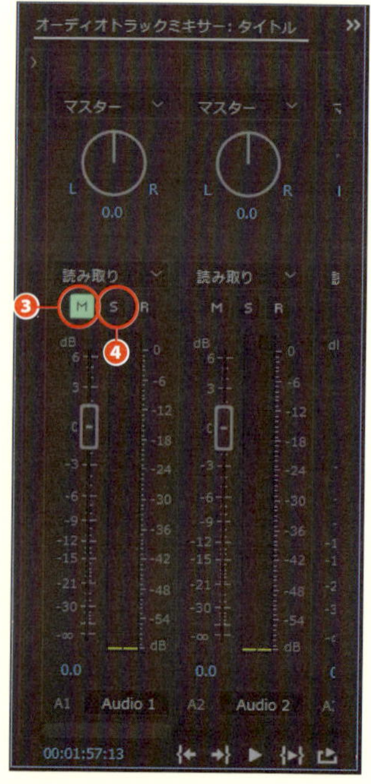

オーディオトラックミキサー

NO. 165 オーディオのゲインを変更する、ノーマライズする

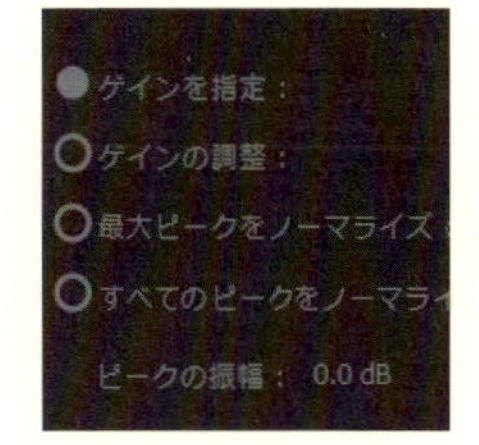

［オーディオゲイン］を使えば、クリップの音量を一律に変更できます。

STEP 1

プロジェクトパネルかタイムラインパネル上で目的のクリップを選択します❶。次に［クリップ］→［オーディオオプション］→［オーディオゲイン］を実行します❷。

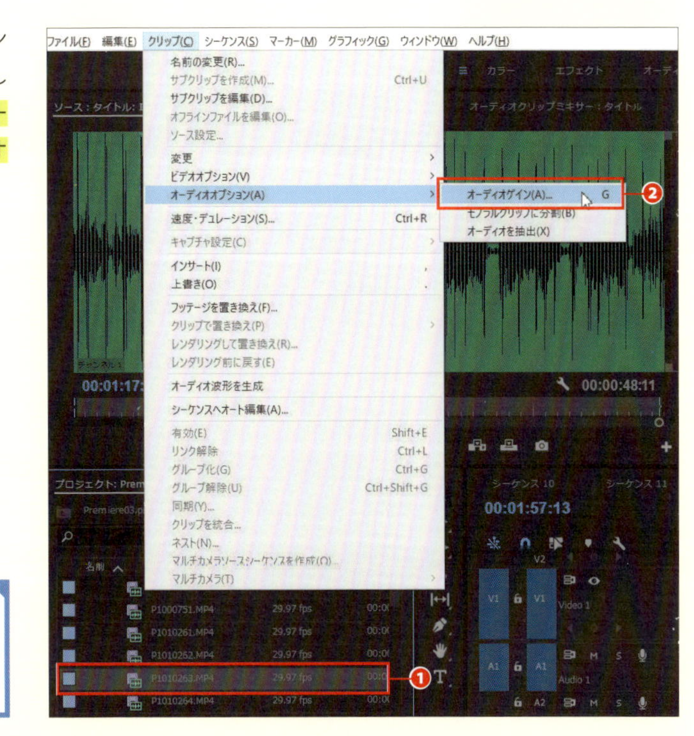

> **MEMO**
> 複数のクリップを同時に選択して、一度に調整することもできます。

STEP 2

［オーディオゲイン］ダイアログが表示されます❸。調整の方法をラジオボタンで選び、数値をドラッグするかクリックして入力します。［ゲインを指定］の初期値は「0dB」で、これがオリジナルのゲインです❹。この数値を変更して、ゲインを上下できます。そのほかの設定項目については表の通りです。

設定項目	内容
ゲインの調整	現在のゲインから相対的に「どれぐらい上げるか、下げるか」の幅を指定します。マイナスの値を入れるとその分だけゲインが下がり、プラスの値を入れると上がります
最大ピークをノーマライズ	オンにすると、音の最大ピークが指定した dB になるように全体を調整します。複数のクリップを同時に処理している場合には、すべてのクリップの中で一番ゲインが高い部分を基準に調整されます。同じ場所や同じシーンなど、同一環境で収録された複数のクリップがそれぞれ違和感なくつながるようにノーマライズする場合に使います
すべてのピークをノーマライズ	このオプションを使うと、複数クリップを同時に調整する場合、それぞれのクリップの最大ピークが個別に指定した dB になるように調整されます。さまざまな条件やレベルで収録されたクリップを一度にノーマライズする時はこのオプションを使います

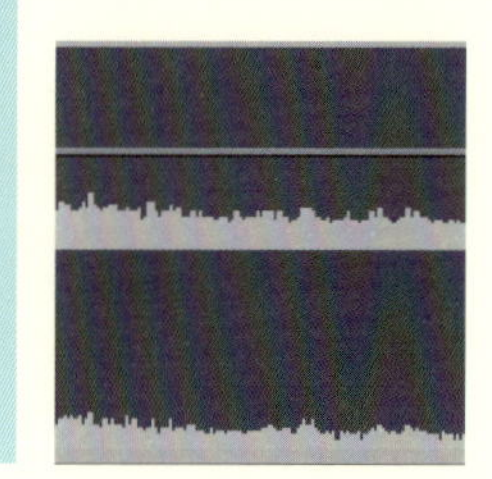

NO.
166 オーディオクリップのボリュームを変更する

［ボリューム］とは、オーディオクリップの再生音量です。ここでは、オーディオクリップのボリュームを一律に変更する基本的な調整を解説します。

タイムラインで操作する

オーディオトラックは、初期設定の状態では［クリップのキーフレーム］の［レベル］が表示され、クリップの音量調整ができる状態になっています。ほかのキーフレームが表示されている場合には、「156 オーディオトラックのキーフレーム表示を切り替える」の方法で、クリップキーフレームを表示します❶。この状態で音量のグラフを上下にドラッグすると❷、音量の調整が行えます。適宜、トラックヘッダーの下端をドラッグしてトラックの幅を広げて調整するとよいでしょう❸。

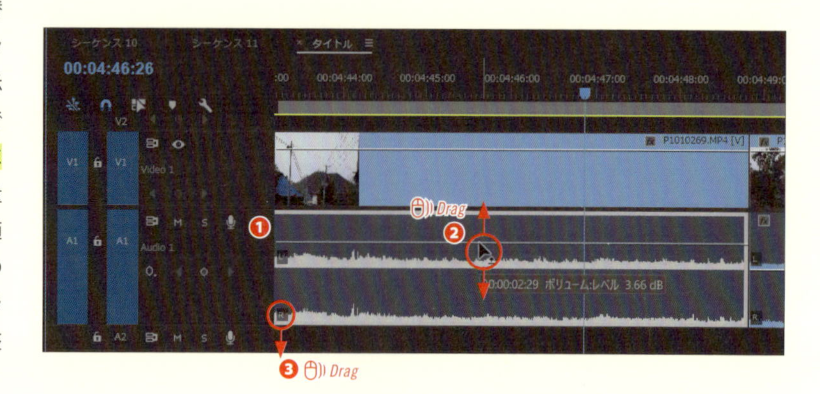

エフェクトコントロールパネルで操作する

タイムラインパネルでオーディオクリップ、もしくはビデオとオーディオがリンクされたクリップを選択します。エフェクトコントロールパネルを開き、［オーディオエフェクト］の［ボリューム］の左にある三角をクリックしてプロパティを展開します❹。［レベル］の左側にある［アニメーションのオン／オフ］ボタンをオフにします❺。そして［レベル］に値を入力するか❻、［レベル］の左にある三角をクリックしてスライダーを表示し、ドラッグしてボリュームを変更します❼。［アニメーションのオン／オフ］ボタンは初期設定ではオンになっているので、そのままボリュームを調整するとキーフレームが追加され、時間経過とともに音量が変化してしまう可能性があります。一律に変更したい場合はオフにしましょう。

MEMO

「ゲイン」と「ボリューム」は似ているようですが、異なる概念です。ゲインは素材が「元々持っている音量」、ボリュームは「タイムライン上で再生するときの音量」と解釈するとわかりやすいでしょう。ボリュームは再生音量なので、タイムライン上のキーフレームやミキサーで自由にコントロールできます。

MEMO

［バイパス］にチェックを入れると［ボリューム］の変更がパスされ、変更前のボリュームで再生されます。［バイパス］でわかりやすくチェックするには、［アニメーションのオン／オフ］をオフにし、タイムラインを再生しながら［バイパス］のチェックをオン／オフを繰り返しながら比較するとよいでしょう。［バイパス］は各種オーディオエフェクトにも用意されているので、調整や効果の仕上がりをチェックする場合に便利です。

MEMO

ここで解説した調整は［オーディオクリップミキサー］を使って行うこともできます。「169 オーディオクリップミキサーを使う」をご覧ください。

167 クリップの音量を変化させる①（タイムラインパネルの操作）
168 クリップの音量を変化させる②（エフェクトコントロールパネルの操作）

NO. 167 クリップの音量を変化させる①（タイムラインパネルの操作）

クリップの［ボリューム］はキーフレームを使って変化を付けることができます。ここではタイムラインでの操作を解説します。

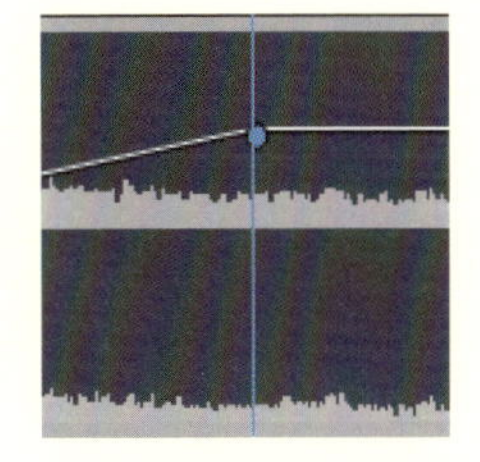

STEP 1

「156 オーディオトラックのキーフレーム表示を切り替える」の方法で、クリップのキーフレームを表示します。クリップ左上の「fx」をクリックして、［ボリューム］→［レベル］を選択して、レベルのキーフレームが表示されるようにします。初期設定ではこの状態になっています。キーフレームのグラフをドラッグして最初の音量を決め、音量変化の始まりのフレームに再生ヘッドを移動させます❶。クリップを選択し、［キーフレームを追加／削除］ボタンをクリックして❷キーフレームを追加します❸。

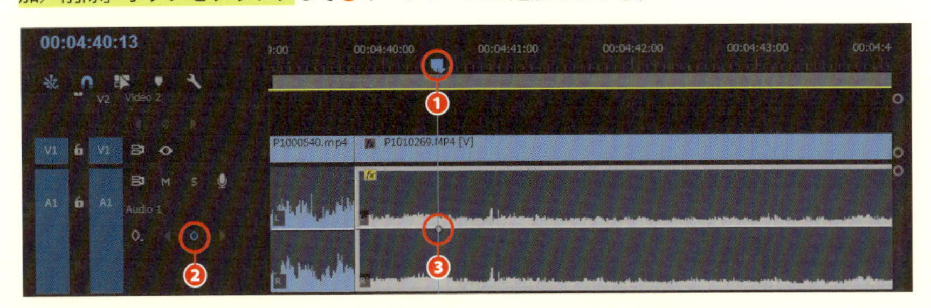

STEP 2

再生ヘッドをクリップの音量変化の終わりに移動します❹。［キーフレームを追加／削除］ボタンをクリックしてキーフレームを追加し❺、選択ツールで追加したキーフレームを上下にドラッグして音量を設定します❻。このときにグラフの幅（高さ）が狭すぎて作業しにくい場合は、トラックヘッダーの境界線を下にドラッグして、幅を広げて操作するとよいでしょう❼。ペンツールに持ち替えて作業すると、キーフレームの移動に加えて、グラフ上をクリックすることでキーフレームの追加も行えます。

> **MEMO**
> ここで解説した調整は［オーディオクリップミキサー］を使って行うこともできます。「169 オーディオクリップミキサーを使う」をご覧ください。

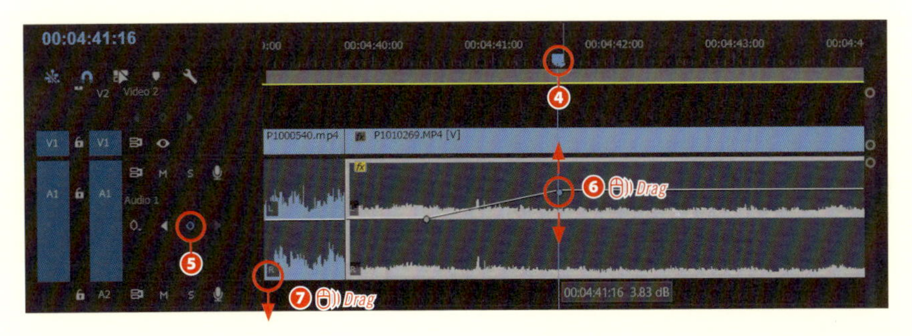

> **MEMO**
> キーフレームは、選択ツールで上下左右にドラッグしたり、ペンツールを使って移動したり、右クリックでベジェ曲線に切り替えて編集したりできます。キーフレームを結ぶラインをドラッグしてグラフ全体を上下に移動することも可能ですⒶ。なお、キーフレームを削除したい場合は、［次のキーフレームに移動］［前のキーフレームに移動］ボタンで削除したいキーフレームに移動してからⒷ、［キーフレームの追加／削除］ボタンをクリックしますⒸ。

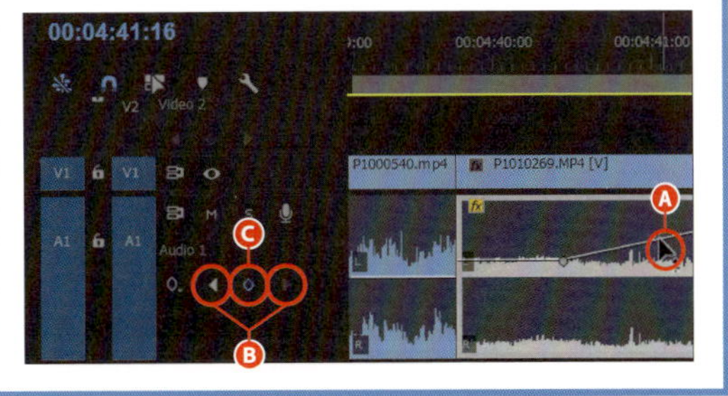

025 エフェクトをアニメーションさせる
168 クリップの音量を変化させる②（エフェクトコントロールパネルの操作）

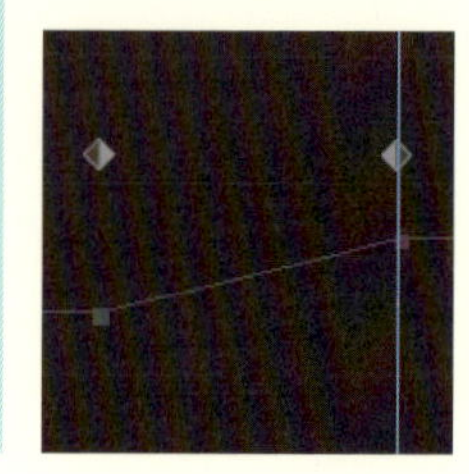

NO.

168 クリップの音量を変化させる②（エフェクトコントロールパネルの操作）

クリップの［ボリューム］はキーフレームを使って変化を付けることができます。ここではエフェクトコントロールパネルでの操作を解説します。

STEP 1

タイムラインパネルでオーディオクリップ、もしくはオーディオとビデオがリンクされたクリップを選択します。次に、エフェクトコントロールパネルで［ボリューム］→［レベル］プロパティを展開します。**［レベル］の［アニメーションのオン／オフ］がオンになっていることを確認します❶**。オフになっているようならクリックしてオンにします。

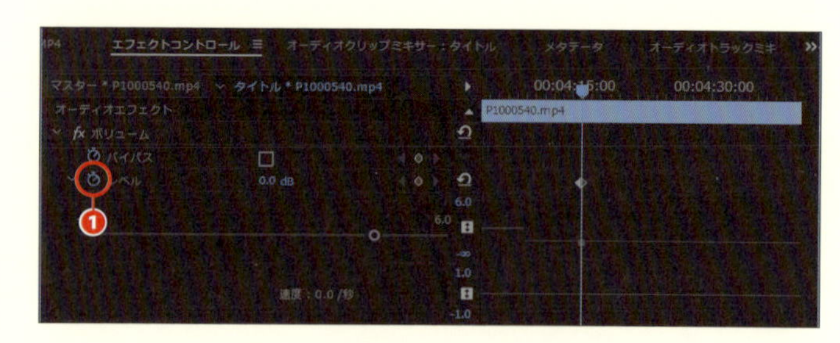

STEP 2

再生ヘッドを、音量変化を始めたいフレームに移動させ❷、スライダーを使って最初の音量を設定します❸。すると自動的にキーフレームが作成されます❹。変更しなくていい場合は、**［キーフレームの追加／削除］ボタンをクリックしてキーフレームを追加**します❺。

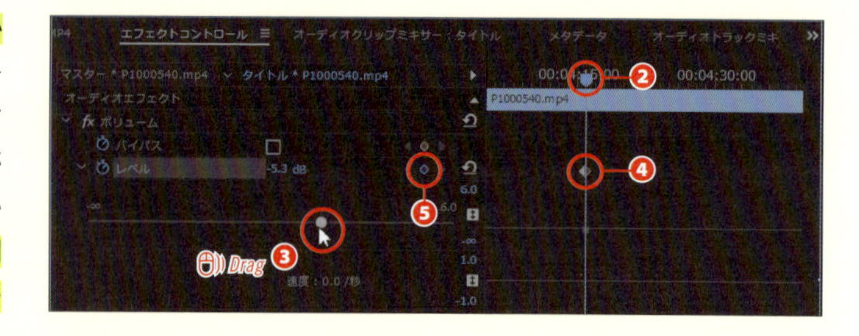

STEP 3

再生ヘッドを音量変化の終わりに移動します❻。そして［レベル］のスライダーをドラッグして変化後の音量を調整します❼。すると自動的にキーフレームが追加され❽、最初のキーフレームから現在のキーフレームに向かって連続的に音量が変化するようになります❾。

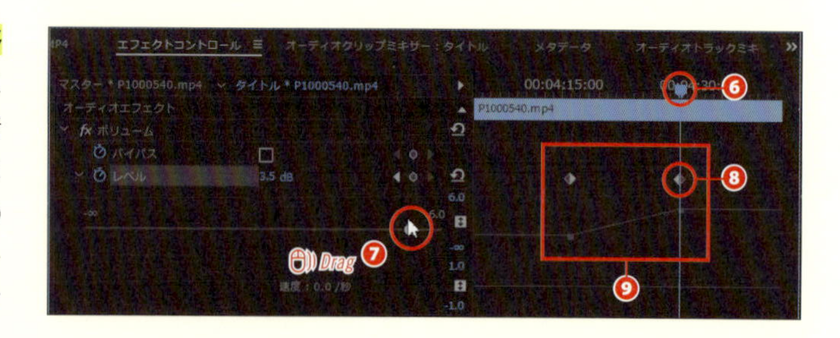

追加したキーフレームは、左右にドラッグしてタイミングを変えたり、上下にドラッグしてレベルの値を変えたりできます。キーフレームを削除したい場合は、［次のキーフレームに移動］［前のキーフレームに移動］ボタンで削除したいキーフレームに移動し、［キーフレームの追加／削除］ボタンをクリックします。

グラフの幅が狭すぎて作業しにくい場合は、グラフの下端をドラッグしてグラフの幅を広げるとよいでしょう。

ここで解説した調整は［オーディオクリップミキサー］を使って行うこともできます。「169 オーディオクリップミキサーを使う」をご覧ください。

025 エフェクトをアニメーションさせる
167 クリップの音量を変化させる（タイムラインパネルの操作）

NO. 169 オーディオクリップミキサーを使う

オーディオクリップミキサーは、タイムラインやエフェクトコントロールで行う、クリップの音量やパンの設定を、フェーダーやレベルメーターを使って行います。

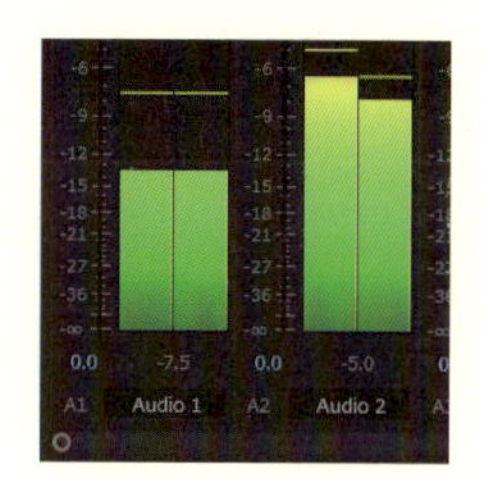

METHOD 1

［ウィンドウ］→［オーディオクリップミキサー］を実行して、オーディオクリップミキサーパネルを表示します❶。調整したいオーディオクリップの上に再生ヘッドを移動させると、該当するチャンネルにフェーダーが現れ、調整可能な状態になります。

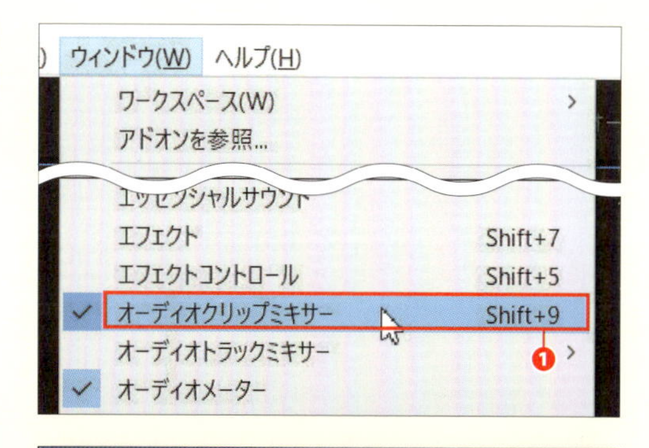

ボリュームを変更する

METHOD 2

フェーダーをドラッグして、変更します。上げるとボリュームが大きくなり、下げるとボリュームが小さくなります❷。フェーダーの下にある数値をドラッグするか、クリックしても直接数値を入力して変更できます。

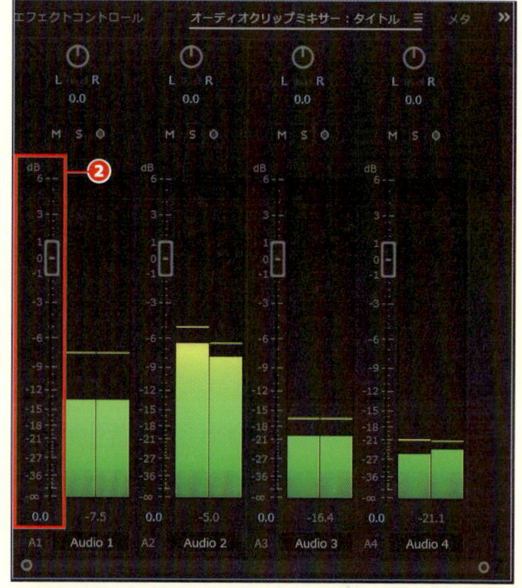

ボリュームを連続的に変化させる

METHOD 3

レベルメーターの上にある［キーフレームを書き込み］をクリックしてオンにすると❸、フェーダーの値がクリップにキーフレームとして書き込まれます。音量変化を始めたいフレームに再生ヘッドを移動して、フェーダーを動かし、音量を決めます。すると自動的にキーフレームが作られます。そして、音量変化を終えたいフレームに再生ヘッドを移動させ、フェーダーを動かし変化し終わりの音量を決めます。こうすることで2つのキーフレーム間で音量が連続的に変化するようになります。

再生しながらフェーダーの操作を行うと、フェーダーの変化を連続的にキーフレームとして書き込みます❹。

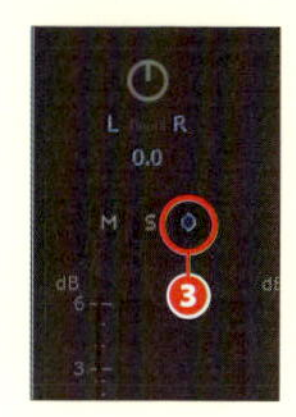

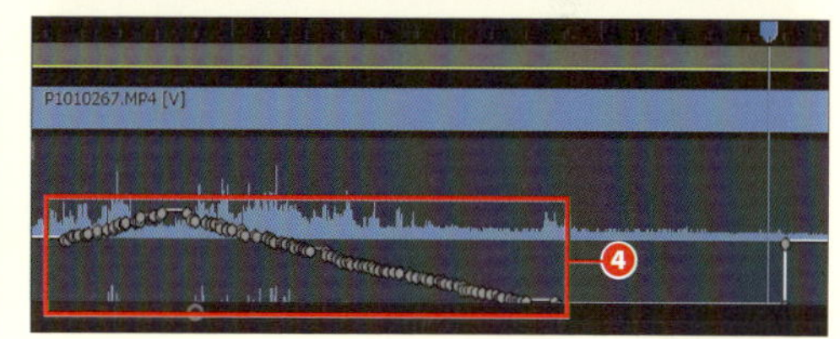

パンを変更する

METHOD 4

パネルの最上部にあるのが、パンナーです❺。これは、オーディオクリップが配置されたトラックの種類が［標準］（ステレオ）の場合にのみ表示されます。数値上を左右にドラッグすると、音のバランスが左右に偏ります。これも［キーフレームの書き込み］をオンにしておくと❻、キーフレームとして書き込め、音が左右に揺れるような演出を行うことができます。

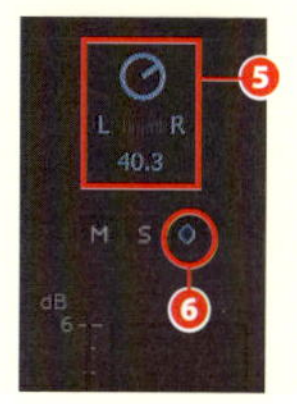

166 オーディオクリップのボリュームを変更する
168 クリップの音量を変化させる②（エフェクトコントロールパネルの操作）

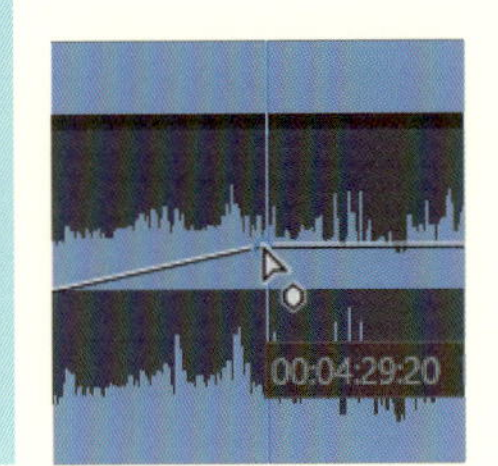

NO.
170 トラックの音量を連続的に変化させる

オーディオトラックの音量を変化させることで、複数のクリップにまたがった音量変化が付けられます。設定はタイムラインパネルで行います。

STEP 1

トラックヘッダーにある［キーフレームを表示］❶を使ってトラックに［ボリューム］のキーフレームを表示します。詳しい方法は「156 オーディオトラックのキーフレーム表示を切り替える」をご覧ください。

STEP 2

トラックに表示されたキーフレームのグラフを上下にドラッグして、音量変化前のボリュームを設定します❷。そして、音量を変化させる最初の位置に時間再生ヘッドを移動します❸。［キーフレームの追加／削除］ボタンをクリックして❹、キーフレームを追加します❺。続いて、音量変化の終わりの位置に再生ヘッドを移動し❻、再度［キーフレームの追加／削除］ボタンをクリックして❼キーフレームを追加します❽。

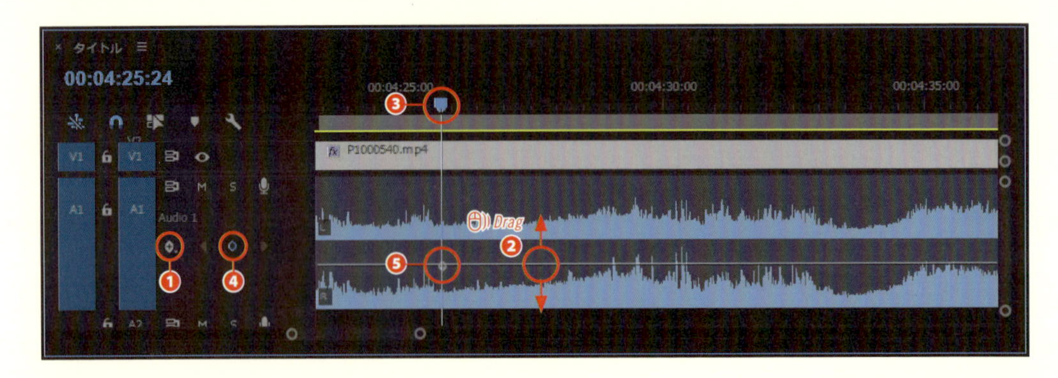

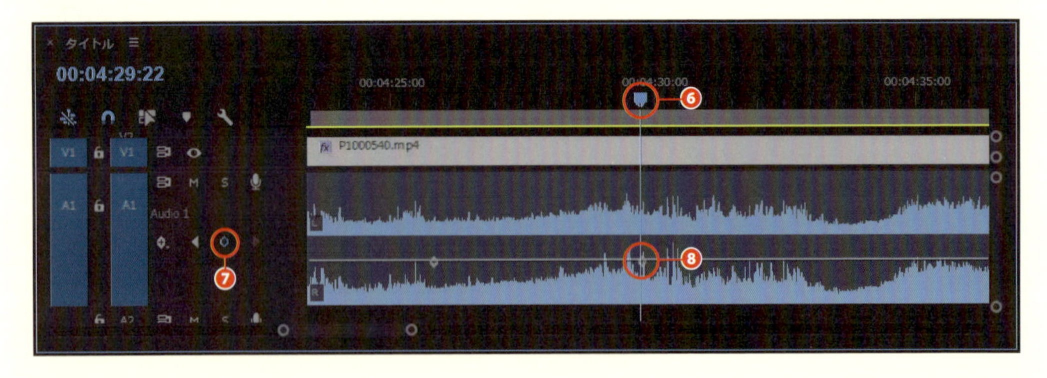

171 オーディオトラックミキサーを使う
172 オーディオトラックミキサーで音量を調整する

STEP 3

選択ツール▶で2つ目のキーフレームをドラッグして、音量変化後のボリュームを設定します❾。これで、最初のキーフレームから2つ目のキーフレームまで、連続的に音量が変化するようになります。

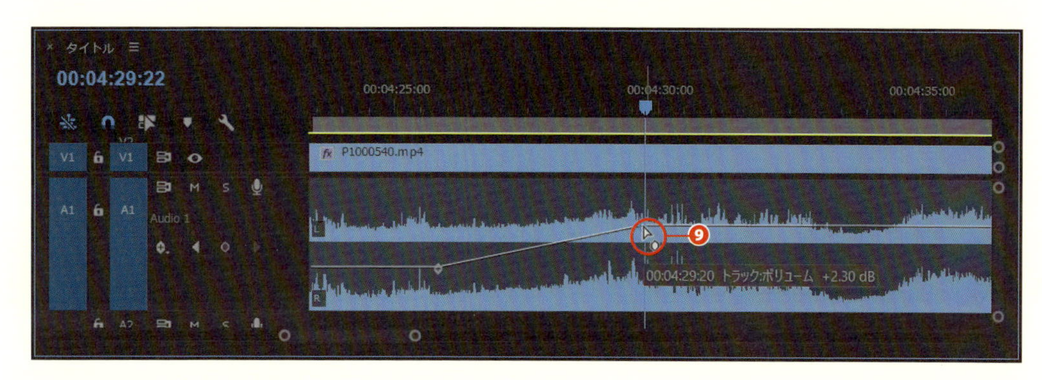

STEP 4

必要に応じて、キーフレーム上で右クリックすると❿、キーフレームによる音量変化をベジェ曲線を使って調整できるようになります。⓫は［連続ベジェ］に変更した例です。それぞれの特徴については以下の表をご覧ください。

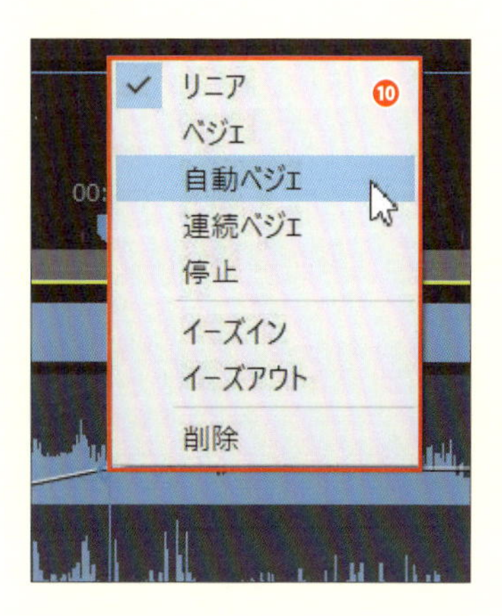

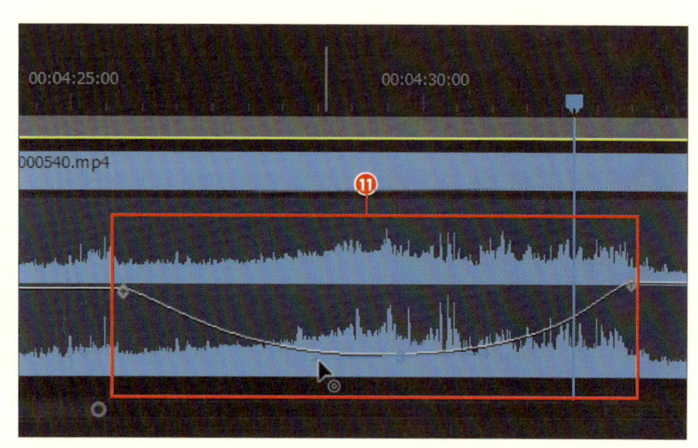

設定項目	内容
リニア	直線的に変化します（初期設定）
ベジェ	ベジェハンドルが表示され、キーフレームの前と後の変化曲線を別々に設定できるようになります
自動ベジェ	あらかじめ設定された「滑らかさ」で変化するようになります。この状態でハンドルを動かすと、次の［連続ベジェ］として機能します
連続ベジェ	一方のハンドルを動かすと、もう一方のハンドルも自動的に動き、滑らかさを保ちます
停止	次のキーフレームの直前まで音量をキープします
イーズイン	キーフレームまでの変化を滑らかにします
イーズアウト	キーフレーム以降の変化を滑らかにします

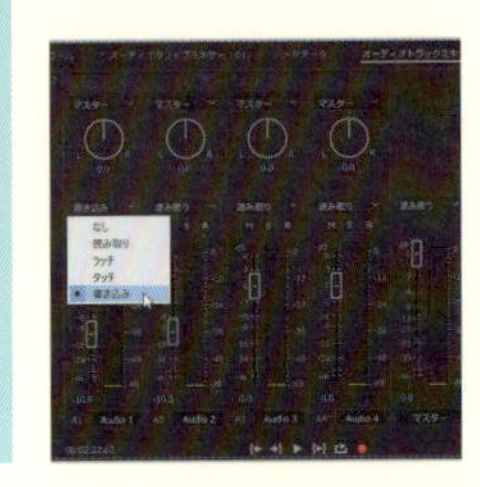

NO.
171 オーディオトラックミキサーを使う

オーディオトラックミキサーは、音の調整に関する機能が1つにまとまったインターフェイスです。ハードウェアの「ミキサー」と同じように動作します。

STEP 1 タイムラインに調整したいシーケンスを開き、[ウィンドウ] → [オーディオトラックミキサー] → [(シーケンス名)] を実行してオーディオトラックミキサーパネルを開きます。

STEP 2 パネルの左から右へとタイムラインパネルに配置したオーディオトラックが並んでいます❷。それぞれのトラックのフェーダー❸を上下させることで音量を調整します。また、全体の音量の調整にはマスター❹のフェーダーを利用します。

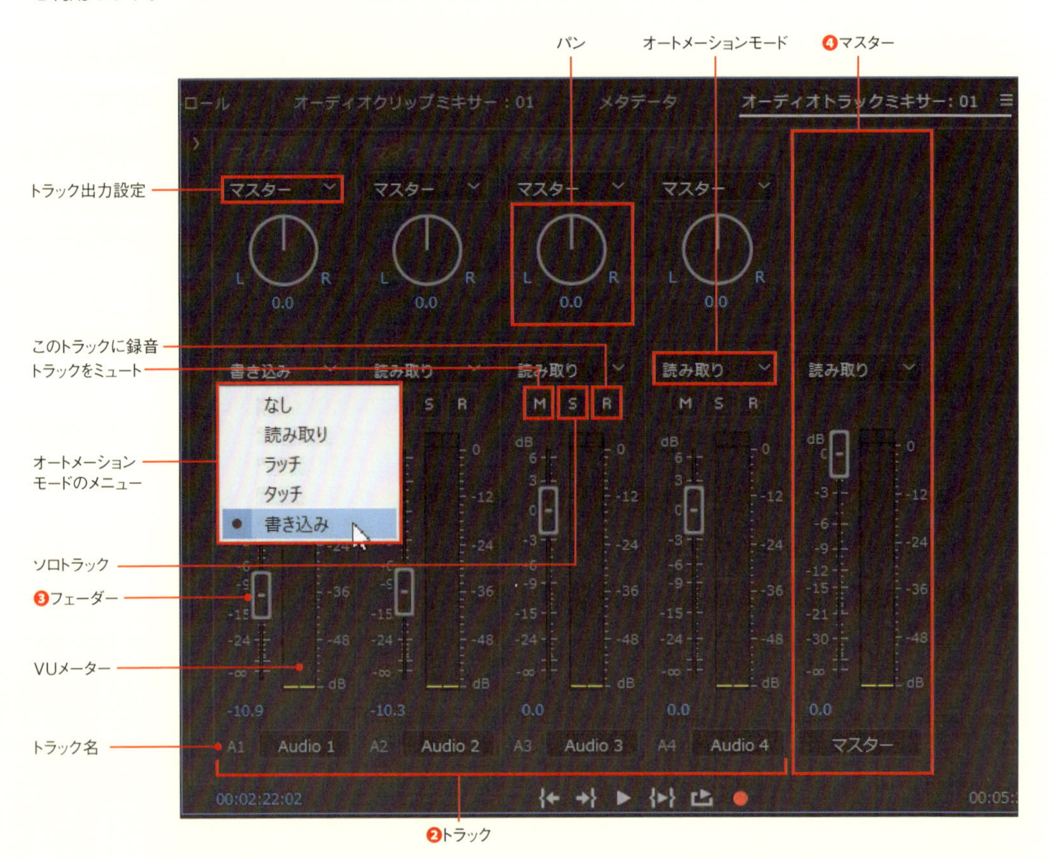

名称および設定項目	内容
トラック	タイムラインパネルのオーディオトラックに1対1で対応しています。[ステレオ][モノラル][5.1]サラウンドといった、それぞれのトラック属性に応じたVUメーターやコントロールが表示されます
パン(左/右バランス)	音の定位を調整します。ダイヤルを[L]側に回すと音の定位は左に寄り、[R]側に回すと右に寄ります
オートメーションモード	フェーダーを使ってリアルタイムに音量を調整する際、音量変化を記録する方法を設定します
トラックをミュート	オンにするとそのトラックの音が再生されなくなります
ソロトラック	オンにするとそのトラック以外の音がミュートされます
このトラックに録音	オンにすると、そのトラックに外部マイクやライン入力の音を録音できるようになります
VUメーター	トラックの音量をモニターできます
フェーダー(ボリューム)	マウスで上下にドラッグして、トラックの音量を調整します
トラック出力設定	トラックの音をどこに出力するかを設定します。初期設定ではマスターへ出力されますが、その前に任意の[サブミックストラック]へ出力し、いくつかのトラックをグループにしてミックスしたり、一括してエフェクト処理をすることもできます
マスター	各トラックの音は、最終的にこのマスターへ出力されます。マスターのVUメーターとフェーダーで最終出力の音量をモニターしたり、調整したりできます。音が[0dB]を超えてクリップすると、上部のクリップインジケーターが点灯します

STEP 3 トラックのインポイントやアウトポイントへの移動、また再生や停止などには、パネル下部にあるボタンを使います❺。

MEMO

オーディオトラックの構成が比較的シンプルな場合、例えばBGMとインタビューのみといったケースでは、ミキサーは使わず、タイムラインやエフェクトコントロールパネルでキーフレームを設定して音量調整した方がわかりやすい場合もあります。

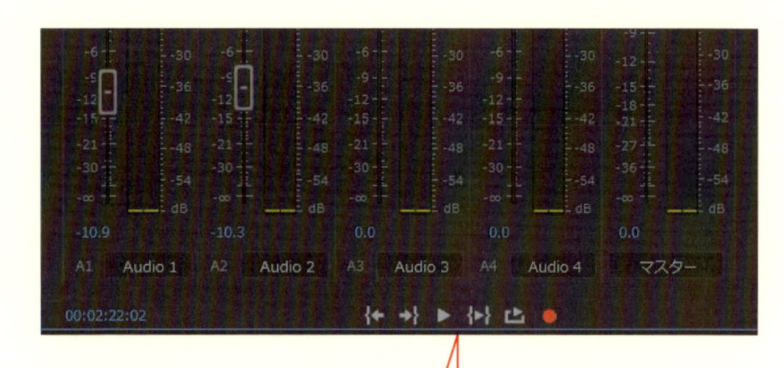

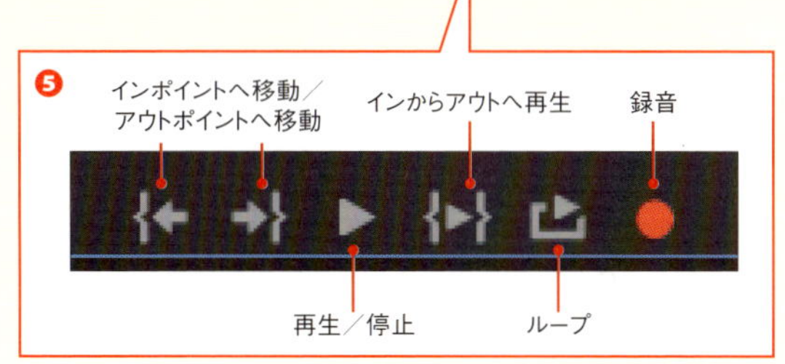

ボタンの名称	内容
インポイントへ移動/アウトポイントへ移動	タイムラインにインポイント、アウトポイントが設定してある場合に、そこへ移動します
再生/停止	タイムラインを再生、停止します
インからアウトへ再生	タイムラインにインポイント、アウトポイントが設定してある場合に、その間だけを再生します
ループ	オンにすると、タイムラインにインポイント、アウトポイントの間を繰り返し再生するようになります
録音	このボタンをオンにして[再生/停止]ボタンをクリックすると、[このトラックに録音]がオンになっているトラックに録音を開始します

NO.
172 オーディオトラックミキサーで音量を調整する

オーディオトラックミキサーを使用すると、音量の変化をリアルタイムに記録することができます。記録方式には［書き込み］［ラッチ］［タッチ］の3種類があります。

STEP 1

オーディオトラックミキサーには、フェーダーの動きをリアルタイムに記録して音量変化を作り出す［オートメーションモード］という機能が備わっています。これは「170 トラックの音量を連続的に変化させる」の操作を、フェーダーを使ってリアルタイムに行うものです。操作結果は、すべてトラックボリュームのキーフレームとして記録されます。まず、トラックに［ボリューム］のキーフレームを表示します❶。詳しくは「156 オーディオトラックのキーフレーム表示を切り替える」をご覧ください。

STEP 2

オーディオトラックミキサーを開き❷、調整したいトラックの［オートメーションモード］から記録方式を選択します❸。音量調整を行う場合には、［書き込み］［ラッチ］［タッチ］のいずれかを選択します。各項目の詳細については、以下の表をご覧ください。

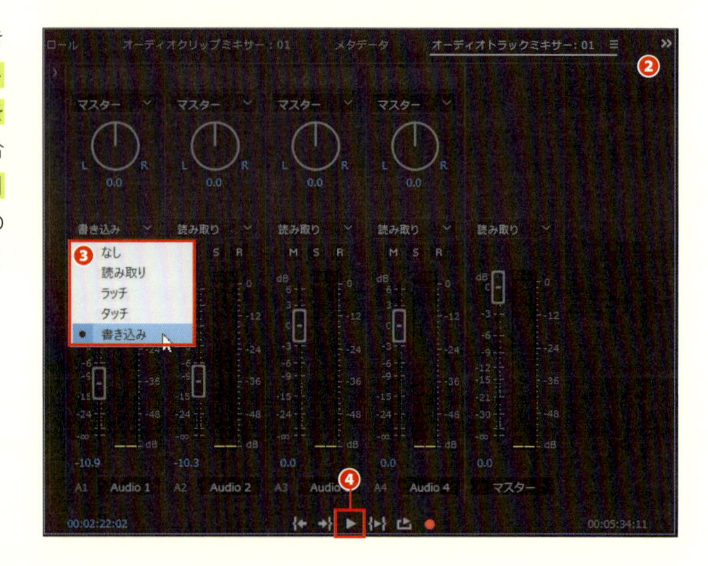

設定項目	内容
なし	現在のフェーダーの位置で「音を再生するのみ」の状態になります。リハーサルに使用します
読み取り	トラックのボリュームを読み取るモードです。このモードでは、フェーダーを動かしても記録されません。再生チェックに使用します
ラッチ	再生を始めると現在の音量を再生し、フェーダーを動かした瞬間にフェーダーの動きを上書きします。以降はフェーダーの動きを書き込み続けます
タッチ	再生を始めると現在の音量を再生し、フェーダーを動かした瞬間にフェーダーの動きを書き込み始めます。そしてフェーダーを止める（マウスボタンを離す）と以前の音量に戻ります。部分的な修正に便利です
書き込み	再生を開始した瞬間からフェーダーの動きを記録し続けます

170 トラックの音量を連続的に変化させる

タイムラインパネルで調整を始める位置に再生ヘッドを移動します❺。次にオーディオトラックミキサーパネルの［再生／停止］ボタンをクリックしてタイムラインを再生し❹、音をモニターしながらフェーダーを上下にドラッグして音量を調整します❻。調整が終わったら［再生／停止］ボタンをクリックして停止します。するとタイムラインのオーディオトラックに、フェーダーの動きに従ってキーフレームが追加されます❼。複数のトラックを調整する場合には、1本ずつ同様の操作を行います。

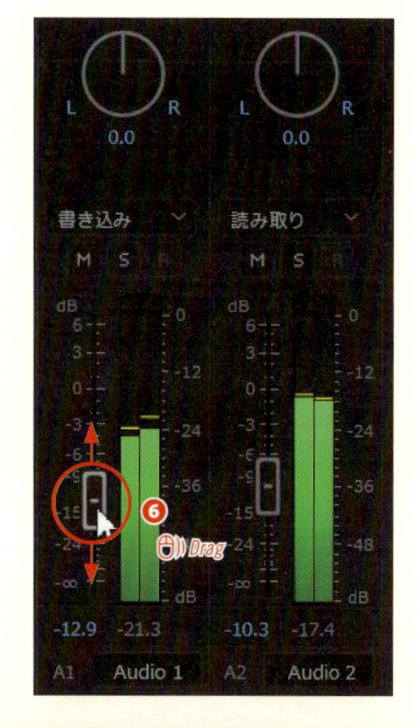

MEMO

本番を行う前に［オートメーションモード］を［なし］に設定して、何度かフェーダーの動きをリハーサルするとよいでしょう。そして納得のいく調整が見つかったら［書き込み］［ラッチ］［タッチ］のいずれかに切り替えて本番を行います。

S 再生・停止▶ Space

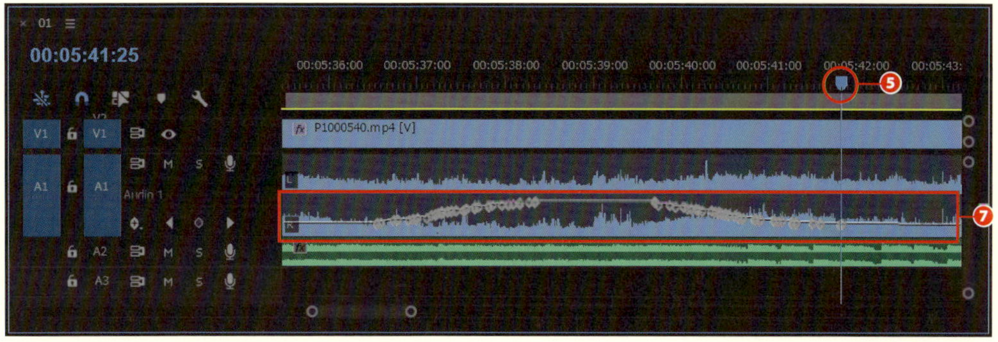

タイムラインパネルで再生ヘッドを元の位置に戻し、オーディオトラックミキサーパネルの［再生／停止］ボタンをクリックして、調整結果を確認します。なお、調整結果の確認の際には、必ず［オートメーションモード］を［読み取り］に変更してから作業を行ってください❽。うっかりほかのモードで再生してしまうと、せっかく調整した音量が現在のフェーダーの位置で上書きされることがあります。特に［書き込み］モードで作業したときには注意が必要です。

MEMO

音量の調整は、つねに同じ音量で聞かせたい「基準」になるトラックを決めておくと、作業に迷いが生じにくくなります。例えば、インタービューの音声やナレーション、セリフなどの音量を決めて、それに合わせてBGMなどそれ以外の要素の音量を調整するとよいでしょう。

第8章 サウンド編集

STEP 5

調整結果に納得がいかない場合は再度調整を行います。このときに最初の調整をどこまで生かすかで、［オートメーションモード］の選択が異なります。完全にやり直す場合には、［書き込み］モードに設定します。また、ある部分までは生かしてその後を全部やり直す場合には❾、［ラッチ］モードでやり直したい部分から❿フェーダーを動かし始めます。そして部分的にやり直す場合には、［タッチ］モードでやり直したい部分だけフェーダーを動かします。

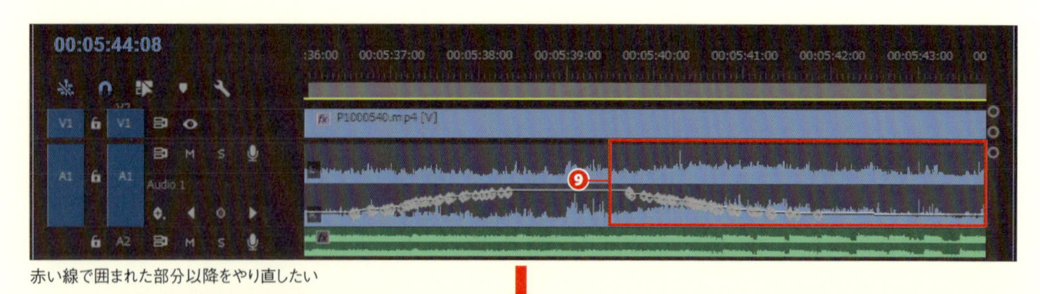

赤い線で囲まれた部分以降をやり直したい

［ラッチ］モードで修正したところ

MEMO

［オートメーションモード］を使った音量調整では、たくさんのキーフレームが記録されるため、あとから手動でキーフレームを編集するのは困難です。［オートメーションモード］使用後にキーフレームの編集を行いたい場合には、［環境設定］ダイアログでキーフレームの書き込み頻度を粗く設定しておきます。［編集］→［環境設定］→［オーディオ］（［Premiere Pro］→［環境設定］→［オーディオ］）を選択し、［オートメーションキーフレームの最適化］で［リニアキーフレームの簡略化］と［簡略化する最小時間間隔］にチェックを入れて、［最小時間］でキーフレームの記録頻度を指定します🅐。値を大きく設定すれば、それだけ粗い頻度で記録されるようになります。

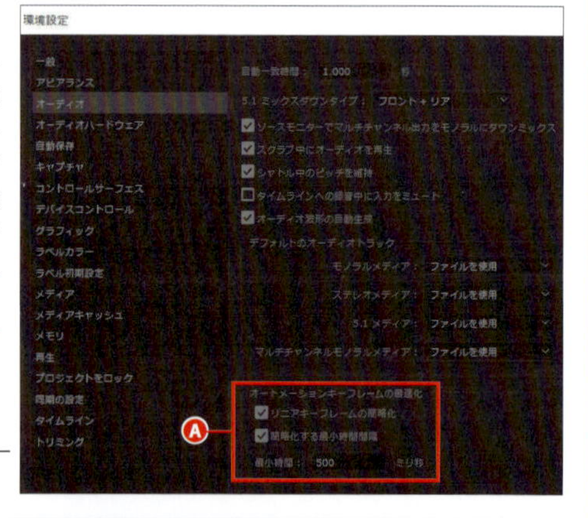

キーフレームの粗さや細かさは、［オートメーションキーフレームの最適化］の［最小時間］で設定します

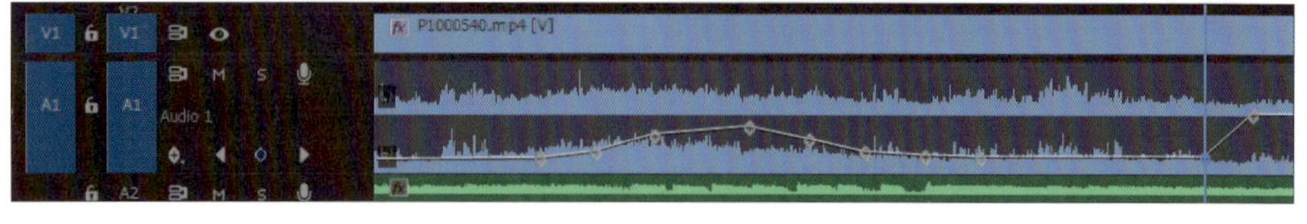

MEMO

フェーダーを動かさずに、一度決めた位置で一定に保てればよい場合、各トラックのオートメーションモードを［なし］に設定し、フェーダーの位置を決めたら、そのトラックを［ロック］してしまうとよいでしょう。こうすれば、フェーダーは定めた位置で固定できます。ナレーションとBGMだけで構成されているような、シンプルな構成の場合は、クリップベースでレベルを揃え、フェーダーの位置を固定した方がシンプルに作業できます。

NO.

173 左右のバランスを調整する

ステレオクリップの左右のバランス（定位）を「パン」といいます。クリップのパンと、トラックのパンがあります。

クリップのパンを調整する

クリップのパンは、エフェクトコントロールパネルや、タイムライン、オーディオクリップミキサーで調整できます。エフェクトコントロールパネルを使う場合は、タイムラインパネルでパンを調整したいオーディオクリップを選択します。エフェクトコントロールパネルを開いて［パンナー］を展開させ❶、続いて［バランス］を展開させてスライダーを表示します❷。初期設定は［0= センター］です。右に振りたい場合はスライダーを右（プラス値）へ、左に振りたい場合は左方向（マイナス値）へドラッグします。

初期状態では、パンナーのキーフレームがオンになっていて、そのまま調整してしまうとキーフレームが追加されてしまいます。固定したい場合には［アニメーションのオン／オフ］をオフにします❸。

タイムラインで調整する場合は、クリップの左上にある「fx」を右クリックし［パンナー］→［バランス］と選択して、バランスのキーフレームのグラフを表示させます❹。タイムラインにパンのグラフが表示され、上下することで調整できるようになります。この場合は下に下げると右に振られ、上げると左に振られます。「fx」が表示されていない場合は、キーフレーム表示がトラックになっています。トラックヘッダーの［キーフレームの表示］をクリックして［クリップのキーフレーム］に切り替えます❺。

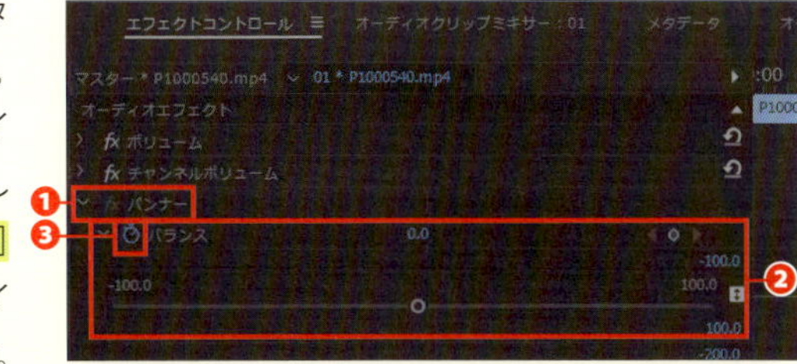

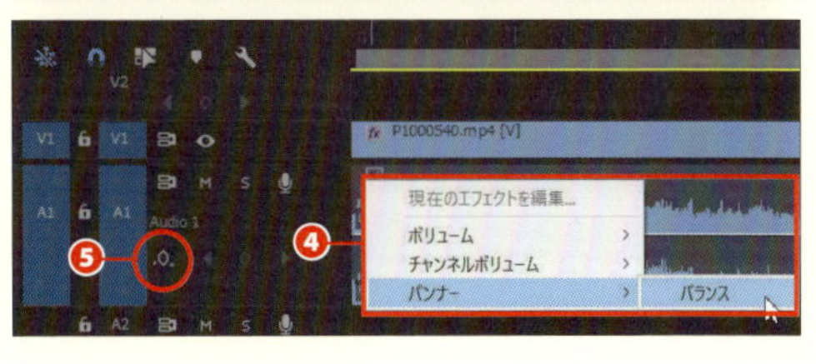

MEMO

オーディオクリップミキサーで調整することもできます。詳しくは「169 オーディオクリップミキサーを使う」をご覧ください。

トラックのパンを調整する

トラックのパンは、タイムラインパネルかオーディオトラックミキサーで変更できます。タイムラインで変更する場合は、［キーフレームを表示］ボタンをクリックして表示されるメニューから［トラックパンナー］→［バランス］を選択し、トラック上のグラフ（ライン）を上下にドラッグします❻。また、オーディオトラックミキサーを使用する場合は、オートメーションモードを［なし］に設定してから❼、［パン］のダイヤルをドラッグします❽。

オートメーションモードを［なし］以外に設定して、パンを時間経過とともに変化させることもできます。詳しくは「172　オーディオトラックミキサーで音量を調整する」をご覧ください。

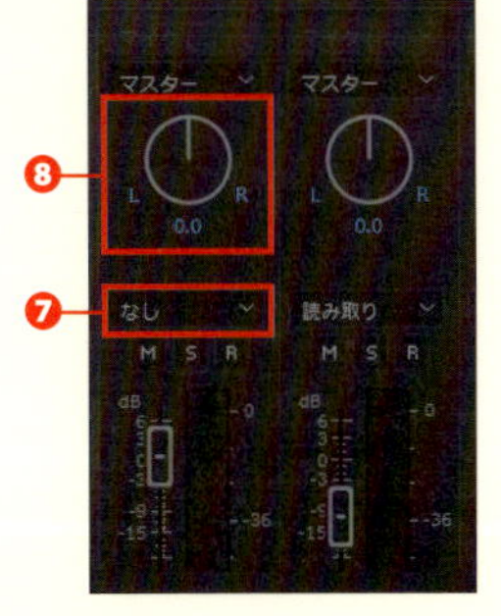

169　オーディオクリップミキサーを使う
172　オーディオトラックミキサーで音量を調整する

第8章 サウンド編集

NO.
174 オーディオトランジションを適用する

オーディオトランジションを使うと、オーディオクリップを別のオーディオクリップに滑らかに移行させたり、簡単な操作でフェードイン／アウトさせたりできます。

STEP 1

エフェクトパネルで［オーディオトランジション］→［クロスフェード］フォルダーを開きます。そして［コンスタントゲイン］［コンスタントパワー］［指数フェード］の3種類のトランジションから1つを選び❶、タイムラインパネルのオーディオクリップのつなぎ目にドラッグ＆ドロップして適用します❷。

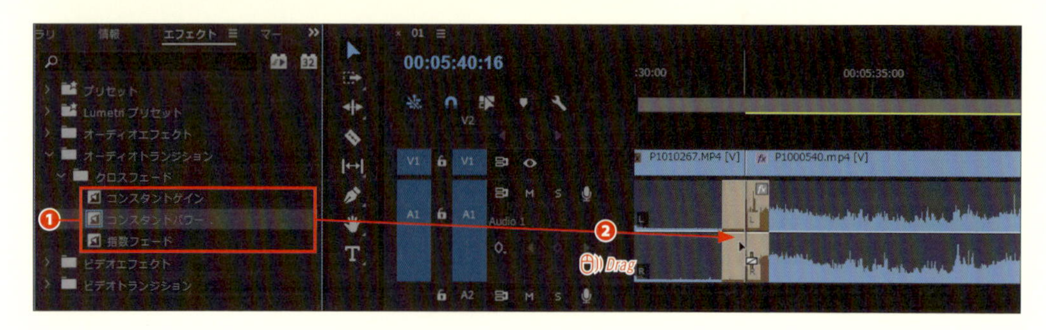

MEMO

［コンスタントゲイン］は、レベルの変化が直線的に推移するトランジションです。［コンスタントパワー］や［指数フェード］は、人間の聴覚の特性を考慮に入れ、それぞれ特徴のあるカーブを描いて変化するようになっています。どれがよいかは素材や狙いによるので、実際に耳で聞いて判断しましょう。

STEP 2

トランジションのタイミング（位置）を調整するには、選択ツール▶でトランジションの中心付近をドラッグします❸。

STEP 3

トランジションの長さを変更するには、選択ツール▶でタイムライン上でトランジションの端をドラッグします❹。

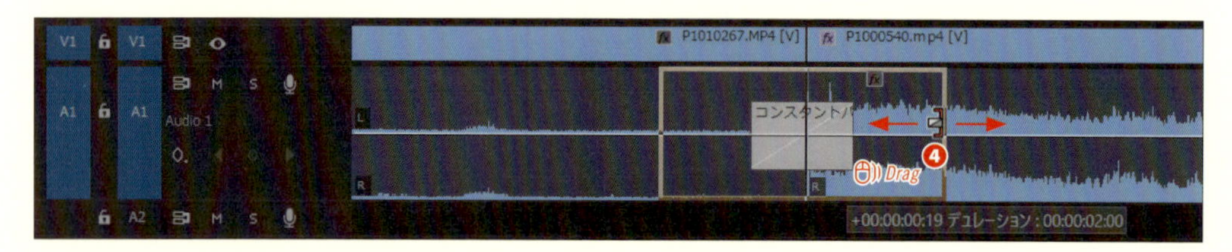

STEP 4 タイムラインでオーディオトランジションを選択し、エフェクトコントロールパネルを開くと、さらに詳細な設定が行えます。パネル右側では、トランジションをドラッグして位置や長さを調整するなど、タイムラインパネルと同様の作業が行えます❺。表示が大きいので、微妙な位置調整などはエフェクトコントロールパネルで行った方が快適です。

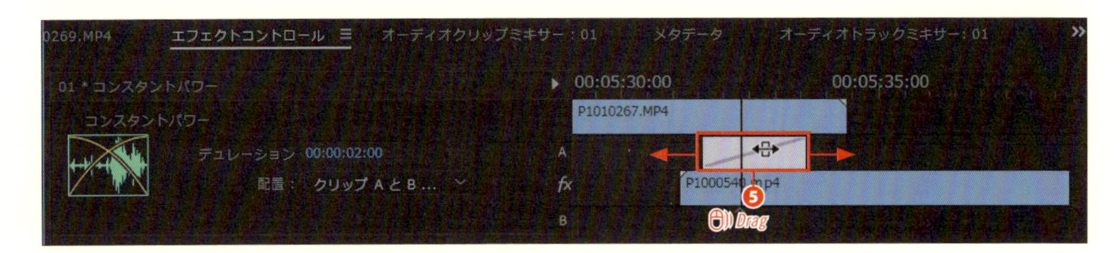

STEP 5 エフェクトコントロールパネルの［配置］では、トランジションの基準を変更できます❻。［クリップAとBの中央］では、トランジションを先行カットと後続カットの中央に配置します。また［クリップBの先頭を基準］では、後続カットの最初のフレームからトランジションを開始できます。そして［クリップAの最後を基準］では、先行カットの最後のフレームでトランジションが終わるようにできます。

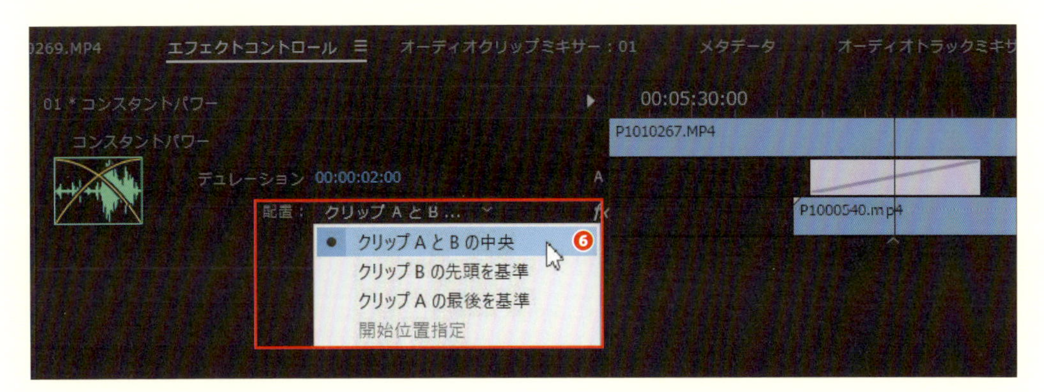

 **MEMO**

［オーディオトランジション］をクリップの境目ではなく、単独クリップの最初や最後に適用するとⒶ、キーフレームを使わずにフェードイン、フェードアウトができます。デュレーション（継続時間）などの調整方法は、上記のトランジションと同様です。

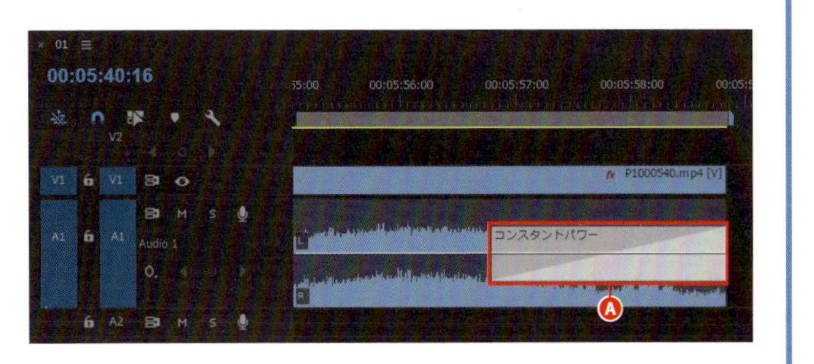

NO.
175 オーディオトラックに録音する

編集が終わったタイムラインに、外部入力からの音を録音（アフレコ）することができます。録音にはオーディオトラックミキサーを使います。

STEP 1

PCの音声外部入力環境を整え、録音のソースになるマイクやデッキなどを接続します。そしてタイムラインパネルで録音用のオーディオトラックを用意します。既存のオーディオトラックに録音することも可能です。続いて、オーディオトラックミキサーパネルを開き、録音したいトラックの［このトラックに録音］ボタンをクリックして録音準備を整えます❶。［トラック入力チャンネル］には、使用できる入力がリストアップされます。複数の入力がある場合には、使用するデバイスを選択します❷。

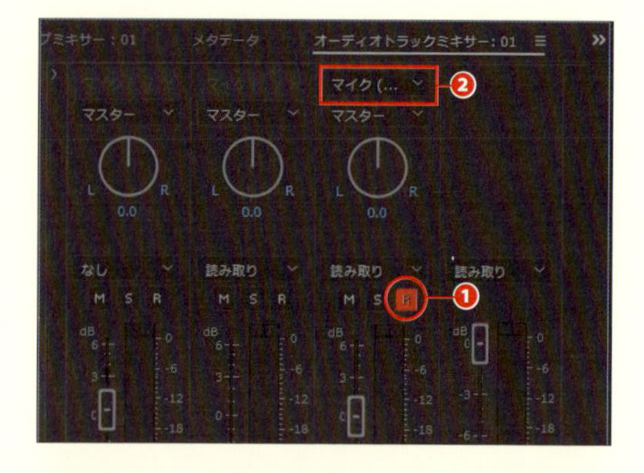

STEP 2

外部音源の音の状態を確認するには、パネル名の右側にあるパネルメニューのアイコンをクリックして❸、メニューから［メーター入力のみ］を選択します❹。すると録音するチャンネルのフェーダーが消え❺、入力された音のレベルがチェックできるようになります。音が極端に大きい場合や小さい場合には、入力音源のボリュームを調整します。調整が済んだら、パネルのメニューで［メーター入力のみ］のチェックを外し❹、フェーダーが使えるようにします。

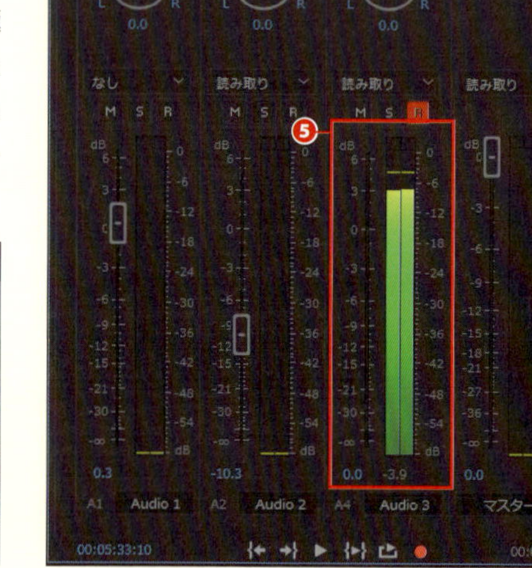

MEMO

ミキサーを使わず、タイムラインで手軽に録音する方法も用意されています。オーディオトラックを展開させたら、ヘッダーを右クリックして表示されるメニューから［カスタマイズ］を選択します。ボタンエディターが表示されるのでマイクのアイコンの［ボイスオーバー録音］ボタンをヘッダーにドラッグします。このボタンをクリックするだけで録音の開始、停止が行えますⒶ。

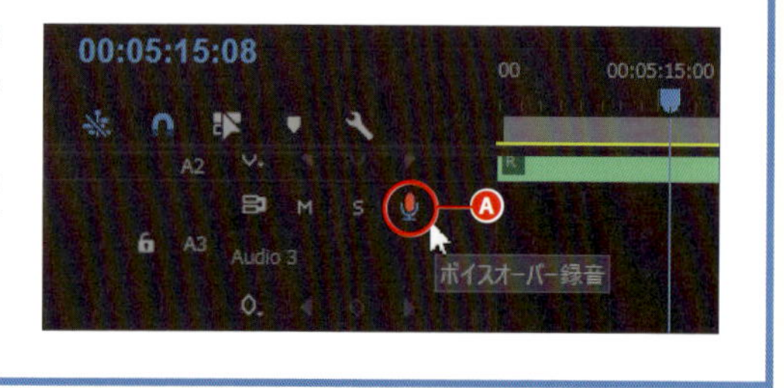

171 オーディオトラックミキサーを使う
172 オーディオトラックミキサーで音量を調整する

STEP 3

タイムラインパネルの再生ヘッドを録音を開始したい位置まで移動し、[録音] ボタンをクリックします❻。すると赤いインジケーターが点滅し、録音準備が整ったことを知らせてくれます。

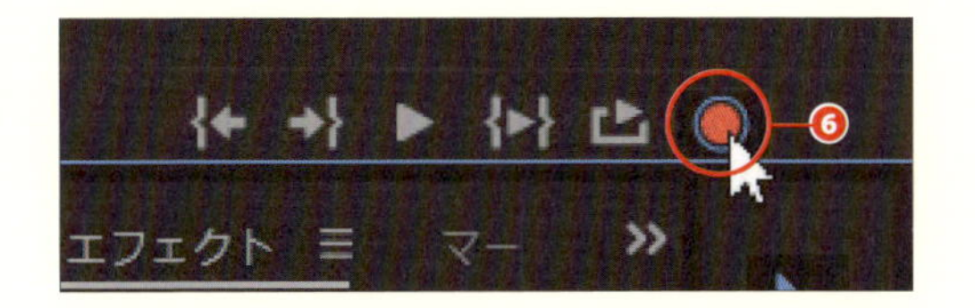

STEP 4

[再生/停止] ボタンをクリックして録音を開始します❼。録音中は、必要に応じてフェーダーを上下にドラッグし❽、録音レベルを保ちますが、音が割れない限り、あまりフェーダーを動かさずに収録して、後で調整した方が失敗が少ないでしょう。録音を終えるときは、再度 [再生/停止] ボタンをクリックするか❼、[録音] ボタンをクリックして録音を終了します❻。これで、録音された音がタイムラインの指定のオーディオトラックに追加されます❾。

S 再生・停止▶ Space

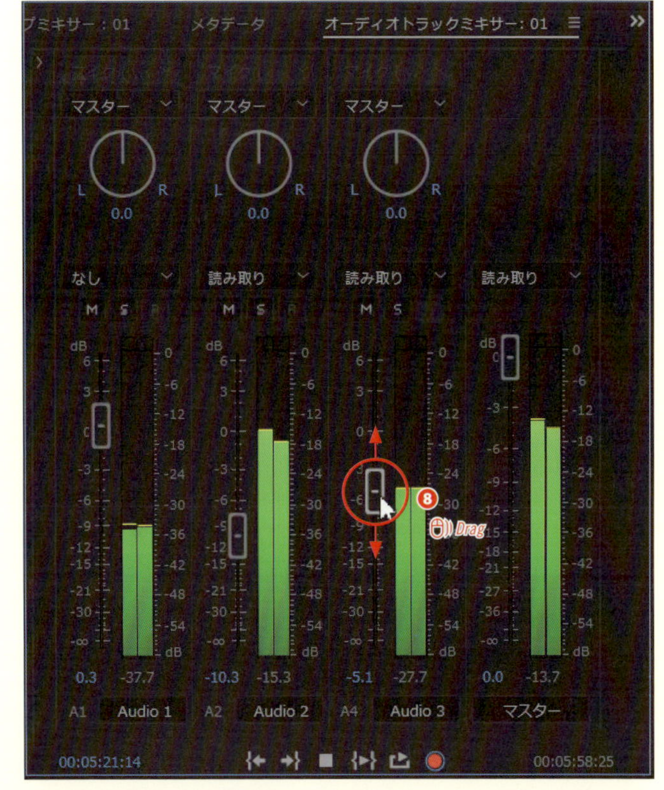

MEMO

録音するトラックの [ソロ] ボタンをクリックすると、そのトラックの音（入力された音）だけをモニターできます。別のトラックから再生される音が邪魔になるような場合には、[ソロ] 機能をオンにして作業するとよいでしょう。

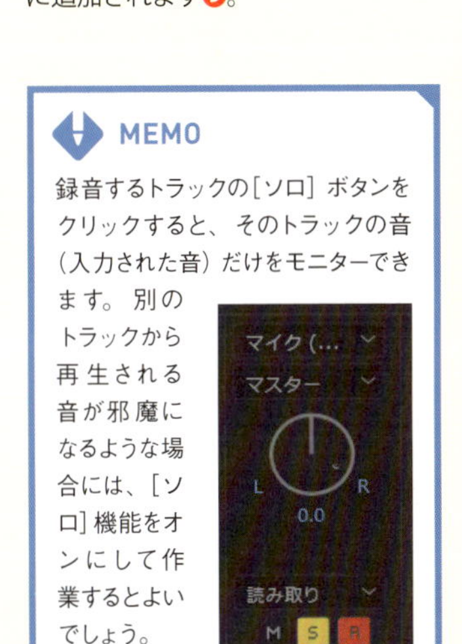

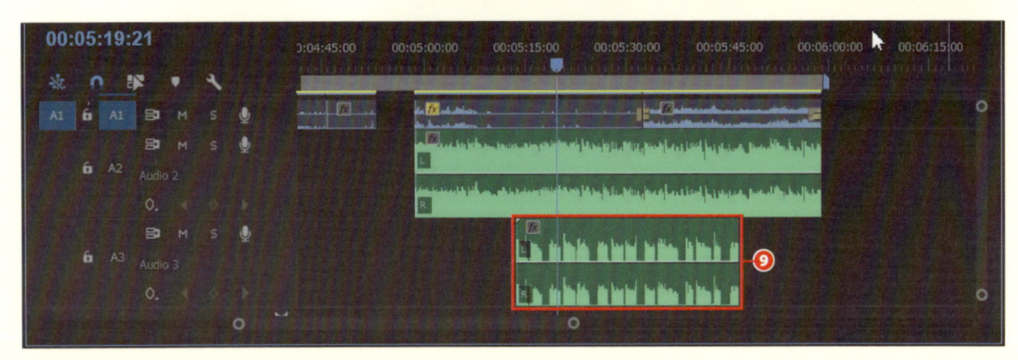

第8章 サウンド編集

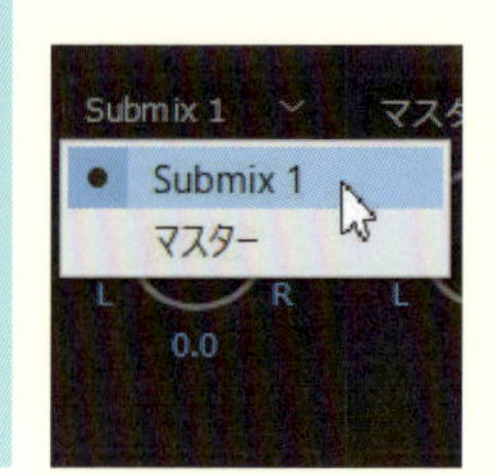

NO.
176 サブミックストラックを作成する①

いくつかのオーディオトラックをサブミックストラックにまとめると、効率のよいミキシングができるようになります。

STEP 1

サブミックストラックの利用法には、以下のようなものがあります。

①同じ系統のトラックを1本にまとめる

例えばBGMのトラックが何本かある場合、それらをクリップのボリュームを揃えた上でサブミックストラックに送れば、BGMのミキシングはサブミックストラックのレベルを1本調整するだけで済みます。

②複数のトラックに同じエフェクトを適用する

複数のオーディオトラックに、同じイコライザーや、コンプレッサー、リバーブなどを適用したい場合は、それらのオーディオトラックをサブミックストラックに送り、そのサブミックストラックに対してエフェクトを適用すれば作業の手間が省けます。

STEP 2

[シーケンス] → [トラックの追加] を実行して、[トラックの追加] ダイアログを開きます。[オーディオサブミックストラック] の [追加] に作成するサブミックストラックの数を入力し❶、必要に応じて [配置] で追加する位置を指定します。次に、[トラックの種類] で目的に応じた属性を選びます❷。[トラックの種類] は、オーディオトラックと同様です。

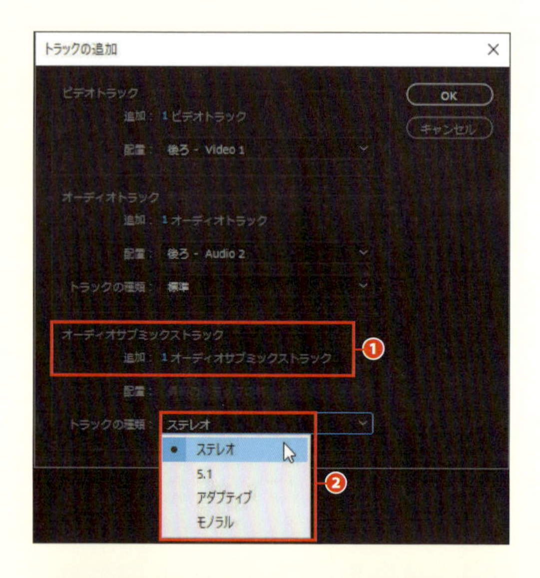

STEP 3

オーディオトラックミキサーパネルを表示し、サブミックストラック❸に送りたいオーディオトラックの[トラック出力設定] で、STEP2で作成したサブミックストラック（ここでは[Submix 1]）を指定します❹。

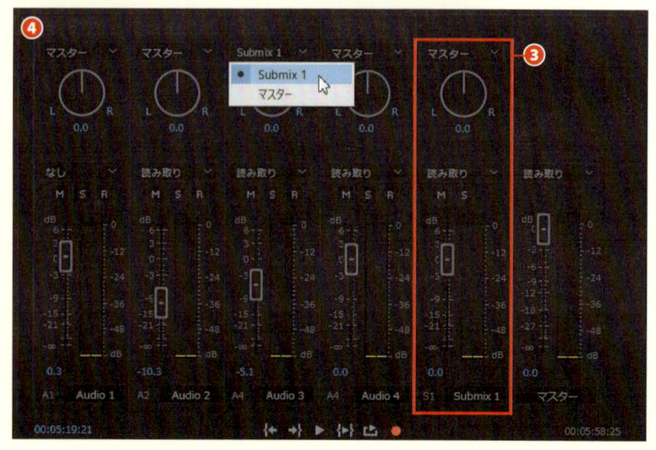

MEMO

[サブミックストラック] の[トラック出力設定] は通常[マスター] に設定しますが、必要に応じて、さらに別の[サブミックストラック] に送ることもできます。

171 オーディオトラックミキサーを使う
177 サブミックストラックを作成する②

NO. 177 サブミックストラックを作成する②

オーディオトラックミキサーパネルからサブミックストラックの作成と出力設定を行うこともできます。

STEP 1

オーディオトラックミキサーパネルを開き、パネル左上にある［エフェクトとセンドの表示／非表示］ボタンをクリックし❶、［エフェクトとセンド］の設定領域を表示します。設定領域の中間にある［送り先の選択］の三角をクリックし❷、メニューから作成したい（送りたい）サブミックストラックの種類を選択します❸。すると新しいサブミックストラックが作成され、同時に作成したサブミックストラックへの出力設定も完了します。

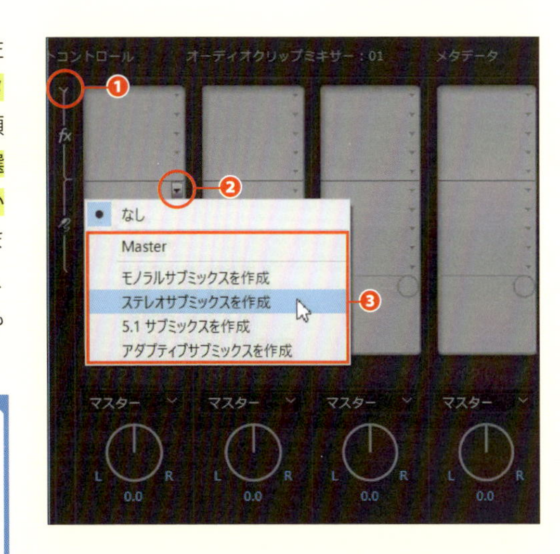

MEMO

［送り先の選択］のメニューには、現在存在するサブミックストラックもリストアップされ、その中から送り先を指定することもできます。5つまで作成可能です。つまり同じトラックの音を最大5本のサブミックストラックへ同時に送ることができるのです。

STEP 2

サブミックストラックへ送る音の音量だけを調整する場合は、設定領域の下部にあるボリュームスライダーを使います❹。［ボリューム］の❺をクリックして［バランス］に変更すると、パンの調整ができるようになります。

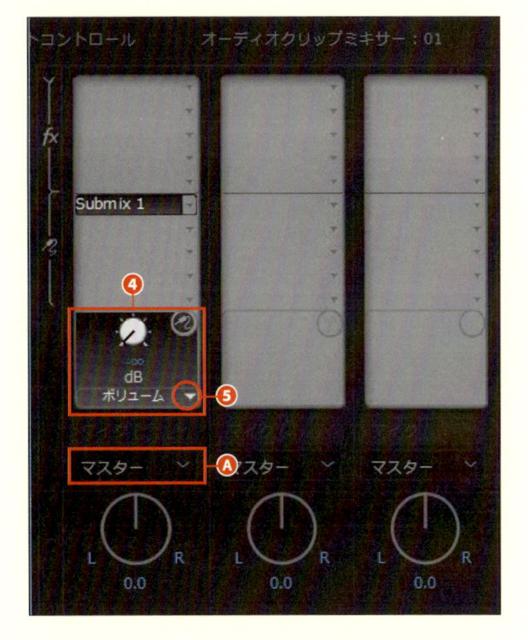

MEMO

STEP1で設定を行ったトラックでは、［送り先選択］で設定した出力先と、フェーダーの上部にある［トラック出力設定］とが両立していますⒶ。これにより、例えば、［送り先選択］でいくつかのサブミックストラックに音を送ると同時に、［トラック出力設定］からはダイレクトにマスタートラックに音を送る、といった複雑な構成が可能です。

171 オーディオトラックミキサーを使う
176 サブミックストラックを作成する①

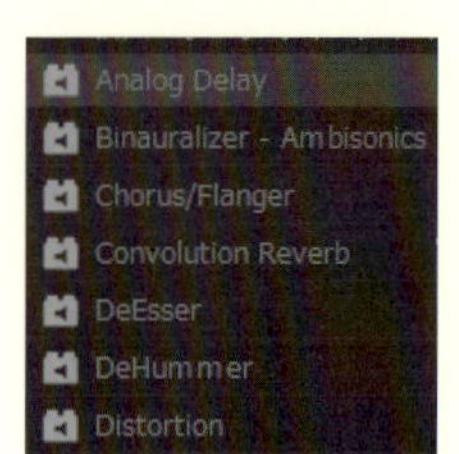

NO.
178 オーディオクリップにエフェクトを適用する

［オーディオエフェクト］のクリップへの適用方法は、［ビデオエフェクト］と同様です。エフェクトパネルから目的のエフェクトをクリップにドラッグ＆ドロップします。

STEP 1 ［ウィンドウ］→［エフェクト］を実行して、エフェクトパネルを開きます❶。［オーディオエフェクト］を展開して、エフェクトのリストを表示させます❷。

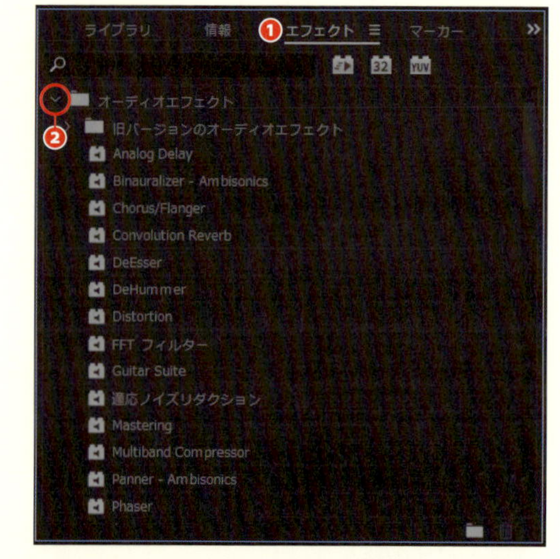

STEP 2 パネルをスクロールして、目的のエフェクトが見つかったら❸、それをタイムラインパネル上のオーディオクリップへドラッグ＆ドロップします❹。

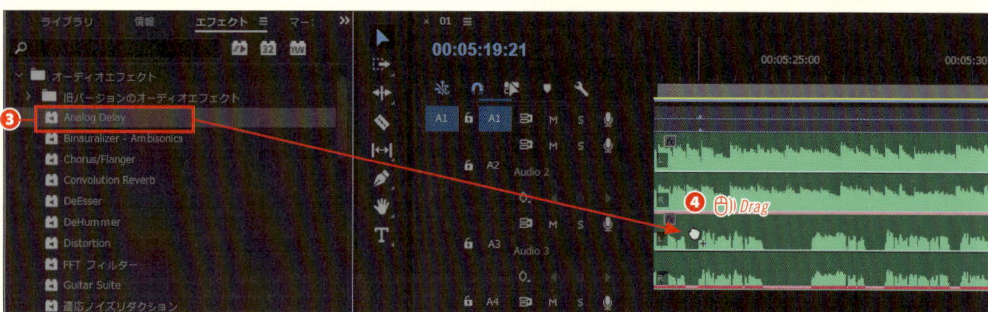

STEP 3 タイムラインでエフェクトを適用したいオーディオクリップを選択し、エフェクトウィンドウのエフェクトをダブルクリックしてもかまいません。タイムラインでオーディオクリップを選択した状態で、エフェクトコントロールパネルに、エフェクトをドラッグ＆ドロップしても適用できます❺。

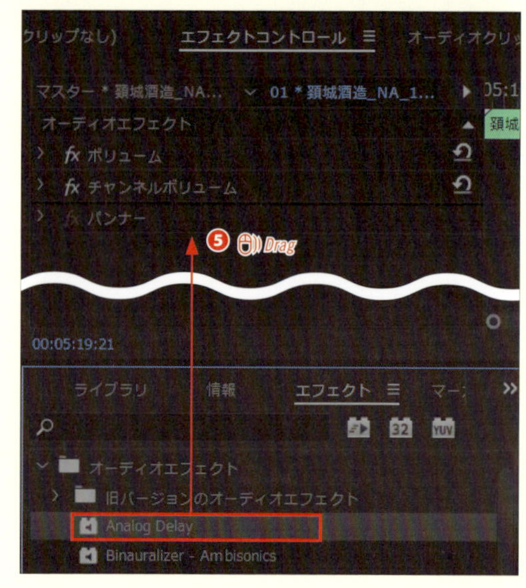

MEMO

クリップにエフェクトを適用する場合は、タイムラインの［キーフレームを表示］が［クリップのキーフレーム］になっている必要があります。

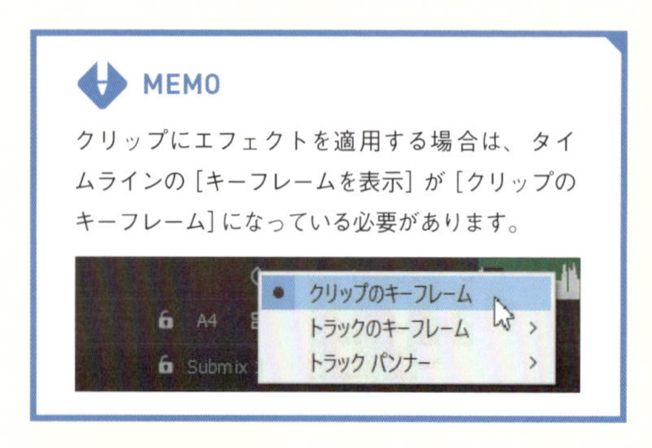

156 オーディオトラックのキーフレーム表示を切り替える

STEP 4 タイムラインパネルでエフェクトを適用したクリップを選択し、［ウィンドウ］→［エフェクトコントロール］を実行して、エフェクトコントロールパネルを開きます❻。［オーディオエフェクト］の欄に適用したエフェクトの名前が表示されているので、名前の左にある三角をクリックして調整プロパティを展開し❼、Fx エディター❽や各種スライダー❾を使って設定作業を行います。エフェクトによっては［プリセット］が用意されているものもあります❿⓫。エフェクトの設定は、タイムラインを再生しながらリアルタイムに行えます。

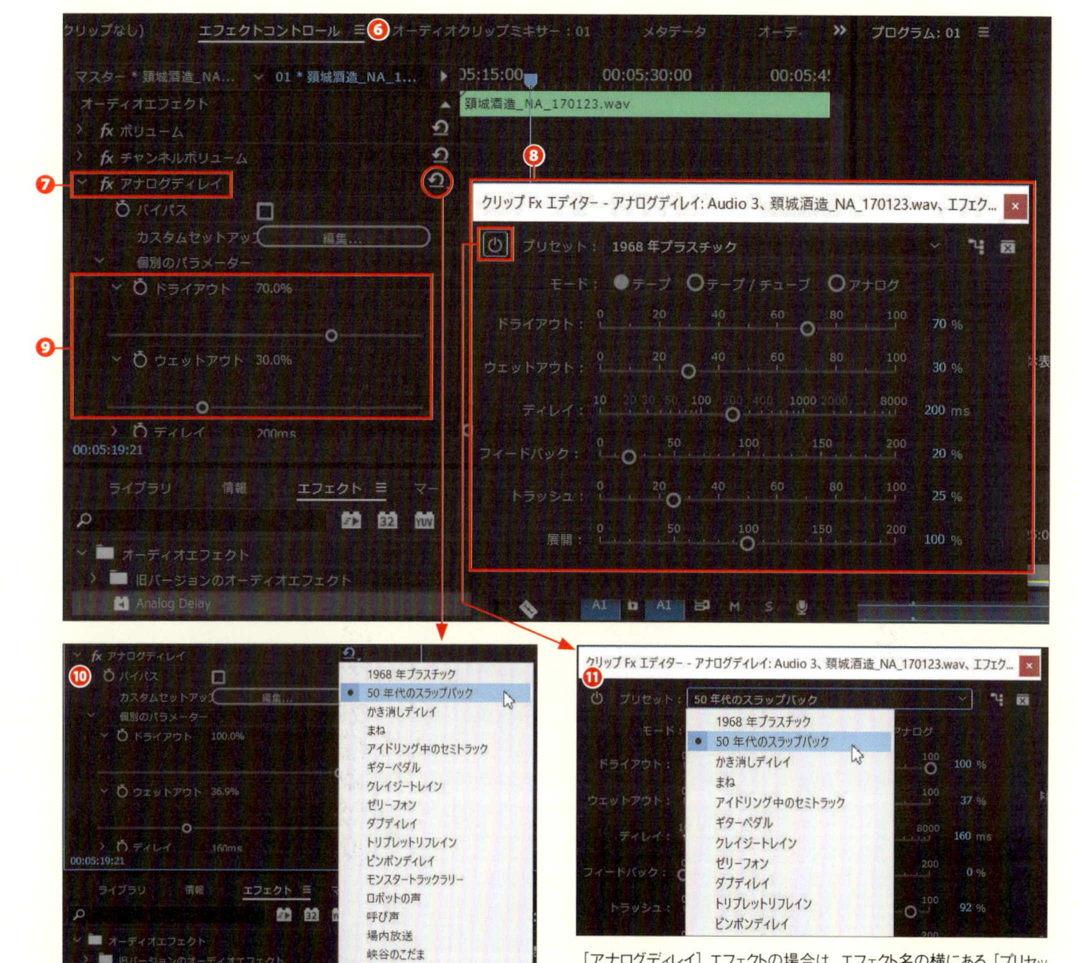

［アナログディレイ］エフェクトの場合は、エフェクト名の横にある［プリセット］ボタンと、クリップ Fx エディターパネルの［プリセット］メニューの双方から、エフェクトパラメーターの設定がセットになった「プリセット」にアクセスすることができます

MEMO

Premiere Pro は、SteinbergVST のオーディオプラグイン形式をサポートしています。VST オーディオプラグインは、サードパーティ製の製品のほか、フリーウェアもたくさん出回っていますが、それらを後から追加インストールして Premiere Pro 内で使用することができます。それらのプラグインは PremierePro をインストールしてあるディスクの「Program Files/Adobe/Adobe Premiere Pro CC/Plug-ins/ja_JP/VSTPlugins」(Mac は「/Users/(ユーザー名)/Library/Audio/Plug-ins/VST」) フォルダーにコピーするか、プラグインに付属しているインストーラーを使ってインストールします。

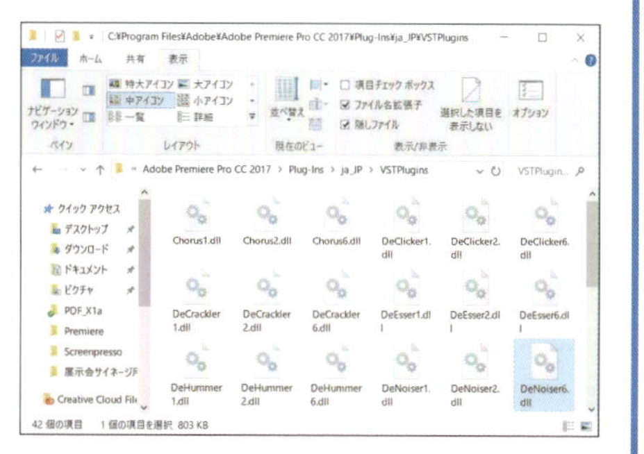

第8章 サウンド編集

NO. 179 オーディオトラックにエフェクトを適用する

トラック全体に［オーディオエフェクト］を適用する場合は、オーディオトラックミキサーパネルで作業します。

STEP 1

［ウィンドウ］→［オーディオトラックミキサー］を実行して、オーディオトラックミキサーパネルを開きます。次にエフェクトを適用したいトラックの［エフェクトとセンドの表示／非表示］ボタンをクリックして❶、［エフェクトとセンド］の設定領域を表示します❷。

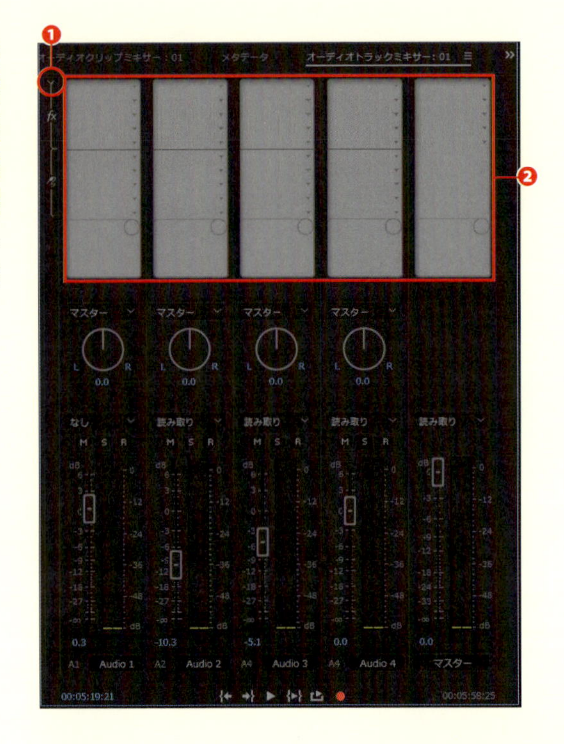

STEP 2

［エフェクトの選択］の▼をクリックして❸、エフェクトのメニューを表示させます。エフェクトは、カテゴリーに分かれて格納されているので、目的のカテゴリーを選択してエフェクトを選びます❹。

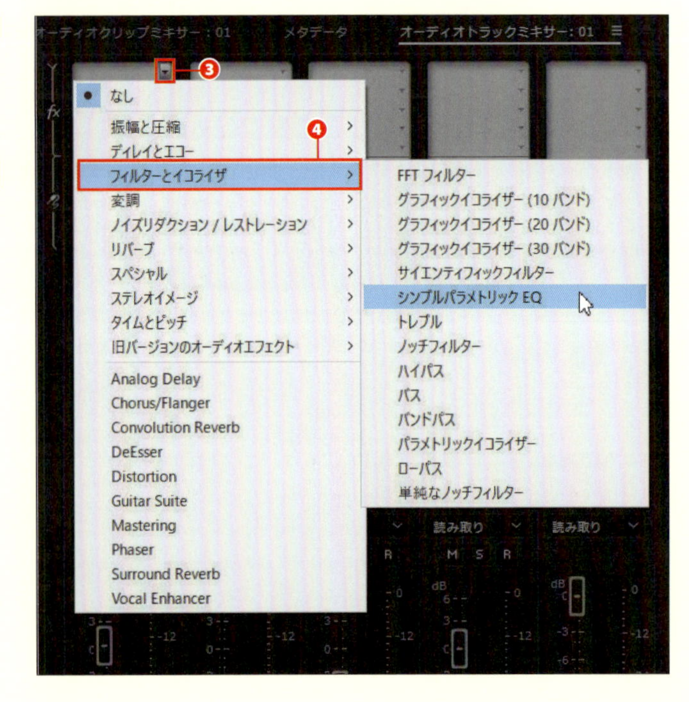

STEP 3

メニューから目的のエフェクトを選択すると、設定領域の下部にエフェクトのパラメーターを調整するダイヤルが表示されます❺。このダイヤルに割り当てる機能は、ダイヤル下にある▼をクリックして表示されるメニューで切り替えることができます❻。切り替えられる機能はエフェクトによって異なります。

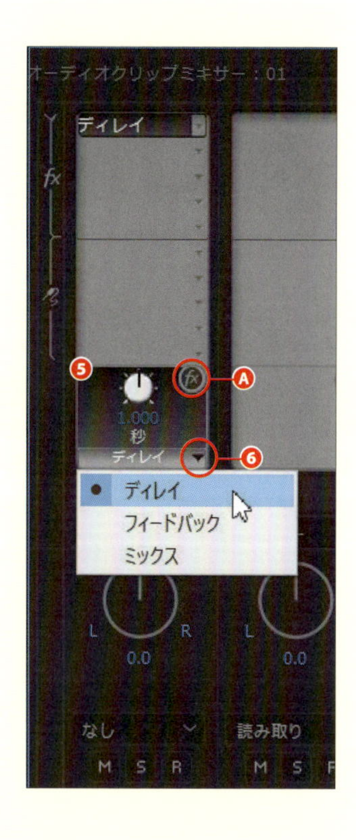

MEMO

ダイヤルの右側にある「fx」と描かれたボタンで🅐、エフェクトが適用された状態（Wet）と、エフェクトなしの状態（Dry）を切り替えてモニターすることができます。

STEP 4

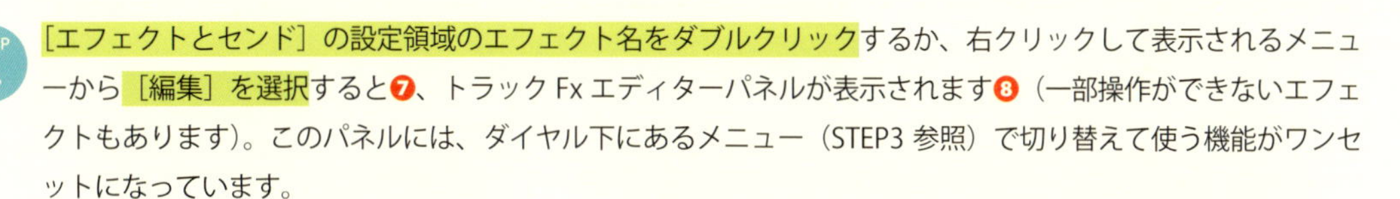
［エフェクトとセンド］の設定領域のエフェクト名をダブルクリックするか、右クリックして表示されるメニューから［編集］を選択すると❼、トラック Fx エディターパネルが表示されます❽（一部操作ができないエフェクトもあります）。このパネルには、ダイヤル下にあるメニュー（STEP3 参照）で切り替えて使う機能がワンセットになっています。

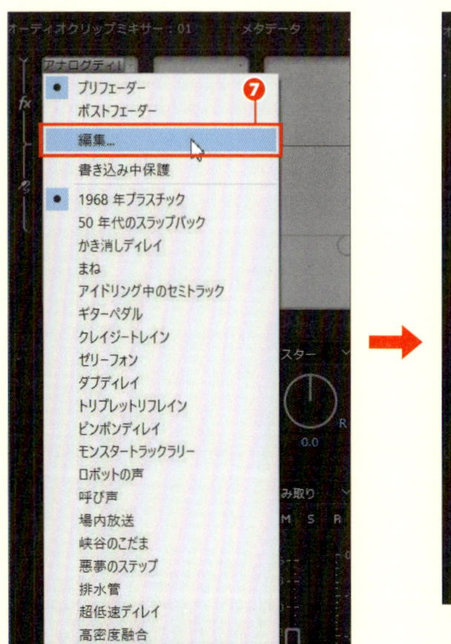

［アナログディスプレイ］エフェクトのトラック Fx エディターパネル。エフェクトの種類によってインターフェイスは異なります

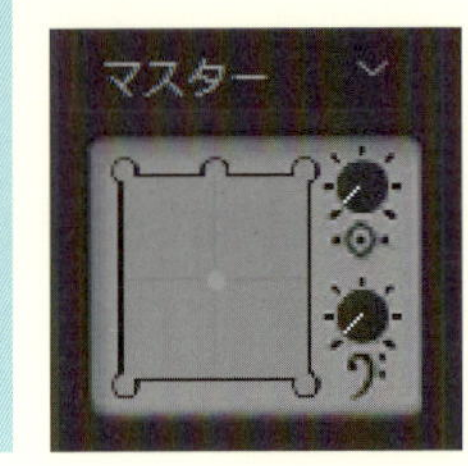

NO.

180 5.1 サラウンドに音を配置する

5.1 サラウンドのシーケンスに、ステレオ音声やモノラル音声を入力すると、音を立体的に飛ばしたり、立体空間に定位させたりできます。

STEP 1

まず、オーディオの［マスター］をサラウンド用に設定したシーケンスを用意します。［ファイル］→［新規］→［シーケンス］を実行して素材に合ったシーケンスプリセットを選択したら、［トラック］タブを開きます❶。そして［オーディオ］の［マスター］から［5.1］を選択します❷。

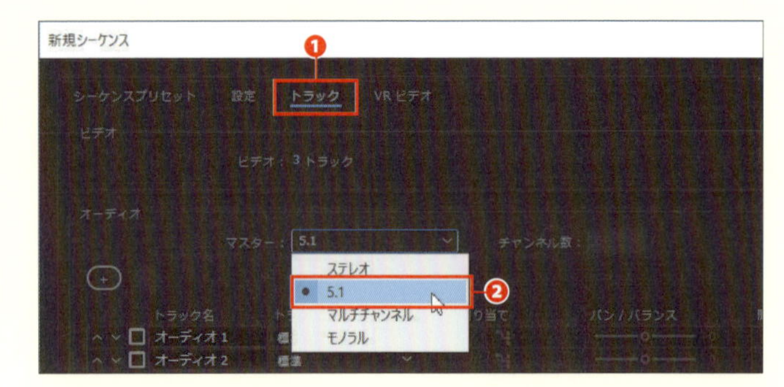

STEP 2

［マスター］が［5.1］に設定されたプロジェクトのオーディオトラックミキサーパネルには、［ステレオ］や［モノラル］トラックの［パン］の代わりに、［5.1 サラウンドパン／バランス］トレイが表示されます❸。これは、フロントの左右とセンター❹、リアの左右のスピーカー❺の配置を上から見た模式図になっており、トレイ上の白い点が、トラックの定位を表す［5.1 パンナー］です❻。［5.1 パンナー］をドラッグすると❼、5.1 サラウンド上での定位が変化します。フロント、リアの左右、センターにはポケットがあり、ここにパンナーをドラッグするとスナップします。また［センターパーセント］ダイヤルでセンタースピーカーへの出力量❽、［LFE ボリューム］ダイヤルでサブウーファーへの出力量が調整できます❾。

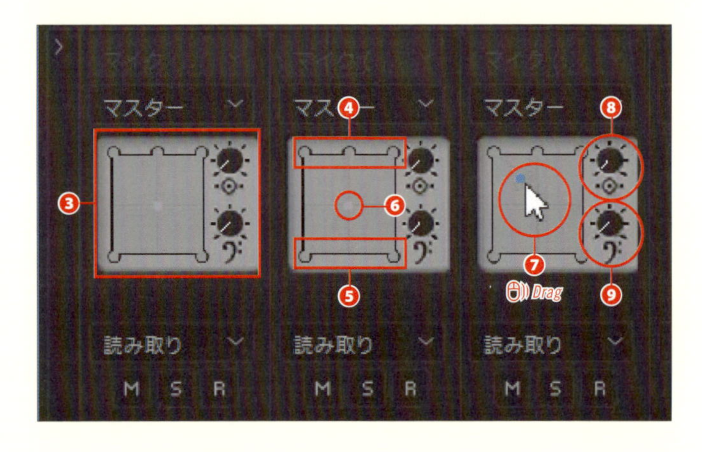

STEP 3

定位をアニメーションするには、［オートメーションモード］で［書き込み］［タッチ］［ラッチ］のいずれかを指定し❿、［再生／停止］ボタンをクリックしてタイムラインを再生し、［5.1 パンナー］を動かします⓫。これによって、［5.1 パンナー］の動きが記録されます。

162 チャンネルマッピングを変更する

NO.
181 エッセンシャルサウンドパネルで音声を調整する

新しく加わった「エッセンシャルサウンドパネル」を使うと、リバーブやイコライザーなどによる「基本的な音声の調整」がプリセットベースで手早く行えます。

STEP 1

［ウィンドウ］→［エッセンシャルサウンドパネル］を選択するか❶、画面上部のワークスペースバーの［オーディオ］をクリックして❷、エッセンシャルサウンドパネルを表示します。ワークスペースの右側を占めているのが、エッセンシャルサウンドパネルです❸。この状態でタイムラインのオーディオクリップを選択すると、［会話］［ミュージック］［効果音］［環境音］といったオーディオのタイプが選べるようになります。

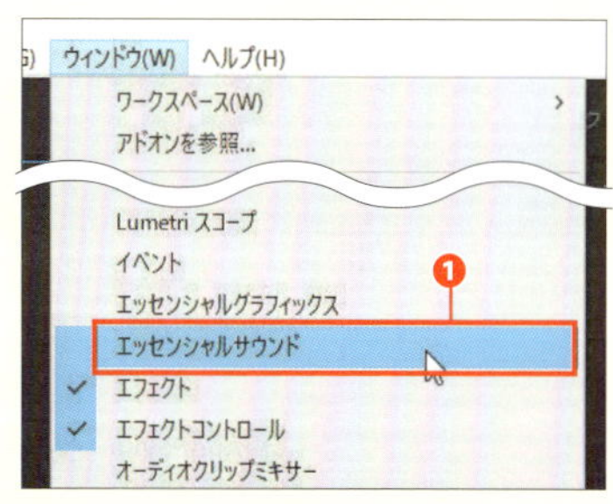

STEP 2

タイムラインで目的のオーディオクリップが選択されているのを確認し、［会話］［ミュージック］［効果音］［環境音］のいずれか1つをクリックして適用します❹。どのタイプにも使用頻度の高いプリセットが用意されています❺。目的の項目にチェックを入れ、エフェクトの数値を調整していきます❻。チェックを外すと自動的にエフェクトも削除されます。また、オーディオのタイプを変更したい場合は［オーディオタイプをクリア］をクリックします❼。

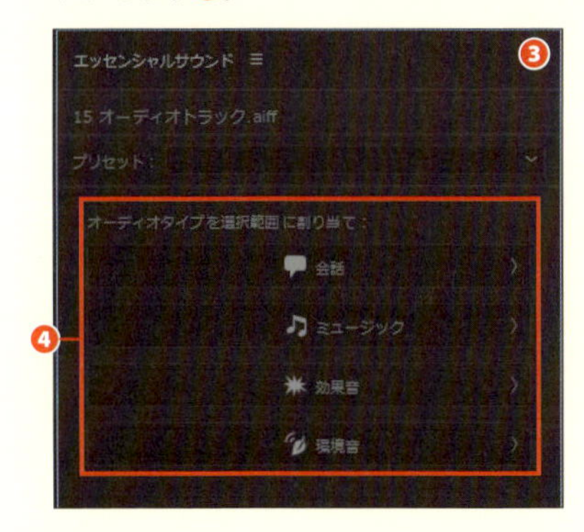

設定項目	内容
会話	人物の会話の調整用です。イコライザーやノイズの除去が行えます
ミュージック	音楽の調整用です。音楽の長さの自動調整も行えます
効果音	サウンドエフェクトの調整をします。リバーブやパンニングなどの効果を設定できます
環境音	リバーブやステレオ感を調整します。野外、室内など、音の鳴っている環境をシミュレートします

STEP 3

［設定をプリセットとして保存］をクリックすると❽、調整結果を新規プリセットとして保存できます。

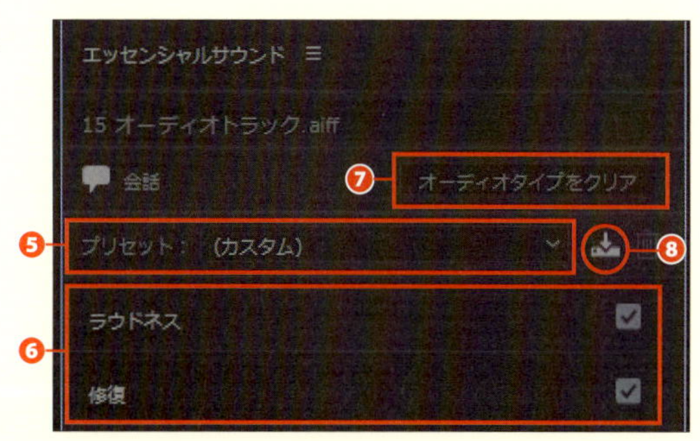

NO.
182 エッセンシャルサウンドパネルで会話を調整する

エッセンシャルサウンドパネルのオーディオタイプを［会話］に設定します。セリフやナレーションの音質を、手軽に調整できます。

STEP 1 エッセンシャルサウンドパネルを表示します。タイムラインで会話を含んだオーディオクリップを選択し、［オーディオタイプを選択範囲に割り当て］で［会話］をクリックします❶。

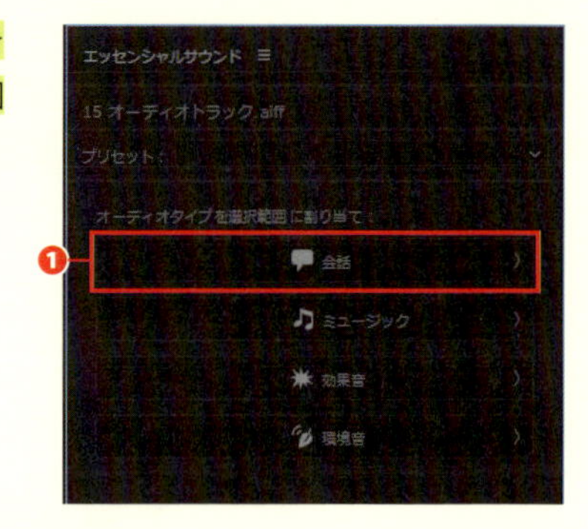

STEP 2 会話を調整するためのエフェクトやプリセットが表示されます。［プリセット］をクリックして、用途にあったプリセットを選びます❷。すると複数のオーディオエフェクトが適用され音声が調整されます❸。プリセットは全部で15種類です❹。

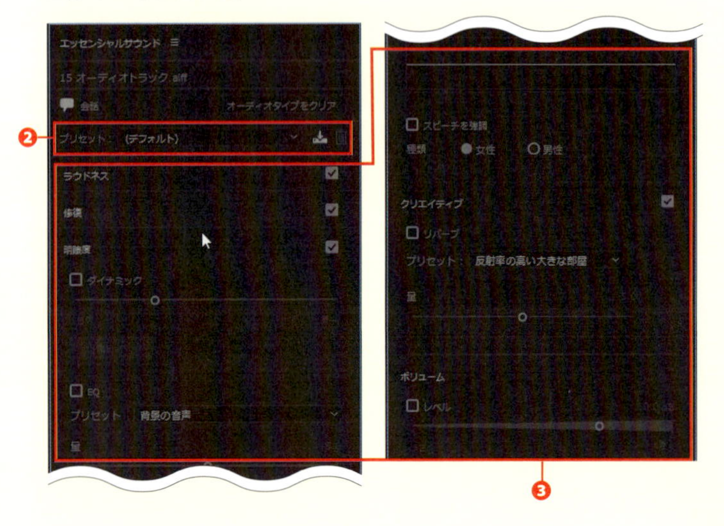

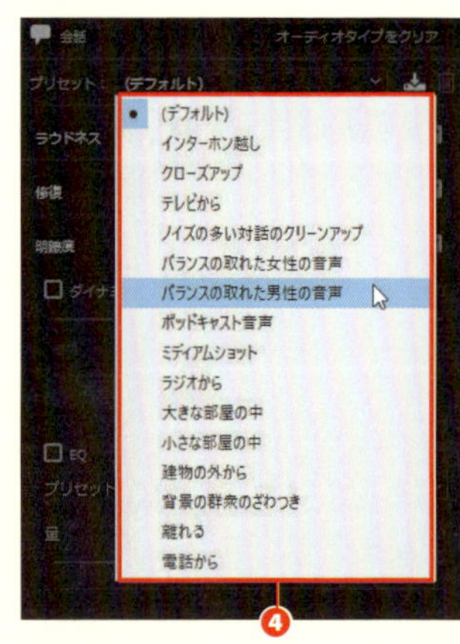

STEP 3 プリセットを使わず､設定項目を個別に調整することもできます。［ラウドネス］［修復］［明瞭度］の3つのセクションがあるので、調整したいセクション名をクリックして展開し、必要な機能のチェックボックスにチェックを入れて調整していきます❺。

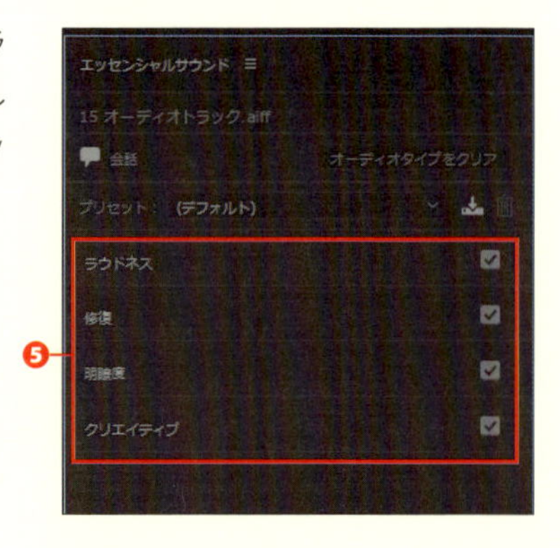

ラウドネス

ラウドネスとは、人間の聴感を考慮した「音の大きさ」の値で、テレビで放送される映像コンテンツは、国ごとに定められたラウドネスの許容範囲を守って制作する必要があります。

修復

[修復] セクションには、[ノイズを軽減] [雑音を削減] [ハムノイズ音を除去] [歯擦音を除去] の全部で４つの設定項目があります。

明瞭度

[明瞭度] セクションには、[ダイナミック] [EQ] [スピーチを強調] の全部で３つの設定項目があります。

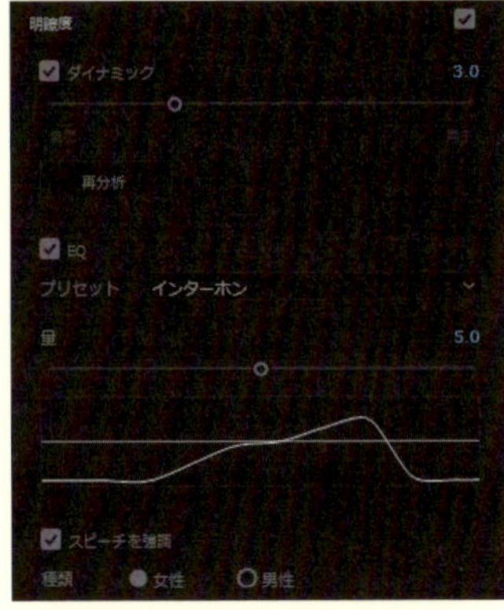

クリエイティブ／ボリューム

[クリエイティブ] セクションは [リバーブ] のみです。パネルの一番下にあるのが「ボリューム」です。上記の調整の結果、音量が変化した場合にこのスライダーを使って最終的な音量を調整します。

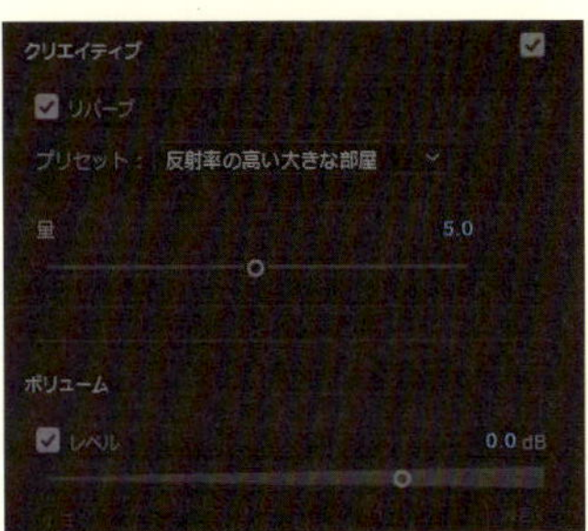

設定項目	内容
ラウドネス	
ラウドネス	クリップの音量を自動調整できます。[自動一致] をクリックすると自動的にラウドネスが測定され、欧州の基準である -23LUFS に調整されます。日本の国内では -24 ± 1LKFS が許容範囲なので、国内仕様でも問題のない範囲に調整されます
修復	
ノイズを軽減	車の音や足音、マイクノイズなど、会話の背景で鳴っている耳障りな音を削除する機能です。これをチェックすると、オーディオエフェクトの [適応ノイズリダクション] が適用されます。スライダーを右にドラッグするとノイズ軽減の度合いが増していきますが、音質は痩せて聴き応えがなくなっていきます。逆に左にドラッグすると音質は保たれますが、ノイズ軽減の効果が弱まります。チェックをオン・オフしながらちょうどよい値を見つけ出しましょう
雑音を削減	主に 100Hz 程度より下の低音部に含まれるノイズを軽減し、音をすっきりさせます。これをチェックすると、オーディオエフェクトのイコライザーの一種 [FFT フィルター] が適用されます。こちらも右にドラッグすれば強く働き、左にドラッグすれば効果は弱くなります
ハムノイズ音を除去	ハムノイズ音は、電源由来のブーンという持続的なノイズです。電源の周波数は西日本では 60Hz、東日本では 50Hz です。オーディオを収録した地域によって [50Hz] [60Hz] のどちらかをオンにします
歯擦音を除去	サシスセソなどの発音や、呼吸音などで生じた耳障りな高周波のノイズを軽減します。これをチェックすると、オーディオエフェクトの [DeEsser] が適用されます。スライダーは右にドラッグするほど効果が強まりますが、全体がこもった感じになってしまいます
明瞭度	
ダイナミック	音のダイナミックレンジを変更して聞きやすくしたり、インパクトを与えたりします。これをチェックすると、オーディオエフェクトの [ダイナミクス操作] が適用されます。スライダーを一番左にドラッグすると、処理を行わない原音のままの状態、右にドラッグしていくと音は圧縮されてダイナミックレンジが狭くなります。結果、小さな音は強調され、大きな音は小さくなります
EQ	特定の周波数の音を抑えたり強調したりして音を聞きやすくします。これをチェックするとオーディオエフェクトの [グラフィックイコライザー（10 バンド）] が適用されます。「プリセット」のポップアップメニューから 11 種類のプリセットが選べるので、それらを適用し、最もイメージに近いものを探し出します。スライダーは、一番左が何もしないフラットな状態、右にドラッグするとプリセットで設定されたイコライザー効果が強くなります。これらの調整イメージは、スライダーの下にリアルタイムに表示されるので比較的直感的な操作が可能です
スピーチを強調	オーディオクリップに含まれる声を、男性、または女性として聞き取りやすくします。チェックボックスをチェックしたら、[女性] か [男性] のどちらかをオンにします
クリエイティブ	
リバーブ	このセクションでの唯一のエフェクトが残響をつくりだす [リバーブ] です。これをチェックすると、オーディオエフェクトの [スタジオリバーブ] が適用されます。ポップアップメニューから８種類のプリセットが選べるので、一番イメージに合ったものを適用します。スライダーでは残響の量を調整できます。一番左が残響なしの状態です

NO.

183 エッセンシャルサウンドパネルで音楽を調整する

エッセンシャルサウンドパネルのオーディオタイプを［ミュージック］に設定します。オーディオの長さの調整やリバーブ効果をつけることができます。

STEP 1

エッセンシャルサウンドパネルを表示します。タイムラインで音楽を含んだオーディオクリップを選択し、［オーディオタイプを選択範囲に割り当て］で［ミュージック］をクリックします❶。

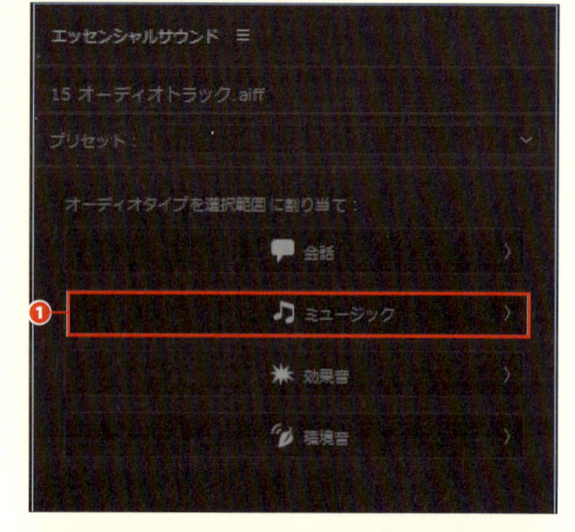

STEP 2

音楽用の調整項目が表示されます。［プリセット］は［バランスの取れたバックグラウンドミュージック］の1種類のみです❷（2017年9月時点）。これを選択するとオーディオのレベルをBGMレベルで自動的に下げてくれます。ただし、同時に鳴っているナレーションなどの音量は考慮されないので、最終的にはオーディオトラックミキサーやオーディオクリップミキサーによる調整が必要です。

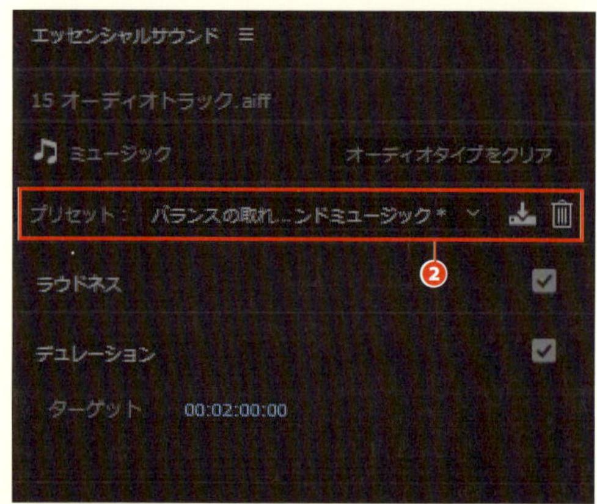

STEP 3

映像に合わせたい音楽がわずかに足りなかったり、逆に長すぎる場合などには、オーディオクリップの長さを変更することができます。タイムラインで目的のオーディオクリップを選択したら、［デュレーション］のチェックボックスをオンにします❸。［ターゲット］にはオーディオクリップの現在のデュレーション（長さ）が表示されています。この数値の上をドラッグして変更するか、クリックして直接数値を入力します❹。

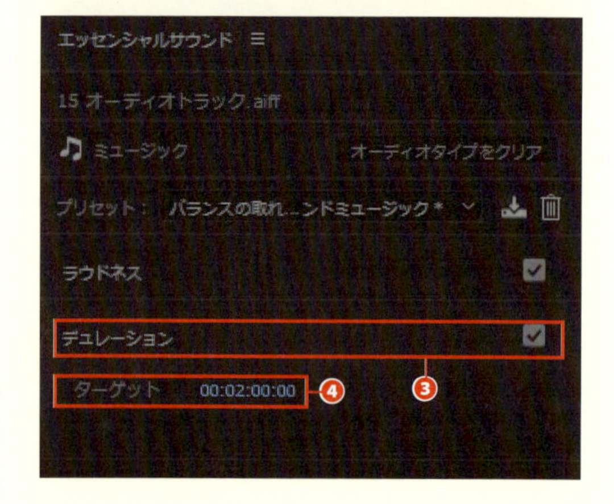

 MEMO

［ラウドネス］［ボリューム］の使用方法については「182 エッセンシャルサウンドパネルで会話を調整する」を参照してください。

NO. 184

エッセンシャルサウンドパネルで効果音を調整する

エッセンシャルサウンドパネルのオーディオタイプを［効果音］に設定します。オーディオクリップにトリッキーなエコー効果やパンニングの演出を加えられます。

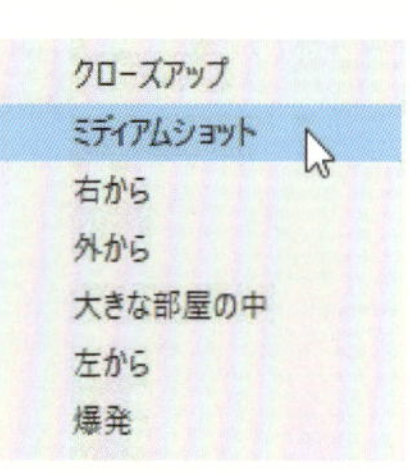

STEP 1

エッセンシャルサウンドパネルを表示します。タイムラインで効果音を含んだオーディオクリップを選択し、［オーディオタイプを選択範囲に割り当て］で［効果音］をクリックします❶。

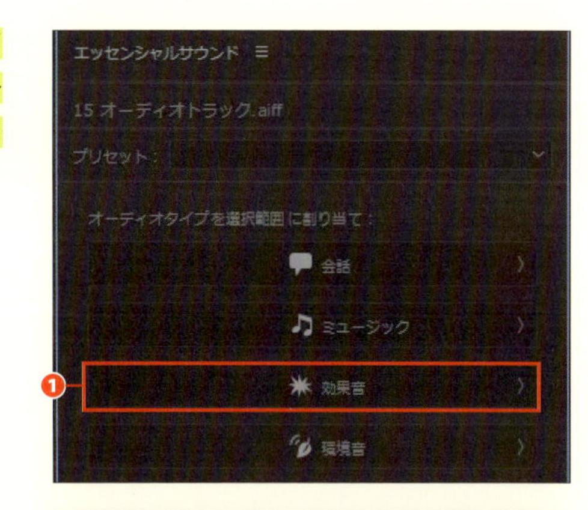

STEP 2

効果音用の調整項目が表示されます。［プリセット］をクリックすると８つのプリセットが表示されます❷。いくつか試してみて、一番イメージに近いものを適用しましょう。

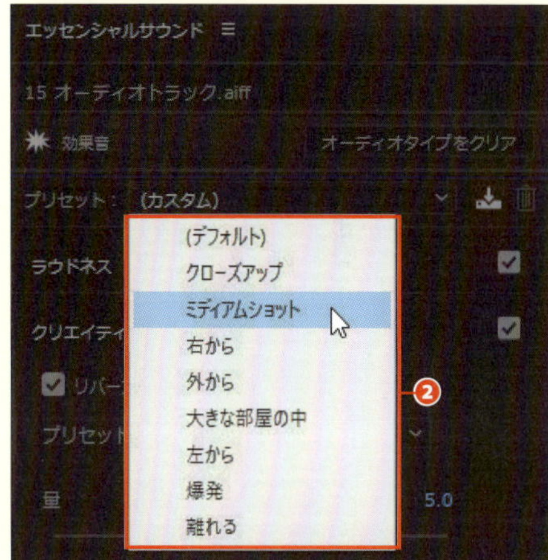

STEP 3

［プリセット］を［デフォルト］に設定すると、［リバーブ］や［パン］を個別に調整できるようになります。
［リバーブ］を設定する場合は［リバーブ］をチェックして、［プリセット］からリバーブの設定を選択します❸。チェックを入れると［スタジオリバーブ］エフェクトが適用されます。［量］のスライダーではリバーブの音量を調整できます❹。一番左がリバーブなし、右にドラッグするとリバーブ成分が増えていきます。
［パン］を設定する場合は［パン］をチェックします。すると［位置］のスライダーが使えるようになるので、ドラッグして左右の位置を調整します❺。

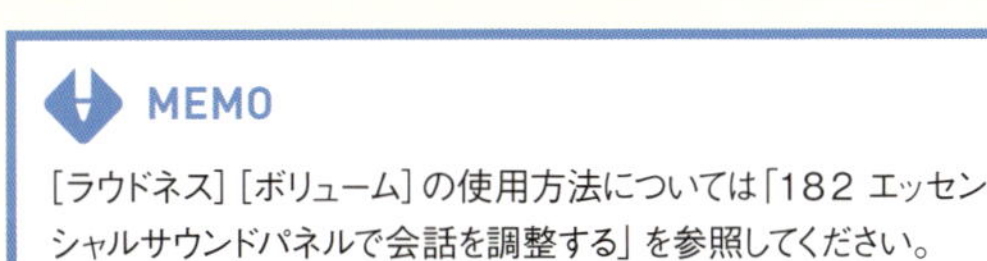

MEMO

［ラウドネス］［ボリューム］の使用方法については「182 エッセンシャルサウンドパネルで会話を調整する」を参照してください。

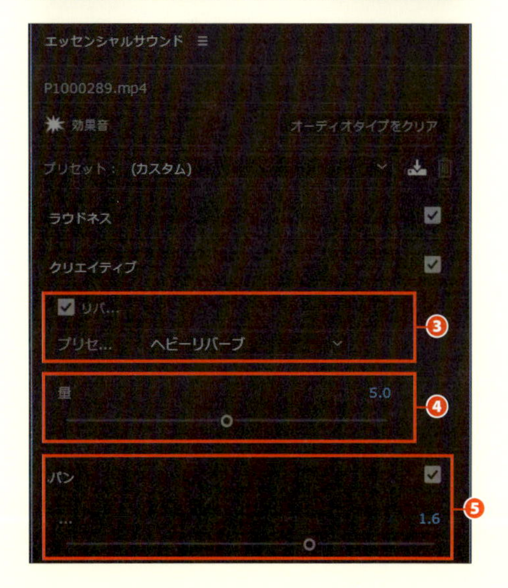

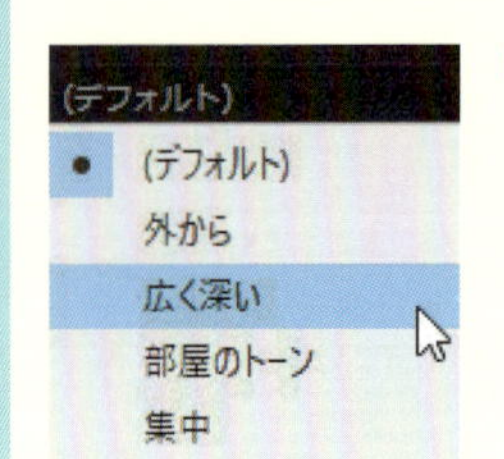

NO.
185 エッセンシャルサウンドパネルで環境音を調整する

エッセンシャルサウンドパネルのオーディオタイプを［環境音］に設定します。自然音や物音が鳴っている環境をシミュレーションすることができます

STEP 1

エッセンシャルサウンドパネルを表示します。タイムラインで効果音を含んだオディオクリップを選択し、［オーディオタイプを選択範囲に割り当て］で［環境音］をクリックします❶。

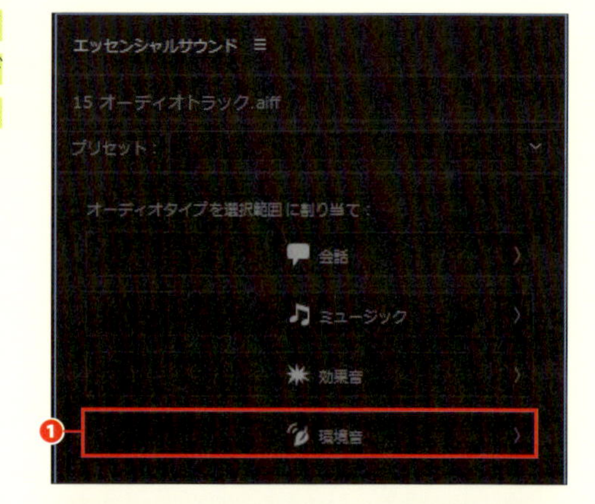

STEP 2

環境音用の調整項目が表示されます。［プリセット］をクリックすると４つのプリセットが表示されます❷。いくつか試してみて、一番イメージに近いものを適用しましょう。

STEP 3

［プリセット］を［デフォルト］に設定すると、［リバーブ］や［ステレオ幅］を個別に調整できるようになります。

［リバーブ］を設定する場合は、［リバーブ］のチェックボックスをチェックして、［プリセット］からリバーブの設定を選択します❸。チェックを入れると［スタジオリバーブ］が適用されます。［量］のスライダーではリバーブの音量を調整できます❹。一番左がリバーブなし、右にドラッグするとリバーブ成分が増えていきます。

［ステレオ幅］を設定する場合は、［ステレオ幅］のチェックボックスをチェックします。すると［ステレオエクスパンダー］エフェクトが適用されます。スライダーをドラッグすることで、ステレオの広がり感を調整できます❺。一番左ではステレオ感が縮小されてほとんどモノラルのように聞こえ、右にドラッグしていくと左右の幅が広がってステレオ感が増します。

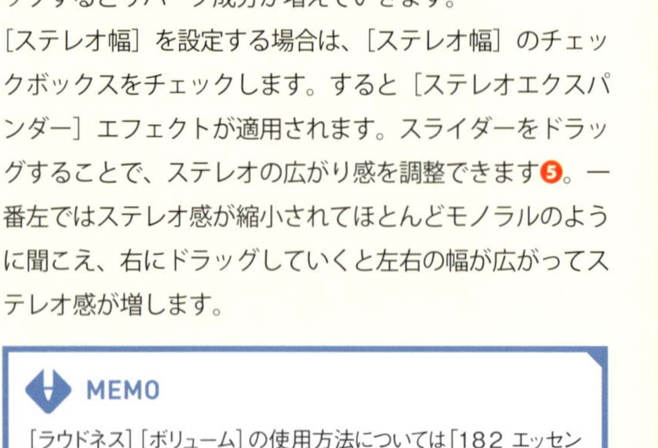

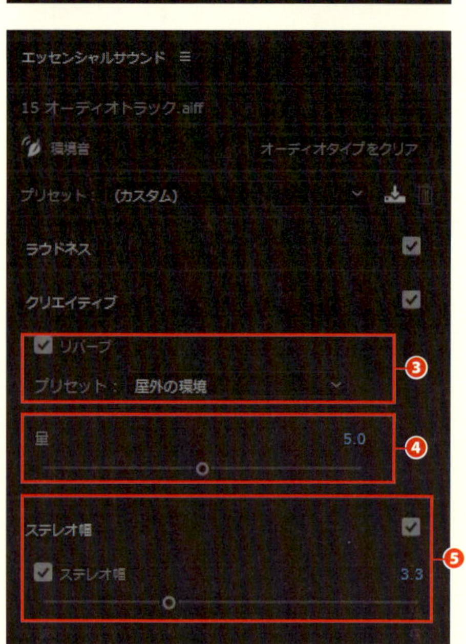

MEMO

［ラウドネス］［ボリューム］の使用方法については「182 エッセンシャルサウンドパネルで会話を調整する」を参照してください。

182 エッセンシャルサウンドパネルで会話を調整する

NO.
186 洞窟の中にいるような残響を加える[スタジオリバーブ]

[スタジオリバーブ] は、洞窟やお風呂場のような空間で起こる残響を作り出すことができます。弱く使うことで自然な部屋の響きも再現できます。

ギターアンプリバーブ (ステレオ)
ギターアンプリバーブ (モノラル)
クラブの外
スワールリバーブ
ドラムプレート (中)
ドラムプレート (大)
ドラムプレート (小)
• ボーカルリバーブ (中)

STEP 1

オーディオクリップに [オーディオエフェクト] → [スタジオリバーブ] を適用します。エフェクトコントロールパネルで [スタジオリバーブ] の [編集] ボタンをクリックして❶、調整用のスライダーを表示させます❷。

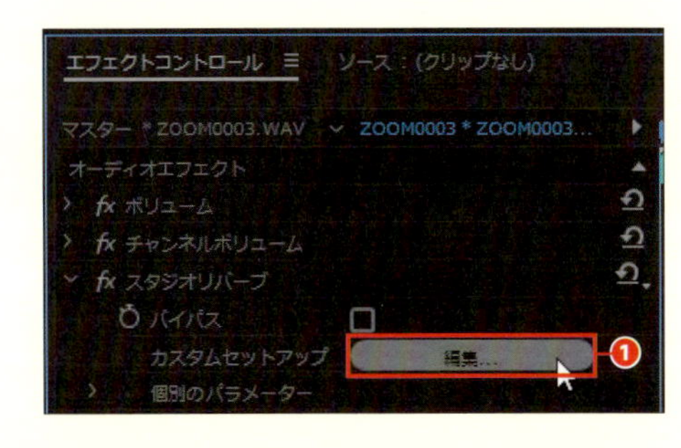

STEP 2

[スタジオリバーブ] には 10 を超える [プリセット] が用意されています❸。いくつか選んで再生してみて、一番しっくりくるものを選び、その後に各スライダーを調整していくとよいでしょう。

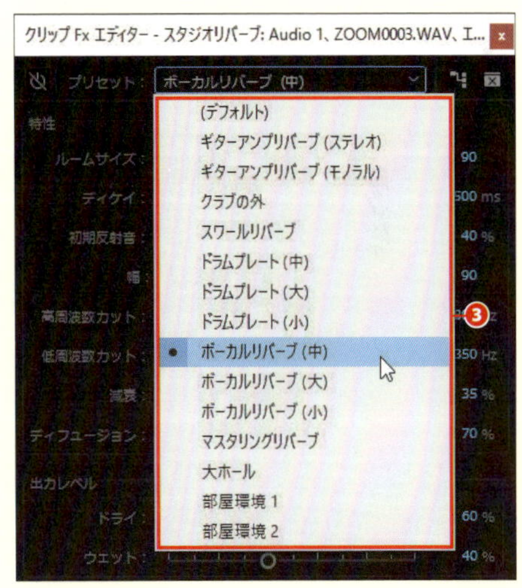

設定項目	内容
ルームサイズ	その音が鳴っている空間の大きさを設定します。サイズを大きくするほど残響の「アシ」が長くなり、大空間の響きになります
ディケイ	残響音の長さを指定します
初期反射音	リバーブは、空間の中を行ったり来たりと繰り返し反射する音ですが、初期反射は最初に耳に届く反響音 (最初の反響) で、空間の大きさや広がりを決めます。この設定によって空間のキャラクターが決まります
幅	残響音のステレオ感を調整します。0でモノラル、数値を上げていくと残響音の広がりが大きくなり、ステレオ感が強調されます
高周波数カット／低周波数カット	残響音の周波数の上限あるいは下限を指定します。残響音に交じる不快なノイズの除去に効果があります
減衰	残響音の減衰の割合を調整します。比率を上げると減衰が長くなり、なめらかな印象になります
ディフュージョン	残響音の壁の素材による反射をシミュレーションします。値を小さくすると反射が増え、コンクリートのような硬い材質を、大きくすると反射が減ってソフトな印象になります
出力レベル	[ドライ] では、残響音に対する元の音の比率を設定します。「0」にすると残響音だけになります。[ウェット] では、出力に対する残響音の比率を設定します。「0」にすると原音だけになります

NO.

187 やまびこのような効果を付ける[アナログディレイ]

Premiere Pro にはやまびこ効果を作り出すエフェクトがいくつかあります。[アナログディレイ] は温かみのあるアナログディレイをシミュレートしてくれます。

STEP 1

オーディオクリップに [オーディオエフェクト] → [アナログディレイ] を適用します。エフェクトコントロールパネルで [アナログディレイ] の [編集] ボタンをクリックして❶、調整用のスライダーを表示させます❷。

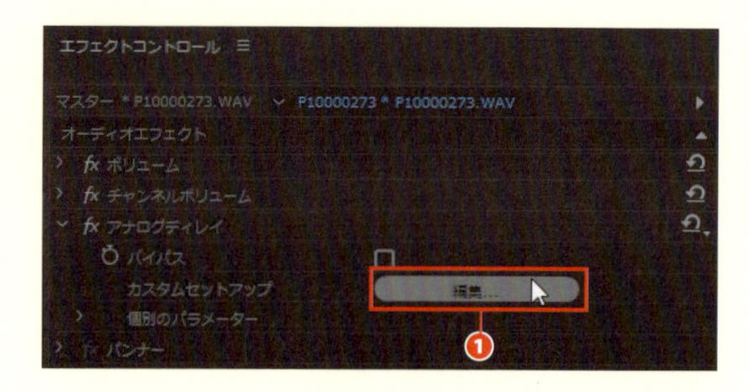

STEP 2

プレビューを繰り返しながら各スライダーを調整します。[プリセット] が豊富に用意されているので❸、まずはその中から１つ選んでプレビューし、一番イメージに近いものをさらに調整していくとよいでしょう。

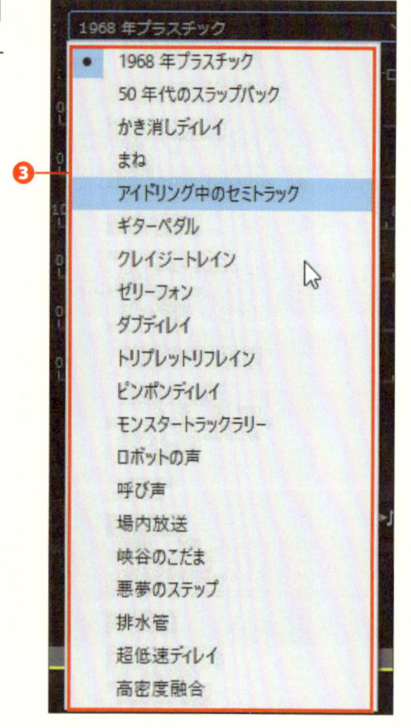

設定項目	内容
モード	シミュレーションするディレイエフェクトの種類を選択します。[テープ／チューブ] は、温かい歪みが加わったビンテージ装置、[アナログ] は、アナログ電子回路を使った装置をシミュレーションします
ドライアウト	エフェクトのかかっていない原音のレベルを指定します。大きくすれば元の音が大きくなります
ウェットアウト	エフェクト音（ディレイ音）のみのレベルを指定します
ディレイ	ディレイ（やまびこ）の長さを指定します。小さい値にするとディレイというよりはエコーのような効果になります。はっきりしたやまびこ効果を得るには長めに設定します
フィードバック	やまびこの繰り返しの設定です。値を上げるほど大きな音でたくさん繰り返すようになります。100%以下にするとだんだんと小さくなり、100%以上にすると繰り返しながらだんだんと大きくなります
トラッシュ	ディレイ音の歪みを強調して暖かみを加えます
展開	ディレイのステレオ感を調整します。「0」ではモノラルになり、大きな値にするとステレオ感が強調されていきます

NO. 188 音のダイナミックスを調整する［ダイナミックス操作］

［ダイナミックス操作］では、小さな音と大きな音の比率を調整（コンプレッサー）したり、音量の最大値や最小値を調整したり（リミッター／ノイズゲート）できます。

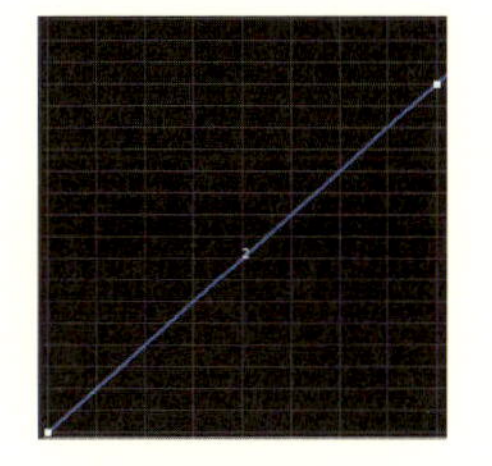

STEP 1

オーディオクリップに［オーディオエフェクト］→［ダイナミックス操作］を適用します。エフェクトコントロールパネルで［ダイナミックス操作］の［編集］をクリックし❶、調整用のダイアログを表示します❷。ダイアログには、入出力の音量を調整するためのグラフと❸、調整結果を確認するためのメーターが表示されています❹。グラフの右にあるメーターがレベルおよびゲインリダクションメーターです。レベルメーターは元の音の入力レベル、ゲインリダクションメーターは信号の圧縮や拡張の程度を表しています

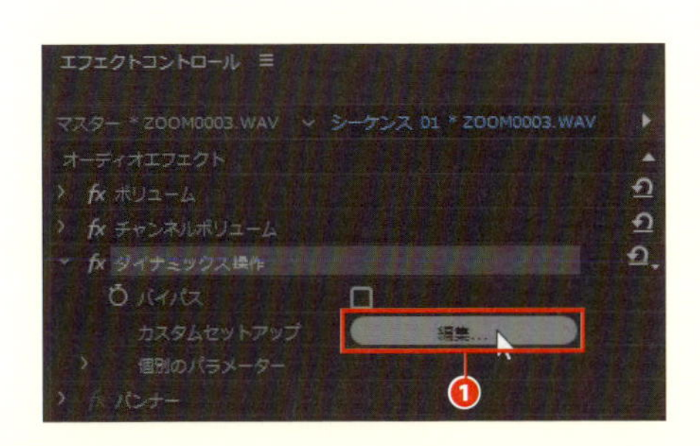

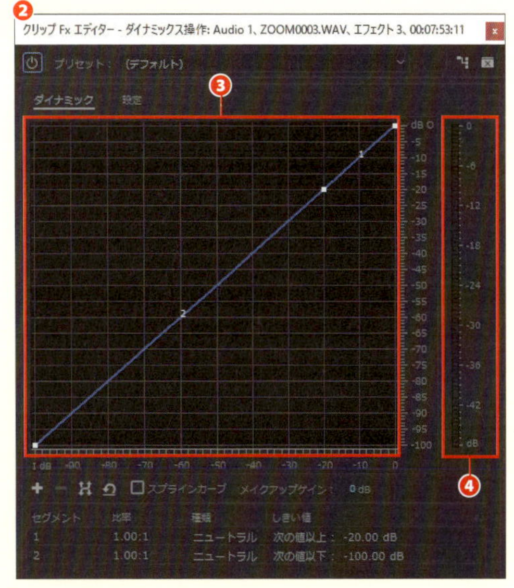

STEP 2

このグラフにコントロールポイントを作成し、形状を変えることによって音量を調整します❺。作成したコントロールポイントはドラッグして移動することができます。グラフのライン上をクリックすると新しいコントロールポイントが追加され、より複雑な形状に変化させることもできます。プリセットも豊富に用意されているので❻、まずイメージに一番近いものを適用して、そのあとに微調整していくとよいでしょう。

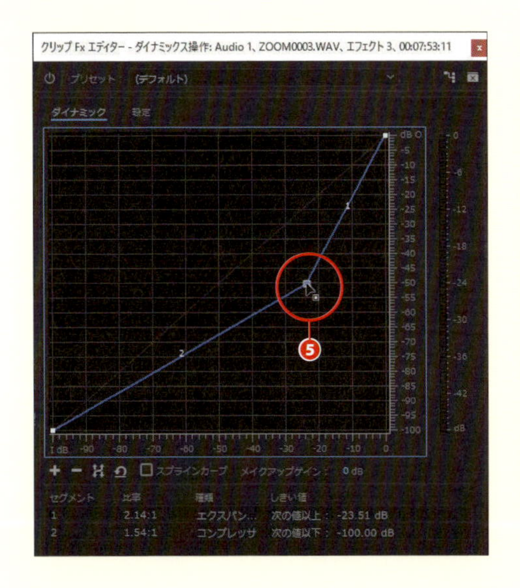

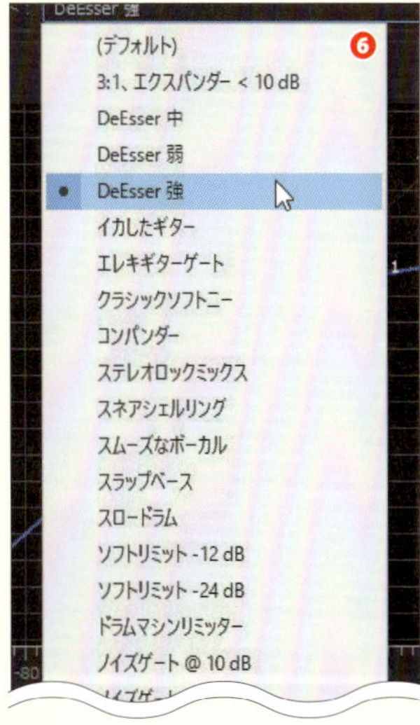

STEP 3

グラフの横軸は入力（元の音）レベル⑦、縦軸は出力レベルを示しています⑧。初期設定では、入力と出力が等しくなっているので、右上がりの45度の直線になっています。グラフ形状を変えるコントロールポイントはグラフの両端と中間に計3つ設定されています。

リミッターとして使う

大きな音を自動的に下げ、音量の上限を決めるリミッターとして使うには、ある入力レベル以上の音の出力の上限を設定します。例えば、入力レベルの－20dBにコントロールポイントを設定し⑨、グラフの右端を-20dBまで下げます⑩。すると－20dB以上の入力信号がならされて-20dbが出力信号の上限となります。

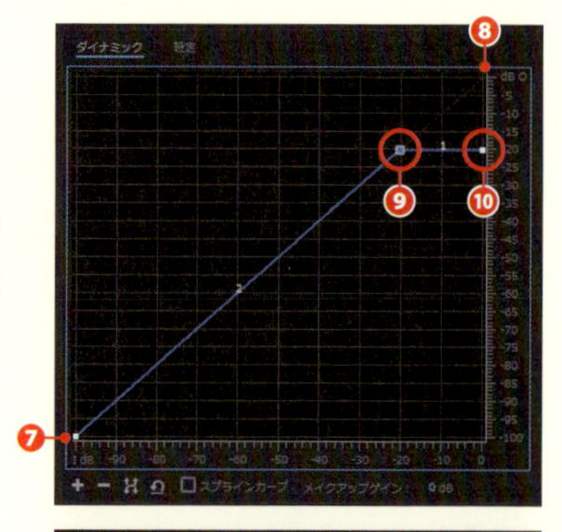

コンプレッサーとして使う

大きな音を抑えて、小さな音を強調するコンプレッサーとして使うには、グラフの傾きを一定にします⑪。こうすることで、小さな音を大きく、大きな音は小さく出力されます。グラフの始点を上に移動していくと、その分、小さな音が大きく調整されます⑫。逆にグラフの終点を下げていくと、大きな音の音量が抑えられます⑬。

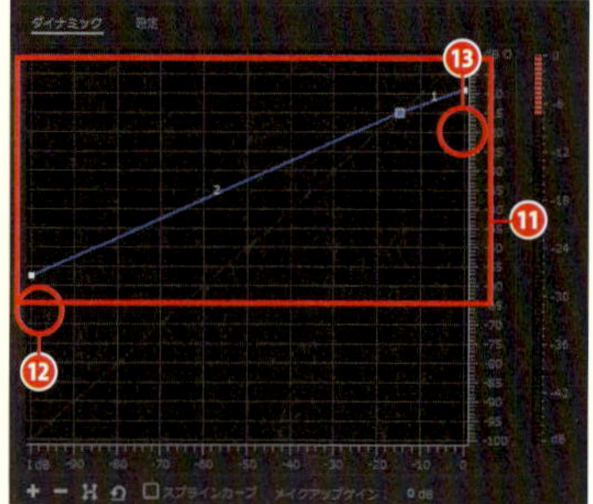

エキスパンダーやノイズゲートとして使う

ある音量以下の小さな音をさらに小さくするのがエキスパンダーです⑭。もやもやした小さな音の音量を下げ、はっきりした大きな音をさらに際立たせます。極端な設定にすると、あるレベル以下の音を無音にできます。これがノイズゲートです。この場合は、コントロールポイントを追加して小さな入力をさらに小さく出力します⑮。

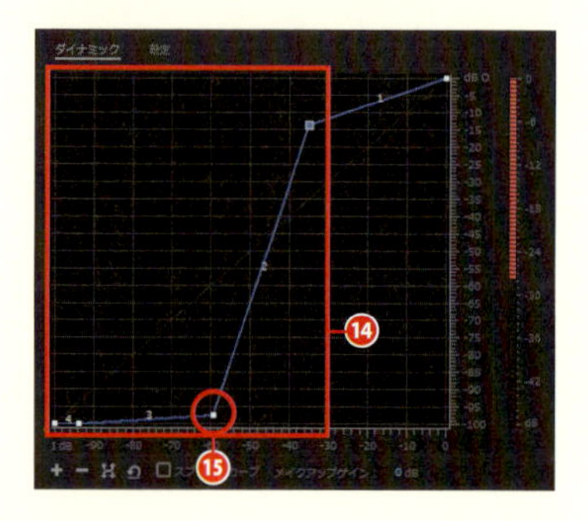

STEP 4

グラフの下にグラフ編集用のボタンが並んでいます。［ポイントを追加］は⑯、指定の位置に新しいコントロールポイントを追加します。［ポイントを削除］は⑰、クリックして選択したコントロールポイントを削除します。［反転］は、カーブを反転できます⑱。ただし、始点が（-100.-100）、終点が（0.0）であり、グラフが全体的に右肩上がりになっている必要があります。［リセット］⑲は、編集中のカーブを初期状態に戻します。［スプラインカーブ］はコントロールポイント間を直線ではなく、曲線的に結びます⑳。［メイクアップゲイン］では、全体の音量を上げることができます㉑。

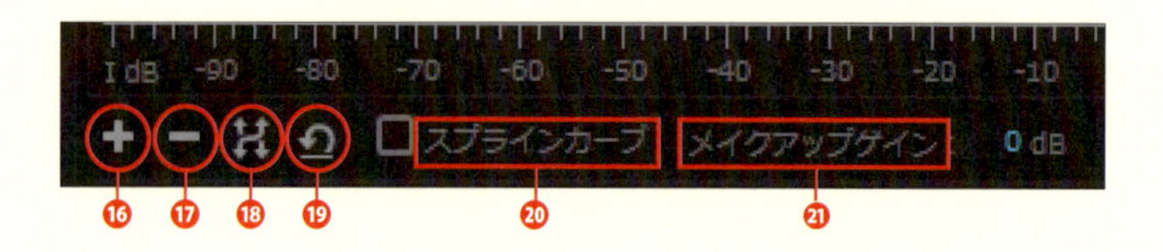

STEP 5

グラフの上にある「設定」をクリックすると、[設定]タブに移動します㉒。ここではエフェクトの基本的な挙動を設定します。各パラメーターの内容は表の通りです。

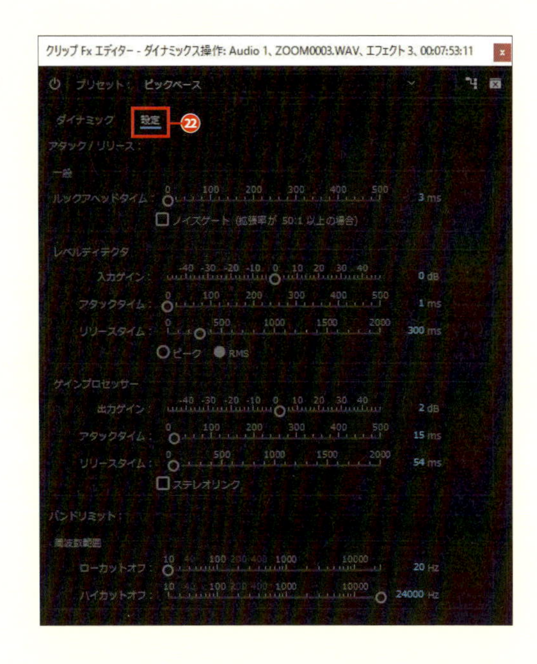

設定項目	内容
ルックアヘッドタイム	コンプレッサーとして使用したときに、レベルの大きい音の圧縮ではじめに発生する一時的なレベルオーバーを処理します。長くとると音が大きくなる前に先取りして圧縮するようになります。長過ぎると、ドラムの音や爆発音などでは、頭が潰れたような音になるため、この場合は小さい値にします
ノイズゲート	チェックを入れると小さい音を完全に無音にします
レベルディテクタ	元になる音のレベルを調整します
入力ゲイン	エフェクターの入力前の音量を調整します
アタックタイム	入力の音量が変化したときに［入力ゲイン］で設定した音量に調整するまでの時間を決めます。［アタックタイム］を設定することで、突然、急激に変化する音をエラーなしに処理できます。急激に変化する音源には短く、変化が少ない音源には長めに設定します
リリースタイム	［入力ゲイン］を調整したあとに、その音量を保つ時間を指定します。一度音量の調整が行われると、ここで指定した時間だけその音量を保ち、次の処理を行います。［アタックタイム］と同じく、急激に変化する音源には短く、変化が少ない音源には長めにします
ピーク／RMS	レベルディテクタの効き方を設定します。［ピーク］では、機械的に振幅のピークに基づいてレベルを調整しますが、［RMS］では、より人間の聴覚に近づけた処理を行います。通常は［RMS］で作業します
ゲインプロセッサー	最終的な出力の音量を設定します
出力ゲイン	処理済みの最終出力の音量を設定します
アタックタイム／リリースタイム	レベルディテクタの［アタックタイム］［リリースタイム］と同様です。［出力ゲイン］で設定した音量になるまでの時間とそれを保持する長さを指定します
ステレオリンク	チェックを入れると、ステレオ音源の場合には左右のバランスを保った状態で処理が行われます
バンドリミット	ダイナミックス操作がおよぶ周波数を指定できます
ローカットオフ	ダイナミックス操作が影響する周波数の下限を指定します。ここで指定した周波数より高い音に調整が制限されます
ハイカットオフ	ダイナミックス操作が影響する周波数の上限を指定します。ここで指定した周波数より低い音に調整が制限されます

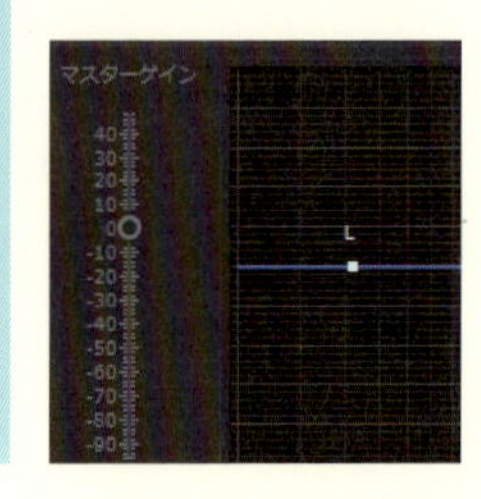

NO.
189 音質をコントロールする［パラメトリックイコライザー］

［パラメトリックイコライザー］は、特定の周波数の音のレベルを上げ下げすることで、音質をコントロールしたり、ノイズの除去を行います。

STEP 1

オーディオクリップに［オーディオエフェクト］→［パラメトリックイコライザー］を適用します。エフェクトコントロールパネルで［パラメトリックイコライザー］の［編集］ボタンをクリックし❶、調整用のグラフを表示します❷。

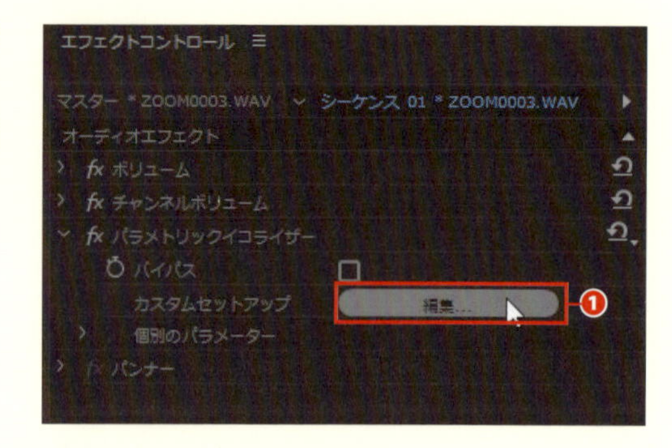

STEP 2

グラフの横軸が周波数❸、縦軸が音量を表します❹。グラフには「1」から「5」までの数字と「L」と「H」の計7つのコントロールポイントが設定されています❺。それぞれのコントロールポイントは、グラフ上の自由な場所にドラッグできます。これらのコントロールポイントを使ってグラフを変形させて調整を行います。

「L」のコントロールポイントはローシェルフフィルターで、低音域を制御します。「H」はハイシェルフフィルターで高音域を制御します。

グラフ左右の「LP」❻と「HP」❼はそれぞれ、ローパスフィルターとハイパスフィルターです。クリックしてオンにすると、専用のコントロールポイントが表示されます❽。これは指定した周波数より低い方を通過させる（LP）、または、高い方を通過させる（HP）役割を持ちます。

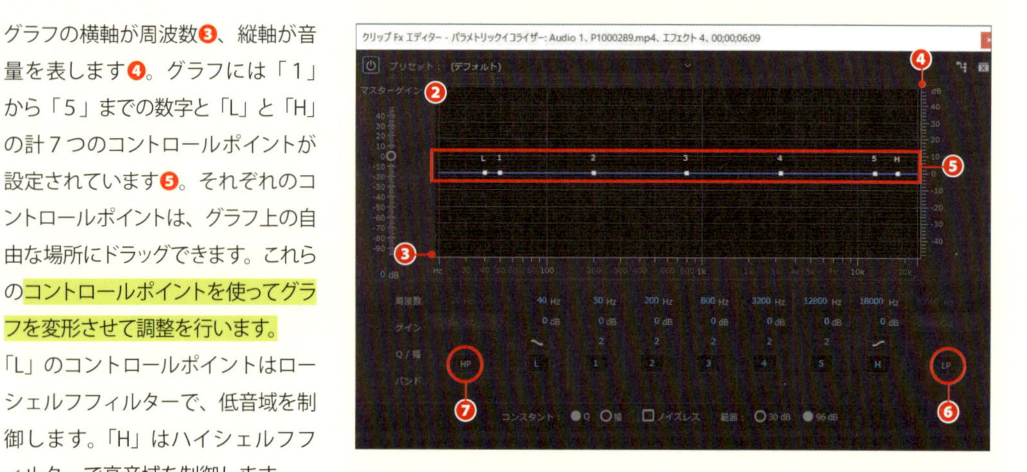

STEP 3

グラフは、コントロールポイントのドラッグだけではなく、グラフの下部にあるそれぞれのコントロールポイントに対応した［周波数］や［ゲイン］でも制御できます❾。また、コントロールポイント名をクリックすると、コントロールポイントのオン、オフを切り替えることができます❿。

［Q／幅］は、各コントロールポイントで制御する周波数帯の幅を制御します⓫。この値を小さくするとグラフは滑らかになって、より幅の広い周波数帯を対象にするようになり、大きくすると周波数帯が狭まってピンポイントの制御ができます。

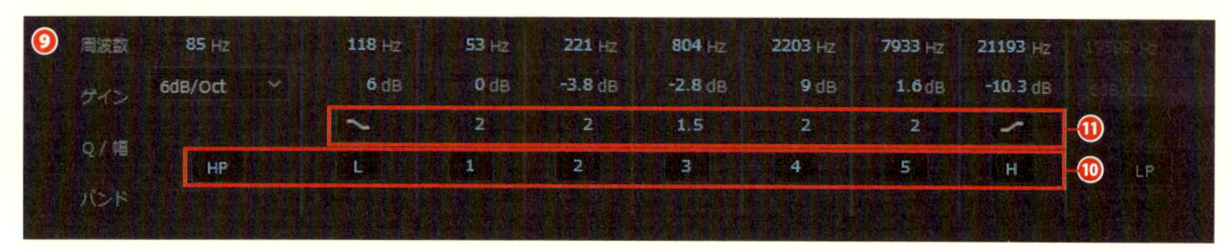

STEP 4

イコライザー処理を行った後の全体的なボリュームの調整には、パネルの右上にある［マスターゲイン］を使います⓬。上にスライドすると音量が上がり、下にスライドすると下がります。

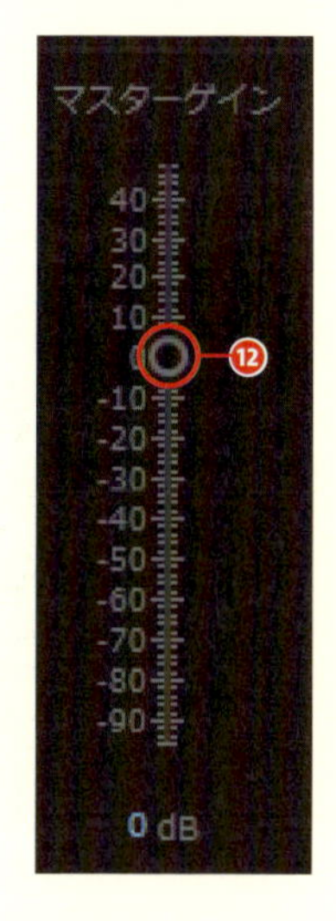

MEMO

パネルの下部にある［範囲］の［30dB］あるいは［96dB］ボタンでⒶ、グラフの基準を変更できます。より細かい調整には［30ｄB］、より極端に調整する場合には［96dB］を選択するとよいでしょう。

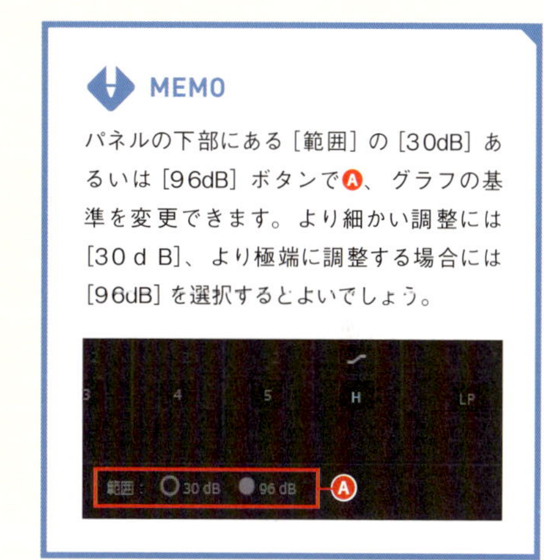

MEMO

Premiere Pro には、固定周波数のイコライジングを行う［グラフィックイコライザー（10バンド／20バンド／30バンド）］も用意されています。こちらは、１本１本のスライダーが１つの周波数帯に固定されています。用途によっては、こちらの方が効果がわかりやすい場合もあります。

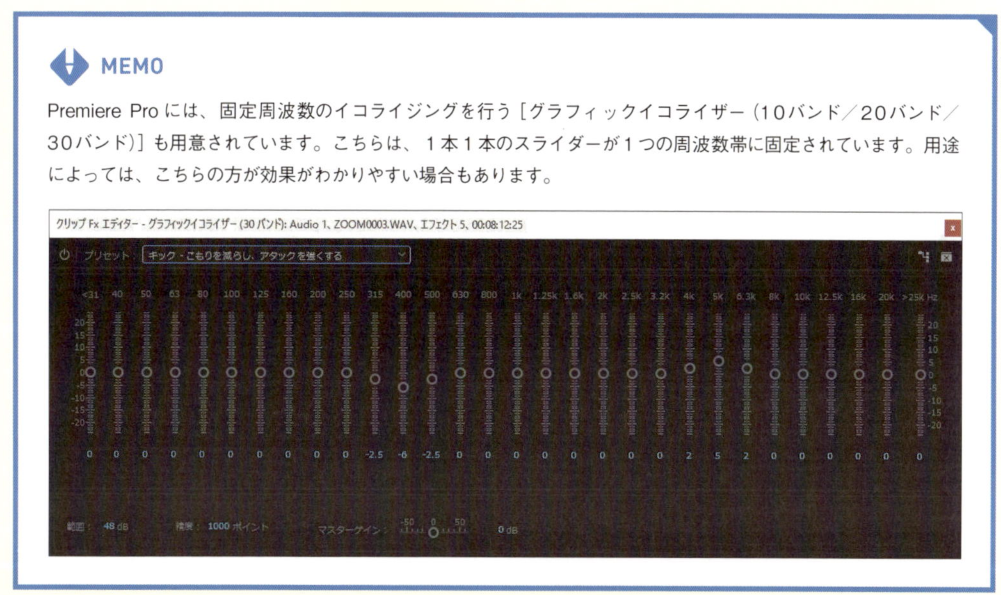

第8章 サウンド編集

NO.

190 ベースノイズを取り除く［適応ノイズリダクション］

［適応ノイズリダクション］エフェクトを使えば、会話の後ろで鳴っている雑音など、耳障りな音を軽減することができます。

STEP 1

オーディオクリップに［オーディオエフェクト］→［適応ノイズリダクション］を適用します。エフェクトコントロールパネルで［適応ノイズリダクション］の［編集］ボタンをクリックし❶、調整用のスライダーを表示します❷。

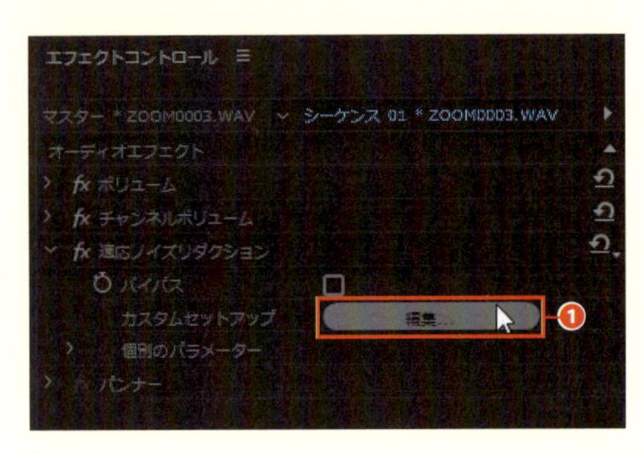

MEMO

［適応ノイズリダクション］エフェクトを適用するクリップは、ノイズで始まっている必要があります。最初に数秒のベースノイズⒶがあり、その後に会話などが始まるようなクリップでなければいけません。［適応ノイズリダクション］は、最初の数秒でノイズを判定し、そのあとにノイズリダクションを行うためです。カットの開始直後から会話を始めたい場合には、一度［クリップ］→［レンダリングして置き換え］を実行し、その上でカットのインポイントを調整します（「193 オーディオクリップをレンダリングして置き換える」参照）。

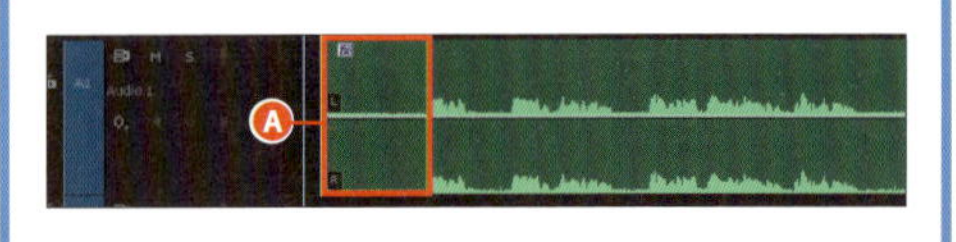

STEP 2

初期設定の状態でも、軽いノイズリダクションがかかっています。まずは初期設定で聞いてみてから、必要に応じて各パラメーターの調整を行うとよいでしょう。プリセットも2種類用意されています❸。

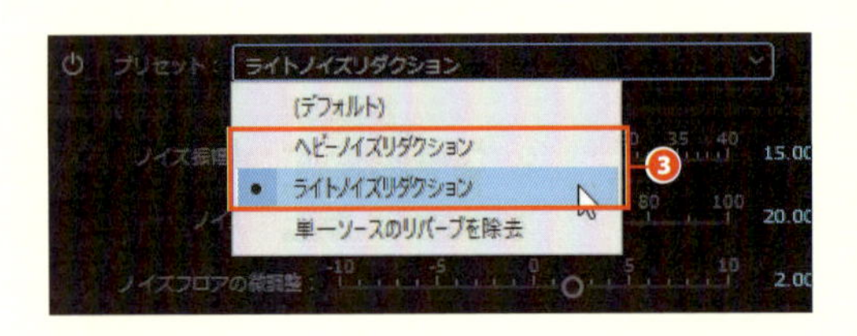

設定項目	内容
ノイズ振幅の削減値	ノイズリダクション効果の程度を指定します。値を上げすぎると全体の音質を落としてしまいます
ノイズ検出率	ノイズ除去の結果と、元の音とのミックスの割合を指定します
ノイズフロアの微調整	自動的に計算された「ノイズとして除去する周波数帯」を上下に微調整します
信号しきい値	自動的に計算された「残したい音の周波数帯」を上下に微調整します
スペクトルディケイレート	ノイズ音が 60dB 低下するまでの時間を設定します。これによりノイズ除去効果の「効き方」が調整できます。あまりに短すぎたり長すぎたりするとノイズが乗ったり、不自然な音になります
広帯域の維持	自動的に検出されたノイズの周波数帯のうち、残したい周波数帯の幅を指定します。例えば 100Hz を指定すると、ノイズ成分として検出された周波数帯の上下 100Hz 分のノイズ除去を行わなくなります
FFT サイズ	ノイズを分析する時の分解能（サンプリングの細かさ）を設定します。大きな値にすると周波数の分解能が高くなり、小さくすると時間に対する分解能が高くなります。バックグラウンドに鳴っている持続音の場合は大きく、瞬間的な打撃音などには小さい値が効果的です

181 エッセンシャルサウンドパネルで音声を調整する
182 エッセンシャルサウンドパネルで会話を調整する

NO.
191 音の最終調整を行う [Multiband Compressor]

さまざまな周波数の音を含んだオーディオトラックを周波数帯ごとに圧縮できるのが［Multiband Compressor］です。最終的な音のまとめ（マスタリング）が行えます。

STEP 1

オーディオトラックミキサーの［マスター］で［エフェクトの選択］をクリックして、［振幅と圧縮］→［Multiband Compressor］を適用します。［Multiband Compressor］のエフェクト名をダブルクリックし、Fx エディターを開きます❶。Fx エディターパネルの下半分にコンプレッサーが４つ並んでいます❷。左から低域用、中域用（２つ）、高域用でそれぞれ色分けされています。この４つのコンプレッサーはその上の波形表示とリンクしています。

上部の波形モニターには❸、ドラッグできる３本のクロスオーバーマーカー（白い縦線）があります。これが４つのコンプレッサーの「境目」に相当します。左右にドラッグして４つのコンプレッサーの「担当周波数帯域」を定義します。

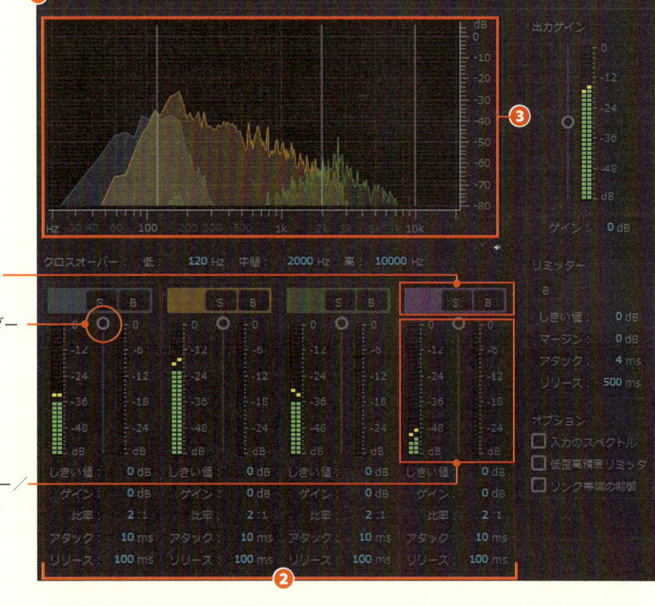

MEMO

オーディオトラックへのエフェクトの適用方法については「179 オーディオトラックにエフェクトを適用する」を参照してください。もちろん個々のオーディオクリップに適用することもできます。

名称および設定項目	内容
入力レベルメーター／ゲインリダクションメーター	圧縮の状態をモニターします。入力レベルメーター（左）は入力レベル、ゲインリダクションメーターは入力に対してどれぐらい圧縮をかけたかを示しています
しきい値スライダー	入力された音が、ここで設定したレベルを超えると圧縮が開始されます。軽い圧縮で -5dB 程度、値を小さくするほど圧縮が強くかかり、ダイナミックレンジが狭くなっていきます
ゲイン	圧縮した後の音の音量の調整をします
比率	しきい値で設定した値を基準に「どれぐらいオーバーしたらどれぐらい圧縮するか」の割合を設定します。「1:1」で圧縮なし、「3:1」でしきい値より3dB オーバーするごとに1dB に圧縮して出力します。数値を上げるほど圧縮の度合いが大きくなり、ダイナミックレンジが狭くなります。通常は２～５の範囲に設定します
アタック	入力音量がしきい値を超えたときに圧縮を開始するまでの時間を設定します。打撃音などアタックの強い音には短く、それ以外のなだらかな音には 10 ミリ秒程度を基準に調整します
リリース	入力音量がしきい値を下回ったときに圧縮をやめるまでの時間を設定します。基本は 100 ミリ秒程度で、打撃音などアタックの強い音の場合には短めに設定します
ソロ／バイパス	ソロはその周波数帯の圧縮結果のみをモニターしたい場合にオンにします。バイパスは処理する前の生の音を確認したい場合にオンにします。この２つのボタンを使って処理前と処理後の音の違いを確かめることができます
出力ゲイン	処理後の全体の音量を調整します

STEP 2

［Multiband Compressor］には、さまざまなニュアンスのプリセットが用意されています。まずはこの中からいくつかを適用してみて、各パラメーターを微調整していくとよいでしょう。

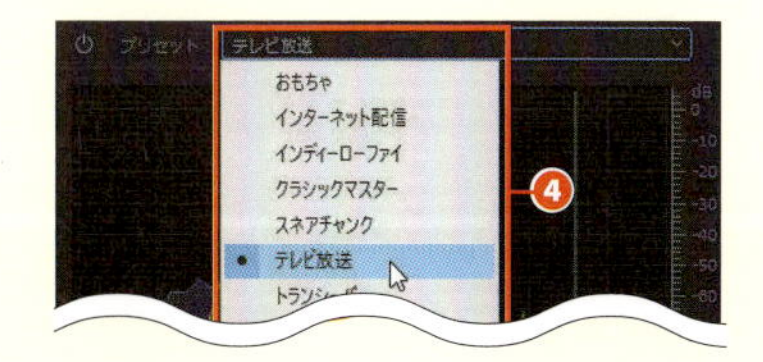

171 オーディオトラックミキサーを使う
179 オーディオトラックにエフェクトを適用する

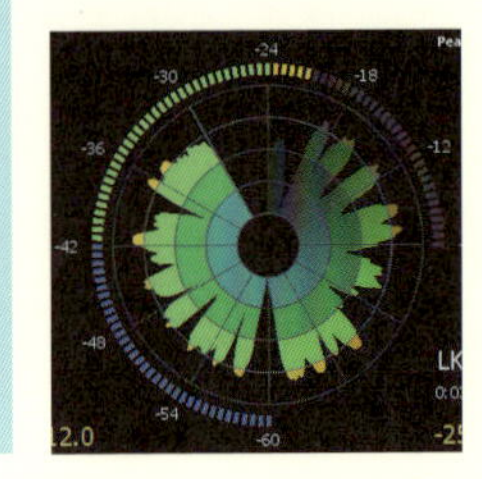

NO.

192 ラウドネスチェックをする

「ラウドネス」とは、2012年から国内の放送基準にも取り入れられた、音量の基準です。Preniere Pro では「ラウドネスレーダー」を使って計測できます

ラウドネスとは、人間の聴感による重み付けを行いながら計測する、番組全体の音量の平均値で、LKFS という単位で現します。国内の放送用コンテンツでは、-24LKFS を超えないようにミックスする必要があります。このラウドネスは、電気的な音量を計測する VU メーターである［オーディオメーター］では測定できません。オーディオエフェクトの［ラウドネスレーダー］を使用します。

STEP 1

ミックスされたマスターのラウドネスを計測するには、オーディオトラックミキサーの［マスター］に［スペシャル］→［ラウドネスレーダー］を適用します❶。適用したら、エフェクト名［ラウドネスレーダー］をダブルクリックして、トラック Fx エディターを表示します❷。国内の放送基準を満たしているかどうかを計測するには、［プリセット］から［TR-B32 LKFS］を選択します❸。

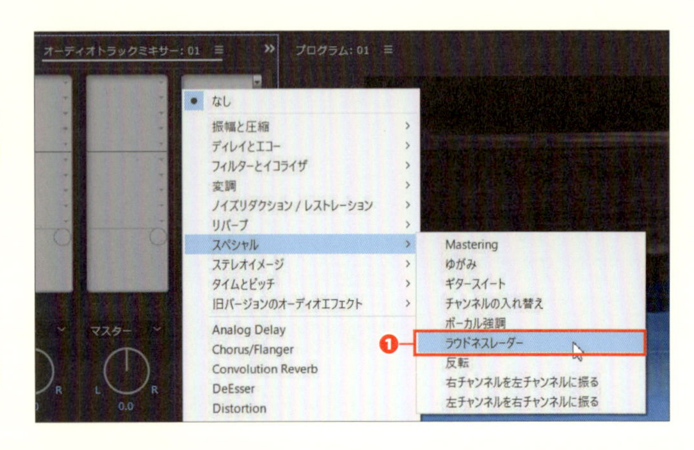

STEP 2

ラウドネスをチェックするには、タイムラインのシーケンスを最初から最後まで再生します。再生をスタートし、計測が始まると、右上の三角マークが緑色に点灯します❹。その隣のポーズマークのボタンをクリックすると、計測が一時ストップし、再びクリックすると再開します❺。

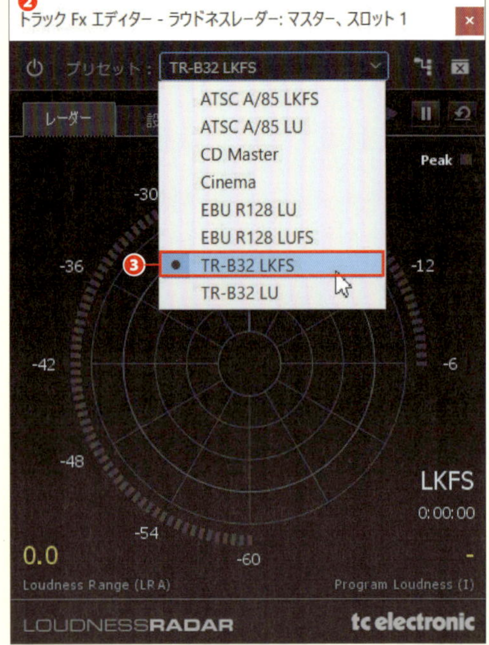

179 オーディオトラックにエフェクトを適用する

STEP 3

円の表示の一番外側の破線状のグラフが現在のラウドネス値で、レベルメーターと同じように、大きければグラフが伸び、小さければ縮みます❻。
円の内側のレーダーのような表示には、通算のラウドネス値の履歴が時計回りに蓄積されていきます❼。
右下には、経過時間と、開始から現在までのLKFS値が表示されています❽。
左下に表示されているのは、LRAという別の指標に基づいた計測値で、ダイナミックスの幅を表しています。
ラウドネスが-24LKFSに近づくと、グラフも履歴も黄色になります❾。目安としては、右下のラウドネスの値が-24LKFS以下に収まっていればOKです。

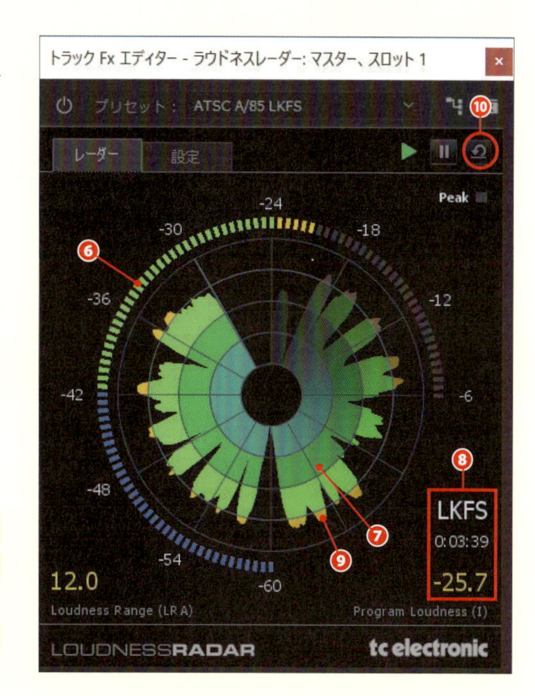

STEP 4

ラウドネスに**問題がある場合は、マスタートラックのボリュームなどで調整し直し、再度、最初から最後まで再生**します。このときに、パネル右上の回転する矢印のアイコンが付いたリセットボタンをクリックして、**メーターを必ずリセット**します❿。マスター以外に、人物の会話や、音楽など、ほかのメインになるトラックにも［ラウドネスレーダー］を適用して計測し、どのトラックを主に調整したらよいかを判断することもできます。

MEMO

必要に応じて、［設定］タブⒶを開いて［レーダー］の動作基準を変更することができます。
［レーダー速度］は、作品の長さによって調整しておく必要があります。これはレーダーが一回転するのに要する時間で、最短1分から最長24時間まで設定できますⒷ。
［レーダー解像度］は、レーダーの同心円の解像度ですⒸ。数字を小さくすると変化は大きく表示され、大きくすると変化は小さく表示されます。ソースの種類によっては初期設定から変更した方が作業しやすいかもしれません。

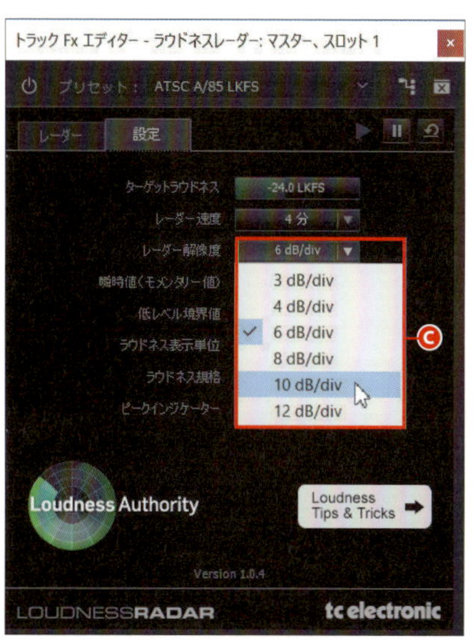

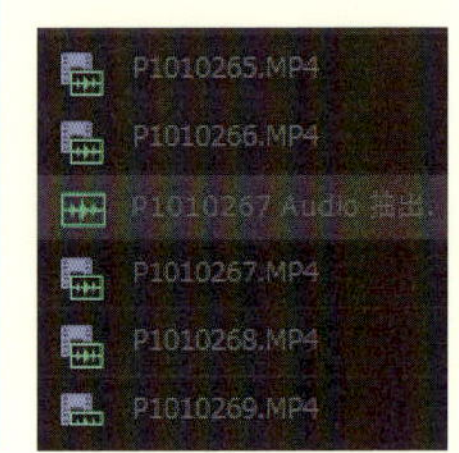

NO.

193 オーディオクリップをレンダリングして置き換える

［レンダリングして置き換え］を実行すると、エフェクトを適用したオーディオクリップを、エフェクト適用済みのクリップに置き換えることができます。

STEP 1

タイムラインパネルで［オーディオエフェクト］を適用したクリップを選択します。そして［クリップ］→［レンダリングして置き換え］を実行します❶。

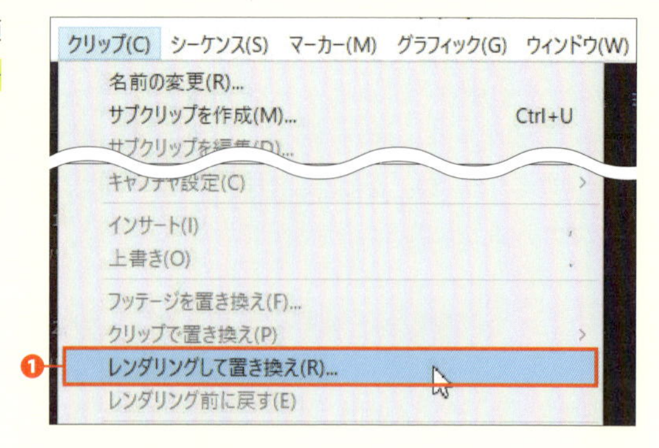

STEP 2

［レンダリングして置き換え］ダイアログが表示され❷、オーディオクリップがレンダリングされます。そしてレンダリングが完了すると、タイムライン上の元のクリップと置き換わります❸。レンダリングで書き出されたオーディオクリップは、プロジェクトパネルにも登録されます❹。

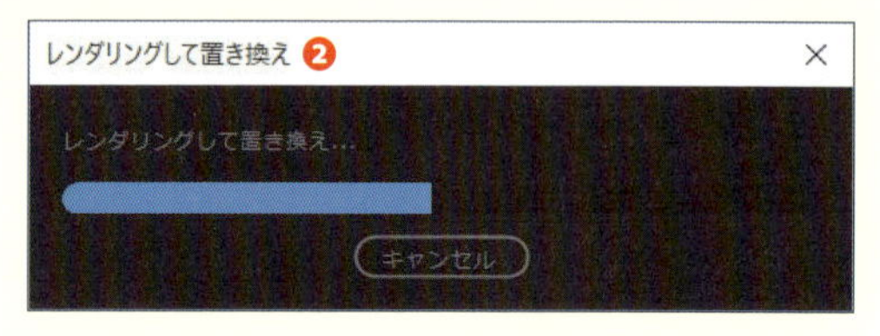

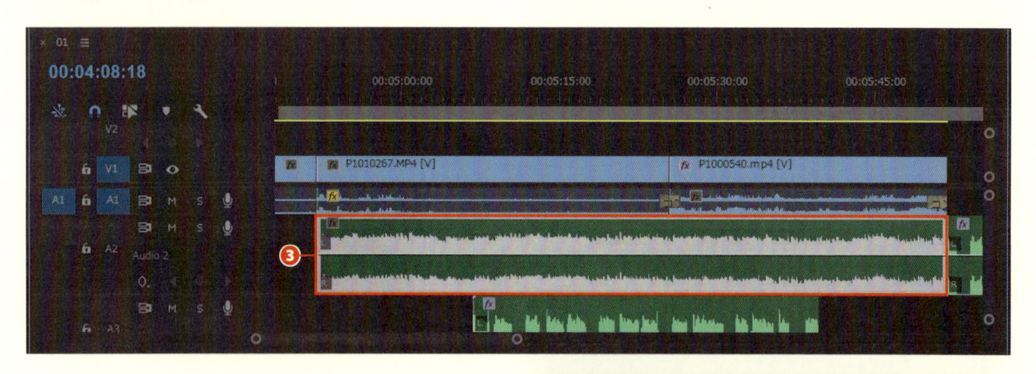

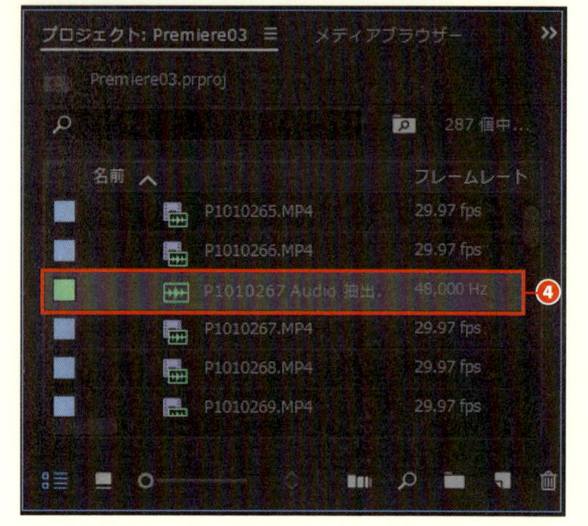

MEMO

［レンダリングして置き換え］は、複雑な処理をしたオーディオクリップのエフェクトをいったん「確定」するために使用します。一度書き出して置き換えてしまえば、リアルタイム再生時の負荷も減り、作業がスムーズに進められます。

第9章　ムービーの書き出し

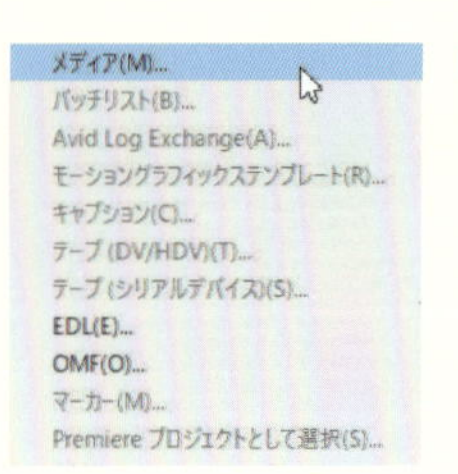

NO.
194 ファイルの書き出し（[ソース]と[出力]の設定）

Premiere Pro から直接各種ムービーファイルへ書き出すことができます。ここでは、書き出す映像のトリミング方法や出力状態のチェック方法について解説します。

STEP 1

書き出したいシーケンスをプロジェクトパネルで選択するか、タイムラインに表示してから、[ファイル] → [書き出し] → [メディア] を実行します❶。

S メディアの書き出し▶ Ctrl ＋ M（⌘ ＋ M）

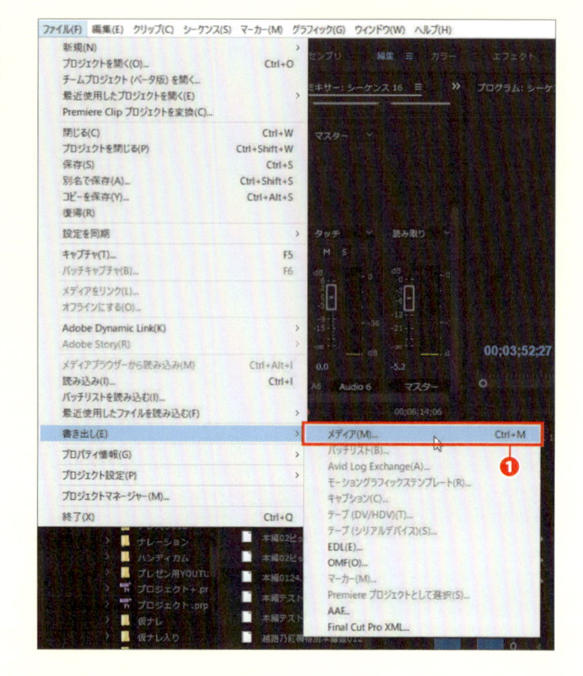

STEP 2

[書き出し設定] ダイアログが表示されるので、各種設定を行います。パネル左側では、映像のトリミングや書き出しサイズなどのプレビューを行います❷。初期設定では [出力] タブが表示されています。プレビューの下部にはシークバーがあり、ソースビデオをブラウズできます❸。シークバーの上にあるポップアップメニューからプレビューの表示倍率を切り替えが可能です❹。書き出す範囲は [ソース範囲] のポップアップメニューでシーケンス全体やワークエリアの範囲を設定できるほか❺、イン／アウトポイントを指定して書き出すこともできます❻。

STEP 3

映像をトリミングするには、［ソース］タブに切り替えてから左上にある［出力ビデオをクロップ］ボタンをクリックします❼。プレビュー画面に四角形が表示されるので❽、その四隅のハンドルをドラッグしてトリミング範囲を設定します。ハンドルをドラッグすると四隅の座標が［出力ビデオをクロップ］ボタンの右横に表示されます❾。さらにその右にある［クリップ縦横比］を使えば、［4：3］や［16：9］などの正確なアスペクト比でトリミングできます❿。

STEP 4

［出力］タブに切り替えると⓫、画像サイズやトリミングの結果が確認できます。［ソースのスケーリング］では⓬、［ソース］タブで行ったクロップ設定の動作の仕方を選択します。［出力サイズに合わせてスケール］を選択すると、トリミングした分は拡大されて出力サイズにフィットします。［黒い境界線に合わせてスケール］を選択すると、トリミングで捨てた部分は黒で塗りつぶされて出力されます。

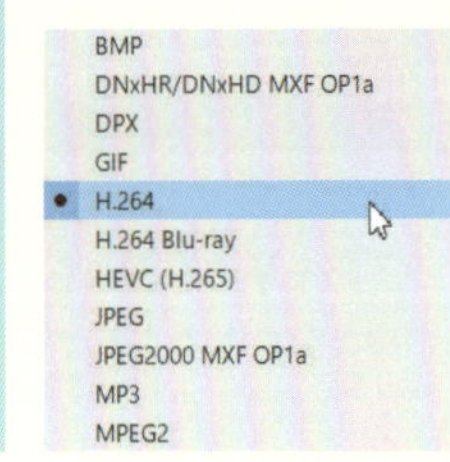

NO.

195 ファイルの書き出し（基本設定）

ファイル形式、コーデック、画面サイズなどの書き出しに関する基本設定は、［書き出し設定］で行います。

STEP 1

［書き出し設定］ダイアログの右側には❶、書き出し設定の項目が並んでいます。チェック用途などでシーケンスと同じ設定で手早く書き出したい場合には［シーケンス設定を一致］をチェックします❷。この場合、コーデックは、［シーケンス］→［シーケンス設定］ダイアログの［プレビューファイル形式］で設定しているものになります。標準的な「I フレームのみの MEG」にしている場合は、コーデックは MPEG2（I フレームのみ）になり、拡張子は「.mpeg」になります。

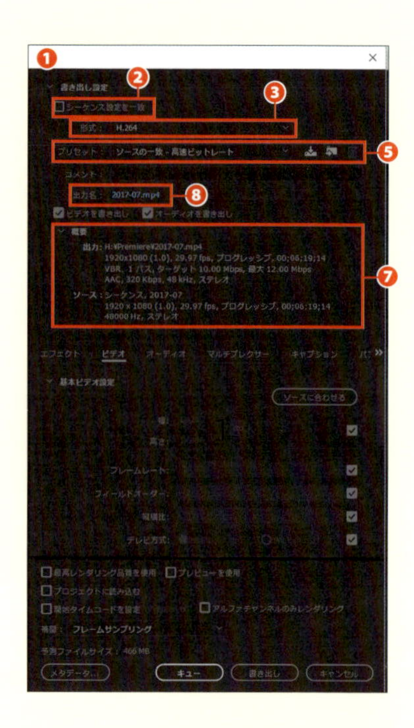

STEP 2

［形式］では、出力したいファイルの形式を選択します❸。AVI や QuickTime、MPEG4 などさまざま形式が選択できます❹。少し注意したいのは、ここにリストアップされる［形式］には、H.264 や MPEG2 といった「コーデック名」と、AVI や QuickTime などの「コンテナ名」が混在していることです。コンテナ名の形式を選択した場合には、別途、コーデックを指定する必要があります。

その下の［プリセット］では、用途に応じて画面サイズなどのプリセットを選びます❺。［形式］で選択したフォーマットに沿ったものがリストアップされるのでそこから目的にあったものを選びます❻。選択した形式とプリセットの内容は［概要］に表示されます❼。

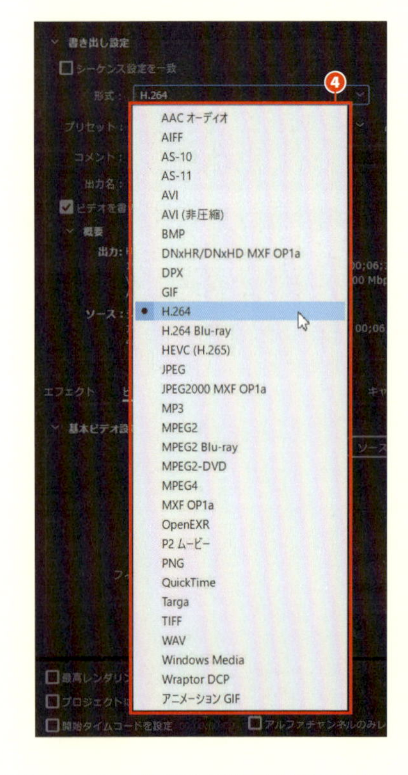

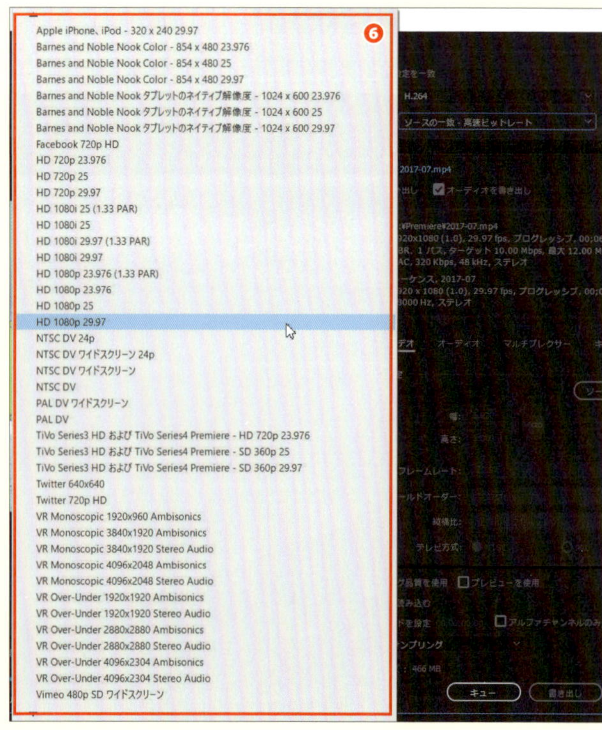

196 ファイルの書き出し（ビデオの設定）
197 ファイルの書き出し（オーディオの設定）

MEMO

本書執筆時点で、一番使い勝手の良い［形式］は［H.264］でしょう。最も一般的で高画質、高圧縮な H.264 コーデックを使い、選択できるプリセットも豊富に用意されています。AppleTV や Android などさまざまなデバイス用や、YouTube、Vimeo といった代表的な動画配信サービスに最適化されたプリセットを選んで、簡単に書き出し設定が完了します。

MEMO

Mac 版では、AVI や Windows Media での書き出しはサポートされていません。これらのフォーマットのファイルを作りたい場合は、QuickTime 形式で書き出した後に、別途サードパーティ製のエンコードソフトを使って作成します。

STEP 3

初期設定では、書き出されたムービーファイルは、プロジェクトファイルと同じディレクトリに保存されます。変更したい場合は、パネル右上の［出力名］をクリックし❽（STEP1 参照）、［別名で保存］ダイアログで変更します。同様にして出力するファイル名の変更も行えます。選択したプリセットの設定で OK の場合は、パネル下にある［書き出し］ボタンをクリックして書き出します❾。

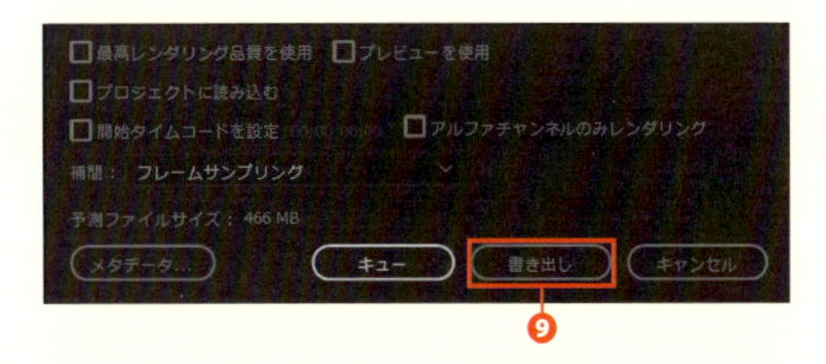

STEP 4

カスタムプリセットを作りたい場合は、リストアップされたプリセットの中から一番近いものを選択し、それをベースにダイアログ右下の各種設定タブを使ってカスタマイズします❿。設定項目は選択したプリセットによって異なりますが、共通の項目は下の表の通りです。カスタマイズし終わったプリセットを保存しておきたい場合には、［プリセットを保存］ボタンをクリックし、プリセット名を付けて保存します⓫。ほかの人と設定を共有したい場合には、Alt（Option）キーを押しながら［プリセットを保存］ボタンをクリックして、保存ディレクトリを指定します。プリセットにコメントを書き込みたい場合には、［コメント］のテキストボックスに入力します⓬。読み込む場合は［プリセットを読み込み］ボタンをクリックし、保存ディレクトリに移動して読み込みます⓭。プリセットファイルの拡張子は「.epr」です。一度保存したカスタムプリセットを破棄したい場合は、一度、［プリセット］メニューを使ってプリセットを読み込んだ上で、ゴミ箱アイコンの［プリセットを削除］ボタンをクリックします⓮。

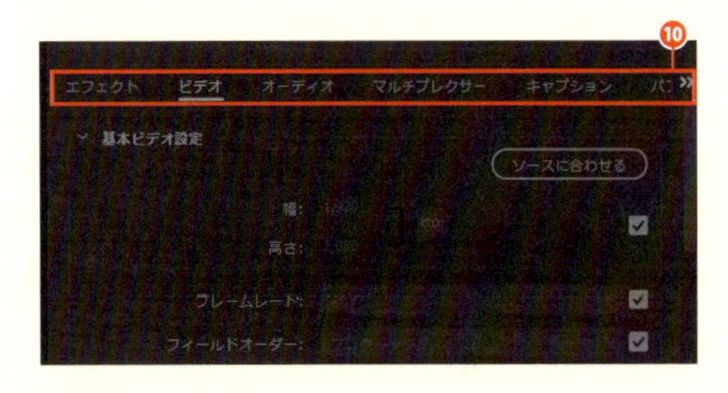

各種タブを表示してプリセットをカスタマイズしていきます。図は［ビデオ］タブを表示したところ

タブ名	設定できる内容
エフェクト	書き出すビデオにウォーターマークやタイムコードをオーバーレイすることができます
ビデオ	映像の圧縮方式やサイズ、アスペクト比、フレームレートなど映像の使用を設定します
オーディオ	音声の圧縮方式や、チャンネルの仕様などを設定します

MEMO

各種設定が終わった後、パネル下部にある［キュー］ボタンをクリックすると、Adobe Media Encoder のエンコードキューに加えることができます。この操作をすると自動的に Adobe Media Encoder が起動し、シーケンスがキューに追加されます。詳しくは「202 バッチ処理で書き出す」をご覧ください。

NO.
196 ファイルの書き出し（ビデオの設定）

［書き出し設定］で選んだ［プリセット］をベースに、ビデオやオーディオに関する設定をカスタマイズできます。ここでは、ビデオ関連の設定を扱います。

STEP 1

［書き出し設定］ダイアログ右下のエリアには、選択したプリセットをカスタマイズするためのタブが並んでいます❶。各タブに表示されている項目と内容は、選択したプリセットごとに異なります。［ビデオ］タブでは❷、映像の圧縮設定や画像サイズなどが設定できます。各項目の右端にあるチェックボックスのチェックを外すと変更できるようになります❸。

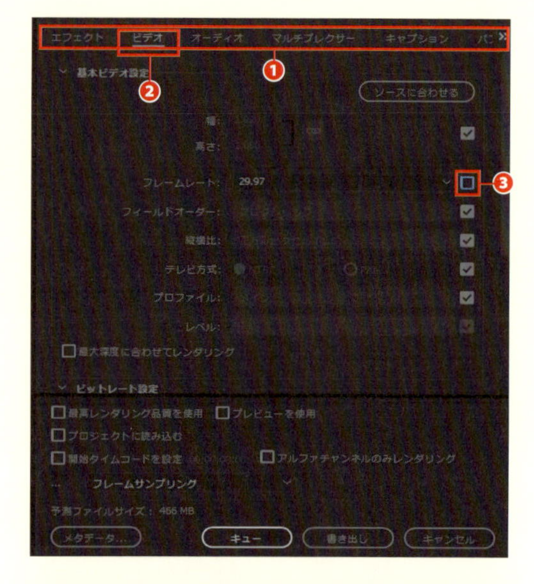

STEP 2

［基本ビデオ設定］では❹、画像サイズやフレームレートなど基本的な仕様を決めます。［ビデオコーデック］には、現在選択中の形式で使用される圧縮方式が表示されています❺。選択した形式によってコーデックの選択肢がある場合には、ポップアップメニューが表示されるので、その中から選択します。また、H.264 や MPEG2 のように、［形式］で圧縮方式が指定されている場合には、［ビデオコーデック］は表示されません。

サイズは［幅］と［高さ］でピクセル数で指定します❻。右側にある鎖のアイコン❼をオンにしておくと、アスペクト比を固定できます。

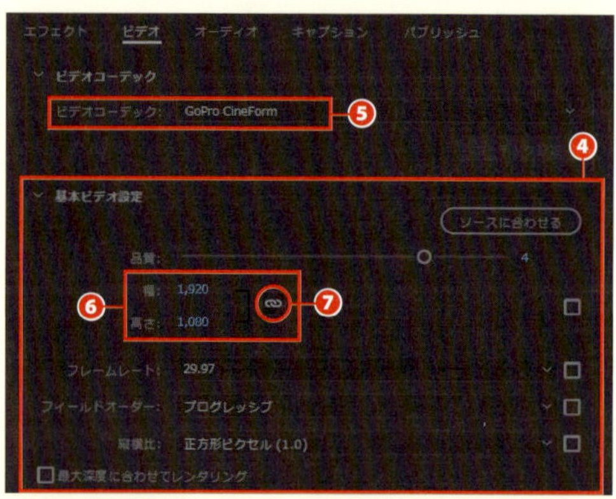

STEP 3

［フレームレート（fps）］では、再生コマ数を fps（フレーム毎秒）で設定します❽。NTSC シーケンスの場合は「29.97」に設定しましょう。また、インターレースの場合は［フィールドオーダー］で優先フィールドの設定ができます❾。ネットで配信するためのファイルの場合には［フィールドオーダー］は［プログレッシブ］にしておきます。

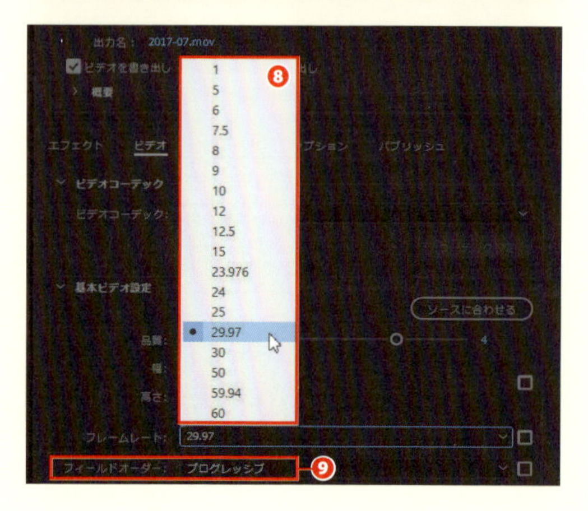

195 ファイルの書き出し（基本設定）
197 ファイルの書き出し（オーディオの設定）

STEP 4

[縦横比] は、画像を構成するピクセルのアスペクト比の設定です。[幅] [高さ] のピクセル数と合わせて使うことで、正しいアスペクト比が設定できます⑩。

[幅] [高さ] の設定が、そのまま望む縦横比になっている場合は [正方形] を選択します。そのほか、3：2の縦横比の映像を16:9にスクイーズするための [D1/DV NTSC ワイドスクリーン 16:9] (アナモルフィック DV 用) や、4：3の縦横比の映像を16：9にスクイーズするための [HD アナモルフィック 1080] (HDV 用) などがあります。設定が心配な場合は、パネル左側のプレビューを [出力] に切り替えて、変換後の状態を確認しながら作業しましょう。間違った縦横比の場合は上下や左右に黒い見切れが出ます。

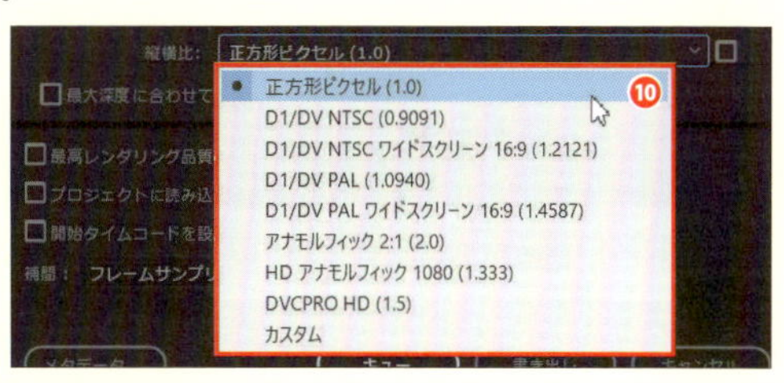

STEP 5

[ビットレート設定] では、エンコードの方法やビットレートの設定をします。

[ビットレートエンコーディング] のポップアップメニューから、エンコードの方法を選択します⑪。これには大きく、CBR (コンスタントビットレート) と VBR (バリアブルビットレート) の2種類があります。

CBR はすべてのフレームを同じビットレートで圧縮します。設定によっては、複雑な絵柄や動きの激しい部分は破綻してしまう可能性がありますが、再生の際の処理が単純なため、再生環境をあまり選ばず、互換性を取りやすいという利点もあります。

それに対して、VBR は、絵柄の複雑さによってビットレートが変化し、単純な絵柄のフレームは圧縮率を高く、複雑なフレームは圧縮率を低く圧縮するようになり、理論上は、同じファイルサイズなら VBR の方が高画質です。しかし、再生の際の PC への負荷が CBR に比べて高く、環境によってはコマ飛びなどが発生する可能性があります。

さらに、CBR、VBR とも、「1パス」と「2パス」の2つの方法があります。1パスは、一度の計算でエンコードを完了しますが、2パスでは、最初のパスでムービーを分析し、2回目のパスで実際のエンコードを行います。こちらの方が、時間はかかりますが、精度の高い (画質の高い) エンコードが行えます。作業時間に余裕があれば2パスを選択した方がよいでしょう。

ビットレートのスライダーは、1秒間にどれぐらいのデータ量を使うかの設定です⑫。上げれば上げるほど画質が向上しますが、その分、ファイルサイズは大きくなります。このトレードオフの中で、程よい着地点を見つけることが、上手な書き出しのコツです。ファイルサイズは、パネル下部の [予測ファイルサイズ] に表示されるので、参考にしながら設定するとよいでしょう⑬。

パネル下部の [最高レンダリング品質を使用] をチェックすると、特に大きなサイズのシーケンスを小さなサイズへ書き出す場合の精度が向上します (HD 設定シーケンスを SD のファイルに書き出すなど) ⑭。しかし、レンダリングが重くなり、メモリ使用量も増えるため注意が必要です。

編集過程でエフェクトのレンダリングが終わっている場合には、[プレビューを使用] をチェックすると、書き出しの時間を大幅に短縮できる可能性があります⑮。ただし、シーケンスの設定によっては、プレビューファイルを使用する部分と元の素材を使用する部分でレンダリング結果が異なってしまう危険もあります。

[補間] は、元のシーケンスのフレームレートと書き出したいフレームレートが違っている場合に、前後のフレームを微妙に合成して動きを滑らかに見せる設定です⑯。

また、[プロジェクトに読み込む] をチェックすると、書き出したムービーファイルが自動的に現在のプロジェクトパネルに登録されます⑰。

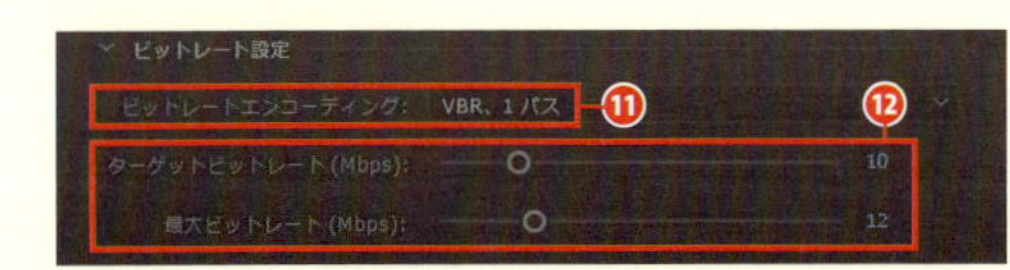

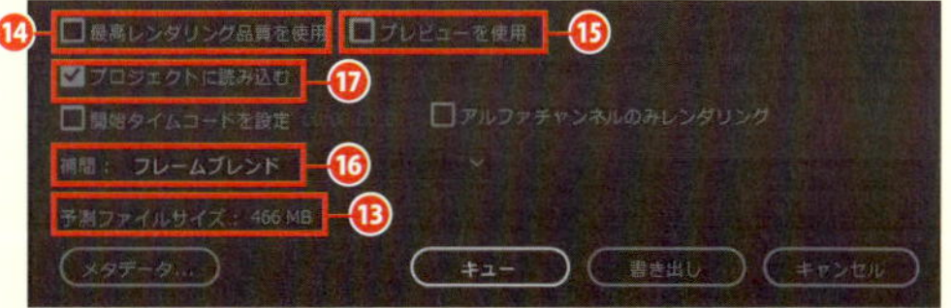

NO.
197 ファイルの書き出し（オーディオの設定）

［書き出し設定］で選んだ［プリセット］をベースに、ビデオやオーディオに関する設定をカスタマイズできます。ここでは、オーディオ関連の設定を扱います。

STEP 1

［書き出し設定］ダイアログの右下のタブで［オーディオ］を選び、［オーディオ］タブを表示します❶。タブに表示される設定項目は、［書き出し設定］で選んだプリセットによって大きく異なります。［オーディオ形式設定］と［基本オーディオ設定］を見ると、現在設定されているオーディオの形式がわかります❷。

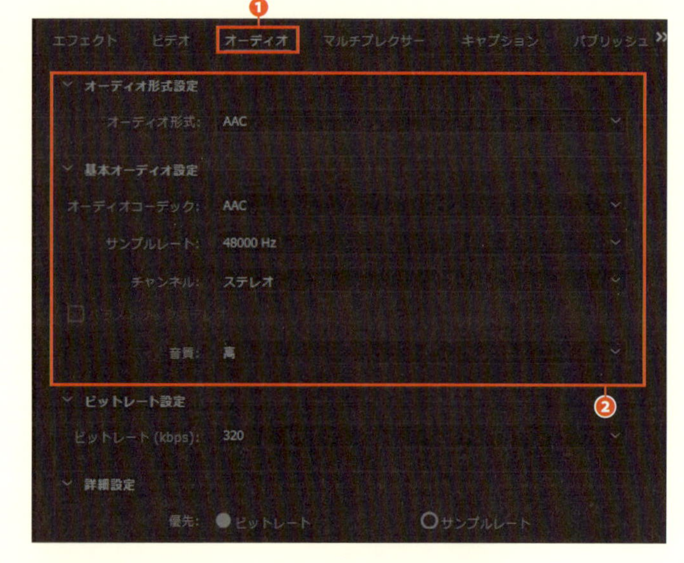

STEP 2

［オーディオ形式］❸と［基本オーディオ設定］では❹、オーディオの圧縮方式や、音質に関わるサンプルレートなどの仕様を設定します。選択したプリセットによっては、［モノラル］［ステレオ］［5.1］など書き出したファイルのオーディオチャンネルの形式が選択できる場合もあります❺。音声の圧縮率を設定できる場合には［周波数］や［ビットレート設定（kbps］といった設定項目も表示されます❻。これらに加えて、さらに［詳細設定］が用意されているものもあります。

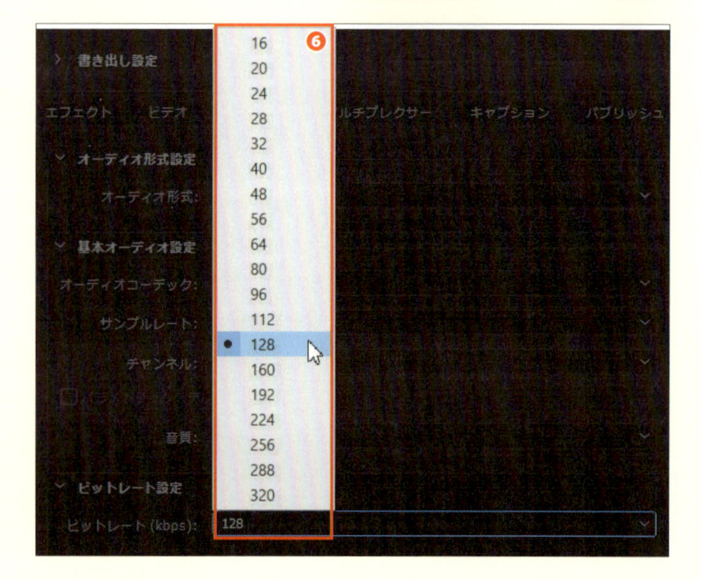

195 ファイルの書き出し（基本設定）
196 ファイルの書き出し（ビデオの設定）

NO.
198 ファイルの書き出し（エフェクトの設定）

［エフェクト］タブでは、ムービーにウォーターマークを入れたり、タイムコードを表示させることができます。作品の長さ調整やラウドネスの補正機能も加わりました。

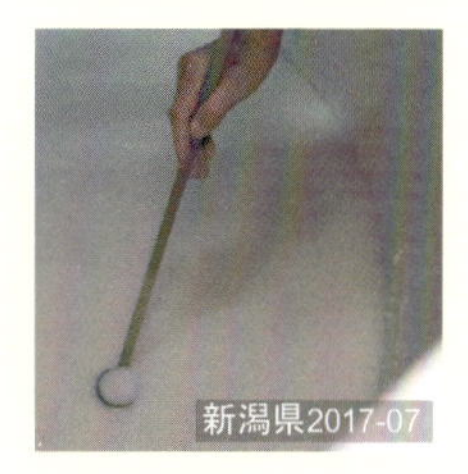

Lumetri Look/LUT

METHOD 1

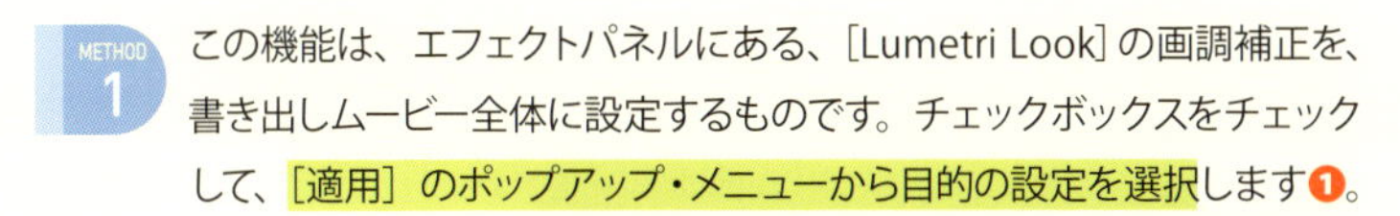

この機能は、エフェクトパネルにある、［Lumetri Look］の画調補正を、書き出しムービー全体に設定するものです。チェックボックスをチェックして、［適用］のポップアップ・メニューから目的の設定を選択します❶。

画像オーバーレイ

METHOD 2

静止画を読み込んで、書き出しムービーにオーバーレイする機能です。ウォーターマークや、ロゴなどを重ねることができます。チェックボックスをチェックして、［適用］のポップアップメニューから［選択］を選び、画像を読み込みます❷。［オフセット］［サイズ］［不透明度］を使って、位置や大きさ、半透明の度合いを調整できます。

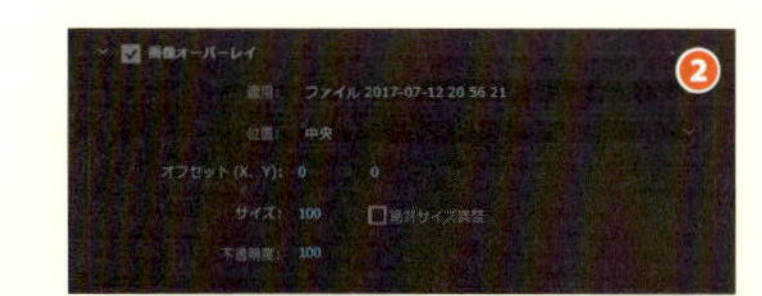

名前オーバーレイ

METHOD 3

書き出すムービーのファイル名を表示させる機能です。ファイル名の前後に付け加える文字列を［接頭辞］［接尾辞］として入力することができます。チェックボックスをチェックして［形式］から表示する［名前］を選択します❸。［接頭辞］［接尾辞］のみを表示することもできます。クライアント試写用のバージョン表示や、コピーライト表示など様々な用途に使えます。

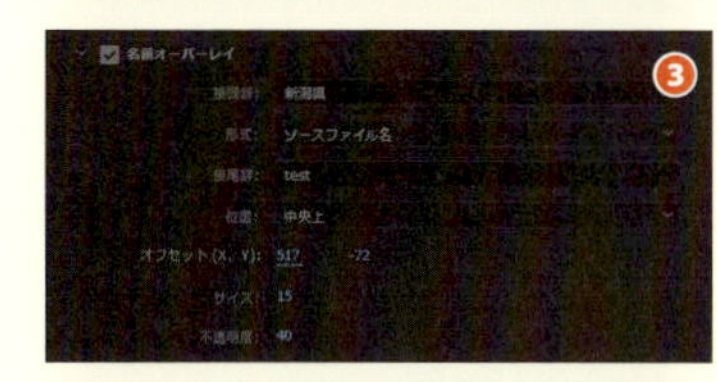

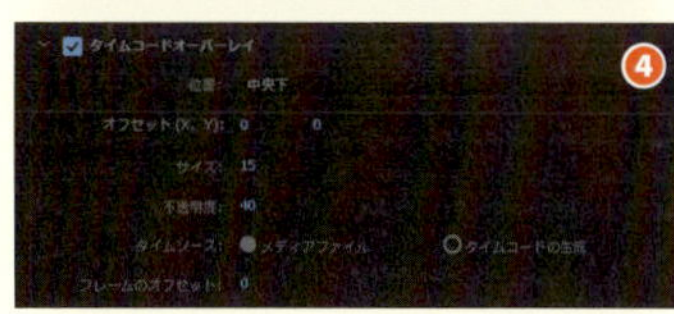

タイムコードオーバーレイ

METHOD 4

画面の任意の位置に、タイムコードを表示する機能です。メディア（シーケンス）のタイムコードを読み取って表示できるほか、［タイムコードの生成］をチェックすることで、ジェネレーターとしても機能します❹。その場合は、タイムコードの形式と、開始タイムコードを指定することができます。

元画像

画像オーバーレイの適用例

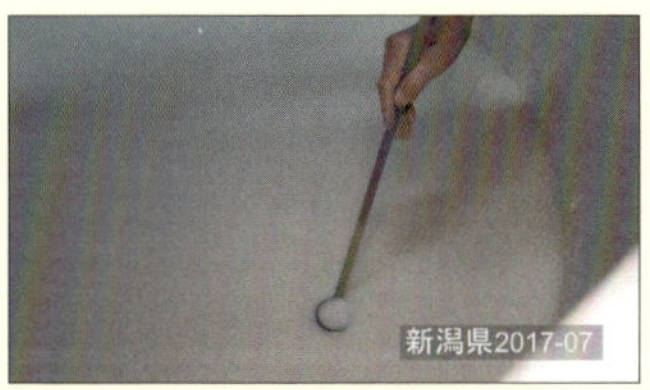

名前オーバーレイの適用例

タイムコードオーバーレイの適用例

タイムチューナー

METHOD 5

［タイムチューナー］は、書き出す作品の長さを自動調整する機能です❺。最大± 10 パーセント程度の範囲で、最終出力データのデュレーションを伸ばしたり縮めたりすることができます。目標とするデュレーションをタイムコードで指定するか、伸縮率をパーセンテージで設定します。基本的には再生時間を微妙に速めたり遅らせたりして調整するため、大幅な調整をかけると、BGM のテンポが途中で変化してしまうなど、きれいに仕上がらない可能性があります。あくまでも微調整にとどめておいた方がよいでしょう。

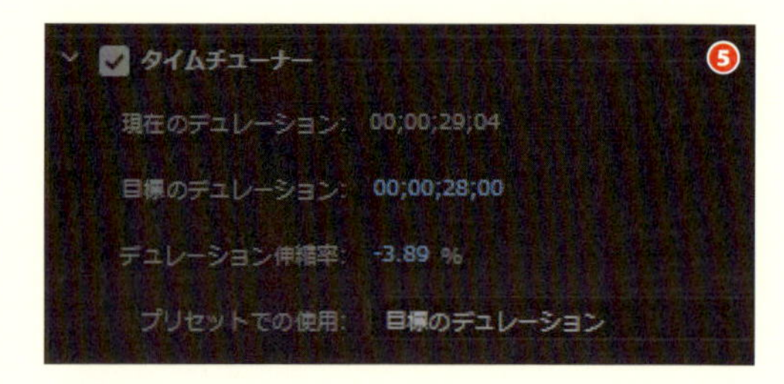

MEMO

このほかに［SDR 最適化］があります。［SDR 最適化］では、ハイダイナミックレンジ（HDR）の階調をもったムービーを、標準的な階調のデバイス（SDR）で違和感なく表示するための補正を行います。

ビデオリミッター

METHOD 6

最終出力データの［シャドウ］と［ハイライト］を調整して、放送規格の映像信号に合致させます❻。規格からはみ出した部分は､圧縮して規格内に収めます。［信号（最小／最大）］で設定した最小（最も暗いシャドウ）と、最大（最も明るいハイライト）を元に補正を行います。また［減少軸］で圧縮する要素を［輝度］や［クロマ］などから選択します❼。総合的に判定して調整する［スマートリミット］というアルゴリズムも用意されています。また［減少方法］では、どの階調を圧縮するのかを選ぶことができます。

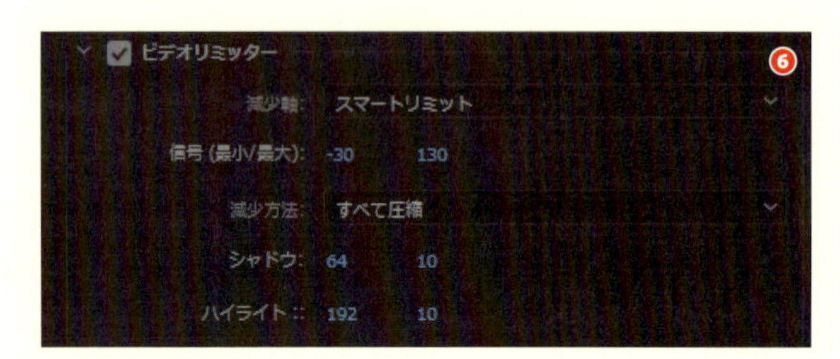

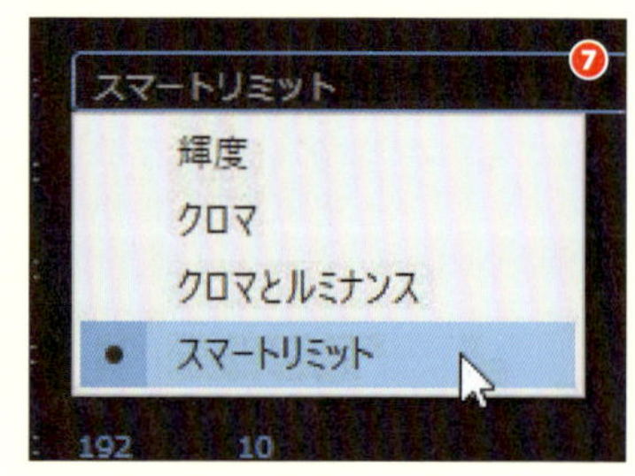

ラウドネスの正規化

METHOD 7

音声を放送規格に準じたラウドネスに調整します❽。日本国内で放送する作品の場合は、［ラウドネス標準］のポップアップメニューで［ATSC A/85］を選択します。［許容量］は、目標である -24LKFS に対してどの程度の誤差を認めるかの設定です。国内の場合、± 1dB まで認められているので初期設定の「2」のままで問題ありません。［最大トゥルーピークレベル］は、実データのピークレベルとデジタル化して解析を行ったピークレベルとの誤差を調整結果に織り込むもので、初期設定の「-2dB」が標準とされています。

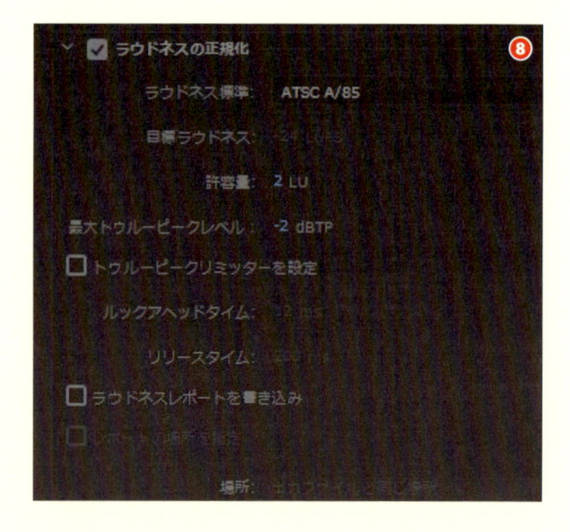

MEMO

ラウドネスの補正はオーディオエフェクトにも用意されています。「192　ラウドネスチェックをする」を参照してください。

NO. 199 DVD／BD用に書き出す

編集したムービーをDVDやBD用に書き出すこともできます。その場合は、[書き出し設定]の[形式]を[MPEG2-DVD]や[H.264 Blu-ray]に設定し、それぞれにあった[プリセット]を指定します。

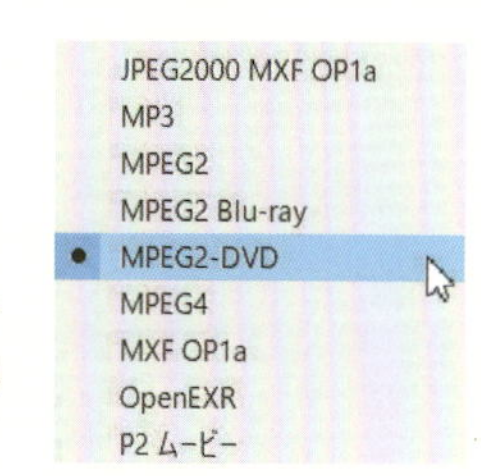

STEP 1

編集が終了したら［ファイル］→［書き出し］→［メディア］を実行して［書き出し設定］ダイアログを表示します。DVDの場合は、[書き出し設定]の[形式]のポップアップメニューから❶、[MPEG2-DVD]を選択します❷。次に、［プリセット］のポップアップメニューから、作成したいDVDに応じたプリセットを指定します。標準的な16:9のDVDなら［NTSC DV Wide］を選びましょう❸。
BDの場合は、[形式]から［H.264 Blu-ray］❹を選択します。そして、作成したいBDディスク応じたプリセットを［プリセット］のポップアップメニューから選択します。一般的なNTSCのHDソースなら[HD 1080i 29.97］を選びましょう❺。

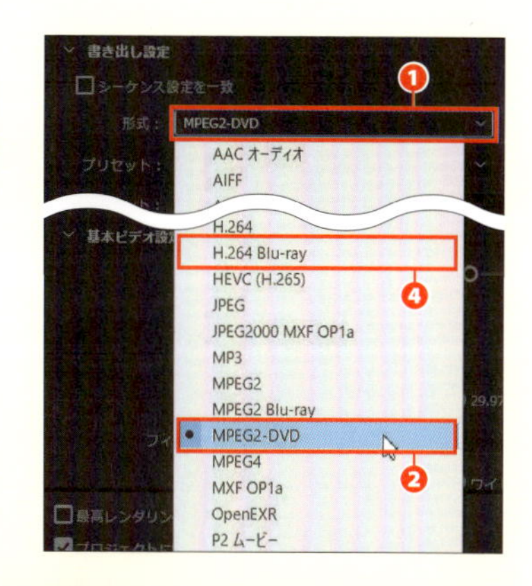

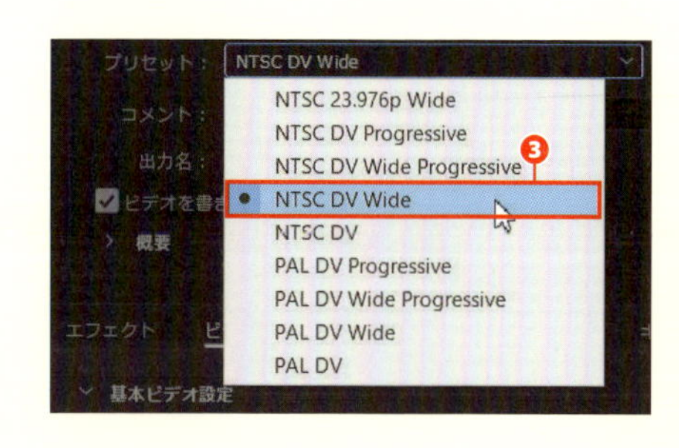

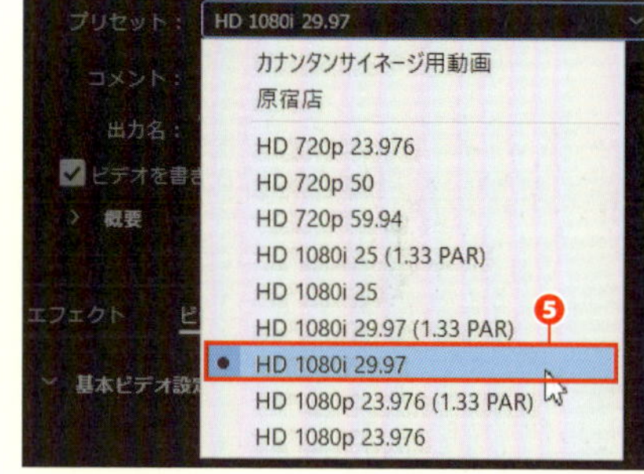

STEP 2

［設定］と［プリセット］を指定したら、［書き出し］ボタンをクリックして書き出します❻。これらの設定では、ビデオとオーディオが別々のファイルに書き出されるので、両方をオーサリングソフトに読み込み、ディスクを作成します。

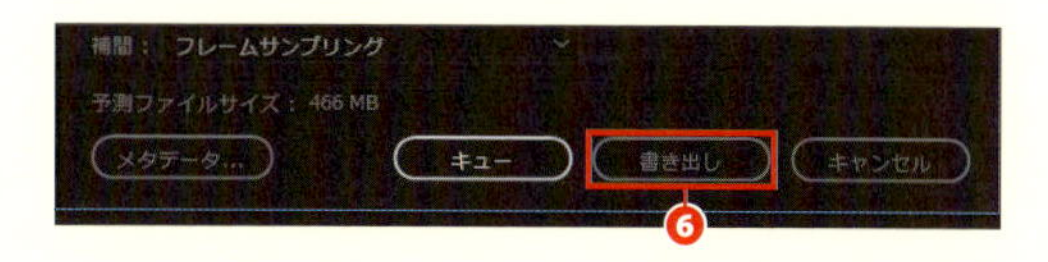

MEMO

Adobe社のディスクオーサリングソフト「Encore」は、Creative Cloudの中には含まれていませんが、CCユーザーなら無償でダウンロードして使用できます。Creative Cloudを立ち上げ、［Apps］タブの［製品の一覧］で［以前のバージョンを表示」を選択してから、Premiere Proの［インストール］ボタンをクリックすると、以前のバージョンが表示されるので［CS6］をインストールします。このバージョンには、Encoreが含まれています。Encoreだけ必要な場合は、インストール後に不要なソフトをアンインストールするとよいでしょう。

195 ファイルの書き出し（基本設定）

NO.
200 H.264(MP4)形式で書き出す

H.264は、PCで表示するムービーファイルの標準とも言える形式です。PCのOSにも依存せず、使い勝手のよいムービーファイルになります。

STEP 1 [ファイル]→[書き出し]→[メディア]を実行して[書き出し設定]ダイアログを表示します。[書き出し設定]の［形式］で［H.264］を選択します❶。

STEP 2 ［プリセット］のポップアップ・メニューから、用途に沿った設定を選択します❷。［H.264］は、さまざまなデバイス、配信サービスに最適化されたプリセットが豊富に用意されています。メニュー上下にある▲▼をクリックすると上下にスクロールさせることができます❸。［プリセット］を選ぶと［概要］に設定内容が表示され、左側の［出力］タブで出力状態をプレビューできます。プリセットのままで問題ない場合は、この状態で[書き出し]ボタンをクリックして書き出します。

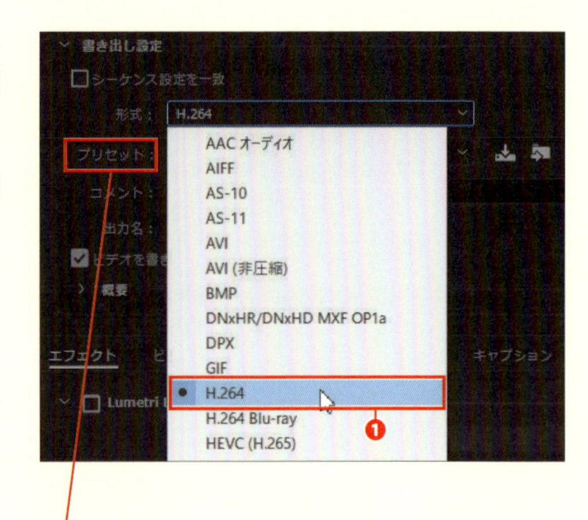

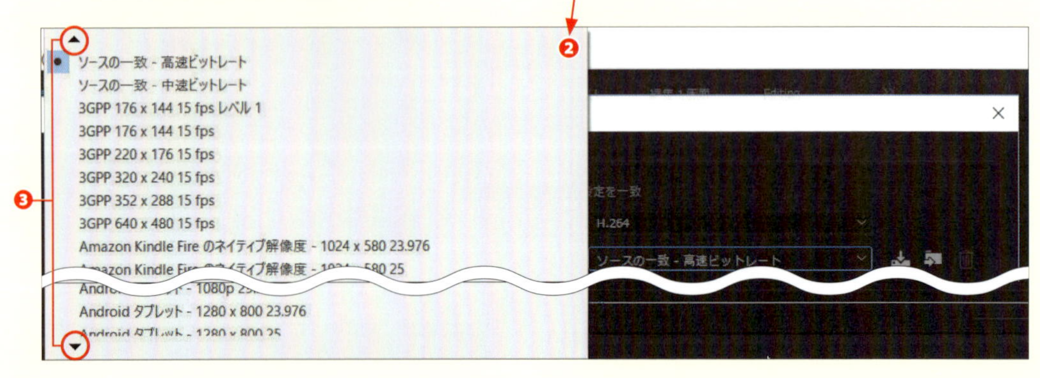

MEMO

一般に言う「H.264」は、コーデック(圧縮方式)の名称です。Premiere Proの[書き出し設定]にある[形式]で[H.264]を選択した場合は、「MP4(.mp4)」というファイル形式で、H.264のコーデックを使ったビデオが作成されます。QuickTime形式(.mov)でH.264のコーデックを使ったビデオを書き出すには、[形式]で[QuickTime]を選択した後、[ビデオコーデック]で[H.264]を選択します。

STEP 3 プリセットをカスタマイズする必要がある場合は、続けて作業します。［ビデオ］タブをクリックして表示し❹、変更したい項目の右側にあるチェックを外して映像関連の設定を行います。［基本ビデオ設定］では、フレームサイズやフレームレートといったビデオの仕様を設定します。［幅］と［高さ］では、ビデオの縦横サイズをピクセル数で設定します❺。右側の鎖のアイコンをオンにしておくと、幅か高さを変更したときに、アスペクト比を守って一方を自動で変更します❻。

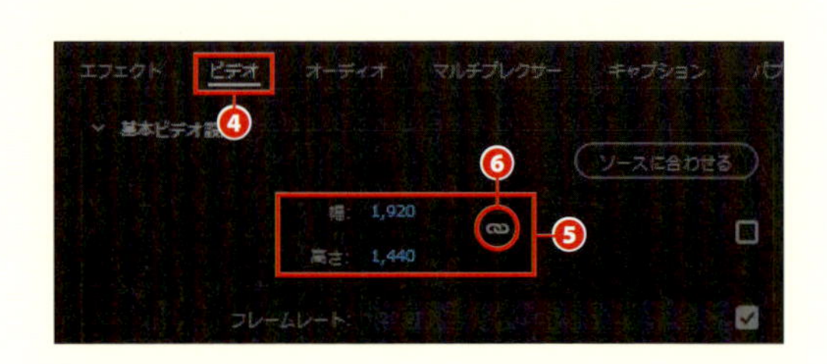

196 ファイルの書き出し（ビデオの設定）
197 ファイルの書き出し（オーディオの設定）

[フレームレート] では、1 秒間に再生するフレーム数を「フレーム/秒」で設定します❼。基本的にはシーケンスの設定に合わせますが、フレームレートを低くしてファイルサイズを抑えたい場合などには、任意のフレームレートを選択しましょう。

選択したプリセットによっては、[フィールドオーダー] のポップアップメニューが使用できるようになります。Web 配信や、PC での視聴を目的とした場合には [プログレッシブ] を選択してインターレースを解除するようにします❽。

その下の [縦横比] はビデオを描画するピクセルの形状の設定です❾。[幅] と [高さ] のセットで機能し、画面の縦横比をコントロールします。[H.264] のプリセットに関しては、[元のシーケンスに合わせる] 設定以外では、正方形ピクセルにセットされるので、ほとんどの場合 [正方形ピクセル (1.0)] で問題ないでしょう。間違った縦横比を設定した場合には、[出力] タブのプレビューに上下もしくは左右に黒い見切れが出ます。

[ピクセル縦横比] については「196 ファイルの書き出し (ビデオの設定)」でも触れていますのでご覧ください。

[テレビ方式] は基本的には元になるシーケンス設定に合わせます。通常は日本のテレビ方式 [NTSC] にします。

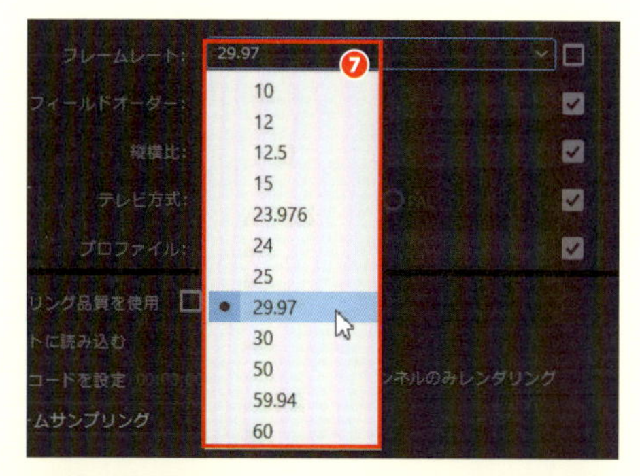

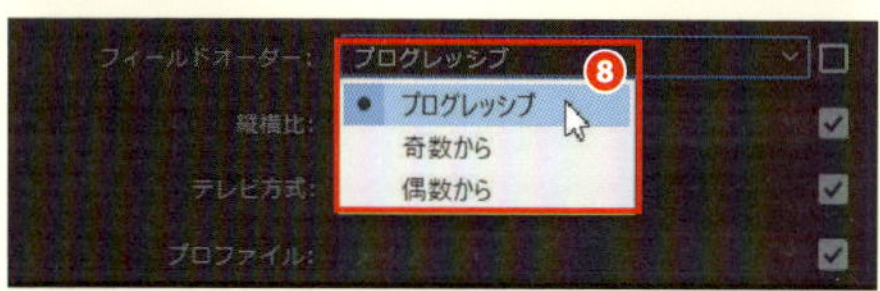

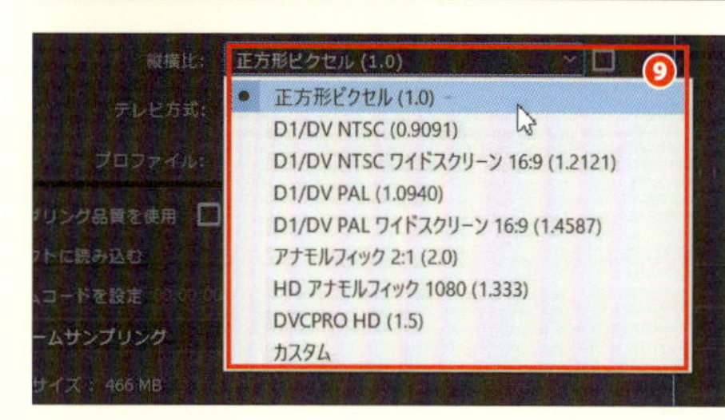

STEP 5

[ビットレート設定] の [ビットレートエンコーディング] ではビットレートモードを選択します❿。[CBR] (コンスタントビットレート) では最初から終わりまで均一のビットレートで圧縮しますが、[VBR] (バリアブルビットレート) を選択すると絵柄の複雑度によってビットレートが変化します。

ビットレートエンコーディングで [CBR] を選択すると、[ターゲットビットレート] のスライダーが表示されます。これを使って、ビットレートを設定します。ファイルサイズに制約がある場合は、[予想ファイルサイズ] の計算結果を見ながら、目的のファイルサイズになるように調整します。

[VBR、1 パス] [VBR、2 パス] を選択すると、2 本のスライダーが表示されます⓫。[ターゲットビットレート] では、絵柄によって変化するビットレートの平均を設定します。[最大ビットレート] は最もビットレートが高くなる値の限界を設定します。これらも、ファイルサイズに制約がある場合は、パネル下部にある [予想ファイルサイズ] の計算結果を見ながら、目的のファイルサイズになるように調整します。

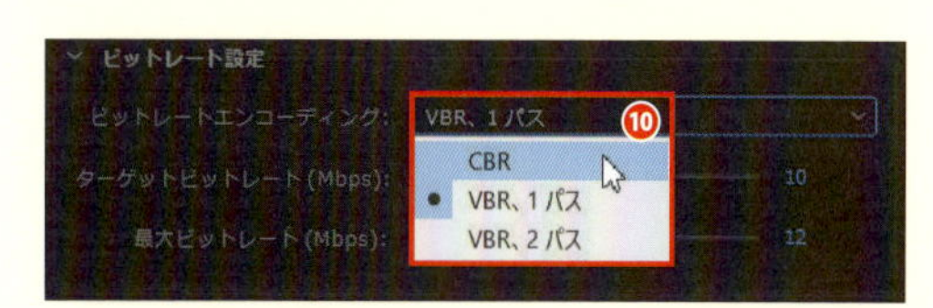

[詳細設定] ではエンコードのオプションを選択します。[キーフレームの間隔] をチェックすると、圧縮キーフレームの頻度をフレーム単位で設定できるようになります⓬。

設定が終わったら [書き出し] ボタンをクリックして書き出します。

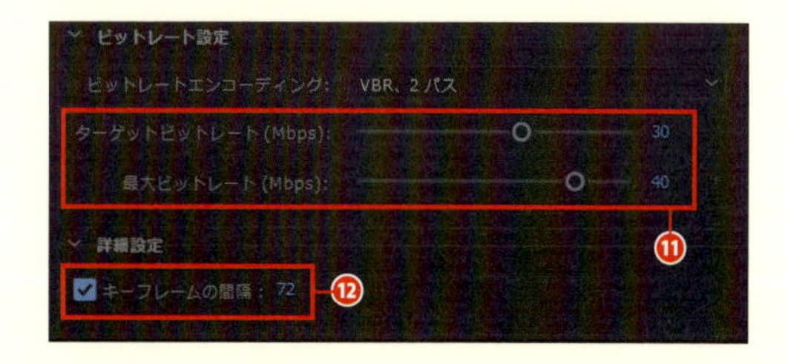

ソースの一致 (リラップ)
最大深度でのアルファ付き GoPro CineForm
アルファ付き GoPro CineForm RGB 12 ビット
GoPro CineForm YUV 10 ビット
NTSC DV 24p
NTSC DV ワイドスクリーン 24p
NTSC DV ワイドスクリーン
NTSC DV
PAL DV ワイドスクリーン
PAL DV

NO.

201 高画質・高圧縮なコーデック GoPro CineFormを使う

GoPro CineForm は米 GoPro 社が開発したコーデックです。Windows と Mac の両方で使え、高画質・高圧縮な上にアルファチャンネルを含めることもできます。

STEP 1

書き出したいシーケンスをプロジェクトウィンドウで選択するか、タイムラインに表示して［ファイル］→［書き出し］→［メディア］を実行します。［書き出し設定］ダイアログの［書き出し設定］タブで［形式］を［QuickTime］に設定します❶。次に［プリセット］で GoPro CineForm のプリセットを選択します❷。プリセットは 3 種類用意されていますが、よく使われるのは［アルファ付き GoPro CineForm RGB 12 ビット］と［GoPro CineForm YUV 10 ビット］の 2 つです。

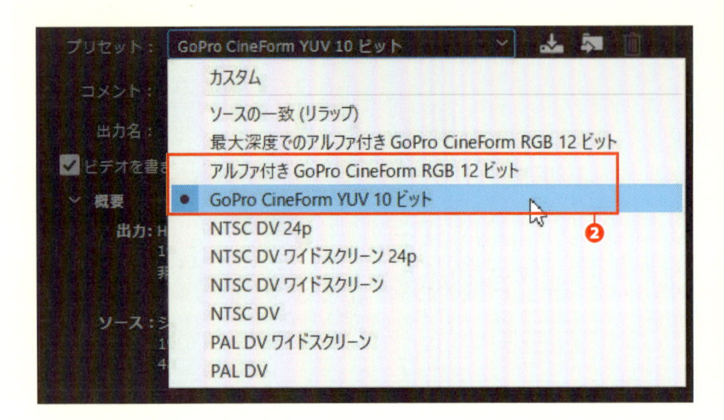

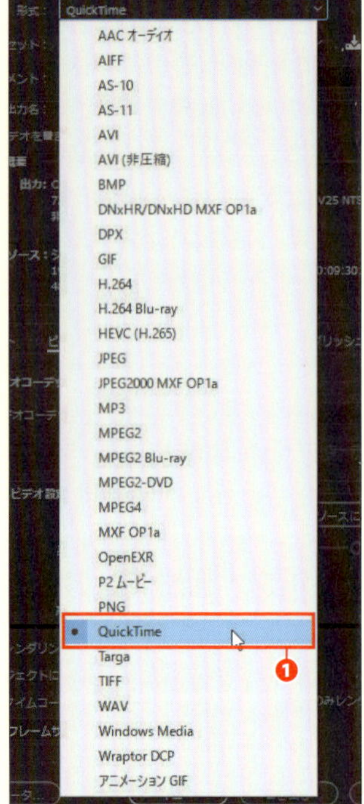

設定項目	内容
最大深度でのアルファ付き GoPro CineForm RGB12ビット	使用されている素材の中で最も色深度の高い素材に合わせてレンダリングします。特に必要のない限りは、残りの2つから選択するとよいでしょう
アルファ付き GoPro CineForm RGB12ビット	アルファチャンネルを含んだ状態で書き出したい場合に使用します。書き出した素材をもう一度読み込んで合成用の素材にしたいときなどにはこれを選択します
GoPro CineForm YUV10ビット	アルファチャンネルを含まない（含ませなくてよい）、普通のテレビプログラムのような書き出しに使用します。納品ファイルやアーカイブなどにはこれを選択します

MEMO

GoPro CineForm で書き出したファイルは、Mac 環境では、QuickTime Player7 以降で再生できます。Windows 環境では再生ソフトが必要になります。フリーで配布されている「VLC media player」がおすすめです。VLC をインストールしたら、GoPro のサイトから、VLC 用のプラグイン「CineForm VLC Plugin」をインストールしましょう。「ちょっとプレビューしたい」といったときに、いちいち Premiere Pro を立ち上げなくても済むので便利です。

VLC media player
http://www.videolan.org/vlc/index.ja.html

CineForm VLC Plugin
http://www.kolor.com/cineform-vlc-plugin/

STEP 2 フレームサイズやフレームレートなど、すべての設定をシーケンスの設定そのままで書き出す場合には、上記のプリセットを選択し、［基本ビデオ設定］の欄で［ソースに合わせる］をオンにして［書き出し］を行えばよいでしょう❸。

STEP 3 シーケンスの設定をそのまま引き継がず、変更する場合には、［基本ビデオ設定］の欄で各パラメーターの右にあるチェックボックスをクリックしてロックを外し、設定を行います❹。主な設定項目は表の通りです。

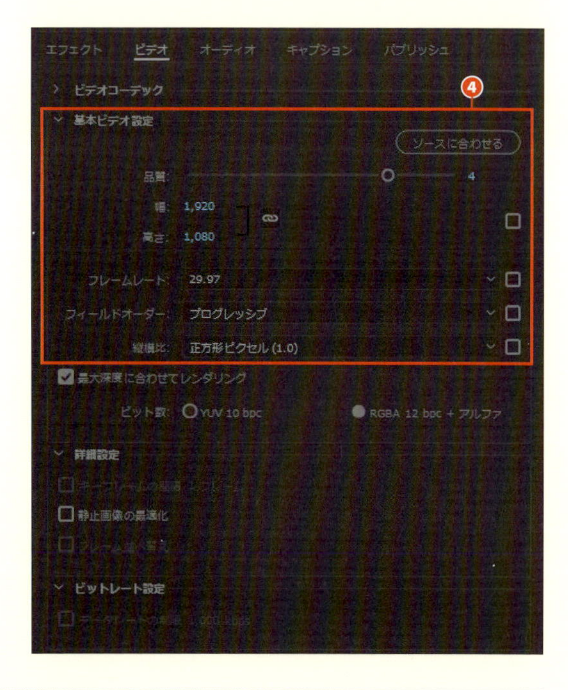

設定項目	内容
品質	画質の設定です。初期設定では GoPro の推奨値「4」になっています。ほとんどの場合はこのままで問題ありません。最高品質の「5」にすると、ファイルサイズを考慮せずに品質重視でレンダリングされるため、ファイルサイズが大きすぎて扱いにくくなる可能性があります
幅／高さ	用途に応じてサイズを変更できます。鎖のアイコンをオンにしておけば、アスペクト比を変えずにリサイズできます
フレームレート	ポップアップメニューから、代表的なフレームレートを選択できます
フィールドオーダー	目的に応じて、プログレッシブか、インターレースの偶数からか、奇数からかを選択できます
縦横比	描画するピクセルの縦横比を決めます。［幅］と［高さ］で設定した数値どおりのアスペクト比にするには［正方形ピクセル］を選びます

MEMO

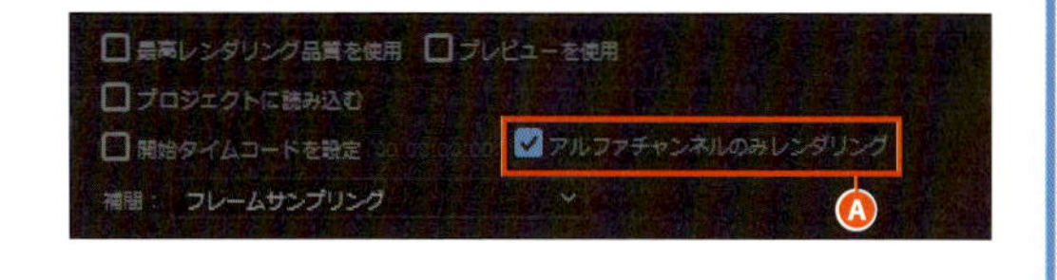

合成用のマスク素材としてアルファチャンネルのみを書き出すことができます。［プリセット］で［アルファ付き GoPro CineForm RGB 12ビット］を選択したうえで、ダイアログの下の方にある［アルファチャンネルのみレンダリング］にチェックを入れてから書き出しますⒶ。アルファチャンネルを格納できない［GoPro CineForm YUV 10ビット］の場合は、アルファチャンネルのみが白黒の信号として書き出されます。

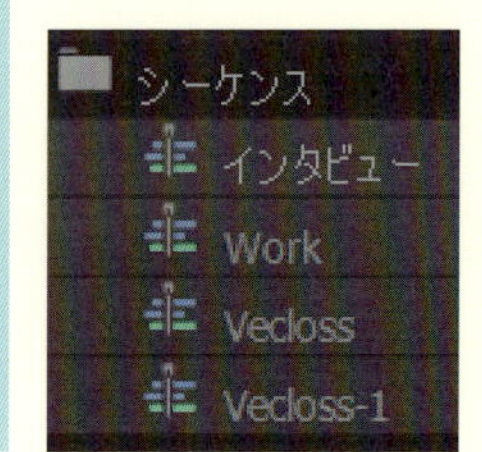

NO.
202 バッチ処理で書き出す（Adobe Media Encoder）

Adobe Media Encoder を使うことで、設定の異なる複数の書き出しを、自動的に行うことができます。

Premiere Pro からキューを送る

Premiere Pro で、[ファイル] → [書き出し] → [メディア] を実行し、各種設定を行います。設定が終わったら、右下にある [キュー] ボタンをクリックします❶。すると Premiere Pro から、Adobe Media Encoder へ書き出し設定が送信され、自動的に Adobe Media Encoder が立ち上がり、[キュー] パネルに書き出し設定が登録されます❷。

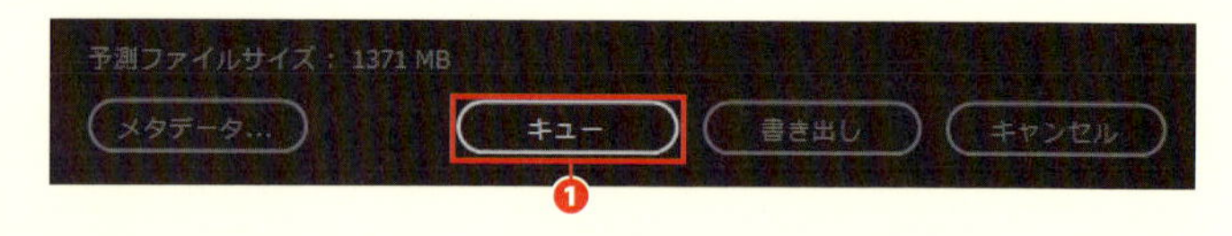

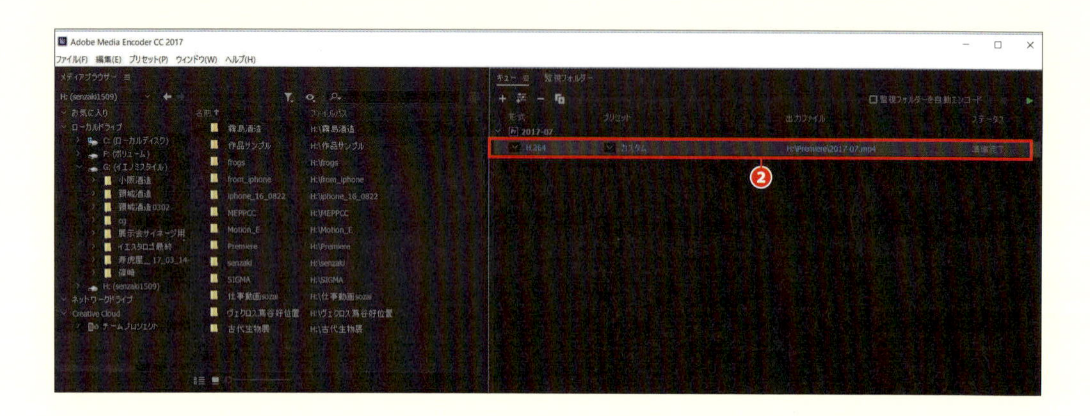

この操作を必要なムービー分だけ繰り返し❸、[キューを開始] ボタンをクリックして書き出しを始めます❹。書き出し設定の変更を行いたい場合には、METHOD2 の STEP3 以降の操作を行います。

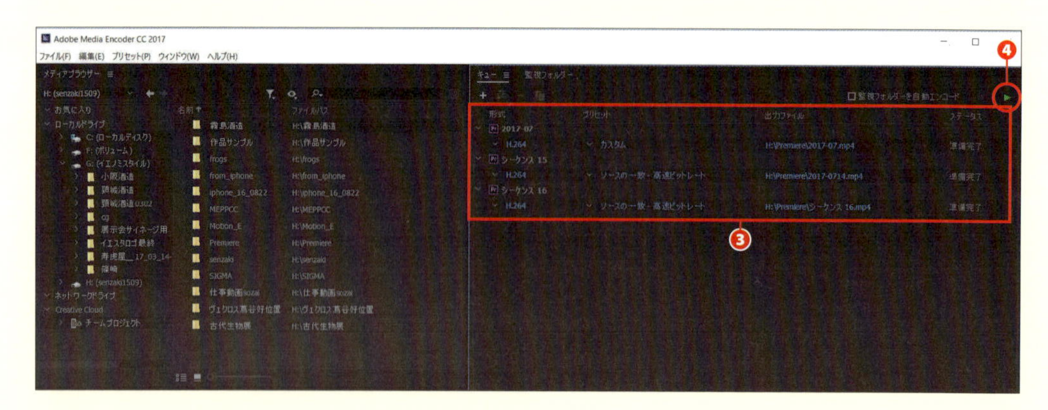

194 ファイルの書き出し（[ソース] と [出力] の設定）
195 ファイルの書き出し（基本設定）

Adobe Media Encoder から Premiere Pro プロジェクトのシーケンスを読み込む

METHOD 2

Adobe Media Encoder に Premiere Pro のプロジェクトファイルを読み込ませ、その中に含まれるシーケンスをキューに追加できます。

STEP 1

Media Encoder を起動したら、ウィンドウ左上にある［ソースを追加］ボタンをクリックします❺。または、［ファイル］→［ソースを追加］❻か［Premiere Pro シーケンスを追加］❼を実行しても読み込めます。Media Encoder のキューエリアに Premiere Pro のプロジェクトファイルを直接ドラッグ＆ドロップしてもキューに追加することができます。［開く］ダイアログが表示されるので、目的のシーケンスが含まれたプロジェクトを選択します。

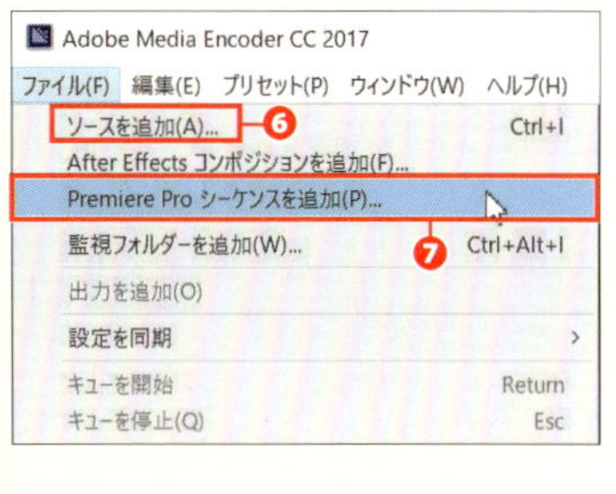

STEP 2

［開く］ダイアログで目的のファイルを選択し、［開く］ボタンをクリックします❽。すると今度は［アイテムの選択］ダイアログが表示され、そのプロジェクトに含まれるシーケンスがリストアップされます（この際、素材の量が多かったりシーケンスが複雑だと多少時間がかかる場合があります）。リストの中から、書き出したいシーケンス選択して❾、［読み込み］ボタンをクリックします❿。複数ある場合には、Shift キーを押しながらクリックして選択しましょう。このようにして、書き出したいシーケンスをキューにすべて読み込んでいきます。これらの操作以外にも、Premiere Pro のプロジェクトパネルから、Media Encoder のキューエリアに直接シーケンスをドラッグして追加することも可能です。

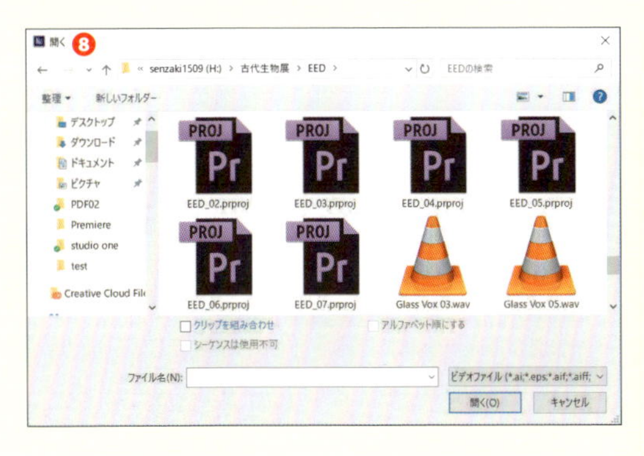

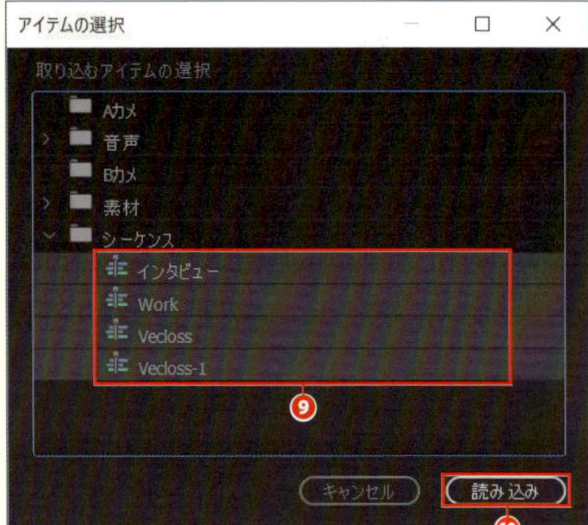

第9章 ムービーの書き出し

STEP 3

すべてのシーケンスをキューに読み込んだら、必要に応じて書き出しの形式を設定します。Premiere Proの［書き出し設定］で設定したものはそのまま引き継がれています。書き出しキューの［形式］欄の▼をクリックして❻、メニューから目的の形式を選択します❼。次に［プリセット］欄❽のメニューを表示してプリセットを選択します❾。ソースを選択した状態で［出力を追加］ボタンをクリックすると、同じソースに複数の書き出し設定を持たせることができます❿。同一のシーケンスを複数のサイズやコーデックで書き出すことができます⓫。［複製］ボタンでは、選択中のソースを設定ごと複製できます⓬。書き出したファイルの保存場所は［出力ファイル］欄をクリックして設定します⓭。この時にファイル名の設定も行えます。

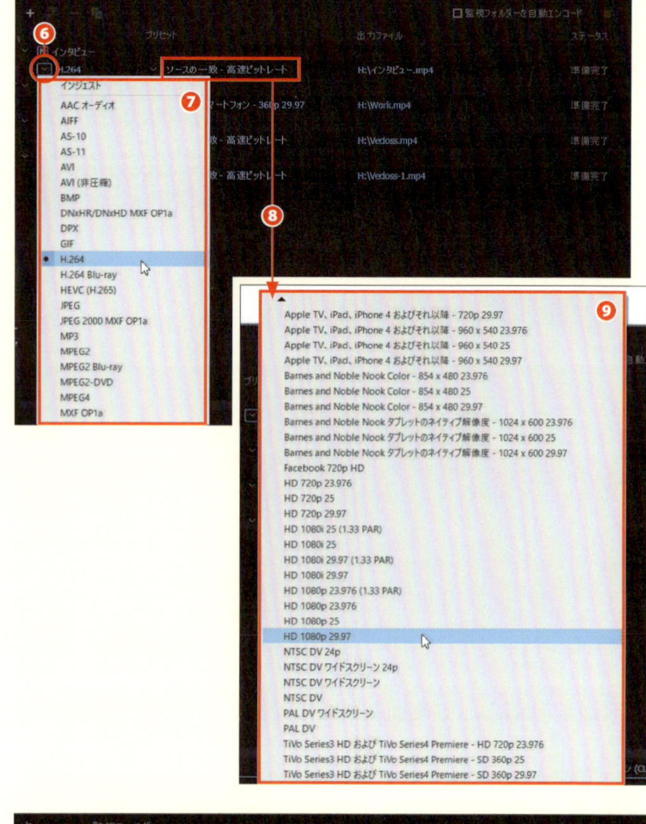

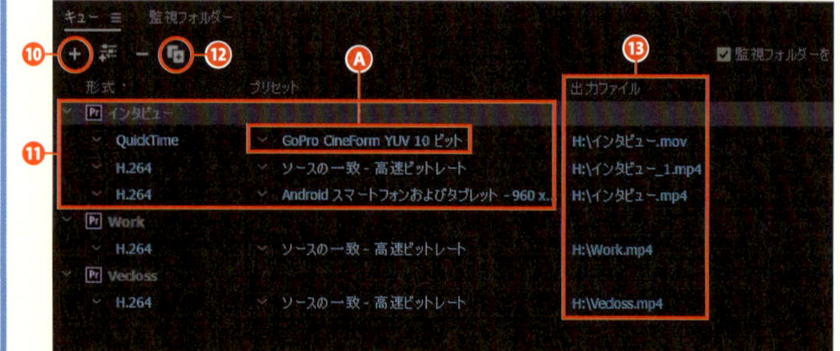

MEMO

プリセットの内容を変更したい場合は、プリセット名をクリックしますⒶ。［書き出し設定］ダイアログが表示され、各種設定のカスタマイズが行えるようになります。［書き出し設定］の操作は、Premiere Proで［ファイル］→［書き出し］→［メディア］を実行した場合と同様です。

STEP 4

キューの中のシーケンスすべてにプリセットを割り当てたら、［キューを開始］ボタンをクリックして書き出しを実行します⓮。書き出しが始まるとパネル下部に経過時間のグラフとプレビューが表示されます。

［キューを開始］ボタンをクリックする前にソースや出力をクリック（複数の場合は Shift クリック）して選択し、任意のキューだけをエンコードすることもできます。

エンコード中は、［キューを開始］ボタンはポーズマークの［キューを一時停止］ボタンになります。一時停止したい場合はこのボタンをクリックし、中止したい場合は隣の［キューを停止］ボタンをクリックします⓯。

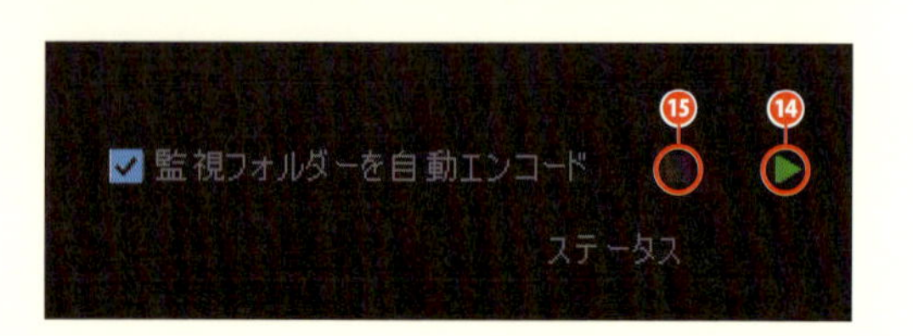

MEMO

Media Encoderでは、ムービーファイルを読み込ませてエンコードすることもできます。［追加ボタン］をクリックするか、［ファイル］→［出力を追加］を実行してエンコードしたいムービーファイルをキューに追加します。そのほかの操作は、Premiere Proシーケンスをエンコードする場合と同様です。

第10章 さまざまな便利機能

ペースト(P)
インサートペースト(I)
属性をペースト(B)...
属性を削除(R)...
消去(E)
リップル削除(T)

NO.

203 別のクリップから属性をペーストする

モーションや不透明度、各種のエフェクトなどの属性を、クリップからコピーして別のクリップへ、ペーストすることができます。

STEP 1

タイムライン上で、属性を引き継ぎたいクリップを選択し、[編集] → [コピー] を実行するか、右クリックして表示されるメニューから [コピー] を選択します❶。

STEP 2

属性を引き継がせたいクリップを、タイムライン上で選択して、[編集] → [属性をペースト] を実行するか、右クリックして表示されるメニューから [属性をペースト] を選択します❷。

STEP 3

[属性をペースト] ダイアログが表示されるので❸、ペーストしたい属性をチェックして、[OK] ボタンをクリックします。

この際、[属性の時間をスケール] をチェックしておくと❹、エフェクトをアニメーションしている場合に、そのキーフレームの間隔をクリップの長さに応じて調整するようになります。アニメーションを完全に同じデュレーションでペーストしたい場合には、このチェックは外しておきましょう。

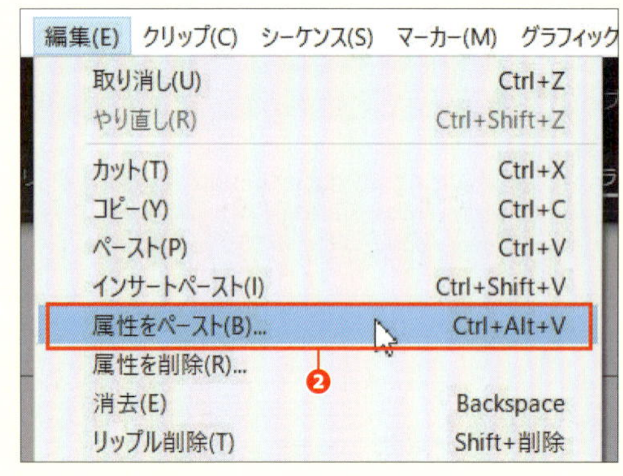

MEMO

[モーション] [不透明度] といった基本エフェクトはペースト先に上書きされますが、ビデオエフェクトやオーディオエフェクトは、同じものであっても上書きされずに追加されていきます。

NO.
204 クリップを置き換える

［クリップで置き換え］を使うと、タイムライン上で編集したクリップを、エフェクトなどの設定はそのままに、別のクリップに置き換えることができます。

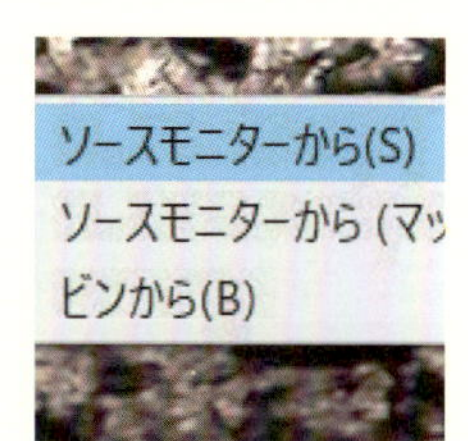

STEP 1

プロジェクトパネルで新しいクリップを選択するか❶、ソースモニターに表示します❷。次に、タイムライン上で差し替えたいクリップを選択します❸。続いて［クリップ］→［クリップで置き換え］→［ソースモニターから］か、［ビンから］を実行します。新しいクリップをソースモニターに表示した場合は、インポイントやアウトポイントを設定することもできます。

STEP 2

クリップが置き換わります❹❺。このときに［ソースモニターから］を実行し、かつソースモニターでインポイントのみが指定してある場合は、インポイントのフレームから差し替えるクリップのデュレーション分が使用されます。アウトポイントのみが指定されている場合は、アウトポイントから逆算されたデュレーション分が使用されます。両方とも指定している場合はアウトポイントが無視されます。

MEMO

［ソースモニターから（マッチフレーム）］は、マルチカメラ収録した素材のカメラを入れ替える場合などに使用します。このコマンドを使うと、インポイントとアウトポイントのタイミングを差し替え前と同じにできます。

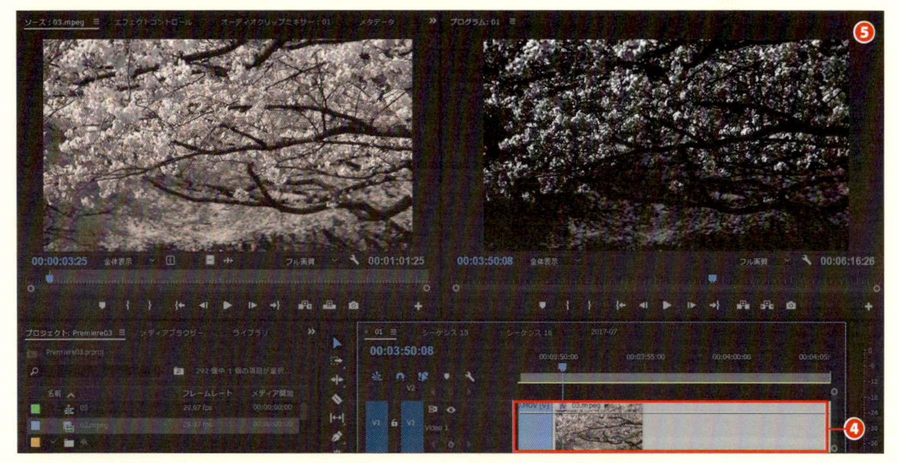

［クリップで置き換え］→［ソースモニターから］を実行。エフェクトはそのままに、素材だけが置き換わっています

203 別のクリップから属性をペーストする

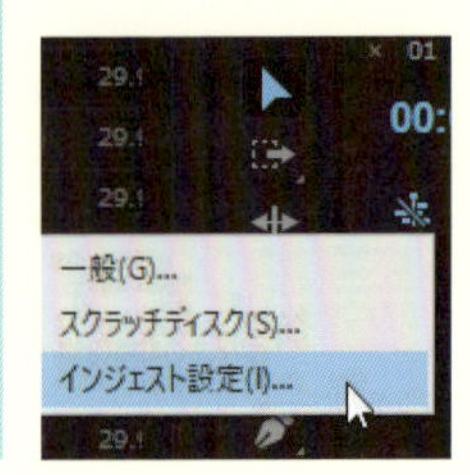

NO.
205 低解像度のファイルで作業する（プロキシファイルの利用）

４Ｋなどの高い解像度の素材を、非力なノートPCなどで編集したい場合に便利なのが、プロキシファイルの利用です。［プロジェクト設定］ダイアログで設定します。

STEP 1

プロジェクトパネルをアクティブにしてから［ファイル］→［プロジェクト設定］→［インジェスト設定］を実行します❶。［プロジェクト設定］ダイアログが表示され、［インジェスト設定］タブがアクティブになります。［インジェスト］のチェックボックスにチェックを入れ、ポップアップメニューから設定を選びます❷。通常のプロキシワークフローであれば［プロキシを作成］を選びましょう。次に、［プリセット］でプロキシファイルの解像度とコーデックを選びます❸。２種類のサイズで、それぞれにH.264とGoPro CineFormが用意されています。これで準備は完了です。

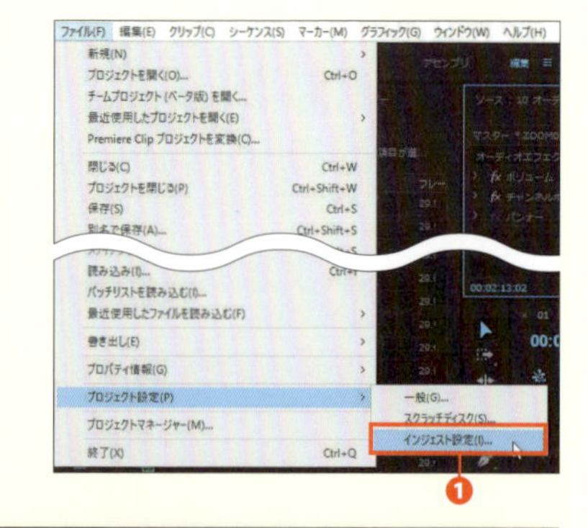

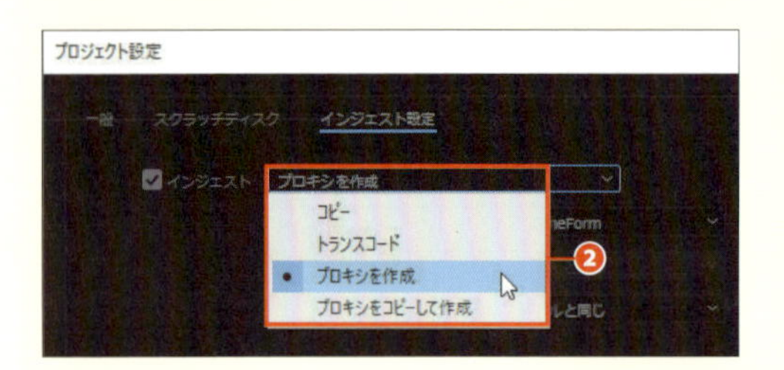

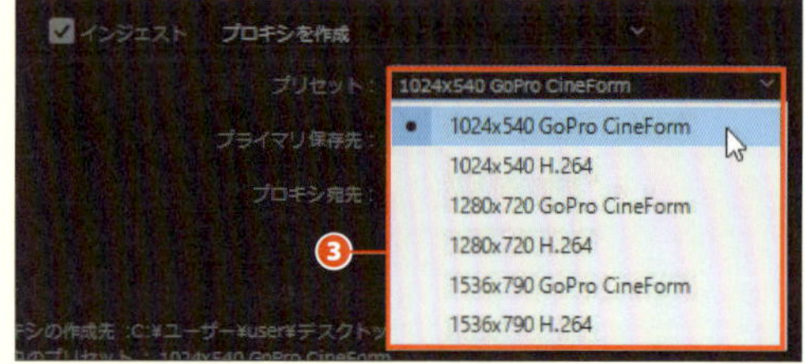

STEP 2

メディアを読み込みます。読み込みの操作は、メディアブラウザー経由でも、エクスプローラーでのドラッグ＆ドロップでも、［ファイル］→［読み込み］でもかまいません。プロジェクトに素材が読み込まれると、自動的にMedia Encoderが立ち上がり、［キュー］に追加され❹、バックグラウンドでプロキシファイルの作成が行われます。

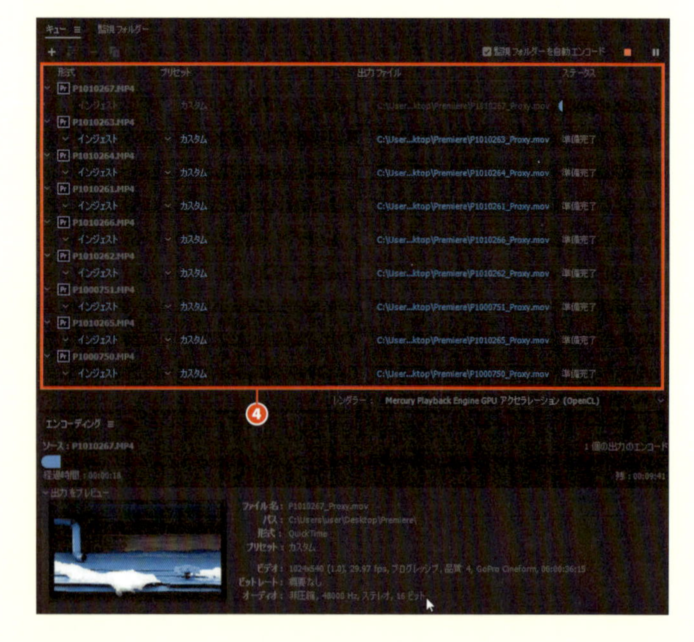

STEP 3 通常通り、読み込んだ素材をプロジェクトパネルからタイムラインに並べて編集を進めます。Premiere Proは、自動的に該当クリップのプロキシファイルを読み込んで表示してくれます。いま見ているのがプロキシなのか本体なのかを確認するには［プロキシの切り替え］ボタンを使います❺。

［プロキシの切り替え］ボタンは、ソースモニターやプログラムモニターパネルに追加できます。パネルの右下にある［+］ボタンをクリックして❻、［ボタンエディター］を表示し、その中から［プロキシの切り替え］のアイコンをボタンエリアにドラッグ＆ドロップします❼。

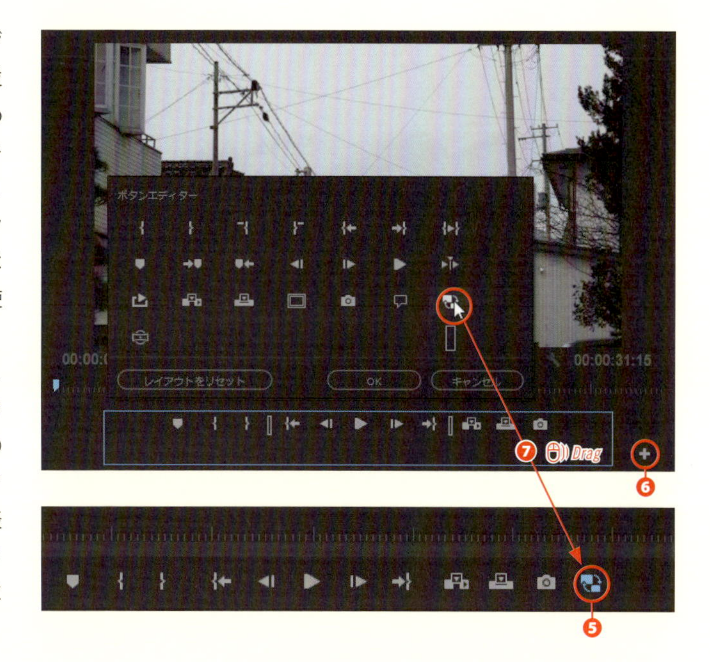

STEP 4 書き出しに際して特別な操作は必要ありません。通常のファイルを使った時と同じように、［ファイル］→［書き出し］→［メディア］を実行すれば、高解像度の本体ファイルを使ってすべてのレンダリングが行われ、プロキシを使わない作業と同じクオリティで自動的に書き出されます。

第10章 さまざまな便利機能

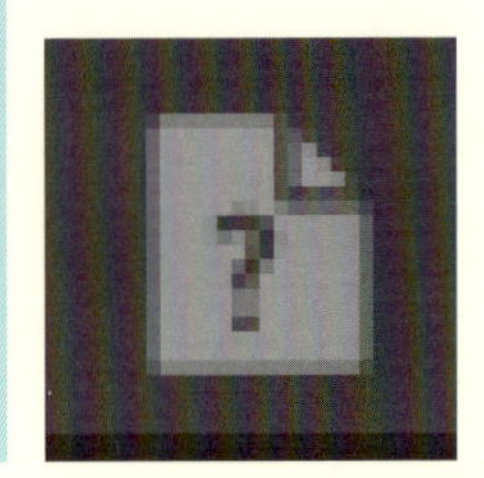

NO.

206 編集済みの素材を差し替える（オフラインファイルに変更）

編集したクリップに差し替えが生じた場合は、一度［オフラインファイル］に変更して、［メディアのリンク］を行います。

STEP 1

差し替えたいクリップを、プロジェクトパネル上で選択し、［ファイル］→［オフラインにする］を実行するか、右クリックして表示されるメニューから［オフラインにする］を選択します。

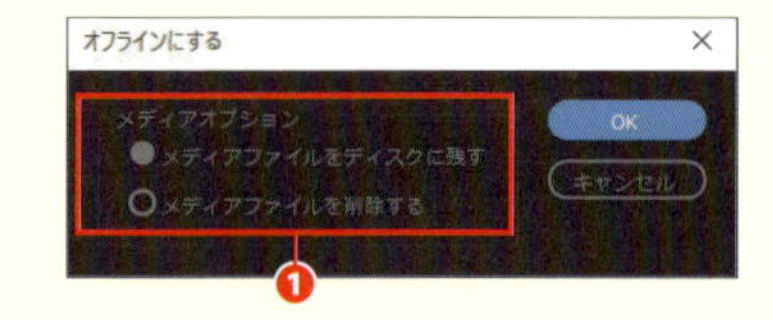

［オフラインにする］ダイアログが表示されます。古いファイルをそのままHDDに残しておきたい場合には［メディアファイルをディスクに残す］を選択し、消去してしまう場合には［メディアファイルを削除する］を選択します❶。［OK］ボタンをクリックすると、クリップは「？」アイコンの［オフラインファイル］に変更されます❷。オフラインクリップは、タイムラインやモニター上では「メディアオフライン」と書かれた赤い画面で表示されます❸。

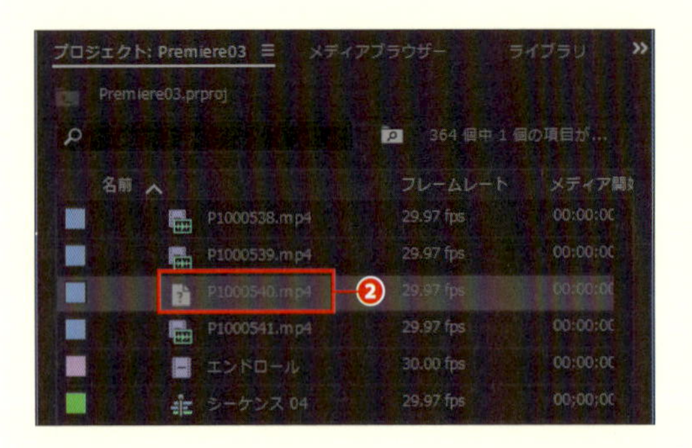

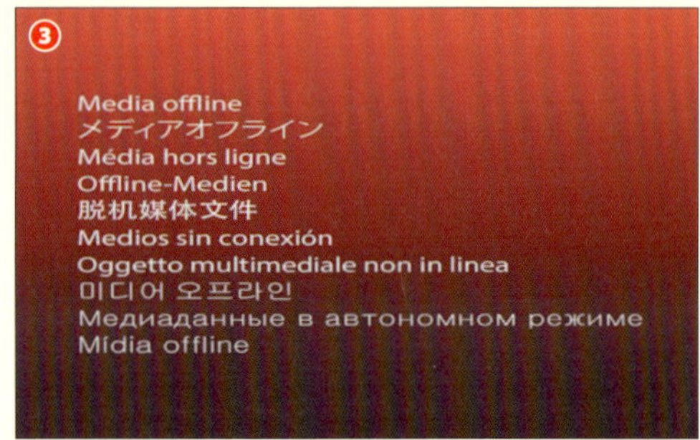

STEP 2

オフラインにしたクリップに差し替えたいクリップを再接続する場合は、オフラインファイルを選択してから［ファイル］→［メディアをリンク］を実行します。［メディアをリンク］ダイアログが表示されるので、右下の［検索］ボタンをクリックします❹。メディアブラウザーが立ち上がり、ファイルをブラウズできるようになります。目的のファイルを選択して［OK］ボタンをクリックします❺。

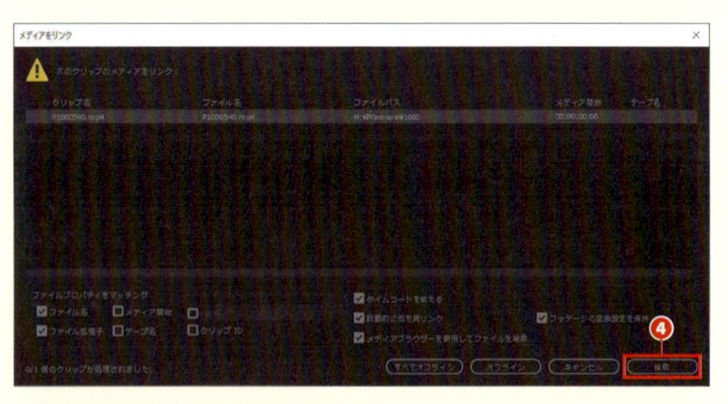

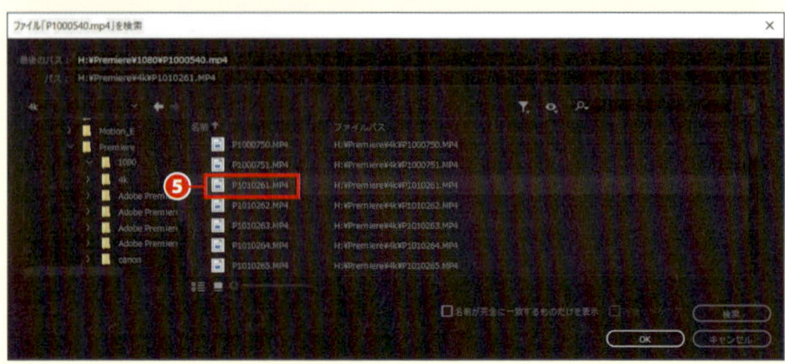

205 低解像度のファイルで作業する（プロキシファイルの利用）

NO.
207 カラーバーを作成する

シーケンスをマスターテープに収録する場合は、通常1分以上のカラーバーをテープの頭に挿入します。カラーバーは[HD カラーバー＆トーン]で作成できます。

STEP 1

[ファイル] → [新規] → [HD カラーバー＆トーン] を実行するか、プロジェクトパネルの下部にある [新規項目] ボタンをクリックして、メニューから同様の項目を選択します。[新規カラーバー＆トーン] ダイアログが表示されるので❶、各種設定を確認します。基本的にタイムラインでアクティブになっているシーケンスの設定が引き継がれていますが、必要に応じて設定し直します。

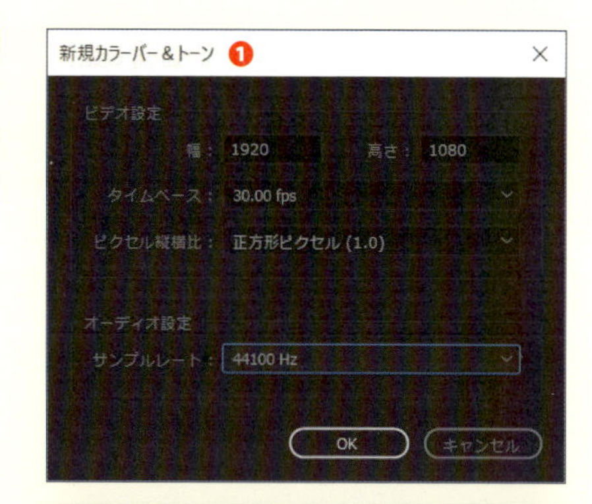

STEP 2

[OK] ボタンをクリックすると、新しいカラーバーが作成され、プロジェクトパネルに登録されます❷。こうして作成した[HD カラーバー＆トーン] は、通常のクリップと同じように、タイムラインにドラッグして配置できます。ソースモニターに表示するには、プロジェクトパネルから、ソースモニターにドラッグ＆ドロップします。

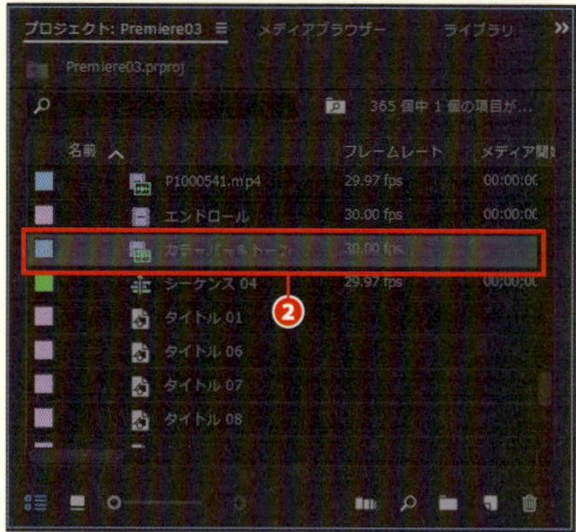

STEP 3

[HD カラーバー＆トーン] には、ビデオとしてカラーバー❸、オーディオとして 1kHz のトーン信号が含まれています。トーン信号は初期設定で [-12dB] になっています。これを変更するには、プロジェクトパネルやタイムラインで [HD カラーバー＆トーン] をダブルクリックします。[トーン設定] ダイアログが表示されるので❹、[振幅] の数値をスクラブするか、クリックして数値を直接入力します❺。

MEMO

トーン信号のレベルは、シーケンスのオーディオレベルの基準に合致している必要があります。例えば[-20dB] を基準に編集したシーケンスの頭に[-12dB] のトーンを入れてしまうと、相対的に音の小さな作品になってしまいます。

NO.

208 グラデーションを作成する

タイトルバックやマルチ画面の背景などに使えるグラデーションパターンは、［カラーカーブ］エフェクトで作成できます。

STEP 1

［ブラックビデオ］か［カラーマット］をタイムラインパネルに配置し、エフェクトパネルから［ビデオエフェクト］→［描画］フォルダーの［カラーカーブ］を適用します。エフェクトコントロールパネルで［カラーカーブ］をクリックして選択すると❶、プログラムモニター上に2つのハンドルが表示されます❷。これがグラデーションの開始位置と終了位置です。これらをドラッグしてグラデーションの形状を決めます。

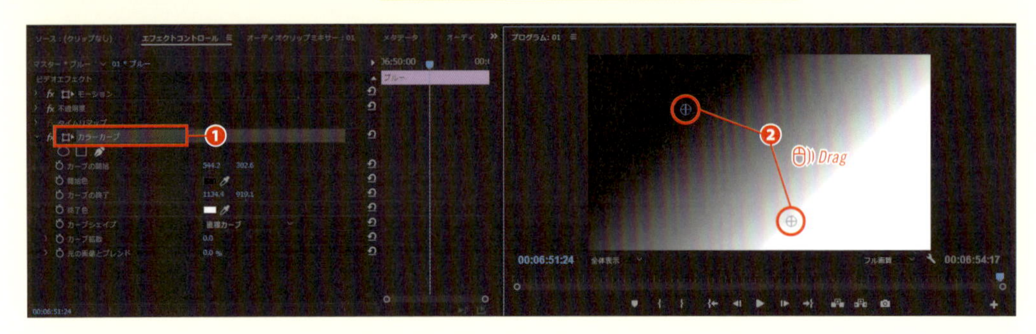

STEP 2

グラデーションの色は［開始色］と［終了色］で設定します。［開始色］と［終了色］のカラーサンプルをそれぞれクリックして❸［カラーピッカー］ダイアログを開き、クリックして色を選択します❹。スポイトツールをクリックして❺、画面上から色をピックアップすることもできます。

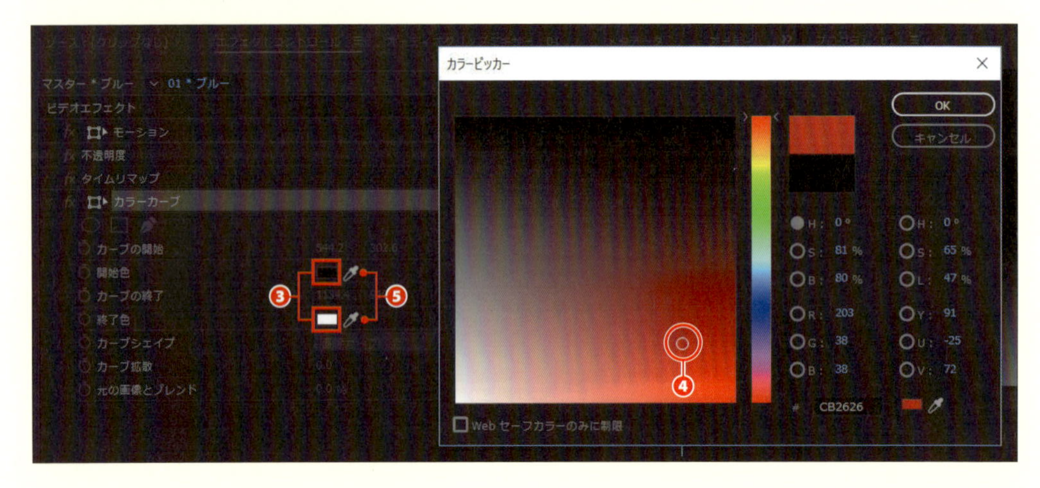

209 色画面を作成する
210 ブラックビデオやクリアビデオを作成する

STEP 3 グラデーションの種類を［カーブシェイプ］で選択します❻。直線状のグラデーション［直線カーブ］と❼、円形のグラデーション［放射カーブ］の2種類があります。

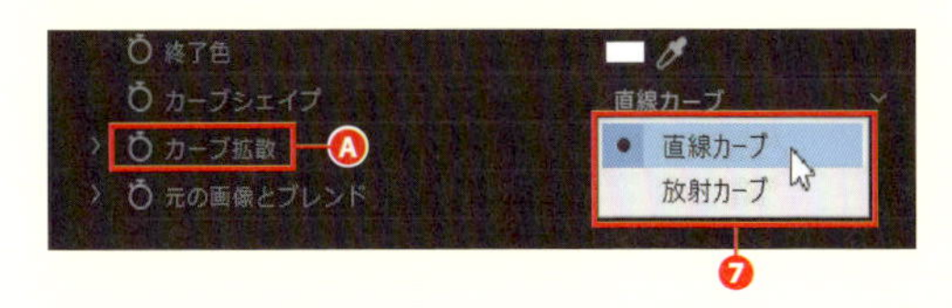

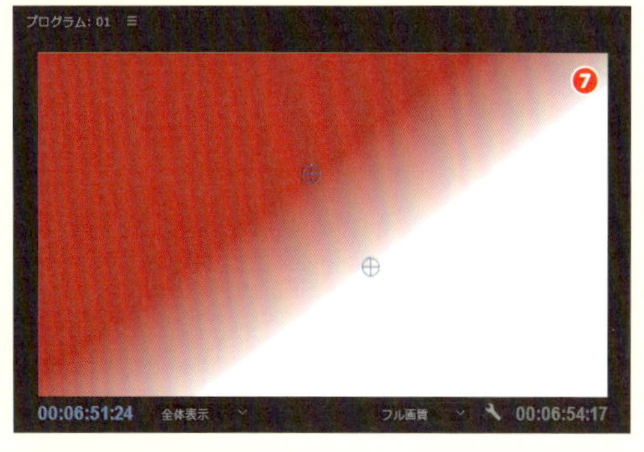

［開始色］を赤、［終了色］を白、［カーブシェイプ:直線カーブ］で作成したグラデーションの例

MEMO

［カーブ拡散］を調整すると砂目状に変化していくグラデーションを作ることができます。グラデーション幅を狭くすると効果が見えますⒶ。

MEMO

［カラーカーブ］と同じ［描画］フォルダーにある［4色グラデーション］エフェクトを使うとⒷ、4色の複雑なグラデーションを作ることができます。［位置とカラー］にある［カラー1］から［カラー4］で色を指定しⒸ、［ブレンド］でグラデーションの幅を設定しますⒹ。それぞれの位置は、［ポイント1］から［ポイント4］で指定します。

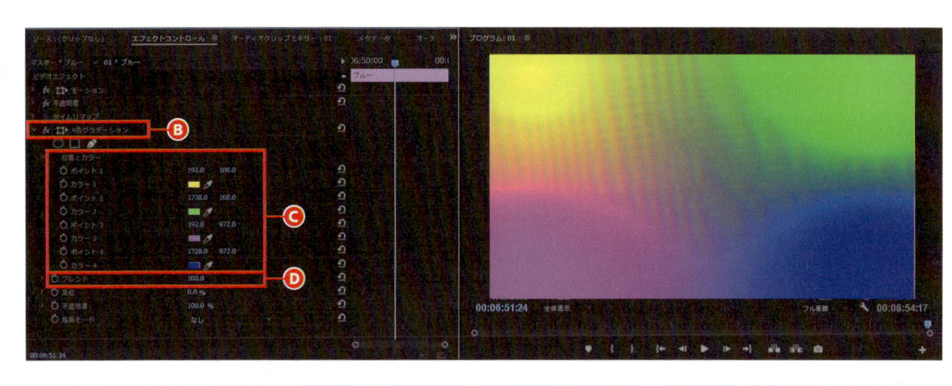

MEMO

グラデーションの作成には、Premiere Proのレガシータイトル機能も使えます。画面全体を覆う四角形を描き、そこにタイトルプロパティでグラデーションを設定すれば、グラデーション背景の完成です。詳しくは、「131 文字にグラデーションを設定する」「142 図形を描く」をご覧ください。

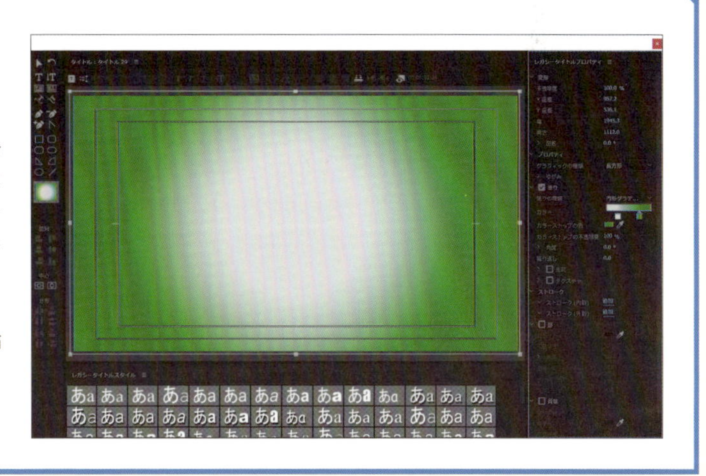

NO.

209 色画面を作成する

タイトルバックやダミー素材として使える、単色のビデオクリップは［カラーマット］で作ることができます。

STEP 1

［ファイル］→［新規］→［カラーマット］を実行するか、プロジェクトパネルの下部にある［新規項目］ボタンをクリックして、メニューから［カラーマット］を選択します。［新規カラーマット］ダイアログが表示されるので❶、画面のサイズ（［幅］と［高さ］）や［タイムベース］［ピクセル縦横比］が、それぞれカラーマットを組み込みたいシーケンスの設定と合致しているかどうかを確認します。合致していない場合は、各項目を設定し直します。

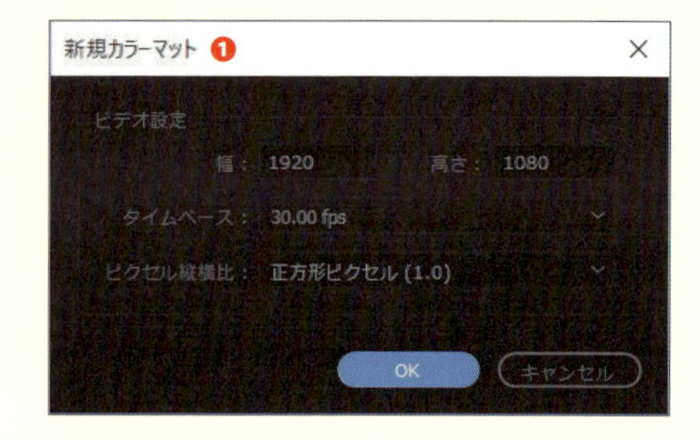

STEP 2

［新規カラーマット］ダイアログで［OK］ボタンをクリックすると、［カラーピッカー］ダイアログが表示されるので❷、カラーを選択し❸、［OK］ボタンをクリックします。今度は［名前］ダイアログが表示されるので❹、カラーマットの名前を入力して［OK］ボタンをクリックします。

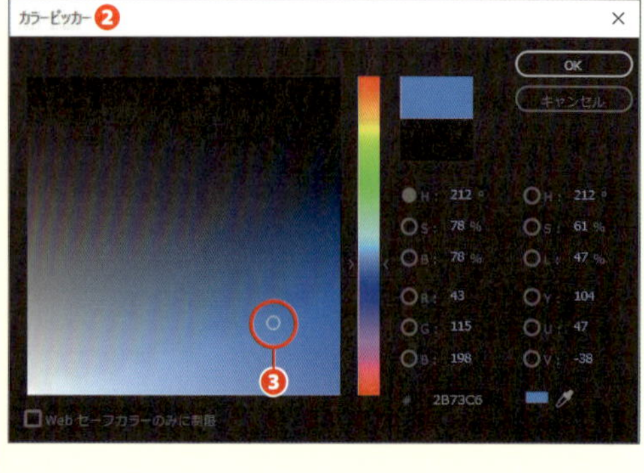

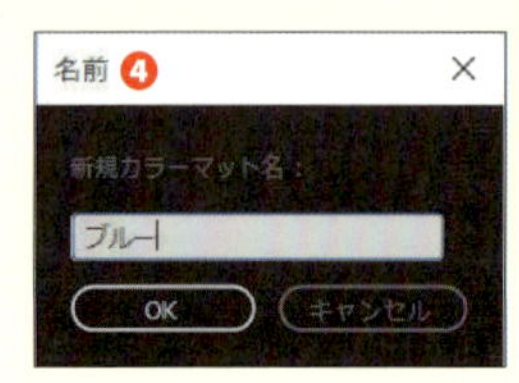

STEP 3

指定した色のカラーマットがプロジェクトパネルに追加されます❺。カラーマットをソースモニターに表示するには、プロジェクトパネルからソースモニター上にドラッグ＆ドロップします。

MEMO

カラーマットの色を変更するには、プロジェクトパネルもしくはタイムラインパネル上でダブルクリックします。すると再び［カラーピッカー］ダイアログが表示され、色を変更できるようになります。

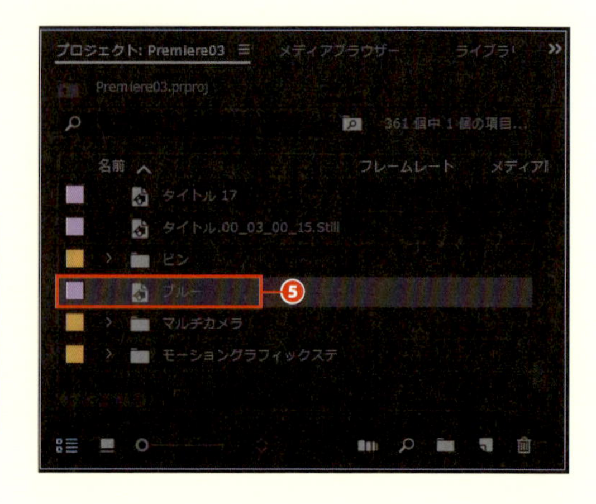

NO.
210 ブラックビデオやクリアビデオを作成する

単純な黒画面の「ブラックビデオ」や、透明な「クリアビデオ」は、描画系エフェクトのベースや、編集用のダミー画像などに利用できます。

ブラックビデオを作成する

METHOD 1

ブラックビデオは、色の変更ができない単純な黒画面です。[ファイル] → [新規] → [ブラックビデオ] を実行するか、プロジェクトパネルの下部にある [新規項目] ボタンをクリックして [ブラックビデオ] を選択します。[新規ブラックビデオ] ダイアログが表示されるので、画面のサイズ ([幅] と [高さ]) や [タイムベース] [ピクセル縦横比] が、それぞれブラックビデオを組み込みたいシーケンスの設定と合致しているかどうかを確認します❶。合致していない場合は、各項目を設定し直します。[OK] ボタンをクリックすると、新しいブラックビデオが作成され、プロジェクトパネルに登録されます。

クリアビデオを作成する

METHOD 2

クリアビデオは、言わば「透明なクリップ」です。それ自体は何の画像も含んでいないため、アルファチャンネルを生成して描画するタイプのビデオエフェクトを下絵と合成するときに役立ちます。[ファイル]→[新規] → [クリアビデオ] を実行するか、プロジェクトパネルの下部にある [新規項目] ボタンをクリックして [クリアビデオ] を選択します。[新規クリアビデオ] ダイアログが表示されるので、[ブラックビデオ] の場合と同様に設定します❷。

クリアビデオの利用例

METHOD 3

タイムラインパネルで合成したいクリップ❸の上にクリアビデオを配置し❹、[タイムコード] [稲妻] [グリッド] など、アルファチャンネルを使って描画する [ビデオエフェクト] を適用します。するとクリアビデオに適用した結果が下のクリップに合成されます❺。

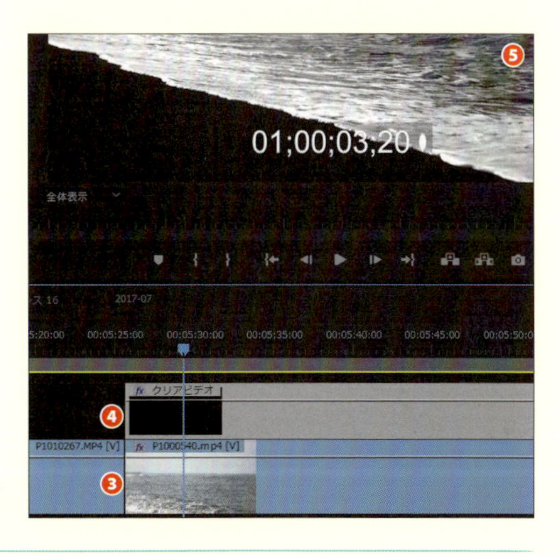

クリアビデオに [タイムコード] エフェクトを適用して、背景のクリップにタイムコードを合成した例

第10章 さまざまな便利機能

NO.

211 マーカーを作成する／編集する

［マーカー］は、編集作業上の「印」として使用するもので、クリップにも、シーケンスにも設定できます。

マーカーを設定／移動／削除する

METHOD 1

マーカーは、クリップにも、シーケンス（タイムライン）にも設定できます。

クリップに設定するには、クリップをソースモニターに表示し❶、マーカーを設定したいフレームに再生ヘッドを移動し❷、ソースモニターの［マーカーを追加］ボタンをクリックします❸。タイムライン上のクリップに直接マーカーを追加する場合は、タイムラインでクリップを選択してから、タイムラインの［マーカーを追加］ボタンをクリックします。

シーケンスに設定するには、タイムラインでシーケンスを開き❹、マーカーを設定したいフレームに再生ヘッドを移動して❺、タイムラインかプログラムモニターの［マーカーを追加］ボタンをクリックします❻。

マーカーの位置を変更するには、マーカーをドラッグします❼。削除するには、マーカーを選択してから［マーカー］→［選択したマーカーを消去］を実行します。また［マーカー］→［すべてのマーカーを消去］で設定したすべてのマーカーを削除することもできます。

S マーカーを追加▶ M
選択したマーカーを消去▶ Ctrl ＋ Alt ＋ M
（⌘ ＋ Option ＋ M）
すべてのマーカーを消去▶ Ctrl ＋ Alt ＋ Shift ＋ M
（⌘ ＋ Option ＋ ⌘ ＋ M）

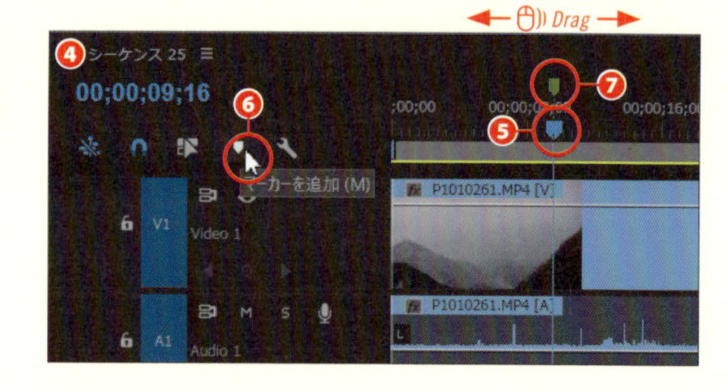

マーカーを編集する

METHOD 2

マーカーには、名前を付けたり、コメントを入れたりすることができます。

対象となるマーカーをダブルクリックするか、クリックして選択し、［マーカー］→［マーカーを編集］を実行します。［マーカー］ダイアログが表示されるので、各種設定を行います❽。

初期設定では［コメントマーカー］という目印や注釈用のマーカーになっています。このまま使う場合は、［名前］にマーカーの名前を入力し❾、必要に応じて［コメント］に注釈を記入します❿。［デュレーション］を設定することで、「長い」マーカーにすることもできます⓫。また、カラーチップをクリックしてマーカーの色を指定することもできます。色を指定しておくと、マーカーパネルで同じ色のマーカーだけを検索できるようになります。

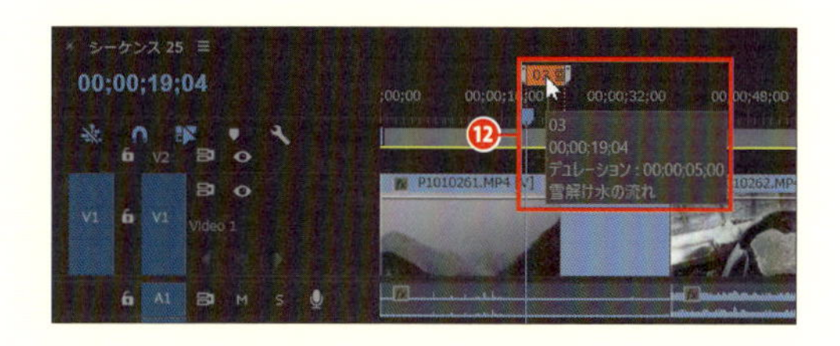

METHOD 3

ここで記入した情報は、マーカーの上にカーソルを持っていくとポップアップで表示されます⓬。また、デュレーションを設定した場合には帯状に表示され、その中に名前とコメント内容が常時表示されます。［マーカー］ダイアログの右側にある［前へ］［次へ］ボタンでマーカー間を移動しながら編集したり、不要なマーカーは［削除］ボタンで消すこともできます⓭。

マーカー間を移動する

METHOD 4

再生ヘッドをマーカーへ移動させるには、［マーカー］→［次のマーカーへ移動］か［前のマーカーへ移動］を実行します。同じコマンドが、ルーラー上で右クリックして表示されるメニューからも使用できます。また、METHOD3のように、マーカーをダブルクリックして表示される［マーカー］ダイアログでもマーカーを前後に移動することもできます。マーカー間の移動はマーカーパネルからも簡単に行えます。詳しくは次ページをご覧ください。

特殊なマーカーとして使用する

METHOD 5

設定したマーカーは、［マーカー］ダイアログの［オプション］を使って⓮、DVD用のチャプターマーカーや、Flashコンテンツ用のキューポイントにすることができます。詳しくは下記の表をご覧ください。

設定項目	内容
コメントマーカー	マーカーの初期設定の状態です
チャプターマーカー	これをチェックすると、DVDオーサリングソフト、Adobe Encore用のチャプターマーカーになります。ムービーを書き出し、Encoreに読み込むとチャプターとして使えるようになります
セグメンテーションマーカー	これをチェックすると、トレイラーの挿入位置や捨てカットなどの範囲を指定するためのマーカーになります
Webリンク	これをチェクすると、マーカーにWebページへのリンクを埋め込むことができます。QuickTimeで書き出し、QuickTime Playerで再生するとマーカー部分で自動的に指定のURLがブラウザーで表示されます。［URL］にリンクしたいページのURLを記入します。［フレームターゲット］は対象ページがHTMLのフレームを使って表示されている場合にリンクするフレームを指定します
Flashキューポイント	これをチェックすると、Flashコンテンツに埋め込んだ場合のキューポイントとして使用できます
種類	［Flashキューポイント］をチェックした場合、そのタイプを設定しますⒶ。ActionScriptのトリガーとして使用できる［イベント］と、ムービーをシークしたり字幕のオンオフなどに使用できる［ナビゲーション］の2種類があります。［名前］と［値］には、［+］ボタンを使ってⒷ、アクションスクリプト内で使用する［名前］と［値］を追加入力します。［-］ボタンは［名前］［値］の削除に使用します

MEMO

［マーカー］メニューには［リップルシーケンスマーカー］という機能があります。オンにしておくと、シーケンス内でクリップをリップル削除した場合に、シーケンスマーカーがそれに追随してずれてくれます。通常はオン（初期設定）しておいたほうがよいでしょう。

第10章 さまざまな便利機能

マーカーパネルで管理する

マーカーパネルは、設定されているマーカーを、リスト形式で管理するインターフェイスです。[ウィンドウ] → [マーカー] を実行してマーカーパネルを表示させます⑮。

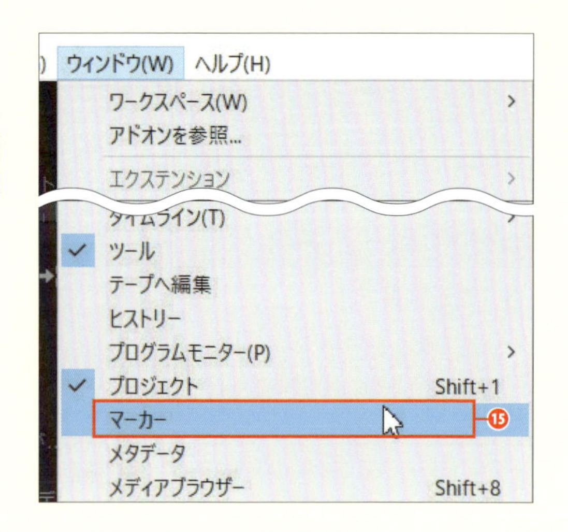

METHOD 7

ウィンドウには、現在アクティブになっているクリップやシーケンスに設定されているマーカーがリストになって表示されています⑯。チャプターの種類がラベルの色で表示され、マーカーが設定されているフレームがサムネールとして表示されます。

マーカーのデュレーションが [イン] と [アウト] に表示され、これはドラッグすることで変更できます⑰。

コメントマーカーにはコメント欄のテキストボックスがあり、入力済のコメントが表示されています。これはそのまま自由に書き換えることができます⑱。リストをクリックすると、クリックしたマーカーに再生ヘッドが移動します。

また、ダブルクリックすると [マーカー] ダイアログが表示され、各種設定を変更するとができます。

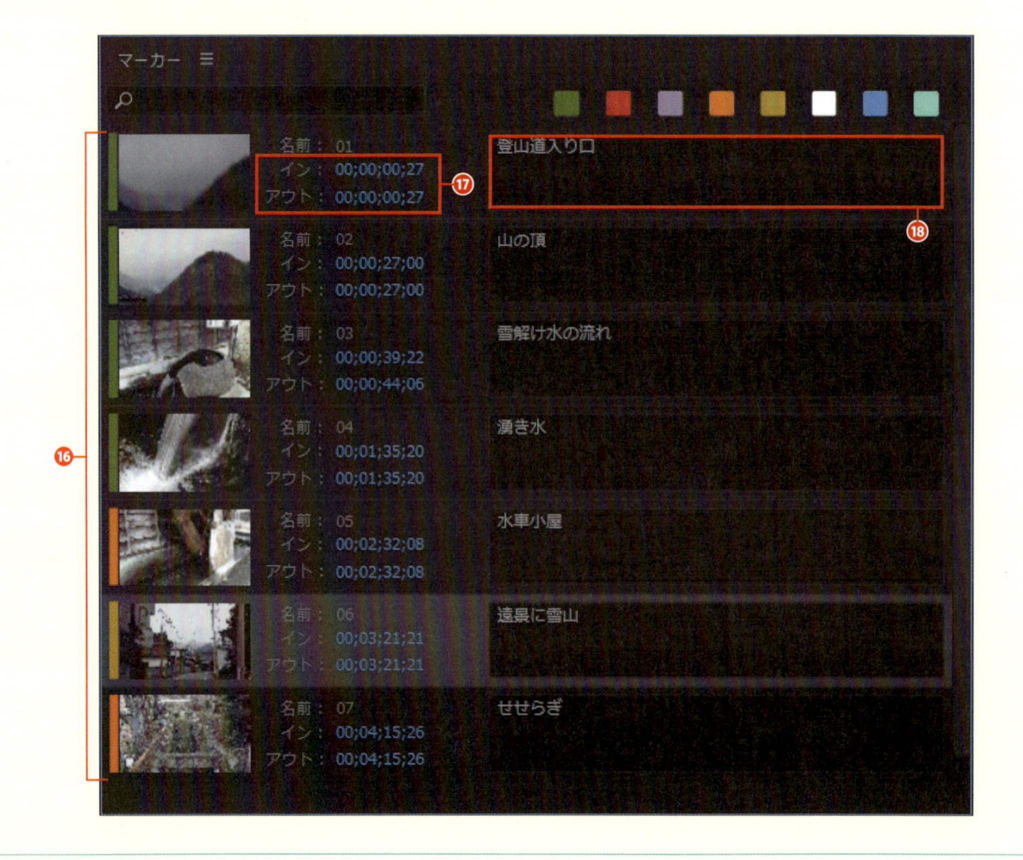

NO.
212 素材を検索する

プロジェクトパネルに登録された素材は、２種類の方法で検索できます。検索ボックスに直接キーワードを入力したり、検索ビンを使う方法と、［検索］ダイアログを使う方法です。

検索ボックスを使用する

METHOD 1

プロジェクトパネル上部にある検索ボックスをクリックしてからキー（キーワード）を入力します❶。すると、そのキーに対応した素材のみが表示されます❷。表示を元に戻すには、検索ボックスの右にある［×］をクリックします❸。検索ボックスの右側には、虫眼鏡のアイコンが付いた［クエリーから新しい検索ビンを作成］ボタンがあります❹。クリックすると新しいビンが作成され、その中に検索されたクリップのショートカットを集めておくことができます❺。

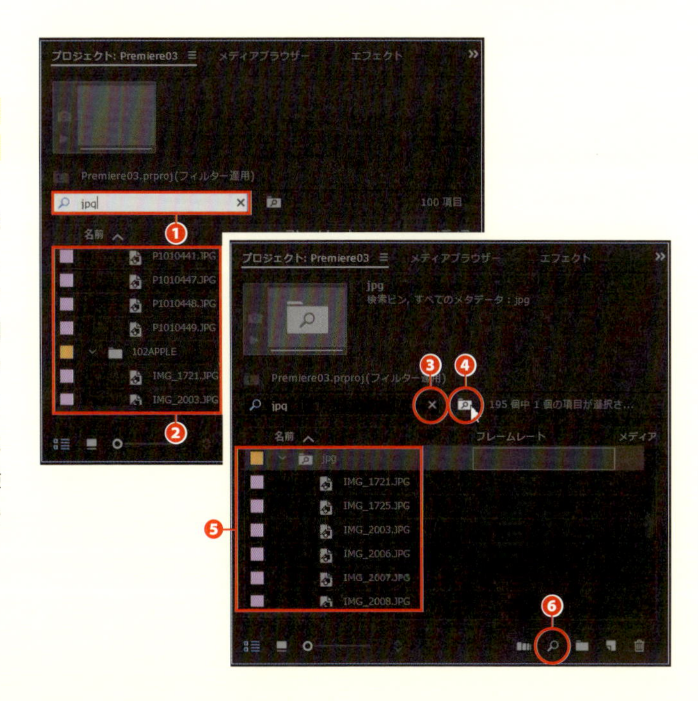

［検索］ダイアログを使用する

METHOD 2

プロジェクトパネル下部にある［検索］を使えば❻（METHOD1 参照）、さらに詳細な絞り込み検索が可能になります。［検索］ボタンをクリックすると［検索］ダイアログが表示されます❼。［表示項目］で検索する範囲を設定し❽、［検索］のテキストボックスに検索キーを入力します❾。表示項目と検索キーの関係を［演算子］で設定し❿、［検索］ボタンをクリックします⓫。この方法では２つの検索キーを設定できますが、その両方に合致したものだけを検索したい場合には［一致］で［すべて］を、どちらか片方が一致していればいい場合は［任意］を選択しておきます⓬。条件に合致したものが見つかるとプロジェクトパネルに表示され、選択状態になります。再び［検索］ボタンをクリックすると次の候補が選択されます。

MEMO

PC の HDD などから素材を検索するには、メディアブラウザーパネルの検索ボックスを使います。

216 メタデータパネルで素材を管理する

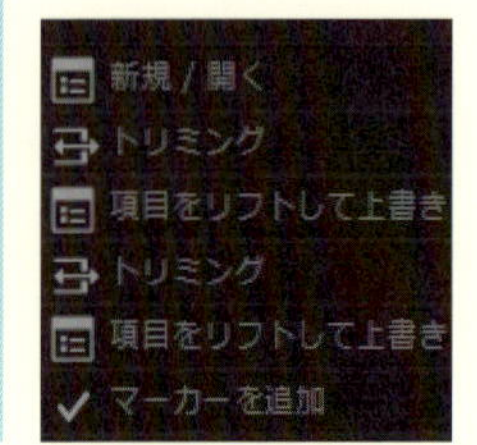

NO.
213 履歴を遡って修正する（ヒストリーを使う）

Premiere Pro では、操作の履歴をたどって必要な時点までさかのぼり、修正を加えることができます。

STEP 1

［ウィンドウ］→［ヒストリー］を実行して、ヒストリーパネルを表示させます❶。ヒストリーパネルには、プロジェクトを開いてから直近までの、操作の履歴が［状態］としてリストアップされています❷。一番古い履歴が上に、一番新しい履歴が一番下に表示されています。リストは、右側のスクロールバーを使って、スクロールすることができます❸。

STEP 2

履歴を戻ってやり直すには、戻りたいヒストリーを探してクリックします❹。プロジェクトの状態がその時点へと戻ります。選択したヒストリー以降を取り消したい場合はパネル右下にあるゴミ箱のアイコンの［現在のヒストリーを削除］ボタンをクリックします❺。［ヒストリーを削除］ダイアログで確認のメッセージが表示されるので、［OK］をクリックします❻。また、あるヒストリーまで戻った後、新しい操作を加えると、それ以降のヒストリーは消去されます。

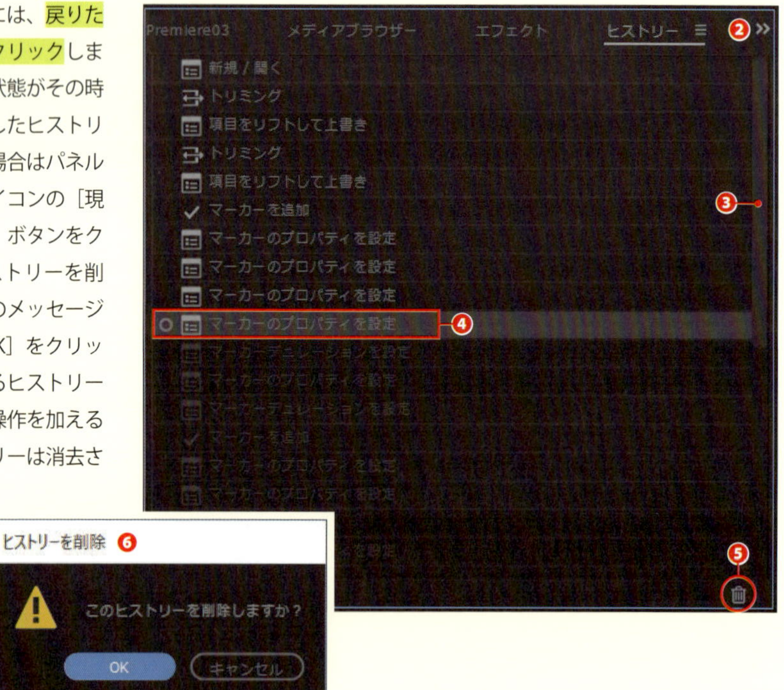

MEMO

ヒストリーパネルでヒストリーを削除することは、Ctrl（⌘）+ Z でやり直すアンドゥのリストを消去することです。一度消去すると、この操作はやり直しがきかないので注意が必要です。誤って消去してしまった場合には、［ファイル］→［復帰］を使うなどして、オートセーブされたプロジェクトファイルに戻します。また、ヒストリーは、一度プロジェクトを閉じてしまうとリセットされます。

NO. 214 プレビューファイルを管理する

エフェクトをプレビューするときに作成されたプレビューファイルは、任意の場所に保管したり、書き出しに利用したり、削除したりできます。

プレビューファイルの保存先を変更する

METHOD 1

プレビューファイルは、初期設定ではプロジェクトファイルと同じディレクトリの［Adobe Premiere Pro Preview Files］フォルダーに保存されます。保存先を変更する場合には、［ファイル］→［プロジェクト設定］→［スクラッチディスク］を実行します❶。［プロジェクト設定］ダイアログが表示されるので、［ビデオプレビュー］や［オーディオプレビュー］の［参照］ボタンをクリックして❷、保存先を指定し直します。

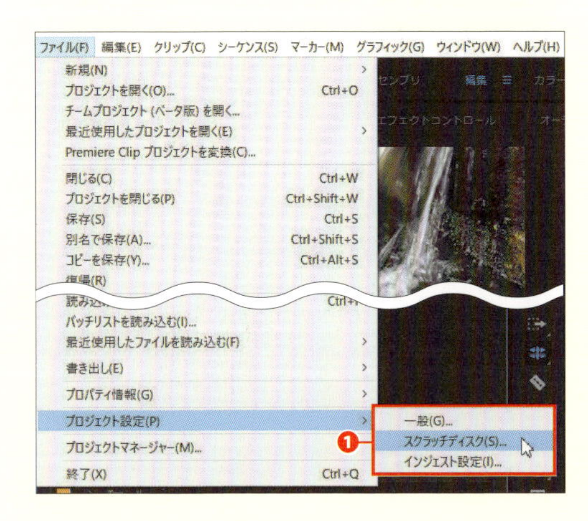

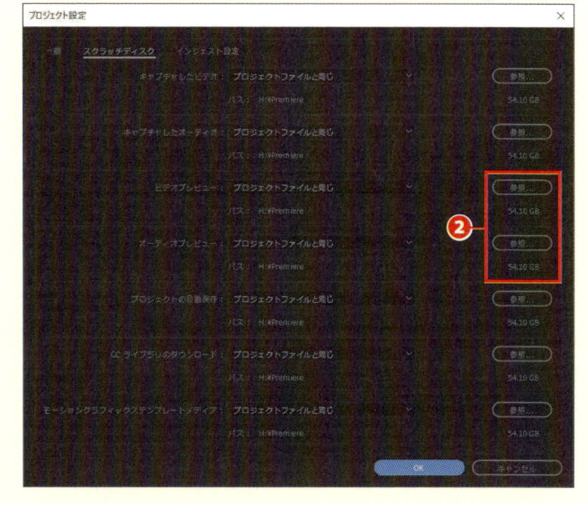

エフェクトのレンダリングファイルを削除する

METHOD 2

ワークエリアで指定した範囲のレンダリングファイルを削除するには、［シーケンス］→［ワークエリアのレンダリングファイルを削除］を実行します❸。シーケンス全体のレンダリングファイルをすべて削除するには、［シーケンス］→［レンダリングファイルを削除］を実行します❹。編集がすべて終わってプロジェクトを終了するときにこれらの操作を行うとHDDの容量を節約できます。

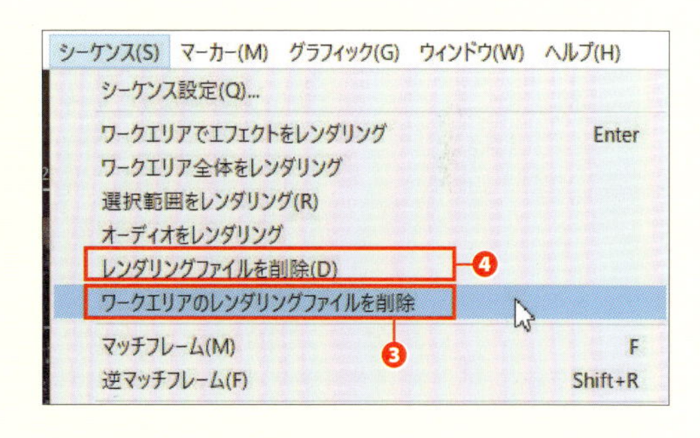

006 素材や作業ファイルの保存先を指定する

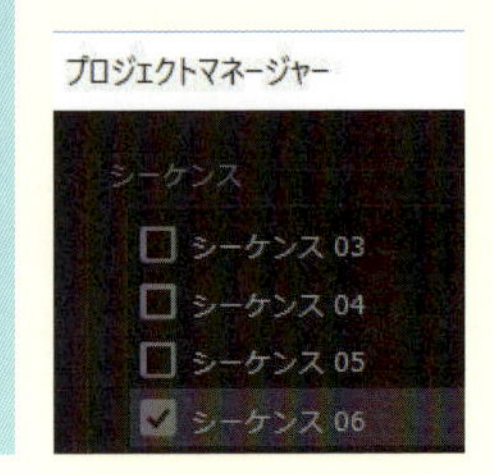

NO. 215 プロジェクトマネージャーで素材をまとめる

［プロジェクトマネージャー］を使うと、使用していないクリップを除外して整理したり、複数の保存先から読みこんだ素材を1つにまとめることができます。

STEP 1

［プロジェクト］→［プロジェクトマネージャー］を実行します❶。すると［プロジェクトの分析］ダイアログが表示され、分析が終わると［プロジェクトマネージャー］ダイアログが開きます❷。

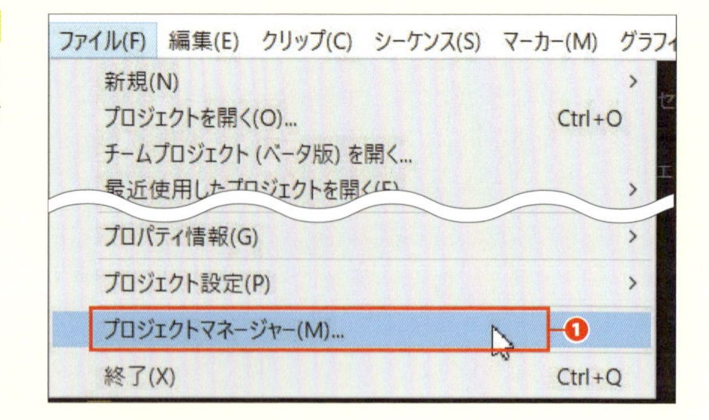

STEP 2

まず、アーカイブしたいシーケンスを［シーケンス］のリストから選択してチェックを入れます❸。次に［処理後のプロジェクト］でアーカイブの方法を選びます❹。シーケンスをそのままの状態でアーカイブするには、［ファイルをコピーして収集］を選択します。この方法では、あちこちのフォルダーに散らばっている素材を1つのフォルダーに集めてコンパクトにシーケンスをアーカイブします。

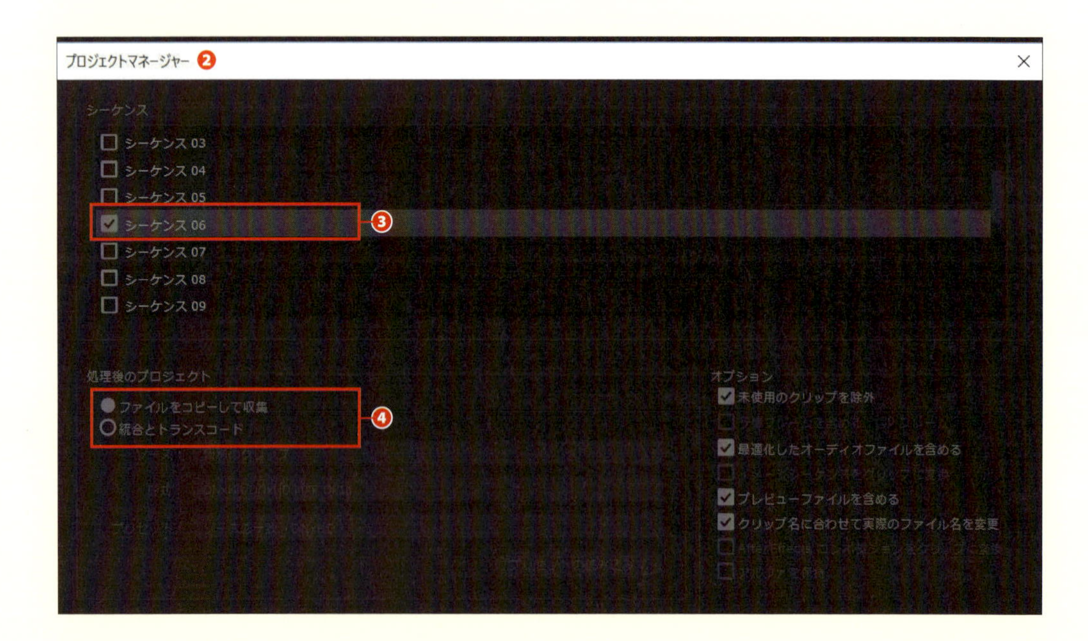

STEP 3

［統合とトランスコード］をチェックすると❺、すべての素材を汎用性のある単一のフォーマットに変換して素材の形式を揃えます。［形式］で［QuickTime］を選択すれば❻ GoPro CineForm を使用してアルファチャンネルにも対応できます。

また、連番静止画のイメージシーケンスを単一のムービーに統合したり❼、プロジェクト内で使われている After Effect のコンポジションをムービーファイルに変換するオプションも利用できます❽。

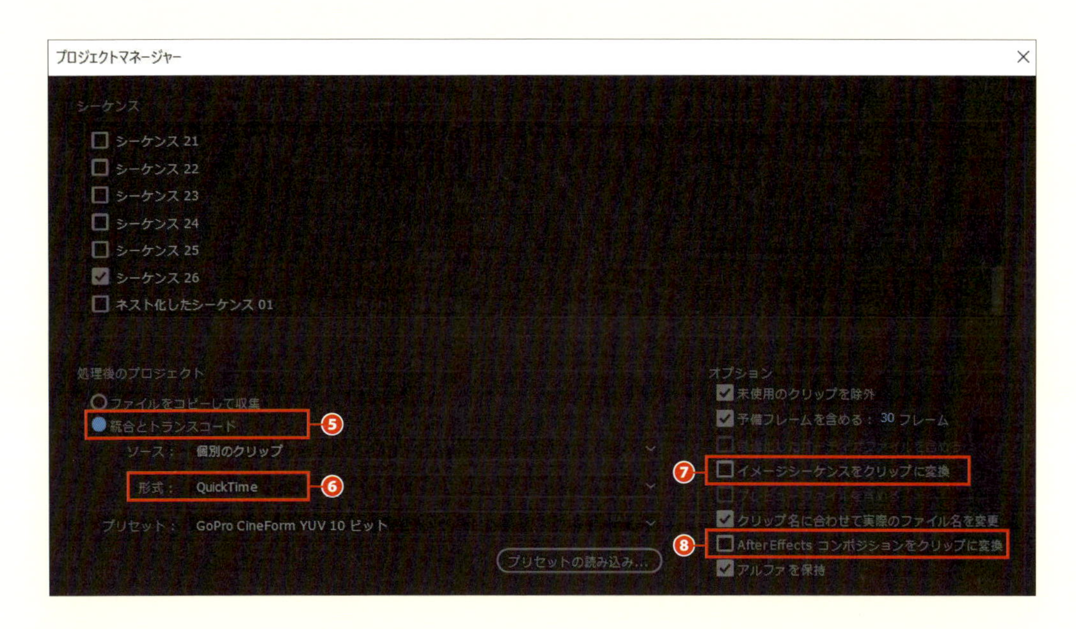

設定項目	内容
未使用のクリップを除外	使用していない素材を無視して書き出さないようにできます
予備フレームを含める	[統合とトランスコード] 選択時に、指定の長さの「のりしろ」を付けて保存します
最適化したオーディオファイルを含める	[ファイルをコピーして収集] 選択時に、オーディオプレビューファイルを含める場合にチェックします
イメージシーケンスをクリップに変換	[統合とトランスコード] 選択時に、静止画連番のイメージシーケンスを単一のムービーファイルに変換できます
プレビューファイルを含める	[ファイルをコピーして収集] 選択時に、レンダリング済みのプレビューファイルを含める場合にチェックします
クリップ名に合わせて実際のファイル名を変更	ここにチェックを入れると、素材のファイル名がプロジェクトパネルで後から変更したファイル名になります
After Effect コンポジションをクリップに変換	[統合とトランスコード] 選択時に、DymamicLink を介して使用している、Aftereffect コンポジションをレンダリング済みのムービーファイルに変換できます
アルファを保持	[統合とトランスコード] を選択し、かつ [アルファ付き GoPro CineForm RGB 12ビット] のプリセット使用している場合に、アルファチャンネルを含めることができます

STEP 4 いずれかの方法を選択したら、[保存先パス] の [参照] ボタンをクリックして❾、保存先を指定します。すべての設定が済んだら、[OK] ボタンをクリックしてアーカイブを開始します。

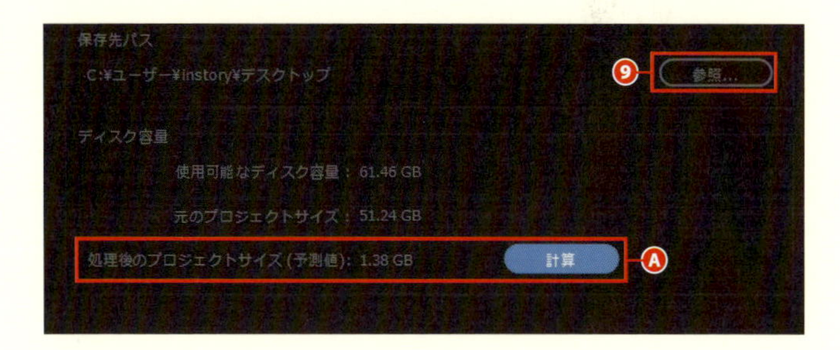

MEMO

[処理後のプロジェクトサイズ(予測値)] は、ファイルサイズの計算機です。上記の設定を終え、[計算] ボタンをクリックすると書き出すファイルのサイズが割り出されますⒶ。

第10章 さまざまな便利機能

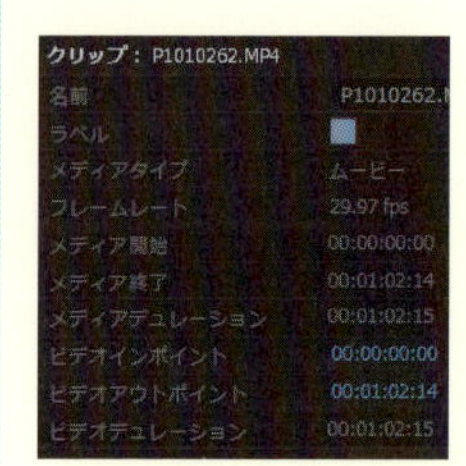

NO.

216 メタデータパネルで素材を管理する

メタデータパネルは、素材に付帯するさまざまな情報を管理するインターフェイスです。

[ウィンドウ] → [メタデータ] を実行して、メタデータパネルを表示します❶。メタデータを表示させたいクリップを、タイムラインかプロジェクトパネルでクリックして選択します。メタデータパネルは3つのカテゴリーに分かれています❷❸❹。

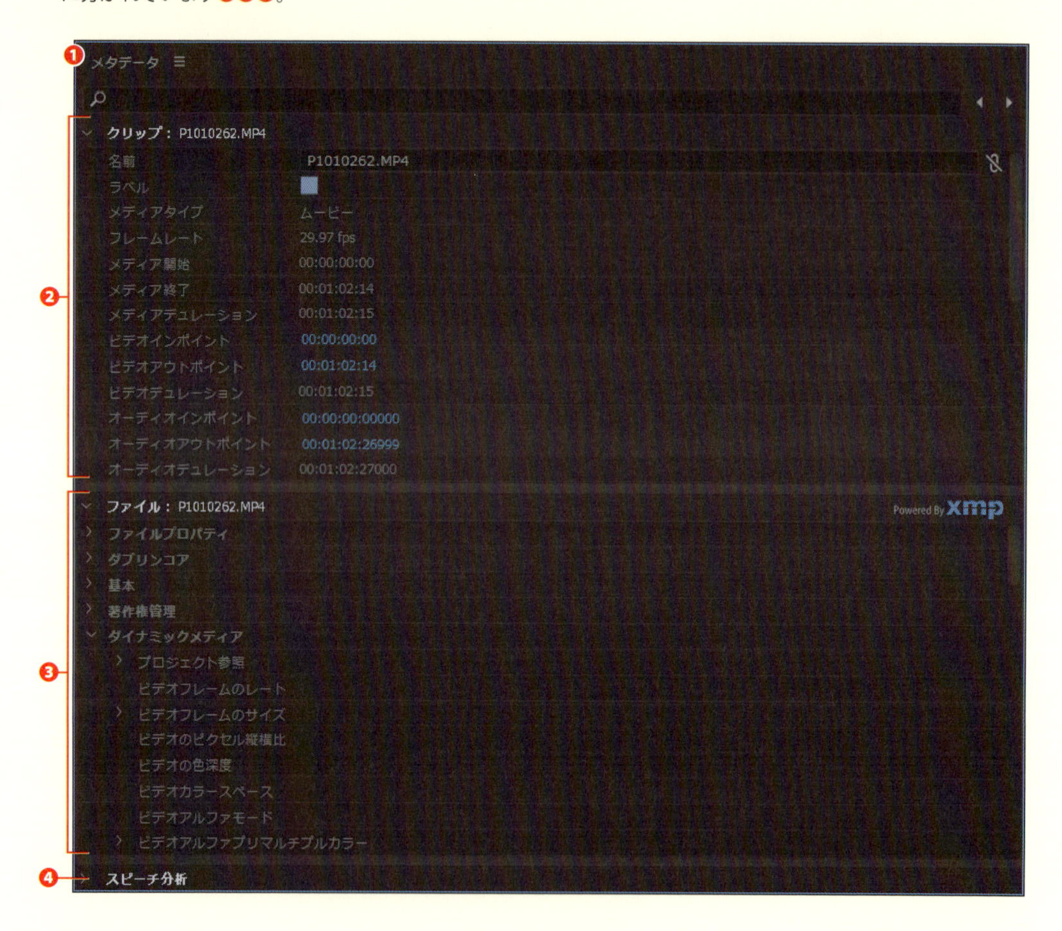

カテゴリー	内容
クリップ	プロジェクトパネルに表示されているものと同じメタデータが表示されます。Premiere Pro のプロジェクトファイルに保存されているもので、ほかのアプリケーションから参照することはできません
ファイル	ここに表示されるのは、XMP と呼ばれるメタデータの標準的なフォーマットに準拠したもので、素材のファイルとともに保存されています。After Effects や SoundBooth といったほかの Adobe アプリケーションからも参照できます。ほかのアプリケーションでも利用したいデータは、この [ファイル] 欄に書き込んでおきます
スピーチ分析	旧バージョンで作成されたスピーチ分析結果を読み込むためのものです。現在、Premiere Pro のスピーチ分析機能は削除されて使用できません

212 素材を検索する

STEP 2

メタデータのうち、編集できるものはテキストボックスになっています❺。クリックして新たにデータを入力できます。

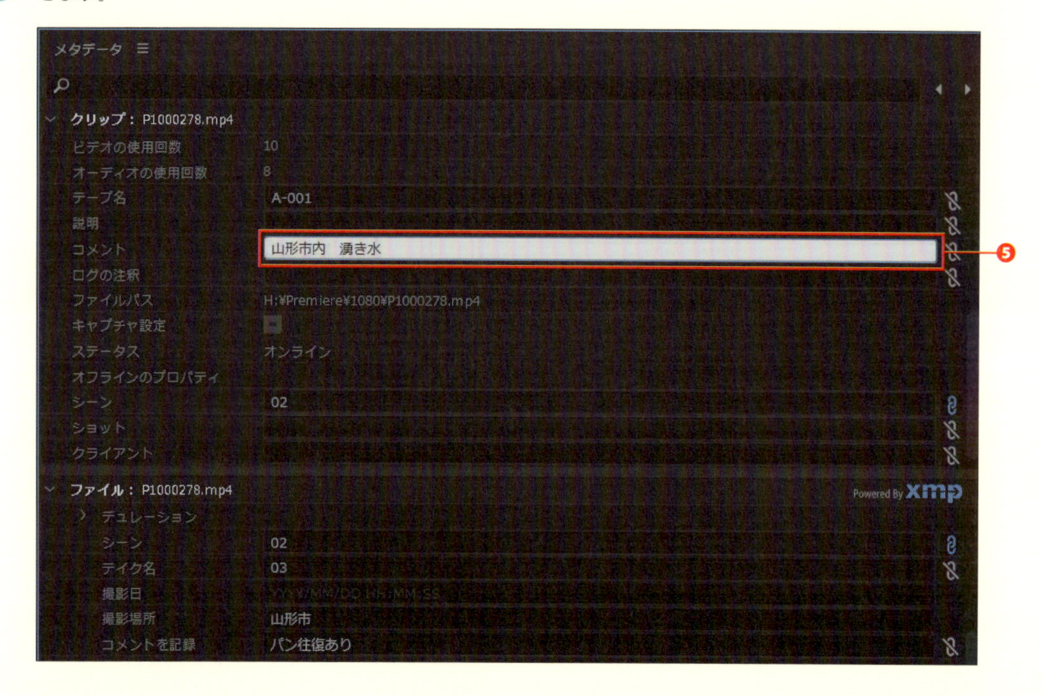

STEP 3

パネル名の右側にあるパネルメニュー❻から［メタデータの表示］を選択すると❼、［メタデータの表示設定］ダイアログが表示されます❽。各項目の三角をクリックして展開し❾、チェックをオン／オフすることで必要な項目だけを表示することができます。また［新規スキーマ］でメタデータの新しいカテゴリーを作り❿、［プロパティを追加］で情報項目を追加して使用することも可能です⓫。新規スキーマで作成した項目はほかのアプリケーションからも参照できます。

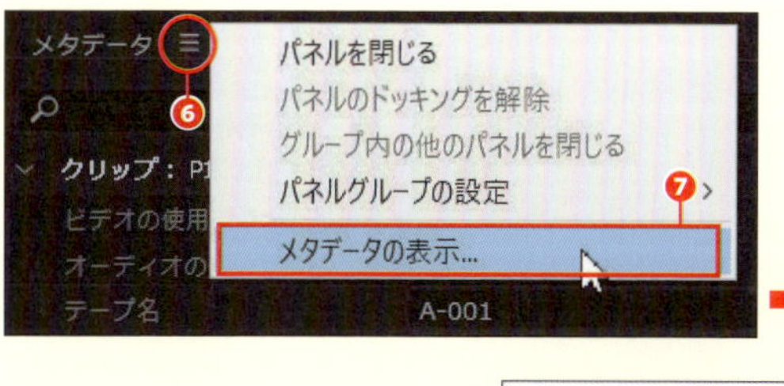

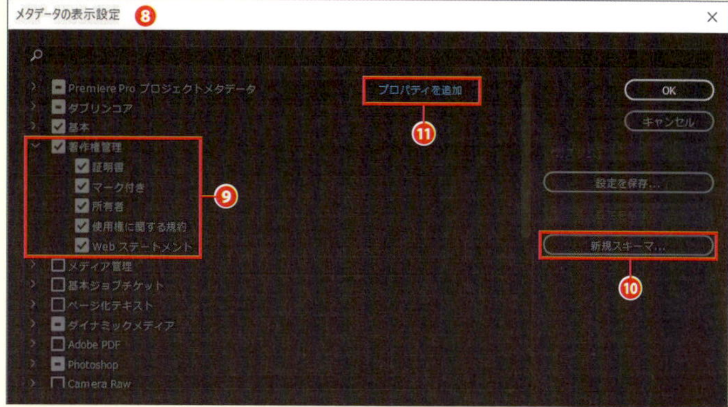

MEMO

メタデータパネル上部の検索ボックスに検索キーを入力すると、該当するメタデータだけが表示されます。検索ボックスの［×］をクリックすると元の状態に戻ります。また、メタデータに含まれる情報は、プロジェクトパネルの検索ボックスや検索ボタンを使って検索することもできます。

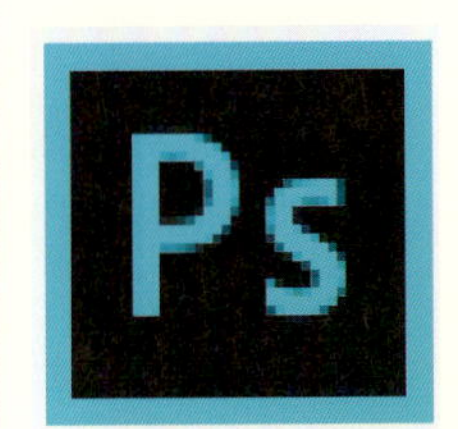

NO.

217 Photoshopと連携する

Adobe Photoshop で作成した静止画ファイル（PSD）を、レイヤー構造を活かしたまま Premiere Pro に読み込むことができます。

STEP 1

メディアブラウザーや［ファイル］→［読み込み］などを使って、Photoshop ファイルを読み込みます。すると［レイヤーファイルの読み込み］ダイアログが表示されます❶。

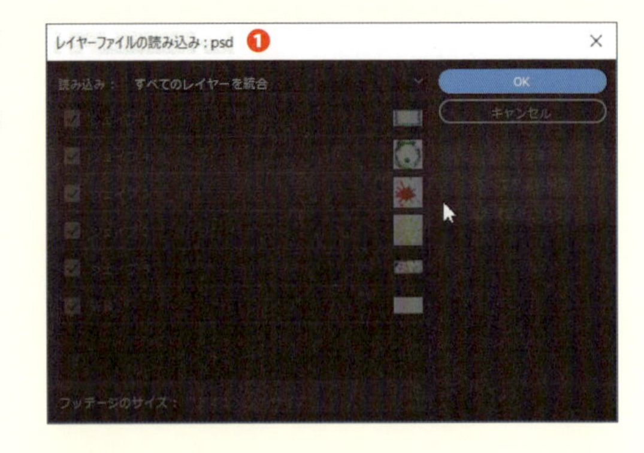

STEP 2

［読み込み］でレイヤーの読み込み方法を指定します❷。［すべてのレイヤーを統合］を選択すると、レイヤー構造は統合され、すべてのレイヤーが 1 枚の静止画として読み込まれます。［レイヤーを統合］では、統合するレイヤーをリストの中から選択できます❸。［個別のレイヤー］は、リストの中から選択したレイヤーが 1 枚 1 枚の独立した静止画として読み込まれます。各レイヤーの画像に動きをつけてアニメーションにする場合は、STEP3 の［シーケンス］を選択すると便利です❹。

なお、いずれの場合も Photoshop ファイル内のベクター画像（シェイプや文字）はラスタライズされ、ビットマップ画像として読み込まれます。

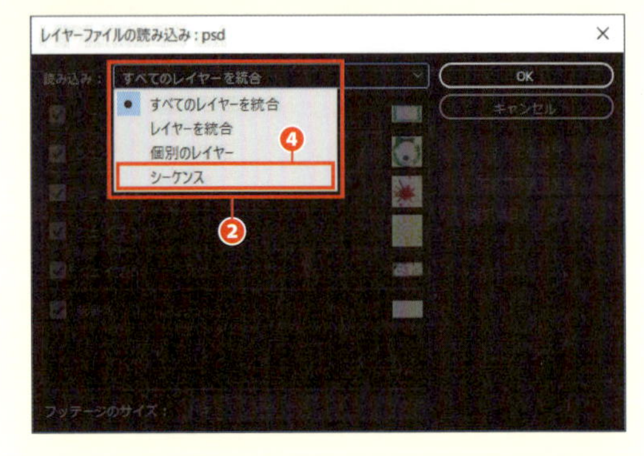

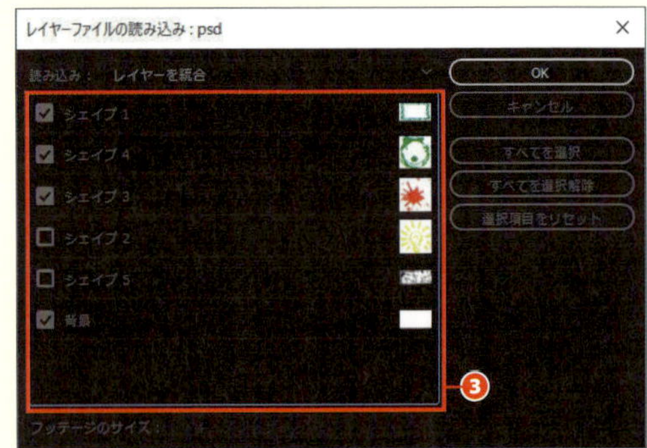

MEMO

［ファイル］→［新規］→［Photoshop ファイル］を実行すると、Premiere Pro から Photoshop ファイルを作成することができます。自動的にサイズやアスペクト比がシーケンス設定に合わせられるので、テロップの作成などに便利です。

STEP 3

［読み込み］で［シーケンス］を選択すると❹（STEP2参照）、リストから選択したレイヤーが読み込まれると同時に❺、新たにシーケンスが作成されて❻、1枚のレイヤーが1つのビデオトラックとして配置されます❼。

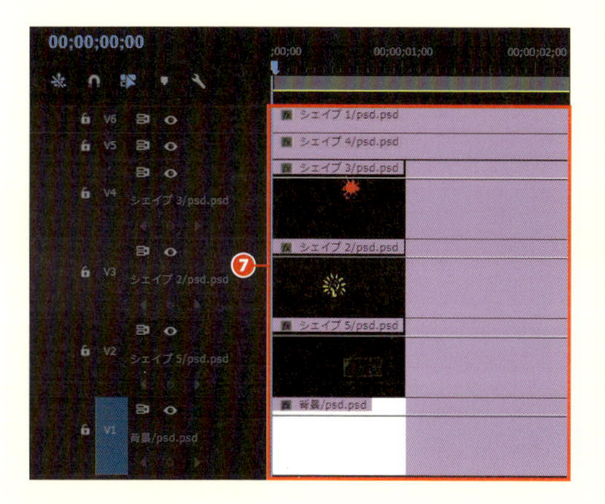

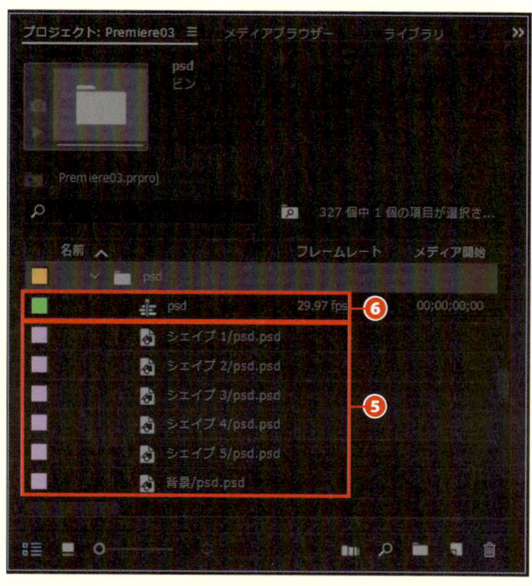

STEP 4

［レイヤーファイルの読み込み］ダイアログの［フッテージのサイズ］で［ドキュメントサイズ］を選択すると❽、Photoshopファイルの画像サイズとレイヤーサイズがそのまま読み込まれ、Photoshop上でのレイアウトも保たれます❾。一方［レイヤーサイズ］を指定すると、各レイヤーの中心点が画面の中心点と一致し、各レイヤーの画像がセンターに配置されます❿。

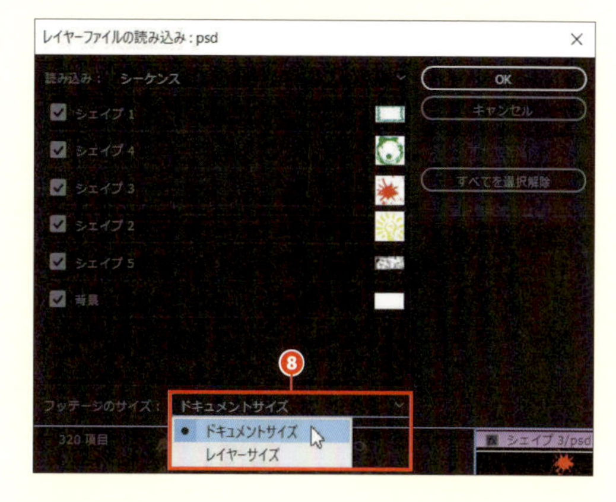

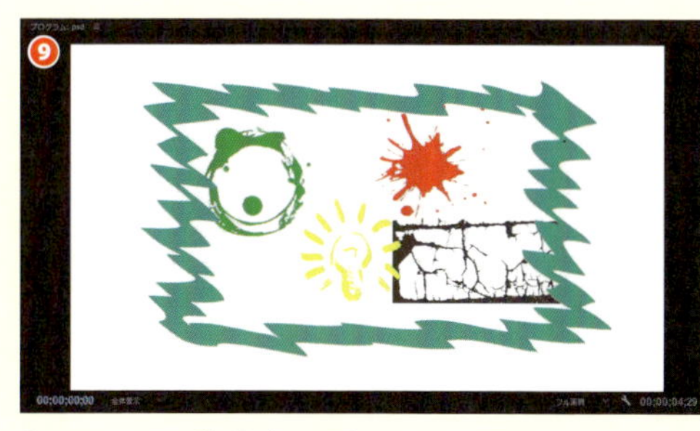

［ドキュメントサイズ］を指定した場合

［レイヤーサイズ］を指定した場合

MEMO

Adobe Illustratorのファイルを読み込むとすべてのレイヤーが統合され、ラスタライズされた「1枚画」として読み込まれます。Illustratorで作成した素材をレイヤー別に取り扱いたい場合は、一度Photoshopファイルに変換して読み込むとよいでしょう。

NO.

218 After Effectsと連携する

「Dynamic Link」機能を使ってAdobeの合成処理ソフト「Adobe After Effects」に、シーケンス上のクリップを送り、連携させることができます。

STEP 1 シーケンスを開き、After Effectsに送りたいクリップを選択します❶。

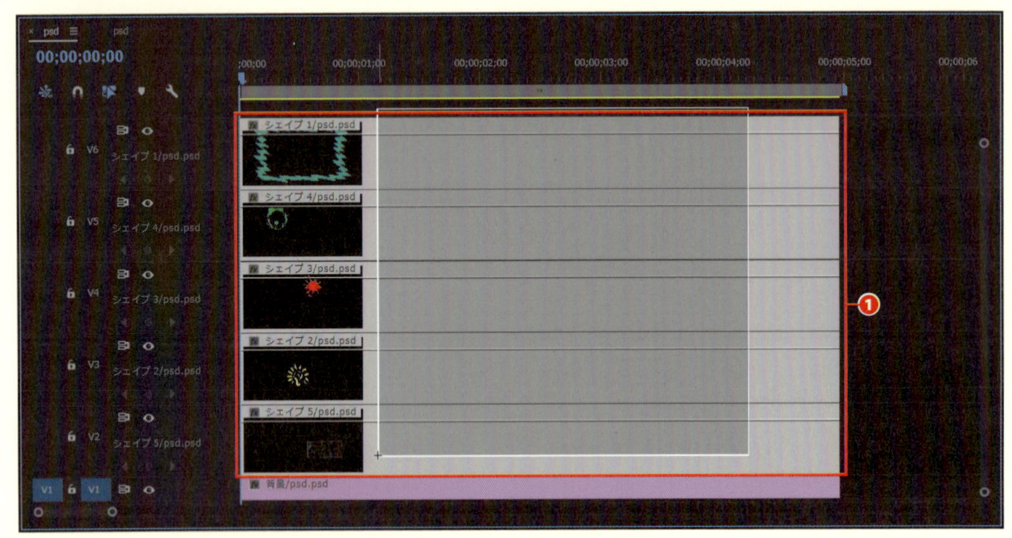

STEP 2 [ファイル] → [Adobe Dynamic Link] → [After Effectsコンポジションに置き換え] を実行します❷。

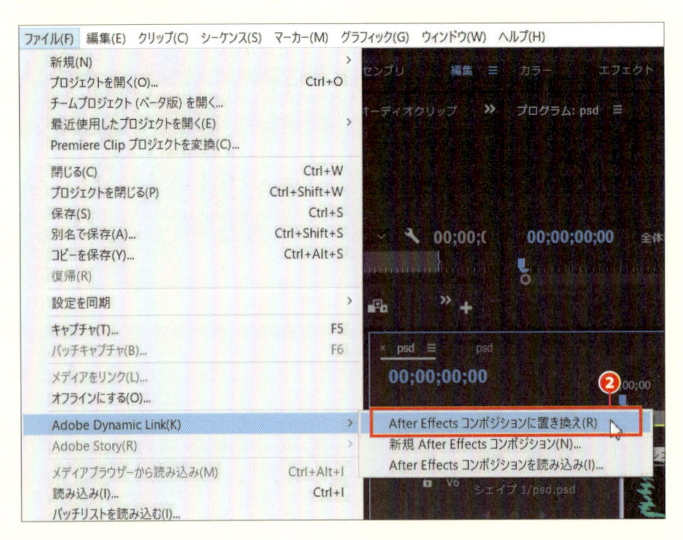

MEMO

[ファイル] →[Adobe Dynamc Link] →[新規After Effectsコンポジション] を実行すると、現在のシーケンスの設定を引き継いだ空のAfter Effectsコンポジションが作成され、プロジェクトパネルに登録されます。これをタイムラインに使用し、After Effects側でクリップやグラフィックを追加していくことができます。この場合も、その都度After Effectsでの作業結果がPremiere Proに反映されます。また、[Adobe Dynamc Link] → [After Effectsコンポジションを読み込み] では、After Effctsコンポジションを読み込んでクリップのように扱うことができます。

STEP 3

After Effects の［別名で保存］ダイアログボックスが表示されるので、After Effects プロジェクトの名前と保存場所を入力し、「保存」をクリックします。すると After Effects が自動的に起動し、コンポジションが開きます。そのまま合成やエフェクト作業を行います❸。

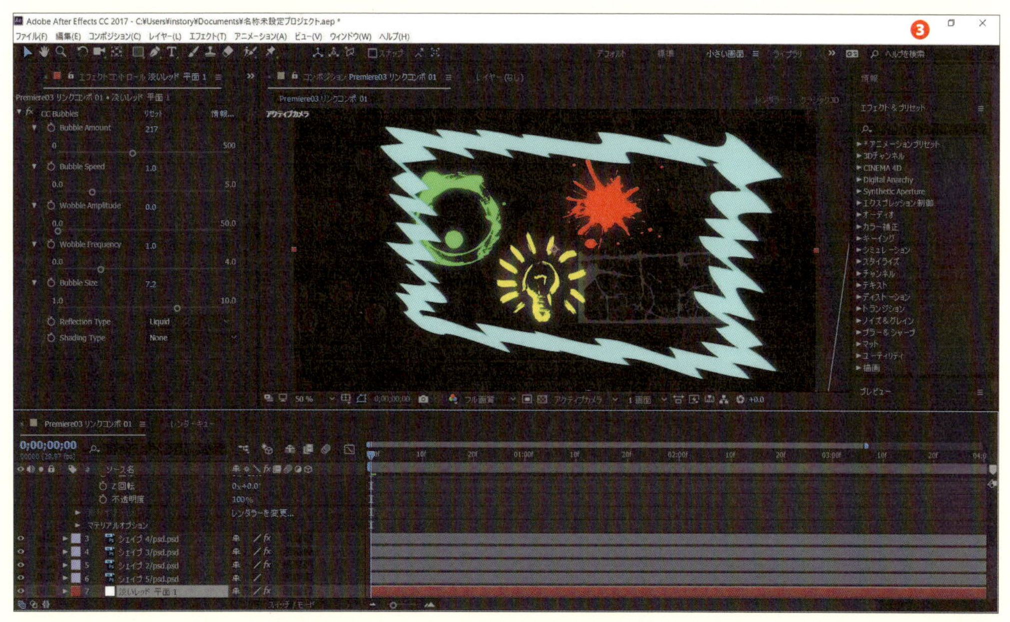

After Effects のコンポジションに変換された状態。ビデオトラックがそれぞれ1本のレイヤーに変換されます

STEP 4

Premiere Pro 側では、選択したクリップが、ネストされたような状態になり、「(プロジェクト名) リンクコンポ [番号]」という」名前が付きます❹。

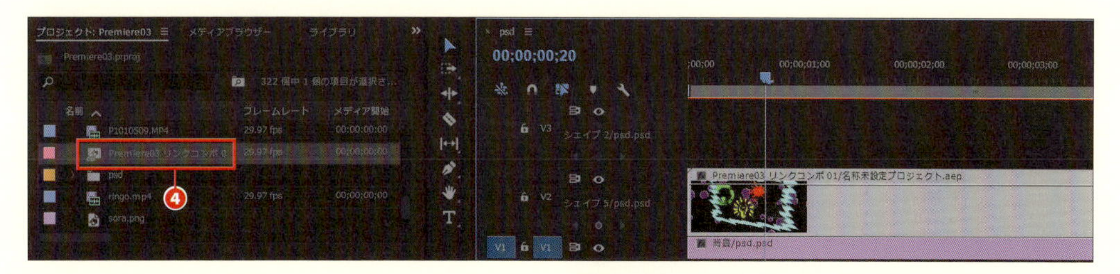

STEP 5

After Effects で作業し、Premiere Pro に戻ると、作業結果が反映されています❺。以降、このコンポジションに関しては、After Effects の変更結果が随時 Premiere Pro に反映されるようになります。

NO.

219 Auditionとの連携

Adobe のサウンド編集ソフト「Adobe Audition」がインストールされていれば、Premiere Pro と Audition 間でシームレスな連携ができます。

STEP 1

プロジェクトパネルかタイムラインパネル上で、オーディオを含むクリップを選択します❶。右クリックして表示されるメニューから［Adobe Audiotion でクリップを編集］を選択します❷。

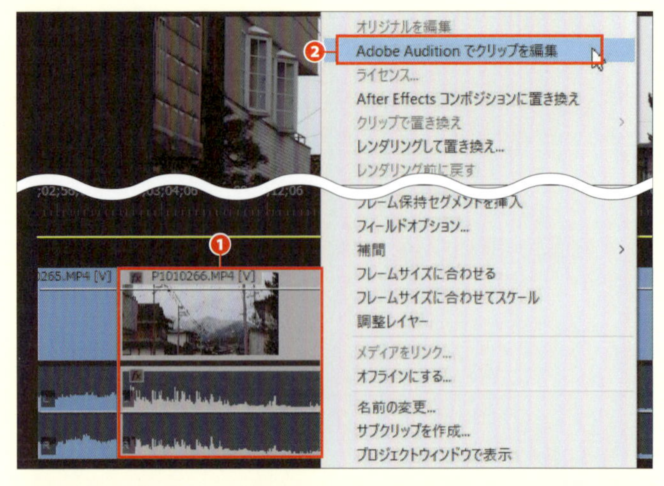

STEP 2

［レンダリングして置き換え］ダイアログが表示されたあと、Adobe Audition が起動します❸。Audition のエディターには、選択したクリップが読み込まれています❹。Premiere Pro 側では、抽出されたオーディオクリップがプロジェクトパネルに追加され、タイムラインでも置き換わっています❺。

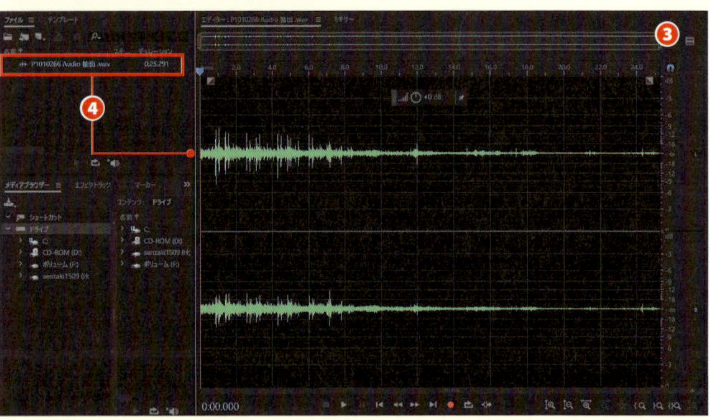

STEP 3

Audition でオーディオクリップに変更を加え、上書き保存すると、その結果がそのまま Premiere Pro 上にも反映されます。

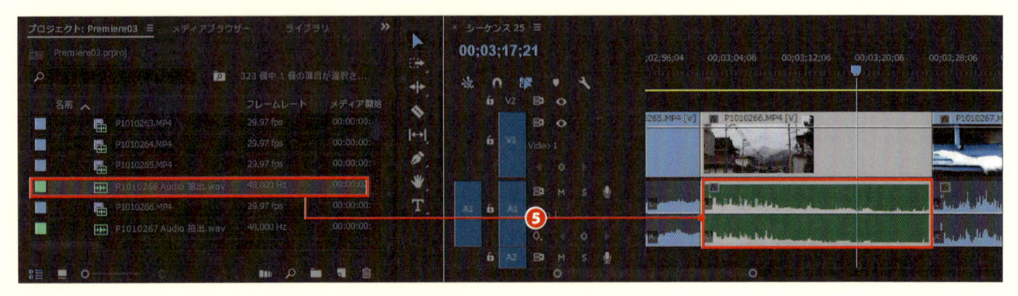

MEMO

この操作では、元のクリップのコピーが使用されるため、Audition での編集結果が元の素材に影響を与えることはありません。元のクリップに差し替えることで、前の状態に戻すこともできます。

NO. 220 ほかの編集ソフトと連携する（AAFファイルで書き出す）

編集データをほかの編集ソフトとやりとりしたい場合は、AAF形式で書き出します。すべてが引き継がれるわけではありませんが、基本的な編集結果は共有できます。

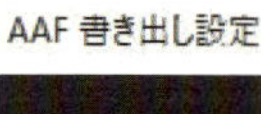

STEP 1

書き出したいシーケンスをタイムラインで選択してアクティブにするか、プロジェクトパネルで選択し、［ファイル］→［書き出し］→［AAF］を実行します❶。すると［AAF書き出し設定］ダイアログが開きます。

STEP 2

書き出しに関する設定を行います。［ビデオをミックスダウン］にチェックを入れると、複数のビデオトラックを1本にまとめてレンダリングされます❷。音に関しては、［サンプルレート］と［サンプルビット数］が選択できるほか、オーディオをムービーファイルに含めるか、単独で書き出すかを選べるようになっています。設定ができたら［OK］をクリックします❸。［変換したシーケンスを「AAF」として保存］ダイアログが表示されるので、ファイル名や保存先を指定して［保存］ボタンをクリックします。

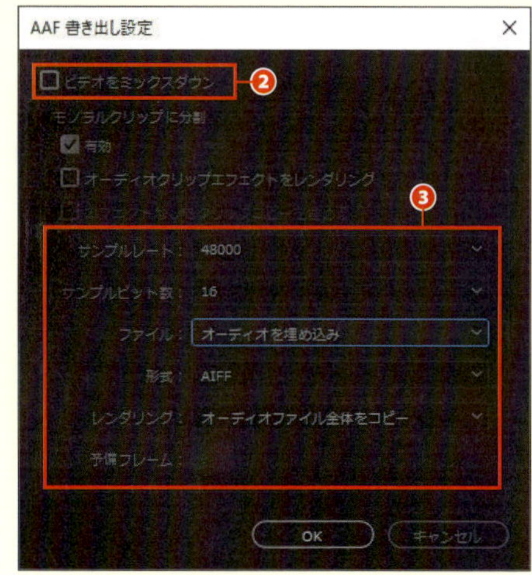

MEMO

Premiere Pro に AAF ファイルを読み込むこともできます。プロジェクトを作成し、［ファイル］→［読み込み］で目的のファイルを読み込みます。このとき AAF ファイルはシーケンスとして読み込まれます。

NO.
221 各種DAWとの連携（OMFを書き出す）

オーディオトラックを OMF（Open Media Framework ）形式で書き出すことで、Pro Tools などの Digital Audio Workstation（DAW）にデータが渡せます。

STEP 1

OMF で書き出したいシーケンスをタイムラインに表示してアクティブにし、［ファイル］→［書き出し］→［OMF］を実行します❶。

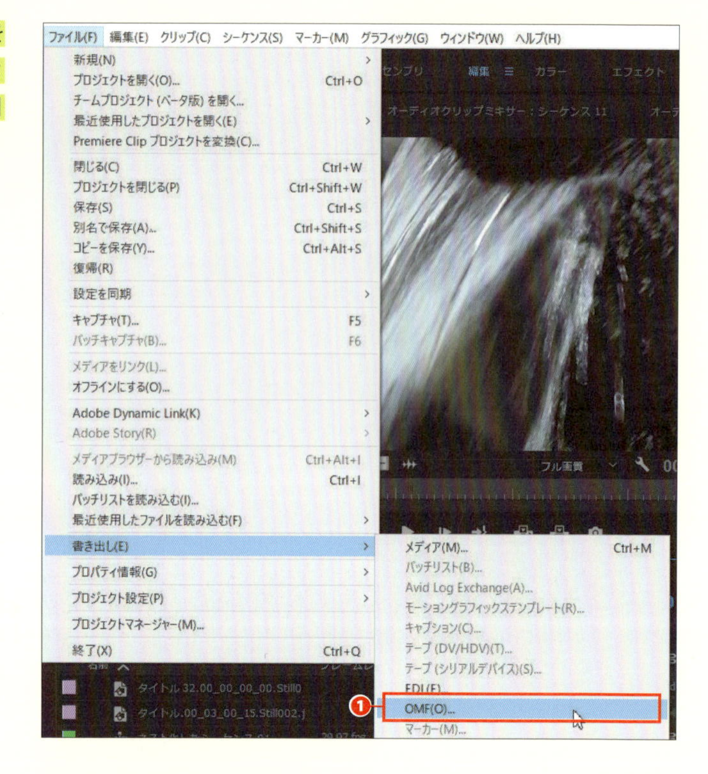

STEP 2

［OMF 書き出し設定］ダイアログが表示されるので、設定を行います❷。まず、［OMF タイトル］に OMF のファイル名を入力します❸。［サンプルレート］と［サンプルビット数］では、オーディオの再サンプルの仕様を設定します❹。通常は［サンプルレート］は 48000、［サンプルビット数］は 16 で問題ないでしょう。のちの DAW 作業によっては必要に応じて、96000Hz や 24bit に変更することもできます。

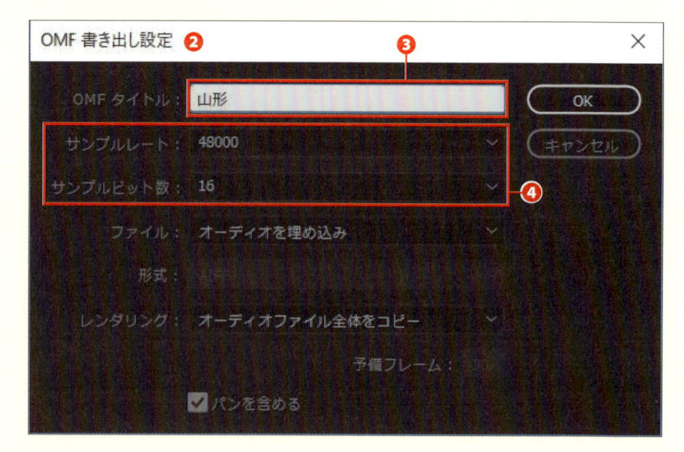

［ファイル］では、書き出されたOMFの状態を指定します❺。［オーディオの埋め込み］では、オーディオトラックのすべての要素がカプセル化されて、1つのOMFファイルの中に格納されます。［個別のオーディオ］では、オーディオクリップがそれぞれ個別のファイルとして、フォルダーに格納され、それとは別にOMFファイルが書き出されます。この方法では、オーディオは、すべてモノラルトラックに分割され、ステレオクリップはRとLの2つのモノファルクリップにばらされて保存されます。用途や使い勝手に応じてどちらかを選択します。

［レンダリング］で［オーディオファイル全体をコピー］を選択すると、オーディオトラックで使われているクリップの素材全部が、使っていない部分も含めてまるまるコピーされます❻。また［オーディオファイルをトリミング］を選択すると、使用部分のみが切り取られて保存されます。こちらを選択すると［予備フレーム］が使用できるようになり、保存する「のりしろ」を指定できます❼。

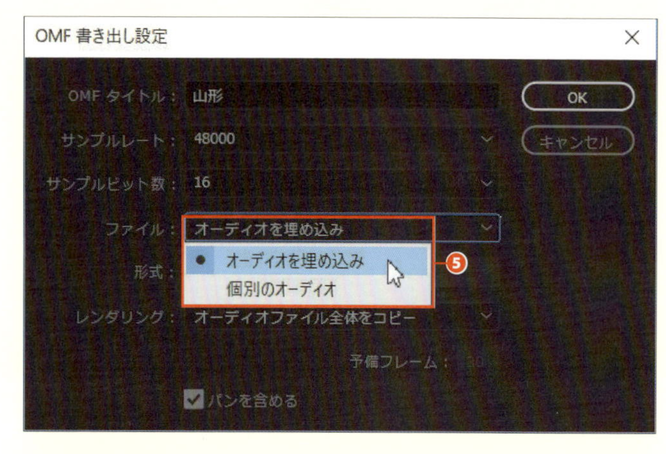

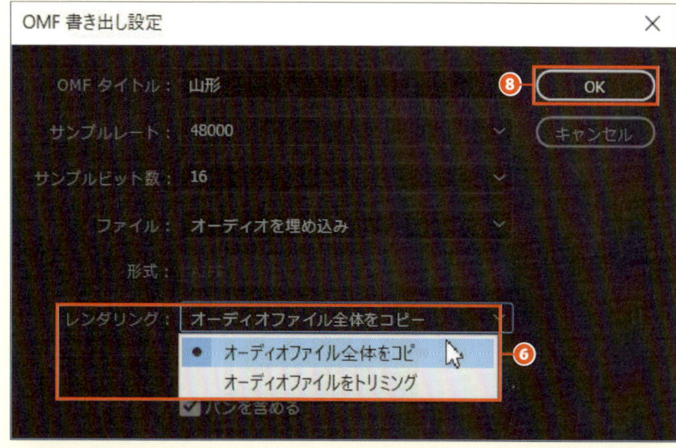

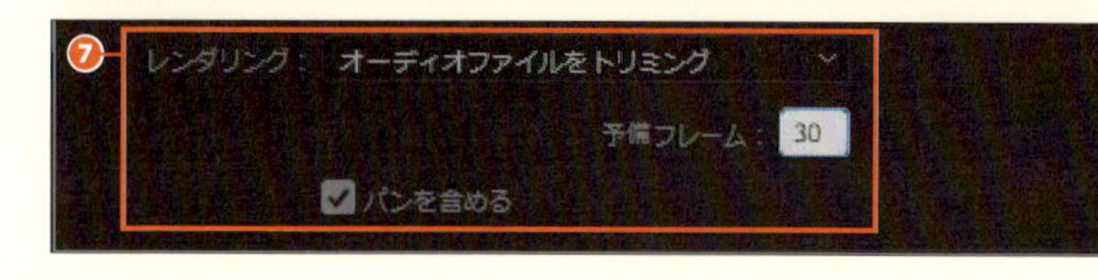

STEP 3

設定が終わったら［OK］ボタンをクリックします❽。

［シーケンスをOMFとして保存］ダイアログで保存するディレクトリを指定して［保存］ボタンをクリックします。

プログレスバーが表示され、OMFファイルが保存されます❾。保存が終わると［OMF書き出し情報］ダイアログが表示されます。エラーの報告などが表示されるので、DAWで作業する際の参考にできます。

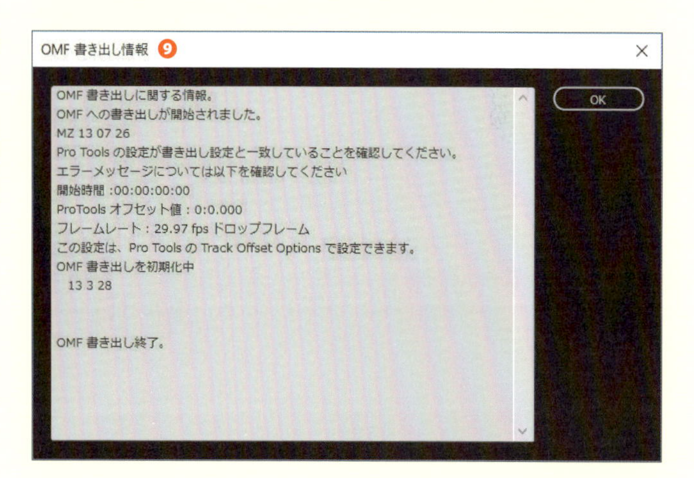

Premiere Pro CC EFFECT & TRANSITION LIST

エフェクト&トランジション一覧

●ビデオエフェクト

（編集部注） ※印の付いたものは Mac 版には搭載されていません。Windows 版のみで使用可能です

カテゴリ／名称	内容
Obsolete	[Lumetriカラー]の実装に伴い、同様の機能を持った旧エフェクトと集めたカテゴリ
3 ウェイカラー補正	ハイライト(明部)、ミッドトーン(中間調)、シャドウ(暗部)のそれぞれの色調や明るさを調整できます
RGB カラー補正	赤、緑、青のそれぞれのカラーチャンネルを階調補正できます
RGB カーブ	赤、緑、青のそれぞれのチャンネルをグラフを使ってコントロールします
クイックカラー補正	色相や彩度をカラーホイールを使って調整できるほか、スライダーを使ったレベル補正も可能です。オールマイティに使えます
シャドウ・ハイライト	シャドウとハイライトの強さや階調を補正します。逆光補正に役立つほか、画像全体の階調をコントロールすることもできます
ブラー（滑らか）	[ブラー(ガウス)]とほぼ同じ効果が得られ、ぼかし幅が広いのが特徴です
ルミナンスカーブ	クリップの明るさや階調をグラフを使って調整します
ルミナンス補正	クリップの輝度とコントラストを詳細に調整できます。ハイライト、ミッドトーン、シャドウを個別に調整することもできます
自動カラー補正	自動的に色調をノーマルに補正します
自動コントラスト	自動的にコントラストをノーマルに補正します
自動レベル補正	自動的に階調をノーマルに補正します
イメージコントロール	画像の色やコントラストなどを調整するエフェクト群
カラーバランス（RGB）	赤、緑、青のそれぞれの量をスライダーで調整し、色補正するシンプルなエフェクトです
カラーパス	スポイトツールで拾ったカラーのみを残し、ほかを白黒にします。スライダーで度合を調整できます
カラー置き換え	クリップ内の1色を指定して、別の色に置き換えることができます
ガンマ補正	クリップの中間調(グレー)の明るさを変更してトーンを整えます
モノクロ	クリップの色を破棄してグレースケールにします

カテゴリ／名称	内容
カラー補正	クリップの色やコントラストなどを調整するエフェクト群
ASC CDL	異なるシステム同士でグレーディング情報を交換するための「ASC CLD」規格に沿ってカラー補正を行います
Lumetri カラー	カラーグレーディングソフトで作成したLUTやLOOKを読み込んでクリップに適用します
イコライザー	全体的にアンダーやオーバーになってしまった素材の階調を平均化して補正します
カラーバランス	各階調ごとに赤、緑、青の量を調整します
カラーバランス(HLS)	色相、明度、彩度の3要素を使って家庭用テレビの色調整のような感覚で色を補正します
チャンネルミキサー	赤、緑、青の各チャンネルに任意の色を加えたり、色情報を基にモノクロ画像が作れます。一般的な色調整を超えた独創的な表現も可能です
ビデオリミッター	クリップの明るさや色を一定の範囲に収まるように自動調整します。極端な色や明るさを持った素材を放送基準に合致させる場合などに使用できます
他のカラーへ変更	選択した色だけをほかの色に変更します
色かぶり補正	クリップの白と黒を任意のカラーにマッピングしてモノクロ画像を作ります。セピア調が簡単に作れます
色を変更	特定の色をピックアップして、ピンポイントで色相や彩度、明度を変更します
色抜き	特定の色をピックアップして、その色以外をモノクロにします。
輝度&コントラスト	[明るさ]と[コントラスト]の2本のスライダーでクリップの階調を変更します
キーイング	クロマキー合成など、背景にクリップを合成するためのエフェクト群
Ultra キー	オールマイティに使えるクロマキー合成用のエフェクト。半透明部分やテカリに対する調整など高度な合成が可能です
アルファチャンネルキー	クリップに含まれるアルファチャンネルを操作します。アルファの透明度を変更したり、RGBを無視してマスクのみ残すといった使い方ができます
イメージマットキー	白黒で描かれた画像を読み込ませ、それをマスクにして合成します

カテゴリ／名称	内容
カラーキー	クリップ内の特定の色をピックアップしてその部分を透明にします。簡単なエッジ補正機能も備えています
トラックマットキー	別のトラックに配置したマスク素材のアルファチャンネルやルミナンス情報に基づいてクリップ合成します。マスク素材には動画も使用できます
マット削除	アルファチャンネルの透明情報が色チャンネルにも書き込まれている場合、合成が汚くなる場合があります。その場合にこのエフェクトで補正します
ルミナンスキー	クリップの輝度を使って合成します。黒背景や白背景のロゴなどを背景に合成することもできます
異なるマット	2つのクリップを比較して、変化していない部分をキーアウトするという、特殊なキーイングエフェクトです
赤以外キー	[しきい値]と[カットオフ]の2本のスライダーを使って合成します。青と緑を同時にキーアウトすることもできます
スタイライズ	**クリップをグラフィカルなイメージに変更するエフェクト群**
しきい値	実写画像をハイコントラストなモノクロ画像に変換します
アルファグロー	クリップに含まれるアルファチャンネルの周囲にグローを追加します。これにより合成した画像の周りを光らせることができます
エンボス	クリップをモノクロにした上で「浮き彫り」のように変換します
カラーエンボス	[エンボス]と同様に「浮き彫り」のようになりますが、こちらはカラーが保持されます
ストロボ	クリップに「ストロボ」や「フリッカー」を加えます
ソラリゼーション	クリップにネガ画像を合成することで、擬似的なソラリゼーション効果を作り出します
テクスチャ	別のビデオトラックに配置した模様やパターンをクリップに合成します
ブラシストローク	クリップを油絵で描いたような雰囲気にします
ポスタリゼーション	クリップの階調を単純化して、絵の具で塗ったような、あるいは木版画のような雰囲気にします
モザイク	クリップの画像を指定した大きさのブロックに分割してモザイク状に加工します
ラフエッジ	クリップに含まれるアルファチャンネルの周囲にフラクタルを使った縁取りをします。縁取りの形状は揺らすように動かすことができます
複製	クリップの画像を縮小して並べてマルチ画面風にします

カテゴリ／名称	内容
輪郭検出	画像から輪郭だけを検出して線画風に加工します
チャンネル	**赤、緑、青の色チャンネルやアルファチャンネルをコントロールするエフェクト群**
アリスマチック	赤、緑、青のチャンネルに対して演算を行い、色を変更します
ブレンド	クリップを別のビデオトラックのクリップとさまざまな合成モードでブレンドします
マット設定	トラックマットを設定するエフェクトです。旧バージョンのAEとの互換性を保つために用意されたもので、通常は[トラックマットキー]エフェクトを使用します
単色合成	クリップを半透明にして指定した色と合成します。クリップ全体が指定した色の「かぶった」状態になります
反転	色のほか、輝度やアルファチャンネルなど、指定したチャンネルを反転させます
合成アリスマチック	指定したビデオトラックのクリップを、[スクリーン][加算][乗算]などの演算子を使って重ね合わせます
計算	2つのクリップの異なるチャンネル同士を、指定した演算子を使って合成します
ディストーション	**クリップを歪めたり、変形させるエフェクト群**
オフセット	画像の中心点を変更して、上下左右にずらします。見切れた部分は、画像が繰り返されてタイル状になります
コーナーピン	クリップの四隅をドラッグして変形させます
ズーム	画像の一部分を指定して拡大鏡に映し出したような効果が出せます
タービュレントディスプレイス	クリップをフラクタルを応用した波形で歪めます。複雑な波紋のような表現ができます
ミラー	画像内に鏡を置き、反射させた表現ができます
レンズゆがみ補正	広角レンズで撮影した素材のゆがみを補正します。魚眼レンズ風の表現にも使えます
ローリングシャッターの修復	CMOSセンサーカメラで撮影した際の歪みを軽減します
ワープスタビライザー	手ブレを取り除き、安定感のある映像に修正します
回転	画像を渦巻き状に変形します

カテゴリ／名称	内容
変形	画像の拡大や縮小、縦横比率の変更、パースの表現などができます
波形ワープ	[サイン][三角]など、波形を選んで画像を波打たせます
球面	画像の一部を球面上に歪ませます。魚眼レンズ風の表現ができます
トランジション	**カット同士の切り替わりを演出するエフェクト群**
グラデーションワイプ	あらかじめ用意したグラデーションの輝度のカーブにしたがってワイプします
ブラインド	窓のブラインドの開け閉めのようなイメージでストライプ状のワイプを行います
ブロックディゾルブ	マス目がランダムに入れ替わるようにディゾルブします。ブロックのサイズを小さくすると砂目状になります
リニアワイプ	左右、または上下のシンプルなワイプです。ワイプの角度を変更したり、境い目をぼかしたりすることができます
ワイプ（放射状）	基本的なクロックワイプです。円の中心やワイプの方向を指定できます。境い目をぼかすことも可能です
トランスフォーム	**クロップや上下左右の反転など、画像の方向やサイズを変更するエフェクト群**
エッジのぼかし	クリップの周囲をぼかします。ぼかした外側はアルファチャンネルになります。縮小と同時に使えば、小画面の周囲をぼかすことができます
クロップ	画像の上下左右を指定した量だけ切り取ります。切り取った部分はアルファチャンネルになります
垂直反転	画像を単純に上下反転させます
水平反転	画像を単純に左右反転させます
ノイズ&グレイン	**ノイズの軽減やノイズの追加を行うエフェクト群**
ダスト&スクラッチ	指定した範囲内のピクセルを調べ、異質なピクセルを周囲のピクセルに揃えることでノイズや傷を修復します
ノイズ	画像にノイズを追加します。ランダムに動くノイズが追加されます
ノイズ HLS	[色相][彩度][明度]のそれぞれにランダムに動くノイズを追加します。[粒状]ではノイズのサイズが変更できます
ノイズ HLS オート	[ノイズHLS]とほぼ同様ですが、ノイズの動くスピードが調整できます

カテゴリ／名称	内容
ノイズアルファ	アルファチャンネルにノイズを追加します。ノイズ部分は透明になるので、ほかの素材と重ね合わせることができます
ミディアン	指定した半径内のピクセルの色を均一化することで、独特のブラーがかかります
ビデオ	**各種情報のオーバーレイや SDR、VR コントロールに関するエフェクト群**
SDR 最適化	HDRメディアをSDR出力に最適化します
VR 投映法	VR素材の投映法を変更します
クリップ名	画像にクリップ名をオーバーレイします
シンプルテキスト	任意のテキストをオーバーレイします
タイムコード	タイムコードをオーバーレイします
ブラー&シャープ	**画像をぼかしたり、シャープにするエフェクト群**
アンシャープマスク	被写体の輪郭を検出し、強調します。ピントの甘い素材を救える可能性があります
カメラブラー ※	レンズの光学的なボケをシミュレーションします
シャープ	エッジを強調します。ピントが甘い素材を救える可能性があります
ブラー（ガウス）	画像をぼかします。[水平][垂直]、またその両方を同時にぼかすことができます
ブラー（チャンネル）	赤、緑、青、アルファチャンネルの各チャンネルをぼかすことができます。水平、垂直、その両方を選択することが可能です
ブラー（合成）	別トラックに配置した白黒素材をマスクにして画像をぼかします
ブラー（方向）	方向性を持ったブラーを作り出します。ブラーの長さと角度が調整できます
ユーティリティ	**ジタルシネマ用エフェクト**
Cineon コンバーター	コダックのデジタルシネマシステムCineon用のファイルを使う場合に使用します。オリジナルの色をPremiere Pro上で再現できます
描画	**色やライン、図形を生成し、クリップに追加するタイプのエフェクト群**
4 色グラデーション	画像に4色からなるグラデーションを生成し、演算子を使って重ねます。すべてを塗りつぶすことができるので、背景用の素材も作れます

カテゴリ／名称	内容
カラーカーブ	基本的な2色のグラデーションを生成します。元画像に対して不透明度を使った単純なミックスが行えます
グリッド	グリッド(格子柄)を生成します。元画像に対してさまざまな演算子を用いて重ね合わせることもできます
スポイト塗り	指定した位置や範囲のピクセルのカラーをピックアップし、画像全体に重ね合わせます
セルパターン	細胞のような、または結晶のようなパターンを生成します。元画像を結晶状に加工することもできます
チェッカーボード	チェッカーボードの模様を生成します。元画像に対してさまざまな演算子を用いて重ね合わせることもできます
ブラシアニメーション	画像に次第に描かれていくラインを重ねることができます。ラインがある場所から別の場所へ伸びていくアニメーションが作れます
レンズフレア	画像にレンズフレアを重ねることができます。光源の位置やフレアの形状をコントロールできます
円	画像に円を重ねることができます。塗られた円のほか、エッジだけ、塗りとエッジなどが選択可能です
塗りつぶし	画像の中からピックアップした色の範囲を指定した色で塗りつぶします
楕円	塗られていない楕円形を生成します。ソフトの調整や、グロー表現も可能です
稲妻	始点と終点を指定して、動く稲妻を生成し、元画像に重ね合わせます
時間	**時間と共に変化するタイプのエフェクト群**
エコー	前のフレームを保持して、次々に画像を重ね合わせていきます。音響効果のやまびこ(エコー)効果の視覚版です

カテゴリ／名称	内容
ポスタリゼーション時間	いわゆる「間欠フリーズ」を作り、カクカクした動きにします
色調補正	**色や階調を調整するエフェクト群**
プロセスアンプ	色や明るさをコントロールします。[明度][コントラスト][色相][彩度]のパラメーターを用い、テレビの色調整のような感覚で調整できます
レベル補正	画像の入力・出力レベルを設定して階調を補正します。赤、緑、青、それぞれについても補正できるので、色合いの調整も可能です
抽出	画像からグレースケールのみを抽出して、さまざまなニュアンスのモノクロ画像を作り出します
明るさの値	「畳み込み」と呼ばれる演算を利用して、ピクセルの明るさを調整します。調整の仕方によって複雑なエンボス効果が作り出せます
照明効果	画像に[スポットライト]などの照明効果を加えます
遠近	**パースや立体感を作り出すことができるエフェクト群**
ドロップシャドウ	縮小したクリップやアルファチャンネルを含んだクリップから影を落とすことができます
ベベルアルファ	アルファチャンネルの境界にベベルを設定して、面取りをしたような効果が出せます
ベベルエッジ	クリップの周囲にベベルを設定して、面取りをしたような効果が出せます
基本 3D	クリップの拡大、縮小、回転のほか、擬似的に3Dパースを付けることができます
放射状シャドウ	縮小した画像やアルファチャンネルを含んだ画像から、背景に影を落とすことができます。影は仮想の光源の位置を調整してコントロールします

ビデオトランジション

［ワイプ］カテゴリで使用できるトランジションの種類は Windows 版と Mac 版とで大きく異なります。※印をつけたものが Mac 版でも使用できるトランジションです

カテゴリ／名称	内容
3D モーション	**映像が立体的に前後に移動しながら切り替わります**
キューブスピン	回転する立方体の2面に先行カットと後続カットが貼りつけられているように切り替わります
フリップオーバー	回転する板の裏表に先行カットと後続カットが貼り付けられているように切り替わります
アイリス	**カメラのアイリス（絞り）が閉じたり開いたりするように、センターから切り替わります。センター位置は調整できます**

カテゴリ／名称	内容
アイリス（クロス）	センターから十字に切り替わります
アイリス（ダイヤモンド）	センターから菱形に切り替わります
アイリス（円形）	センターから円形に切り替わります
アイリス(正方形)	センターから正方形に切り替わります

カテゴリ／名称	内容
スライド	**画面をスライドさせて切り替わります**
スプリット	中央から引き戸が開くように切り替わります
スライド	**後続カットがスライドしながらフレームインしてきて切り替わります**
センタースプリット	先行カットが上下左右に4分割され、それぞれ四隅にスライドして切り替わります
帯状スライド(Windows版のみ)	帯状になった後続カットが、先行カットの上にかぶさってきます
押し出し	後続カットが、先行カットを押し出すようにしてスライドして切り替わります
ズーム	**イメージを拡大縮小させながら切り替わります**
クロスズーム	先行カットがズームインし、しきったところで後続カットに切り替わり、ズームアウトして通常のサイズに戻ります
ディゾルブ	**いわゆる「オーバーラップ」のバリエーションです**
クロスディゾルブ	先行カットに後続カットがフェードインしてくる、一般的なオーバーラップです。初期設定で使用されています
ディゾルブ	オーバーラップの途中が加算合成されて明るくなります
フィルムディゾルブ	リニアカラースペースを使って違和感のないオーバーラップを行います
ホワイトアウト	先行カットがいったん白にフェードアウトし、そこから後続カットがフェードインしして切り替わります
モーフカット	前後のカットの差異を検出し、モーフィングしながら切り替わります。ジャンプカットの軽減に役立ちます
型抜き	明るさを元に、先行カットと後続カットが合成されながらオーバーラップします
暗転	先行カットがいったん黒にフェードアウトし、そこから後続カットがフェードインしして切り替わります
ページピール	**ページめくりのトランジションです**
ページターン	先行カットがページがめくれるように切り替わります。ページの裏側には反転した先行カットが見えます
ページピール	本のページをめくるように切り替わるトランジションです

カテゴリ／名称	内容
ページピール	先行カットがページのめくれるように切り替わります。ページの裏側はつやのあるグレーで塗りつぶされます
ワイプ	**先行するカットが、後続カットを拭きとるように切り替わる「ワイプ」のバリエーションです**
くさび形ワイプ	2本の時計の針の動きのようにワイプします
クロックワイプ	時計の針の動きのように切り替わります
グラデーションワイプ ※	グラデーション画像を指定すると、そのグラデーションに沿ってワイプします
ジグザグブロック	四角いブロックが通り過ぎるようにワイプします
スパイラルボックス	ボックスがらせんを描くようにワイプします
チェッカーボード	先行カットがチェッカーボード状になって消えていきます。格子の数を指定できます
チェッカーワイプ	先行カットに、チェッカーボード状に穴があくようにワイプします。格子の数を指定できます
ドア（扉）※	画面の中央から左右にワイプします。ボーダーの太さや色を指定できます
ブラインド	ブラインドが開くように、ストライプ状にワイプします
ペイントスプラッター	絵の具で塗りたくるかのようにワイプします
マルチワイプ	放射状に回転しながらワイプします
ランダムブロック	小さな四角形の穴がランダムにあいていくようにワイプします
ワイプ ※	いわゆる一般的なワイプです。ワイプの方向やボーダーが指定できます
ワイプ（ランダム）	ランダムに動くギザギザのワイプです
ワイプ（放射状）	指定したポイントを中心に、弧を描くようにワイプします
割り込み ※	画面の四隅の指定した方向から矩形にワイプします。ボーダーを指定できます
帯状ワイプ	複数の帯状にワイプします。帯の本数を指定できます

オーディオエフェクト

（編集部注）旧バージョンのプロジェクトとの互換性を保つために、旧バージョンのエフェクトは「旧バージョンのオーディオエフェクト」というフォルダにまとめられています

カテゴリ／名称	内容
Binauralizer-Ambisonics	マルチチャンネルオーディオをバイノーラル方式でマッピングあるいはミックスダウンします
DeEsser	ナレーターの歯擦音など、不快な高周波ノイズを取り除きます
DeHummer	電源ノイズなど、気になるハム音を取り除きます
FFT フィルター	高速フーリエ変換を使って特定の周波数を除去したりブーストしたりできます
適応ノイズリダクション	ノイズを検出して最適な方法で自動除去してくれます
Mastering	リバーブやリミッターなどオーディオマスタリング用のエフェクトがワンセットになっています
Multiband Compressor	低域、中域、高域で個別にコンプレッサーをコントロールできます
Panner-Ambisonics	VR 用の3D パンナーです
Phaser	音に周期的な「揺れ」を与えます
単純なノッチフィルター	指定した周波数帯を除去して一定の音量で持続するノイズと取り除きます
アナログディレイ	3つのモードでディレイ効果を作り出します
ギタースイート	ギター・アンプをシミュレーションして歪みを作り出します
グラフィックイコライザー(10バンド)	周波数帯を 10 に分けてコントロールするイコライザです
グラフィックイコライザー(20バンド)	周波数帯を 20 に分けてコントロールするイコライザです
グラフィックイコライザー(30バンド)	周波数帯を 30 に分けてコントロールするイコライザです
コンボリューションリバーブ	豊富なプリセットを持った残響エフェクトです
コーラス／フランジャー	コーラスとフランジャーが一体化したエフェクトです
サイエンティフィックフィルター	高精細なバンドパス、バンドストップフィルターです
サラウンドリバーブ	5.1 チャンネル用のリバーブエフェクトです
シングルバンドコンプレッサ	サウンド全体を対象にダイナミクスを圧縮します
シンプルパラメトリック EQ	指定した周波数とその周辺の音のみを音量調整できます
スタジオリバーブ	洞窟や教会のような、広がりのある残響を作り出します。空間の広さや音の反射を設定して幅広い調整が可能です
ステレオエクスパンダー	ステレオクリップの広がり感を調整します

カテゴリ／名称	内容
ダイナミックス操作	コンプレッサー、オートゲート、エキスパンダーなど音のダイナミクスに関する調整を総合的に行います
チャンネルの入れ替え	左右のチャンネルを入れ替えて逆にします。
チャンネルボリューム	標準の「チャンネルボリューム」と同じものですが、ほかのエフェクト間の自由な位置に配置できます
チューブモデルコンプレッサ	真空管コンプレッサーをシミュレーションします
ディレイ	音にエコーを追加します
トレブル	高い周波数の音だけを音量調整します
反転	音のフェーズ（移送）を反転します
ノッチフィルター	除去する周波数を複数設定して、持続的なノイズを詳細にカットします
バイパス	指定した周波数より低い音を除去します
ハードリミッター	指定した dB 以下に音量を押えます
バス	オーディオの低域（200Hz 以下）を強調、または減少させることができます
バランス	ステレオのセンター位置を左右に調整することができます
バンドパス	指定した周波数以外の音を除去します
パラメトリックイコライザー	指定した周波数とその周辺の音のみを音量調整できます。特定の周波数の音だけを強調したり除去できます
ピッチシフター	ピッチ（音程）を下げたり上げたりします
フランジャー	音を人工的に揺らしたり、歪みを与えることができます
ボリューム	標準の「ボリューム」と同じものですが、ほかのエフェクト間の自由な位置に配置できます
ボーカル強調	男性、女性の声を聞き取りやすく補正します
マルチタップディレイ	最大4つまでのエコーを同時に追加し、個別にコントロールして複雑なエコー効果を作り出します
ミュート	左右のチャンネルを別々にミュートできます
ゆがみ	音を歪ませます
ラウドネスレーダー	シーケンスのラウドネスを測定することができます
ローパス	指定した周波数よりも高い音を除去します
右チャンネルを左チャンネルに振る	右チャンネルの音を複製して左チャンネルにマッピングします。左チャンネルの音は破棄されます
左チャンネルへ振る	左チャンネルの音を複製して右チャンネルにマッピングします。右チャンネルの音は破棄されます
自動クリックノイズ除去	オーディオ編集点のノイズなど、オーディオのクリックノイズを取り除きます

オーディオトランジション

カテゴリ／名称	内容
クロスフェード	オーディオをオーバーラップさせるエフェクト群
コンスタントゲイン	音量を一定の比率でフェードアウト、フェードインさせます。音源によっては不自然に聞こえる場合があります

カテゴリ／名称	内容
コンスタントパワー	聴感上、スムーズに聞こえるように、音量変化のカーブを調整したクロスフェードです
指数フェード	滑らかな対数曲線に沿ってクロスフェードします

INDEX

用語から引く

英数字

あ

か

執筆者プロフィール

千崎 達也

1980年代から映像ディレクターとして活動を開始。テレビ番組、企業PR映像、イベント映像、各種施設の展示映像、Web配信映像などを幅広く手がける雑食性映像ディレクター。2000年初頭から、当時台頭しはじめた「デスクトップビデオを使った映像制作ワークフロー」の研究を始め、映像ディレクション業の傍ら、AppleのFinal Cut ProやAdobeのPremiere Proの解説書、動画制作の参考書籍などを執筆。株式会社コンテンツブレイン・ディレクター。

装丁・本文デザイン 坂本 真一郎（クオルデザイン）
カバーイラスト　フジモト・ヒデト
組 版　シンクス
編 集　津村 匠

Premiere Pro（プレミア プロ） 逆引きデザイン事典
［CC（シーシー）対応］ 増補改訂版

2017年10月2日　初版第1刷発行

著　　者　千崎 達也（せんざき たつや）
発 行 人　佐々木 幹夫
発 行 所　株式会社 翔泳社（http://www.shoeisha.co.jp）
印刷・製本　大日本印刷 株式会社

ISBN978-4-7981-5289-9　Printed in Japan